기초식품미생물학

FOOD MICROBIOLOGY *An Introduction*

제2판

기초식품미생물학

FOOD MICROBIOLOGY *An Introduction*

제2판

박희동 · 김명희 · 김영목 · 손호용 · 이신호
이종화 · 정건섭 · 정신교 · 차재호 공역

THOMAS J. MONTVILLE
KARL R. MATTHEWS

월드사이언스
worldscience.co.kr

Food Microbiology: an Introduction, Second Edition

기초식품미생물학 제2판

인　　쇄 | 2013년 2월 18일
발　　행 | 2013년 2월 25일

저　　자 | Thomas J. Montville, Karl R. Matthews
공　　역 | 박희동 · 김명희 · 김영목 · 손호용 · 이신호
이종화 · 정건섭 · 정신교 · 차재호
발 행 인 | 박선진
발 행 처 | (주)도서출판 월드사이언스

주　　소 | 서울특별시 서초구 방배4동 864-31 월드빌딩 1층
등록일자 | 1988년 2월 12일
등록번호 | 제 16-1601호

대표전화 | (02) 581-5811~3
팩　　스 | (02) 521-6418
E-mail | worldscience@hanmail.net
U R L | http://www.worldscience.co.kr

정　　가 | **28,000원**
I S B N | 978-89-5881-207-4

이 도서의 국립중앙도서관 출판시도서목록(CIP)은 e-CIP 홈페이지(http://www.nl.go.kr/ecip)와
국가자료공동목록시스템(http://www.nl.go.kr/kolisnet)에서 이용하실 수 있습니다.
(CIP제어번호 : CIP2013000810)

현재 사실로 인정되고 있는 연구결과들을 발견한
수많은 과학자들과 이 지식들을 식품의 안전적 공급을
공고히 하거나 또는 식품미생물학의 발전에 이용하고 있는
모든 과학자들과 식품관리자들께 이 책을 바칩니다.

요약목차

목 차

저자 서문

식품미생물학은 각 가정에도 해당이 되며 또 수 조원에 달하는 식품산업을 지원하는 재미있는 분야입니다. 이 책은 식품미생물학의 복잡성과 그 도전적인 것에 대한 의미를 다루고 있습니다. 식품안전은 미생물의 세세한 부분을 기억하는 것 그 이상을 필요로 하며 전문적인 사고, 혁신적인 접근방법 그리고 건전한 의문을 요구합니다. 우리는 오늘날의 학생들이 미래의 문제를 해결할 수 있도록 이러한 기술들을 키워주려고 노력해왔습니다.

사실 우리는 얇은 지식으로부터 식품미생물학의 이렇게 넓고 복잡한 주제에 관한 책을 쓸려고 시도조차 않았었습니다. 다행히 미국미생물학회 출판부가 심오하면서도 가장 최신의 식품미생물학 분야를 필요로 하는 연구자, 대학원생 및 교수들을 위해 진보된 교재를 이미 출판한 적이 있습니다. "Food Microbiology: Fundamentals and Frontiers"는 이 책을 공부하는 사람이 미생물학, 생화학 및 유전학에 연구지식을 가졌을 것이라고 생각한 여러 주제 분야의 전문가들에 의해 집필되었습니다. 연이어 1판, 2판이 발간되면서 학부학생들을 위한 식품미생물학 교재를 쓸 수 있도록 용기와 자료가 생겨났습니다. "Food Microbiology: an Introduction"은 그 전문서적의 자식과 같은 것입니다. 이 책의 1판은 전문가용 내용들을 미생물학을 1학기 이수하고 생화학을 공부하지 않은 학부학생들이 이해할 수 있도록 다시 쓴 것입니다. 이 책은 1판에 대한 학생들의 노력에 상응하여 그 내용을 2판으로 다시 정리한 것입니다. 어떤 부분에는 기초적인 내용을 더욱 보강하였고 다른 부분에서는 전문가들만이 필요로 하는 상세한 내용들을 삭제하였습니다. 그래서 이 책의 각 장들은 전문가용 책에서 다루고 있는 것과는 상당히 다를 수 있습니다. 모든 경우에 있어서 학부학생들에게 적합한 스타일로, 그 수준에 맞게, 또 그러한 언어를 사용하여 집필하려고 노력하였습니다. 교재로서의 이용도를 높이기 위하여 사례 분석과 단어 퍼즐, 각 장의 요약, 핵심적인 질문, 어휘 및 카툰까지 삽입하였습니다.

이 책은 5개의 섹션으로 나눌 수 있습니다. 학생들은 1판에서는 다루지 않았던 상당 부분의 내용들이 2판에 추가되었음을 알아야 합니다. 천 번째 섹션은 세균이 식품에서 어떻게 성장하는지, 식품이 미생물의 성장에 어떻게 영향을 미치는지, 미생물의 성장을 어떻게 조절하는지, 그리고 포자, 미생물의 검지, 미생물학적 기준 등의 기본적인 내용들을 다루고 있습니다. 나머지 4개의 섹션은 이 책을 강의하는 사람이 어떤 순서로 해도 괜찮도록 구성되어 있습니다. 식품의 그람 음성 및 양성 병원성 미생물들은 섹션 II, III에 각각 포함되어 있습니다. 섹션 IV는 사람에게 유익한 미생물과 변패 미생물들을 다루고 있습니다. 이 책은 발효에 관한 한 개의 장을 유산균과 효모에 의한 발효 두 개의 장으로 구분하였습니다. 곰팡이는 변패미생물과 잠재적인 독소 생성 미생물로 취급하였습니다. 바이러스는 식품매개 질병의 반 이상을 유발하기 때문에 용균성 및 용원성 바이러스, 낙농산업에서의 박테리오파아지 감염 방지의 중요성, 최근 파아지를 사용한 병원성 미생물의 제어 등의 설명을 포함하도록 확대하였습니다. 프리온은 세균, 곰팡이, 바이러스 어디에도 속하지 않으며 사실 프리온은 미생물이 아닙니다. 그러나 프리온은 공중보건 및 식품안전 전문가에게 있어서 주요 생물학적 관심분야입니다. 섹션 V는 식품미생물들을 제어하기 위한 화학적, 생물학적, 물리학적 수단들을 다루고 있고 식품안전을 보장하기 위한 산업 및 규제 전략을 조사함으로써 끝을 맺습니다.

비록 우리 두 사람의 이름만을 이 책의 표지에 나타내었지만 많은 사람들이 이 책을 집필하는데 기여하였습니다. 우선 첫 번째로 이 책을 집필하는데 중요한 자료가 되었던 "Food Microbiology: Fundamentals and Frontiers"의 각 장을 집필한 전문가들에게 감사를 드립니다. 그들은 바로 Gary R. Acuff. John W. Austin, J. Stan Bailey, Dane Bernard, Larry R. Beuchat, Gregory A. Bohach, Robert E. Brackett, Robert L. Buchanan, Herbert J. Buckenhüskes, Lloyd B. Bullerman, Iain Campbell, Micheael L. Chikindas, Dean O. Cliver, Jean-Yves D'Aoust, P. Michael Davidson, James S. Dickson, Michael P. Doyle, Józef Farkas, Peter Feng, Graham H. Fleet, Joseph F. Frank, H. Ray Gamble, Per Einar Granum, Paul A. Hartman, Eugene G. Hayunga, Craig W. Hedberg, Ailsa D. Hocking, Lynn M. Jablonski, Timothy C. Jackson, Eric A. Johnson, Mark E. Johnson, James B. Kaper, Jimmy T. Keeton, Charles W. Kim, Sylvia M. Kirov, Todd R. Klaenhammer, John Maurer, Bruce A. McClane, Jianghong Meng, Kenneth B. Miller, Irving Nachamkin, James D. Oliver, Ynes R. Ortega, Merle D. Pierson, Jonh I. Pitt, Steven C. Ricke, Roy M. Robin-Browne, Peter Setlow, L. Michele Smoot, James L. Steele, Bala Swaminathan, Sterling S. Thompson, Richard C. Whiting, Karen Winkowski, Irene Zabala Díaz, Tong Zhao, and Shaohua Zhao입니다.

이 책을 공부하는 사람들은 문법과 어법뿐만 아니라 각 장별 내용들의 수준과 깊이, 집필 스타일, 학부학생들이 알아야 할 내용들을 검토해 준 학생들에게 감사해야 합니 다. 또 한 Marcelo Bonnet, Jon Cruz, Rebecca Dengrove, Sylvia Dominguez, Siobain Duffy, Megha Gandhi, Callie Gunnet, Glynis Kolling, Wendy M. Iwanyshyn, Jennifer mcEntire, Karla Mendoza, Rebecca I. Montville, Mohamed BadaouiNajjar, June Oshiro, Hoan-Jen Pang, Ethan Solomon, Sarah Smith-Simpson, Ruth Wiranan에게도 이 내용을 검토해 준데 대하여 감사드립니다. 어떤 실수나 생략 부분 및 지나치게 단순화한 부분 모두는 전적으로 우리의 잘못입니다.

이 모든 사람들과 미국미생물학회에 근무하고 있는 이 책의 편집자인 Eleanor Riemer와 제작편집자인 Ken April은 이 내용들을 학생들에게 맞게 작성하도록 도움을 주었습니다. 당신들이 식품미생물학 분야에서 경력을 쌓을 수 있는 길을 찾고 그 길을 개발할 수 있기를 바랍니다. 한 가지 꼭 기억할 것은 사람은 반드시 식품을 섭취해야하고 거기에는 미생물이 있다는 것입니다. 식품미생물학자들에게는 아주 오랫동안 안전한 직업이 있습니다.

Thomas J. Montville
Karl R. Matthews

역자 서문

식품미생물학은 식품과 관련이 있는 미생물을 연구하는 학문으로서 식품에 존재하는 다양한 미생물들을 그 대상으로 하고 있다. 따라서 그 대상 미생물의 종류가 매우 다양하고 학문의 범위가 매우 넓다 할 수 있을 것이다. 식품미생물의 범위를 몇 개의 그룹으로 나눈다면 크게 3개의 범주로 나눌 수 있다. 첫 번째, 식품에서 성장하여 그 식품을 변패 또는 부패시킴으로써 식품의 품질을 나쁘게 하는 변패미생물 또는 부패미생물 분야. 둘째, 식품에서 성장하여 균 자체 또는 그 미생물이 생성한 독소에 의한 넓은 범위의 질병 (주로 식중독)을 유발하는 식중독미생물 분야. 셋째, 발효를 통하여 식품의 기호성, 저장성, 안전성 및 기능성을 향상시킬 수 있는 발효미생물 분야가 있다. 식품에 있어서 첫 번째 분야는 식품저장과, 둘째 분야는 식품안전성과, 셋째 분야는 식품의 발효가공과 관련이 되어 있다. 식품에서는 부패미생물 및 식중독미생물 등의 위해 미생물의 성장을 저해하는 한편 발효미생물과 같은 유익한 미생물의 성장을 효율적으로 도와주어야 하는 두 가지의 서로 상반된 기술을 다루고 있다. 미국과 유럽의 경우에는 식품미생물학 분야에 있어서 식품의 안전성을 확보하는 식중독미생물의 연구를 주로 취급하여 왔으나 우리나라는 일본의 영향을 받아 전통적으로 발효미생물을 식품미생물의 주된 분야로 취급하여 왔다. 많은 한국의 식품미생물학 서적들이 발효와 관련된 미생물들을 주로 다루고 있는 것을 쉽게 알 수 있을 것이다.

역자들은 대학에서 식품미생물학과 발효관련 학과목 (발효공학, 발효미생물학, 응용미생물학, 공업미생물학, 산업미생물학 등이 있으며 서로 약간의 차이는 있을 수 있음)을 강의하면서 식품과 관련된 미생물을 체계적으로 다루고 있는 식품미생물학 교재가 부족함에 대한 막연한 아쉬움을 가지고 있었다. 그러던 차에 미국미생물학회에서 출판한 "Food Microbiology: an Introduction"을 접하게 되었다. 미국 미생물학회는 세계에서 가장 큰 미생물학자 전문가들의 모임이다. 총 5개의 섹션으로 나누어진 이 교재는 일반미생물학을 공부한 학생들이 식품미생물학을 공부하는데 있어서 필요한 모든 내용들을 망라하고 있다. 저자들이 서문에서 언급한 바와 같이 학부학생들의 수준에 적합하게 정리하여 쉽게 이해할 수 있도록 구성되어 있다. 다만 발효미생물에 관한 내용들은 유산균, 효모, 그리고 기타 미생물에 의한 발효로 나누어 두 개의 장으로 다루고 있어 그 내용이 상당히 제한적이라 할 수 있다. 그러나 최근 대부분의 식품미생물학을 공부하는 학생들이 발효와 관련된 또 다른 학과목을 별도로 공부하고 있는 것을 감안한다면 이 두 개의 장이 발효관련 학과목을 공부하는데 필요한 기초적인 내용을 제공하고 있다고 볼 수 있을 것이다. 따라서 이 교재는 학부과정에서 이미 일반미생물학을 공부하고 이후 발효관련 학과목을 공부할 식품관련 학과의 학생들에게 적합한 교재라 하겠다.

이 책은 26개의 장으로 나누어 식품미생물과 관련된 전반적인 영역들을 다루고 있다. 역자들은 이러한 저자들의 의도가 이 책을 공부하는 학생들에게 최대한 전달될 수 있도록 번역을 하기 위해 노력하였다. 이러한 역자들의 노력이 식품미생물학을 공부하는 우리나라 학생들에게 식품미생물학을 이해하는데 도움이 될 수 있기를 기대한다. 더불어 이 책을 통해 식품미생물학을 공부한 학생들이 향후 우리나라 식품산업의 발달과 식품미생물학의 발전에 크게 기여할 수 있기를 기원한다. 끝으로 이 책의 출판을 위하여 수고해 주신 월드사이언스 박선진 사장님과 모든 관계자들에게 깊은 감사의 말씀을 드린다.

역자 일동.

역자 소개

박희동

경북대학교 식품공학부 식품생물공학전공 교수 hpark@knu.ac.kr

김명희

영남대학교 식품학부 식품공학전공 교수 foodtech@yumail.ac.kr

김영목

부경대학교 식품공학과 교수 ymkim@pknu.ac.kr

손호용

안동대학교 식품영양학과 교수 hysohn@andong.ac.kr

이신호

대구가톨릭대학교 외식식품산업학부 식품가공학전공 교수 leesh@cu.ac.kr

이종화

안동대학교 생명자원과학부 식품생명공학전공 교수 kschung@yonsei.ac.kr

정건섭

연세대학교 생명과학기술학부 교수 kschung@yonsei.ac.kr

정신교

경북대학교 식품공학부 식품생물공학전공 교수 skchung@knu.ac.kr

차재호

부산대학교 미생물학과 교수 jhcha@pusan.ac.kr

SECTION I 식품미생물학의 기초

1 식품미생물학의 발자취

학습목표

- 고대 미생물의 생활사에 대한 인식과 과학의 한 분야로서 식품미생물학에 대한 새로운 지식의 확대
- 미생물학 기초이론의 식품미생물학의 실용성에 대한 영향 인식
- 식품미생물학의 근원 이해 및 그 미래의 예측

서론

미국 미생물학회의 전 회장은 미생물학은 그 대상의 크기에 근거하여 인위적으로 분류한 생물학의 한 분야로 정의하였다 (Box 1.1). 이것은 기초 미생물학 원리에 근거한 사실이고 미생물학의 영역에서 종종 볼 수 있다. 식품미생물학은 크게 보면 미생물학의 일부분이라고 할 수가 있다. 식품에서 성장하고 음식 환경조건에 미생물이 어떻게 영향을 주는지에 대한 공부를 시작하겠다. 식품미생물학은 지난 20년 동안 급진적으로 변화하였다. 식품에서 발생한 병원성균은 두 배로 증가하는 추세였다. "완제품을 통한 안전함"은 위해요소중점관리기준 (HACCP, Hazard Analysis Critical Control Points)의 조건에 맞추어 안전한 방법이 도입되었다. 유전학 및 면역학조사는 생화학 테스트로 대체함으로써 하루정도 걸리던 연구가 이제는 몇 분안에 할 수 있게 되었다. 한편 식품미생물학은 아직도 시작단계에 머물러있는 실정이다. Louis Pasteur는 피펫을 고안하였고 Robert Petri는 페트리 접시를 고안하였다. Christian Gram은 반응물에 염색을 하는 그람염색법을 고안하였다. 식품미생물을 연구하는 과학자들은 아직도 미생물에 대해 연구 중이다. 우리는 현미경으로 고체배지에서 미생물이 성장하는 것을 볼 수 있다. 그러나 전문가들은 우리가 볼 수 있는 생물권안의 세균은 1% 밖에 되지 않는다고 한다.

이 장의 논점은 미생물이 식품미생물의 역사적인 보고에 관련이 되어있다. 세균과 바이러스 그리고 최근에 발견된 프리온 (prion)에 대한 관심이 증폭되고 있다. 이 장에서 앞으로 식품미생물 분야에 대해 알아보고자 한다.

최초의 생명체

지구상의 최초 생명체가 미생물이란 사실에 대하여는 의심할 여지가 없다. 바로 미생물의 세계이다 (그림 1.1). 지구가 하루 24시간을 기준으로 오전 12시 1분에 시

BOX 1.1

미래를 위한 준비

학회의 회원이 되는 것은 전문적으로 자신을 발전시키는데 있어서 아주 좋은 방법이다. 회비를 줄여주고 다양한 장학금의 수혜대상이 될 수 있는 학생의 경우도 역시 마찬가지이다. 학회는 다양한 기능을 가진다. 회원들에게 지속적인 교육과 고용 서비스를 제공하고 규칙과 공공정책을 만드는 사람들에게 전문적인 지식을 제공하며 가장 최근의 과학적 연구결과를 남들에게 밝힐 수 있는 연차 학술대회를 주관하고 다양한 책들과 잡지들을 발행한다. 식품미생물학자들을 위한 3개의 주요 학회에 관해 아래에 기술하였다. 회원 신청서는 각각의 웹사이트에서 구할 수 있다.

The American Society for Microbiology (ASM, www.asm.org)는 생명과학 분야에서 세계에서 가장 큰 학회이다. 병원미생물학에서부터, 면역학, 항미생물 소재, 식품미생물학 등 미생물학의 전 분야를 망라하는 27개 분과를 가지고 있고 11개의 전문잡지를 발간하고 있다. ASM Press는 이 책의 발행기관이기도 하다.

The Institute of Food Technologists (IFT, www.ift.org)는 식품미생물학, 식품화학, 식품공학 등 이론적 부분, 곡류, 과채류, 해양식품 등의 산물 위주의 측면 그리고 냉장식품과 같은 가공방법을 포함하는 식품과학의 전 분야를 다루고 있다. IFT는 산업체, 교육기관, 정부기관의 식품과학, 식품공학 및 관련 전문분야에서 종사하고 있는 22,000명의 회원을 가지고 있는 비이익 과학학회이다. 2개의 잡지를 발행하고 있고 다양한 단기간의 교육과정을 지원하며 국가, 주, 지방에 필요한 공공정책을 수립하고 및 의견을 수렴하는데 기여하고 있다.

The International Association for Food Protection (www.foodprotection.org)은 식품위생미생물학을 제한적으로 다루고 있는 유일한 전문학회이다. IAFP는 학회회원과 산업체 종사자들에 대한 교육과 봉사를 담당하고 있다. 회원들은 식품의 안전과 위생에 관한 최신의 과학적, 기술적, 실용적 발전기술들에 대한 정보를 계속 제공받는다. IAFP는 *Food Protection Trends*와 *Journal of Food Protection*, 2개의 잡지를 발행한다.

작된 경우에 미생물은 새벽에 나타나게 되고 해가지기 전까지 남아있다. 저녁 9시쯤에 큰 동물들이 나타나고 한밤중이 되기 몇 초전에 인류도 탄생하게 된다 (그림 1.2). 미생물은 우리가 서식하는 행성에 함께 공동으로 존재하며 인류가 멸망한 후에도 여전히 존재한다. 세균은 공기가 잘 들지 않은 습한 곳, 열이 표출되는 곳, 끓는 온천수, 사람들 그리고 음식물에서도 생존을 한다. 생물권에 근거한 미생물들은 인류에게 많은 도움을 주기도 한다. 미생물이 없이는 사람들은 생존할 수가 없다. 광합성 세균은 탄소를 사용할 수 있는 형태로 고정시키고 우리에게 산소를 제공해준다. *Rhizobium* sp.는 공기 중 질소를 암모니아 속에 고정시키고 인간의 생활에 다양하게 쓰여 진다. 소화효소는 반추동물이 섬유소를 소화할 수 있게 한다. 미생물은 사멸유기체를 재활용하여 반복적으로 사용가능한 미생물의 기본 요소를 구성한다. 미생물은 우리 몸속의 장에서 소화를 도와주고 비타민을 생성하고 병원체에 의한 균체형성을 방지해 주기도 한다. 대부분 미생물들은 우리에게 좋은 친구이다.

그림 1.1 미생물의 세계.

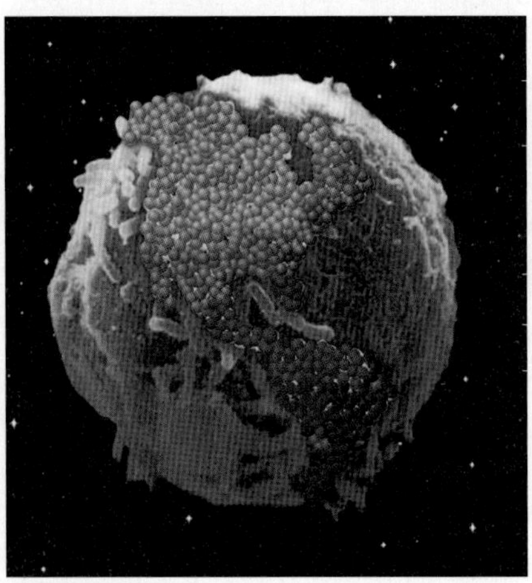

생명현상은 무균상태가 아니다. 우리는 미생물의 세계에서 살고 있다. 미생물은 확실히 정복할 수가 없다. 식품미생물학자들은 식품에 존재하는 미생물들을 사멸시

그림 1.2 캘빈과 홉스의 눈에 비쳐진 진화. *Calvin and Hobbes* ©1988년 Bill Watterson. Universal Press 연합에 의해 배포. 승인을 받고 인용. 저작권 있음.

키거나 생존시켜서 미생물 성장을 촉진시키거나 조절하는 일을 한다.

식품미생물학의 과거와 현재

초기 인간부터 10,000년 전까지 인간은 사냥을 하거나 채집을 하였다. 그 당시는 인류가 생존할 수 있는 식품이 풍부하였다. 그들은 남은 음식을 저장하지 않았고 따로 정착을 하여 생활하지도 않았다. 그들에게 있어 보존은 그리 중요한 것이 아니었다. 농경사회는 저장, 변질, 보존은 중요한 과제로 보고 변화하였다. 첫 번째로 보존방법을 우연한 기회에 알게 되었다. 식품의 태양건조, 소금 절임, 또는 동결방법을 통해서 변질을 막았다. 고대에 레몬이 레모네이드로 변화한 것과 같이 사람들은 우유의 변질된 우유가 먹는데 별 문제가 없으며 때에 따라서는 더욱 바람직하다는 사실을 알게 되었다. 식품의 발효는 B.C. 4000년 전후로 체계가 잡히게 되었다 (표 1.1). 양조장과 제빵공장은 효모에 대해 생각하기도 전에 생겨났다.

사람들은 수천 년 동안 미생물에 대해서 무지했다. Antonie van Leeuwenhoek (그림 1.3)가 연못 물속의 미생물을 보기위해 현미경 (그림 1.4)을 사용한 1600년대까지 이어졌다. 이때가 되어서야 미생물학이 탄생하였다 (그림 1.5).

그럼에도 불구하고 미생물의 존재 하에 발효가 일어나는지를 증명하기까지 200년이 소요되었다. 1700년 중기에 Lazzaro Spallanzani가 삶은 고기를 용기 안에 넣고 봉합을 단단히 하여 고기가 변질이 되지 않음을 증명하였다. 그러나 생명의 자연발생론 옹호론자들은 그것이 공기가 생활에 필요하다는 것과 공기가 밖으로 들어가지 않았기 때문이라고 주장했다. 또 다른 100년 동안 Pasteur는 백조의 목 모양과 같은 U자 플라스크 실험에서 Spallanzani 실험과 달리 미생물을 제외하고 공기의 접근을 허락하는 방법으로 실험을 하였다 (Box 25.1 참조). 이 사이에 Nicolas Appert (그림 1.6)는 밀봉된 용기에 열을 가하면 음식이 상하지 않는 것을 발견하였다. 그러므로 미생물학에 대한 어떠한 지식 없이도 통조림을 발명하였다. 실제로 1900년도까지 확실한 기초도 없었다.

Robert Koch는 미생물학의 대가이다. 1800년 말 그는 질병을 야기하는 세균

표 1.1 식품미생물학의 주요 역사적 사건들

시 기	주요 사건들
~4000 BC	식품의 발효를 미생물의 유기적인 활동으로 인식
1670s	van Leeuwenhoek는 빗물에서 "조그마한 동물"을 발견하였으며 이로 인해 미생물학이라는 학문이 탄생
1760s	삶은 고기로 실험을 한 Spallanzani는 자연발생설 부인
1800s	Nicolas Appert는 통조림 제조방법을 고안하였으며 이 기술은 200년 후인 현재까지 식품가공에 이용
1810s	P. Dumond는 Appert의 방법보다 더 간단한 통조림 제조방법을 발명
1850s	Appert와 R. Chevallier는 증기살균 처리(retort)를 고안하여 특허를 획득. 일정 압력 하에서 증기의 사용은 온도를 증가시키고 제조시간을 감소시키며 그리고 통조림 식품의 품질을 향상
	Louis Pasteur는 살아 있는 유기체 즉 미생물의 활동으로 인해 유산발효와 알코올발효가 일어남을 증명
1860s	Pasteur는 자연발생설을 부정하였고 생명은 생명으로부터만 발생한다고 주장
	Joseph Lister는 소독처리에 대한 개념 개발. 외과의사가 손을 청결히 하는 것은 수천 명의 생명을 구할 수 있다고 설득력 있게 주장
1880s	Robert Koch는 세균이 질병을 일으키는 원인이라 가정(미생물 병원설). 현재까지 그의 가설은 질병을 야기하는 세균을 증명하기 위한 중요한 표준(gold standard)으로 사용됨
	Christian Gram은 의한 그람 염색법을 고안
	R. J. Petri에 의한 페트리 접시 개발. 그는 Koch의 실험실에서 근무하였는데 이 실험실에서 한천의 사용이 개발되었음
	A. A. Gartner는 식중독 시료로부터 *Salmonella enteritidis* 분리. 약 100년 후인 지금도 살모넬라 세균은 식품유래 미생물 중에서 치명적인 죽음의 주요 원인균으로 작용
1890s	미국에서 우유에 저온살균법(Pasteurization) 이용 시작
1900s	저서 "The jungle"를 통한 Upton Sinclair의 식육산업의 대한 폭로에 대한 결과로 미국 식품의약품법이 제정
1920s	미 공정보건 위원회에 의한 보툴리즘 예방법 간행
	Alexander Fleming에 의한 항생제 개발. 100년도 채 안되어 다중항생제 저항성 병원성균에 의한 전염병 우려
	Clarence Birdseye에 의한 소매시장에의 냉동식품 도입
1930s	G. M. Dack은 *S. aureus*에 의한 독소 생성 확인
	가정용 냉장고가 널리 보급
	식품의약화장품법에 의한 식품의 규제 강화
	최초의 바이러스 발견
1940s	최초의 동결건조식품 도입
	식품구입 장소가 슈퍼마켓으로 변화
1950s	Watson과 Crick에 의한 DNA 구조 발견
	방사선 식품에 대한 연구 시작
1960s	C. Duncan과 D. Strong은 독소에 의한 perfringens 식중독 증명
	가금류에서 "칠면조 X 질병"에 대한 진균독의 기능 발견
1970s	S. Cohen에 의한 세균의 유전자재조합 성공
	L. Mckay는 그람 양성 세균의 플라스미드 보고
	저산성 식품에 대한 GMP 개념 도입
	단일클론 항체의 발명으로 대량생산 항체를 이용한 조사법의 기반 확립
1980s	리스테리아증 발발 최초 인식
	병원성균으로서 *Escherichia coli* O157:H7의 최초 인식
	살모넬라의 검출을 위한 genetic probe 최초 개발
	PCR 방법 최초 개발
	프리온 단백질의 발견
1990s	식육과 가금류에 있어서 병원성균의 오염조절을 위한 방사선조사 허용
	영국 내 광우병 발생
	미농림성에 의한 HACCP 요구
2000s	난류에 대한 방사선조사 허용
	식품에 대한 생물학적 테러 오염의 우려로 인해 시설 등록, 생산품 이력제, 수입품 사전통보제에 대한 새로운 법 제정
	처음으로 미국 내 광우병이 발생

[a]Brock (1999), Hartman (2001) 및 기타 출처로부터 발췌

의 존재를 증명하였다. Koch의 가설을 뒷받침하기 위하여 (i) 병에 걸린 동물에게서 의심이 가는 순수한 세균을 분리하였으며, (ii) 건강한 동물에게 이 세균을 노출시켜 병에 걸리게 하였고, (iii) 새로 감염된 동물에게서 세균을 다시 분리하였다. 이 접근방법은 어떤 질병이 미생물 근원이라는 것을 증명하기 위해 오늘날까지 이용되고 있다. 미생물학은 아직도 순수배양이 된 세균을 강조한다. 유감스럽게도 대부분의 미생물은 배양이 불가능하고 순수한 형태로가 아니라 공동체처럼 자연에 존재한다. 두 가지 다른 혁신은 Koch의 실험실에서부터 유래되었다. Koch의 실험실에 조교였던 Robert Petri는 페트리 접시를 고안했고 Koch 평판법에 약간의 변화를 주어 제작했으며 Koch 실험실에서 사용된 평판법에 이용된 젤라틴 때문에 실험상의 문제가 많았다. 젤라틴은 너무 높은 온도에서 응고되지 않고 젤라틴 분해효소를 생산하는 특정 유기체에 의해 분해되어 버리는 경우가 많았다. Walter Hesse는 물리학자로 Koch 실험실에서 함께 연구하며 공기 중의 감염성 세균 연구를 그의 아내와 함께 하였다. 그의 아내 Frau Hesse는 한천을 이용하여 잼과 젤리를 생각하였고 몇 년 동안 젤라틴을 대신해 한천을 이용할 것을 제안하였다. 나머지 이야기는 누구나 알고 있을 것이다.

그림 1.3 Antonie van Leeuwenhoek의 모습.

20세기 초 전통식품에 존재하는 *Salmonella* sp., *Clostridium botulinum, Staphylococcus aureus, Bacillus cereus, Clostridium perfringens*와 같은 병원체의 발견과 관련된 질병의 발견으로 주목을 끌었다. 1930년 당시 바이러스들은 질병과 관련하여 구체화되었다. James Watson과 Francis Crick이 분자유전학 시대의 기원이 되는 DNA의 구조를 발견함으로써 20세기 중반 생물학은 도약적인 발전을 맞게 되었다 (그림 1.7). 이것은 세균이 어떻게 질병을 발생시키는지, 세균에 있어 획기적 유전적 부분과 항체에 기초한 검출방법, 역학적 방법으로서의 유전적 지문, 산업적 특성을 발전시키는데 발효미생물을 유전적으로 변형하는 능력을 더 쉽게 이해할 수 있게 되었다. 분자생물학의 발전은 아직까지 식품미생물의 발전에 크게 영향을 미칠 수 있는 여지를 남겨두고 있다.

대량생산 제품의 안전성을 실험하기 위한 움직임이 이 시대에 시작되었다. 좋은

그림 1.4 Antonie van Leeuwenhoek가 고안한 현미경 모습.

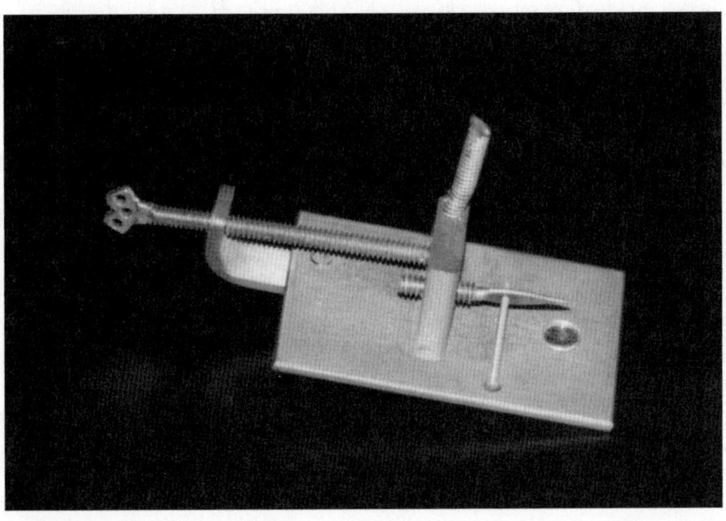

세균들의 미식축구

그림 1.5 실험실에 대한 흥미를 더욱 더 고조시켰던 현미경의 발명. *Bleachers* ⓒ 2005년, Steve Moore. Universal Press 연합의 승인을 받고 인용. 저작권 있음.

제품을 생산하는 실제법의 지침을 만들어 제품생산자들에게 제공하였다. HACCP는 이러한 안전보장체계를 체계화했다. 식품방사선은 가공하지 않은 가금류와 육류의 가공에서 살균을 위해 사용하도록 승인되었다. 위해요소평가는 최종생산물을 기준으로 정교화된 규제에 큰 힘을 보탰다.

식품미생물학의 미래

미래를 예측하기는 어렵다. 안전한 식품에 대한 요구는 끈임 없이 증가할 것이라는 것은 명확한 일이다. 의학 미생물학의 혁신은 15년 후 식품미생물에 큰 영향을 줄 것이고 결국 이러한 새로운 발상들은 식품미생물의 방향에 큰 변화를 줄 것이다.

그림 1.6 Nicolas Appert를 기념하는 우표.

세계의 식품공급의 약 1/3은 부패로 손실을 본다. 당신이 살아 있는 동안에 두 배가 될 세계 인구는 이러한 손실의 여유가 있을 수 없다. 모든 사람이 먹는 것이라면 손실의 정도는 감소되어져야만 한다. 배고픔은 인류를 떠나지 않을 것이고 이 결과로서 안전성 또한 감소할 것이다. 적은 에너지를 이용하는 기술인 발효는 보존방법으로서 더 중요하게 될 것이다. 미생물 스스로가 식품의 자원이 될 것이다. 효모는 1970년대에 단세포단백질로서 큰 주목을 받았다. 프로바이오틱스 세균은 섭취를 통해 사람들의 건강을 유지하도록 도움을 줄 것이다. 살충단백질이 해충을 죽이기 위해 식물에 도입된 것과 같이 항균성 물질이 세균을 죽이기 위해 식품에 도입될 가능성도 있다.

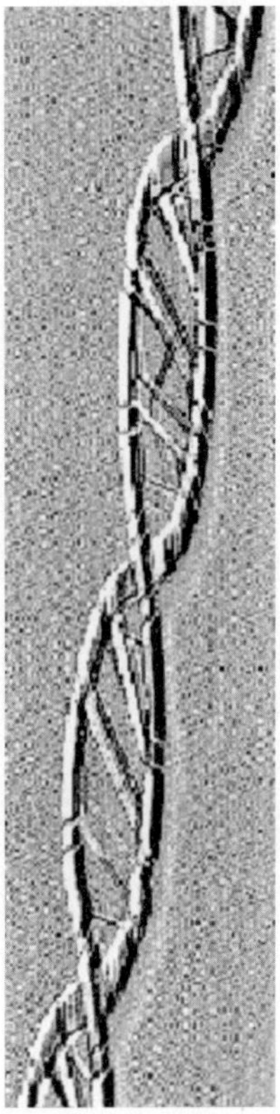

그림 1.7 미생물학의 발전에 큰 영향을 미친 DNA 이중나선구조의 발견.

반면 세계인구의 30%는 충분한 식품을 먹는 것에 대해 걱정하고 있고 과잉영양을 걱정하는 세계 인구의 10%는 더 *안전*한 식품을 요구한다. 무해에 가까운 위험성은 불가능한 것이고 안전성의 비용은 식품이 무해에 접근함으로서 기하급수적으로 증가한다. 얼마나 안전한 것이 충분히 안전한 것인가? 사회는 향상된 안전성에서 사용가능한 안전성으로 언제 자원을 이동시켜야 하는가? 국제적 무역의 요구는 안전성 기준의 일치를 요구한다. 제1세계와 제3세계 나라들 모두 유사한 위생적인 기준이 필요할 것이다.

과학적 혁신은 보통 의학적 기술에서 먼저 나타나고 후에 식품체계에 영향을 준다. 이것은 제약회사의 빠르고 자동화 공정을 식품가공에 적용하고 제약회사의 방법들을 식품공장이 적용하는 것과 분자생물학적 이해력에 대한 강조에서 잘 알 수 있다. 오늘날 생물의학 분야에 관한 중요한 쟁점들이 미래에는 식품미생물학에서도 보게 될 것이다.

이 장은 미생물학의 과학적 한계에 대해 집중적으로 다루었다. 그 한계는 감소하기 시작했다. 식품원인 질병의 절반은 알려져 있지 않다. 식품원인 질병은 바이러스에 의해 발생되는 것인가? 식품원인 질병은 알려지지 않은 미생물에 의한 것인가? 세균을 연구하기 위한 새로운 분자생물학적 기술은 우리가 이 세균들을 이해하고 억제하도록 할 수 있을 것인가? 미생물학 200년은 세균간의 상호작용이 없는 관계라는 것으로 세균에 관한 연구에 전념했다. 우리는 지금 그들이 화학적 신호와 감지장치를 사용하여 상호작용을 한다는 것을 알고 있다. 미생물계에서 — quorum sensing은 미생물 집단이 반응을 할 때를 결정하는데 도움을 준다. 만약 세균이 서로에게 이야기를 한다면 무엇을 말할까? 만약 우리가 그것을 안다면 우리는 그 신호를 교란하거나 다른 생화학적 잡음으로 그 신호를 없애버리거나 또는 그 수용체를 불활성화함으로써 질병과 부패를 예방할 수 있을까? 발견되지 않고 남아 있는 세균의 약 99%는 무엇인가? 그들의 유전자 풀에는 무엇들이 들어 있을까? 우리는 더 나은 그리고 안전한 식품을 만들기 위해 세균의 생산물과 유전자를 어떻게 이용할 수 있는가? 식품원인 질병에 바이러스 병원체와 프리온의 역할은 무엇인가?

식품미생물의 미래는 가장 흥미로운 분야가 될 것이다. 이것은 인간이 살아감과 함께 야기될 수 있는 것들에 관한 것이다. 이러한 것들에 대비하기 위하여 오늘날 이 분야의 기초적인 이해를 얻는 것과 비판적으로 그리고 창조적으로 생각하는 방법을 배우고 그리고 매우 작지만 현명한 이러한 작은 창조물을 사랑하는 법을 배워야 할 것이다.

요약

- 미생물은 지구상에서 살아가는 최초의 생물체이고 생물권에 기초가 된다.
- 자연발생설의 부정, Koch의 가설, 그리고 미생물의 순수배양과 같은 1800년대의 기본적인 생물학적 발견은 이 분야에 지속적으로 영향을 미친다.
- 분자생물학과 유전학은 식품미생물에 영향을 주기 시작했고 그 미래를 결정할 것이다.
- 식품미생물학은 상대적으로 새로운 연구의 한 분야이다.

참고문헌

Brock, T. D. 1999. *Milestones in Microbiology: 1546 to 1940*. ASM Press, Washington, DC.

Hartman, P. 2001. Theevolution of foood microbiology, p. 3–12. *In* M. P. Dole L. R. Beuchat, and t. J. Montville (ed.), *Food Microbilogy: Fundamentals and Frontiers*, 2nd ed. ASM Press, Washington, DC.

Needham, C., M. Hoagland, K. Mcpherson, and B. Dodson. 2000. *Intimate Strangers: Unseen Life on Earth*. ASM Press, Washington, DC.

2 식품에서 미생물에 영향을 미치는 요인들

학습목표

- 식품에서 유래하는 미생물을 배양하기 위한 배양법 구별과 정확한 방법의 선택
- 미생물의 성장 조절에 필요한 내적, 외적 요인의 인식
- 미생물이 이용할 수 있는 수분과 이용할 수 없는 수분을 구별하기 위한 수분 활성의 개념 이해
- 미생물의 생육과 생태에 대한 수분활성의 영향 이해
- 미생물 성장 역학을 기술하는 방정식을 이용한 미생물 수의 정량적 예측
- 미생물의 성장 패턴을 변화시키는 성장 방정식 변수의 변화
- 식품 유래 세균의 대사산물과 에너지 생성에 필요한 생화학적 경로

서론

결코 당신은 *단지* 식품미생물학자라 말하지 말라. 식품미생물학은 정부의 여러 기관이 통제하고 있는 미생물학의 전문 영역이다 (Box 2.1). 심장외과가 외과 분야에서 전문성이 있듯이 식품미생물학자는 전문성을 가진 미생물학자이다. 식품미생물학자는 미생물을 이해하고 있어야 하며 복잡한 식품 체계를 이해하고 있어야 한다. 마지막으로 그들은 복잡한 식품 생태학에서 미생물학적 문제를 해결하기 위해 위의 두 가지 분야를 결합하여야 한다. "식품에 세균이 얼마나 많이 들어 있나요"라는 질문에 대한 간단한 답은 없다. 이 장의 첫 번째 부분에서는 식품에 존재하는 세균의 확인과 측정 방법을 알아본다. 배양할 수 있는 것만이 꼭 *살아 있다*고 할 수는 없다. 세포에 상처를 입거나 배양할 수 없는 세포는 평판 배지 상에 콜로니를 형성할 수 없으나 자연에 존재하고 또한 질병의 원인이 될 수 있기 때문이다.

이 장의 두 번째 부분에서는 세균의 성장에 영향을 미치는 내적 외적 요인을 소개한다. 어떤 환경에서 생물체의 성장 가부를 결정하는 요인은 *상호작용*이다. 미생물 성장을 억제하는 다양한 환경 요인 (산도, 염도, 온도 등)을 사용하는 기술을 *장애기술 (hurdle technology)*이라 한다. 장애기술은 식품의 저장기술로 인기를 더해가고 있다.

미생물의 성장 동력학은 이 장의 세 번째 부분에서 다루고 있다. 미생물 성장곡선의 4단계 모두 식품미생물학자에게 중요하다. 만약 유도기를 정상적인 보존기간을 이상으로 연장할 수 있다면 식품은 미생물학적으로 안전하다. 미생물 수가 너무

BOX 2.1

식품안전에 관련되어 있는 기관들

미국 농무성 (U.S. Department of Agriculture, USDA)은 식품안전검사국 (Food Safety and Inspection Service, FSIS)을 통해 육류와 가금류를 관리하고 있다. 모든 육류와 가금류는 지속적인 USDA 검사 하에 가공되어야 하나 USDA는 리콜을 할 수 있는 권한은 없다. USDA의 경제연구국(Economic Research Service)은 유기식품의 관리를 맡고 있는 반면에 농업연구국 (Agricu-ltural Research Service)은 규제를 위한 과학적 근거 및 미국 농업을 발전시키는데 필요한 과학적 지원을 담당한다.

식품의약청 (Food and Drug Administration, FDA)은 육류, 가금류 그리고 주류담배화기단속국 (Bureau of Alcohol, Firearms, Tobacco and Explosive, AFT)에서 관리하고 있는 주류를 제외한 모든 식품들을 관리하고 있다. FDA는 주기적으로 식품제조시설을 검사하고 저산도 통조림식품의 모든 열처리 공정을 승인하며 강제적인 리콜을 명령할 수 있는 권한을 가지고 있다. 또한 FDA는 의약품과 의료기기를 관리한다. FDA의 식품관련 분야는 식품안전 및 응용영양 센터 (Center for Food Safety and Applied Nutrition, CFSAN)에서 담당한다.

질병통제예방센터 (Centers for Diseases Control and Prevention, CDC)는 미국 보건후생성 (Department of Health and Hu-man Services)의 한 하부조직이다. 식품관련 질병의 발발을 조사하기 위한 전염병에 관한 전문지식을 제공하고 시간에 따른 식품관련 질병의 발생범위를 추적한다. 또한 지리적으로 분산된 발병건수와 통상적인 대규모 발발과의 관련지을 수 있는 일을 담당하는 "DNA 핑거프린트 정보센터"인 펄스넷 (PulseNet)을 감독한다. 질병통제예방센터는 통제권한을 갖지 않는다.

환경보호청 (Environmental Protection Agency, EPA)은 작물에 사용되는 살충제, 곰팡이방지제, 제초제에 관한 통제권한을 가지고 있다.

이것을 생각해보라. 3% 이하의 닭고기를 함유하는 '바겐' 파이는 FDA에서 관리하지만 30%의 닭고기를 함유하는 '업스케일' 파이는 USDA가 관리하게 될 것이다. 만약 업스케일 고기 파이가 인기가 있어 채식주의자를 위한 파이를 생산하게 되면 이것은 FDA 관리를 받게 된다. 마찬가지로 미생물 생육을 저지하기 위해 벤조 산을 요구르트나 코티지 치즈에 첨가하게 되면 FDA의 관리를 받게 된다. 만약 벤조 산이 곡류에 곰팡이 증식을 방지하기 위해 사용되면 EPA의 관리를 받게 된다.

적어 질병을 일으킬 수 없을 정도로 미생물의 성장율을 느리게 조절할 수 있다면 그 제품은 안전할 것이다. 만약 미생물의 사멸기를 조절할 수 있다면 살균처리하지 않은 우유로 체다 치즈를 만들 수 있는 것과 같이 식품의 안전성을 확보하기 위한 수단으로 사용할 수 있을 것이다.

이 장의 네 번째 부분에서는 식품유래 미생물의 생리학과 대사를 소개하고 있다. 이 책에서는 생물화학적 기본지식이 없다고 가정하여 식품유래 미생물과 연관된 생화학을 다루었다. 유산균이 사용하는 생화학 경로는 발효 식품의 특징을 결정한다. 부패현상 역시 특정 경로의 산물이다. 유산은 우유를 시게하고 이산화탄소는 통조림 관을 팽창시킨다. 서로 다른 양의 에너지 (ATP의 형태)를 생성하기 위해 다른 생화학 경로를 이용할 수 있는 세균은 불리한 생육환경에서도 성장을 조절할 수 있다. 호기적 상태에서 생육하는 미생물은 혐기적 상태에서 생육한 미생물에 보다 더 많은 에너지 (ATP)를 생산 한다 (Box 2.2). 그러므로 *Staphylococcus aureus*는 혐기적 조건보다 호기적 조건에서 성장에 불리한 조건에 대한 내성이 강하다.

식품 생태계 (food ecosystems)와 항상성 (homeostasis) 및 장애기술 (hurdle technology)

생태계로서의 식품

식품은 환경과 그 안에서 살고 있는 미생물로 구성된 일종의 생태계라 하 수 있다. 식품 환경은 식품에 내재된 내적 요인 (예를 들면 pH, 수분활성도, 영양분)과 외

BOX 2.2

에너지 생성 이론 (Mechanism of energy generation)

혐기성미생물은 한 종류의 기질에서 모든 에너지를 생성할 수 없다. 일반적으로 한 분자의 포도당을 이용하여 1–2분자의 ATP를 생성한다. 이러한 과정을 *기질수준의 인산화*라 한다. 편성 혐기성 세균은 공기에 의해 사멸된다.

호기성 미생물은 산소 존재 하에서 포도당을 완전 연소시킨다. 이들 미생물은 호흡을 통해서 한분자의 포도당을 이용하여 34분자의 ATP를 생성한다. 절대 호기성 미생물은 *산소*가 없으면 성장하지 않는다.

통성혐기성 미생물은 기질수준의 인산화나 호흡을 통해 에너지를 생성한다. 이러한 미생물은 편성혐기성 균이나, 절대호기성 균에 비해 성장할 수 있는 환경이 훨씬 다양하다.

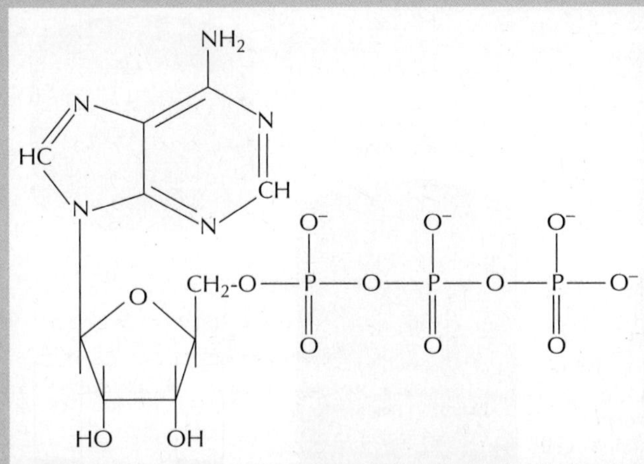

ATP의 화학구조.

적 요인 (즉 온도, 기체 환경, 다른 세균의 존재)이 있다. 식품을 보존하기 위해 내적 요인과 외적 요인을 조절하기도 한다. 미생물학에 적용될 때 생태학은 식품미생물국제규격위원회 (International Commission on Microbial Specifications for Foods)에 의해 "공간의 화학, 물리, 구조적 면과 그 공간이 있는 특정 미생물 집단간 *상호작용*에 관한 학문"으로 규정되었다. "상호작용"은 식품 생태계의 동적 복잡성을 강조한다.

식품은 아주 세밀한 척도를 기준으로 한다면 이질적일 수 있다. 이질성과 pH의 변화, 산소, 영양 등은 식품에서 중요한 환경적인 요소이다. 식품은 다양한 미세 환경을 포함할 수 있다. 이것은 — 호기성 식품에서 편성 혐기성 세균인 *Clostridium botulinum* 식중독 발생의 예를 통해 볼 수 있다. *C. botulinum*이 감자, 기름에 약하게 튀긴 양파, 콜슬로 (양배추 샐러드)에서 성장하여 식중독을 일으킨다. 이러한 식품에서 산소는 조리 시 없어지며 아주 천천히 다시 확산되어서 대부분의 제품이 공기가 부족한 상태로 남게 된다.

고전적 미생물학과 그 한계

검출 (detection)과 균수측정 (enumeration) 방법의 한계성

표준평판계수법과 순수 배양의 미생물이론을 기초로 하는 모든 방법은 동일한 한계점을 가진다. 표준평판계수법은 '각각의 세포는 한 개의 콜로니를 형성하고 각각의 콜로니는 단하나의 세포에서 기원 한다'고 가정한다. 주어진 세포가 콜로니를 형성하는 능력은 세포의 생리적 상태, 성장배지와 선택제제의 존재 여부 그리고 배양 온도 등 다양한 요인에 의해 영향을 받는다.

그림 2.1은 표준평판계수법, 검출방법, 최확수법 (MPN, most-probable-number method)의 개념을 설명하고 있다. 10^6 CFU/ml의 혐기성 세균, 10^5 CFU/ml

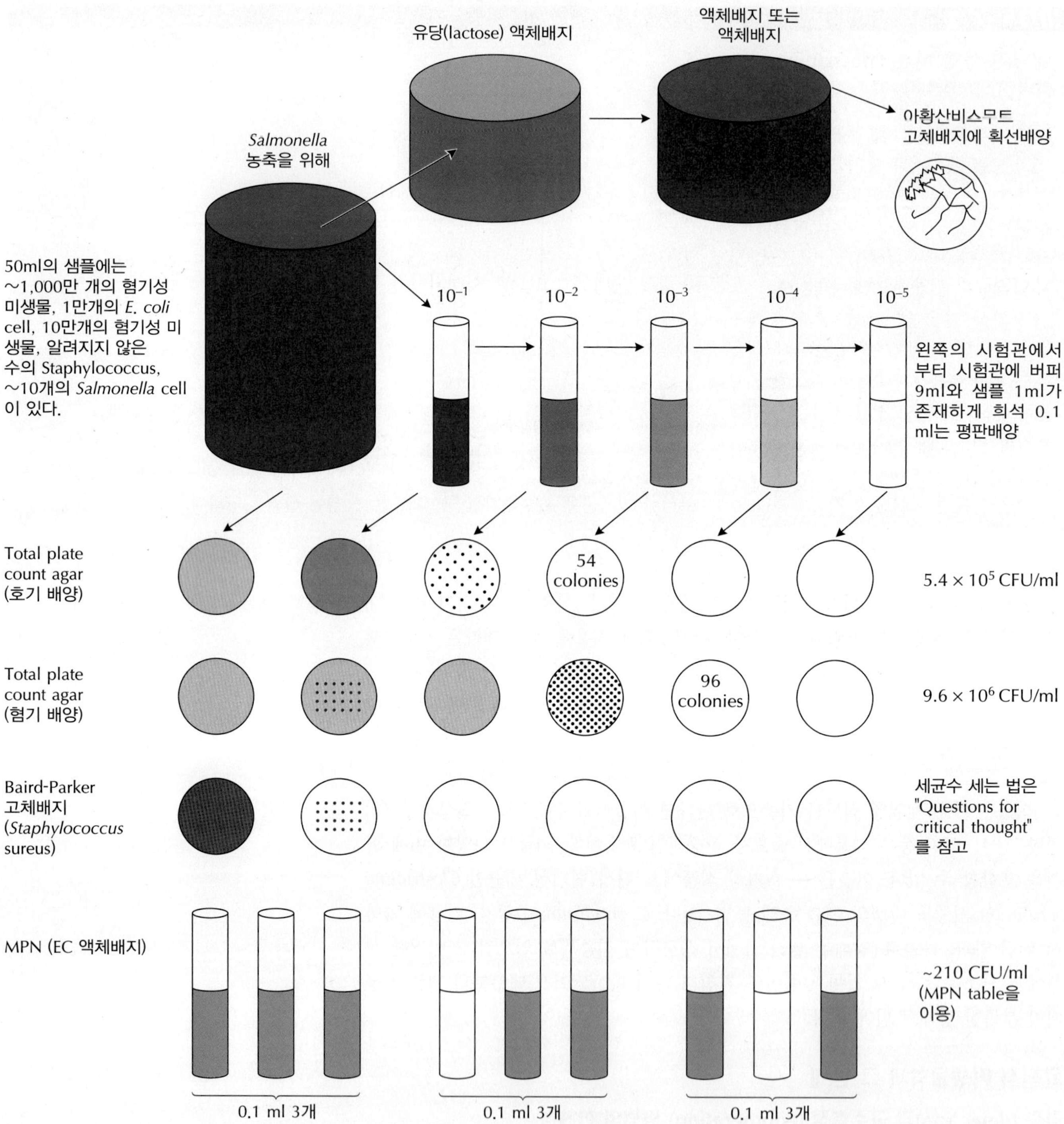

그림 2.1 세균 수 측정 방법. 세균수를 측정하기 전에 시료 (희석배율 100)를 10의 배수로 단계적으로 희석한다. 세균수를 측정하기 위해서는 적절한 배지에 희석액 0.1 ml를 각각 접종한다. 24시간 또는 48시간 배양 후 나타난 콜로니수를 헤아려서 희석배율을 곱하면 원래 시료 1 ml 당 존재하는 미생물수를 측정할 수 있다. 색의 밀도는 배양액의 밀도를 나타낸다. 시료 중 존재하는 미생물수가 낮을 경우 최확수 (MPN, Most probable number) 방법을 사용한다. 이러한 경우 배지를 함유한 튜브를 연속적으로 희석된 3개의 희석시료를 각각 3개의 시험관에 시료를 접종하여 배양한 후 각각의 희석 배율에서 성장이 이루어진 시험관 수를 헤아려서 최확수표 (표 2.3)를 참조하여 시료 중 미생물 수를 측정한다.

의 호기성 세균, 상당수의 *S. aureus*, 약간의 *Escherichia coli*, 몇 개의 *Salmonella*가 포함되어 있는 우유 50 ml를 생각해 보자 (Box 2.2). CFU는 이상적으로는 하나의 세포이지만 실제로는 100개의 세포 덩어리 혹은 10개의 체인이 될 수 있다. 세균은 너무 많아서 헤아릴 수 없거나 너무 적어서 쉽게 발견될 수 없기 때문에 시료는 증균과정을 거치거나 희석해야 한다.

표준평판계수법 (plate counts)

표준평판계수법은 세균수가 250 CFU/ml 이상 (액체의 경우) 또는 2,500 CFU/ml 이상 (고체의 경우 피펫을 사용할 수 있도록 액체 상태로 1:10으로 희석되어야 한다.)일 때 미생물 수를 측정하기 위해 사용된다. 식품 샘플은 먼저 10배수로 희석을 할 수 있도록 완충액에 1:10 (w/v)으로 균일하게 현탁한 다음 이것을 10, 100, 1000, 10,000배 등과 같이 10배수로 희석해 나가는 방식으로 희석하여 한천 배지 상에 도말한다. 35°C에서 배양한 후 플레이트 당 평균 콜로니 수 (플레이트 상 콜로니 수 25–250개)의 평균값에 희석배수를 곱해서 원 샘플의 세균수로 결정한다. 이 방법은 단순한 것같이 들리지만 과연 그럴까? 그렇지 않다. 한 때는 위에 설명된 방법으로 *총균수*를 측정하였다. 그러나 이것은 다만 35°C 배지에서 성장할 수 있는 세균수에 불과하며 보다 많은 수가 있는 혐기성 세균은 공기가 존재하는 상태에서 성장할 수 없으므로 측정될 수가 없다. 15°C 이하에서만 자라는 세균수는 냉장 우유의 보존기간을 결정하는 주요 지표가 되지만 역시 측정되지 않는다. 여러분을 병들게 할 수 있는 *S. aureus* 역시 일반적으로 무해한 세균 집단 가운데에서는 측정되지 않을 수 있다. 표준평판배양법은 이러한 문제점을 고려하여야 한다. 이러한 문제점을 해결하기위해 배지를 각기 다른 온도 또는 다른 환경에서 배양하여 세균수를 측정하여야 한다.

선택배지와 분별배지

선택배지 (selective media)는 특정 미생물의 성장을 돕거나 특정 미생물이외의 미생물의 성장을 억제하는 성분 즉 항생물질, 염, 표면활성제 등의 선택제제를 함유하고 있어 특정미생물만 자랄 수 있는 배지이다. 선택배지의 예는 표 2.1에서 보는 바와 같다. Baird'Parker 배지에서는 (그림 2.2) 배지의 성분 중 리튬 클로라이드, 글라이신, 텔루라이트 등의 성분에 의해 *S. aureus* 이외의 미생물의 성장이 억제되어 *S. aureus*만 성장하여 검은색의 콜로니를 생성한다. 그러나 특정미생물의 세포조직이 손상되었을 경우 선택배지에 있는 선택제에 의해 사멸된다. 때로는 선택배지는 완전히 선택적인 효과를 나타내지 않는다. 예를 들면 *Listeria monocytogenes*는

표 2.1 식품미생물학에서 사용되는 선택배지

세균	배지	선택제
Staphylococcus aureus	Baird-Parker agar[a]	리튬염산, 글라이신, 텔루라이트(tellurite)
Listeria sp.	LPM	리튬염산, 페닐에탄올, 항생제
유산균	deMan-Rogaosa-Sharp(MRS)	낮은 pH, 계면활성제
Campylobacter sp.	Abeyta-Hunt-Bark agar	미호기적 배양, 항생제

[a]미생물명이 학자 자신의 이름을 따서 명명되는 것은 학자로서 매우 명예로운 일이다. 배지명이 역시 학자의 이름을 따서 명명된다는 것 역시 매우 명예로운 일이다.

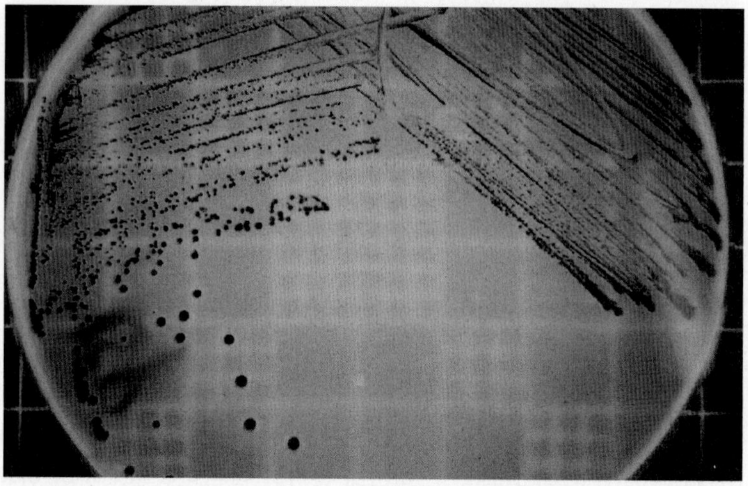

그림 2.2 Baird-Parker 배지에서 형성된 *S. aureus*의 검은색 콜로니.

Lactobacillus MRS (deMann Rogosa Sharp) 배지에서 성장한다. 따라서 선택배지를 이용하여 분리한 병원성 미생물의 동정은 반드시 생화학적, 유전학적 방법에 의해 확인하여야 한다.

분별배지 (differential media)는 특정 미생물과 그 외의 다른 미생물의 콜로니를 구별할 수 있는 배지이다. 예를 들면 *S. aureus* Baird Parker 배지 상에서 침전부분이 있는 검은색 콜로니를 형성한다. *L. monocytogenes*는 McBride 고체배지 상에서 푸른빛을 내는 콜로니를 형성하며 Frasier 액체배지에서는 검은색을 나타낸다.

표준평판계수법에서 구하는 CFU/ml 값은 식품 내부요인에 의해서도 영향을 받는다. 표 2.2는 다양한 열충격 과정 (80°C에서 10분 또는 열처리 안한 것)을 거친 후 각각 호기적 조건과 혐기적 조건, 선택배지인 McBride 배지와 비선택배지인 TSAY (tryptic soy agar-yeast extract)에서 얻은 *L. monocytogenes*의 55°C에서의 *D* 값 (90%의 미생물을 죽이는데 필요한 시간)으로서 설명하고 있다. *D* 값을 근거로 하여 조사하였을 때 열충격을 받은 후 TSAY 배지에서 회복되는 세포는 열충격을 받지 않고 호기적 조건 하 McBride 배지에서 회복되는 세포보다 약 4배나 내열성이 강하였다. 마찬가지로 포자형성 온도는 포자의 내열성에 영향을 미친다.

최확수법

최확수법은 시료 중 미생물 수가 적을 때 이를 측정하기 위해 사용하는 방법이다 (그림 2.1). 이 방법은 흔히 시료 중 *E. coli*와 대장균군수 측정에 사용된다. 선택제제를 배지에 첨가한다. 최확수법은 시료의 연속된 10배수 희석액 (예, 10^{-1}, 10^{-2},

표 2.2 열처리와 측정방법이 *L. monocytogenes*의 $D_{55°C}$에 미치는 영향

공기유무	$D_{55°C}$ 값 (분)			
	TSAY 배지		McBtide's 배지	
	+	−	+	−
호기적	18.7	8.8	9.5	6.6
혐기적	26.4	12.0	성장 무	성장 무

+, 열충격 처리함; −, 열충격 처리하지 않음.

표 2.3 세균수가 적을 때의 3개 시험관을 이용한 최확수(MPN) 표[a]

성장양성 시험관 수			MPN/g	신뢰한계		성장양성 시험관 수			MPN/g	신뢰한계	
0.10	0.01	0.001		최저	최고	0.10	0.01	0.001		최저	최고
0	0	0	<3.0		9.5	2	2	0	21	4.5	42
0	0	1	3.0	0.15	9.6	2	2	1	28	8.7	94
0	1	0	3.0	0.15	11	2	2	2	35	8.7	94
0	1	1	6.1	1.2	18	2	3	0	29	8.7	94
0	2	0	6.2	1.2	18	2	3	1	36	8.7	94
0	3	0	9.4	3.6	38	3	0	0	23	4.6	94
1	0	0	3.6	0.17	18	3	0	1	38	8.7	110
1	0	1	7.2	1.3	18	3	0	2	64	17	180
1	0	2	11	3.6	38	3	1	0	43	9	180
1	1	0	7.4	1.3	20	3	1	1	75	17	200
1	1	1	11	3.6	38	3	1	2	120	37	420
1	2	0	11	3.6	42	3	1	3	160	40	420
1	2	1	15	4.5	42	3	2	0	93	18	420
1	3	0	46	4.5	42	3	2	1	150	37	420
2	0	0	9.2	1.4	38	3	2	2	210	40	430
2	0	1	14	3.6	42	3	2	3	290	90	1,000
2	0	2	20	4.5	42	3	3	0	240	42	1,000
2	1	0	15	3.7	42	3	3	1	460	90	2,000
2	1	1	20	4.5	42	3	3	2	1,100	180	4,100
2	1	2	27	8.7	94	3	3	3	>1,100	420	

[a]출처: http://www.cfsan.fda.gov/~ebam/bam-a2.html#tables

* 3개의 시험관에 시료 0.1, 0.01, 0.001g을 접종하여 조사하였을 경우 95% 신뢰도에서의 시료 g당 MPN 수

10^{-3}) 1 ml를 각각 3개의 배지에 접종하여 배양한 후 희석 배율별 양성반응을 나타낸 배지 수를 헤아려 표 2.3의 최확수표를 이용 미생물수를 환산하는 방법이다. 세 개의 시험관 최확수의 최소 정확성 (sensitivity) 한계 세균수는 3.0 cell/g 이하이다. 이것은 3개 대신 각 희석액에 10개의 시험관을 사용함으로써 0.96 cell/g 이하로 낮아질 수 있으나 이러한 방법은 비효율적이다.

집식배양 (집적배양, 증균배양) 기술

즉석식품 (ready-to-eat food)에서 *Salmonella*, *L. monocytogeners*와 *E. coli* O157:H7의 허용치는 0이다 (실제로 0/25g). 이러한 사실은 이들 미생물의 수는 반드시 측정하지 않아도 되지만 반면에 수백만의 다른 미생물과 혼재된 상태에서도 단 한 개의 *Salmonella*의 존재를 확인할 수 있어야 한다. 이를 위해 1차 증균 배양과 2차 선택적 증균 배양 과정을 거친 후 선택배지 상에서 성장유무를 검사하고 나아가 생화학적 유전학적 확인과정을 거치게 된다 (그림 2.1). 비선택적 배지에서의 1차 증균 배양은 손상된 세포를 회복시켜 선택제제에 저항성을 갖도록 하는 과정이다. 증균 배양과정에서 선택제제를 사용함으로써 병원성미생물의 성장을 증진시키고 그 밖의 다른 미생물의 성장을 억제시켜 선택배지 상에서 병원성 미생물의 분리가 쉽게 되도록 한다.

손상 (injury)

열 손상을 입은 세포와 살아 있으나 배양이 불가능한 세포 (VNC, viable but non-culturable cell)는 식품미생물학자에게 '이러한 상태의 세포는 콜로니는 형성할 수

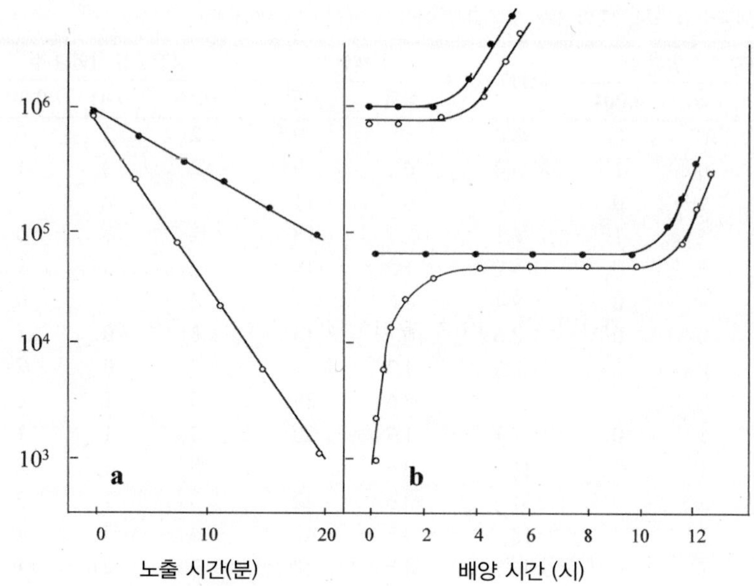

그림 2.3 세포의 손상과 복원을 나타낸 결과. (a) 는 스트레스 (열)에 노출된 미생물의 선택배지 (○) 비선택배지 (●)에서 성장할 경우 비선택배지에서의 CFU를 감소하여 치사 되는 현상을 나타낸다. 두 종류의 배지에서 나타난 콜로니 수의 차이는 손상된 세포로 정의 한다. 복원과정 (b) 중 선택제제에 대한 저항성이 다시 생겨나면 선택배지상의 콜로니 수는 비선택배지의 수에 근접한다. 스트레스를 받지 않는 대조구는 (b) 상단에서 보는 바와 같다. (출처: M. P. Doyle, L. R. Beuchat, and T. J. Montville [ed.], *Food Microbiology: Fundamentals and Frontiers*, 2nd ed. [ASM Press, Washington, D.C., 2001].)

없어 실험적으로 측정되는 않지만 질병의 원인이 될 수 있다'라는 문제점을 던져주고 있다. 미생물은 치사량에 가까운 열, 방사선, 식초, 소독약에 의해 사멸되기 보다는 손상을 입게 된다. 손상된 세포는 선택제제에 대한 저항력이 감소되고 영양 요구가 증가한다. 세포의 손상은 시간, 온도, 제제의 농도, 균주, 실험 방등의 요소에 의해 영향을 받는 복잡한 과정이다. 예를 들어 표준 소독 시험을 통해 어떤 종류의 소독약이 *Listeria* 세포를 사멸시킨다고 할 수 있지만 손상된 세포는 회복 배지의 사용으로 재생될 수 있다. 손상된 세포는 소독제에 대한 노출 시간과 소독제의 농도가 증가함에 따라 사멸 된다.

그림 2.3에 관해 알아보자. 약한 스트레스를 받은 세포를 각각 비선택배지와 6% 염을 한유한 선택배지에 접종할 경우 두 배지에 타나난 콜로니수의 차이가 손상된 세포수가 된다. 예를 들면 측정한 콜로니 수가 선택배지에서 10^7 CFU/ml이고 비선택배지에서 10^4 CFU/ml이면 손상된 세포수는 10^3 CFU/ml이 되는 셈이다. 손상된 세포의 복원을 위해 사용되는 배지는 세균의 종류 또는 스트레스 조건에 따라 달라질 수 있다.

세포의 손상은 식품 안전성면에서 다음과 같은 이유 때문에 매우 중요하다. (i) 내열성을 결정짓는 과정에서 만약 손상된 세포를 사멸된 것으로 간주한다면 가열의 효과는 과대평가된 것이며 열처리의 효과는 비효율적이 될 수 있다. (ii) 가공 후 샘플링을 할 때 감지되지 않은 손상된 세포는 식품이 소비되기 전에 복원될 수 있으며 이로 인해 질병의 원인이 될 수 있다. (iii) 선택제제는 염, 유기산, 적정온도 이하 등의 조건이 될 수 있다. 예를 들어 소시지 발효기간 중에 산에 의해 부상을 입은 *S. aureus* 세포는 tryptic soy agar에서는 성장할 수 있으나 7.5% 소금을 함유한 tryptic soy agar에서는 생육할 수 없다. 이들 손상된 세포는 소시지가 35°C로 유지되는 경우 복원되고 장독소를 생성하지만 5°C에 저장될 경우 이러한 현상은 일어나지 않는다.

복원 (repair)은 세포가 부상에서 회복되는 과정이다. 복원 과정은 RNA와 단백질 합성을 필요로 하며 유도기가 길어지며 환경적 요인이 복원정도와 복원율에 영향을 미친다. 염지 런천미트의 미생물적 안정성은 부패 미생물의 복원에 필요한 유도기를 연장시킴으로써 확보된다.

살아있으나 배양이 불가능한 세포 (VNC)

Salmonella, *Campylobacter*, *Escherichia*, *Sligella*, *Vibrio* sp.들은 살아 있지만 정상적인 방법으로 배양할 수 없는 상태로 존재할 수 있다. 성장력 있는 세포가 휴면 상태의 살아 있으나 배양이 불가능한 세포로 변화하는 것은 많은 포자를 형성하지 않는 세균의 생존전략이라 할 수 있다. 살아 있으나 배양이 불가능한 세포 상태로 전이되는 동안 간균 모양의 세포가 수축되어 작은 구형이 된다. 이것들은 세균의 포자와는 완전히 다르다. 영양세포 전체가 살아 있으나 배양이 불가능한 세포로 변하는데 소요되는 기간은 2일에서 몇 주가 걸린다.

비록 살아 있으나 배양이 불가능한 세포는 배양은 될 수 없으나 그 생존성은 현미경을 통해 관찰 할 수 있다. 형광분자탐침 (fluorescent molecular probe)으로 세균 세포막의 구조를 관찰할 수 있다. 세포막이 완전한 세포는 녹색형광으로 염색되고 세포막이 손상된 세포는 적색형광으로 염색된다. 염색약은 살아 있으나 배양이 불가능한 세포의 확인을 위해 사용된다. 즉 호흡하는 세포는 무색 수용성의 염색성분을 유색 불용성의 혼합물로 환원시켜 현미경상에서 관찰이 가능하게 한다. 살아 있으나 배양이 불가능한 세포를 검출하는 가장 효과적인 방법은 세포에 대한 분자수준의 이해도가 증가할수록 점점 발전될 것이다.

살아 있으나 배양이 불가능한 세포 상태는 흔히 수생 환경에서 영양소의 고갈에 의해 발생하기 때문에 영양소가 풍부한 식품 환경과는 관계가 없을 것으로 생각할 수 있으나 염 농도의 변화, 소독제에 대한 노출 그리고 온도의 변화 등은 살아 있으나 배양이 불가능한 세포 상태의 원인이 될 수도 있다. *Vibrio vulnificus* (10^5 CFU/ml)가 냉장온도로 환경이 변화되면 생균수가 0.04 CFU/ml로 되어 배양은 불가능하나 쥐에게 치명적으로 작용한다. 이러한 상태의 세균은 쥐 체내에서 소생하게 되고 쥐의 사후에도 배양법을 사용해 분리할 수 있다. 이러한 사실은 냉장식품의 안전성에 대해 다시 한 번 생각하게 한다.

살아 있으나 배양이 불가능한 세포 상태에 대한 지식이 쌓일수록 우리는 세균의 생존성에 대한 인식, 병원성균을 분리하기 위해 사용하는 증균 배양, 어떤 환경에서 미생물을 측정하는 배양 방법 등에 대해 다시 생각하게 된다. 우리는 아직도 살아 있으나 배양이 불가능한 세포 형성의 기작, 살아 있으나 배양이 불가능한 세포의 다양한 스트레스에 대한 저항성, 이러한 세포의 소생에 대해 자세히 이해하지 못하고 있다. 즉 생존능 (viability)과 배양가능성 (culturability)에 대한 관계는 좀 더 깊이 연구되어야 할 필요가 있다.

표 2.4 대표적인 식품들의 pH

pH	식품
>7.0	계란 알부민
7.0-6.5	우유, 햄, 베이컨, 가금류, 어류
6.5-5.3	신선 소고기, 채소, 진공포장 육류, 멜론
5.3-4.5	코티지 치즈, 채소발효식품, 육류발효식품 (예, 서머 소시지), 다양한 소스와 수프
<4.5	토마토, 과일 및 과일주스, 요구르트, 피클, 사우어크라우트

미생물 성장에 영향을 주는 내적 요소

식품 자체의 특징을 내적인 요소라 하며 미생물 성장에 영향을 주는 천연성분, 보존제로 첨가되는 첨가물, 산화환원 전위, 수분활성도 그리고 pH 등이 포함된다. 이러한 요소들의 대부분은 식품 보존의 물리적, 화학적 방법에 관한 장에서 별도로 알아보기로 하자. pH와 A_w는 중요한 인자로서 특별히 주목할 필요가 있다.

pH. 식품의 pH는 산도를 log 값으로 나타낸 것이다. pH는 $-\log [H^+]$로 정의할 수 있다. pH의 한 단위는 10배의 차이를 나타내기 때문에 pH 6의 식품은 pH 7의 식품보다 10배 더 산성이고 pH 5의 식품은 100배 더 산성이다. 낮은 pH 값이 강한 산성을 나타내기 때문에 전문가들까지도 헷갈릴 수 있다. 이러한 실수는 하지 않도록 주의하자. pH가 낮아질수록 중성에 가까운 세포내 pH를 유지하는데 에너지가 더 필요하고 증식을 하거나 독소를 생산하는데 에너지 소비가 줄어든다. 표 2.4는 몇몇 식품의 대표적인 pH를 나타내고 있다. 일반적으로 낮은 pH의 식품은 pH가 높은 식품보다 소비에 가공공정을 많이 거칠 필요가 적다는 것에 주의하자. 대부분의 식품병원성균들은 pH 4.4 이하에서는 증식할 수 없다. 이들은 낮은 pH에서 증식하지 못하고 살아남아 있거나 서서히 죽게 된다. 유산균이나 곰팡이들과 같은 변패미생물들은 산성식품에 자랄 수 있지만 pH가 3.0 이하인 식품에서는 거의 문제를 일으키지 않는다. *Thiobacillus thiooxidans*와 *Sulfobolus acidocaldarius*와 같은 극한미생물은 pH 1.0 이하에서도 증식할 수 있다. 다행히 이들은 식품과는 관련성이 없다. 대부분의 식품미생물들은 최적생육 pH가 중성 부근이다. 증식에 필요한 pH의 상한선은 pH 8-9이고 어떤 식품도 이정도의 알칼리성을 띠지 않는다.

세포 내 중성을 유지하기 위한 에너지 소비 이외에도 pH는 유전자의 발현에도 영향을 미친다. 양자 수송을 지배하는 유전자의 발현, 아미노산의 분해, 산 또는 염기 조건에의 적응, 심지어 독성까지도 외부의 pH에 의해 조절될 수 있다. 세포는 여러 기작을 통해 산도 (pH)의 변화를 감지한다.

1. 유기산은 세포내에 양자와 결합한 상태 (해리되지 않은 상태)로 들어가서 세포내에서 해리되고 H^+ (양자)를 세포의 세포질에 방출한다. 세포는 결과적인 세포막을 다시 투과할 수 없는 음이온의 축적을 감지하게 되고 동시에 세포질을 산성화시키는 방출된 양자를 감지하게 된다.
2. pH의 변화가 세포막 사이 양자구배의 변화를 일으키고 (예를 들어 세포 내외의 pH 차이) 이것은 에너지 의존 반응을 시작하거나 정지시키는 센서의 역할을 한다.

3. 세포내 산도에서의 변화가 단백질에서 아미노산의 양자화 혹은 비양자화를 초래한다. 이는 단백질의 2차, 3차적 구조를 바꾸어 단백질의 기능을 변화시키고 pH의 변화를 세포에 신호로 알려준다.

세포는 단백질이 변성되는 임계 pH 이상으로 세포내 pH (pH_i)를 유지하여야 한다. *Salmonella eneterica* serovar Typhimurium은 생명을 지속시키는 pH_i를 유지하기 위해 *항상성반응*, *산 내성반응*, *산충격 단백질*의 합성 등 세 종류의 기작을 가지고 있다.

세포 밖 pH (pH_o)가 6.0 이상일 때 살모넬라 세포는 항상성반응에 의해 pH_i를 조정한다. 항상성반응은 세포질에서 더 많은 양자를 방출하기 위해 양자펌프의 활성을 증가시킴으로써 pH_i를 유지한다. 항상성 기작은 단백질 합성 억제제 존재 하에서 작용을 한다.

산 내성반응은 pH_o가 5.5-6.0일 때 시작된다. 이 기작은 단백질 합성 억제제에 민감하며 적어도 18개의 산 내성반응을 유도하는 단백질이 존재한다. 산 내성반응은 세포막에 부착된 ATP 분해성 양자 펌프가 관여하며 pH_o가 4.0까지 낮아질 때에도 pH_i를 5.0 이상으로 유지시킨다. 유전자 파괴변이 (gene disruption mutation) 혹은 대사 억제제에 의해 발생하는 ATP 분해활성의 상실은 pH 항상성 기작을 제거하지는 못하지만 산 내성반응을 소멸시킨다.

산 충격 단백질의 합성은 세포가 pH_i를 조절하는 세 번째 방식이다. 이러한 단백질의 합성은 pH_o가 3.0-5.0일 때 개시된다. 이들은 산 내성반응 단백질과 구별되는 일련의 조절 단백질로 구성된다.

수분활성 (A_w) 수분은 식품에서 미생물의 증식과 화학반응을 조절하는 중요한 인자이다. 식품의 수분 함량보다는 수분의 *이용성*이 미생물의 저해에 더 관련이 있다. 수분은 화학적으로 식품 분자와 결합된 상태로 식품 미세구조의 모세작용에 의해 고정될 수 있다. 물은 이온결합, 수소결합, 모세작용 등에 의해 식품의 성분들과 결합한다. 모세관에서 수분을 제거하기가 어렵다는 것을 경험한 사람도 있을 것이다. 모세작용에 의해 결합한 물은 화학작용이나 미생물 증식에 이용될 수 없다. 자유수 또는 미생물이 이용할 수 있는 수분의 함량이 미생물이 증식할 수 있을 지 결정하게 된다.

수분활성 (A_w)은 이용 가능한 수분의 함량, 더 엄밀히 말한다면 식품 수분의 에너지를 측정한 것이다. 수분활성은 동일한 온도에서 순수한 물의 증기압 (P_0)에 대한 식품 수분의 증기압 (P)의 비로 정의할 수 있다.

$$A_w = P / P_0$$

식품으로부터 대기로의 수증기 이동은 식품의 수분함량, 식품조성, 온도 그리고 공기의 습도의 영향을 받는다. 일정한 온도에서 식품의 수분은 공기의 습도와 평형을 이룬다. 이것이 식품의 *평형 수분함량*이다. 습도가 높은 날씨에 피크닉을 갔을 때 가져간 감자 칩은 수분을 흡수하여 습한 상태로 된다. 마찬가지로 건조한 겨울 날씨에 버려둔 빵은 수분을 잃어버리고 딱딱해진다. 평형 수분함량에서는 식품은 수분을 흡수하지도 잃어버리지도 않는다. 식품의 주위 공기의 상대습도는 평형 상대습도

그림 2.4 수분활성도 측정을 위해 이슬점을 이용하는 Aqualab 시리즈 기기. Decagon devices의 승인을 받고 인용.

(equilibrium relative humidity, ERH)이다. 따라서 A_w는 다음과 같이 정의할 수 있다.

$$A_w = ERH(\%) / 100$$

이슬점을 이용하여 A_w를 측정하는 기계는 바로 이 상대습도 상관성을 이용하는 것이다 (그림 2.4). 식품 시료를 작은 컵에 넣고 식품의 수분이 컵 빈공간의 수증기와 평형에 (즉 식품의 평형 상대습도까지) 도달하게 한다. 이슬점 (공기 중의 수증기가 응축되어 물로 변하는 온도)은 수증기압을 측정하는 간편한 방법이다. 수증기압은 수증기가 응축이 되어 물이 될 때까지 챔버를 냉각하여 측정할 수 있다. 따라서 시료의 A_w는 시료가 가지고 있는 온도에서의 포화 수증기압에 대한 이슬점에서의 응축 수증기압의 비율이라 할 수 있다. 이 방법을 사용하여 5분 이내에 0.001까지의 A_w를 측정할 수 있다.

A_w를 표현하는 세 번째 방법은 몰분율에 기초한 것으로서 A_w = 용매의 mol 수 / (용매의 mol 수 + 용질의 mol 수)로 나타내는 것이다. 부호로 나타내면 n_1이 용매 (보통 수분)의 mol 수이고 n_2가 용질의 mol 수일 때 다음과 같다.

$$A_w = n_1 (n_1 + n_2)$$

왜 A_w가 1보다 작은 값인 지 알 수 있겠는가? 물 1 l (1,000g/18 g mol^{-1})에는 물 분자 55.5 mol이 들어 있기 때문에 A_w를 구하는 식은 다음과 같이 표현될 수 있다.

$$A_w = 55.5 (55.5 + n_2)$$

특정 A_w를 얻기 위해 필요한 당과 소금의 이론적 양은 표 2.5와 같다. 설탕의 양 (mol)에 비하여 소금은 약 반이 요구되는데 이는 1 mol의 소금이 해리되어 1 mol의 Na^+와 1 mol의 Cl^-로 해리되어 2 mol의 용질이 되기 때문이다.

이 식으로부터 특정 농도의 용질이 몇 A_w에 해당되는지 특정 A_w가 되게 하려면 용질이 얼마가 필요한지 결정할 수 있다.

표 2.5 특정 수분활성도를 만드는데 필요한 식염과 당의 이론적 농도

a_w	식염		당	
	중량 몰농도[a]	%	중량 몰농도	%
0.99	0.3	1.7	0.6	17.0
0.98	0.5	2.8	1.1	27.3
0.96	1.1	6.0	2.3	44.0
0.94	1.0	9.5	3.6	55.3
0.92	2.4	12.3	4.9	62.6
0.90	3.1	15.3		
0.88	3.7	17.8		
0.86	4.5	20.8		
0.84	5.3	23.7		
0.80	6.9	28.8		
0.75	9.2	34.9		
0.70	11.9	41.0		
0.65	15.0	46.7		
0.60	18.5	52.0		

[a]무게 몰농도(molality)와 부피 몰농도(malarity)의 차이를 고려할 것.

예제 1

10% (w/w) 포도당을 함유하는 용액의 A_w는 얼마인가?

1. 용액 1 l를 가정해보자.

2. 포도당의 몰농도를 계산한다.

a. 100 g/900 g H_2O

b. 몰농도로는 111 g 포도당/1,000 g H_2O와 같다.

c. 111 g/180 g mol^{-1} (포도당의 분자량) = 0.61 mol

3. A_w를 계산한다.

$A_w = 55.5/(55.5 + n_2) = 55.5/(55.5 + 0.61) = 55.5/56.1 = 0.989$

예제 2

A_w 0.90 용액을 만들려면 포도당 몇 % 용액을 만들어야 하는가?

1. 용액 1 l를 가정해보자.

2. A_w 0.90 용액을 만드는데 필요한 포도당의 몰농도를 계산한다.

a. $A_w = 55.5/(55.5 + n_2)$

b. $0.90 = 55.5/(55.5 + n_2)$

c. $0.90(55.5) + 0.90(n_2) = 55.5$

d. $49.95 + 0.90(n_2) = 55.5$

e. $0.90(n_2) = 5.5$

f. $n_2 = 6.1$ mol

3. 몰농도를 퍼센트로 환산한다.

a. 6.1 mol 용액 = 6.1 mol × 180 g/mol = 1,098 g 포도당

b. 1,098 g/(1,098 g 포도당 + 1,000 g H_2O) = 52%

동일한 A_w를 가지 식품은 화학조성이나 수분의 결합능력으로 인하여 수분함량이 다를 수 있다 (표 2.6).

표 2.6 20°C, 수분 활성도 0.7일 때의 다양한 건조식품 및 탈수식품 제품의 수분 함량[a]

식품	% 수분 함량
곡류	4–9
분유	7–10
코코아 분말	7–10
계란 분말	10–11
탈지분유 분말	10–15
무지방 건조육류	10–15
쌀 및 콩 종자	12–15
탈수야채	12–22
건조수프	13–21
건조과일	18–25

[a]J. Farkas, p. 567–592, *in* M. P. Doyle, L. R. Beuchat, and T. J. Montville (ed.), *Food microbiology: Fundamentals and Frontiers*, 2nd ed. (ASM Press, Washington, DC, 2001)에서 인용

그림 2.5 물은 고체에서 액체로 바뀔 때 미생물의 성장에 더 잘 이용된다. *Lucky Cow* © 2004년 Mark Pett. Universal Press 연합에 의해 배포. 승인을 받고 인용. 저작권 있음.

탈수공정은 이용 가능한 수분을 제거함으로써 즉 A_w를 감소시킴으로써 식품을 보존할 수 있다. 뜨거운 공기는 증발에 의해 수분을 제거하고 동결건조는 동결 후 승화(얼음으로부터 액체 상태를 거치지 않고 기체로 전환)에 의해 수분을 제거한다. 이러한 공정들은 식품의 A_w를 미생물의 증식이 저해되는 수준까지 감소시킨다. 동결은 A_w를 감소시키고 식품이 해동될 때 A_w는 증가한다 (그림 2.5).

다양한 식품들의 A_w를 표 2.7에 비교하여 나타내었다. 과일, 채소, 육류 및 어류 등의 수분함량이 높은 식품은 A_w가 0.98 이상이다. 잼과 소시지 등의 중간 수분 함량의 식품들은 A_w가 0.7-0.85 정도로서 이들은 미생물학적으로 안정하기 위해서는 pH 감소, 보존제 및 저온살균 등의 부가적 보존처리가 필요하다.

그림 2.6은 A_w, 병원성균의 증식, 유통기한 등의 상호작용을 나타내고 있다. 각종의 미생물들은 서로 다른 A_w를 요구한다. A_w를 낮추면 생육곡선의 유도기가 길어지고 비증식속도가 감소하며 정지기의 세포수를 감소시킨다. 식품미생물은 A_w 최소요구정도에 따라 표 2.8과 같이 나눌 수 있다. 그람 음성 세균은 일반적으로 가장 높은 A_w를 요구한다. 그람 음성 세균인 *Pseudomonas* sp.는 0.96 이상, 대부분의

표 2.7 다양한 식품의 대표적 수분 활성도[a]

식품	수분활성도
신선 생과일, 생야채, 육류, 생선	>0.98
조리된 고기, 빵	0.95-0.98
염지 육류제품, 치즈	0.91-0.95
소시지, 시럽	0.87-0.91
쌀, 콩, 완두콩	0.80-0.87
잼, 마멀레이드	0.75-0.80
캔디	0.65-0.75
건조과일	0.60-0.65
탈수 버미첼리 (vermicelli), 향신료, 분유	0.20-0.60

[a]J. Farkas, p. 567-592, *in* M. P. Doyle, L. R. Beuchat, and T. J. Montville (ed.), *Food microbiology: Fundamentals and Frontiers*, 2nd ed. (ASM Press, Washington, D.C., 2001)에서 인용.

그림 2.6 식품의 유통기한 및 미생물 생육에 미치는 수분 활성도의 영향.

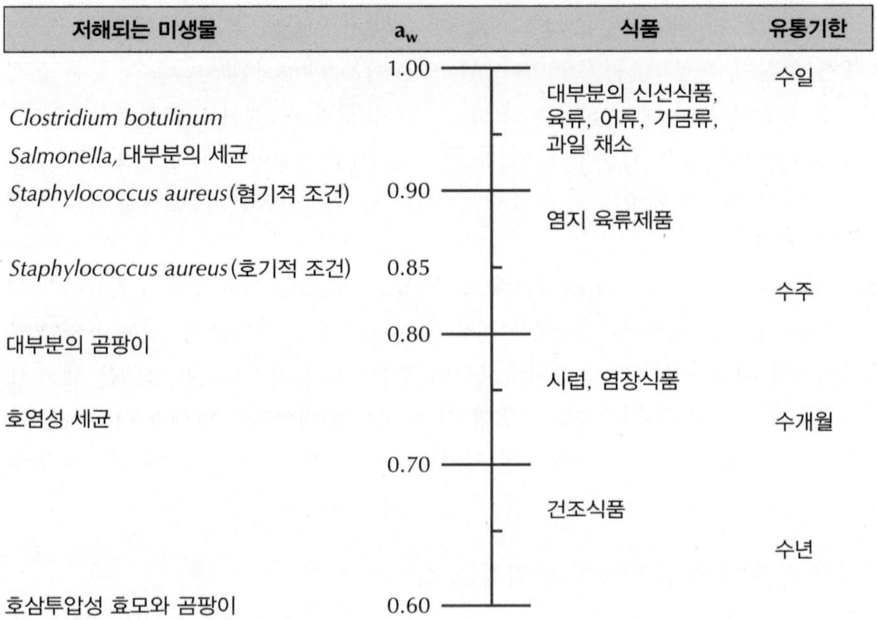

Enterobacteriaceae과는 0.93 이상의 A_w에서만 증식이 가능하다. 그람 양성 무포자형성균들은 낮은 A_w에 대해 덜 민감하게 작용한다. 많은 Lactobacillaceae과의 세균들은 생육 최소 A_w가 약 0.94이다. 어떤 Micrococcaceae과 세균들은 A_w 0.90 이하의 조건에서도 증식이 가능하다. Staphylococci는 최소 0.86의 A_w에서도 생육이 가능하여 식품병원성균 중에서 아주 독특한 특성을 가지지만 A_w 0.93 이하에서는 독소를 생산하지 못한다. *Bacillus cereus*의 포자 발아와 발아 후 성장은 A_w 0.93-0.97에서는 불가능하다. *Clostridium perfringens* 포자 발아와 증식을 위한 최소 A_w는 0.05-0.97 정도이다.

다양한 효모들은 세균의 것보다 낮은 A_w에서도 증식한다. *Debaryomyces hansenii*, *Hansenula anomala*, *Candida pseudotropicalis*와 같은 내염성 효모들은 11% NaCl (A_w = 0.93)의 조건인 보존 처리된 육류나 피클에서도 생육이 가능하다. *Zygosaccharomyces rouxii*, *Z. bailii*, *Z. bisporus*와 같은 내건성 효모들은 고농도의 당을 함유하고 따라서 낮은 A_w를 가진 잼, 꿀, 시럽에서도 증식하여 이들을 변패시킨다.

표 2.8 식품 유해 미생물의 성장을 필요한 최소 수분 활성도[a]

미생물 그룹	최소 요구 수분 활성도
대부분의 세균	0.91-0.88
대부분의 효모	0.88
일반 곰팡이	0.80
호염성 세균	0.75
내건성 곰팡이	0.71
내건성 곰팡이 및 호삼투압성 효모	0.62-0.60

[a]J. Farkas, p. 567-592, *in* M. P. Doyle, L. R. Beuchat, and T. J. Montville (ed.), *Food microbiology: Fundamentals and Frontiers*, 2nd ed. (ASM Press, Washington, D.C., 2001)에서 인용

곰팡이는 일반적으로 식품유래 세균들보다도 낮은 A_w에서 자랄 수 있다. 가장 대표적인 내건성 곰팡이는 *Eurotium* sp.에 속한다. 이들의 최저 생육 A_w는 0.71-0.77인 반면에 최적 A_w는 0.96이다. *Monascus* (*Xeromyces*) *bisporus*와 같은 진정 내건성 곰팡이 (true xerophilic molds)는 0.97-0.99의 A_w에서는 증식하지 않는다. 곰팡이의 증식과 독소 생산과 A_w의 상관관계는 매우 복잡하다. 낮은 pH, 낮은 A_w, 저온 등의 극단적인 환경조건 하에서 곰팡이는 증식은 가능할 수 있지만 독소는 생산하지 않는다.

세균과 곰팡이의 다양한 성장한계 A_w는 낮은 A_w 조건에서 생육이 가능하게 하는 기작이 있음을 시사한다. 세균은 세포 내에 삼투압에 저항할 수 있는 용액을 축적함으로써 외부의 삼투압 스트레스로부터 자신들을 보호한다. 이 용액은 세포 내부 A_w를 주위 환경과 평형을 이루도록 하고 세포의 대사에는 방해를 하지 않는다. 어떤 세균은 K^+ 이온과 프롤린 등의 아미노산을 축적한다. 내염성 및 내건성 곰팡이는 글리세롤, 에리쓰리톨, 아라비톨 등의 다가 알코올을 농축한다.

미생물 성장에 영향을 미치는 외적 요소

외적 요소는 식품 외부의 요소이다. 온도 및 가스 조성은 미생물 성장에 영향을 주는 주요 외적인 요소이다. 미생물의 성장과 생리에 미치는 온도의 영향은 매우 크다. 온도는 성장속도에 영향을 미치며 온도의 여향은 유전자 발현에 중요한 영향을 미치기도 한다. 냉장상태에서 성장한 세포는 상온에서 성장한 세포에 비해 단지 느리게만 성장하는 것은 아니라 유전자 발현이나 생리학적인 측면에서도 다른 성질을 나타낸다. 뒷장에서 온도가 특정미생물에서 운동성에서 독성에 이르기까지의 특성을 지배하는 유전자 발현을 어떻게 조절하는가에 대해 상세히 제시하고 있다.

온도의 조절은 식품안전에 있어서 가장 중요한 문제이다. "뜨거운 식품은 뜨겁게 보관하고 찬 식품은 차게 보관하라" (그림 2.7)는 옛 속담은 매우 맞는 말이다. 일반적인 온도에 대한 지침은 "40-140" 규칙에 들어있다. 이 범위가 미생물의 생육온도 범위이기 때문에 식품은 40°F 이하 또는 140°F 이상의 온도에 보관되어야 한

그림 2.7 식품안전의 주요 규칙 중의 하나는 "고온식품은 고온을 유지하고 저온식품은 저온을 유지하라."이다. *Baldo* ⓒ 2004년 Baldo Partnership. Universal Press 연합 배포. 승인을 받고 인용. 저작권 있음.

다. 규칙 40-140에 추가하여 식품은 미생물의 증식을 억제하기 위하여 가능한 한 빨리 이 온도범위를 벗어나야 한다. 완만한 냉각이 부적절한 열처리로 인하여 식품 매개 질병의 더 많은 사고를 유발한다는 것에 주목하라. 냉각시간은 식품시료의 짧은 치수의 제곱에 비례한다. 즉 식품용기의 직경이 2배가 되면 냉각시간 4배가 된다. 소스 통 8 갤런짜리 용기를 40°F 냉장고 안에 두면 105°F로부터 57°F로 냉각하는데 25시간이 걸린다. 완만한 냉각의 문제점을 해결하기 위한 해결책은 깊은 단지 형태의 용기보다는 얇은 접시 형태의 용기를 사용하는 것이다.

Frank Bryan에 의해 개발된 더 복잡한 모델은 시간과 온도를 묶어서 생각하는 것이다. 이 장의 뒤쪽에서 다루게 되겠지만 시간과 온도는 미생물 증식 속도식 (식 1; 온도의 영향이 비증식속도와 관련이 깊은 것을 주목할 것)의 대수기 부분에 있다. 따뜻한 여름날에는 몇 시간에 식품이 위험성을 나타낼 수 있다. 서늘한 가을에는 동일한 위험성에 도달하는데 며칠이 소요될 수 있다. 그림 2.8은 특정 온도에서 일정한 시간에 도달하는 위험의 정도를 나타내고 있다. 약 35°C (더운 여름날의 소풍을 생각해 보자)의 위험한 온도에 보관된 식품은 몇 시간에 위험해진다. 그림 2.9는 위험성 (risk)과 위해성 (hazard)에 맞추어 더욱 상세히 설명하고 있다. 위해성

그림 2.8 시간과 온도가 세균에 미치는 영향. *Food Safety Magazine*의 허락을 받고 Frank Bryan의 그림 중에서 인용.

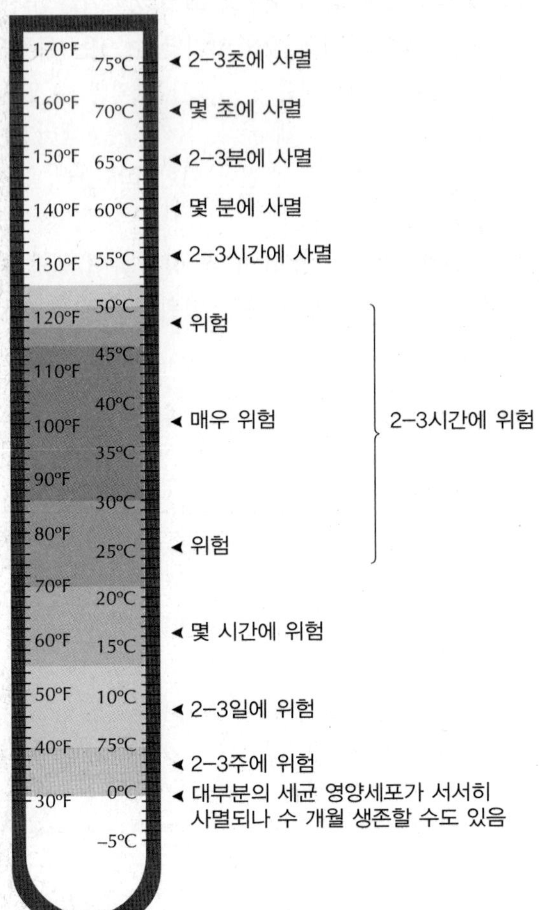

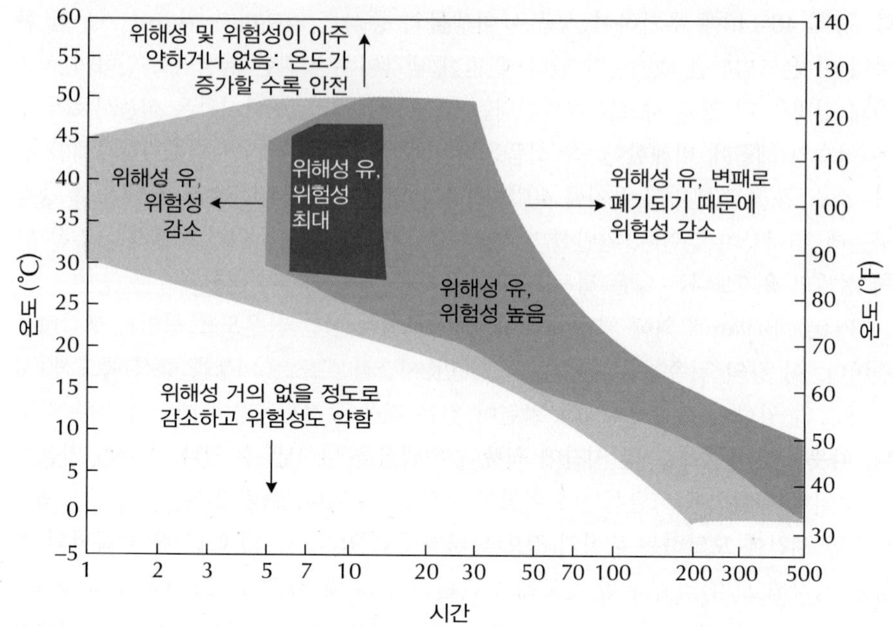

그림 2.9 식품의 위해성과 위험성을 평가할 수 있는 시간과 온도의 복합 조사. *Food Safety Magazine*의 승인을 받고 Frank Bryan의 그림 중에서 인용. *x* 축은 log 스케일임에 주의.

과 위험성의 차이를 잘 알아야 한다. 위해성은 해를 끼치거나 손상을 줄 수 있는 잠재력을 의미하고 위험성은 위해성이 손상을 야기할 수 있는 확률을 의미한다. 잠재적인 병원성 세균의 존재 때문에 그라운드 비프가 위해할 수 있다고 생각할 수 있고 이것을 충분히 굽는다면 위험은 없게 된다. 살짝 구운 햄버거는 위험성이 높다. 어떤 면에 있어서는 식품미생물학자의 훈련이 위험성의 관리 즉 위해성을 허용 수준으로 낮추는 것이라 할 수 있다.

온도의 화학에서 대개 온도가 매 10°C씩 증가하면 반응속도는 배가 된다고 한다. 이러한 단순한 가정은 제한된 온도 범위 이상에서 미생물의 성장에 적

그림 2.10 각기 다른 온도에서 세균의 상대적인 성장속도. (출처: M. P. Doyle, L. R. Beuchat, and T. J. Montville [ed.], *Food Microbiology: Fundamentals and Frontiers*, 2nd ed. [ASM Press, Washington, D.C., 2001].)

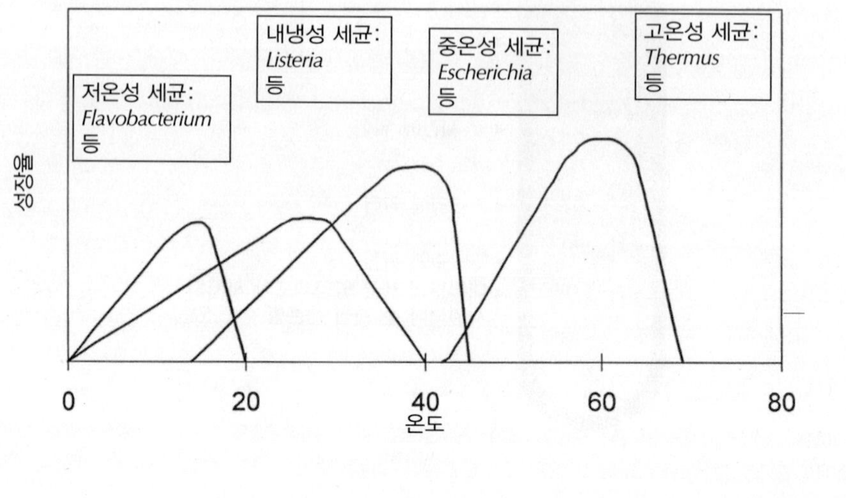

용된다 (그림 2.10). 최적 성장 온도보다 높으면 성장율은 급격히 감소하며, 최적 성장 온도 이하에서도 생장율은 감소하지만 감소율은 보다 느리다. 세균은 온도가 생육에 미치는 영향에 따라 저온균 (호냉성균, psychrophiles), 내냉성균 (psychrotrophs), 중온균 (mesophiles), 고온균 (호열성균, thermophiles)으로 분류할 수 있다.

저온균과 내냉성균은 모두 0°C에서는 속도는 느리지만 성장한다. 진정저온균은 15°C에서 최적 성장율을 나타내지만 25°C 이상에서는 성장할 수 없다. *L. monocytogenes*와 *C. botulinum* type E와 같은 내냉성균은 0–25°C가 최적성장 온도이지만 40°C 이상에서는 성장할 수 없다. 이들 병원성 미생물과 중온균인 *S. aureus*까지도 10°C 이하에서 성장할 수 있기 때문에 일반적인 냉장은 식품의 안정성을 확보하기위한 적절한 방법이라고만 할 수 있다.

성장 온도는 세포의 내열성에 영향을 미친다. *L. monocytogenes* 48°C에서 예열시키면 세포의 내열성이 증가한다. *Listeria*를 접종한 소시지를 48°C에서 2시간 동안 전처리로 가열할 경우 64°C에서 세포의 내열성은 두 배로 증가하게 된다. 이러한 내열성은 4°C에서 24시간 동안 유지된다. *E. coli* O157:H7은 반치사되는 46°C에서 열처리를 받을 경우 60°C에서의 내열성은 약 50% 증가하게 된다. 어떤 한 자극에 의해 합성된 충격단백질 (shock protein)은 다른 자극에 대한 교차 보호능 (cross-protection)을 갖는다. 예를 들어 산에 노출된 세포들은 더 높은 내열성을 갖게 된다.

항상성과 장애기술

소비자들의 요구에 의해 미생물 성장을 억제시키기 위해 사용되어 왔던 산도, 염 등을 이용하는 방법이 감소되어 왔다. 많은 식품은 미생물의 생장을 억제하기 위해 다중 장애기술 (multiple-hurdle technology)을 적용한다. 장애기술은 미생물의 성장을 억제시키기 위해 한 가지 환경 요인 대한 최대의 한계를 설정하는 대신에 여러 가지 요인들의 최적조건을 벗어나게 하는 기술이다. 예를 들어 수분활성도 (A_w, 제품의 평형상대습도를 100으로 나눈 값)를 0.85 이하로 하여 이용 가능한 수분의 양을 제한하거나 pH 4.6으로 조절한 식품에서는 병원성 미생물의 성장을 발생하지 않는다. 장애기술은 pH 5.2와 A_w 0.92에서도 위와 유사한 억제 효과를 얻을 수 있다. 표 2.9는 pH와 수분활성의 서로 다른 조합이 어떻게 다양한 식품들의 냉장 필요성에 영향을 미치는지를 나타내고 있다. pH와 수분활성의 조합은 통조림에 대한 연방규칙의 한 부분이기도 하다. pH가 4.6보다 높거나 낮지만 A_w가 0.85 미만인 식품들은 고산성식품으로 취급되고 개방형 솥의 끓는 물속에서 가공될 수 있다. 그러나 pH가 4.6보다 높으면서 A_w가 0.8보다 높은 식품은 식품의약

표 2.9 식품안정성에 대한 pH와 수분활성도의 상호작용

pH와 a_w	권장보관온도 (°C)	식품의 특성
pH >5.0, a_w >0.95	<4	부패 아주 용이
pH 5.0–5.2, a_w 0.90–0.95	<10	부패 용이
pH <5.2, a_w <0.95 또는 pH <5.0 또는 a_w <0.90	냉장필요 무	안정

BOX 2.3

장애기술 (hurdle technology) 이론과 억제제간의 상호작용

식품의 저장은 누가 먼저 먹을 것인가에 대한 인간과 미생물간의 경주로 생각 할 수 있다. *C. botulinum*에 있어서 pH 4.6과 같은 저장 수단은 매우 큰 장해가 될 수 있다. 단독으로 사용할 경우 미생물의 성장을 정지 시킬 수 있다. 그러나 흔히들 복합적인 저장수단을 사용하고 있다. 이러한 요인들은 보다 많이 미생물의 에너지를 취하고 결국 미생물의 성장은 둔화되고 성장은 정지되어 버린다.

식품미생물학자들은 저장수단의 상호작용은 매우 중요하다고 인정한다. 이들의 상호작용은 구체화하기는 매우 어렵고 가르치는 것은 매우 힘이 든다. *L. monocytogenes*의 성장에 미치는 온도, pH 그리고 수분활성도의 상호작용은 그래프에서 양적으로 설명은 가능하다. 온도 30°C, pH 6.5 그리고 a_w 0.99 (곡선 a)의 적정 조건에서는 미생물은 급격히 높은 수준으로 성장한다. pH를 5.5로 낮추면 (곡선 b) 미생물의 성장은 다소 지연된다. 온도를 15° C로 낮추면 (곡선 c) 더 많이 지연되나 아직 그리 큰 영향은 미치지 않는다. pH와 온도를 동시에 낮추면 (곡선 d), 그 효과는 더욱 증가한다. 이 지점에서 세 번째 장해요인 (a_w = 0.95)을 가하면 급격히 개선된다. 이것은 미생물수가 최고 수준에 도달하기까지는 5일이 아니라 15일이 소요된다 (곡선 e).

Donna Curran의 승인을 받고 인용.

이 그림에 사용된 자료는 미농무성 병원성균 모델 프로그램 (pathogen modeling program)에서 발췌하였다. 이 프로그램은 다양한 식품유래 병원성균의 상호작용을 증명하는데 아주 유익하며 ars.usda.gov/Services/docs.htm?docid=11550에서 다운로드가 가능하다. 프로그램은 식품미생물학자에게 유익한 다양한 기능을 가지고 있다.

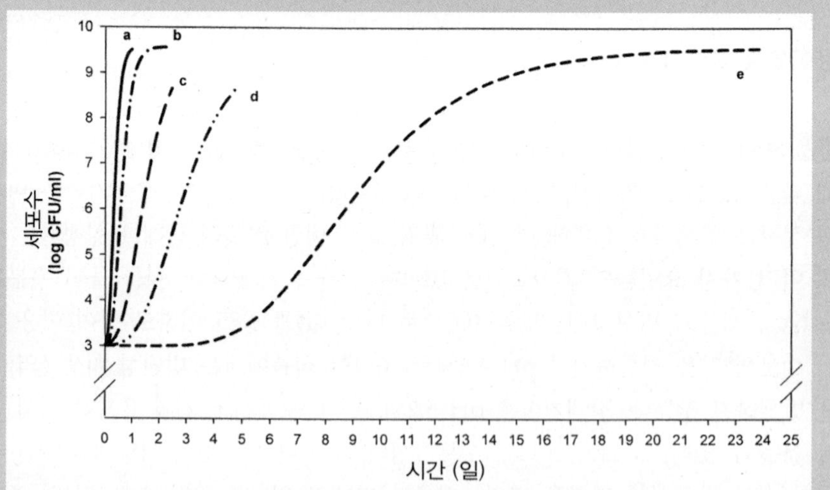

품청이 승인한 가공방법에 따라 저산성 식품으로 취급되어 산업용 압력밥솥과 유사한 형태인 압력 레토르트에서 고온으로 가공되어야 한다.

장애기술은 항상성 유지과정을 복합적으로 공격한다 (Box 2.3). 예를 들면 세포내 pH는 좁은 범위 내에서 유지되어야 한다. 이러한 현상은 위에서 설명한 바와 같이 양자를 배출하는데 사용되는 에너지에 의해서 유지된다. 수분활성도가 낮은 환경에서 세포는 적합한 용질을 축적하기 위해 에너지를 이용하여야 한다. 막 유동성은 일정한 점성의 유지와 에너지요구 과정을 통해 유지되어야만 한다. 생체 항상성

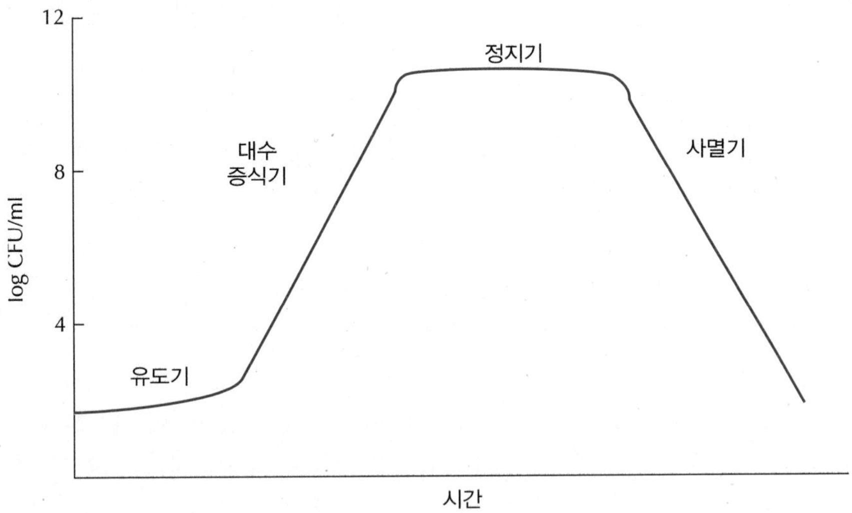

그림 2.11 시간과 온도에 대한 미생물 성장곡선.

을 유지하기 위한 에너지의 소비는 생명을 유지하기 위한 기본적인 것이다. 세포가 성장에 필요한 에너지를 생체 항상성이 유지되도록 사용한다면 세포의 성장은 억제된다. 생체항상성 유지에 필요한 에너지 요구가 세포의 에너지 생산 능력을 초과하게 되면 세포는 사멸되어 버린다.

성장역학 (growth kinetics)

유도기, 대수 증식기, 정지기 그리고 사멸기를 나타내는 성장곡선은 일반적으로 시간에 대한 세포수를 log 값으로 나타낸 것이다. 이들 그래프는 낱낱의 미생물수라기 보다는 미생물 군집 상태의 수를 나타낸 것이다. 그러므로 유도기나 정지기는 성장율과 사멸율이 동일한 즉 실질적인 세포수의 변화가 없는 기간을 나타낸다. 식품미생물학은 미생물 성장곡선의 4개 구간 모두가 중요하게 인식되는 미생물 분야이다. 미생물 성장 억제제는 유도기의 연장, 성장율 감소, 정지기의 세포 군집수의 감소, 그리고 사멸율의 증가 현상을 나타낸다.

유도기 동안 세포는 유전자를 작용 또는 정지를 반복하여 유전자를 복제함으로서 새로운 환경에 적응을 하며 포자의 경우에는 영양세포로 분화하게 된다 (3장 참조). 유도기의 기간은 온도, 접종량 (접종량이 많을 경우 유도기는 짧음) 과 미생물의 생리적인 상태에 따라 좌우된다. 만약 성장이 왕성한 세포를 동일한 새로운 배지에 접종하여 동일한 온도에서 배양한다면 유도기는 아마 없어질 것이다. 이들 요소들을 조절하여 유도기를 조절함으로써 단백질 분해, 갈변화와 같은 식품의 품질 특성의 변화를 조절할 수 있다. 병원성 미생물이 문제를 일으키기 전에 식품이 부패된다면 식품은 미생물학적으로 안전하고 할 수 있다. 그러나 부패는 매우 주관적인 것이며 문화적인 편견이 내포된 개념이다. 보툴리늄균의 성장을 억제하기 위해 pH를 4.6 이하로 조절하는 것과 같이 시간에 관계없이 미생물의 성장을 방지할 수 있는 조건의 조성은 보다 안전하다.

대수 증식기 동안 세균은 이분법에 의해 증식된다. 하나의 세포는 두 개의 세포로 분리되고 두 개의 세포는 4개의 세포로 4개의 세포는 8개의 세포로 증식하게 된다. 식품미생물학자는 일반적으로 대수적 증식율을 설명하기 위한 상수로 2배 증식시간 (doubling time, t_d)을 사용한다. 2배 증식시간은 또한 세대시간 (generation time, t_{gen})으로 식 (1)은 식품의 최종 미생물 수에 미치는 각기 다른 요소들이 미치는 영향을 계산하는데 사용할 수 있다. 특정 시간 (t)에서 미생물의 수 (N)는 최초 미생물의 수 (N_0)에 비례한다.

$$N = N_0 \cdot e^{\mu t} \quad \textbf{(1)}$$

그러므로 최초 미생물수가 10배 감소시키면 어떠한 시간에서도 미생물수는 것은 10배 감소될 것이다. μ와 t는 방정식의 거듭제곱의 기능을 하기 때문에 N_0 (최초 미생물 수)보다 N (특정 시간의 미생물 수)에 훨씬 많은 영향을 미친다. 37°C에서 어떤 식품의 N_0의 미생물 수가 1×104 CFU/g이며 μ는 0.2 h^{-1}이라면 24시간 후에 N은 1.2×10^6 CFU/g이 된다. 최초 미생물 수를 10배 감소시키면 24시간 후에 10배 감소하여 1.2×10^5 CFU/g이 된다. 그러나 온도가 37°C에서 7°C로 낮아지면 더 큰 영향을 미치게 된다. 만약 온도가 10°C씩 감소할 때 성장율이 2배 감소하였다면 μ는 7°C에서 8배 감소한 0.025 h^{-1}가 된다. 식 (1)에 이 값들을 대입하면 (즉 $N = 10^4 e^{0.025 \times 24}$), 24시간 후에 N값은 1.8×10^4 CFU/g이 된다. 시간과 온도 모두 최초 미생물수보다 최종 미생물수에 훨씬 더 많은 영향을 끼친다.

미생물 수가 특정 수준까지 도달하는데 소요되는 시간은 식 (2)에 의해 구할 수 있다.

$$2.3 \log (N/N_0) = \mu \Delta t \quad \textbf{(2)}$$

N_0가 10^4 CFU/g인 그라운드 비프 (분쇄 우육)의 경우 7°C에서 10^8 CFU/g로 도달하는데 소요되는 시간은 얼마일까? 식 (2)를 이용하면 $t = [2.3\log(10^8/10^4)]/0.025$로 368시간이 된다.

식품미생물학자들은 식품유래 미생물의 성장율을 설명하는데 흔히 2배 증식시간을 이용한다. 식 (2)에 자연로그 즉 ln (N/N_0)를 취하면 t_d와 μ의 관계는 보다 분명해지고 $t = t_d$ 및 $N = 2N_0$의 조건이 설명된다. $\text{Log}_{10}\,2$는 0.693이므로 풀이는 다음과 같이 나타낼 수 있다.

$$0.693/\mu = t_d \quad \textbf{(3)}$$

전형적인 비성장속도와 2배 증식시간은 표 2.10에 있으며 2배 증식시간과 성장율을 계산하는 방법의 예들은 Box 2.4에 나타나있다.

표 2.10 특정미생물의 비성장속도와 세대시간

미생물	조건	비성장속도 (1/h)	세대시간 (h)
세균	최적조건	2.3	0.3
	영양분 제한 조건	0.20	3.46
	내냉성 세균, 5°C	0.023	30
곰팡이	최적조건	0.1–0.3	6.9–20

BOX 2.4

표준평판배양법의 데이터로부터 비성장속도와 세대시간의 계산

표에서 보는 바와 같이 표준평판배양법으로부터 생균수 데이터를 얻을 수 있다. 이 데이터를 사용하여 어떻게 비성장속도와 세대시간을 구할 것인가? 다양한 방법들이 있을 수 있다. 여기에 제시되지 않은 어떤 방법이든 편리한 방법을 사용하여 구할 수 있다.

세미로그 그래프를 이용하는 방법

이 방법은 눈으로 직접 보여주거나 또는 수학에 어려움이 있는 사람에게 유익하다.

1. 세미로그 그래프지에 x 축은 시간 (분), y 축은 생균수 (CFU/ml)로 그래프를 그린다.
2. 그래프에서 직선상의 부분을 이용하여 직선을 그린다.
3. 직선상의 편리한 부분의 x 값 (t_1)과 y 값 ($y1$)을 선정한다.
4. y 축에서 $2y_1$의 값을 나타내는 지점에 해당되는 x 값 (t_2)을 구한다.
5. 세대시간은 $t_2 - t_1$으로 구할 수 있다.
6. y 축이 직선상의 스케일이 아니라 로그 스케일이기 때문에 직선 회귀식을 사용할 수 없다는 것에 주의할 것.

시간 (분)	생균수 (CFU/ml)	CFU/ml (problem16)
0	1.5×10^5	3.0×10^5
30	1.8×10^5	
60	1.4×10^5	3.0×10^5
90	1.9×10^5	
120	2.0×10^5	4×10^5
150	4.0×10^5	
180	8.0×10^5	6.5×10^5
210	2.2×10^6	
240	4.0×10^6	2.0×10^6
270	6.5×10^6	
300	1.8×10^7	1.5×10^6
330	3.3×10^7	
360	4.0×10^7	2.0×10^6
390	4.4×10^7	
420	5.0×10^7	2.0×10^6

엑셀 차트를 이용하는 방법

이 방법은 더욱 정확하고 정량적인 방법으로서 일단 배우고 나면 위의 방법보다 쉽다. 특정 명령어가 다를 수 있지만 엑셀 이외의 다른 프로그램을 사용하여 구할 수도 있다. 로그 그래프를 사용할 수도 있지만 보통의 그래프지에 그림을 그리고 직선 회귀식을 구할 수 있다.

엑셀 프로그램을 사용하는 경우

1. 생균수 데이터를 log CFU/ml로 환산한다.
2. 표에서와 같이 첫 번째 행에는 시간 (분), 두 번째 행에는 log CFU/ml 값을 타이핑한다.
3. 모든 데이터 부분을 블록으로 설정한다.
4. 프로그램에서 "삽입 (insert)" → 차트 (chart) → xy 명령어를 실행한다. 이렇게 하여 그래프를 그릴 수 있고 직선상의 부분을 명확하게 알아 볼 수 있다.
5. "취소 (cancel)" 버튼을 누르고 위의 4 단계에서 찾은 직선상의 부분 데이터만을 블록으로 설정하여 4 단계와 동일한 방법으로 그래프를 그린다.
6. 그려진 그래프를 선택한 후 차트메뉴를 클릭한다. "add trendline" → 직선 (linear)과 선택사항으로 "display equation on chart"을 지정한다. 이 직선 상의 기울기가 비성장속도이다. 데이터를 $\log_{10}$으로 환산하여 그래프를 그렸기 때문에 자연대수 전환계수인 2.3을 곱해야 한다. 비성장속도로부터 세대시간을 구하기 위해서는 $0.693/2.3\mu = t_d$ 식을 이용한다. 표에서의 경우 $0.693/(2.3)(0.0105) = 28.7$ 분의 값을 얻을 수 있다.

미생물의 생리와 대사

당신의 방을 생각해보자. 원래 상태는 무질서하다. 정돈을 하려면 에너지가 필요하다. 이러한 현상은 보편적인 법칙 (열역학 1 법칙)이다. 열역학의 두 번째 법칙은 모든 물질들은 에너지를 가하지 않으면 최고의 무질서한 상태로 간다는 것이다. 삶은 근본적으로 질서정연한 과정이기 때문에 모든 생물들은 정돈된 상태를 유지하기 위해 에너지를 생산하여야만 한다. 식품 유래 미생물은 환원된 화합물을 산화함으로써 에너지를 생산하여 정돈된 상태를 유지한다. 산화는 한 화물의 산화와 다른 화합물의 환원이 쌍을 이룰 때 일어난다. 호기성 미생물의 경우 포도당과 같은 초기 탄소원은 이산화탄소로 산화되고 산소는 물로 환원되며 34 ATP 분자가 생성된다. 대부분의 ATP는 전자 전달계에서 산화적 인산화 과정을 통해 생성된다. 산화적 인산화 단계에서 산소가 최종 전자 수용체로 역할을 할 때 에너지는 생성된다. 산화적 인산화과정에서 유리 인산기와 ADP 사이에 고에너지 결합을 형성하여 ATP가 생성된다. 산소를 이용하지 않는 혐기성 미생물은 발효과정에서 전자수용체로서 내부

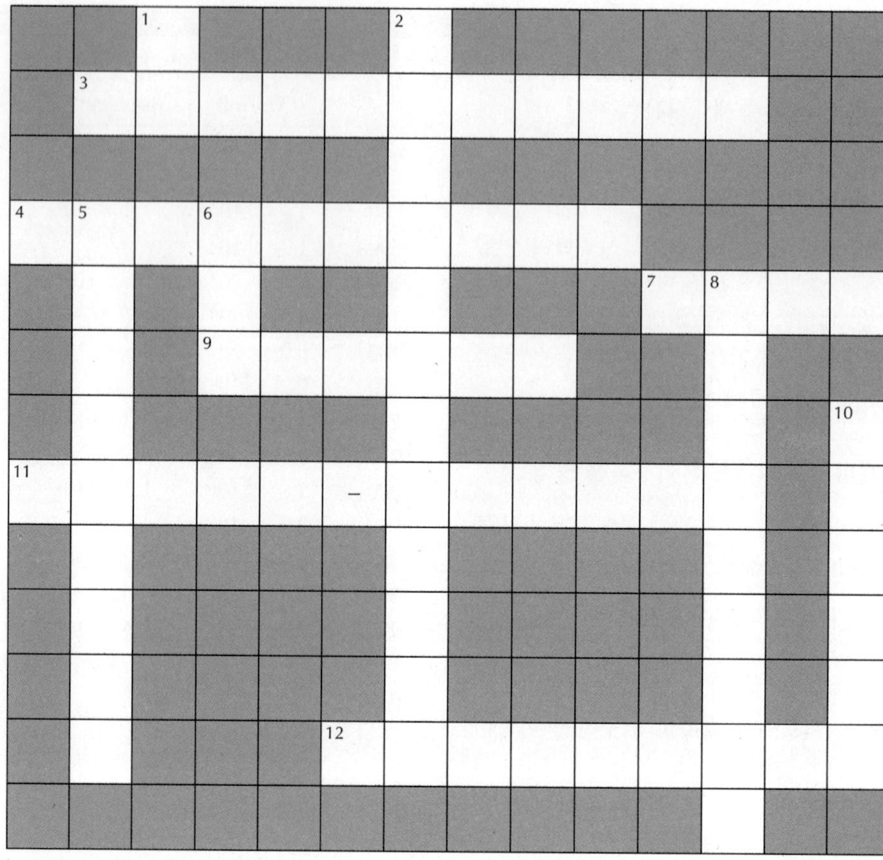

Across

3. The need of bacteria to keep conditions constant
4. _______ bacteria make only lactic acid
7. Cells that have the Entner-Doudoroff pathway can use _______-carbon sugars
9. The amount of this entity that bacteria make depends on whether they are aerobic or anaerobic
11. Differential medium for the growth of Staphylococcus aureus
12. Type of medium that allows growth only of specific bacteria

Down

1. Phase of the microbial growth curve that is unimportant to food microbiologists
2. Type of organism that "loves" to grow in the cold
5. Type of phosphorylation that uses oxygen as the terminal electron acceptor
6. The underlying assumption of the plate count is that _______ colony arises from one cell
8. Type of factor that is part of the food itself
10. _______ technology (the use of multiple factors to inhibit growth)

의 유기화합물을 이용하여야 한다. 혐기성 미생물은 사용된 포도당 1 mol당 오직 1-2 ATP만을 생성한다. ATP는 기질수준의 인산화에 의해 형성되며 인산화된 유기화합물의 인산기가 ADP와 결합하여 ATP를 생성한다.

탄소의 흐름과 기질수준의 인산화

Embden-Meyerhoff-Parnas 대사를 통해 육탄당에서 2 분자의 ATP 생성

Embden-Meyerhoff-Parnas (EMP) 경로 (그림 2.12)는 포도당의 해당작용을 위한 가장 보편적인 경로이다. 해당작용의 전반적인 속도는 phosphofructokinase의 활

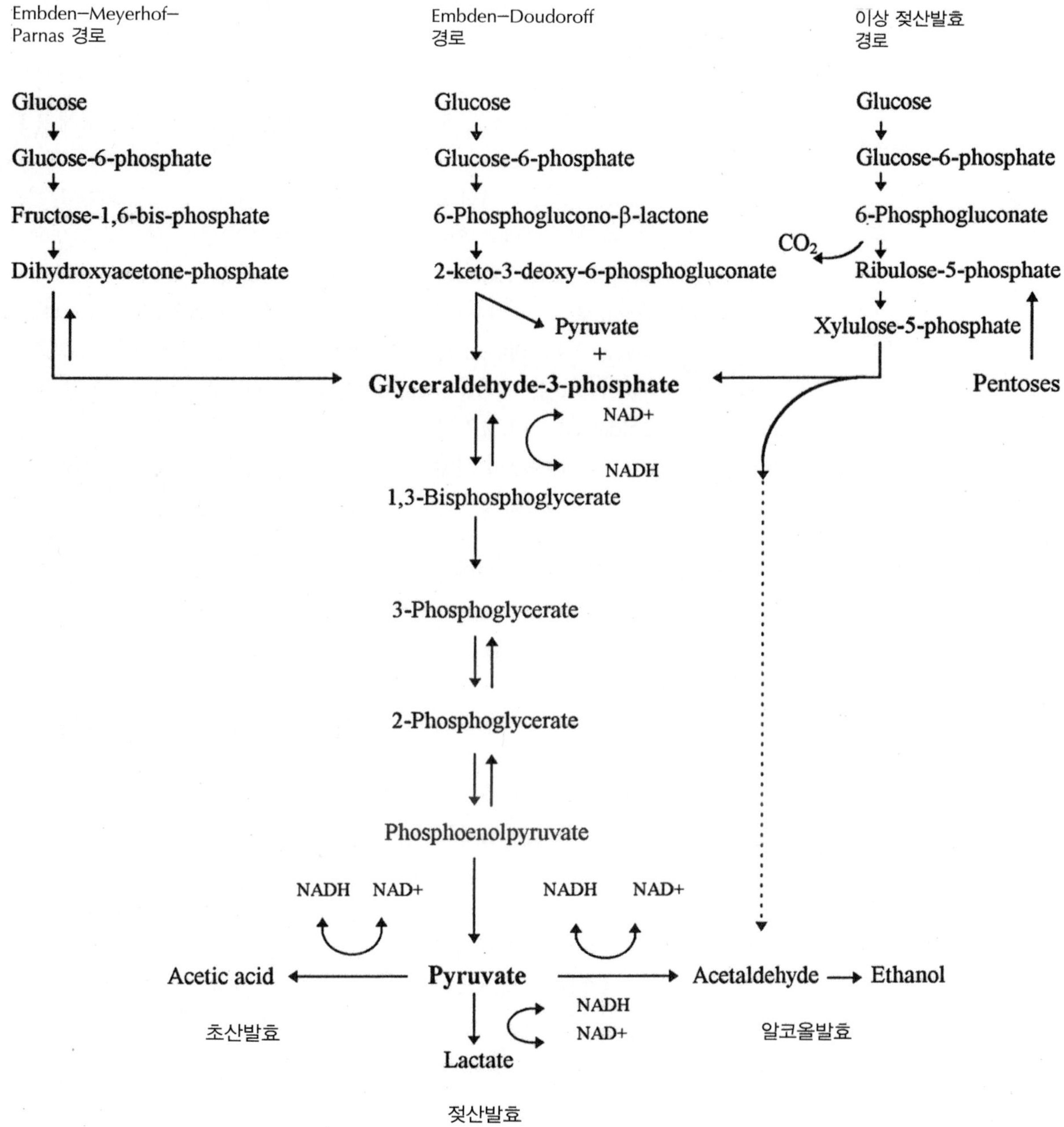

그림 2.12 식품유래 미생물이 사용하는 주요 대사경로 (출처: M. P. Doyle, L. R. Beuchat, and T. J. Montville [ed.], *Food Microbiology: Fundamentals and Frontiers*, 2nd ed. [ASM Press, Washington, D.C., 2001].)

성에 의해 조절된다. 이 효소는 fructose-6-phosphate를 fructose-1,6-phosphate로 전환시킨다. Phosphofructokinase 활성은 fructose-6-phosphate의 인산화를 억제 혹은 촉진하기 위한 AMP 혹은 ATP의 결합에 의해 결정된다. Fructose-1,6-phosphate는 유산탈수소효소 (lactate dehydrogenase)를 활성화시키므로 피루브 산 쪽으로의 탄소의 흐름은 NAD의 생성과 밀접하게 연결되어 있다. 이러한 현상은 피루브 산이 정상유산발효의 유일한 생산물인 유산으로 환원될 때 일어나며 2

분자의 ATP가 이 경로를 통해 생성된다.

Enter-Doudoroff 경로는 오탄당을 분해할 수 있으며 1 분자의 ATP 생성

Enter-Doudoroff 경로는 포도당 한 분자당 ATP 1 분자를 형성하는 별개의 다른 포도당 분해 경로이다. *Pseudomonas* sp.와 같이 이 경로를 이용하는 호기성 미생물에 있어서 EMP 경로에 의한 2 분자의 ATP 생성과 이 경로에 의한 1 분자의 ATP 생성의 차이는 산화적 인산화로부터 34 ATP를 생산하는 것과 비교하면 매우 불합리하다. Enter-Doudoroff 경로에서는 포도당은 2-keto-3-deoxy-6-phosphogluconate로 전환된다. 효소 keto-deoxy phosphogluconate aldolase는 2-keto-3-deoxy-6-phosphogluconate를 1 분자의 피루브 산(직접적으로 ATP 분자의 생성 없이)과 1 분자의 3-phosphoglycealdehyde로 분해한다. 그 후 3-phosphoglycealdehyde는 EMP 경로와 같은 반응을 진행한다. 1 분자의 ATP는 phosphoenol pyruvate로부터 인산기를 제공받는 기질수준의 인산화과정에 의해 생성된다.

정상유산발효에 의한 유산 생성

Lactococcus sp.와 *Pediococcus* sp. 그리고 몇몇 *Latobacillus* sp.와 같은 정상유산발효 유산균의 발효산물로서 유산만을 생산한다. EMP 경로를 이용하여 피루브 산을 생성하며 피루브 산은 유산탈수소효소에 의해 환원되어 유산의 생성과 NAD를 재생한다.

이상유산발효에 의한 여러 종류의 최종생산물 생성

Leuconostoc sp.와 몇몇 *Lactobacillus* sp.와 같은 이상유산발효균에는 aldolase나 keto-deoxy phosphogluconate aldolase가 없다. 이상유산발효 경로는 오탄당의 이화작용을 기본으로 한다. 오탄당은 세포 내로 운반되거나 육탄당의 탈탄산작용에 의해 생성된다. 오탄당은 중간대사산물인 ribulose-5-phosphate를 거쳐 xylulose-5-phosphate로 전환되며 xylulose-5-phosphate는 glyceraldehyde-3-phosphate와 2탄소 화합물로 분해된다. 2탄소 화합물은 아세트알데히드, 초산 혹은 에탄올로 전환될 수 있다. 비록 이 경로는 1 분자의 ATP를 생성하지만 정상유산발효 미생물이 이용할 수 없는 오탄당을 사용할 수 있는 이점이 있다.

TCA 회로에 의한 해당과정과 호기적 호흡의 연결

Tricarboxylic acid (TCA) 회로는 해당경로와 호흡을 서로 연결한다. TCA 회로는 산화적 인산화과정의 기질로서 환원형 NAD (NADH)와 환원형 FAD (FADH)를 생성하여 기질수준의 인산화를 통해 ATP를 생성한다. TCA 회로를 한 바퀴 돌면 2 pyruvate + 2 ADP + 2 FAD + 8 NAD → 6 CO_2 + 2 ATP + 2 FADH + 8 NADH의 반응이 일어나며 산소는 최종 전자수용체로 작용하여 물이 생성된다. TCA 회로는 모든 호기성 미생물이 이용한다. 혐기성 미생물에는 TCA 회로에 이용되는 몇몇 효소는 있으나 전체 회로에 필요한 효소가 존재하지 않는다.

TCA 회로는 식품 산업에서 중요한 2 가지의 발효에 기본 바탕이 된다. 신맛을 내는 구연산과 발효와 풍미 증진제인 글루탐산을 생산하는 산업적 발효는 생화학적으로 유사한 점이 있으며 모두 변형된 TCA 회로를 이용한다.

결론

식품에서의 미생물 성장은 복잡하다. 미생물의 성장은 유전적, 생화학적, 환경적 요인의 영향을 받는다. 분자 생물학과 미생물 생태학의 발전은 식품에서 미생물 성장에 관한 우리들의 지식을 변화시키거나 한층 심도 있게 할 수 있다. 이러한 몇몇의 발전된 사실은 이 책에 세부적으로 나타나 있으나 또 다른 발전은 10년간에 걸쳐 펼쳐질 것이며 아마도 이 책을 읽는 독자들에 의해 지금부터 여행은 시작될 것이다.

요약

- 식품미생물학은 고도로 전문화된 미생물학의 한 영역이다.
- 미생물이 만드는 에너지의 양은 미생물이 이용할 수 있는 대사 경로에 좌우된다.
- 표준평판계수법은 주어진 배양조건 하에서 제공된 배지에 특정 미생물이 얼마나 성장할 수 있는가를 측정한다.
- 선택배지는 많은 수의 미생물의 존재 하에서 적은 수의 특정 병원성 미생물을 측정할 수 있다.
- 집식배양은 많은 수의 다른 미생물이 존재하는 환경에서 매우 적은 수의 특정 병원성미생물을 검출할 수 있다.
- 최확수법은 통계학적인 표로부터 매우 적은 수의 미생물 수를 계수할 수 있다.
- 손상된 세포는 배양법에 의해 나타나지 않을 수 있지만 섭취되었을 때 질병의 원인이 될 수 있다.
- 살아 있으나 배양이 불가능한 세포는 확실히 존재한다.
- pH, 수분활성도와 같은 내적 요인과 시간, 온도와 같은 외적 요인들은 미생물 성장을 제어하기 위해 조절할 수 있다.
- 이용가능한 수분의 양 (A_w)은 미생물이 식품에서 성장이 가능한지 결정하고 유도기, 성장속도, 최종 세포농도에 영향을 미친다.
- A_w 0.85는 병원성균이 성장할 수 있는 최소 수분활성이다. 이것이 식품미생물학에 있어서 가장 중요한 수치이다.
- 장애기술은 미생물의 성장을 억제하는 여러 가지의 기작으로 미생물을 억제한다.
- 미생물의 성장곡선은 유도기, 대수증식기, 정지기, 사멸기로 구성되어 있다. 각각의 성장 단계는 미생물에 의한 식품 안전성에 중요하며 조절될 수 있다.
- $N = N_0 \cdot e^{\mu t}$는 대수적 증식기의 미생물 성장을 나타낸다.
- 미생물은 정상상태 유지에 필요한 에너지를 생산하기 위해 서로 다른 대사 경로를 이용한다.
- 호기성 세균은 산화적 인산화에 의해 ATP를 생성한다.
- 혐기성 세균은 기질수준의 인산화에 의해 ATP를 생성한다.

참고문헌

Barer, M., and C. R. Harwood. 1999. Bacterial viability and culturability. *Adv. Microb. Physiol.* **41:**93–137.

International Commission on Microbiological Specifications for Foods. 1980. *Microbial Ecology of Foods, vol. 1. Factors Affecting Life and Death of Microorganisms.* Academic Press, New York, NY.

International Commission on Microbiological Specifications for Foods. 1980. Microbial Ecology of Foods, vol. 2. *Food Commodities.* Academic Press, New York, NY.

Kell, D. B., A. S. Kaprelyants, D. H. Weichart, C. R. Harwood, and M. R. Barer. 1998. Viability and activity in readily culturable bacteria: a review and discussion of the practical issues. *Antonie Leeuwenhoek* **73:**169–187.

Montville, T. J., and K. R. Matthews. 2007. Growth, survival, and death of microbes in foods, p. 3–22. In M. P. Doyle and L. R. Beuchat (ed.), *Food Microbilogy: Fundamentals and Frontiers*, 3rd ed. ASM Press, Washington, DC.

3 포자와 그 중요성

학습목표

- 포자 내열성의 문제를 극복하기 위해 통조림 식품산업이 어떻게 발전되었는가를 이해
- 저산성 통조림의 특성과 가공방법
- 질병과 부패를 일으키는 포자형성 세균들의 정의, 특징, 차이점
- 세균 포자와 세포 사이에 근본적인 차이점의 이해
- 식품보존 시 존재할 가능성이 있는 포자의 독특한 특성들의 상관관계
- 포자를 도해하고 세균 세포와 비교
- 포자 내열성과 관련한 물리 · 화학적 이론 설명
- 포자 내성 특성의 획득과 상실과 연관된 포자형성과 발아 과정의 비교

서론

이 장에서는 포자에 대해서 알아보기로 하자. 포자는 식품가공에서 매우 중요한 독특한 생활 형태이다. 첫 번째, 포자는 식품산업에서 왜 중요하며 포자를 제거하기 위해 이용되는 방법 그리고 포자의 구조와 독특한 특성에 대해서 알아보자. 마지막으로 포자형성 (영양세포에서 포자로 변화)과정과 발아 (포자에서 영양세포로 변화)로 구성된 포자의 복잡한 생활사에 관해 알아보자.

식품산업에 있어서의 포자

포자형성 세균과 내열성 곰팡이는 식품산업에서 중요한 문제로 대두되고 있다. 포자를 형성하는 *Clostridium botulinum*, *Clostridium perfringens*, *Bacillus cereus*는 독소를 생성하는 것으로 잘 알려져 있다. 다른 포자형성균들은 식품의 부패를 일으킨다. 식품에 의한 질병과 식품의 부패를 일으키는 포자형성균은 캔, 병, 파우치 혹은 열처리로 진공 밀봉한 용기 (통조림 식품)에 포장된 저산성 식품 ($pH \geq 4.6$)에 특히 중요하다. 그 외 포자형성균은 고산성 식품 ($pH<4.6$)의 부패를 일으킨다. 내냉성 포자형성균은 냉장식품 부패의 원인이 된다. 내열성 자낭포자를 생성하는 곰팡이는 산성식품과 음료수의 부패를 일으킨다.

Louis Pasteur는 와인에서 부티르산 (butyric acid) 발효에 대해 연구하면서 포자형성 세균이 식품부패를 발생시킨다는 것을 발견하였다. Pasteur는 *Vibrion*

> **BOX 3.1**
>
> **세균병원설을 증명하기 위한 Koch의 가설**
>
> 1. 질병에 걸린 동물로부터 세균을 분리한다.
> 2. 분리한 세균이 순수분리가 되었음을 확인한다.
> 3. 순수분리 세균 배양액을 건강한 동물에 주입할 경우 동물이 질병에 걸린다.

*butyrique*라 불리는 생물을 분리하였는데 현재 *Clostridium butyricum*이라 불린다. 포자는 각각 Ferdinand Cohn과 Robert Koch에 의해 1876년에 발견되었다. Pasteur와 Koch에 의한 연구는 미생물의 활성을 식품의 품질 및 안전성과 관련시켰다. Koch는 탄저병 원인균이 *Bacillus anthracis*라는 것을 입증하면서 질병은 특정한 미생물에 의해 야기된다는 사실과 순수배양 기술의 발전을 이끌어 낸 유명한 Koch의 가설 (Koch's postulates)을 탄생시켰다 (Box 3.1). 포자형성균에 의해 야기되는 질병과 부패는 열처리 가공식품과 관계가 깊다. 왜냐하면 가열에 의해 영양세포는 파괴되나 포자형성 미생물은 살아남아 성장을 할 수 있기 때문이다.

1700년대 후반에 Nicolas Appert는 살균공정을 고안하였다. 이 공정은 밀폐상태로 멸균 처리를 하여 식품을 보관하는 과정이다. Appert는 공기의 제거가 통조림 식품의 안정성에 기여한다고 믿었다. 실험적으로 사용하였던 열처리는 점진적인 발전을 통해 오늘날 열처리 산업으로 발전되었다. 1800년대 말과 1900년대 초기에 걸쳐 미국의 과학자들은 열처리 식품의 안정성을 증명하기 위해 과학적 원리를 정립하였다. 이러한 노력을 통하여 밀폐용기를 이용한 열처리 기술은 매우 중요한 산업으로 발전되었다. S. C. Prescott와 W. L. Underwood (Massachusetts Institute of Technology)와 H. L. Russell (University of Wisconsin)은 열처리한 조개 (대합), 바다가재, 옥수수의 부패는 포자형성 간균이 원인이라는 사실을 발견하였다. J. R. Esty와 K. F. Meyer (California)는 *C. botulinum* A형과 B형 포자의 내열성을 명확히 밝혔다. 이 결과 상업적으로 제조한 올리브와 다른 식품에서 발생한 보툴리즘 (보툴리늄 식중독, botulism) 사건으로 거의 와해 위기의 미국 통조림 산업을 구하는데 결정적인 도움을 주었다. 양적인 열처리 가공, 포자 내열성의 이해, 무균 공정, HACCP의 개념 또한 통조림 식품산업을 성장시켰다.

저산성 통조림 식품

미국 식품의약청 (FDA, Food and Drug Administration)과 미국 농무성 (USDA, U.S. Department of Agriculture)의 식품안전검사국 (FSIS, Food Safety Inspection Service)은 저산성 통조림 식품을 최종 pH가 4.6 이상이고 수분활성도는 0.85 이상인 식품으로 정의하고 있다. 통조림 식품의 열처리 가공에 관한 규정은 미국연방규정 법전 (US Code of Federal Regulations, CFR) (21 CFR, 108부-114부)에 잘 기술하고 있다. 미국 농무성은 최소 3% 신선 적색육류나 2% 조리된 가금류를 함유하는 식품을 통제하고 있다. 그 외의 것들은 미국 식품의약청에서 관리한다.

저산성 식품은 밀폐용기에 포장된다. 이들 용기는 보편적으로 금속용기나 유리용기를 사용하나 플라스틱 파우치와 다른 형태의 용기를 사용할 수도 있다. 여기서 저산성 식품이 충진된 금속 통조림 용기를 상업적 멸균상태로 만들기 위해 열처리 하여야 한다. 상업적 멸균상태란 열을 사용하여 건강에 영향을 미치는 미생물뿐만 아니라 냉장이 아닌 상온으로 유통되는 식품에서 성장할 수 있는 미생물을 사멸시키는 것을 말한다. 즉 생존하는 미생물이 거의 없어 저장 안정성이 확보된 상태를 의미한다. 산성화나 수분활성도를 낮추어서 상업적 멸균상태를 만들 수도 있다. 이와 같은 보존기술은 종종 열처리를 줄이기 위해 동시에 병행하여 사용된다. 상업적 멸균상태를 달성하기 위한 가공공정, 시설, 장비 그리고 조합 방법들에 관한 설명이

Food microbiologists should be able to answer Calvin's question. *Calvin and Hobbes* © 1988 Bill Watterson. Distributed by Universal Press Syndicate.

상업적 가공 이전에 식품의약청 또는 농무성에 보고되어야한다. 가공업자는 비정상적인 가공 또는 변패가 일어난 경우 이를 보고하여야 한다.

저산성 통조림 식품에서 최우선의 목적은 내열성이 가장 높은 병원성 미생물인 *C. botulinum*의 포자를 불활성화 시키는 것이다. 열처리 정도는 그 식품의 종류, 식품에 함유된 포자의 양, pH, 저장조건, 그리고 그 외의 요인에 따라 다르다. 예를 들어 저산성 채소 통조림이나 보존처리하지 않은 육류 통조림은 12*D* 가공 또는 *C. botulinum* 균주를 완전히 억제할 수 있는 조리방법 (botulinum cook)에 맞게 가공되어야 한다. 낮은 열처리는 저장 안정성이 있는 염지 육과 수분활성도를 낮춘 식품이나 다른 항균 요인을 함유한 식품에 적용된다. 어떤 식품과 버섯, 감자, 향신료, 설탕, 전분과 같은 식품 원 부재료는 많은 양의 포자가 오염되어 있을 수 있으며 오염이 높은 수준의 포자를 함유할 수도 있다. 포자는 가공에 영향을 미치므로 항상 모니터링 될 수 있어야 한다.

1900년대 초반과 중반의 과학자들은 보툴리즘 식중독과 부패를 방지하기 위해 통조림 식품의 열처리가공 기술을 연구하였다. I. J. Pflug는 반로그 미생물 사멸모델 (semilogarithmic microbial death model)을 정립하고 F_T 값 개념을 정립하였다 (F_R 값 또는 F_0 값으로 불리는 F_T 값은 121°C에서 처리시간을 의미). 그는 하나의 용기단위 (container basis)에는 멸균되지 않은 부분이 존재할 수 있다는 가능성을 제시하였다. 이 이론은 열처리 가공 시 *C. botulinum* 포자를 12 log 단위 감소시키기 위해 필요한 시간을 가리키는 전통적인 12*D*를 논리적으로 설명하고 있다. 열처리에 있어서 2 가지 값이 열에 의한 불활성화를 설명하기 위해 사용된다. *D* 값은 미생물 수를 1 log 단위 감소시키는데 필요한 시간을 의미한다 (1 log 단위 감소는 세균의 90%를 사멸시키는 것과 동일). *z* 값은 *D* 값을 10배 변화 (감소)시키는데 필요한 가열온도의 변화를 나타낸 값이다. *D* 값은 특정 온도에서 미생물의 열저항성을 나타낸다. *z* 값은 각기 다른 온도에서 불활성화에 대한 미생물의 상대적인 열저항성을 나타낸다. 보툴리즘 식중독을 야기할 수 있는 10^{-11} ~ 10^{-13} 수준일 때 열처리는 용기에 존재하는 초기 *C. botulinum* 포자수에 따라 다르다. 이 값은 매우 높거나 (버섯제품의 10^4) 매우 낮을 (육제품 통조림 : 10^{-1} 또는 그 이하) 수도 있다. Pflug는 열처리 공정은 (i) *C. botulinum* 포자에 의한 식중독과 관련된 공중보건학적 위해, (ii) 중온성 포자형성 미생물에 의한 부패, (iii) 따뜻한 환경에서 저장된 통조림의 고온성 미생물에 의한 부패 등을 방지하기 위해 우선적으로 설계되어야 한다고 강조하였다. 일반적으로 열처리고 밀봉한 저산성 식품은 121°C에서 3-6분 동안 열처리하거나 식품의 냉점에서도 동등한 처리를 해준다. 이러한 처리는 *D* 값이 121°C에서 0.21분, *z* 값이 10°C인 대부분의 열저항성 *C. botulinum* 포자를 불활성화 시키기에 충분하다. 전형적으로 $D_{121°C}$가 1분 이하인 중온성 포자를 ~5*D* 사멸 처리함으로써 경제적 부패 (economic spoilage)를 방지할 수 있다. 따뜻한 지방에서 유통되고 있는 식품은 $D_{121°C}$가 약 3-4분인 *Clostridium thermosaccharolyticum*, *Bacillus stearothermophilus*, *Desulfotomaculum nigrificans*를 5*D* 사멸에 도달하기 위해 121°C에서 약 20분간의 강한 열처리가 필요하다. 이러한 강한 처리에 의해 영양분의 함량과 관능적 품질을 감소되나 저장 안정성을 확보할 수 있다.

저산성 통조림 식품의 품질은 무균 가공처리를 통해 그 품질이 향상될 수 있다. 무균 공정은 그림 3.1과 같이 (i) 제품은 용기외부까지 상업적으로 멸균시키고, (ii) 살균된 용기에 냉각된 제품을 충진하며, (iii) 무균 조건에서 용기를 밀봉한다.

이러한 기술은 1950년대에서 초기에 우유와 크림의 상업적 살균에 사용되었다. 현재는 수프, 에그넉, 치즈스프레드, 푸딩 그리고 과일 야채주스와 같은 고산성 제품의 제조에 사용된다. 무균가공, 포장시스템은 에너지, 포장, 유통비용을 감소시킨다.

공중보건에 중요한 포자형성 세균

포자를 형성하는 미생물인 *C. botulinum*, *C. perfringens*, *B. cereus* 등은 식중독 원인균으로 다른 장에서 광범위하게 다루고 있다. 오염된 생고기나 완전하게 조리되지

그림 3.1 식품의 전통적인 가공방법 (위)과 무균적인 가공방법 (아래)의 비교. 전통적인 가공에서는 식품이 보관용 용기에 들어 있는 채로 밀봉되어 살균된다. 무균적인 가공에서는 식품과 용기가 따로 살균되고 무균조건하에서 주입되고 밀봉된다.

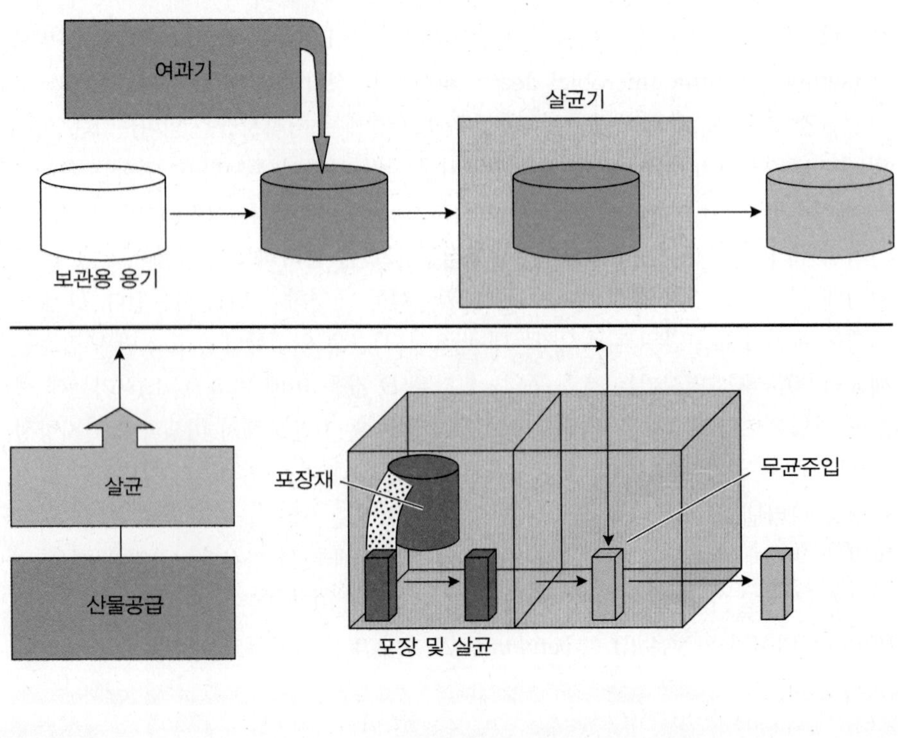

표 3.1 그람 양성의 포자형성 세균

속	특성
Clostridium	혐기성 포자형성 간균
Bacillus	호기성 포자형성 간균
Geobacillus	고온성 포자형성 간균
Sporolactobacillus	혐기성 포자형성 간균
Sulfolobus	고온성 내산성 황산화 포자형성 세균
Desulfotomaculum	황환원 포자형성 세균
Amphibacillus	통성혐기성 자일란 분해성 포자형성 세균
Filobacillus	새로 알려진 호염성 호기성 포자형성 세균

않은 고기의 섭취에 의해 장내 탄저병이 흔히 발생되어 왔다. 그러나 *B. anthracis*는 식중독균으로 간주되지 않는다. 식품 환경과 비식품 환경과 연관이 있는 다른 포자형성균들이 있다 (표 3.1). 어떤 경우에는 분자생물학의 발달로 균주의 속명이 바뀐 경우도 있다. 예를 들어 이전의 *Bacillus stearothermophilus*가 *Geobacillus stearothermophilus*로 이름만 바뀌었다. 다른 경우에는 *Filobacillus*와 같이 알려진 속 어느 것과도 일치하지 않아 새로운 속으로 분류된다. 식품 중 포자형성균의 내열성은 표 3.2에 나타나 있다.

표 3.2 식품에서 중요한 포자형성 미생물의 열저항성[a]

미생물	100°C에서의 D 값 (분)
공중보건에 있어서 중요한 포자	
Group I *C. botulinum* A와 B	7–30
C. botulinum E	0.01
B. cereus	3–200
C. perfringens	0.3–18
중온성 호기성균	
B. subtilis	7–70
B. licheniformis	13.5
B. megaterium	1
Bacillus polymyxa	0.1–0.5
Bacillus thermoacidurans	2–3
고온성 호기성균	
B. stearothermophilus	100–1,600
Bacillus coagulans	20–300
중온성 혐기성균	
Clostridium sporogenes	80–100
고온성 혐기성균	
D.nigrificans	≤480
C.thermosaccharolyticum	400

[a]출처: M. P. Doyle, L. R. Beuchat, and T. J. Montville [ed.], *Food Microbiology: Fundamentals and Frontiers*, 2nd ed. (ASM Press, Washington, D.C., 2001).

열처리 식품과 최소 가공 냉장식품의 주요 미생물학적 위해 요인은 *C. botulimum*이다. *Clostridium* sp.는 그람 양성, 혐기성, 포자형성 간균으로 발효에 의해 에너지를 얻는다. *C. botulinum*은 유전자형이 다른 것들이 존재하지만 (heterogeneous) 모든 *C. botulimum* 균주는 강력한 독소를 생성한다. *C. botulimum* 포자는 '테니스 라켓' 모양 또는 곤봉모양 (club-shape)으로 모 포자낭이 부풀어져 있다. *C. botulimum*에 속하는 종들은 다른 특성을 가지고 균주에 따라 항원성이 독특한 독소 (A–G)를 생산한다 (15장 참조). 이러한 독소를 생산하는 균주들은 크게 두 그룹으로 나뉘어진다. *C. botulimum* 1형은 중온균으로서 내열성 포자를 형성하며 변패를 일으키는 프로테아제를 생산한다. *C. botulimum* 2형은 단백질 분해능이 없으며 내열성이 다소 약한 포자를 형성하나 저온에서 생육이 가능하다. 이 특성은 최소가공 냉장식품이 보툴리즘을 일으킬 수도 있다는 관심을 야기시켰다.

*C. perfringens*는 토양과 사람과 일부 동물의 장관에 널리 분포한다. *C. perfringens*는 가열조리에 의해 미생생물이 제거되었거나 부적절하게 냉각된 고기와 같은 고단백질 식품에서 급속히 성장할 수 있다. 이 균은 성장하여 설사증을 야기하는 장독소와 다양한 종류의 세포외 독소와 효소를 생산하지만 더욱 중요한 것은 가스괴저와 동물의 질병을 야기한다는 것이다. 식품과 식품 환경에 널리 분포되어 있는 *C. perfringens*는 조리 시 생존 가능한 내열성 포자의 형성하며 따뜻한 식품에서의 급속한 속도로 성장 (43–45°C에서 6–9분)하여 식중독을 야기한다.

C. perfringens 포자의 내열성은 균주에 따라 다양하다. 일반적으로 열에 대한 민감도에 따라 두개 군으로 나누어진다. 내열성 포자는 $D_{90°C}$ 값은 15–145분이고 z 값은 9–16°C이며 반면에 열에 민감한 포자의 $D_{90°C}$ 값은 3–5분이고 z 값은 6–8이다. 내열성 포자를 발아시키기 위해 75–100°C에서 5–20분 동안의 열충격이 필요하다. 이 두개 군의 포자는 식품의 조리과정중 생존할 수도 있으며 가열과정동안 발아에 필요한 열충격을 받을 수도 있으며 설사성 식중독의 원인이 된다.

Bacillus sp. 중 병원성이 있는 것은 *B. anthracis*와 *B. cereus*이다. *B. cereus*는 사람의 설사증을 유발하는 열에 약한 장독소를 생산하고 동시에 구토의 원인이 되는 열에 안정한 독소를 생산하기도 한다. 일반적으로 이 균이 인간에게 질병을 야기하기 위해서는 매우 많은 균수 (>10^6 cell/g)가 존재하여야 한다. *B. cereus*는 *B. megaterium*, *B. thuringiensis*, *B. anthracis*와 매우 유사하나 생화학적 특성 시험이나 독소생성 유무에 따라 이들 균주와 구별된다. 그 외 *Bacillus licheniformis*, *Bacillus subtilis*, *Bacillus pumilus* 등은 처음으로 영국에서 식중독의 원인이 되었다.

B. cereus 포자는 중앙부위나 말단 부분이 볼록한 타원형이며 포자낭을 팽창시키지 않는다. 포자는 8–30°C의 범위에서 발아되며 식중독과 관련 있는 균주의 포자는 $D_{95°C}$ 값이 24분 정도로 내열성이 있다. 다른 균주들도 넓은 온도의 범위에서 내열성이 있으며 식중독과 관련된 균주들은 내열성이 더 높아 조리 후에도 살아남기 쉽다.

C. botulinum 포자의 내열성

포자의 내열성은 종에 따라 균주에 따라 매우 다양하다 (표 3.2). Group I: *C. botulinum* A와 B형 균주는 내열성이 매우 강한 포자를 생성한다. 이들은 통조림식품의 공중보건학적인 측면에서 가장 중요한 포자형성 미생물이다. Esty와 Meyer는 보

Scrambled word	Answer	Clue
1. TAREPP	_ _ _ _ _ _	Inventor of canning
2. SIETPCA	_ _ _ _ _ _ _	In the absence of microorganisms
3. UIBCLALS	_ _ _ _ _ _ _ _	Aerobic spore-forming genus
4. MUUNITBLO	_ _ _ _ _ _ _ _ _	Type of cook required for low-acid foods
5. MILTIRDCUSO	_ _ _ _ _ _ _ _ _ _ _	Anaerobic spore-forming genus
6. LREAICMOMC	_ _ _ _ _ _ _ _ _ _	Industrial type of sterility that refers to absence of microorganisms of public health significance
7. XRETOC	_ _ _ _ _ _	Center part of spore that is relatively dehydrated and analogous to the cytoplasm of bacteria
8. EPMOOXNUIGSAR	_ _ _ _ _ _ _ _ _ _ _ _ _	Outermost structure of the spore
9. TGONMIANIRE	_ _ _ _ _ _ _ _ _ _ _	The process by which a vegetative cell becomes a spore
10. CENARTESSI	_ _ _ _ _ _ _ _ _ _	The property of spores that makes them troublesome to food processors
11. ELAGIOSP	_ _ _ _ _ _ _ _	In addition to public health concerns, spores can cause ___________, which causes considerable economic damage
12. OSRTLOUNAIP	_ _ _ _ _ _ _ _ _ _ _	The process by which a vegetative cell becomes a spore

툴리즘 식중독을 발생시키는 올리브 통조림과 다른 야채 통조림내의 *C. botulinum* 포자의 내열성을 조사하였다. 그들은 A와 B형 109 균주를 대상으로 100–120°C 범위의 다섯 가지 온도로 처리한 결과 100–120°C 범위에서 이들 균주는 대수적으로 불활성화 되었으며 불활성화 속도는 포자의 농도, pH, 가열 매체 (medium)에 의존한다는 것을 발견하였다. Esty와 Meyer의 pH 7.0, 0.15 M 인산 완충액 (Sorensen's buffer)을 사용한 가열처리 결과와 오늘날 연구자들에 의한 내열성과 비교한 결과 대부분이 일치하였다. Esty와 Meyer의 데이터는 *C. botulinum* A와 B형 포자가 인산 완충액 상에서 $D_{121.1°C}$ 값이 최고 0.21분이라는 것을 추정할 수 있다. 통조림 산업에서 열 처리량을 계산하는 표준으로써 $D_{121°C}$가 사용된다. 단백분해력이 있는 F형 *C. botulinum* 포자의 열저항성은 $D_{98.9°C}$는 12.2–23.2분, $D_{110°C}$는 1.45–1.82분으로 A형 포자보다 매우 낮은 값이다. 단백분해력이 없는 B와 E형 *C. botulinum* 포자는 단백분해성의 A와 B형 균주에 비해 매우 낮은 내열성을 가진다. E형의 포자는 $D_{70°C}$ 값이 27–33분이며 $D_{80°C}$ 값은 0.3–2분으로 균주에 따라 다르다. *z* 값은 13–15°F 범위이다. *C. botulinum* 포자의 내열성은 환경 조건과 발아 조건에 따라 다르다. 내열성은 산도에 따라 뚜렷한 영향을 받는다. Esty와 Meyer는 pH 6.3과 6.9에서 최고 저항성을 가지며 pH가 5 이하이거나 9 이상일 때 열 정항성은 급격히 감소한다고 하였다. 소금 또는 설탕의 양을 증가시키고 수분활성도를 감소시키면 *C. botulinum* 포자의 내열성은 증가한다. *C. botulinum* 포자를 기름의 존재 하에서 가열하였을 때 물에서 가열하였을 때 보다 훨씬 더 내열성이 크다. *C. botulinum*이 고온에서의 포자를 형성한 경우 이 포자는 열충격 단백질의 생성에 의해 내열성이 강한 포자가 된다.

Group I과 II의 *C. botulinum* 포자는 대부분의 영양세포에 비해 방사선 조사에 대한 저항성이 높다. 방사선에 의해서 식품 내에 존재하는 이들 포자를 불활성화 시키는 것은 실용적이지 못하다. *C. botulinum* 포자는 2.0–4.5 kGy의 *D* 값을 가진다. 방사선 조사와 가열 공정에서 *D* 값은 다른 의미를 가진다. 가열 공정에서는 주어진 온도에서 90%의 균을 사멸시키는데 필요한 시간이며 방사선 조사에서 균의 생존력을 90% 감소시키는데 필요한 조사량 (kGy)을 말한다. *C. botulinum* 포자는 에틸렌 옥사이드에 대해 높은 저항성을 가지나 할로겐계 살균제 (halogen sanitizer), 과산화수소에 의해 불활성화 된다. 과산화수소는 멸균포장 시 표면 살균제로 사용된다. 할로겐 살균제는 통조림 공장에서 냉각수에 사용된다.

포자형성 세균에 의한 통조림과 진공포장 식품의 부패

저산성 식품의 열처리 공정은 *C. botulinum* 포자를 사멸시키기 위한 충분한 열처리를 하지만 내열성이 강한 포자를 사멸시키기에는 충분하지 못한 경우가 있다. pH 4.6 이하인 산 또는 산성화 식품은 모든 포자를 불활성화 시키는 충분한 가열은 하지 않는다. 대부분의 포자형성 미생물은 산성 조건에서 성장하지 못하며 모든 포자를 불활성화 시킬 정도로 열처리를 한다면 식품의 품질과 영양성분이 감소될 것이다. 염지육과 염지햄과 같은 일부 식품은 포자를 사멸시키기 위한 충분한 가열을 하지 않는다. 이러한 식품은 미생물학적 안정성 확보를 위해 냉장상태를 유지해야만 한다. 비병원성 포자형성균들은 이들 식품을 부패시킨다.

자연적으로 식품이나 통조림 제조 환경에 존재하는 포자가 식품의 부패를 야기한다. 설탕, 전분, 밀가루, 향료와 같은 건조 첨가물에 높은 수준의 포자가 존재한다. 또한 포자의 수는 가공 공정 중에 증가될 수 있다. 예를 들면 열처리 설비내의 호열성 포자의 축적과 과일과 같은 당이 풍부한 식품을 가공하는 공장 내에 당 분해력이 있는 *Clostridium* sp. 미생물들이 축적된다.

주요 부패 미생물과 부패 현상을 표 3.3에 나타내었다. 부패를 일으키는 포자형성 미생물의 주요 균들은 호열성 무가스 변패 (flat-sour) 미생물 (가스를 형성하지 않고 제품을 시어지게 하는 미생물), 황화수소를 생성하지 않는 호열성 혐기성 미생물, 황화수소를 형성하는 호열성 혐기성 미생물, 혐기성 단백 부패 미생물, 통성혐기성 중온성 *Bacillus*, 부티르산 생성 *Clostridium*, 유산 간균, 내열성 곰팡이와 효모이다. *Alicyclobacillus acidoterrestris*와 내냉성의 *Clostridium* sp. 미생물은 각각 과일과 육제품을 부패시킨다. 이들 미생물들은 제품내의 초기 포자수를 제한하기 위해 통조림제조공정에 사용되는 원재료의 모니터링, 열처리와 적절한 저장과 유통조건, 제품의 신속한 냉각, 냉각수의 염소소독, 합리적인 제조공정에 의해서 조절할 수 있다.

내열성 곰팡이는 산성 식품, 특히 과일제품의 부패를 일으킨다. 대부분 균사 형성 곰팡이와 효모는 60–75°C에서 수 분간의 처리에 의하여 사멸되는 반면 내열성 곰팡이는 ≥85°C에서 5분 열처리에 의해 생존 가능한 벽이 두꺼운 자낭포자를 형성한다. 대부분의 일반적인 내열성 부패 곰팡이는 *Byssochlamys*, *Neosartorya*, *Talaromyces*, *Eupenicillium* sp.이다. 또한 어떤 내열성 곰팡이는 2차대사산물로 곰팡이 독소 (mycotoxin)라 불리는 독소를 생성한다. 가열 처리한 식품의 부패를 방지하기 위해서 원재료 내 내열성 곰팡이의 혼입을 차단하고 철저한 제조 환경 그리고 위생 프로그램이 수반되어야 한다. 또한 a_w와 산소 강도, 항진균성 물질을 적절히 이용함으로써 곰팡이 성장을 방지할 수 있다.

표 3.3 포자형성 미생물에 의한 통조림 식품의 부패[a]

변패의 형태	pH	주요 관련 포자 형성균	부패 형태
무가스 변패 (Flat-sour)	≥5.3	*B. coagulans*, *B. sterothermophilus*	가스 생성 하지 않음: pH 낮아짐. 이취 생성 또는 액의 혼탁 가능
고온성 혐기성균	≥4.8	*C. thermosaccharolyticum*	통조림관이 부풀어 오르고 터질 수도 있음. 제품에 산취, 발효취, 부티르산 냄새 남 관련식품: 시금치, 옥수수
황화합물 변패	≥5.3	*D. nigrificans*, *C. bifermentans*	황화수소 생성, 썩은 계란냄새 생성. 황화철의 침전으로 검은색을 나타냄 관련식품 : 옥수수, 완두콩
부패성 혐기성균	≥4.8	*C. sporogenes*	가스 생성이 많음. 역겨운 부패 냄새 남. 보통 pH 증가 관련식품: 옥수수, 아스파라가스
내냉성 클로스트리디아	>4.6		진공포장 냉장육의 부패. 가스 생성, 이취발생, 변색
호기성 포자 형성균	≥4.8	*Bacillus* sp.	염지육을 제외하고 가스 생성 없음; 우유는 응고 됨 관련식품: 우유, 고기, 사탕무
부티르산 변패	≥4.0	*C. butyricum* *C. tertium*	가스 생성; 초산, 부티르산 냄새 관련식품: 토마토, 완두콩, 올리브, 오이
산 변패	≥4.2	*B. thermoacidurans*	무가스 변패 (*Bacillus*) 또는 가스 생성 (부티르산 생성 혐기성균). 균주에 따라 이취발생 관련식품 : 토마토, 토마토제품, 그 외 과일 무가스 변패 (*Bacillus*) 또는 가스 생성 (부티르산 생성 혐기성균). 균주에 따라 이취발생 관련식품 : 토마토, 토마토제품, 그 외 과일
	<4	*A. acidoterrestris*	이취를 동반한 무가스 변패 관련식품: 과일 주스, 산성 채소. iced tea

[a]출처: P. Setlow and E. A. Johnson, p.33–70, *in* M. P. Doyle, L. R. Beuchat, and T. J. Montville (ed.), *Food Microbiology: Fundamentals and Frontiers*, 2nd. (ASM Press, Washington, D.C., 2001).

포자 생물학

구조

포자는 포자형성의 마지막 단계에서 모세포로부터 유리된다. 포자는 영양세포와는 다른 생화학적, 구조적, 물리적 특성을 지니고 있다. 포자는 포자 외피 (exoporium), 포자각 (spore coat), 포자 외막 (outer membrane), 포자 피질 (cortex), 포자 세포벽 (germ cell wall), 포자 내막 (inner membrane), 중심부 (core)의 7층으로 이루어져 있다 (그림 3.2). 대부분의 포자 구조는 영양세포의 구조와는 다른 구조를 가졌다.

포자의 가장 바깥층인 외피는 미생물의 종에 따라 크기가 다양하다. 외피 바로 아래층은 포자각이며 용균효소로부터 포자각을 보호한다. 포자각의 아래에 있는 외막은 저분자 물질에 대한 포자의 비투과성 성질을 유지하는데 도움을 준다. 피질은 막 아래에 존재한다. 피질을 구성하는 펩티도글리칸은 세포벽에 존재하는 펩티도글리칸과 구조적으로 유사하지만 몇몇 차이점을 가진다. 디피콜린산 (Pyridine-2,6-dicarboxylic acid, dipicolinic acid, DPA)는 포자의 펩티도글리칸에 존재하지만 영양세포의 세포벽에는 존재하지 않는다 (그림 3.3). 피질은 포자 중심부를 기계적

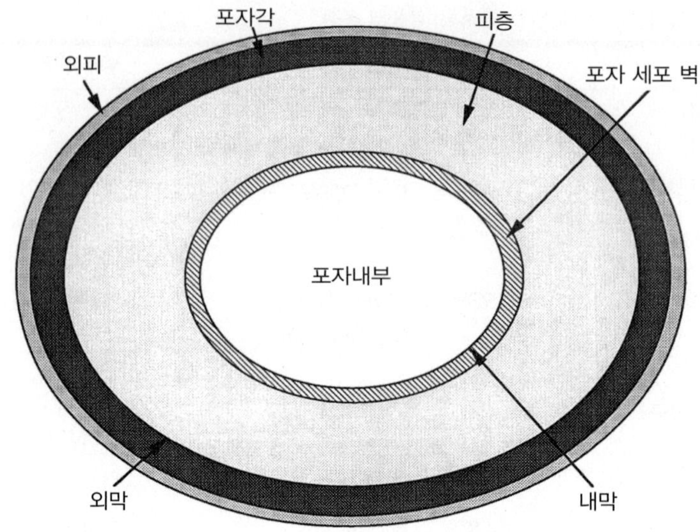

그림 3.2 휴면포자의 구조. 여러 가지 구조는 정확한 크기로 나타나지 않았다. 특히 exporium (외피)은 종에 따라 크기가 엄청나게 차이가 나는 경우가 있다. 포자 세포벽의 크기는 실제 크기보다 크게 나타내었다. 내막과 외막의 위치, 중심부과 포자 세포벽의 사이와 피질과 포자각의 사이 등을 나타내었다. (출처: P. Setlow and E. A. Johnson, p. 33-70, *in* M. P. Doyle, L. R. Beuchat, and T. J. Montville [ed.], *Food Microbiology: Fundamentals and Frontiers*, 2nd. [ASM Press, Washington, D.C., 2001].)

으로 탈수시키며 포자의 내성에 관여한다.

피질과 내막 사이에는 그 구조가 영양세포의 세포벽과 동일한 포자 세포벽이 있다. 포자 세포벽 안쪽에 위치한 포자 내막은 완전한 막으로서 강력한 투과 장벽 역할을 하며 인지질의 함량은 영양세포의 그것과 유사하다.

마지막으로 포자 중심부는 포자의 DNA와 리보솜, 대부분의 효소, 디피콜린산과 2가 양이온을 함유하고 있다. 휴면포자는 포자 단백질의 10-20%를 차지하고 있는 포자의 독특한 구성성분인 여러 가지 저분자 산가용성 단백질 (small acid-soluble protein, SASP)이 있다. 저분자 산가용성 단백질의 대부분은 포자 DNA에 결합되어 있다. 포자 중심부의 수분함량은 매우 낮다. 영양세포의 수분함량은 단위 건조중량 (g)당 약 4 g, 포자 중심부에는 0.4-1 g으로 낮은 수분함량으로 말미암아 포자는 휴면상태를 유지할 수 있고 외부에 대한 내성을 가지게 된다. 피질이 포자 중심부를 탈수시키고 건조 상태를 유지하는 역할을 한지만 이에 대한 정확한 기작은 알려지지 않았다.

거대분자 물질

그림 3.3 DPA의 구조. 생리적 pH에서 양쪽 카복실기는 이온화된다.

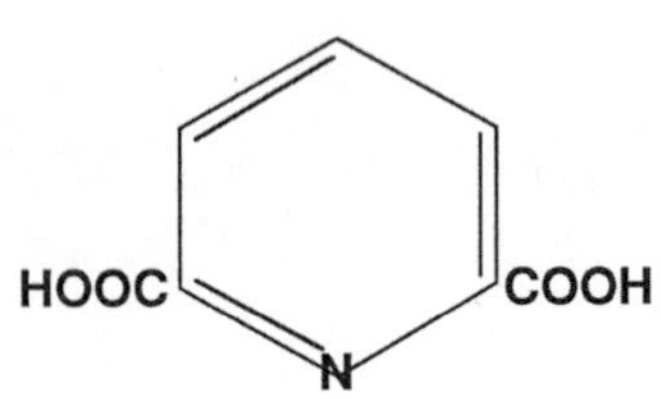

포자는 영양세포와 생화학적으로 다르다. 포자 속에 존재하는 일부 단백질은 영양세포에서는 존재하지 않는다. 저분자 산가용성 단백질 (SASP)은 포자의 저항성과 관련하여 주요한 역할을 한다. 이들 단백질과 DNA의 결합은 DNA의 UV 광화학적 변화와 DNA 구조의 화학적, 효소적 분해에 대한 저항성 등을 포함한 DNA의 성질에 막대한 영향을 미친다. 포자에는 독특한 단백질이 존재하지만 아미노산과 뉴클레오티드 생합성 효소 등 영양세포에 존재하는 많은 단백질은 포자 내에 존재하지 않는다. 아미노산과 탄소화합물을 이용하기 위한 분해효소는 포자와 영양세포에 모두 존재한다. 포자 DNA와 세포 DNA는 동일하다.

저분자 물질

피질 (cortex)내에 존재하는 포자의 저분자 물질은 영양세포 내에 존재하는 저분자 물질과는 다르다. 포자 중심부에는 자유수가 존재 하지 않으므로 존재하는 이온은 이동할 수 가 없다. 포자내부의 pH는 성장하는 세포내의 pH보다 1-1.5 unit 정도 낮다. 성장 중인 세포와는 달리 포자에는 보통 세포내에서 발견되는 데옥시리보뉴클레오사이드-3인산, 리보뉴클레오사이드-3인산, 환원형 피리딘 뉴클레오티드와 acyl-CoA 등과 같은 고 에너지 화합물이 거의 발견되지 않는다 (표 3.4).

휴면

포자들은 대사적으로 휴면상태이며 감지될 수 있는 대사활동을 하지 않는다. 효소의 활성을 방해하는 낮은 수분함량은 포자의 대사적으로 휴면상태를 유지하는 주요한 원인이 된다. 포자내부에서 효소-기질 복합체 형성에 의해 휴면상태가 나타나며 수개월에서 수년 동안 안정한 상태를 유지한다. 그러나 이 복합체는 발아 시 최초 15분에서 30분 내에 분해되어 버린다.

표 3.4 *Bacillus*의 세포와 포자에 존재하는 저분자 물질

	함량 (mmol/g 건물중량)	
분자	**세포**[a]	**포자**[b]
ATP	3.6	≤0.005
ADP	1	0.2
AMP	1	1.2-1.3
데옥시뉴클레오티드	0.59[c]	<0.025[d]
NADH	0.35	<0.002[e]
NAD	1.95	0.11[e]
NADPH	0.52	<0.001[e]
NADP	0.44	0.018[e]
Acyl-CoA	0.6	<0.01[e]
CoASH[f]	0.7	0.26[e]
CoASSX[g]	<0.1	0.54[e]
3PGAh	<0.2	5-18
글루탐산	38	24-30
DPA	<0.1	410-470
Ca^{2+}		380-916
Mg^{2+}		96-120
Mn^{2+}		27-56
H^+	7.6-8.1[i]	6.3-6.9[h]

[a]대수적 증식기 중반의 *B. megaterium*
[b]*B. cereus, B. subtilis, B. megaterium* 포자
[c]4균주 총 데옥시뉴클레오티드-3-인산 값
[d]4균주의 데옥시뉴클레오티드의 합
[e]*B. megaterium*의 단일 수치
[f]CoASH, 유리 CoA
[g]CoASSX, CoA 또는 단백질에 결합되어 있는 디설파이드 결합의 CoA
[h]3PGA, 3-phosphoglyceric acid
[i]*B. cereus, B. subtilis, B. megaterium*에 존재하는 pH 범위

BOX 3.2

쥐라기 시대의 포자

포자는 어떻게 오랫동안 휴면사태를 유지하며 생멸을 유지할 수 있을까? 지질학적 시대를 생각해보자. 지구는 60억 년 전에 생성되었다. 박테리아는 30억 년 전에 출현하였으며 공룡은 2억5천만년 전에 멸종되었다. 인간이 출현한지는 60억년이 지났다. 하나의 class로서 세균은 존재하는 힘을 가졌으며, 각각의 생명체 역시 존재하는 힘을 보유하고 있다. 캘리포니아 폴리텍의 미생물학자 Ratil Cano 박사는 23억-40억 년 동안 잠자는 포자를 재생시킨 바 있다. *Bacillus* 속은 흔히 호박 속에 묻혀서 발견되는 꿀벌과 공생관계에 있었다. 전자현미경을 통하여 이 꿀벌 속에서 포자를 발견하였으며 포자 DNA를 분리하였지만, 누구도 이것이 살아 있음을 증명한 적이 없었다. Cano 박사는 포자가 정상적으로 성장할 수 있는 배지에 호박을 넣어 빻기 전에 호박샘플과 모든 실험기구를 충분히 멸균하였다. 포자는 그 배지에서 성장하였다. 포자는 간균으로 자랐으며 DNA 분석으로 통해 오염 미생물로 작용하는 오늘날의 간균와 전혀 무관한 고대의 것으로 밝혀졌다.

Cano, R. J., and M. K. Borucki. 1995. Revival and identification of bacterial spores in 24-40 million year old Dominican amber. *Science* **228:**1060-1064

내성

포자의 휴면은 영양소의 결핍상태에서 장기간 생존할 수 있도록 해 준다 (Box 3.2). 포자의 장기생존의 두 번째 요인은 열, 방사선, 화학물질, 건조에 대한 포자의 강력한 내성이다. 포자는 영양세포보다 더 내성이 강하다. 포자의 저항성은 포자내부의 탈수정도, 저분자 산가용성 단백질 (SASP), 비투과성 등과 같은 다양한 요인에 의해 영향을 받는다. 이들 각기 다른 요인은 다른 형태로 포자 내성에 영향을 미치므로 포자 내성에 따라 포자 발아에 걸리는 시간이 달라지는 것이다. 최근, 포자의 열, 자외선, H_2O_2에 대한 내성 기작이 밝혀졌다.

포장 내성에 관한 논의는 기작에 대해 비교적 상세하고 유용한 자료가 많은 *B. subtilis*에 집중되어 있으나 *B. subtilis* 포자의 내성에 영향을 미치는 요인들 역시 다른 종의 내성에도 영향을 미친다.

동결과 건조에 대한 내성

성장 중에 있는 세균은 동결 동안 사멸되고 건조과정 중에 더 많이 사멸된다. 세균의 사멸에 대한 정확한 기작은 아직 확실하지는 않으나 DNA 손상에 의한 것이라고 추측하고 있다. 동결건조 시 세포는 중대한 돌연변이가 유발될 수 있다. 포자는 여러 번의 동결 건조에 대해서 저항성을 가진다. 포자의 건조 저항성에 대한 정확한 설명은 아직 밝혀지지 않았으나 저분자 산가용성 단백질 (SASP)이 DNA 손상을 방지함으로써 포자건조 저항성에 영향을 미친다.

압력에 대한 내성

포자는 세포보다 고 압력 ($\geq$12,000 기압) 더 내성이 있다. 포자는 세포보다 낮은 압력에서강한 내성을 가지고 있지만 포자는 고압에서보다 저압상태에서 보다 빨리 사멸한다. 낮은 압력에서 포자의 발아는 촉진되기 때문에 발아된 포자는 압력 처리에 의해 급격히 사멸하는 것이다. 압력이 높은 상태에서는 포자의 발아는 촉진되지 않는다.

감마선(γ선) 조사에 대한 내성

포자는 영양세포보다 γ선 조사에 대해 저항성이 강하다. 몇몇 종류의 미생물 연구를 통해 γ-조사에 대한 내성은 열에 대한 내성을 획득하기 1–2시간 전에 생성된다. 포자의 γ선 조사에 대한 저항성과 관련된 명확한 요인은 알려져 있지 않지만 저분자 산가용성 단백질 (SASP)은 그 요인에 포함되지 않는다. 포자 중심부의 낮은 수분함량이 γ선 조사에 대한 보호 작용을 할지도 모른다. 그러나 포자 중심부의 수분 함량은 γ-조사에 대한 내성과 관련 없다. 추측컨대 방사선 조사는 포자 DNA를 손상시키는 것으로 예상되나 정확한 작용 기작은 밝혀지지 않았다.

자외선 조사에 대한 내성

포자는 영양세포보다 UV에 대해 내성이 7–50배 강하다. 저분자 산가용성 단백질 (SASP)의 합성과 유사하게 UV 저항성은 내열성의 포자가 되기 2시간 전에 형성된다. 이들 단백질은 포자 UV 내성을 위해 필요하다. 포자내부의 탈수는 포자의 UV 조사에 대한 저항성에는 관계가 없다.

화학물질에 대한 내성

포자는 많은 화학물질과 극심한 pH 그리고 라이소자임과 같은 용균효소에 대해서 세포보다 강한 내성을 가진다. 그 화학물질에 대한 포자의 내성은 포자형성 과정 중 시간에 따라 다르게 나타난다. 포자각을 제거한 포자는 라이소자임에 민감하기 때문에 포자각 (spore coat)은 화학물질의 공격에 대한 방어벽 역할을 함으로써 내성을 갖게 된다. 대부분 분자의 포자 중심부에 대한 비투과성은 포자의 화학물질에 대한 내성에 중요한 인자로 작용한다.

내열성

내열성은 식품산업에 중요한 의미를 가진다. 저항성과 관련된 연구 가운데 가장 많이 연구된 분야이다. 포자의 내열성은 주목할 만하며 많은 포자들은 100°C에서 수분간 견뎌낸다. 내열성은 D_T 값으로서 종종 정량화할 수 있다. 이 값은 D_T 온도에서 90%의 균을 죽이는데 필요한 시간을 나타낸 것이다. 일반적으로 D_T +40°C 온도에서 포자의 *D* 값은 D_T 온도에서 이들 포자의 영양세포의 *D* 값과 거의 유사하다. 포자 내열성에 대해서 종종 간과하는 것은 증가된 온도에서 포자의 생존력의 연장은 보다 낮은 온도에서 생존시간이 길다는 것과 유사하다는 것이다. 포자의 *D* 값은 10°C 감소함에 따라 4–10배 증가한다. 결론적으로 90°C ($D_{90°C}$)에서 30분인 *D* 값을 가진 포자는 20°C에서 *D* 값 ($D_{20°C}$)는 수년간 이라는 것이다.

포자의 가열사멸에 있어서 무엇이 손상되는지는 알 수 없다. 아마도 그 대상은 포자 DNA는 아닐 것이다. 포자의 가열사멸은 DNA손상 또는 돌연변이와는 관련이 없다. 단백질이 포자의 가열사멸의 표적일 것이다. 반치사량에 가까운 열처리는 포자의 손상을 유발시킬 수 있다. 이러한 손상은 포자의 발아와 발아 후 성장 과정 (outgrowth) 동안에 복원될 수 있다. 포자 내열성을 조절하는 몇몇의 요소는 아래에서 알아보기로 하자.

포자형성온도

높은 온도에서 포자가 형성되면 포자의 내열성도 증가한다 (그림 3.4). 일반적으로 호열성균의 포자는 중온성균의 포자보다 내열성이 더 강하다. 포자의 거대분자는

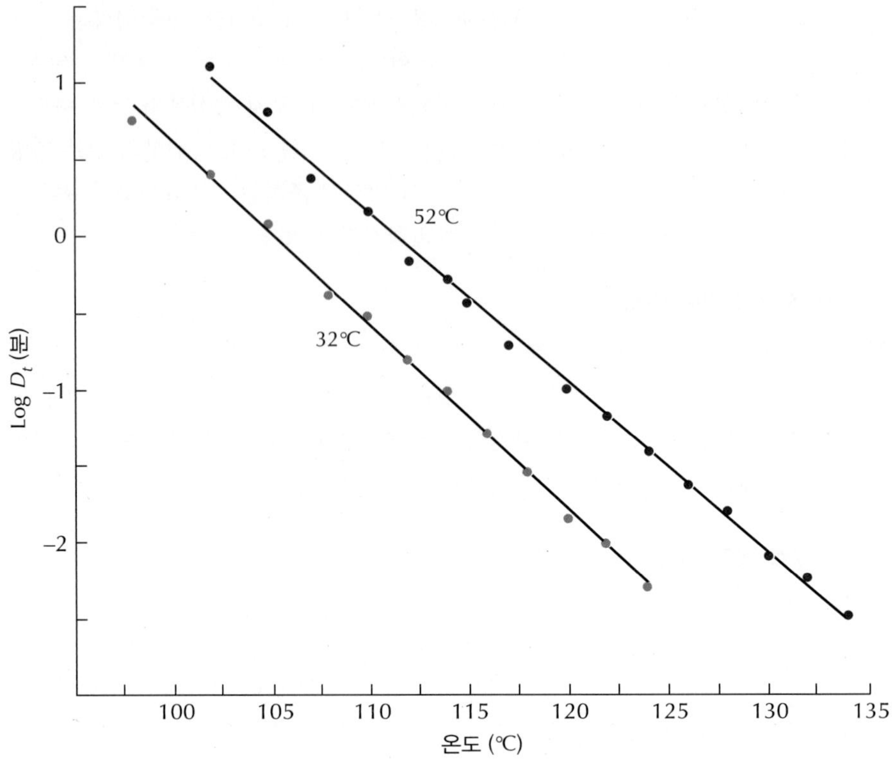

그림 3.4 32℃와 52℃에서 포자를 형성한 *Bacillus subtilis*의 *D* 값에 미치는 포자형성 온도의 영향. *Journal of Food Protection*의 승인을 받고 F. Sala et al., J. Food Prot. **58:**239–243, 1995에서 인용. 저작권 보유: International Association for Food Protection, Des Moines, IA.

세포의 거대분자와 거의 동일하며 포자의 거대분자는 본질적으로 내열성이 없다. 예상컨대 호열성 포자내의 거대분자는 중온성 포자보다 열안정성이 크므로 호열성 포자의 내열성이 보다 강하다. 그러나 동일한 균주일지라도 포자생성 온도가 높을수록 내열성이 강하다.

성장 중의 세포에서 가열 충격에 대한 적응력은 열에 대한 충격 반응을 야기하는 단백질과 연관이 있다. 이들 단백질의 수준은 포자형성 온도가 높을수록 증가한다. 비록 열충격단백질은 포자의 내열성에 관련이 있지만 경우에 따라서 나타나지 않을 수도 있다.

α/β-유형 저분자 산가용성 단백질 (SASP)

습열에 의한 포자의 사멸은 일반적인 돌연변이 유발이나 DNA 손상에 의한 것은 아니지만 높아질수록 DNA 손상은 야기된다. 그러므로 포자의 DNA는 열 손상에 대해서 잘 보호되어야하고 열에 의한 포자의 열에 의한 불활성화는 다른 기작에 의해 야기된다. 열손상에 대한 포자 DNA 보호의 주된 원인은 α/β-type의 저분자 산가용성 단백질 (SASP)에 의한 포자 DNA의 포화에 의한 것이다. 결론적으로 *B. subtilis*의 α^-, β^- 포자는 열에 좀 더 민감하다.

건열은 습열과는 포자에 다르게 영향을 미친다. 첫째, 포자는 습열보다 건열에 더 강한 내성이 있다. 건열 처리 시 *D* 값은 습열 처리의 경우보다 100–1000배 정도 높다. 둘째, 포자들은 건열에 의해 사멸될 때 돌연변이 생성율 (생존율의 ~12%)

이 더 높아진다. 이러한 돌연변이 현상은 포자 DNA에 손상을 준다.

포자 중심부 수분함량과 내열성

포자 중심부의 낮은 수분함량은 포자의 내열성에 중요한 요인이다. 포자는 그것이 탈수됨으로서 강한 내열성을 가지게 된다. 포자의 피질 (cortex)은 포자 중심부의 탈수와 탈수된 상태를 유지하기 위해 필요하다. 이러한 현상은 이온강도 와/또는 pH의 변화에 따라 피질의 부피를 변화시키는 피질의 성질에 기인한다. 만약에 피질 부피의 팽창이 한 방향 즉 포자 중심부 (spore core) 방향으로 편중된다면 반대쪽의 기계적 작용은 내부의 수분을 유출시킬 것이다.

이것들은 *D* 값의 20배 범위에서 포자 중심부의 수분함량과 내열성 간의 상관관계가 있다. 그러나 포자 중심부의 수분함량이 최대의 조건에서 *D* 값이 매우 넓다는 것은 포자형성 온도, 피질의 구조와 같은 다른 요소가 중요한 영향을 미칠 것이다. 포자 중심부의 유리수는 거의 없다. 수분이 관련된 화학적인 작용 (water-driven chemical reactions)은 포자내부의 낮은 수분 함량에 의해 저해될 것이며 이는 내열성에 영향을 미치는 요인이다. 낮은 수분 함량은 분자 이동을 제한함으로써 단백질과 같은 거대분자의 변성을 방지하여 안정화 시킨다.

포자형성과 발아 과정

포자형성

포자는 영양분 고갈 또는 환경적 스트레스에 의해 반응하여 만들어진다. 포자형성과 포자의 내성에 대한 분자 생물학적 연구는 *Bacillus* sp.에 대해 광범위하게 이루어져 왔다. *Alicyclobacillus*, *Bacillus*, *Clostridium*, *Desulfotomaculum*, *Sporolactobacillus* sp.들이 생성한 포자는 식품에서 문제점을 야기한다.

일종의 불규칙한 세포분열은 포자를 형성하는 세포에서 첫 번째로 나타나는 변화이며 보다 작은 포자부분과 보다 큰 커다란 부분을 생성한다. 포자형성이 진행됨에 따라 모세포는 포자 전구체 (forespore)를 둘러싸버려 하나의 세포 (모세포, mother cell)내에 하나의 세포 (포자전구체, forespore)가 있는 형태가 된다 (그림 3.5). 두 가지 세포의 완벽한 유전물질을 가지게 된다. 포자가 모세포 내에서 형성되

그림 3.5 포자의 발아, 휴면, 활성화와 발아 후 성장과정.

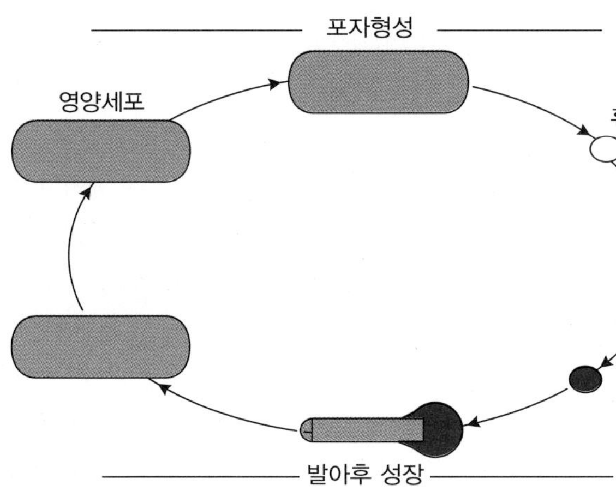

기 때문에 내생포자라 한다.

포자를 형성하는 동안 특정 시간과 장소에서 유전자가 발현된다. 일부 유전자는 모세포 내에서만 발현되고 다른 유전자들은 포자 내에서만 발현된다. 유전자 발현은 RNA polymerase를 위한 새로운 시그마 인자 (sigma factor)의 질서정연한 합성과 활성화에 의해서 조절된다. 억제인자 (repressor)와 촉진인자 (activator)와 같은 DNA 결합 단백질들은 포자형성과정 동안 유전자 발현을 조절한다.

포자형성이 진행됨에 따라 포자 내에서 뚜렷한 형태학적, 생화학적 변화가 일어난다. 포자는 포자각 (spore coat)과 포자 피질 (cortex)의 2개의 층으로 둘러싸이게 되며 포자에서만 발견되는 건물중 10% 이상의 디피콜린산 (그림 3.3)과 수많은 2가 양이온을 축적한다. 포자는 대사적으로 휴면상태가 되고 열과 조사, 화학물질에 대해 강력한 내성을 가지게 된다.

활성화

휴면 포자들은 발아에 의해 왕성한 대사로 빨리 되돌아 갈수 있다 (그림 3.4). 포자들은 발아를 유발시키는 영양소 (예, 발아 유도제, germinant)에 노출되기 전에 활성화된다면 보다 빨리 완전하게 발아 한다. 포자를 활성화시키는 방법은 다양하다. 가장 광범위하게 사용되는 방법은 반 치사 상태로 (80°C에서 10분간) 열처리 하는 방법이다. 포자 활성화에 의한 변화는 아직 불명확하다. 몇 종에서 활성화는 가역적이며 대부분의 종에서는 열에 의한 활성화과정 중 소량의 포자 디피콜린산이 유리된다.

발아

포자들은 발아하는 동안에 포자 고유의 특성인 디피콜린산과 저분자 산가용성 단백질 (SASP) 등을 상실하며 내성 역시 발아시작 초기에 상실된다. 이 시간동안 대사가 활성화되고 거대한 분자의 합성이 시작된다. 결국 발아된 포자는 발아 후 성장 (outgrowth)과정을 통해 생육형 영양세포로 전환된다.

포자 발아는 포자와 발아 유도제 (germinant)를 혼합 후 초기 20-30분 동안에 일어난다. 이 기간 동안에 피질과 많은 양의 디피콜린산, 미네랄, 저분자 산가용성 단백질 (SASP)을 가진 저항성이 있는 휴면 포자는 피질과 저분자 산가용성 단백질 (SASP)과 분해되어 버린 민감하고 왕성하게 대사를 하는 발아된 포자로 변형된다. 이러한 변화는 영양소의 결핍조건에서도 발생할 수 있다. 그러나 발아된 포자가 성장세포로 변화되는 과정 중에는 영양소가 더 필요하게 된다.

포자 발아는 아미노산, 당, 염, 디피콜린산 등과 같이 다양한 화합물에 의해 유발, 촉진될 수 있다. 어떻게 이물질들이 포자의 발아를 유발, 촉진시키는지는 아직 분명하게 밝혀지지 않고 있다. 발아물질 (germinant)의 대사는 일어나지 않고 무기염들이 몇몇 포자들을 발아시킨다. 발아 유도물질에서 나타나는 입체 특이성은 (예, L-alanine 은 발아를 유도하지만 D-alanine은 발아를 저해한다.) 몇몇 발아 유도물질이 특이단백질과 직접 작용한다는 것을 암시한다.

포자 발아의 초기에 양성자와 몇몇 2가 양이온, 특히 Zn^{2+} 이온이 유리된다. 다음으로 디피콜린산의 유리와 포자의 굴절성은 상실되고 이어서 피질 (cortex)의 파괴가 수반된다. 발아동안에 포자는 건물무게의 30% 이상을 분비하고 포자 중심부의 수분함량은 영양세포의 수분 함량 만큼 증가한다. 이러한 현상이 일어나기 위해서는 포자내막 투과성의 큰 변화가 필요하다. 그러나 이들의 변화는 자연적으로 일어나는 현상도 아니고 어떤 기작에 의해 일어나는 현상도 아니라는 사실을 이미 알고 있다. 포자 발아의 개시와 수반되는 변화는 매우 빠르게 진행될 것이다. 하나의 개별 포자는 30초에서 2분 이내에 굴절성을 잃어버릴 수 있다. 그러나 집단을 이룬 포자의 경우에는 시간이 좀 더 연장될 수 있다. 개개의 포자들의 발아는 아주 다양한 유도기 (lag time)를 거친 후 발아가 시작된다.

RNA 합성은 포자 내에 저장되어 있거나 이미 존재하는 포자 RNA의 분해에 의해 생성되는 뉴클레오티드를 이용함으로써 발아개시 수 분 내에 시작된다. 단백질 합성은 RNA합성 후에 바로 시작된다. 단백질 합성이 재빨리 이루어진다. 저분자 산가용성 단백질 (SASP)이 파괴됨으로써 제공된 아미노산은 발아 초기 20-30분 내에 대부분의 단백질 합성에 이용된다.

발아 후 성장

포자 발아에서 포자 발아 후 성장으로 변환은 뚜렷하지 않다. 발아 후 성장기간은 발아 개시 후 25분부터 최초 세포분열까지를 말한다. 발아하는 동안 대부분의 과정은 저장물질을 이용함으로써 진행된다. 발아 후 성장은 세포외부의 공급원이 필요하며 포자는 아미노산, 뉴클레오티드 그리고 다른 작은 분자를 합성하는 능력을 회복한다.

DNA 복제는 적어도 발아 시작 60분후까지는 개시되지 않는다. DNA 회복은 DNA복제 합성 전에 발생 할 수 있다. 발아 초기에도 포자는 데옥시리보뉴클레오사이드-3인산 화합물을 함유하고 있으며 포자 발아 후 성장과정 동안 막과 세포벽 성분을 합성하면서 포자의 부피는 계속해서 증가한다.

요약

- 포자는 각종 스트레스에 내성이 있는 독특한 생명체이다.
- 식품에 있어 포자의 내열성은 *D* 값을 측정한다. *D* 값은 포자의 90%를 사멸시키는데 요구되는 주어진 온도에서 걸리는 시간을 말한다. *z* 값은 *D* 값을 10배 단위로 변화시키는데 필요한 가영온도의 변화를 나타낸 값이다.
- 저산성 통조림식품은 pH 4.6 이상 수분활성도 0.85 이상이다.
- 상업적 멸균은 12*D* 보툴리늄 사멸 가공 (botulinum cook)의 이론은 적용함으로써 이룰 수 있다.
- 많은 포자형성 미생물은 부패의 원인이 된다.
- 포자형성 기간은 영양세포가 포자를 생성하는 과정이다.
- 발아와 발아 후 성장은 포자가 영양세포로 변화되는 과정이다.
- 포자 피질 (cortex)은 포자 내성에 영향을 미치는 펩티도글리칸의 독특한 형태이다.
- 디피콜린산과 저분자 산가용성 단백질 (SASP)은 포자내성에 관여한다.
- 포자의 내열성은 발아온도를 포함한 여러 가지 요인에 의해 영향을 받는다.
- 포자내부의 비교적 낮은 수분함량은 포자의 내성에 영향을 미치는 요인이다.
- 포자형성, 발아 그리고 발아 후 성장은 포자 생활사의 일부이다.

참고문헌

Driks, A. 2002. Overview: development in bacteria: spore formation in *Bacillus subtilis*. *Cell. Mol. Life Sci.* **59:**389–391.

Nicholson, W. L., P. Fajardo-Cavazo, R. Rebeil, T. A. Slieman, P. J. Riesenman, J. F. Law, and Y. Xue. 2002. Bacterial endospores and their significance in stress resistance. *Antonie Leeuwenhoek* **81:**27–32.

Setlow, P., and E. A. Johnson. 2007. Spores and their significance, p. 35–67. *In* M. P. Doyle and L. R. Beuchat (ed.), *Food Microbiology: Fundamentals and Frontiers*, 3rd ed. ASM Press, Washington, DC.

4 식품에서 세균의 검출 및 정량

학습목표

- 식품의 미생물 분석을 위한 방법 토의
- 식품미생물 분석 방법들의 장점과 단점 비교
- 식품 시료의 수집 및 가공을 위한 자세한 절차
- 시료의 미생물 수를 계산
- 전통적인 방법과 신속한 생물학적 방법들의 차이 이해

서론

미생물들은 우리의 몸과 우리의 환경에 존재한다. 그러므로 식품 안에 여러 종류의 미생물 (효모, 곰팡이, 바이러스, 세균 및 원생동물)들을 찾는 것은 놀라운 일이 아니다. 식품미생물학자들은 식품 내에서 미생물을 유익 미생물, 유해 미생물, 위험 미생물로 종종 분류한다. 유익미생물들은 식품의 생산 (예, 요쿠르트, 와인, 맥주 제조)에 사용되고 유해 미생물들은 식품 손상의 원인이 되며 위험 미생물들은 인류 질병의 원인이 된다. 식품미생물의 형태와 숫자들을 결정하는 것은 식품미생물학의 전망에 중요하다.

호기적 생균수 (*aerobic plate count*, APC)는 식품에서 미생물 수의 측정치를 제공한다. 이름이 의미하듯이 편성 혐기적 미생물들은 공기 중에서 자라지 못할 것이고 그러므로 혐기적 미생물들은 호기적 생균수에서 포함되지 않는다. 호기적 생균수는 식품의 처리, 출하 그리고 저장 동안에 변화 (증가 또는 감소)된다. 냉장고기와 같은 가공하지 않은 식품에서 호기적 생균수는 저장 동안에 증가하는 반면 말리거나 얼린 식품은 호기적 생균수가 변화하지 않거나 감소한다. 식품에 존재하는 호기적 생균수는 g당 미생물 수가 적게는 10에서부터 높게는 1,000,000까지 나타낼 수 있다.

동일한 기원의 생산물들에서 미생물 수준은 매우 다를 수 있다. 예를 들어 다진 고기의 미생물 오염은 고기 덩어리 전체에서보다 매우 빠르다. 고기를 자르고, 갈고, 포장하는 동안, 미생물은 기계적 또는 복합적으로 미생물이 생산물로 옮겨질 수 있다. 심지어 열처리한 식품과 동일한 식품에서 관련되는 미생물들의 초기의 수는 완성된 제품에서 미생물의 수에 중요한 영향을 끼칠 것이다. 나쁜 품질의 재료, 나쁜 위생, 재오염, 부적당한 조작은 열처리한 식품일지라도 높은 수준으로 미생물이

존재할 수 있게 한다.

만일 특정 제품이 관련 규정 (즉 가이드라인 또는 지침서와 기준 등)을 가지고 있다면 이러한 규정을 준수하기 위해 식품 내부 및 식품 자체의 관련된 미생물 수의 측정이 반드시 필요하다. 어림짐작으로 평가하는 경우 미생물 수가 증가와 함께 식품의 품질 감소를 초래하게 된다. 물론 이와 같은 방법에는 예외가 있다. 예를 들어 발효된 식품의 미생물 수준은 증가해야 한다. 이 장에서는 식품의 미생물 수준을 검출하기 위한 방법에 초점을 맞출 것이다. 식품시료들의 대체적인 미생물학적 분석을 세균 수준의 검출방법 하에서 기록한다.

시료 수집과 처리

시료의 수집과 처리를 위해 사용하는 방법들은 특정 미생물의 종류에 따라서 또한 식품의 종류에 따라서 매우 다양하다. 미국 FDA는 표준방법으로서 세균학적 분석 방법을 사용하고 미국 농무성에서는 *미생물학적 실험실 안내서*를 식품안전관리처의 표준방법으로 삼고 있다. 사용하는 방법과 관계없이 만일 그것이 조사하고 있는 재료의 양을 대표하거나 사용한 수집 방법이 미생물 오염에 대하여 안전해야하고 수집과 분석 사이에서 미생물수에 있어서의 변화를 막는 방법으로 시료는 처리되어져야만 유의적이고 의미 있는 정보를 얻을 수 있을 것이다. 식품 시료의 수집동안에는 식품시료로 세균의 유입을 막기 위해주의를 기울려야 한다. 가능하면 분석을 위해 수집 식품을 각각의 용기에 넣어 제출해야만 한다. 그러나 이것은 항상 올바르지 않으며 따라서 대표하는 시료는 무균적인 조작방법을 사용하여 수집해야만 한다. 시료 수집을 위해 사용한 기기는 수집 장소보다는 실험실에서 멸균을 해야 한다. 멸균 용기들은 (플라스틱가방 또는 넓은 입구의 병) 식품의 이름과 수집 날짜를 기록해야 하고 시료의 흔적과 이용 가능한 분석 결과를 기록해야한다.

시료가 수집되어지면 미생물 집단의 변화를 방지하기 위해 가능한 빨리 분석해야만 한다. 그러나 이 같은 방법은 언제나 가능하지만은 않다. 그리고 시료는 냉장보관 해야 하고 어는 시료는 얼려서 두어야만 한다. 일반적으로 냉장제품들은 얼리지 말아야 하는데 이것은 세균의 세포가 얼리는 순간부터 죽거나 손상을 받을 수 있어서 올바른 결과를 초래하지 못하기 때문이다.

분석에 앞서 시료의 전처리가 일반적으로 요구된다 (그림 4.1). 의미 있는 결과를 얻기 위해서는 시료를 분쇄하여 세균의 현탁액을 피펫으로 다룰 수 있어야 한다. 만약 시료가 고체일 경우 식품은 일반적으로 멸균된 인산 완충액 또는 0.1% 펩톤을 이용하여 혼합하고 이의 현탁액을 만들어야 한다. 만약 적절한 완충용액을 사용하지 않는다면 세균은 플레이트에 도말하기 전에 희석용 배지에 증식시켜야 한다. 균질화된 현탁액을 만들기 위해 시료는 시료 균질기 (stomacher)로 처리한다. 25 g의 일반적인 크기의 식품 시료를 살균 백에 넣고 225 ml의 멸균수를 첨가하고 혼합하여 식품시료 내의 세균의 수를 1:10으로 희석한다.

분석

앞서 언급한 호기적 생균수는 시료와 관련된 미생물 수의 적절한 계산 값을 제공한다. 표면도말의 결점은 세균집락의 유착 (두 개 또는 그 이상의 집락이 함께 있는 것)과 스프레더의 성장이다. 고체화된 한천표면은 물방울 때문에 세균의 도말에 영향을 주기 때문에 건조해야만 한다. 단계적으로 희석한 시료 0.1 ml를 한천배지의 표면에 분주하고 도말봉 또는 굽은 유리 막대로 도말한다. 표준평판계수법 (standard plate count : SPC, 중층평판법이라고도 함)을 이용하며 이때 살균한 페트리 플레이트를 사용하고 적당하게 희석한 시료 1 ml를 정확히 취하여 적절한 배수로 정확하게 희석한 균액의 일정량을 미리 가열 용해하여 45°C 정도로 냉각한 한천배지에 가하고 평판 배양하여 발생한 콜로니를 계수한다. 이 방법은 시간

그림 4.1 미생물의 수를 측정하기 위한 시료의 전처리 단계. 초기에 백만 개의 미생물을 포함한 우유를 희석하고 이것을 도말한 후 독립적인 콜로니를 셀 수 있다. 적절한 계산법은 우유 안의 실제로 존재하는 미생물 수를 나타낼 수 있다. 1단계: 액체 시료 중 1 ml를 9 ml의 완충용액에 분주여 10배로 순차적인 희석액을 준비한다. 2단계: 희석액 100 μl를 플레이트에 반복적으로 분주한다. 3단계: "하키스틱 (hockey stick)"이라 불리는 유리 도말봉을 화염멸균하고 식힌 후에 한편표면위에 시료를 도말한다. 플레이트는 유리와 내부표면이 마주하여 돌려줄 수 있다. 4단계: 플레이트는 특정한 조건에서 배양한다. 5단계: 한 개의 플레이트 당 희석된 분량에 대해 30-300개 콜로니를 계수하고 이것을 환산하여 우유 1 ml 당 CFU의 수로 나타낸다.

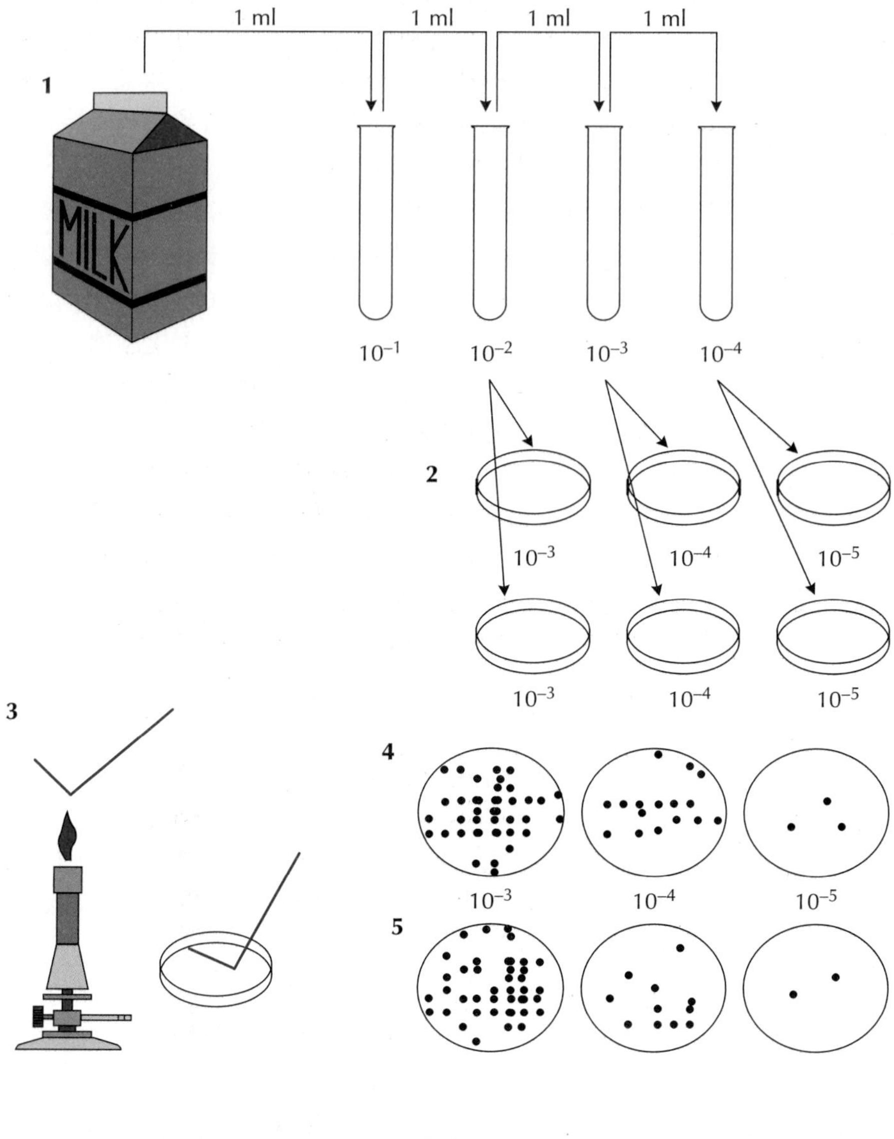

이 소요되며 비싸고 정밀도가 떨어지는 것과 같은 많은 단점이 있다.

이론적으로는 단일 세균 세포로부터 하나의 콜로니가 생겨나지만 이것은 항상 진실은 아니다. 아마도 콜로니는 시료 안에 세균의 수는 세균이 연속적이거나 사슬 형태로 나타나게 되어 실제 값보다 적게 측정되어진다. 그러므로 시료는 각기 발생된 단위의 세포로 분류하여 처리할 필요가 있다. 이것은 시료의 균질화와 1:10으로 단계적인 희석 (그림 4.1)을 통해 획득할 수 있다. 1:10의 희석액을 10배 희석하면 1:100으로 희석된다. 미생물 수를 확인하고자 하는 시료를 위해서 가능한 한 10^{-1} ~ 10^{-7}로 희석해야 한다. 일반적으로 표준인 100 mm 지름의 플레이트에는 30-300의 콜로니를 포함해야 한다. 플레이트 당 콜로니가 너무 적거나 많은 경우에는 부적합하다. 세균의 전체수는 측정한 콜로니 수에 희석계수를 고려하여 식품의 g 당 세균의 수로 환산한다.

*회전 튜브*법 (*roll tube* method)은 중층 도말법과 기본적으로 동일하지만 스크류 캡튜브를 페트리 플레이트 대신에 사용한다. 시험관에는 2-4 ml의 플레이트 카운트 한천배지 또는 적당한 배지를 포함하여 살균하고 용해된 한천을 45°C로 식혀서 만든다. 적절하게 희석한 시료 0.1 ml를 분주하고 시험관은 수평을 맞추고 냉각수에 넣고 굴린다. 한천은 굳어서 시험관 내부에 얇은 층을 형성한다. 시험관은 콜로니가 번지는 형태를 이룰 수 있는 응축수를 방지하기위해 거꾸로 하여 배양한다. 이 방법의 결정적인 장점은 저장에 있어 훨씬 적은 수의 플레이트 카운트 한천배지를 사용하는 것이다.

기계적인 장치는 식품 시료의 세균수 검출을 용이하게 한다. 회전 도말기 (Spiral plater)는 회전하고 있는 한천배지의 표면위에 시료를 도말하기 위하여로봇식 팔을 사용한다. 한천배지 중앙에서의 접종 후 가장자리로 도말되므로 도말되면서 접종물 부피의 연속적인 감소가 나타나 한 플레이트 내에서 최고 10,000:1의 희석효과가 나타난다. 회전 도말기 방법은 표준평판계수법보다 우수하다. 특별한 계수용 격자는 플레이트 상의 콜로니를 계수하는데 사용할 뿐만 아니라 콜로니가 여럿이 빽빽하게 밀집되어 계수가 어려울 때 사용한다. 이 방법은 우유와 같은 액상의 시료에 가장 적합하다. 어떠한 방법에서처럼 분석상의 장단점이 있다. 장점은 더 적은 수의 플레이트와 희석용 병을 사용한다는 것과 많은 시료를 처리하는 데 있어서 적은 량의 한천과 노력이 든다는 것이다. 단점은 처리할 수 있는 시료의 형태가 제한되어있으며 콜로니를 계수하기 어렵다는 점이다.

그림 4.2 대표적인 회전형 자동도말기 (spiral plater, **위**)와 이를 사용하여 얻은 고체배지상의 콜로니 모습 (**아래**).

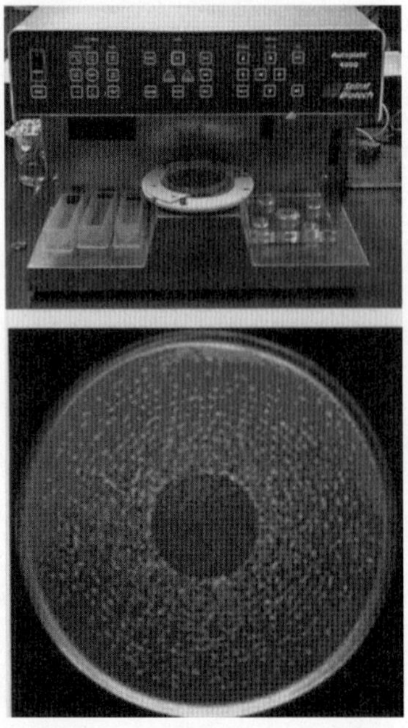

액체 시료들 (물 또는 희석액)은 세균을 회수할 때 사용하는 막을 통과할 수 있다. 0.45 μm 크기의 막을 일반적으로 사용한다. 미생물의 정성평가를 위해 여과 막을 선택배지 플레이트 위에 올려놓거나 직접 미세 계수 분석 평가에 사용 할 수 있다. *막여과 기술*은 여과 막을 쉽게 통과할 수 있는 액상의 시료에 적합하다. 그러므로 많은 양 (1 L 또는 그 이상)의 시료를 하나의 여과 막을 통해 농축하므로 적은 수의 미생물 수를 검출할 수 있으며 또한 이 방법은 공기 중의 미생물을 검출하는데 사용 할 수 있다. 우유 또는 주스와 같은 점성의 액상시료는 막의 막힘 현상 없이 처리할 수 있다.

막여과 기술은 기본적인 상업적 방법들 중의 하나로 이용할 수 있다. 이와 같은 방법들은 제 5장에 언급하였다. *직접 형광필터법* (*direct epifluorescent filter tech-*

nique)은 형광현미경을 사용하여 계수하는 것으로 세균의 염색에 형광염료를 사용한다. g 또는 ml 당 세포의 수는 현미경 배수의 필드당 평균수를 곱하여 계산한다. 이 방법은 우유, 육류 및 가금류와 식품 접촉 표면에서 세균수를 추정하기 위해 사용되었다. *소수성 격자 막 여과기* 방법은 또한 다양한 식품과 관련되는 미생물을 검출하기 위해 사용된다. 이 방법을 위해 1,600개의 격자를 포함하는 특별히 제작된 여과 막은 미생물의 성장과 콜로니의 크기를 제한하는데 사용한다. 일반적으로 1:10으로 균질화된 시료 1 ml는 여과 막을 통과한다. 콜로니들은 포함하는 격자는 계수할 수 있으며 가장 가능성 있는 수가 검출되어진다.

직접 현미경 계수법 (direct microscopic count: DMC법)은 세포 대사와 성장을 위한 어떠한 배양기간도 필요로 하지 않기 때문에 알려진 어떤 방법보다 빠르다. 이 방법은 식품 시료 또는 액체 시료 (0.01 ml)를 현미경 슬라이드에 1 cm^2의 지역에 한결 같이 펼치게 하여 평가한다. 일반적으로 액체 식품들은 직접적으로 분석할 수 있지만 고체 식품들은 분석 전에 현탁액 (1:10 희석액)으로 만들어 두어야 한다. 시료는 고정, 지방질 제거, 염색 단계를 거쳐 확인되며 세포수가 계수 된다. 잘 조정된 현미경을 사용해야 하며 실험에서 사용한 필드에 해당하는 배율을 고려하여 미생물 수를 시료 g당으로 계산할 수 있다. 단계 마이크로미터는 가장 가까운 0.001 mm 원형의 직경을 측정할 수 있다. 세균 또는 세균집락의 평균수는 기본적인 평당으로 계산하게 되고 평방 밀리미터 당 미생물 수를 계산하기 위해 필드영역을 면적으로 나누어 계산하였다.

직접 현미경 계수법은 아마도 시료내의 세균수를 측정하기 위한 간편하고 가장 신속한 방법이다. 발생하는 다양한 문제들은 즉각적인 조정 또는 처리의 변경으로 극복할 수 있다. 이 방법의 또 다른 장점은 시료의 간단한 처리, 요구되는 장비들의 간단성, 슬라이드의 보존과 기록성, 미생물 정량을 위한 최소량의 시료만으로 가능하다는 점이다. 한편 단점으로는 눈의 피로와 생균수 및 사균수를 모두 측정하게 되며 식품 중에 적은 양의 미생물 수는 검출 할 수 없다는 점이다.

형광염료는 살아있는 세균과 죽은 세균을 차별화하여 염색할 수 있다. 이러한 염색법으로 총균수와 생균수-사균수를 계수할 수 있다. 염색 결과 강렬한 형광을 발생하므로 시료 중에 세균이 낮은 수준으로 존재할지라도 사용할 수 있다. 단점은 형광신호가 시간이 지날수록 점차 흐려지고 또한 식품 구성 요소가 염색되거나 형광을 발하여 세균 세표를 계수하는데 방해될 수 있다는 점이다.

미생물 대사를 이용하는 방법

일반적으로 미생물의 대사는 전분의 가수분해, 당발효, 황화수소와 인돌 생성물 또는 질소 환원력 등을 측정하여 왔다. 미생물 대사의 측정 또는 식품류에서의 대사 생산물의 측정은 세균집락의 성장 정도를 측장하는 지표로 사용되어 왔다. 오늘날 이와 같은 실험들은 간편하고 소형화되었으며 신속한 실험방법들의 근간이 되고 있다.

미생물들은 산화환원 반응과 같은 화학적인 반응을 통해 에너지를 얻으며 에너지 급원이 다른 물질로 산화되면서 분해되어진다. 산화환원반응은 전자 전달자를 포함하며 전위차계 (potentionmeter)로 전기적인 측정을 할 수 있다. 측정된 산화환원 전위는 산화환원 전위차 (redox potential)로 알려져 있다. 이것은 지시약과 발색시약으로 측정이 가능하다. 첨가된 지시약 및 발색시약들은 세균의 물질대사 과정으로 인해 지시약으로 전자의 이동과 색깔에 있어서의 변화를 초래한다. 몇몇의 대표적인 산화환원 지시약 또는 염료는 메틸렌블루, 레사주린 (resazurin), 테트라졸리움 등이 있다. 지시약의 색깔 변화의 속도는 미생물 배양 시료의 대사적 속도와 관련 있다. 기본적으로 세균수가 더 많을수록 색깔의 변화가 빨리 발생한다. 이러한 화합물을 사용하는 실험을 *"염료 감소 실험"*이라고 칭하였다. 그러나 레사주린과 테트라졸리움이 염료가 아니라 지시약으로 작용한다고 인식되면서 이러한 이름은 정확한 표현이 아님이 알려졌다.

환원효소 실험은 다양한 생산물들에 사용할 수 있으며 그 결과는 표준평판 계수법의 결과와 우호적으로 비교할 수 있다. 그러나 날고기를 포함하는 일부 식품시료들은 시료 자체가 높은 수준으로 환원물질들을 원래부터 포함하고 있기 때문에 환원효소 실험은 적합하지 않다. 또한 유제품 산업에서 생유유의 미생물 품질을 결정하기 위해 일반적으로 이용한다. 표준평판 계수법보다 이 실험의 장점은 좀 더 빠른 시간에 검사가 완성할 수 있다는 점이다.

표면 검사

제 4장에서는 식품 시료와 관련되는 미생물을 검출하고 정량하는 방법에 대해 집중적으로 설명하였다. 그러나 식품을 위생학 측면에서 안전하게 보존하기 위해서는 식품 접촉면 역시 미생물을 규칙적으로 검사해야만 한다. 표면 검사에 관한 근본적인 문제는 검사 표면에서 미생물의 일정한 제거이다. 많은 방법이 이용될 수 있지만 각각은 식품 가공 공장의 특정 지역에서만 적당할지도 모른다.

면봉 검사법 (*swab test*)은 아마도 식품 가공 시설 안에 있는 표면의 미생물학 검사를 위해 가장 널리 이용되고 있는 방법이다. 이 방법은 습하게 한 솜 또는 알긴산 칼슘을 묻힌 면봉으로 표면을 닦아주며 검사할 영역은 개봉할 곳 (보통 1 cm^2)을 미리 정의한 틀을 사용하여 윤곽을 정할 수 있다. 틀은 사용 전에 살균한다. 정해진 영역을 멸균면봉으로 문지른 후 면봉은 적당한 희석액이 들어있는 시험관에 담구어 세균을 털어낸다. 이 분리 과정을 촉진하기 위해 알긴산 칼슘을 묻힌 면봉을 희석액에 sodium hexametaphosphate를 첨가하여 사용할 수 있다. 접종한 희석액은 일반적이고 신속한 미생물학 분석 실험에서 이용할 수 있다. 표준평판계수법 (SPC)은 일반적으로 희석된 접종액의 세균수를 결정하는데 이용한다. 반면에 면봉 시험 방법은 거칠고 불균일한 표면을 시험하기에 이상적이다.

식품 접촉면을 검사하기 위한 다른 방법은 시험 표면을 한천배지와 직접 접촉시키거나 접착성의 필름 또는 테이프를 사용하는 방법이다. 직접 표면접촉법 (Replicate organism direct area contact method)는 한천배지를 조제할 때 한천표면이 올라가게 끔 만들기 위해 특별히 고안한 페트리디쉬를 사용한다. 한천은 시험 표면과 직접적으로 접촉할 수 있다. 원하는 표면영역을 측정하기 위하여 플레이트를 사용하였다면 뚜껑은 다시 닫고 배양한다. 선택배지는 플레이트 표면에 도말을 하여 세균의 성장을 촉진하는데 사용된다. 이 방법은 몹시 오염되거나 거친 표면에는 적합하지 않다.

살균된 접착 테이프는 쇠고기 도축과 관련된 장비들의 표면의 시료 채취를 위해 상업적으로 이용가능하다. 테이프와 디스펜서는 패키지를 봉하기 위해 사용되는 표준롤의 형태와 유사하다. 테이프는 롤에서 빼내게 되고 테이프 분배기에 위치하는 미리 측정 (정방형의 센티미터에)한 지정 영역위에 붙인다. 테이프의 접착면은 시험할 영역에 마주하여 눌러준 후 한천 플레이트의 표면위에 누른다. 이 방법은 나무 표면의 경우를 제외하고는 면봉 검사법과 유사하다.

스펀지 시스템은 동물 시체 및 식품 접촉면의 검사를 위해 사용되었다. 다른 표면검사법과 유사하게 젖은 스폰지를 이용하여 검사영역을 닦아낸 후 미리 조제된 희석용액이 포함된 용기 (시험관, 멸균된 플라스틱 가방 등)에 넣어 둔다. 스폰지에서 세균을 분리하기 위해 용기를 강하게 흔들어준 후 균주현탁액은 배양할 희석용액에 분주하여 표준평판계법 또는 다른 미생물학적 방법을 적용하게 된다.

이 장에서 기술되는 방법은 일반적으로 고전적인 방법이라고 알려진 모두이다. 식품 또는 식품가공시설에서 미생물의 검출과 산출을 용이하게 하기 위해 선택배지를 일반적으로 사용하고 이것은 시판되고 있다. 선택배지에는 선택적인 미생물만 키우기 위하여 항생제 또는 다른 저해제를 첨가해야만 한다. 일부 선택배지는 오직 정해진 미생물만 이용할 수 있는 특정한 기질을 포함한다. 이러한 배지는 제 5장에 언급하였다. 전통적인 방법들은 종종 식품에서 미생물을 검출하여 동정하기 위해 요구되는 시간을 줄이기 위해 신속한 방법들과 병용하기도 한다.

요약

- 시료들은 무균적인 방법으로 수집해야 하고 미생물의 성장을 방지하기 위한 처리를 통해 보관되어야 한다.
- 식품 시료들은 실험하기 전에 마쇄하거나 균질화해야 한다.
- 표준평판계수법 (SPC)은 시료에서 미생물의 수를 계산하기 위해 가장 일반적으로 사용되는 방법이다.
- 표면 검사 방법은 식품접촉면이 위생적으로 유지되고 있는지 측정하는 기본적인 방법이다.
- 기존의 생화학적 방법에 기초를 두는 신속한 방법 (간소화된 실험)은 현재 미생물을 동정하는 데 소요되는 시간을 단축할 수 있다.

참고문헌

Corry, J. E. L., B. Jarvis, S. Passmore, and A. Hedges. 2007. A critical review of measurement uncertainty in the enumeration of food micro-organisms. Food Microbilo. **24:**230−253.

Food and Drug Administration. 2001. *Bacteriological Analytical Manual Online.* http://vm.cfsan.fda.gov/~ebam/bam-mi.html.

5 신속하고 자동화된 미생물학적 방법

학습목표

- 신속동정법의 다양한 종류 확인
- 면역, 핵산, 생화학적 방법의 기초 이해
- 신속방법을 이용할 수 있는 경우의 이해
- 신속방법 사용의 장점과 단점 이해

서론

식품의 미생물학적 분석은 아주 쉬운 일이 아니다. 식품은 지질, 탄수화물, 단백질, 방부제, 그리고 화학물질의 복합체이다. 식품은 또한 그들의 고체, 건조, 액체, 또는 반고체 등의 물리적인 성질에 관해 변화한다. 종합적으로, 이러한 속성은 그것이 미생물학적 분석으로 시료를 처리하는데 어렵게 만들 수 있다. 비록 시료의 처리와 관련된 장애물을 극복할지라도 종종 식품유래 병원성균은 극히 낮은 농도로 존재하며 게다가 검출 과정을 복잡하게 한다. 식품에 있는 표적 미생물을 검출하고 동정하는데 요구되는 시간을 감소시키기 위해 다수의 신속한 미생물학적 방법이 개발되고 있다.

신속방법의 개발에 있어서 상당한 진보는 지난 10년간 계속되어 왔고 비록 몇몇 유형의 신속법은 20년 이상 이용되어왔다. 처음에 의학계는 이러한 진보를 이끌었지만 식품의 미생물 안전성에 대한 향상된 소비자 인식의 결과로써 식품미생물학과가 설 자리를 잃었다. 과제는 20년 또는 30년 전과 비교하여 현재 식품에 관련된 증가된 미생물의 범위로 인해 더욱 어려워졌다. 옛날에 식품미생물학과는 *Salmonella*, *Clostridium botulinum*, *Staphylococcus aureus*에 관한 실험을 했고 현재 *Listeria monocytogenes*, *Escherichia coli* O157:H7, *Campylobacter jejuni*, *Vibrio parahaemolyticus*가 또한 관심사이다. 식품과 관련된 미생물의 복잡한 변화는 가공에서의 변화, 소비자 선호, 세계시장과 같은 많은 요인과 연관된다.

안전하고 건강에 좋은 식품을 소비자가 이용할 수 있게 확보하기 위한 기본은 병원성균과 부패미생물에 대한 식품의 검사이다. 비록 감수성과 비용효율성에 있어서 부족한 것이 없을지라도 전통적인 검사 방법은(4장 참조) 인내를 요하며 결과가 나오기 전까지 며칠이 요구된다. 소량으로 가공된 생산물은 실험을 완료하기까지 며칠이 요구될지도 모르는 전통적인 많은 방법의 사용을 방해하는 본래 짧은 저장기간을 가지며 결국 저장하는데 있어서 생산물은 제한된 시간을 가진다. 신속분석은 분리, 검출, 계산, 특징부여, 동정을 위하여 면역학, 생화학, 미생물학, 분자학, 혈청학적 방법에 기초한다.

여러 가지의 분석을 완료하는데 요구되는 시간은 매우 다양하다. 실제로 "신속"은 초, 분, 시간, 또는 날 조차 포함할지도 모른다. 분석이 빠른지 아닌지 고려할 때 단지 신속 실험을 완료하는데 요구되는 시간뿐만 아니라 분석에 있어서 모든 단계가 포함되어야만 한다. 예를 들어 신속 분석은 완료하는데 오직 15분만 요구될지도 모르나 식품시료는 일반적인 *성장배지* (*preenrichment*)와 섞여지고 배양되며 선택적인 강화배지로 옮겨지고 배양되는 동안의 몇 시간을 필요로 할지도 모른다. 대부분의 신속방법은 손상된 세포를 회복시키고 표적세포의 수를 증가시키기 위한 배양방법에 의지하기 때문에 식품의 넓은 범위에 융통성이 있다.

발달되고 있는 신속방법의 급격한 속도는 모든 이용 가능한 방법들의 논의를 방해한다. 이 장에서는 신속방법이 널리 이용가능하고 식품에 있는 특정 미생물의 검출을 위해 사용된 방법의 과학적 원리가 검토된다. 신속방법의 존재와 아직 상업적으로 이용가능하지 않지만 미래에 대한 전망을 논한다.

시료처리

언급한 것을 넘어서서 식품시료는 일반적으로 신속방법이 사용될 수 있기 전에 몇몇의 가공 형태를 필요로 한다. 이 장에서 언급된 방법들은 일반적으로 우유, 요구르트, 사과주스, 쇠고기, 토마토를 포함하는 식품의 광범위한 범위에 쓰인다. 지방, 탄수화물, 단백질이 존재하는 식품의 구성물은 표적 미생물이 존재하는지 아닌지 성공적으로 측정하는 것에 있어서 극적인 영향을 줄 수도 있다. 냉각, 건조, 가열, 화학첨가물의 첨가와 같은 식품이 가공되는 방법은 또한 표적 미생물의 존재를 검출하는 능력에 영향을 끼친다. 일반적으로 식품에서 유래되는 병원성균은 식품 속에서 낮은 수로 존재한다. 그러므로 대부분의 신속방법은 표적 병원성균의 검출을 용이하게 하기 위해 집식배양, 전집식배양, 선택적 집식배양을 포함한다.

신속시험은 10^2에서부터 10^5 CFU/g 또는 ml까지의 범위에 있는 검출범위를 갖는다. 그러므로 집식배양은 낮은 농도의 표적 미생물의 검출 확률을 증가시킨다. 제품의 사용법에 따른 강화배양의 유지는 상당히 차이가 있다. 종종 기간은 상대적으로 12시간보다 짧지만 그것은 24시간만큼 길어질 수도 있다. 신속시험 제작자는 집식배양을 위해 사용되는 배지를 일일이 열거하거나 기준이 되는 성장배지를 충당할지도 모른다. 분석을 완료하기 위해 필요로 하는 시간을 극적으로 증가시킬지도 모르기 때문에 신속방법을 선택하기 이전에 분석 협안을 집식배양 단계가 요구되는지 아닌지 결정하기 위해 주의 깊게 읽어야 한다.

신속방법의 필요조건과 검증

신속방법의 발달에 상당한 노력이 이루어지고 있다. 신속방법이 논의되기 전에 실험의 정확도와 유효성이 어떻게 결정되는지에 대한 이해가 필요하다. 신뢰할 수 있는 방법으로 개발하기 위해 표적 미생물에 대한 기본적인 정보가 요구된다. 이것은 신속방법에 사용되어질 수 있는 특이한 특징에 의해 동정을 용이하게 한다. 어떠한 방법이라도 토대는 그것의 *정확성*이다. 이것은 *감수성* 또는 표적 미생물의 적은 수를 검출하는 분석능력, *특이성*, 또는 다른 미생물로부터의 중요한 미생물을 구별하는 그것의 능력에 있다. 분석이 현재 배양하는 표적 병원성균을 검출하는 것에 실패할 때 위음성의 결과가 발생한다. 유사하게 위양성 결과는 시험이 음성 배양균 시료에 대해 양성의 결과를 나타낼 때 발생한다. R. R. Beumer 외 그 밖의 사람들은 감수성과 특이성 비율을 계산하기 위한 표준방정식 [감수성 = $(p \times 100)/(p$ + 위음성의 수)와 특이성 = $(n \times 100)/(n$ + 위양성의 수), 이 때 p는 진짜 양성의 수이고 n은 진짜 음성의 수이다.]을 제공한다. 문제가 없다면 분석은 가능한 한 민감하며 검출한계는 가능한 한 낮음에 틀림없다. 질병을 일으키는 미생물이기 때문에 기준은 식품의 25 g당 1 이하 세포가 된다.

발달하는 신속분석에 있어서 목적은 정확한 결과를 얻기 위해 요구되는 시간을 감소시키는 것이다. 전통적인 실험이 며칠이 걸릴지도 모르는 것에 반하여 이상적인 신속실험은 8시간 또는 전형적 하루노동시간 이내에 결과를 제공할 것이다. 이상적인 말로하면 신속 실험은 거의 즉시 결과를 제공할 것이지만 이것은 아직까지 실현되지 않고 있다. 이 장의 끝에서 거의 즉시 결과를 줄 수 있을지도 모르는 새로운 과학기술이 논의되지만 현재 우리는 일반적으로 이용가능한 방법의 제약 안에서 움직여야만 한다. 이러한 것들은 10^2에서부터 10^5 CFU/g 또는 ml까지 검출의 제한을 받고 6에서 24시간까지의 집식배양이 요구된다. 신속법의 선택에 있어서 다른 요인은 한꺼번에 처리되고 분석되어질 수 있는 시료의 수이다. 많은 실험들이 단일 시료로부터 많은 실험을 실행할 수 있는 *microtiter plates* (96 well을 가지는 작은 직사각형) 또는 복합 시료를 동시에 선발하는 것에 사용되어질 수 있는 유사한 multiwell형의 사용을 채택하였다.

비록 선택된 방법이 빠르고 실행되는 동안 한 번 만에 완료될 수 있을지라도 시료처리속도, 정확도, 비용을 포함하는 그 밖의 요인이 고려되어야 함에 틀림없다. 속도를 고려하여 몇몇의 실험이 실행되는 것일지라도 단일진단시험은 받아들여질 수 있다. 만약 많은 수의 시료가 처리되어야 한다면 심지어 더욱 값비싸게 생각되는 고도의 작업처리량 방식이 최상의 선택이 될 것이다. 선택된 그 방식의 비용은 그것을 사용하는 회사로부터 충당되는 것임에 틀림없다. 많은 요인들은 인적교육, 분석을 실시하기 위한 전문장비의 구입, 서비스와 유지 계약, 1회용 공급품과 시약들을 포함하는 비용에 영향을 끼칠 수 있다.

고려되는 중요한 요소는 분석을 실행하기 위해 전문기술이 실험실 사람들에게 재요구되는가 아닌가하는 것이다. 이상적으로 분석은 실행하기 위해서 기술적으로 쉬워야하고 장비는 작동하기에 쉬우며 결과는 해석하기에 쉬워야 한다. 만약 당신이 지금 추정을 못한다면 분석의 모든 양상은 쉬워야만 한다. 물론 분석은 실험되어지는 식품에 대해 적절해야만 한다. 많은 경우 식품성분은 분석을 방해한다. 시료의 천연 미세식물과 나머지 잔해들은 또한 실험의 정확성을 방해할지도 모른다. 결국 그 방법은 산업기관이나 정부기관으로부터 용인할 수 있게 간주되어야 한다.

식품에 대한 실험 방법의 유효성을 입증하는 국제표준기구 (ISO), 국제낙농연맹 (IDF), 미국공인분석화학회 (AOAC)를 포함하는 몇 개의 기구들이 있다. 실험

방법의 정당성을 입증하지 않는 미국 FDA와 미국 농무성은 각각의 기구에서 사용된 표준 방법을 약술하는 안내서를 가지고 있다. 몇 가지 예를 들어보면 신속법은 조약안에 구체화된다. 그러나 이것은 공인된 승인 또는 동의가 얻지 못한다. 미국 공인분석화학회 (AOAC)는 *미국 FDA 세균 매뉴얼* (*FDA Bacteriological Manual*)과 미국 식품안전검사 서비스 (Food Safety Inspection Service of the U.S.)를 편찬한다. 미국 농무성은 *미생물학 실험실 가이드 북* (*Microbiology Laboratory Guidebook*)을 편찬한다.

AOAC 국제조직은 가장 널리 인정되고 실험장비의 제조회사에게 제3자의 실험결과를 제공하는 서비스가 사용되어진다. 식품에 대한 실험을 위해 계획된 미생물학적이고 화학적 분석을 허가하는 AOAC에 의해 사용된 두 개의 프로그램인, collaborative study 프로그램과 peer-verified 프로그램이 있다. Collaborative study 프로그램은 더욱 정확하다. 검사가 인정된 실험방법들은 첫 번째 행위로써 동의를 위한 AOAC Official Methods Bord에 의해 재조사가 이루어진다. 과학계에서 3년 동안 쓰인 후 그 방법들은 마지막 행위로써 투표의 자격이 주어진다. 신속검출장비 제조회사는 일반적으로 생산품 또는 그 실험이 AOAC의 자료검증을 받았는지 아닌지 생산품 정보의 목록을 작성한다.

전통적인 방법에 기초한 신속방법

전통적으로 세균은 그들의 생화학적인 분석표에 기초하여 구별되고 동정된다. 이것을 달성하기 위해 세균이 식품 모체로부터 분리되는 것을 필요로 한다. 이것은 특정 미생물의 반응을 측정하기 위한 다양한 차이를 나타내는 배지 위에 평판배양될 수 있거나 접종될 수 있는 배양균을 얻기 위해선 많은 노동집약적인 단계를 요구한다. 식품 시료로부터의 미생물의 분리를 용이하게 하기 위해서 시료들은 살균 플라스틱 백에서 희석액과 섞여지고 균질기를 사용하여 풀어진다. 미리 각각의 청결하고 사용 후 살균이 요구되는 살균 믹서 컵이 사용된다. 첨가하는 시료의 희석은 자동화된 희석기구를 사용할 수 있다. 과정을 더욱 쉽게 하기 위해서 자동화된 평판배양 방법은 희석하고 회전하는 플레이트에 액체시료를 분주하기 위해 로봇식의 팔을 사용하는 도움을 배제하고 개발되었다. 이것은 단일 플레이트에서 측정되기 위해 1,000배 이상의 희석 범위를 허용한다. 특히 많은 플레이트가 측정되는 것이 틀림없다면 한 개의 플레이트에서의 콜로니 측정과정은 시간이 소비되고 인적 오류가 일어난다.

콜로니 측정 방법은 스캐너와 전문 소프트웨어가 사용된다. 이러한 방법에서 추가된 이점은 플레이트의 성상이 앞으로의 관찰과 분석을 위해 저장되어 질 수 있다는 것이다.

표준 한천배지를 대신하는 갖가지의 생산품이 이용가능하다 (표 5.1). 가장 널리 사용되는 것 중에 하나가 페트리필름 방법 (3M 사)이다. 이 방법은 1회용의 판지 안에 재수화 가능한 영양소로 이루어져 있고 젤 같은 약품이 들어있다. 페트리필름은 효모, 곰팡이, 총세균, 특정 세균을 낱낱이 계산하는 것에 관하여 발전되어 왔다. 미생물의 성장을 돕는 필름을 재수화하기 위하여 시료 1 ml가 필름의 중앙에 투여된다. 필름은 적당한 조건 하에서 배양되고 콜로니들은 정확하게 측정되어진다. 식품 속에 들어있는 *E. coli*을 측정하기 위한 페트리필름 방법은 광범위하게 사용되는

표 5.1 대표적인 안내서와 자동화되고 간소화된 생화학적 시험

미생물	상품명	제조회사
Enterobacteriaceae	API	BioMerieux
	MICRO-ID	Remel
	IDS RapID	Remel
	BBL crystal	Becton Dickinson
	Vitek	BioMerieux
대장균군	Bactometer	BioMerieux
그람 음성 세균	Vitek	BioMerieux
	Microlog	Biolog
	Omnilog ID	Biolog
그람 양성 세균	Vitek	BioMerieux
	Microlog	Biolog
	Omnilog ID	Biolog
혐기성균	IDS RapID	Remel
	BBL crystal	Becton Dickinson
Listeria	MICRO-ID	Remel
	API	BioMerieux
Streptococci	RapID STR	Remel

violet red bile agar에 버금가며 더욱 좋은 민감도를 가진다.

HGMF (*hydrophobic grid membrane filter*)는 페트리필름 방법보다 더욱 복잡하다. HGMF는 1600 격자형 셀의 한 묶음으로 이루어진 필터를 통과하는 시료의 여과를 요한다. HGMF는 적절한 배지 위에 놓이고 배양되며 콜로니는 산출된다. 격자형은 *Salmonella*, *Escherichia coli* O157:H7, coliform *E. coli*, 효모, 곰팡이 총수와 호기성 평판 총수를 위해 설계되었다.

페트리필름 방법과 HGMF 방법이 유사하기 때문에 SimPlate 방법은 사용하기 전에 멸균된 물을 넣어서 원래대로 된 특수 탈수화된 배지의 사용에 기초를 둔다. 이러한 방법은 가장 가능성 있는 다수의 방법 중에 변형이다. 페트리접시는 다수의 구덩이를 가지며 완전한 구덩이는 계산되고 가장 가능성 있는 도표와 비교된다. 그 방식은 신선한 채소에서부터 아이스크림에 이르기까지 갖가지 생산물을 검사하는 데 만족스럽게 적합하다.

여기까지 논의된 방법은 근본적으로 키트이고 그러한 것으로서 사용되는 것이 틀림없다. 그러나 최근 몇 년 동안 다수의 배지가 특정 미생물의 검출, 계산, 동정을 위해 개발되었고 (표 5.2), 이제 배지는 효모와 곰팡이의 검출과 계산에 이용이 가능하다. 예를 들어, 배지는 특정 미생물의 구별과 산출을 허용하는 특정 화학물질을 포함한 CHROMagar로 팔린다. CHROMagar에서 *E. coli*군 콜로니는 핑크색으로 나타나고 *E. coli* 콜로니는 푸른색으로 나타난다. *Escherichia coli* O157:H7 검출을 위해 배지의 목록은 단지 증가하는 것을 유지한다. 이러한 배지들은 MacConkey sorbitol agar, 4-metylumbelliferyl-β-D-glucuronide를 함유하는 phenol red sorbitol agar, Levine eosin-metylene blue agar, Fluorcult *E. coli* O157:H7 agar, BCM O157:H7 (+), β-D-glucuronidase 활성의 검출을 위해 5-bromo-4-chloro-3-indoxy,1-β-D-glucuronic acid 또는 4-metylumbelliferyl-

표 5.2 식품과 관련된 미생물의 검출을 위한 전문배지와 빠른 키트들

미생물	상품명	유형[a]	제조회사
E. coli	Petrifilm	Medium film	3M
	Redigel (Colichrome)	Medium	3M
	Coligel	MUG-X-Gal	Charm Science
	E-Colite	MUG-X-Gal	Charm Science
	Pathogel	MUG-X-Gal	Charm Science
대장균군	Petrifilm	Medium film	3M
	Redigel (Colichrome)	Medium	3M
	Redigel (Violet Red Bile)	Medium	3M
	Coligel	MUG-X-Gal	Charm Science
	E-Colite	MUG-X-Gal	Charm Science
	Pathogel	MUG-X-Gal	Charm Science
Salmonella	SM ID	Medium	BioMerieux
Enterobacteriaceae	Petrifilm	Medium film	3M
	Pathogel	MUG-X-Gal	Charm Science
Staphylococci	Microdase Disk	Medium	Remel
	Bactistaph kit	Medium	Remel
	Novobiocin Disk	Medium	Remel
S. aureus	Petrifilm	Medium film	3M

[a]MUG, 4-methyl-umbelliferyl-β-D-glucuronide; X-Gal, 5-bromo-4-chloro-3-indolyl-β-D-galactopyranoside.

β-D-glucuronide 둘 중에 하나를 함유하는 MacConkey sorbitol agar를 포함한다.

면역학적 방법

가장 널리 사용되는 신속방법은 면역적 분석기술에 근거한다. 그 방법은 식품의 차이와 관련되는 특정세균의 선발과 동정에 무난하다. 다세포표적 (다클론성 항체)이거나 특정표적 (단일클론성 항체) 중에 하나를 검출할 이러한 방법에 항체가 사용된다. 단일클론성 항체의 사용은 표적미생물보다 다른 미생물과의 교차반응과 관련된 몇몇의 문제들을 제거해야 한다. 그 방법들은 간단하게 섞여있는, 항체로 코팅된 비드 (bead)와 시험시료에서부터 효소로 분류된 항체의 첨가를 포함하는 단계에까지 이르고 배양, 세척, 시각적이거나 분광광도계 사용 중 하나에 따라 행하고 검출될 수 있는 색소원의 첨가가 뒤따른다. 이러한 방법을 통한 검출의 전형적인 한계는 10^3에서 10^5 CFU/ml에까지 이른다. 표 5.3은 상업적 이용방법 중의 몇 가지 목록을 담고 있다.

라텍스 입자 (작은 bead) 또는 자성의 bead으로의 코팅은 각각 특정 미생물에 관한 시료의 선별 또는 시료로부터의 표적 미생물의 분리를 허락한다. 라텍스 흡착시험에 의하면 라텍스 입자는 눈에 보이는 응집, 흡착, 반응을 일으키는 표적 미생물의 특정 항원과 접촉하는 특정 항체로 덮인다. 눈에 보이는 반응을 위해 10^6 CFU 이상이 요구되기 때문에 이 방법은 민감하지 않다. 그러나 그 방법은 신속하고 표적 미생물에 대해 차단하기 위한 편리한 방법을 제공한다. 시료로부터의 표적 미생물을 분리하기 위해 설계되는 방법에 있어서 Immunomagnetic 분리는 라텍스 흡착과 다르다. 원래 특정한 항체로 덮여있는 자성의 bead는 시료에 첨가된다.

표 5.3 항체를 이용한 분석법의 대표적인 목록

미생물	상품명	유형[a]	제조회사
EHEC O157[b]	Reveal	Ab-ppt	Neogen
	Alert	ELISA	Neogen
	VIDAS	ELFA	BioMerieux
	Assurace EHEC EIA	ELISA	BioControl
	VIP	Ab-ppt	BioControl
	TECRA	ELISA	TECRA
E.coli O157:H7	DETEX	ELISA	Molecular Circuitry Inc.
Salmonella sp.	Reveal	Ab-ppt	Neogen
	Alert	ELISA	Neogen
	VIDAS	ELFA	BioMerieux
	1-2 Test	Diffusion	BioControl
	Assurance *Salmonella* EIA	ELISA	BioControl
	VIP	Ab-ppt	BioControl
	Assurance Gold *Salmonella* EIA	ELISA	BioControl
	TECRA	ELISA	TECRA
	UNIQUE	Capture EIA	TECRA
	DETX	ELISA	Molecular Circuitry Inc.
Listeria	Reveal	ELISA	
	VIP	Ab-ppt	BioControl
	Assurance	ELISA	BioControl
	TECRA	ELISA	TECRA
	UNIQUE	Capture EIA	TECRA
	DETEX	ELISA	Molecular Circuitry Inc.
L. monocytogenes	DETEX	ELISA	Molecular Circuitry Inc.
Campylobacter	Alert	ELISA	Neogen
	Uni-Lite XCEL	ELISA	Neogen
	VIDAS	ELFA	BioMerieux
	VIP	Ab-ppt	Biocontrol
	Campylobacter	ELISA	BioControl
	DETEX	ELISA	Molecular Circuitry Inc.
	TECRA	ELISA	TECRA
Bacillus thuringiensis	Agri-Screen	S-ELISA	Neogen
Psedomonas	TECRA	ELISA	TECRA
S. aureus	TECRA	ELISA	TECRA

[a]EIA, enzyme immunoassay (효소 면역분석법); S-ELISA, sandwich ELISA (샌드위치 효소면역분석법); Ab-ppt, antibody precipitation (항체침전); E:FA, enzyme-linked fluorescent assy (효소형광분석법).
[b]EHEc, enterohemorrhagic (장출혈성) E. coli.

시료는 표적 세포의 접합을 촉진시키기 위해 배양되고, 그 뒤에 복합체가 자석을 사용하여 시료로부터 분리된다. beads는 액체배지에 접종하려고 사용될 수 있고, 선택배지로 평판배양될 수 있으며, 또는 PCR 또는 ELISA에 직접 사용될 수 있다. Immunomagnetic 분리 방법은 배설물, 우유, 아이스크림을 포함하는 시료의 범위로부터 *Escherichia coli* O157:H7, *Listeria*, *Salmonella*의 분리에 이용가능하다.

Salmonella 1-2 test는 대중적이고 널리 받아들여진 *면역 확산법* (한천을 통과한 단백질의 이동)과 챔버 안에서 침전에 의한 눈에 보이는 줄을 형성하는 항원-항체 복합체의 형성에 기초한 방법이다. 항체는 *Salmonella* 편모항원에 대해 특이적이다. 그러므로 운동성이 없는 *Salmonella* 균은 검출되지 않는다. 많은 면역분석은 크로마

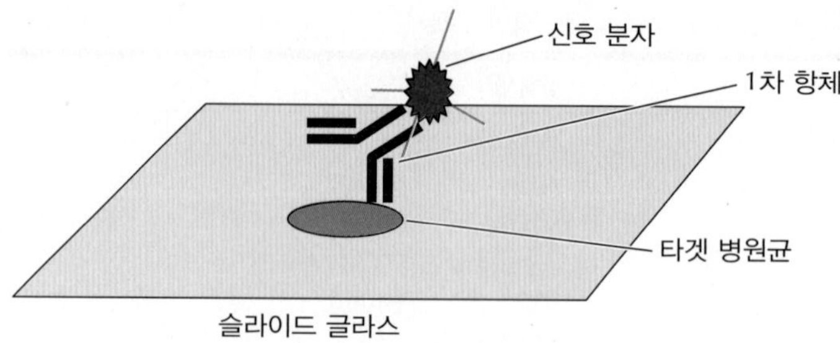

그림 5.1 직접 면역분석법에 의한 타겟 병원성균의 검지 기술.

토그래피 스트립을 따라 시료의 이동에 바탕을 둔 장치이다. 이것을 사용하는 방식 또는 유사한 기술은 VIP test, Reveal test, SafePath, PATH-STIK을 포함한다. 시험은 *Salmonella*, *Escherichia coli* O157:H7, *Listeria*, *Campylobacter* 독성의 차이에 대해서 이용가능하다. 그 방법은 배설물, 쇠고기, 우유, 환경의 시료를 차단하기 위해 사용되었다. 특이성과 감수성은 시료유형과 사용된 분석에 따라 차이 있다.

ELISA에 기초한 몇몇 방법들, 이를테면 *Salmonella*, *Campylobacter*, *Escherichia coli* O157:H7의 검출을 위한 TECRA, Listeria-TEK, Assurance EIA 시스템이 있다. ELISA에 기초한 방법들은 또한 속 또는 종 수준으로 진균류의 검출에 이용할 수 있다. 곰팡이 독은 또한 상업적으로 ELISA 방법을 이용함으로써 검출될 수 있다. 대상 미생물 또는 항원의 검출을 위한 기본 원리는 그림 5.1에 나타나 있다.

분자생물학적 방법

지난 10년 동안 식품유래 병원성균의 구별과 동정을 위해 핵산 (RNA와 DNA)에 기초한 분석의 도입은 급증하였다 (표 5.4). DNA 방법은 PCR, 간헐전기장 겔 전기영동, 리보타이핑, 플라스미드타이핑, RAPD, RFLP는 포함하되 제한되지는 않는다. 이러한 방법 중 몇몇은 자동화되며 키트는 순수 DNA의 복원을 용이하게 하는데 이용할 수 있다. 아마도 가장 널리 인식되고 사용되는 방법은 PCR이다.

PCR은 세포의 DNA의 특정적인 단편의 증폭에 바탕을 둔 기본적인 세 단계로 이루어진다 (그림 5.2). 첫 번째 단계로 *주형 DNA*로 알려진 이중가닥 DNA는 단일가닥으로 변성되고 뒤이어 그 주형 DNA로의 *프라이머* (primer, 주형 DNA 가

표 5.4 핵산을 이용한 대표적인 신속법

미생물	상품명	유형	제조회사
Salmonella	PCR-Light Cycler	PCR-ELISA	Biotecon Diagnostics
	Gene-Trak	Probe	Gene-Trak
	BAX	PCR	Qualicon
E. coli O157:H7	BAX	PCR	Qualicon
E. coli	Gene-Trak	Probe	Probe
L. monocytogenes	BAX	PCR-ELISA	Biotecon Diagnostics
L. monocytogenes	Gene-Trak	Probe	Gene-Trak
Listeria sp.	BAX	PCR	Qualicon
Campylobacter	Gene-Trak	Probe	Gene-Trak
S. aureus	Gene-Trak	Probe	Gene-Trak

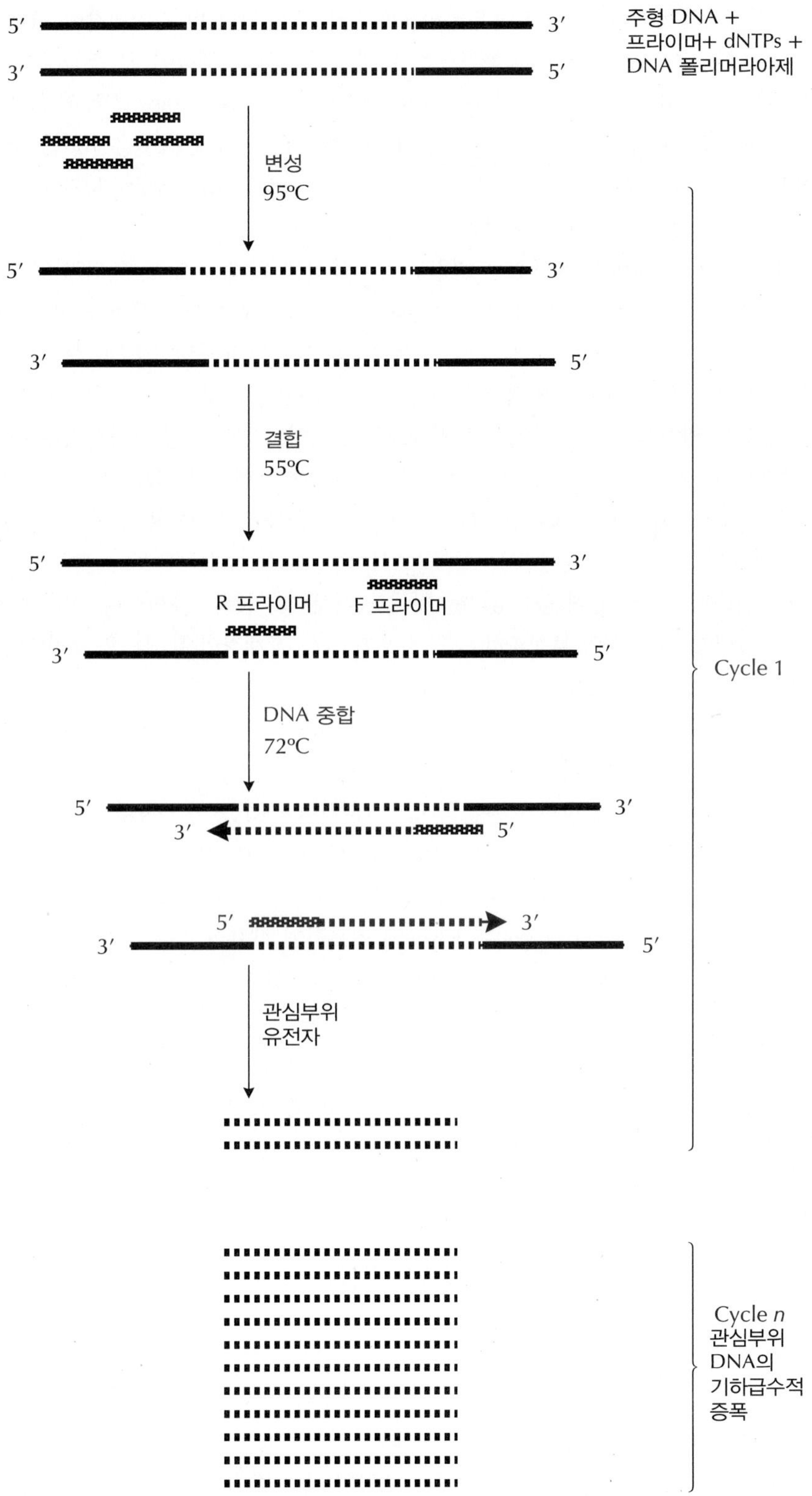

그림 5.2 대표적인 PCR 반응. 미생물로부터 추출한 이중나선의 주형 DNA가 변성되어 두 가닥의 단일가닥 DNA를 형성한다. 주형 DNA의 특정 영역을 증폭하기 위해 만들어진 프라이머는 단일가닥 DNA의 특정 영역에 결합한다. 프라이머의 신장을 통해 주형 DNA의 상보적인 DNA 복제물이 만들어진다. 이러한 세 단계가 1개의 cylce을 이룬다. 이 사이클은 여러 번 보통 30회 정도로 반복된다.

닥에 있는 특정한 부위로 상호 보완하는 DNA의 짧은 단편)의 가열냉각이 뒤따른다. 가열냉각 온도는 반응의 *엄격함* 또는 어떻게 특정적인 부착이 될 것인지 결정하기 때문에 중요하다. 마지막 단계는 내열성의 DNA polymerase (DNA 중합효소)를 사용하여 완성되는 프라이머의 신장이다. 2시간 이내에 PCR은 100만 배로 DNA의 단일 복제로 증폭할 수 있다. PCR 생산물은 ethidium bromide가 함유된 아가로오스 겔에서 띠로써 눈에 보여 질 수 있다.

일반적으로 식품에서 유래하는 병원성균의 동정을 위해 오직 몇 개의 상업적으로 이용 가능한 PCR 키트가 있다. 그 시험이 극히 민감할지라도 시험을 진행하기 위해 요구되는 장비는 비용이 많이 들며 전문적인 기술이 요구되며 PCR 분석은 식품의 복잡한 구성성분에 의해 영향을 받는다. 지방, 단백질, 부식물질, 철의 높은 농도는 반응을 방해할 수 있다. 실제로 저해제를 희석하고 세포수를 증가시키는 이러한 문제들을 극복하기 위해 농축 단계는 종종 분석에 포함된다. BAX 방식은 상업적으로 *E. coli* O157:H7, *Salmonella*, *Listeria*의 검출을 위해 PCR 분석을 이용할 수 있다. PCR에서 요구되는 모든 시약 (프라이머, 효소, 디옥시리보뉴클레오시드)은 동결건조되고 반응관에 들어있다는 것에 있어서 그 키트는 유일하다. 이것은 오염균의 삽입 또는 시약의 부정확한 양의 사용과 같은 잠재적인 문제들을 제거한다.

역전사-PCR (RT-PCR), 실시간 PCR (real-time PCR), 핵산 연속에 기초하는 증폭 방식을 포함하는 전통적인 PCR로의 많은 양자택일이 있다. 상업적인 키트는 핵산 연속에 기초한 증폭과 정량 중합효소 연쇄반응에 이용가능하다. 키트를 이용할 수 없는 분석에서 그 방법은 충분히 정의 내려진다. RNA와 DNA의 분리를 위해 최대로 활용되어지는 시약 패키지 이용이 가능하다. RT-PCR은 RNA를 그 후 PCR에서 주형으로써 공급되는 DNA로 변하게 하는 역전사 효소를 사용한다. RT-PCR은 매우 짧은 반감기를 가지는 RNA에 기초하기 때문에 유용한 방법이다. 완전하게 형성될 때 RT-PCR은 오직 살아있는 세포를 검출한다. 그러나 PCR에서는 살아있고 죽어있는 세포로부터 DNA가 어쩌면 검출될 수 있다.

상업적으로 이용가능한 Qualicon사의 리보프린터는 그것이 특징묘사를 위한 리보타이핑과 역학적인 조사를 위한 종의 지문채취를 처리하기 쉽게 만든다. 자동화된 방법을 사용한 결과는 16시간 이내로 얻어질 수 있으며 리보프린트 패턴은 유일한 데이터베이스를 생성하기 위해 저장되어질 수 있다. 자동화된 방식의 도움 없이 리보타이핑을 처리하는 것은 시간이 걸리고 높은 수준의 기술을 요구한다. 리보타이핑은 훌륭한 재현성과 식별하는 능력을 가지고 있다.

기타 신속방법

현존하는 많은 신속검출방법 중에 오직 몇 개만이 논의되어 왔다. 발광원리를 이용한 (bioluminescence-based) 분석, 유동세포 분석법 (flow cytometry), 전기저항을 포함하는 언급할 가치가 있는 몇 가지 그 밖의 다른 방법들이 있다.

식품산업은 총균수의 신속한 견적을 제공할 수 있는 바이오 발광원리를 이용한 (bioluminescence-based) 방법이다. 특정형의 미생물의 존재는 측정될 리 없지만 광원에 의한 생산물은 미생물의 수와 관련되어질 수 있다. 그 방법은 모든 살아있는 세포에서의 어디에나 존재하는 ATP와 반딧불이에 있는 루시페라아제 효소

복합체와 반응하는 능력을 사용한다. Uni-lite 시스템, Lighting bioluminescence 시스템, Lumac Hygiene Monitoring 키트 모두 이 기술을 사용한다. 예를 들어 Uni-lite 시스템은 이동 가능한 광도계 기록 장치와 시약이 포함된 관에 들어있는 사전 포장된 면봉으로 이루어져 있다. 시험되는 표면은 면봉으로 발라지고 반응은 효소용액 안으로 면봉이 위치함에 따라 활성화되고 면봉과 관은 기록을 얻기 위해 광도계의 chamber 안으로 넣어진다. 1분 이내에 결과가 얻어진다.

직접형광필터법 (*Direct epifluorescence filter technique*)은 미생물에 색을 입히기 위해 고안된 또 다른 기술이다. 그 방법은 간단하고 시료와 관련된 세포를 모으기 위해 식품시료에 대해 막여과법을 필요로 한다. 막은 표적 미생물을 염색하기 위해 형광성의 항체를 사용함으로써 처리된다. 미생물은 형광현미경 (epifluorescence microscope)을 사용하여 눈으로 보이게 된다. 식품재료가 역시 형광을 나타내는 필터에 걸리면 문제가 발생할 수 있다 (그것은 식품으로부터 미생물을 구별하기가 어렵다).

이용가능하거나 개발 단계에 있는 다른 방법들은 나노테크놀로지 (nanotechnology), 전기저항, 유동세포 분석법, 세균 빙핵형성 (bacterial ice nucleation)에 바탕을 둔다. Bacterometer, Malthus 시스템 V는 전기저항에 바탕을 둔 상업적으로 이용 가능한 자동화된 방법이다. 미생물이 생장함에 따라 낮은 전도도를 띤 물질을 높은 전도도를 띤 생산물로 물질대사 시키고 그것에 의해 전기저항을 감소시킨다. 전기저항 방법은 많은 시료를 처리하는데 좋고 낮은 농도로 주어진 미생물을 검출할 수 있다.

신속법의 앞으로의 발전은 아마 나노테크놀로지 이용을 활용할 것이다. 나노테크놀로지는 중요한 각각 다른 표적 미생물 검출을 할 수 있는 실시간 감지기의 발달을 가능하게 할 것이다. 비록 많은 다른 유형이 이용가능할지라도 실리콘 칩은 표적 미생물의 검출과 동정에서 특정 DNA 연쇄로 찍혀질 수 있다. 칩은 표적 미생물의 항체, RNA, 또는 다른 병원체의 숙주가 찍혀질 수 있다. 미생물 감지기는 특히 제한된 유기물질에 의한 유동적인 방법에 적합하다. 이윽고 문제는 감지기를 덮고 그것을 실행할 수 없게 하는 지질과 단백질을 함유하는 식품체계에서의 감지기 효능에 있다. 이러한 문제들은 기술향상으로써 극복될 것이다.

생물테러와 식품공급의 안전성에 관한 관심은 식품을 오염시키기 위해 고의로 사용될지도 모르는 전형적인 식품병원성균 뿐만 아니라 인간 건강에 중요한 미생물 또한 검출할 수 있는 신속법의 발달에 대한 이미 많은 노력이 고무되었다. 휴대용 PCR 장치는 *Bacillus anthracis*와 *Yersinia pestis*의 검출을 위해 발달되어 왔다. 연구는 *Salmonella*, *E. coli* O157:H7, *L. monocytogenes*의 검출을 위한 장치로 개조하려고 진행 중이다. 이러한 장치들은 통관항과 국경 통과, 농장에서 식품의 심사에 가능한 용도를 가진다.

요약

- 표적미생물의 특정한 생화학적 반응을 목표로 하는 특수배지를 이용할 수 있다.
- 가장 널리 사용되는 신속방법의 유형은 면역학적인 것에 기초한 분석이다.

- 강화단계는 세균의 수가 발견할 수 있는 수준으로 증가하는 대부분 분석에서 요구된다.
- 대부분 분석은 10^2에서 10^5 CFU/g 또는 ml 값까지 필요로 한다.
- PCR을 기초로 한 분석은 특히 민감하게 반응하지만 식품에 있는 저해제의 존재에서부터 방해에 이르기까지 영향을 받는다.
- 미래의 신속분석은 아마 나노테크놀로지에 기초될 것이다.

참고문헌

Beumer, R. R., E. Brinkman, and F. M. Rombouts. 1991. Enzyme-linked immunoassays for the detection of *Salmonella* spp.: a comparison with other methods. *Int. J. Food Microbilo.* **12:**363–374.

Feng, P. 1995. Rapid methods for detecting foodborne pathogens, p. App.1.01–App.1.16. *In* R. I. Merker (ed.), *FDA Bacteriological Analytical Manual*, ed. 8A. AOAC International, Gaithersburg, MD.

Food and Drug Administration. 2001. *Bacteriological Analytical Manual Online.* http://vm.cfsan.fda.gov/~ebam/bam-mi.html

Matthews, K. R. 2003. Rapid methods for microbial detection in minimally processed foods, p. 151–163. *In* J. S. Novak, g. M. Saper, and V. K. Juneja (ed.), *Microbial Safety of Minimally Processed Foods*. CRC Press, Boca Raton, FL.

6 지표미생물과 미생물학적 기준

학습목표

- 다양한 미생물 기준 구별
- 미생물 기준을 설정하는 국내 및 국제기관 파악
- 지표미생물이 미생물 기준에 이용되는 방법 이해
- 특정 시료의 채취 계획이 왜 더 엄격한 이유 이해
- 제로규정(zero tolerance)이 설정된 식품의 종류와 유기체를 파악
- 식품의 미생물 위해요소에 대응하기 위해 필요한 단계 파악

서론

미생물 기준의 목적

미생물은 식품유래의 병을 유발하고 식품을 부패시킨다. 훈련을 받은 식품미생물 전문가가 어쩌면 대부분의 원료나 가공 식품에서 미생물을 분리해낼 수도 있을 것이다. 그렇다면 이 식품은 먹기에 안전하지 않거나 급격히 부패될 것이라는 뜻인가? 반드시 그렇지는 않다. 사실, 제품에 따라서는 세균, 심지어 병원성 세균이 식품에 들어있는 것이 무방하기도 하다. 미생물 기준은 어떤 제품이 위생적인 조건에서 생산되었는가 그리고 미생물적 측면에서 볼 때 섭취하기에 안전한가를 알려준다.

미생물 기준은 허용되는 제품과 허용되지 않는 제품 또는 허용되는 식품가공 현장과 허용되지 않는 식품 가공 현장 간의 차이를 구별하는데 이용된다. 한 식품과 관련된 미생물의 수와 종류는 그 식품의 미생물적 안전성과 품질을 판단하는데 쓰여질 수 있다. 안전성이란 병원성 미생물이나 이로부터 생산되는 독소의 존재 유무, 존재 정도, 그리고 제어 또는 파괴에 의해 결정된다. 부패 미생물의 존재 정도는 이들을 제어하거나 파괴하는데 사용되는 수단의 효율성뿐만 아니라 한 식품의 미생물학적 안전성이나 건전성을 반영한다. 지표 미생물은 미생물적 품질이나 안전성을 평가하는데 쓰여질 수 있다. 특히 미생물 기준은 (i) 식품의 안전성, (ii) 제조품질관리기준 (Good Manufacturing Practices, GMPs), (iii) 부패하기 쉬운 식품의 품질 (유통기간) 유지, (iv) 식품이나 특수 목적을 위해 사용한 구성 성분의 적합성을 평가하는데 사용된다. 미생물 기준을 적절히 응용하면 확실한 식품의 안전성과 품질을 보장 받으며 이로써 소비자의 신뢰는 증대된다.

미생물 기준 설정의 필요성

미생물 기준은 필요에 부응하는 것이어야 하며 그것이 효과적이고 실용적일 때 설정되어야 한다. 미생물 기준 설정 시 고려해야할 여러 가지 고려해야할 사항이 있다. 아래는 미생물 기준 필요성을 평가하는데 있어서 몇 가지 중요한 요소들이다.

- 역학적 데이터나 위해 분석을 기초로 한 건강 위해의 근거
- 해당 식품의 정상적인 미생물 구성의 성질과 해당 식품이 미생물 성장을 돕는 능력
- 가공 처리가 해당 식품의 미생물에 미치는 영향
- 가공, 취급, 저장, 유통의 과정 동안 미생물 오염이나 성장 잠재성
- 부패 잠재도, 설비, 제조품질관리기준

정의

미국 국립과학한림원 (National Academy of Sciences, NAS)의 국립연구위원회 (National Research of Council, NRC)는 1985년도의 *An Evaluation of the Role of Microbiological Criteria for Foods and Food Ingredients* 보고서에서 미생물 기준에 관한 사안을 발표했다. 이 보고서에 따르면 미생물 기준에는 미생물의 종류, 속한 그룹이나 미생물에 의해 생성된 독소에 관해 기술되어야 한다. 미생물 기준은 다음과 같은 정보를 포함하여야 한다.

- 식품의 실체를 묘사하는 문구
- 오염물질이 무엇인가를 밝히는 문구
- 각 오염물질의 검출, 계측, 정량에 사용되는 분석법
- 시료 채취 계획 (아래에 기술함)
- 해당 식품에 적합하며 시료 채취 계획에 상응하는 미생물의 한계

기준은 강제기준일 수도 있고 권고기준일 수도 있다. *강제기준*이란 초과되어서는 안 되는 기준을 말한다. 상세히 기술된 한계를 만족하지 못하는 식품은 거부, 파괴, 재가공하거나 사용목적을 전환해야 한다. *권고기준*은 가공, 유통, 저장, 매매에 있어서 부족한 것을 환기시키는 작용을 한다. 적용 목적에 따라 세 부류의 기준이 있는데 이것은 규격기준 (standards), 지침기준 (guidelines) 그리고 상세기준 (specifications)이다. 아래의 정의는 국가 연구 위원회 산하 식품과 식품 재료에 대한 미생물 기준에 관한 소위원회에서 추천한 것이다.

규격기준 (*Standards*): 법, 조례 또는 행정적 규제의 일부인 미생물 기준으로 규격기준은 강제기준이다. 순응하지 않는다는 것은 법. 조례 또는 규제를 위반하는 것이며 사법권을 갖는 기관의 집행을 받게 된다.

지침기준 (*Guidelines*): 제조 과정을 모니터링하기 위해서 종종 식품 산업이나 규제 기관에서 사용하는 미생물 기준으로 중요관리점 (critical control point, CCP)이나 최종 제품에서 미생물적 환경이 정상 범위 내에 있는지 아닌지를 경고하는 매체로서 작용한다. 지침기준은 중요관리점에서 과정이 효율적으로 돌아가는 지를 평가하는데 이용되고 GMP와 조화를 이루어 사용된다.

상세기준 (Specifications): 구매 시 필요한 미생물적 기준으로 식품 재료를 판매하는 자와 구매하는 자 사이에서 상세기준을 따르는 지의 여부는 구매의 조건이 된다. 미생물의 상세기준은 권고기준이 될 수도 강제기준이 될 수도 있다.

미생물 기준을 만드는 주체

다양한 연구 기관들이 미생물 기준의 적용에 대한 일반 원리를 개발하는데 관여한다. 미국 식품 산업에 가장 영향력을 끼친 연구 기관은 FAO와 WHO 연합의 국제식품규격프로그램 (International Food Standards Program), 식품의 미생물상세기준국제위원회 (The International Commission on Microbiological Specifications of Foods, ICMSF), 미국국립과학한림원 (NAS), 그리고 식품의 미생물 규격에 대한 미국국립자문위원회 (The U.S. National Advisory Committee on Microbiological Criteria for Foods) 등이다. Codex 프로그램은 1981년에 *미생물 기준 설정과 적용을 위한 일반 원리*를 먼저 만들었고 이것은 이후 계속해서 개정되고 있다. 1984년, 식품 및 식품 재료의 미생물 기준에 관한 NRC 소위원회는 미국 규제 기관 4 곳의 요청에 따라 미생물 기준을 식품 및 식품 재료에 적용하기 위한 일반 원리를 만들었다. Codex는 소비자에게 전달되는 여러 형태 (가공, 반가공, 또는 원료 형태)의 주요 식품에 대한 규격기준을 포함하고 있다. 국가 간에 교역되지 않는 부패할 수 있는 신선한 식품의 경우는 이 규격기준에서 제외된다. 세계무역기구 (World Trade Organization, WTO)는 공정거래를 확보하고 위생 및 식물 위생 조치와 무역에 대한 기술 장벽에 관한 협정 (The Agrements on Sanitary and Phytosanitary Measures and Technical Barriers to Trade)을 통해 교역된 식품에 대한 규격기준과 수입요구 사항을 중재하는 초석을 제공한다. 각 나라들의 규격기준은 과학에 근거하고, 위해 분석 방법에 관한 프로그램에 근거하여 다양한 국가들에 의해 사용된 다양한 검사, 분석, 인증 방법들 간의 동등성을 얻기 위한 방법들을 개발해야 한다. 모든 규격기준들의 유사성을 만들기 위해 WTO는 Codex에 의해 개발된 규격기준, 지침기준 및 권고사항를 이용하기를 권장한다.

표집 계획

표집 계획은 시료채취 과정과 결정기준을 말한다. 어떤 식품에 존재하는 미생물을 검사하기 위해서는 규정된 방법을 사용하여 대표 시료를 검사하게 된다. 로트 (*lot*)는 균일한 조건아래 일정한 시간 내 생산, 처리, 저장된 생산품의 양을 말한다. 로트 전체를 검사하는 것은 비실용적이므로 로트로부터 필요한 시료 단위의 숫자와 크기를 결정하고 분석 결과에서 도출된 결론을 제시하기 위해 모집단 확률이라는 통계적 개념과 시료채취가 사용된다. 표집 계획은 불량 로트는 기각되도록 계획된다.

표집 계획의 예로써 특정 미생물 분석을 위해 10개의 시료를 채취, 분석하였다고 하자. 결정 기준에 근거하여 해당 로트를 수용하기 위해서는 오직 특정 수의 시료만이 미생물 양성 반응을 보일 수 있다. 만약 결정 기준에서 최대 허용 양성 단위가 2 (c = 2)로 결정되었다면, 이때, 10개의 시료 중 (n = 10) 양성 결과가 2개를 초과하여 나타났다면 해당 로트는 기각된다. 요구된 품질을 갖는 로트는 수용하고 그렇지 않은 로트는 기각하는 결정기준이 이상적이다. 그러나 해당 로트의 일부만을 검사하므로 수용해야할 로트가 기각되거나 수용되지 말아야할 로트가 수용되는 위험성이 항상 있게 마련이다. 검사를 거치는 시료 수가 많아질수록 또는 *n*의 규모가 커질수록 해당 로트의 품질에 대해 부정확한 결정을 내릴 위험성은 작아진다. 그러나 *n*이 증가할수록 시료채취에 소요되는 시간이 증가하고 비용이 든다. 일반적으로 *n*의 크기와 수용 가능한 위험도의 정도 사이에 절충안이 만들어진다.

표집 계획의 형태

표집 계획은 가변형과 계수형의 두 부류로 분류된다. 계량형 샘플링은 식품내 유기체의 분포 빈도에 의존한다. 계량형 표집계획의 정확한 적용을 위해서 유기체는 대수 정규 분포를 보여야 한다 (즉, 대수로 전환한 수치는 정규 분포를 이룬다). 해당 식품이 보통의 출처에서 기인하고 균일한 조건에서 생산, 가공되었다면 존재하는 유기체는 대수 정규 분포를 이룬다고 가정된다. 계수형 샘플링은 미생물이 식품에 불균일하게 존재하거나 목표 미생물이 적은 수준으로 존재할 때 선호되는 계획이다. 병원성 미생물이 종종 이러한 경우에 해당한다. 계수형 샘플링은 또한 항구나 기타 출입처에서 제품의 허용이나 거절을 결정할 때 사용되는데 이것은 해당 식품의 가공 방법에 대한 지식이 없고 과거 기록이 없기 때문이다. 계수형 샘플링은 GMPs에 상대적인 실행도를 모니터링하는 데도 사용된다. 그러나 계수형 샘플링은 세정 작업을 모니터링할 때 발생하기도 하는 것처럼 명백한 로트가 없거나 무작위 추출이 불가능한 경우에는 적당하지 않다. 계수형 샘플링은 계량형 샘플링보다 더 빈번하게 사용되므로 여기서는 계량형 샘플링를 자세히 다루지는 않겠다.

계수형 샘플링

Two-class 계획. 미생물 수치가 설정농도 *m*보다 큰지 작은지에 따라 two-class 계수형 샘플링은 특정한 속성 부류에 대해 시험에 사용된 표본 단위들의 미생물 농도를 지정한다. 결정은 (i) 시험에 사용된 표집 단위의 수, *n*, (ii) 불만족 시험 결과를 발생하는 최대 허용 표집 단위 수, *c*이다. 예를 들어 해당 로트에 대해 존재-부재 결정을 하기 위해 설계된 two-class 표집 계획에서 $n = 5$, $c = 2$일 때, 시험에 사용된 5개의 표본 단위 가운데 2개 이상이 양성을 보이면 그 로트는 기각된다. *c*가 일정한 상황에서 *n*이 증가하면 표집 계획의 엄격성은 증가한다. 반대로 일정한 표본 크기 *n*에 대해 *c*가 증가하면 주어진 품질을 갖는 식품 로트를 합격시키는 확률, P_a, 를 높이면서 표집 계획의 엄격성은 감소한다. Two-class 계획은 그 결과가 분석한 일정 무게의 시료에 특정 병원체가 존재하는지 아닌지로서 표현되는 정성 (준정성) 병원체 검사에 종종 적용된다.

Three-class 계획. Three-class 표집 계획은 품질, 안전성 정도를 결정하기 위하여 표집 단위 안의 미생물 농도를 사용한다. 어느 표집 단위 *n*에 대하여 한 설정농도 *M* 이상의 수치가 불합격이라고 여겨지면 그 로트는 기각된다. 해당 식품내 수용 가능한 미생물의 농도는 *m*으로 표시된다. 이러한 농도는 three-class 계수형 계획에서 합격 로트들 (즉, *m* 이하의 수치를 가진 로트들)을 경계점에서의 합격 로트들 (*m* 이상이나 *M*을 초과하지 않는 로트들)로 부터 분리한다. *m* 이상이고 *M*에 이르는 수치는 바람직하지 않지만 만약 *m*을 초과하는 시료 수 *n*이 설정수치인 *c*보다 크지 않다면 그 로트는 합격될 수 있다. 따라서 three-class 표집 계획에서 만약 표집 단위가 M을 초과한다거나 m 이상의 오염 수준을 보이는 표집 단위의 수가 c를 초과하면 그 식품 로트는 기각된다. Two-class 표집 계획과 유사하게 three-class 표집 계획의 엄격성도 n과 c 두 숫자에 의해 달라진다. 어떤 값 c에 대해 n이 커지면 동일한 통과 기회을 가지면서 식품 품질은 더 좋아지게 된다. n과 c로부터 주어진 미생물적 품질을 갖는 식품 로트의 합격율, P_a을 알아낼 수 있다.

한계값의 설정

*미생물적 한계값*은 이 값 이상으로는 구체적인 행동이 요구되는 값을 나타낸다. 이 값은 현실적이어야 하며 원료에 대한 지식과 가공, 제품의 취급 및 저장과 최종 목적의 영향을 근거로 결정되어야 한다. 한계값은 또한 식품 내에서 미생물이 불균일하게 분포하는 개연성, 분석 과장의 내재적 변동성, 그 미생물과 연관된 위험, 그리고 식품이 취급, 소비된 환경을 고려해야 한다. 미생물학적 한계값에는 분석할 시료의 무게, 방법의 추천, 그 방법의 적용이 가능한 경우 추천된 방법의 신뢰한계가 포함되어야 한다.

부패할 수 있는 제품의 유통기간은 종종 초기에 존재하는 미생물의 수에 의하여 결정된다. 일반적 규칙으로서 상당한 양의 부패 미생물을 함유하는 식품은 적은 양의 부패 미생물을 함유하는 동일 식품보다 짧은 유통기간을 갖는다. 그러나 전체 미생물 수와 유통기간 사이의 관계는 정해진 것은 아니다. 어떤 종류의 미생물은 다른 미생물보다 식품의 관능에 더 큰 영향을 끼칠 수 있다.

GMP를 준수하여 생산되어 보관된 식품은 열등한 환경에서 생산, 보관된 식품보다 더 나은 미생물적 프로파일을 갖는다고 기대된다. 저품질의 재료를 사용하고 부적절하게 취급하거나 비위생적 조건을 이용하는 것은 최종 제품에서 더 높은 미생물을 갖는 원인이 된다. 그러나 최종제품에서 미생물 수치가 낮았다는 것은 GMP가 준수되었다는 것을 반드시 의미하지는 않는다. 열처리, 발효, 동결, 냉동저장과 같은 가공 단계를 통해 GMP를 준수하지 않고도 생긴 미생물 수치가 줄어들 수 있다. 냉장 중에 저온성 미생물의 성장으로 말미암아 그라운드 비프와 같은 음식은 가장 좋은 제조 조건 하에서도 보통 높은 미생물 수치를 보이기도 한다.

식품 기원 위해요소의 발생율과 인간 노출의 심도를 과학적으로 결정하기 위해 정량적 위해평가 기술을 이용하는 것이 급격하게 호응을 얻고 있다. 그 과정은 (i) 위해요소 동정, (ii) 위해요소 특징화, (iii) 노출평가, (iv) 위해도 특징화이다. 화학제에 대해서는 정량적 위해평가 기술이 잘 되어있으나 식품 안전과 관련한 미생물에 대한 적용은 상대적으로 새로운 기술이다.

미생물학적 품질의 지표

한 제품에 대한 지표 미생물의 검사는 공정실패, 가공 후 오염, 환경오염, 그리고 식품이 처리, 저장된 일반적 위생수준에 대해 간편하고, 신뢰성있는 빠른 정보를 제공한다.

제품품질 또는 유통기간의 이상적인 지표는 다음과 같은 기준을 만족해야 한다.

- 품질이 평가될 모든 식품에 존재하고 검출될 수 있어야 한다.
- 지표 미생물의 성장과 개체의 수는 제품의 품질과 음의 상관관계를 가져야 한다.
- 쉽게 검출, 가산되고 다른 미생물과는 뚜렷하게 구별되어야 한다.
- 짧은 시간, 이상적으로는 하루의 노동시간 안에 가산될 수 있어야 한다.

지표미생물

지표미생물은 미생물 기준에 이용될 수 있다. 지표미생물이 존재한다는 것은 미생물의 위해가 있다는 것을 제시하기도 한다. 예로써 시료에 일반 *E. coli*가 존재한다는 것은 분변 오염의 가능성을 나타낸다. 이러한 기준은 현존하는 제품 품질을 설명하거나 식품의 유통기간을 예상하기위해 사용될 수도 있다. 지표미생물의 예와 사용된 제품이 표 6.1에 나와 있다. 표에 제시된 미생물은 주요 특정 식품의 부패 미생물이다. 다른 제품에서의 품질 손실은 한 미생물에 국한된 것이 아니라 다양한 미생물이 관여될 수도 있다. 그러한 제품의 경우 각각의 특정 식품에서 부패를 유발하는 미생물 그룹수를 결정하는 것이 더 실용적이다.

호기적 생균수 (APC)는 식품에서 미생물의 총 수를 결정하는데 주로 이용된다. 배양 환경이나 배지에 변화를 주어 호기적 생균수는 내열성, 중온성, 저온성, 호열성, 단백분해성, 지질분해성과 같은 미생물 그룹들을 우선적으로 스크리닝하는데 이용된다. 미생물 기준이 (i) 다양한 규제기관에 의해 정해진 규격기준이나 지침기준 준수 여부를 알기 위해 식품을 모니터링하기 위해, (ii) 식품이 구매 상세기준에 적합한지 모니터링하기 위해, 그리고 (iii) GMP 준수를 모니터링하기위해 사용될 때 호기적 생균수는 제품 품질을 평가하는 미생물 기준을 구성하는 요소가 되기도 한다.

상세기준으로서의 미생물 기준은 식품이나 식품재료의 특수목적을 위한 유용성

표 6.1 제품의 품질과 연관성이 높은 미생물들[a]

미생물	제품
Acetobacter sp.	갓 제조한 사과주
Bacillus sp.	빵반죽
Byssochlamys sp.	과실 통조림
Clostridium sp.	경질치즈
무가스 변패 포자	야채 통조림
유산균	맥주, 와인
Lactococcus lactis	냉장원유
Leuconostoc mesenteroides	정제과정 중의 설탕
Pectinatus cerebisiphilus	맥주
Pseudomonas putrefaciens	버터
효모	과실 농축주스
Zygosaccharomyces bailii	마요네즈, 샐러드 드레싱

[a]출처: J. M. Jay, *Modern Food Microbiology*, 4th ed. (Chapman and Hall, New York, N.Y., 1992)

을 판단하는데 이용된다. 예로써 통조림 산업에서 사용될 목적을 갖는 설탕과 양념류에 대해서는 호열성 포자들에 대한 상세기준이 설정된다. 상세기준을 만족하지 못하는 설탕 로트들은 저산성 통조림 식품에는 적당하지 않을 수 있으나 다른 용도로 전환될 수 있다. 우유, 고기, 가금류, 생선과 같은 부패할 수 있는 냉장식품을 대상으로 저장 및 식품 유통 중 시간-온도사이의 프로파일 뿐 아니라 사용 장비, 사용 기구의 상태를 나타내기 위해 호기적 생균수가 이용될 수도 있다. 특정 식품에 대한 호기적 생균수 결과를 평가할 때 염두에 두어야 할 중요한 것은, (i) 호기적 생균수는 살아있는 세포를 측정하므로 만약 부패 미생물이 죽었다면 심하게 부패된 제품은 총호기성 세균의 수가 적을 수도 있다; (ii) 일반적으로 관능-품질 손실에는 높은 미생물 수가 요구되므로 호기적 생균수는 관능적 품질을 평가하는 데는 별 도움이 되지 않는다; 그리고 (iii) 세균마다 다양한 생화학 활성을 나타내므로 품질 손실은 총균수가 적은 상태에서도 발생할 수 있다. 식품에 있어서 예상외로 높은 균수를 보일 때 이의 구체적 원인은 제어지점에서 시료를 검사하고 처리공장을 점검하여 규명할 수 있다. 한 식품에서 나온 호기적 생균수의 해석 시에는 시료가 수거된 지점에서 예상되는 미생물 분포에 대한 정보가 필요하다. 만약 미생물 수가 예상보다 높다면 기준이 위반된 이유를 결정할 필요성을 지적하는 것이다.

직접현미경계수법 (direct microscopic count, DMC)은 많은 미생물 (즉, >10^5 CFU/ml) 을 포함하는 시료 안에서 살아있는 세포와 살아있지 않은 세포의 수를 추정하는데 쓰인다. 직접현미경계수법은 (아크리딘 오렌지와 같은 형광성 염료를 사용하지 않으면) 산 세포와 죽은 세포를 구별하지 못한다는 것과 10^5을 초과하는 총균수가 요구된다는 것을 감안할 때 직접현미경계수법은 품질에 대한 미생물 평가기준의 일부로써 그 가치가 제한된다. 식품, 식품재료에 대한 미생물 기준의 일부로써의 직접현미경계수법의 사용은 A이외 등급의 원유, 분유, 액상란, 냉동란, 건조란과 같은 소수 제품에 제한된다.

식품의 품질을 나타내기 위해 일반적으로 사용되고 있는 다른 방법들에는 Howard 진균 계수, 효모 및 진균 계수, 열저항성 진균 계수, 호열성 포자 계수가 있다. Howard 진균 계수 (현미경 분석)는 야채 통조림 가공 기계류의 위생 상태를 평가할 뿐만 아니라 과일 통조림, 토마토 제품에서 진균 물질을 검출하기 위해 이용된다. 효모와 진균은 세균의 성장 조건이 덜 우호적인 식품에서 자란다. 그러므로 발효낙농제품, 과일, 과실음료, 청량음료에서 문제가 될 수 있다. 효모 및 진균의 수는 치즈, 냉동크림설탕과 같은 다양한 낙농제품에 대한 미생물학적 규격의 부분으로 이용된다. 과실 및 과실 제품에 대한 열처리 과정 동안 살아남은 열저항성 진균 (*Byssochlamys fulva*, *Aspergillus fischerianus*)은 과실 농축물 같은 성분에 대한 구매 명세서에 허용최대치를 나타내야 한다. 고열 처리 식품의 결함원인이 되므로 통조림 산업에 있어서 내용 성분에 존재하는 호열성 포자는 우려의 대상이다. 구매명세서와 증명 기준은 종종 저산, 열처리 통조림 식품에 사용되는 성분들에 포함되어 있는 호열성 포자수에 이용된다.

대사산물

때때로 식품 내에 있는 세균의 수준은 그 식품 안에 살고 있는 미생물들의 대사산

표 6.2 식품 품질과 상관관계가 있는 미생물 대사산물[a]

대사산물	식품
카다베린과 푸트레신	진공포장 우육
디아세틸	냉동 농축주스
에탄올	사과주스, 어육제품
히스타민	참치 통조림
유산	야채 통조림
트리메틸아민 (TMA)	생선
총휘발성염기 (TVB), 총휘발성질소 (TVN)	해산물
휘발성 지방산	버터, 크림

[a]출처: International Commission on Microbiological Specifications of Foods, *Microorganisms in foods* 2. *Sampling for Microbiological Analysis: Principles and Application*, 2nd ed. (University of Toronto Press, Toronto, Canada, 1986).

물들을 평가함으로써 추정할 수 있다. 어떤 대사산물의 존재와 품질 손실 사이의 상관관계가 설정되면 그 대사산물에 대한 평가가 미생물학적 일부 기준이 될 수 있다.

미생물학적 기준의 일부로써 대사산물에 대한 평가의 한 예는 수입 새우의 관능평가이다. 관능검사를 함으로써 훈련된 인력들은 부패의 정도 (즉 품질 손실)를 세 부류 가운데 한 부류로 분류할 수 있다. 새우는 다음의 품질 분류 가운데 하나에 놓이게 된다: 분류 1 (통과); 분류 2 (부패 — 미미하지만 확실한 부패); 부류 3 (부패 — 진행된). 어느 로트를 수용할 것인가에 대한 최대치는 각 부류에 속해있는 시료에 있어서 새우 숫자에 기초한다. 품질 저하를 판별하기 위해 관능검사 (외관, 색, 조직, 냄새의 변화를 검사)가 사용되는 다른 상품들에는 원유, 육류, 가금류, 어류, 기타 식품들이 있다. 식품업체에서는 이러한 검사법을 식품의 품질을 분류하는데 이용하기도 한다. 품질을 평가하기위해 사용되는 대사산물들의 여러 예는 표 6.2에 제시되어 있다.

식품유래 병원성균과 독소의 지표들

안전성에 대한 미생물학적 기준은 한 기준을 적용함으로써 식품유래 위해요소를 감소시키거나 없앨 수 있을 때에만 개발되어야 한다. 미생물학적 기준은 공정이 위해요소를 제거하기에 적당한가를 확인해 준다. 각 식품은 잠재적 위해요소와 소비자들에게 있어서 이러한 위해요소의 의미를 판별하는 위해도 평가를 통해 주의 깊게 평가되어야 한다. 어떤 식품이 반복해서 식품유래 질병 발발에 연루된다면, 미생물학적 기준을 적용하는 것이 유용할 수 있다. 미국에서 발생했던 우유유래 질병의 광범위한 발발에 공중보건 담당자와 낙농업체는 대응하였다. 우유 생산에 조치를 취하고 안전하면서도 효율적인 살균과정을 개발하고 미생물학적 기준을 설정함으로써 우유 공급에 있어서 안전성은 대단히 개선되었다.

또한 미생물학적 기준은 종종 해로운 미생물에 오염되는 패류와 같은 식품에 적용될 수 있다. 전미 패류 위생 프로그램은 다양한 세균을 함유할지도 모르는 오염된 물에 사는 패류의 사용을 막기 위해 미생물 기준을 사용한다. 예측되는 오염의 종류와 수준에 따라 미생물학적 기준을 적용하는 것은 정당화 될 수도 있고 그렇지 않을 수도 있다. 위험한 수준으로 성장할 수 없다 할지라도 병원성 세균이 식품에 오염되었다면 미생물학적 안전을 보장하지 못한다. 그러나 감염량이 낮다면 미생물학적 기준을 충분히 적용시킬 수 있다. 신선 야채류가 간혹 적은 수의 *Clostridium botulinum*, *Clostridium perfringens*, *Bacillus cereus*로 오염될지라도, 역학 근거에 의하면 이러한 오염은 건강상의 위해를 나타내지 않는다. 따라서 이들 미생물들에 대해 미생물학적 기준을 부과하는 것은 이득이 되지 않을 것이다. 그러나 장내 병원성균에 오염된 신선 작물로 인한 식중독 발발이 몇 차례 있었기 때문에 과일, 야채류의 장내 병원성균에 있어서 미생물 기준은 적절할 것이다.

종종 식품을 가공하는 사람들은 바람직하지 않는 미생물의 성장을 막기 위해 식품의 내재적, 외재적 인자 (영양성분, pH, 수분활성도, 경쟁 생물의 존재)를 변경시킨다. 이 인자들 중 하나 이상의 인자에 대한 통제가 실패하다면 위해 위험이 있을 수 있다. 예를 들어 치즈 또는 발효 소시지 제조에서 유산 스타터 배양은 *Staphylococcus aureus*가 유해한 수준으로 성장하는 것을 저해하기에 충분한 산을 빨리 만들기 위해 사용된다.

병원성균에 따라 식품에 존재하는 수준이 낮다면 우려의 대상이 될 수도 아닐 수도 있다. 어떤 미생물들은 식품에 존재하기만 해도 공중보건에 심각한 위험을 일으킬 정도로 낮은 감염량을 갖는다. 어떤 미생물들에 있어서는 식품 내 미생물들의 성장능력이 문제가 아니라 생존능력이 문제가 된다. 병원성균이나 독성을 나타내는 미생물의 생존을 막는 내재적, 외재적 요인를 갖는 식품은 안전성 관련 미생물학적 기준에 대한 후보가 아닐 수 있다. 예로써 발효 육제품과 같은 어떤 식품의 산도는 병원성균 통제에 충분한 것으로 가정할 수 있다. 그러나 *S. aureus*의 성장 및 독소 생산이 차단되었더라도 *E. coli* O157:H7같은 장내 병원성균은 생존 할 수 있고 소비하기에 불안전한 제품을 만들어 낼 수 있다.

미생물 위해평가에서 중요하면서도 때로 간과되는 변수가 소비자이다. 식품이 유아, 노인, 면역저항성이 낮은 사람들을 위한 것이라면 이들은 건강한 사람들 보다 감염인자에 더 미감하므로 보다 엄격한 미생물학적 요구사항들이 필요할 수 있다. ICMSF는 표 6.3에 제시된 것처럼 적당한 시료채취 계획과 함께 위해도에 따라 식품을 15개의 위해부류로 분류하기 위한 시스템을 제안했다.

시료채취 계획의 엄격성은 병원성 미생물로 부터 소비자에 대한 위해성과 독소나 독성 대사물 또는 품질열화에 대한 잠재성을 기초로 하며 존재하는 미생물의 종류와 숫자를 고려해야 한다. 식품유래 병원성 균은 잠재적인 위해의 심각도 (즉, 심각한 위해, 잠재적으로는 상당한 파급성을 갖는 보통의 위해, 제한된 파급성을 갖는 보통의 위해 [표 6.4])에 따라 세 부류 중에 하나로 분류된다. 상당한 파급 잠재성을 갖는 병원성 균들은 주로 특정 식품과 연관되어 있다. 한 예가 *E. coli* O157:H7 오염 신선 우육이다. 고기의 몇 군데 오염된 부분이 그라운드 비프을 생산하기 위해 마쇄하는 것과 같은 가공 과정동안 그 제품의 상당한 오염을 초래할 수 있다. 만약 신선 우육이 즉석식품과 함께 부적절하게 저장된다면 교차오염 또한 발생할 수 있다. 가장 위해도가 낮은 그룹 (제한된 파급성을 갖는 보통의 위해) 안에서 병원성 세균은 대다수의 식품에서 적은 수로 발견된다. 일반적으로 식중독은 많은 수의 병원성균 (예를 들어, *C. perfringens*)을 함유하거나 어떤 한 시점에서 질병을 일으키

표 6.3 건강상 위해정도와 사용 상태에 따른 시료채취 계획[a]

위해의 유형	식품의 일반적 취급 및 소비 조건[b]		
직접적 건강상 위해 무	**유통기간 연장**	**변화 무**	**유통기간 단축**
기구 (일반오염, 유통기간 단축 및 변패)	사례 1 3-class $n = 5, c = 3$	사례 2 3-class $n = 5, c = 2$	사례 3 3-class $n = 5, c = 1$
건강 상 위해 유	**위해성 감소**	**변화 무**	**위해성 증가**
위해성 저, 간접적	사례 4 3-class $n = 5, c = 3$	사례 5 3-class $n = 5, c = 2$	사례 6 3-class $n = 5, c = 1$
위해성 중, 직접적, 제한적 확산[c]	사례 7 3-class $n = 5, c = 2$	사례 8 3-class $n = 5, c = 1$	사례 9 3-class $n = 5, c = 0$
위해성 중, 직접적, 고도의 확산 가능성 유	사례 10 2-class $n = 5, c = 0$	사례 11 2-class $n = 10, c = 0$	사례 12 2-class $n = 20, c = 0$
위해성 고, 직접적	사례 13 2-class $n = 15, c = 0$	사례 14 2-class $n = 30, c = 0$	사례 15 2-class $n = 60, c = 0$

[a]출처: International Commission on Microbiological Specifications of Foods, *Microorganisms in Foods 2. Sampling for Microbiological Analysis: Principles and Applications*, 2nd ed. (University of Toronto Press, Toronto, Canada, 1986)

[b]일반적으로 민감성 집단에게 유통되는 식품에 대하여는 더욱 엄격한 시료채취 계획이 사용됨

[c]n, 채취되는 시료단위의 수; c, 양성을 나타내는 시료 수의 최대 허용치

기에 충분한 독소를 생산하는 병원성균의 숫자가 포함된 식품을 섭취했을 때 일어난다. 질병의 발발은 특정 음식이나 식품을 소비한 사람에게 제한된다.

적절한 사례 (표 6.3)를 결정하기 전에 관련 미생물의 성장이나 사멸과 관련해서 해당 식품이 노출된 상태의 영향이 고려되어야 한다. 일반적으로, 만약 식품이 미생물의 성장을 허용하는 처리를 받게 되고 이에 의해 위해도가 증가된다면, 이때 사례 3, 6, 9, 12를 적용한다. 제품을 동결할 때 만약 현존하는 미생물 수의 변화가 없다면 사례 2, 5, 8, 11을 적용한다. 만약 제품이 완전히 요리되어 미생물 위해를 저감시킨다면 사례 1, 4, 7, 10을 적용한다. 요리해서 즉시 먹는 (scrambled) 건조전란에서 기원하는 식품이나 제품 (파스타)의 형태로 만들어진 식품의 경우를 고려해 보자. 이것은 미생물학적 위해도를 감소시킬 것이다. 만약, 건조란이 건조한 상태로 또는 재구성된 상태로 소비되거나 즉시 소비된다면 미생물학적 위해는 변하지 않을 것이다 (미생물이 증식할 기회가 주어지지 않음). 세 번째 시나리오는, 생물이 증식해서 잠재적으로 병을 일으킬 기회를 갖는 경우로써, 건조란을 재구성하고 이것을 소비하기 전에 상당 기간을 기다리는 것이다.

지표미생물

식품 안전을 위한 미생물학적 기준은 미생물학적 위험 가능성을 나타내는 지표 균주 실험을 사용할 것이다. 예를 들어 마시는 물에서 *E. coli*는 분변 오염 가능성을 내타내므로 다른 장내 병원성균의 존재의 가능성을 나타낸다.

표 6.4 위험성의 심각성에 따른 위해 미생물과 기생충의 분류[a]

Category I (위해성 고)

Clostridium botulinum A, B, E, F
Shigella dysenteriae
Salmonella enterica serovar Paratyphi A, B
장출혈성 *Escherichia coli* (EHEC)
간염 A, E 바이러스
Brucella abortus, *Brucella suis*
Vibrio cholerae O1
Vibrio vulnificus
Taenia solium

Category II (위해성 중, 고도의 확산 가능성 유[b])

Listeria monocytogenes
Salmonella sp.
Shigella sp.
기타의 장병원성 *E. coli* (EEC)
Streptococcus pyogenes
로타바이러스
노웍 바이러스 군
Entamoeba histolytica
Diphyllobothrium latum
Ascaris lumbricoides
Cryptospridium parvum

Category III (위해성 중, 제한적 확산)

Bacillus cereus
Campylobacter jejuni
Clostridium perfringens
Staphylococcus aureus
혈청형 O1을 제외한 *V. cholerae*
Vibrio parahaemolyticus
Yersinia enterocolitica
Giardia lamblia
Taenia saginata

[a]출처: A. W. Randell and A. J. Whitehead, *Rev. Sci. Tech.* **16:**313–321, 1997.
[b]특정 감수성 집단에게는 합병증과 후유증이 심각할 수 있음.

지표미생물은 다음과 같은 특성을 따른다.

- 쉽고 빠르게 검출 가능
- 음식에서 연관된 흔한 미생물과 쉽게 구분 가능
- 병원성균의 존재를 나타내기 위해서 연관된 사실의 일관성
- 중요한 병원성균이 나타났을 때 존재
- 중요한 병원성균과 이상적으로 상호관련이 있는 개수

- 병원성균과 동등한 성장에 필요한 환경과 성장율
- 병원성균과 최소 동일하고 이상적으로 조금 더 오랜 지속력을 가진 사멸속도 (die-off rate)
- 특히 최소한의 숫자를 제외하고 병원성이 없는 음식에서는 없음

식품 안전에 대한 분변 지표균에 대한 부가적인 기준은 다음의 것을 포함하여 나타낸다. 이론상으로 선택된 세균은 장내 환경들에서 발생하는 특수성을 증명한다. 그들은 높은 희석에서 계수됨으로서 분변에서 매우 높은 수가 발생될 것이다. 그들은 외부 환경에 높은 저항성을 가질 것이다. 그것의 오염은 검토 평가된다. 그것들은 적은 수의 균이 존재하더라도 상대적으로 쉽고 충분히 확실한 검사가 가능하게 해야 한다.

*Listeria monocytogenes*를 제외하고 *E. coli* O157:H7, *Salmonella*, *S. aureus*는 대부분 안전성 시험을 특정 위험에 대하여 직접 실험하기보다 지표 균주를 사용한다. 식품 안전을 지키기 위한 몇 가지 일반적인 지표 미생물의 개요는 아래에 설명이 있다.

분변성 대장균군과 *E. coli*

*E. coli*를 포함하는 분변성 대장균군은 열에 의해 쉽게 파괴되고 냉동과 냉동식품 저장 중에 죽을 수 있다. *E. coli*를 포함하는 미생물학적 기준은 분변 오염이 발생하였는지 여부를 확인하는 경우에 유용하다. *E. coli*의 음식에서 오염은 다른 병원성균이 존재할지도 모른다는 위험성을 내포한다. 분변성 대장균군은 조개류와 조개류가 자라는 물의 건전함을 관찰하기 위하여 미생물학적 기준의 구성요소가 된다. 분변 물질에 오염된 물에서 조개 수확의 위험성을 감소하는 것이 목적이다. 분변성 대장균군이 분변 원인과 비분변이 원인의 균주로 구성된 대장균군보다 분변 기원의 미생물을 함유할 가망성이 더 높음을 나타낸다. 분변성 대장균군은 오염된 가공 식품과 식품가공 환경에서 도구와 장비에 정착하여 가공식품을 오염시킬 수 있다. 현재 *E. coli*는 분변오염의 지표균으로 가장 널리 사용된다.

분변성 대장균군을 조사하여 얻은 값은 최근 아주 정밀하게 따지게 되었다. 분변성 대장균군은 *Klebsiella*, *Enterobacter*, *Citrobacter* spp.를 포함하지만 이들은 정확한 분변오염의 지표로 인식되지 않을 수 있다. 그 이유는 이들이 물, 식품, 폐기물 등의 비분병성 환경에서 증식이 가능하기 때문이다. *E. coli*가 신선한 야채를 함유하는 식품에서 분변오염을 평가하는 유일한 지표미생물이다. *E. coli* 검사만이 내과 의사나 공중보건 공무원이 분변성 대장균군 조사 결과의 잘못된 해석을 방지할 수 있을 것이다.

열 가공 식품에서 *E. coli*의 존재는 가공 실패 또는 후처리 가공에서 오염을 의미한다. 냉장된 새우와 게살 같은 즉석식품에서 *E. coli*는 적당한 냉장 보존의 유지와 환경적 근원으로부터 병원성균의 도입에 대하여 완전한 가공을 확인하는 지표이다. 열 처리 후에 *E. coli*의 원인은 가공 환경, 부적절한 위생설비 수단 또는 잘못된 온도 제어와 복합적인 작용에 기인한다. *E. coli*군은 *E. coli*보다 많은 수로 종종 나타나기 때문에 호기적 생균수와 *E. coli*보다 *E. coli*군이 추천된다. 그리고 제품이 적정하게 저장될 때 규정시간을 초과하지 않아 *E. coli*군의 농도가 증가하지 않는다.

대사산물

안전과 관련된 어떤 미생물학적 기준은 잠재적 위해를 나타내는 대사산물 실험들에 의존한다. 미생물학적 기준의 구성요소로서 대사산물의 예는 다음과 같다.

(i) 식품에서 1 ml 또는 1 g 당 *S. aureus* 균주가 $\geq 10^5$ 함유하는 것이 의심되거나 열학반응 또는 내열성 데옥시리보뉴클레아제에 대한 검사

(ii) *Aspergillus* sp.에 의해 생성된 아플라톡신의 존재를 검사하기 위해 곡식에 자외선 조사

(iii) 우유에 자연적으로 존재하는 염기성 포스파타아제 효소는 저온살균 동안 비활성화 되는데, 이 특성을 이용하여 우유가 저온살균 되었는지 또는 저온살균 된 우유가 원유에 오염되었는지 분석.

식품 또는 식품의 구성성분에 대하여 미생물학적 기준의 특정한 법안과 적용

이 부분에서 다양한 식품에서 미생물학적 적용이 설명되어 질 것이다. 모든 식품에서 일반적인 기준이 적합한 것은 아니다. 특정 식품의 안전과 질에 관련된 배경 문헌이 미생물 기준을 적용하기 전에 고려되어야 한다.

이전의 미생물학적 기준의 이용은 강제적 (규격기준)이거나 권고적 (지침기준, 상세기준)일지도 모른다. 강제적 기준의 분명한 예로 모든 RTE 음식에서 *Salmonella*에 대한 엄중처벌 원칙을 선정한 것이다. 미국 농무성은 신선한 그라운드 비프에 대하여 *E. coli* O157:H7 엄중처벌원칙을 강제적용 하였다. 식품매개 병원성 균인 *L. monocytogenes*의 발생이래로 미국 FDA와 미국 농무성 또한 모든 RTE 음식에서 균주에 대한 엄중 처벌 원칙을 적용하였다. 그러나 엄중처벌원칙이 *L. monocytogenes*에 대하여 정당한지 아닌지 논쟁은 심사숙고할 필요가 있다. ICMSF가 추천하는 *L. monocytogenes*의 국제 사회에서 허용범위는 표 6.5에 개요로서 나타내었다. 식품 안전에 대하여 정착된 권고 기준은 표 6.6에서 보여준다.

기준의 형성에서 강제 기준은 질적인 문제에 힘썼다. 국제적뿐만 아니라 연방, 주, 시에서 식품과 식품 구성성분의 발전된 미생물학적 기준의 예는 표 6.7에 나타내었다.

표 6.5 *L. monocytogenes*에 대한 사례와 시료채취 계획[a]

소비자	건강상 위해성	식품의 일반적 취급 및 소비 조건		
		위해성 감소	변화 무	위해성 증가
건강한 경우	위해성 중, 직접적, 고도의 확산 가능성 유	사례 10	사례 11	사례 12
		$n = 5$	$n = 10$	$n = 20$
		≤100/g	≤100/g	≤100/g
감수성이 높은 경우	위해성 고, 직접적	사례 13	사례 14	사례 15
		$n = 15$	$n = 30$	$n = 60$
		<1/375 g	<1/750 g	<1/1,500 g

[a]출 처: International Commission on Microbiological specifications of foods, *Int. J. Food Microbiol.* **22:**89–96, 1994.

표 6.6 다양한 식품과 이에 대한 미생물 권고 기준

식품 종류	시험대상	사례	계획등급	한도 (per g)			
				n	*c*	*m*	*M*
로스트비프 (roast beef)[a]	*Salmonella*	12	2	20	0	0	
파테 (pâté)	*Salmonella*	12	2	20	0	0	
생 가금육	호기성 생균수	1	3	5	3	5×10^5	10^7
조리 가금육, 냉동, 즉석식품	*S. aureus*	8	3	5	1	10^3	10^4
조리가금육, 냉동, 재가열 식용	*S. aureus*	8	3	5	1	10^3	10^4
	Salmonella	10	2	5	0	0	
초콜릿, 당과	*Salmonella*	11	2	10[b]	0	0	
분유	호기성 생균수	2	3	5	2	3×10^4	3×10^5
	대장균군	5	3	5	1	10	10^2
	Salmonella[c]	10	2	5	0	0	
	(보통의 집단)	11	2	10	0	0	
		12	2	20	0	0	
	Salmonella[c]	10	2	15	0	0	
	(고위험성 집단)	11	2	30	0	0	
		12	2	60	0	0	
신선치즈[d]	*S. aureus*			5	2	10^2	10^3
	대장균군			5	2	10^2	10^3
연질치즈[d]	*S. aureus*			5	2	10^2	10^3
				5	2	10^2	10^3
저온살균 액체; 냉동 및 건조 난류가공품	호기성 생균수	2	3	5	2	5×10^4	10^6
	대장균군	5	3	5	2	10^3	10^3
	Salmonella[b]	10	2	5	0	0	
	(보통 집단)	11	2	10	0	0	
		12	2	15	0	0	
	Salmonella[b]	10	2	15	0	0	
	(고위험성 집단)	11	2	30	0	0	
		12	2	60	0	0	
생선 및 냉동생선, 식용 전 조리용	호기성 생균수	1	3	5	3	5×10^3	10^7
	E. coli		4		3	11	500
	Salmonella[e]	10	2	5	0	0	
	Vibrio parahaemolyticus[e]	7	3	5	2	10^2	10^3
	S. aureus	7	3	5	2	10^3	10^4
코코넛	*Salmonella*	1	3	5	3	5×10^5	10^7
	증식 무	11	2	10	0	0	
	증식 유	12	2	20	0	0	

[a]조리된 제품
[b]25 g의 분석단위로 혼합할 수 있음
[c]위해성의 감소, 무변화, 증가 등 예상에 따라 사례 선택 가능
[d]저온살균된 우유로부터 제조된 신선치즈 및 연질치즈에만 해당됨
[e]세균학적으로 수질이 의심스러운 근해 및 내륙지방의 물에서 잡힌 생선과 날것으로 섭취되는 생선의 경우 추가의 테스트가 바람직함

표 6.7 다양한 식품과 이에 대한 미생물 의무 기준

식품 종류	시험대상	의견
미국		
유제품		
원유	호기성 세균	미보건국
A 등급의 저온살균 우유	호기성 세균, 대장균군	미보건국
A 등급의 저온살균 칼쳐밀크	호기성 세균, 대장균군	미보건국
전지분유	표준평판법, 대장균군	미보건국
탈지분유	표준평판법, 대장균군	USDA 미농무성의 농산물유통국의 규범
냉동후식	표준평판법, 대장균군	미보건국
전분 및 당류식품	총호열성 포자수, 무가스 변패 포자, 호열성 혐기성 포자, 황 변패 포자	국립통조림업자협회 (국립식품가공자협회)
튀김용 새우	호기적평판법, *E. coli*, *S. aureus*	미식약청 정책가이드
국제사회		
카제인	총세균수, 호열성 미생물, 대장균군	유럽
천연 광천수	호기성 중온성 미생물수 대장균군 *E. coli* 분변 streptococci 포자형성 아황산 환원 혐기성균 *Pseudomonas aeruginosa*, 기생충, 병원성 미생물	*Codex Alimentarius*
항공식	*E. coli*, *S. aureus*, *B. cereus*, *C. perfringens*, *Salmonella*	유럽
토마토 주스	곰팡이수	캐나다
생선단백질	총균수, *E. coli*	캐나다
젤라틴	총균수, 대장균군, *Salmonella*	캐나다

현재 상태

ICMSF는 연속된 단계가 국제무역에 쓰이는 식품에 대한 미생물학적 위험을 다루기 위하여 필요로 되는 것을 권고한다. 이러한 단계는 위해 평가와 위해 관리 선택 항목 평가를 수행하는 것, FSO를 확립하는 것, FSO가 GMPs와 HACCP의 적용에 의해 달성 가능함을 확인하는 것을 포함한다.

FSO는 소비자 보호를 위해 받아들여질 수 있는 것으로 간주되는 식품에서의 미생물학적 위해의 빈도와 최대 농도에 관한 성명서이다. FSO의 예로 1 μg/100 g을 초과해서는 안되는 치즈에서의 포도상구균의 장독소 농도 또는 15 μg/kg를 초과해서는 안되는 땅콩에서의 아플라톡신 농도를 포함한다. FSO는 미생물학적 기준보다 범위가 더 넓은 위해 허용 수준을 전달하려고 한다. *Control measures*는 식품 안전성 위해요소를 예방하거나 제거하기 위해 또는 허용 수준까지 감소시키기 위해 사용될 수 있는 행위와 활동이다. 식품 산업은 CCPs를 포함하여 공정과 HACCP 계획에 있어서 GMP적용과 적절한 control measures 확립에 책임이 있다. 국제 통상상의 식품에 대해, 양에 관한 FSOs는 수입국이 식품의 미생물학적 안전성에 관하여 기꺼이 받아들이는 것을 확인하기 위한 객관적인 기초를 제공한다.

Across

2. Determines the number of samples tested
3. A type of risk assessment that helps establish microbiological criteria
5. Good _______ practices are prerequisite to HACCP plans
8. A man who must have loved to count molds
9. The _______ microscopic count is limited by low sensitivity
10. _______ Alimentarius
11. A criterion that is part of a law or regulation

Down

1. A criterion that is used as a purchase requirement
4. An organism that substitutes for the real organism of interest
5. A type of microbiological criterion that is not advisory
6. A microbial metabolite that smells like dead bodies
7. A criterion used by a regulatory agency for monitoring

요약

- 미생물학적 기준은 HACCP와 그 밖의 프로그램이 적재적소에 있는 품질 보증 프로그램의 일부분으로써 가장 효과적으로 적용된다.
- 식품에 관한 미생물학적 기준은 새로운 정보를 이용 가능함에 따라 계속 변화된다.
- 양적 위해 평가는 국제무역에 있어서 식품에 관한 미생물학적 기준과 국가의 표준지침, 정책의 확립을 촉진한다.
- 미생물학적 기준은 식품과 중요미생물에 따라 다르다.
- 미생물학적 기준은 특정 대사산물의 존재와 부재에 근거를 둘지도 모른다.

참고문헌

Doyle, M. P., and M. C. Erickson. 2006. Closing the door on the fecal coliform assay. *Microbe* **1:**162–163.

International Commission on Microbiological Specifications of Foods. 1994. Choice of sampling plan and criteria for *Listeria monocytogenes. Int. J. Food Microbilo.* **22:**89–96.

International Commission on Microbiological Specifications of Foods. 1986. *Microorganisms in Foods 2. Sampling for Microbiological Analysis: Principles and Applications,* 2nd ed. University of Toronto Press, Toronto, Canada.

Jay, J. M. 2006. *Modern Food Microbiology,* 7th ed. Springer, New York, NY.

Pierson, M. D., D. L. Zink, and L. M. Smoot. 2007. Indicator microorganisms and microbiological criteria, p. 69–86. *In* M. P. Doyle and L. R. Beuchat (ed.), *Food Microbiology: Fundamentals and Forntiers,* 3rd ed. ASM Press, Washington, DC.

Pierson, M. D., and D. A. Corlett, Jr. (ed.). 1992. *HACCP: Principles and Applications.* Van Nostrand Reinhold, New York, NY.

Randell, A. W., and A. J. Whitehead. 1997. Codex Alimentarius: food quality and safety standards for international trade. *Rev. Sci. Tech.* **16:**313–321.

SECTION II 그람 음성 병원성 식품미생물

7 *Salmonella* Sp.

발발

서론

미생물의 특징

생화학적 동정
분류와 명명법
혈청학적 동정
생리적 특성

감염원

질병의 특징

증상과 치료
예방법
항생제 내성

발병 감염량

병원성과 병원성 인자

인간의 특이적 및 비특이적인 반응
흡착과 침투
숙주세포에서의 증식과 생존
병원성 플라스미드
다른 병원성 인자들

요약

참고문헌

학습목표

- 기본적인 생화학적 특징들을 사용하여 *Salmonella*를 동정
- 식품의 어떠한 조건들이 *Salmonella*의 생육을 촉진하는지 이해
- 증상과 발병 시기를 통해 *Salmonella*에 의해 야기되는 식중독의 사례 확인
- *Salmonella*의 생육을 예방하기 위한 적절한 조치 (열, 보존제, 처방) 선택
- *Salmonella*의 감염원 이해
- 식중독을 유발하는 *Salmonella* 독소와 병원성 인자의 역할을 이해할 수 있다.

발발

서늘한 날씨의 한 가을 저녁, 약 1,400명의 사람들은 메릴랜드 주 챕티코에 있는 교회 회의장에 연례 가을 저녁식사를 위해 모였다. 식사는 햄, 칠면조, 튀겨진 굴, 으깬 감자, 그리고 그레이비였다. 참석자 중 많은 사람들은 배불리 먹었고 더 이상 음식을 먹을 수 없었다. 나머지 사람들도 즐겁게 식사를 했으며 음식을 싸가지고 갔다. 하지만 식사의 즐거움은 곧 거의 절반의 참석자 위장을 뒤집어 놓았다. 식사를 하거나 음식을 싸가지고 간 사람들은 전형적인 식중독의 증상인 구역질, 위경련, 설사, 고열을 나타내었다. 2명의 노인이 사망했으며 100명의 사람들은 병원 응급실에 치료를 받았고 700명이 발병한 것으로 보고되었다. 개별 음식에 대한 미생물학적 실험을 통해 햄에서 이 집단 식중독 사태와 관련된 *Salmonella* 균주가 검출되었다. 햄의 부적절한 조리와 보관이 식중독을 발생할 만한 수준까지 *Salmonella*의 성장을 초래한 것으로 보인다.

서론

국립역학 등록기관은 인간에서 식중독을 일으키는 주요 식중독 세균으로서 *Salmonella* 속의 중요성을 계속해서 강조하고 있다. 살모넬라증 (salmonellosis, 살모넬라 식중독) 사건은 대부분의 다른 식중독 병원체와 관련된 사건에 비하여 월등이 큰 경향이 있다 (표 7.1). 일반적으로 오염된 식품의 섭취로부터 발생하는 살모넬라증의 문제는 전 세계적으로 증가하고 있는 점은 주목할 만하다 (표 7.2). 많은 나라에서 식중독 발병의 역학적 조사를 위한 방법이 최근 많이 개선되었음에도 불구하고 살모넬라증은 세계적으로 증가하고 있다. 이러한 것은 강화된 감시 프로그램 그리고/혹은 의료 및 공중 보건직 공무원들의 뛰어난 역량의 결과는 아니다.

표 7.1 1981년 이후 세계 각국에서의 살모넬라증의 주요한 식중독 발발 현황

연도	국가	매개체	혈청형	발병건수[a]	사망자수
1981	네덜란드	샐러드 재료	Indiana	600[b]	0
1981	스코틀랜드	원유	Typhimurium PT 204	654	2
1984	캐나다	체다 치즈	Typhimurium PT 10	2,700	0
1984	프랑스, 영국	간 파테 (Pâté)	Goldcoast	756	0
1984	국제사회	젤리형 글레이즈 (Aspic glaze)	Enteritidis PT 4	766	2
1984	미국	샐러드 바	Typhimurium	751	0
1985	미국	저온살균 우유	Typhimurium	16,284	7
1987	중국	계란 드링크	Typhimurium	1,113	–[c]
1987	노르웨이	초콜릿	Typhimurium	361	0
1988	일본	오징어	Champaign	330	0
1988	일본	조리 계란	*Salmonella* sp.	10,476	–
1991	미국, 캐나다	유럽 멜론 (cantaloupe)	Poona	>400	–
1991	독일	과일 수프	Enteritidis	600	–
1993	프랑스	마요네즈	Enteritidis	751	0
1993	미국	토마토	Montevideo	100	0
1993	독일	파프리카 칩	Saint-Paul, Javiana, Rubislaw	>670	0
1994	핀란드, 스웨덴	알팔파 싹	Bovismorbificans	492	0
1994	미국	아이스크림	Enteritidis PT 8	740	0
1995	미국	오렌지 주스	Hartfort, Geminara	62	0
1995	미국	식당 음식	Newport	850	0
1996	미국	알팔파 싹	Montevideo	481	1
1997	미국	스터프 햄	Heidelberg	746	1
1998	미국	볶은 귀리 시리얼	Agona	209	0
1998	캐나다	체다 치즈	Enteritidis PT 8	700	0
1999	일본	건조 오징어	*Salmonella* sp.	>453	0
1999	호주	오렌지 주스	Typhimurium	427	–
1999	일본	오징어 칩	Oranienburg	≥1,500	–
1999	캐나다	알팔파 싹	Paratyphi B (Java)	>53	–
1999	일본	땅콩 소스	Enteritidis PT 1	644	–
1999	미국, 캐나다	오렌지 주스	Muenchen	>220	0
2000	미국	오렌지 주스	Enteritidis	>74	0
2000	미국	녹두 싹	Enteritidis	>45	0
2000	캐나다	베이커리 제품	Enteritidis	15	0
2004	영국	양상추	Newport	>350	0
2004	미국	로마 (Roma) 토마토	Braenerup	125	0
			Javiana	390	0
			Typhimurium	27	0
			Anatum	5	0
			Thompson	4	0
			Muenchen	4	0
2005	영국	수입 달걀	Enteritidis	68	0
2005	캐나다	로스트 비프	*Salmonella* sp.	155	0
2006	영국	초콜릿	Montevideo	>46	0
2006	미국	땅콩 버터	Tennessee	>288	0

[a]별도로 표시하지 않은 경우는 확인된 수치임
[b]발병 예상 건수
[c]–, 명시되지 않음

표 7.2 식품매개 살모넬라증의 경향

국가	보고된 사고의 연간 통계수치								발병수[a]
	1985	1987	1989	1991	1993	1995	1998	2000	
오스트리아	124	151	440	963	922	873	880	NA[b]	80.8–92.4
불가리아	15	10	12	13	12	14	NA	7	2.1–31.9
캐나다	59	53	51	28	43	27	NA	NA	0.5–3.8
덴마크	12	5	5	11	7	17	27	NA	27.0–94.90
잉그랜드, 웨일즈	372	421	935	936	136	90	57	35	22.0–45.0
핀란드	11	3	2	4	3	8	1	5	44.9–153.2
프랑스	7	178	462	477	200	185	267	163	21.9–31.9
독일	ND[c]	ND	23	62	150	117	108	69	103.5–242.7
헝가리	116	122	131	110	158	266	269	155	18.0–88.9
일본	–[d]	90	146	159	NA	NA	757	518	2.9–8.2
폴란드	380	690	709	625[e]	398	365	325	295	44.1–93.9
스코틀랜드	133	180	151	115	NA	NA	11	6	4.0–46.0
미국	79	52	117	122	68	90	NA	NA	1.1–4.3

[a]1985–2000년까지의 인구 10만 명당 발생건수 범위
[b]NA, 자료수집 불가
[c]ND, 자료 없음; 독일의 경우 1989년까지 통일되지 않음
[d]–, 자료 없음
[e]자료의 그라프로부터 얻은 예상치

Salmonella 속의 여러 혈청형 (serovar) 중의 하나로서 달걀 관련 살모넬라증의 주된 원인균인 *Salmonella enteritidis* serovar Enteritidis에 의해 현재 진행 중인 대감염과 같은 사고는 질병 통계에 현재 큰 영향을 미치고 있다. 지난 수 십 년간 살모넬라증의 주요 대량발병이 큰 관심사였는데 이는 관련 식품과 인간 질병에 관련된 *Salmonella* 혈청형의 다양성 때문이다. 1974년 옥외 바비큐에서 제공된 감자가 포함된 계란 샐러드의 부적절한 온도관리는 <u>S</u>. *enterica* serovar Enteritidis Newport의 감염에 의한 약 3,400명의 감염사고를 초래하였고, 이는 감염자의 식품 취급에 의한 샐러드의 교차 감염으로 의심되어졌다. 1977년 스웨덴에서의 대량발병은 학교식당에서 혈청형 Enteritidis phage type (PT) 4에 오염된 마요네즈의 섭취에 의한 것이었다. 1984년에는 캐나다에서 가장 큰 규모의 살모넬라증이 발병했다. 이것은 열처리 및 살균된 우유로 만든 체다 치즈가 원인이었으며 2,700명 이상이 혈청형 Typhimurium PT 10 감염에 의한 것으로 확인되었다. 전하는바에 의하면, 유량조절 밸브 (flow diversion valve)의 수작업으로 인하여 열처리 및 살균 처리된 치즈우유의 통으로 살균되지 않은 원유가 유입 되어 일어난 것으로 알려졌다. 다음해 미국에서는 살모넬라식중독으로 가장 큰 발병이 일어나 16,284명의 환자가 발생하였다. 비록 이 대량발병의 원인이 완전히 규명되지 않았지만 원유와 저온 살균을 실시하는 공정 사이에서의 교차오염에 기인한 것으로 추정되었다. 10,000명 이상의 일본 소비자에게 대규모로 발병한 살모넬라증의 발병 원인은 조리된 계란음식 때문이었다. 2005년 캐나다에서는 발아채소 관련 살모넬라증 중에서 전 세계에서 가장 큰 대량발병 사태 중의 하나가 발생하였는데 (온타리오 주에

서만 650명 이상) 이것은 오염된 발아 녹두의 섭취에 의한 것이었다. 1993년에는 독일에서 판매된 감자칩의 원료로서 사용된 남아메리카 수입 파프리카가 살모넬라균 오염 때문에 고소당했다. 미국에서 발생한 주요 살모넬라증 대량발병에는 혈청형 Enteritidis에 오염된 아이스크림이 포함되어 있다. 이전에 날계란을 운반한 경험이 있는 비위생적인 트럭으로 아이스크림의 운반이 오염의 원인이 되었다. *Salmonella* 감염의 주된 원인으로 고기와 계란 생산이 관련되어져 있다는 일반적인 인지에도 불구하고, 최근 수년 동안 토마토, 오렌지 주스 그리고 발아 채소와 관련하여 많은 대량발병이 일어나고 있다.

미생물의 특징

19세기 초, 프랑스의 임상 병리학자들은 전염성이 있는 물질로서 인간 장 궤양과의 관련을 처음으로 언급했다. 그 질병은 나중에 장티푸스 열로서 판명되었다. 20세기의 초기 25년 동안에 *Salmonella* 그룹에서 체세포 (somatic, O)와 편모 (flagella, H)에 있는 항원들의 혈청학적 진단에서 큰 진전이 이뤄졌다. *Salmonella*의 분류를 위한 항원의 체계는 나중에 개발되었으며 지금은 2,400개 이상의 혈청형이 포함되어 있다.

생화학적 동정

*Salmonella*는 장내세균과 (the familly Enterobacteriaceae)에 속하는 통성혐기성 그람 음성 간균이다. 비록 이 속에 속하는 세균들이 주모성의 편모 (peritrichous, 세포 표면에 동일하게 분배되는 편모)를 통한 운동성이 있더라도, 비편모성 변이균주 (예를 들면 *S. enterica* serovars Pullorum과 Gallinarum) 그리고 기능을 제대로 못하는 편모로부터 기인된 비운동성 종들이 존재한다. *Salmonella*는 화학유기영양생물 (chemoorganotroph, 넓은 범위의 유기물을 이용할 수 있는)로, 호흡과 발효 모두를 통하여 영양물질을 대사할 수 있는 능력을 가지고 있다. 세균은 37°C에서 최적으로 성장하며 포도당과 다른 탄수화물을 이용하여 산과 탄산가스를 발생한다. *Salmonella*는 옥시다아제 활성과 catalase 활성이 없으며 단일 탄소원으로서 구연산염을 이용하여 성장할 수 있다. *Salmonella*는 일반적으로 hydrogen sulfide, 라이신, 그리고 오르니턴을 생산하지만 요소를 가수분해하지 못한다. 이러한 특성들은 *Salmonella* 분리균주들의 추정상의 생화학적 동정을 위한 기준으로 사용되었다. 따라서 전형적인 *Salmonella* 분리균주는 TSI (triple sugar iron) 한천 배지에서 포도당으로부터 산과 탄산가스를 생산하며 TSI agar 배지나 혹은 분리 배지 (예를 들면 bri1liant green, xylose lysine desoxycholate와 Hektoen enteric agar)에서는 락토오스나 수크로오스를 이용하지 못한다. 게다가 전형적인 *Salmonella*는 점진적으로 라이신 이온 배지에서 라이신의 탈카르복시화에서 시작되어 카다베린으로 분해하는 알칼리 반응이 쉽게 일어나고 TSI와 라이신 이온 배지에서 황화수소가스를 생산하며 요소를 가수분해 하지 못한다. 유전적 다양성 (세균학적 변이와 특징적인 생화학적 인자를 가지고 있는 플라스미드의 접합에 의한 세포 또는 동종간의 유전적 교환의 결과)의 결과 전형적인 *Salmonella* 생물학적 형이 계속적으로 줄어들고 있다. *Salmonella*의 락토오스와 수크로오스 이용성에는 플라스미드가 개입되어

있으며 환자와 식품에서 *lac*$^+$ 그리고/또는 *suc*$^+$ 균주의 출현은 공중보건에서 우려사항이다. 이러한 분리균주들은 일반적으로 병원이나 식품산업체 연구실에서 사용되는 이당류 의존성 배지 (disaccharide-dependent plating agar)에서는 검출이 되지 않는다. Bismuth sulfite agar 배지는 *Salmonella*를 분리하기 위하여 선택된 배지인데 그것은 높은 선택성과 극단적으로 낮은 수준의 황화수소가스를 생산하는 데 효율적이기 때문이다. *Salmonella*의 이당류 이용성 패턴의 변화 때문에 초래된 진단의 어려움은 리신을 탈카르복시화 할 수 없는 것, 우레아제 활성을 가지는 것, 인돌을 생산하는 것, 그리고 시안화칼륨 (KCN)의 존재하에서 순조롭게 성장하는 생물형 등의 출현이 증가하면서 좀 더 복잡해지고 있다. 이러한 생화학적 특성의 다양성은 *Salmonella* 속에 유일하게 존재하는 안정한 유전자들 그리고/또는 그 생산물 (단백질)들의 동정에 목표를 둔 분자생물학적 기술이 기존의 전통적인 시험 프로토콜을 대신하는 쪽으로 진행되고 있다.

분류와 명명법

세계보건기구 (WHO) 산하 Collaborating Centre for Reference and Research on *Salmonella* (프랑스, 파스퇴르 연구소)에 의하면, 현재 *S. enterica*와 *Salmonella bongori*는 각각 2,443개와 20개의 혈청형이 있다 (표 7.3). 미국 질병통제예방센터 (the Center for Disease Control and Prevention, CDC)는 다음과 같이 공식적으로 명명하였다. *Salmonella* 속은 2개의 종을 포함하며 2개의 종은 각각 다양한 혈청형을 포함한다 (표 7.3). 2종은 대표 균주인 *S. enterica*와 이전 이 균의 아종 (*S. enterica* subspecies V)인 *S. bongori*이다. *S. enterica*는 6개의 아종으로 나뉘어 졌으며 그것은 로마숫자와 이름으로 나타낸다 (I, *S. enterica* subsp. *enterica;* II, *S. enterica* subsp. *salamae;* IIIa, *S. enterica* subsp. *arizonae;* IIIb, *S. enterica* subsp. *diarizonae;* IV, *S. enterica* subsp. *houtenae;* and VI, *S. enterica* subsp. *indica*). *S. enterica* 아종은 생화학적으로 차이가나고 유전적 유사성에 있어서도 차이가 난다. 식중독 발생과 관련된 최근의 *Salmonella* 혈청형은 *S. enterica* serovar. Enteritidis, Typhimurium, Newport, 그리고 Stanley이다.

표 7.3 *Salmonella* 속[a]

살모넬라 종과 아종 (번호)	**혈청형의 수**
S. enterica subsp. *enterica* (I)	1,454
S. enterica subsp. *salamae* (II)	489
S. enterica subsp. *arizonae* (IIIa)	94
S. enterica subsp. *diarizonae* (IIIb)	324
S. enterica subsp. *houtenae* (IV)	70
S. enterica subsp. *indica* (VI)	12
S. bongori (V)	20
계	2,463

[a]출 처: J.-Y. D'Aoust, p. 1233–1299, *in* B. M. Lund, A. C. Bairpaker, and G. W. Gould (ed.), *The Microbiological Safety and Quality of Food* (Aspen Publishers Inc., Gaithersburg, MD, 2000).

ⓒ Dan Piraro. King Features Syndicate의 허락을 받고 사용하였음.

혈청학적 동정

혈청학적 시험 절차의 목표는 개별적인 *Salmonella* 분리균주들의 완전한 항원형을 결정하기 위한 것이다. 항원 결정 요인에는 세균 외막의 외부표면에 있는 체세포 항원 [O, 체성 (somatic) 지다당 (lipopolysaccharides, LPS)], 주모성 편모와 관련된 편모항원 (H, flagella antigen), 그리고 혈청형 Typhi, Paratyphi C, 그리고 Dublin에서만 발견되는 캡슐 항원 (Vi, capsular antigen)이 포함된다. 열에 안정한 체세포 항원은 주요 항원 또는 비주요 항원으로 분류되어 진다. 전자는 체세포 항원인 O:4와 O:3 같은 항원으로 이루어져 있다. 이들 O:4와 O:3 항원은 체세포 그룹 B와 E를 각각 구별하는 특이적인 결정 요인이다. 대조적으로 O:12 같은 비주요 체세포 항원은 다른 체세포 그룹에도 존재하는 비차별성 항원이다. Smoth (*S*) 변이균들은 특별한 항체와 손쉽게 응집하는 잘 발달된 혈청형 LPS를 가지고 있는 반면, rough (R) 변이균들은 *Salmonella* 체세포 항체들과 약하거나 또는 응집하지 않는 불안전한 LPS 항원을 가지고 있다. 편모 (H) 항원은 열에 불안정한 단백질이며 개별 *Salmonella* 균주들은 1개 (monophasic) 또는 2개 (diphasic) 세트의 편모항원을 생성할지도 모른다. 비록, Dublin과 같은 혈청형은 단일 세트의 편모 항원을 생성하지만, 대부분의 혈청형은 예를 들면 phase 1과 phase 2 항원과 같은 2개 세트의 항원 중 1개를 어느 것이든 만들 수 있다. 일반적으로 *장내세균* (Enterobacteriaceae)과에서 발견되는 캡슐 (K) 항원은 *Salmonella* 속에서는 Vi 항원으로 제한된다.

분리균 혈청형 Infantis (6,7:r:1,5)의 항원형 확인을 예로 들어 자세히 살펴보자. 상업적으로 이용할 수 있는 다변이형 체세포 항혈청은 제한된 수의 주요 항원들에 특이적인 항체 혼합물로 구성되어 있다. 한 예로 polyvalent B (poly-B) 항혈청은 체세포 항원 C_1, C_2, F, 및 G 그리고 H 항원과 반응한다. 분리균 Infantis가 Po1y-B 항혈청에 양성 응집반응 한다면 이어서, poly-B 항혈청에 포함되는 5개의 체세포 항원은 분리균의 혈청형을 동정하는데 개별적으로 사용 될 수 있을 것이다. C_1 항혈청과 응집 반응하는 항원 6과 7을 가지고 있는 Infantis는 C_1 항혈청에 대해 양성 반응한다. 이어서 편모 항원은 poly-H 항혈청 또는 Spicer-Edwards 항혈청들과의 응집반응에 의하여 결정될 수 있다. 이전 분석에서, 5개의 다변이성 항혈청 (poly-A에서 E) 중 1개와의 양성 응집 반응은 phase 1 그리고/또는 phase 2 편모항원의 존재를 특별히 확인하기 위한 단일 항혈청 테스트를 유도하였다. 혈청형 Infantis 분리균의 poly-C 편모 항혈청과의 응집 그리고 이어지는 단일 H 항혈청과의 반응으로 r-항원 (phase 1)의 존재가 확정되었다. 따라서 분리균의 항원형은 (6,7:r)이다. r 항혈청이 첨가된 반고체 한천배지에서 위상 반전은 phase 1 *Salmonella*를 접종한 곳 또는 그 부근에 고정시킨다. 그렇게 함으로써 이동 구역의 가장자리로부터 phase 2 세포의 회복을 가능하게 한다. Poly-E와 1-complex 항혈청을 이용한 phase 2 세포의 혈청학적 시험은 flagella 1 factor의 존재를 확인시킬 것이다. 단일 편모 항혈청을 이용한 flagella 5 factor의 확인으로 최종적인 분리균 Infantis의 항원형 6,7:r:1,5가 확정되었다. 이와 유사한 분석학적 접근에 Spicer-Edwards poly-H 항혈청과 L, 1, 그리고 e, n 복합체를 포함한 3개의 추가적인 다변이성 항혈청이 이용될 수 있다. 편모항원의 규명은 4개의 Spicer-Edwards 항혈

표 7.4 식품과 미생물학적 배지에서 *Salmonella* sp.의 성장에 대한 생리학적 한계

기준	한계 (세대시간)		식품 또는 배지	혈청형
	최소	최대		
온도 (°C)	2 (24시간)		다진 쇠고기[a]	Typhimurium
	2 (2일)		다진 닭고기[b]	Typhimurium
	4 (≤10일)		난류[b]	Enteritidis
pH		54.0[c]	고체배지	Typhimurium
	3.99[d]		토마토	Infantis
	4.05[e]		액체배지	Anatum, Tennessee, Senftenberg
		9.5	난류 세척수[b]	Typhimurium
a_w	0.93[f]		재수화한 건조 수프[b]	Oranienburg

[a]자연적으로 오염
[b]인위적 오염
[c]고온에서 성장 가능한 변이주
[d]22°C에서 24시간 안에 성장
[e]HCl 또는 구연산으로 산성화한 조건; 30°C에서 24시간 안에 성장
[f]30°C에서 3일 안에 성장

청 중에서 응집반응의 패턴으로부터 얻을 수 있다.

생리적 특성

성장과 생존

온도. *Salmonella* sp.는 회복력이 좋고 악조건의 환경상태에서도 잘 적응할 수 있다. 어떤 *Salmonella* sp.는 높은 온도 (54°C)에서 성장할 수 있고 다른 것들은 호냉성을 나타내기도 한다 (이러한 *Salmonella*는 2–4°C에 저장된 음식에서 성장할 수 있다)(표 7.4). 게다가 저온에 대한 세포의 사전조건화는 냉장 저장 식품에서 살모넬라균이 빨리 증식하고 생존할 수 있게 한다. 식품에서 *Salmonella* sp.의 성장을 위한 최고 온도에 관한 연구는 일반적으로 부족한 실정이다. 접종된 커스터드 및 닭의 경우 45.6°C에서 *Salmonella*의 성장에 관한 초기보고에도 불구하고 더 많은 최근 결과는 중온성 균을 열 스트레스 조건에 장기간 노출할 경우 54°C에서도 성장할 수 있는 혈청형 Typhimurium의 돌연변이체가 생겨난다고 한다.

*Salmonella*는 냉동과 실온에 저장된 음식에 있어서 연장된 기간 동안에도 살아남을 수 있다. 몇몇 요인은 음식의 냉동저장 동안에 *Salmonella*의 생존에 영향을 미친다: (i) 동결구조체의 구성, (ii) 동결과정의 운동에너지 (iii) 식중독 *Salmonella* sp.의 생리학적 상태 (iv) 혈청형의 특이적 반응. 25°C에 저장된 건조한 음식에서 *Salmonella* 생존능은 저장 온도의 상승과 수분 함유량이 상승함에 따라 감소한다.

많은 요인들이 식품첨가물과 완제품에 있어서 *Salmonella*와 다른 식중독성 미생물의 내열성을 강화할지도 모른다. *Salmonella* sp.의 내열성은 식품의 수분활성도 (A_W)가 줄어들수록 증가한다. 가열 대상의 수분활성도를 변화하기 위하여 사용된 용매의 종류는 원래의 내열성에 영향을 미친다. 이와 관련된 다른 중요한 특징으로 영양적으로 풍부한 배지가 그렇지 않은 배지보다, 정지기 상태 세포가 대수기 상태의 세포 보다, 이전보다 건조한 환경에 보관 되어진 *Salmonella*가 보다 더 큰 열 저항성을 나타낸다. 거의 치사에 가까운 온도에 노출 후에 이전 보다 더 큰 내열

성을 가지게 되는 *Salmonella*의 능력도 똑같이 중요하다. 이러한 적응반응은 한계적 사멸 온도에서 식품생산품을 처리 또는 유지하는 열처리 과정의 안전성에 대한 잠재적인 위협이다. 열적 스트레스를 받은 *Salmonella*의 세포막에서는 포화된 인지질이 증가하는 쪽으로 지방산 조성이 바뀐다. 그 결과 미생물 세포막의 유동성이 감소하고 이는 열에 대한 세포막 내성 증가를 초래한다. 열 자극에 의해 일어날 수 있는 다른 보호적인 세포 기능의 가능성은 배제한다.

*Salmonella*가 오염된 초콜릿 과자 제품과 관련된 다음의 시나리오는 음식, 온도 및 유기체의 복잡한 상호 작용을 설명한다. 열에 구운 건조 코코아 콩에서 살아남은 *Salmonella*는 in-line과 완제품에 오염을 야기할 수 있다. 용해된 초콜릿에서 *Salmonella*의 열처리에 의한 비활성화는 어렵다. 이것은 낮은 수분활성도를 가지고 있는 설탕이 포함된 초콜릿에서 이 병원성균을 제거하기 위하여 요구되는 시간-온도 조건은 관능적으로 (맛과 냄새가 안 좋은) 부적합한 제품의 생산을 초래하기 때문이다. 완제품이 실온에 보관될 때, 완제품에 오염되어 있는 살모넬라균은 수년 동안 생존 가능하기 때문에 문제는 더 심각해진다. 따라서 코코아 원두의 효과적인 오염방지와 초콜릿 제조공장에서 in-line 제품들에서의 교차오염을 방지하기 위한 엄격한 공장 내 관리가 매우 중요하다.

pH. *Salmonella* sp.의 성장 최적 pH는 pH 6.5–7.5이고 pH 4.5–9.5의 넓은 범위에서 성장이 가능하다 (표 7.4). 제품 산성화에서 이용되는 다양한 유기산과 무기산, 프로피온산과 아세트산은 보통 식품에 사용되는 유산 및 구연산보다 미생물 사멸제로서 좀 더 효과가 있다. 흥미롭게도, 유기산의 항균 활성은 지방산 사슬의 길이가 증가할수록 감소된다. 산성 환경에서 증식하는 *Salmonella*의 능력에 대한 초기 연구는 다른 pH로 조정된 배지에 사전 적응한 야생형균주가 그렇지 않은 야생형 균주보다 더 낮은 pH의 액체 및 고체배지에서 잘 자랄 수 있다는 사실을 입증하였다. 이것은 발효식품, 예를 들면 보존 처리된 소시지와 발효된 생우유제품 등의 안전성에 관련하여 우려를 제기한다. 발효음식의 산성 의존적인 스타터 미생물는 세균의 산성에 대한 내성을 증가시키므로 생산품에서 *Salmonella* sp.의 성장에 우호적인 환경을 제공한다. 발효되는 과정에 *Salmonella* sp. 성장 그리고/또는 생존성의 증가는 결과적으로 이 균에 오염된 간이 조리식품 (ready-to-eat product)을 야기한다. 이것이 궁극적으로 식품 등에서 *Salmonella*의 생존 기능성이 높아지는 이유이다.

혈청형 Typhimurium을 pH 5.5–6.0의 미리 약한 산성 환경에서 짧게 노출 (preshock)한 후 여기에 적응된 세포를 pH 4.5 이하의 산성에 노출할 경우 복잡한 내산성 반응 (acid tolerance response, ATR)이 유도된다. 이로 인하여 극단적인 산성 환경 (pH 3.0–4.0) 하에서 이 균의 생존이 가능하게 된다. 이 반응은 43개의 산성 쇼크와 관련된 단백질과 외부 막 단백질의 합성 유도, 성장율의 감소 및 pH 항상성 (pH homeostasis)으로 해석된다. pH 5.0과 3.3에 일련적으로 노출시킨 세포의 내부 pH는 각각 pH 7.0–7.1과 5.0–5.5로 유지되는 것이 이러한 내용을 입증한다. 대수 증식기 단계의 내산성 반응을 제외하고, *Salmonella* 역시 대수증식기 단계 내산성 반응 보다 더 큰 정지기 상태의 내산성 반응을 가진다. 살모넬라균의 ATR은 pH <5.5에서 유도되고 pH 4.3에서 최대로 작용한다. 정지기 단계의 ATR은 단지 15개의 단백질의 합성을 유도한다. 정지기 단계 *Salmonella*와 관련된

나머지 산성 보호 반응의 유도는 외부 pH에 비의존적이고 *rpoS* locus 유전자에 의해 코드 되는 sigma factor (σ^{S})에 의존적이다. 이러한 반응 기작이 나쁜 환경상태에서 정지기 단계 세포의 생존능력을 강화한다. 즉, 이 같이 서로 기능이 겹치는 3가지의 세포내 시스템이 *Salmonella* sp.의 내산성을 부여한다: (i) pH 의존성, *rpoS* 비의존성의 대수기 단계 내산성 반응; (ii) pH 의존적이며 *rpoS* 비의존적인 정지기 단계 내산성 반응; (iii) pH 비의존성, *rpoS* 의존성 정지기 단계 내산성 반응. 이러한 시스템은 발효 식품, 산성식품 그리고 감염된 숙주세포의 식세포에서와 같이 우세한 산성 환경에서 작용되어지는 것 같다.

산성 스트레스는 역시 다른 불리한 환경상태에서 미생물의 저항을 강화한다. pH 5.8에서 증식한 혈청형 Typhimurium은 50°C에서 열 저항성이 증가하며, 그 외에도 높은 삼투성 스트레스 (2.5 M NaCl)에 대한 저항성이 증가하고, 세포 표면은 더 높은 소수성을 가지게 된다. 그 결과 항균활성을 가지는 락토퍼옥시다아제와 세포 표면에 작용하는 항균제인 crystal violet 및 polymyxin B에 대한 저항성이 증가한다.

삼투압 농도. 높은 염농도는 미생물 성장을 억제해서 식품의 유통기간을 늘리는 것으로 오랫동안 인식되어왔다. 식품에서 수분활성도 <0.93에서는 *Salmonella*가 증식하지 않는다. 비록 *Salmonella*가 3–4% NaCl에서 일반적으로 억제되지만 균의 내염성은 10–30°C의 범위에서는 온도가 올라가게 되면 상승한다.

pH, 염농도 및 온도와 같은 미세 환경은 *Salmonella* sp.의 증식에 아주 큰 영향을 미친다. *Salmonella* sp.는 산성 (pH <5.0) 조건 하에서 증식할 수 있고 온도가 상승하게 되면 높은 염분 (>2% NaCl)의 환경에서도 잘 자랄 수 있다. 흥미롭게도, 산성식품에서 유기산의 항균 활성은 염에 의해서 감소 될 수 있다. 저농도의 염화나트륨 혹은 염화칼륨은 아세트산으로 pH 5.19로 산성화 시킨 액체배지에서 혈청형 Enteritidis의 성장을 촉진한다.

공기 조절. 극한의 pH, 온도 그리고 염도의 조건에서도 살아남는 *Salmonella*에 대한 우려는 저장기간을 연장하기 위해 진공포장 또는 공기조절 포장된 식품의 냉장저장이 널리 퍼지면서 더 높아졌다. 다양한 비율의 질소 그리고/또는 산소와 함께 60~80% (v/v)의 이산화탄소로 조절된 공기 조성은 *Salmonella* sp.의 성장을 촉진시키지 않으면서 *Pseudomonas* sp.와 같은 호기성 부패 미생물의 성장을 억제할 수 있다. 하지만, 혐기적인 조건이 *Salmonella* 내염성을 높일 수도 있기 때문에 고농도의 염을 함유하는 식품의 공기조절 포장 및 진공 포장의 안전성에 대한 의문은 계속되고 있다.

감염원

Salmonella sp.는 몇몇 이유에 의해서 전 세계 식품공급에 있어서 중요한 인간 병원체로 남게 될 것이다: 이 균은 목장, 축사, 어류 양식장 및 패류 양식장과 같은 집단 사육시설 (동물들 사이에 널리 퍼지는 것을 촉진하는) 그리고 동물 사료로 재활용 되는 도살장 부산물에 존재한다. 많은 국가에서 가금육과 계란은 *Salmonella* sp.의 중요한 감염원이다. 이러한 이유로 *Salmonella* sp. 감염의 중요한 매개체로서

그림 7.1 부적절하게 조리된 닭고기의 섭취는 살모넬라증을 유발할 수 있다. 소비자들은 그것이 적절하게 조리된 것이 확실하다면 집에서 먹을 것인지 식당에서 먹을 것인지에 대해서 주의를 기울어야만 한다. 닭의 경우에는 소비자들은 육색이 핑크가 아닌지 또는 중심부가 날고기 상태인지 반드시 확인해야 한다. 살모넬라증은 미국에서 두 번째로 많이 발생하는 세균성 식중독이다.

다른 육류 (예를 들면 돼지고기, 쇠고기, 양고기)보다 더 우려 되고 있다. 축육 제품에서 *Salmonella*의 중요성을 강조하기 위해서, 미국의 농무부 식품안전검사국 (the U.S. Department of Agriculture Food Safety Inspection Service)은 모든 육류와 가금육 산업 시설에 HACCP를 실행하도록 요구하고 있다. 식품안전검사국은 HACCP 시행이 완제품에서 *Salmonella*를 제어하는 것에 도움이 되는지를 확인하기 위하여 살모넬라 시험을 실시한다. *Salmonella* 오염율은 HACCP가 실시된 이후로 모든 가축에 있어서 감소되어지고 있다.

날것으로 혹은 약간 조리된 가금육과 난류 가공품의 섭취와 관련된 혈청형 Enteritidis 감염의 전국적 확산은 인간 살모넬라증의 매개체로서 가금류의 중요성을 강조한다. 양계 산업에 있어서 지속적이고 엄격한 미생물적 제어가 시급히 필요하다. 계란과 관련된 전국적인 감염은 특별한 관심의 대상인데 그 이유는 혈청형 Enteritidis가 산란 이전에 난소를 통해 계란의 내부로 감염 (transovarian transmission)되기 때문이다. 일단 계란 내부로 침투된 Enteritidis는 계란 표면의 위생적 처리에 영향을 받지 않는다. 혈청형 Enteritidis의 전파를 방해하고 감소시키기 위한 대대적인 노력의 결과 영국과 미국에서 계란에 의한 식중독 발병은 상당히 감소되었다.

최근 수년간 어패류 자원의 급속한 감소는 국제적으로 양식 산업의 중요성이 증가되고 있다. 잠재적으로 장티푸스와 파라티푸스에 감염될 수 있는 어분, 고기 부스러기, 동물 사료를 어류 사료로 사용하는 것은 개발도상국에서 는 일반적이다. 따라서, 양식 어민은 양식 어패류의 활력을 보호하기 위하여 준 치료 목적으로 항생제를 심각한 수준으로 사용하고 있다. 이와 같은 항균제는 중요한 인간의 살모넬라증 치료제이므로 항생제의 사용은 심각한 공중보건의 문제를 유발한다.

과일과 채소는 인간 살모넬라증 매개체로서 최근에 악명을 얻었다. 이와 같은 상황은 열대와 아열대 기후인 나라에서 신선 및 건조 과일과 채소의 전세계 수출이 증가하는 것으로부터 문제가 발생하고 있다. 이 국가들에서는 제품의 생산, 수확 및 유통 중에 우수한 위생 조건은 최소한의 기준을 항상 충족하지 못하며 이는 제품 오염을 손쉽게 할 수도 있다. 오수 처리, 살균 처리된 용수로 과일과 채소의 세척, 신선 생산물의 위생적인 취급에 대한 농부들의 교육, 그리고 수확 및 처리중의 모든 단계에서 환경 중의 오염원으로부터 생산품의 보호 등의 우호적인 작업적 변화는 신선 과일과 채소의 안전성을 획기적으로 강화할 것이다. 최근에 대규모의 살모넬라증 발병은 오염된 양상추와 두류 발아채소 (bean spout)의 소비와 관련되어 있으므로 이러한 권고는 보다 폭 넓게 적용되어야만 한다.

질병의 특징

증상과 치료

*Salmonella*에 감염된 사람은 장티푸스 (enteric fever), 단순한 소장결장염 (uncomplicated enterocolitis) 및 비장티푸스 미생물 (nontyphoid microorganisms)에 의한 침투성 감염 (systemic infection)을 포함한 몇 가지의 병이 걸릴 수 있다 (그림 7.1). 장티푸스는 장티푸스균과 파라티푸스균과 관련이 있는 심각한 질병이다. 장티푸스의 증상은 7일에서 28일간의 잠복기를 거쳐서 나타난다. 그리고 설사가 오래가고 급격히 상승하는 열, 복통, 두통과 쇠약을 동반할 수 있다. 질병의 정확한 처방은 질병의 초기단계에서는 혈액 및 소변 샘플에서 증상의 징후 뒤의 변에서 감염인자의 확인에 의존한다. 증세가 없는 만성 보균자는 보통 급성 장티푸스 증세가 따른다. 장티푸스의 치료는 침투성 감염을 제거하기 위한 보조적인 치료 그리고/또는 클로람페니콜, 암피실린 또는 trimethoprim-sulfamethoxazole의 사용에 기초를 둔다. 지난 10년간 이상의 항생제에 대한 장티푸스와 파라티푸스의 내성 증가가 세계적으로 두드러지고 있어 환자치료에는 제한적으로 사용되고 있다.

비장티푸스성 *Salmonella*균에 의한 인체 감염은 병원성균에 오염된 음식을 섭취 후 8-72시간 뒤에 증상이 나타난다. 질환은 보통 숙주를 죽일 정도로 많이 증식하지 않는 자기 제한적 (self-limiting)이며, 특징적인 비혈변 설사와 복통은 일반적으로 발병한 후 5일안에 완화된다. 소장결장염의 성공적인 치료에는 단순히 전해질 대체와 같은 지속적인 치료가 필요할 때가 있다. 항생물질은 보균 상태를 연장할 수 있기 때문에 사용되지 않는다. 장에서 *Salmonella* 감염의 증상 없이 이 균이 존재하는 것은 아마 장내 미생물 균총에 의해 자연적으로 생산되는 항생물질의 억제 작용에 의한 것이다. 또한, 비장티푸스 미생물의 감염은 침투성 감염과 다양한 만성 보균상태로 악화될 수 있다.

*Salmonella*는 무균성 관절염, 라이터증후군 (Reiter's syndrome) 그리고 강직성 척추염 (ankylosing spondylitis)과 같은 만성질환을 유발할 수 있다. 세균이 이러한 만성질병의 유발하기 위한 필요조건으로는 점막표면을 감염시키는 능력과 외막 지다당류의 존재, 그리고 숙주세포에 침투할 수 있는 능력이 포함한다.

예방법

건강에 대한 장티푸스와 파라장티푸스의 세계적인 영향은 열처리에 의한 사균백신 (heat-killed vaccine), 알콜 처리에 의한 사균백신, 또는 아세톤 처리에 의한 사균백신 등의 비경구 백신의 빠른 개발을 이끌었다. 페놀처리 그리고 열처리에 의한 장티프스 사균백신은 광범위하게 사용된다. 그러나 이 백신은 열, 두통, 통증, 그리고 주사기로 찌른 부위가 부어오르는 부작용을 일으킬 수 있다. 가금육 및 계란에 감염된 혈청형 Enteritidis의 대유행은 인체와 수의학적 적용을 위한 면역주사의 잠재적인 이점을 소비자에게 분명히 보여주고 있다. 균을 약독화 시킨 생균백신 (live attenuate vaccine)은 강하고 지속적인 면역 반응을 유도하기 때문에 중대한 관심을 받으며 연구가 계속되고 있다.

항생제 내성

현재 세계적으로 놀랍게 증가하고 있는 인간과 가축에서의 항생제 내성 혈청형 *Salmonella*는 심각한 문제이다. 중요한 공중위생의 관심사는 *Salmonella*가 사람의 질병 치료에 사용되는 항생제에 내성을 가지게 됨으로서 치료제의 선택이 현저하게 감소하게 되고 감염자의 생명을 위협하게 되는 것이다. 병원과 다른 치료 센터에서 자유로운 항생제의 투여로 많은 내성균이 출현하게 되었다. 병원성균 (그것들 중의 많은 것이 가축에서 검출 됨)에서 항생제 내성균의 출현은 많은 논쟁 및 공중 매체의 주의를 불러 일으켰다.

진화 과정이 내성 유전자를 위한 유전적 및 표현형적 다양성을 제공하기 때문에, 세균 균총에서는 항상 일정수준의 기본적인 내성이 존재할 수 있다. 그러나, 선택적인 사용 없이는 내성 수준이 낮아 치료가 실패할 위험성이 있다. 단독 항생제에 대한 *Salmonella*의 내성은 1960년대 초에 최초로 주목되었다. 1980년대 후반에 암피실린, 클로람페니콜, 스트렙토마이신, 술폰아마이드와 테트라사이클린에 대한 복수의 항생제 내성을 가지는 혈청형 Typhimurium definitive type 104 (DT104)의 출현은 주요 관심사로 대두 되었다. 몇몇의 균주는 젠타마이신, 트리메토프림, 플루오로퀴놀론과 다른 항생제들에 대해서도 내성을 나타낸다. 플루오로퀴놀론 (퀴놀론계 항생제)은 넓은 범위의 항균활성을 나타내는 고효율의 새로운 항생제로 사람과 동물에 폭 넓게 사용된다. 플루오로퀴놀론에 대한 DT104 내성이 증가하면서 많은 유럽 국가에서는 플루오로퀴놀론의 사람이외의 임상사용을 금지하도록 하고 있다.

Salmonella 병원성과 항생제 내성에 대한 유전적 인자는 동일한 플라스미드에서 발생할 수 있기 때문에 *Salmonella* DT104의 질병 잠재력이 증가한다. 향후 몇 십년간 안에 (또는 조만간) 다중 항생제 내성 *Salmonella*에 대해서 현재 사용 중인 항생제들이 더 이상 효과가 없게 된다면 이를 대체할 새로운 항생제를 개발하려는 시도를 보게 될지도 모른다.

항생제 내성의 전파가 농업에서 준치료 목적으로 사용되고 있는 항생제 사용과 밀접하게 관련되어 있는지에 대한 연구는 없다. 그래서 정확한 자료 확보를 위해 FDA (미국 식품의약청)의 수의센터 (Center for Veterinary Medicine), CDC (미국 질병통제예방센터)와 USDA (미국 농무성)는 1996년에 국가 항균성 내성 감시를 위한 합동 프로그램을 시작했다. 이 프로그램의 목적은 기초 데이터를 제공하는 것으로 그렇게 함으로서 항생제 내성에 대한 변화와 세균의 항생제 감수성이 확인될 수 있다. 추가로, 세계보건기구 (WHO)는 항생제의 가축 사용이 초래하는 위험성을 줄이기 위해서 일련의 국제 강령을 공포하였다. 한 논문 (2006)에서는 식품과 항생제 내성 발생과의 연관성에 대한 부족한 인식을 제고하기 위한 새로운 권고를 제안하였다.

발병 감염량

신생아, 유아, 노년층 그리고 면역력이 떨어진 사람은 건강한 성인에 비하여 *Salmonella* 감염에 대해 보다 취약하다. 불완전하게 발달된 면역체계를 가지고 있는 신생아와 유아 , 종종 면역반응이 약하거나 또는 지연되는 노년층 및 허약한 사람, 그리고 일반적으로 위산 분비가 적은 유아와 고령자에서는 *Salmonella*의 장속 균체 형성 (colonization)과 장관 침투가 가능하게 된다.

단지, 수 개의 *Salmonella* 세포의 섭취로 인해 감염될 수 있으며 (표 7.5) 살모넬라증 발생을 결정하는 요인에는 사람들 사이의 면역학적 차이성이나 감염균의 병원성에만 제한되는 것이 아니라 살모넬라균이 오염된 식품의 화학적 성분도 포함할 수도 있다. 적은 수의 오염 균으로도 질병을 유발하는 식품들의 공통분모는 높은 지방 함량이다 (초콜릿에 들어 있는 코코아 버터, 치즈에 들어 있는 유지방, 육류에 들어 있는 동물성 지방). *Salmonella*균은 아마도 소수성 지질 미셀 (micell)로 둘러싸여 위산의 살균 활동에서 살아남게 될 것이다. 식품 생산자, 가공업자, 유통업자는 최종 식품 속에 *Salmonella*가 조금만 존재해도 심각한 보건상의 결과를 초래할 수 있다는 것을 상기할 필요가 있다. 그 결과 식품 제조업자의 명성과 경제적 손실을 초래한다.

병원성과 병원성 인자

인간의 특이적 및 비특이적인 반응

사람의 장관 속에서 *Salmonella*의 생존은 비특이적 숙주 방어 체계로부터 감염 균이 성공적으로 벗어났음을 알 수 있다. 침 속의 항균성 락토옥시다아제 (lactoperoxi-

표 7.5 사람에게 식중독을 유발하는 *Salmonella*의 감염량

식품	혈청형	유효 감염량 (CFU)[b]
에그녁	Meleagridis	10^6–10^7
	Anatum	10^5–10^7
염소젖 치즈	Zanzibar	10^5–10^{11}
카민 (carmine) 색소	Cubana	10^4
모조 아이스크림	Typhimurium	10^4
초콜릿	Eastbourne	10^2
햄버거	Newport	10^1–10^2
체다 치즈	Heidelberg	10^2
초콜릿	Napoli	10^1–10^2
체다 치즈	Typhimurium	10^0–10^1
초콜릿	Typhimurium	$\leq 10^1$
파프리카 감자 칩	Saint-paul, Javiana, Rubislaw	$\leq 4.5 \times 10^1$
알팔파 싹	Newport	$\leq 4.6 \times 10^2$
아이스크림	Enteritidis	$\leq 2.8 \times 10^1$

[a]발췌: J.-Y. D' Aoust, *Int. J. Food Microbiol.* **24:**11–31, 1994.
[b]CFU, colony-forming-units.

dase), 위산, 장세포에서 분비되는 점액성 분비물 (mucoid secre-tions), 장의 연동운동, 루미나의 (luminal) 상피조직 세포의 유출 (sloughing)의 상승작용이 세균의 군체 형성 (colonization)을 억제한다. 이러한 세균 감염을 예방하는 여러 장애 외에도 면역반응과 연계된 식세포 (phagocytic cell)의 항균 활동이 *Salmonella*의 체계적인 침투에 대항하는 강력한 방어체계를 설치한다. 살모넬라증에 의한 설사성 반응은 구강에서 장조직과 장간막의 소낭으로 병원성균이 침투한 결과 (enterocolitis)이다. *Salmonella*의 침투를 제어하는 숙주 방어 체계가 결핍된다면 패혈증과 다른 만성적인 임상 질병으로 악화될 수 있다.

흡착과 침투

사람의 *Salmonella* 감염은 장내세포에 세균의 정착 (colonization, 미생물 군체 형성)과 침투 (invasion)에 의존한다. *Salmonella*는 장내벽의 적합한 부위에 흡착하기 위해 장내세균과 반드시 경쟁한다. 상피조직세포와의 접촉에서 *Salmonella*는 표면에 단백질성의 부속물질을 생산한다. 세균이 흡착한 후에 병원성균과 숙주세포 사이에서 일어나는 신호전달은 장내세포로 *Salmonella* 침투를 초래한다. 조직학적으로 *Salmonella* 침투는 상피세포 세포막의 파동운동과, 상피세포와 식세포의 세포자멸사 (apoptosis)로 특징 지워진다. *Salmonella*와 관련된 설사는 장독소의 작용보다 세균의 장내세포 내로의 침투에 대한 반응으로 나타난다.

몇몇 유전자들이 침투과정과 관련되어 있다. *inv* 병원 섬 (pathogenicity island)는 30개의 유전자로 구성되어 있는 multigenic locus이다. 이곳에 있는 많은 유전자들이 숙주세포의 표면에서 중요한 조절, 발현, 전좌에 관여하는 효소와 전사 활성화 단백 (tanscriptional activator)를 암호화한다. 병원섬에 있는 유전자들은 음식에서 PCR 기법에 근거한 *Salmonella* 검출에 유용한 표적이다.

숙주세포에서의 증식과 생존

숙주세포의 세포질 내에서 증식하는 *Yersinia*, *Shigella* 그리고 장 침투성 *Escherichia coli*와 같은 몇몇의 병원성균과 대조적으로 *Salmonella*는 숙주세포의 세포 이물을 흡수하는 액포에서 한정적으로 증식하며 액포에서 내재화되면서 수 시간안에 증식이 시작된다. 감염된 액포는 숙주세포의 정점으로부터 기저로 이동하고 *Salmonella* 균은 조직 안으로 방출된다. *Salmonella* 균이 내부 조직층으로 이동을 용이하게 하는 세균의 표면 메카니즘이 잠정적으로 확인되어지고 있다.

*Salmonella*의 조직이동은 숙주방어세포의 세포질의 식균작용과 항균성의 상태에 따라 드러난다. 식세포의 적합하지 않은 환경에서 세균세포의 생존은 숙주의 죽음을 결정한다. *Salmonella* 감염으로부터 숙주에서 장티푸스가 발생하는지 아닌지는 숙주와 *Salmonella*의 유전적 요소에 의해서 부분적으로 결정된다. 세포 속의 병원성균은 식세포 안에서 살아 남기위한 각기 다른 방법들을 개발해 왔다: (i) 식세포에서 탈출, (ii) 식포의 산성화 저해, (iii) 식포-리소좀 결합 방지, 그리고 (iv) 포식리소좀 (phagolysosome)의 독성 환경 저지. 비록 식포의 산성화, 리소좀과의 결합 또는 식포의 성숙분열을 *Salmonella*가 억제하는 것이 입증되고 있더라도 내산성인 *Salmonella*는 산성화된 포식리소좀의 살균 환경에서 생존과 증식을 할 수 있다.

병원성 플라스미드

병원성 플라스미드는 세균 염색체와 동시에 복제되는 큰 DNA 구조이다. 이 플라스미드는 30–60 MDa의 크기의 많은 병원성 locus를 가지고 있고 염색체 당 1 또는 2 복제가 빈번하게 발생한다. *Salmonella* 속에서 병원성 플라스미드는 제한적으로 존재하며 혈청형 Typhimurium, Dublin, Gallinarum-Pullorum, Enteritidis, Choleraesuis, 그리고 Abortusovis에서 확인된다. 감염성이 강한 Typhi는 병원성 플라스미드를 가지고 있지 않다. 자연 중에 병원성 플라스미드 분포는 제한적이지만 이 플라스미드는 자발적인 전염성이 있다. 이 플라스미드의 전사로 인한 유전자 생성물은 *Salmonella*가 상피세포에의 흡착과 침투하는 것을 도와주는 것이 아니라 장 보다 다른 조직세포로의 체계적인 확산과 감염을 돕는다. 보다 명확히 말하자면, 병원성 플라스미드가 숙주세포 안에서 세균이 빠르게 증식하게 하고 숙주세포의 방어 기작을 제압하는 것인지도 모른다. 이러한 플라스미드는 또한 *Salmonella*가 대식세포의 분해, 염증반응, 그리고 숙주 동물에서 장염을 일으키도록 한다. *Salmonella* 병원성 플라스미드는 아주 보존적 염기서열 (conserved nucleotide sequences)을 가지고 있고 야생형 혈청형에서 다른 것으로 플라스미드가 전달되는 기능적 상동성을 나타낸다. 일단 병원성 플라스미드가 전달되면 플라스미드가 제거된 혈청형 균도 공여균이 가지고 있는 병원성을 회복한다. *Salmonella* 병원성 플라스미드는 또한 소장에서의 군체 형성 (colonization)과 관련된 부착소 (adhesin)를 코드하는 fimbrial 오페론을 포함한다.

기타 병원성 인자들

Siderophore (철포획제)는 *Salmonella* 병원성의 또 다른 부분이다. 이것은 조직에서 핵심적인 기능 (예를 들면 철분 보조요인과 같이 결합된 전자전달계 및 효소)을 하는데 필수적인 철분을 숙주세포로부터 빼앗아온다. 이 때문에 *Salmonella*는 철을 필요로 하는 숙주 트랜스페린, 락토페린, 페리틴 리간드 (ferritin ligands)와 경쟁해야만 한다. 예를 들면, 트랜스페린은 숙주세포의 표면에 결합하는 Fe^{3+}-트랜스페린 복합체를 형성하기 위한 Fe^{3+}이온을 얻기 위하여 조직액을 소거한다. 내면화에 따라, 그 복합체는 해리되고, 방출된 Fe^{3+}는 세포내의 저장을 위해서 페리틴과 결합한다. Siderophore는 *Salmonella*가 그것의 숙주로부터 철분을 얻을 수 있는 유일한 기작인 것 같지는 않다.

설사성 장독소는 *Salmonella* 병원성 요소일지도 모른다. 감염된 숙주세포 세포질로의 독소의 방출은 상피세포막에 배치된 아데닐사이클라아제를 자극하여 숙주세포에서 cyclic AMP (adenosine monophosphate)의 농도가 증가함으로서 장관 융모에서 Na^{+} 이온의 흡수를 저해하고 Cl^{2+} 이온의 분비를 촉진함으로서 장관내로 다량의 수분을 분비하게 한다. 장관독소 생성 (enterotoxigenicity)은 혈청형 Typhi 포함하는 *Salmonella*의 병원성 표현형으로 Typhi는 숙주세포와 접촉 후 몇 시간 이내에 그 특징을 나타낸다.

장독소외에도 *Salmonella*균은 일반적으로 세균의 외막에 배치되는 열에 불안정한 세포독성 단백질을 정교하게 만든다. 산성 pH와 고온 (42°C)과 같은 부적당한 환경에서는 이 독소가 방출된다 (아마도 세균 세포의 용해 결과). 이 독소의 세포독성으로 인하여 숙주세포의 단백질 합성이 저해되고 숙주세포가 분해됨으로서 숙주 조직 안에서 *Salmonella* 균의 생존이 촉진된다.

세포막 밖의 *Salmonella*의 외막의 안 또는 바깥에 위치하는 세 가지의 추가적인 병원성 인자도 언급할 가치가 있다. 다당류 캡슐의 Vi 항원은 대부분의 혈청형 Typhi 균, 꽤 많은 수의 혈청형 Paratyphi C 균, 그리고 드물게 혈청형 Dublin에서 발견된다. 세균의 외막에 뻗어 있는 지다당류 (LPS) 길이는 콜로니 모양이 거친 표현형과 매끈한 표현형을 결정지을 뿐만 아니라, 숙주의 면역 체계의 공격을 예방하는 중요한 역할도 한다. 포린 단백질 (porin)은 영양원, 항생물질, 그리고 다른 저분자의 유입을 조절하는 세포막 투과 통로로서의 역할을 하는 외막 단백질이다. 낮은 삼투압, 적은 영양 이용성, 그리고 낮은 온도는 이러한 유전자들의 발현을 조절할 수 있다.

요약

- 날것의 닭고기와 육류를 생산하기 위해 지속되고 있는 집중적인 생산 시설과 가공 산업은 살모넬라증의 주요 전달수단이다.
- 만약 농업과 양식업의 변화가 충족되지 않는다면 살모넬라증의 발병은 계속될 것이다.
- 살모넬라는 두 *Salmonella* 속의 혈청형으로 구분된다.
- 다중 항생제 내성 (multiple-antibiotic-resistant) 균주의 출현은 농업에서 항생제의 사용과 관련이 있을 것이다.
- 살모넬라는 고염과 낮은 pH의 환경에 빨리 적응하고 이는 식품의 성상을 조절하는 측면에서 문제를 일으킨다.
- 병원성 유전자는 병원 섬에 있는 염색체와 거대한 병원성 플라스미드에 존재한다.
- 전염병학적인 증거는 낮은 감염량을 제안한다.
- *Salmonella*의 침입 단백질은 상피조직과 식세포에 있어서 세포의 자살 (apoptosis)을 활성화하는 것 같다.

참고문헌

Brenner, F. W., R. G. Villar, F. J. Anglo, R. Tauxe, and B. Swaminathan. 2000. *Salmonella nomenclature. J. Clin. Microbiol.* **38:**2465–2467.

D'Aoust, J.-Y. 1991. Pathogenicity of foodborne *Salmonella. Int. J. Food Microbiol.* **12:**17–40.

D'Aoust, J.-Y. 1994. *Salmonella* and the international food trade. *Int. J. Food Microbiol.* **24:**11–31.

D'Aoust, J.-Y. 2000. *Salmonella*, p. 1233–1299. *In* B. M. Lud, A. C. Baird-Parker, and G. W. Gould (ed.), *The Microbiological Safety and Quality of Food*. Aspen Publishers Inc., Gaithersburg, MD.

D'Aoust, J.-Y., and J. Maurer. 2007. *Salmonella* species, p. 187–236. *In* M. P. Doyle and L. R. Beuchat (ed.), *Food Microbiology: Fundamentals and Frontiers*, 3rd ed. ASM Press, Washington, DC.

Falkow, S., R. R. Isberg, and D. A. Portnoy. 1992. The interaction of bacteria with mammalian cells. *Annu. Rev.* Cell Biol. **8:**333–363.

8 *Campylobacter* Sp.

학습목표

- *Campylobacter* sp.를 동정할 수 있는 기본적인 생화학적 특징들의 이해
- *Campylobacter* sp.의 생육을 촉진하는 식품 요인들의 이해
- 증상과 발병 시기를 통해 *Campylobacter* sp.에 의해 야기되는 식중독의 사례 확인
- *Campylobacter* sp.의 생육을 예방하기 위한 적절한 조치 (열, 보존제, 처방) 선택
- *Campylobacter* sp.의 감염원 이해
- 식중독을 유발하는 *Campylobacter* sp. 독소와 병원성 인자의 역할 이해

발발

많은 주에서 살균되지 않은 우유의 판매는 불법이다. 이는 *Campylobacter jejuni*를 포함하는 수많은 식중독균들을 퍼뜨리는 중요 수단이 되기 때문이다. 한때 위스콘신 주에서 비살균 우유에 관한 법을 피하기 위해 유기농법 낙농 경영의 일환으로 젖소를 임대하는 프로그램이 시작되었다. 고객들은 농부들이 우유를 짜내는 젖소들에 수수료를 지불하고 젖소를 "일부" 임대한다. 모든 임대 젖소들로부터 짜낸 우유는 큰 탱크(커다란 스테인레스 탱크)에 저장된다. 고객은 농장에서 우유를 가져가거나 그들의 집에 배달시킬 수 있다. 농장의 이러한 시행방법은 잘 되었고 농장은 살균 공장에 A등급 수준을 충족시키는 우유를 수송하였다. 젖소 임대 프로그램에 참여한 고객들은 캄필로박터증(campylobacteriosis)과 관련한 어려운 문제에 직면하였다. 모두 75명의 사람들이 유기농법 낙농농장에서 살균되지 않은 우유를 마신 후 설사, 복통, 고열과 구역질 증상을 겪었다. 환자들의 대변 샘플과 농장에서 수거한 우유의 샘플로부터 분리된 균은 *C. jejuni*의 유전자 지문(genetic fingerprint)과 일치하였다. *C. jejuni*는 4°C에 보관되는 비살균 우유에서 살아남을 수 있다. *C. jejuni*를 농장 주위 환경에서 발견한다는 것은 드문 일이 아니며 우유에 오염될 방법은 다양할 수 있다. 살균과정은 효과적으로 *C. jejuni*를 죽인다.

서론

Campylobacter jejuni subsp. *jenuni* (다음부터는 *C. jejuni*로 지칭)는 *Campylobacteraceae* 과 *Campylobacter* 속에 속하는 다양한 종과 아종의 하나이다. 1980년대 동안 세균에 관한 서적 출판이 폭발적으로 증가하였는데, 이 시기에 출판된 *Bergey's Manual of Systematic Bacteriology* 1984년 판에는 *Campylobacter* 속에 8종과 아종만

있었다. 그 후 많은 연구자들은 캠필로박터의 분류법과 임상적 중요성에 관심을 가지게 되었다. 이는 이 그룹에 관련된 속과 종의 세균 수의 증가를 가져왔다. 세균에 관한 서적 출판이 폭발적으로 증가하던 1980년대에 *Campylobacter* 속에 8종과 아종만 있던 시기에 출판된 *Bergey's Manual of Systematic Bacteriology* 1984년 판부터 확연해졌다. 그 후 많은 연구자들은 *Campylobacter* 속의 분류법과 임상적 중요성에 관심을 가지게 되었다. 이는 이 그룹에 관련된 속과 종의 세균의 수의 증가를 가져왔다.

미생물의 특징

Campylobacter sp.와 *Acrobacter* sp.는 Campylobacteraceae 과에 속한다. *Campylobacteraceae* 과는 *Campylobacter* sp. 18종과 아종을, 4종의 *Acrobacter* sp.를 포함한다. *Camphylobacter*는 *Campylobacteraceae* 과에 속하는 하나의 속 유형이다. 이 미생물은 넓이 0.2–0.9 μm, 길이 0.5–5 μm의 구부러진 S자 모양이거나 나선형이다. 그람 음성균, 포자를 형성하지 않는 간균으로 오래된 배양균이나 장기간 공기에 노출된 배양균에서 구 형태나 구상체 (둥근 공 모양)를 형성한다. 이 균은 세포의 한쪽 끝 또는 양쪽 끝에서 뻗어져 나온 단모성의 편모에 의한 자동성을 갖는다. 많은 종이 호흡성 신진대사 (5% 산소와 10% 이산화탄소)를 가진 미호기성 (microaerobic)이다. 몇몇 균주는 호기적 또는 혐기적으로 성장한다. 어떤 종은 미호기적 증식을 위해 공기 중에 높은 농도의 수소를 필요로 하기도 한다. PFGE (pulsed-field gel electrophoresis)에 의해 확인된 것으로 *C. jejuni*와 *Campylobacter coli*는 약 1.7 megabase 크기의 게놈을 가지며 이것은 *Escherichia coli* 게놈의 약 1/3 크기이다.

환경적 감수성

*C. jejuni*는 숙주 밖에서 오랜 시간 생존할 수 없게 만드는 다양한 환경적 조건에 민감하다. 30°C 이하의 온도에서 증식할 수 없고 미호기적이며 건조와 높은 산소와 낮은 pH에 민감하다. 캠필로박터가 1/10로 감소하는 시간은 다양하고 식품의 종류와 온도에 영향을 받는다. 따라서 적절한 온도로 요리된 식품에서는 이 균이 살아남을 수 없다. 캠필로박터는 감마선 (1 kGy)에 영향을 받기 쉬우나 사멸율은 생산품의 가공과정의 종류에 달려있다. 방사선조사는 냉장 혹은 실온에 둔 식육보다 냉동식품에 더 적은 영향을 준다. 초기대수증식기의 세포는 대수증식기 또는 정지기의 세포보다 민감하다. *Campylobacter* sp.는 Salmonella sp.와 *L. monocytogenes*와 같은 다른 식품 매개 병원성균보다 방사선에 민감하다. *Salmonella* sp.와 *L. monocytogenes*에 효과적인 방사선조사 처리는 *Campylobacter* sp.을 사멸시키는데 충분하다.

Campylobacter sp.는 낮은 pH에 민감해서 pH 2.3에서 사멸한다. Campylobacter 균은 37°C 담즙에서 생존가능하고, 25°C로 유지되는 물질에서보다 4°C의 대변, 우유, 물과 소변에서 더 잘 살아남는다. 4°C에서 *Campylobacter* sp.의 최대 생존기간은 배설물에서 3주간, 물에서 4주간, 소변에서 5주간 생존 가능하다. 가금육에 오염되어 있는 *Campylobacter*균은 냉동에 의해 많은 수가 감소되지만 −20°C에서 냉

표 8.1 *Campylobacteraceae* 과의 감염원과 질병 관련 속[a]

미생물	감염원 (s)	질병, 후유증 또는 기타 설명	
		사람	동물
C. jejuni subsp. *jejuni*	사람, 다른 포유류, 조류	설사, 몸살, GBS	영장류에서 설사
C. jujuni subsp. *doylei*	알려지지 않음	설사	
C. fetus subsp. *fetus*	소, 양	몸살, 설사	유산
C. fetus subsp. *venerealis*	소		불임
C. coli	돼지, 조류	설사	
C. lari	조류, 개	설사	
C. upsaliensis	애완동물	설사	설사
C. hyointestinalis subsp. *hyointestinalis*	소, 돼지 햄스터, 사슴	드물게 발생; 직장염, 설사	증식성 장염
C. hyointestinalis subsp. *lawsonii*	돼지		
C. mucosalis	돼지	드물게 발생; 설사	증식성 장염
C. hyoilei	돼지		
C. sputorum biovar sputorum	사람	구강 종기	소의 생식계; 양의 유산
C. sputorum biovar paraureolyticus	소	설사	
C. sputorum biovar faecalis	소, 양		장염
C. concisus	인간	치주병	
C. curvus	인간	치주병	
C. retus	인간	치주병, 폐질환감염	
C. showae	인간	치주병	
C. helveticus	애완동물		설사
C. gracilis	사람	머리, 목, 다른 부위의 감염	
Arcobacter butzleri	소, 돼지	설사	설사, 유산
Acrobacter cryaerophilus	소, 양, 돼지	설사, 균혈증	유산
Arcobacter skirrowii	소, 양, 돼지		설사, 유산; 소의 생식계에서 분리
Arcobacter nitrofigilis	식물		

[a]출처: M. B. Skirrow, *J. Comp. Pathol.* **111**:113–149, 1994.

동 후에도 소수의 *Campylobacter*가 살아남을 수 있다. 이렇게 취약한 *Campylobacter* 균은 놀랍게도 실험실에서 확인된 식중독 원인균으로 2005년에 살모넬라에 이어 두 번째였다.

감염원과 식품에 의한 발병

많은 동물들은 인간의 질병을 유발하는 *C. jejuni*의 감염원의 역할을 한다. 토끼, 쥐, 들새, 양, 말, 소, 돼지, 가금류와 가축 등이 감염원이 된다 (표 8.1). 오염된 채소와 조개류 또한 오염의 매개체가 될 수 있다. *Campylobacter*는 물 혹은 상수도로부터 자주 분리되는데, 물은 몇몇 대량발병에서 감염원이었다. *C. jununi*는 살아 있으나 *생육이 불가능한 상태* (*viable but non culturable*, VBNC) 상태로 물에서 잠복상태로 남아있을 수 있다. 적합하지 않은 환경에서 이 균은 기본적으로 잠복상태로 남아 있게 되며 증식용 배지에서 잠복상태에서 쉽게 회복하지 못한다. 인간에게 감염원으로서 VBNC의 역할은 분명하지 않다.

표 8.2 미국에서 1978-1996년에 보고된 식품과 물에 의한 *Campylobacter* 감염의 발발[a]

원인	발발 수	관련 사례 수
식품		
우유	30	1,212
닭고기	2	16
칠면조	1	11
쇠고기	1	24
기타 육류	2	30
난류	1	26
과일	4	227
기타 과일	4	251
복합 음식	10	411
알려지지 않은 식품	42	2,775
물		
공동수도물	8	5,068
기타 물	4	104
총계	109	10,155

[a]출처: C. R. Friedman, J. Neimann, H. C. Wegener, and R. V. Tauxe, p. 121-138, *in* I. Nachamkin and M. J. Blaser (ed.), *Campylobacter*, 2nd ed. (ASM press, Washington, D.C., 2000)에서 발췌.

미국 질병통제예방센터의 보고에 따르면 1978년과 1996년까지 *Campylobacter*에 의한 장염의 대량발병은 100건 이상이었고 만 명 이상의 사람이 감염되었다 (표 8.2). Campylobacteriosis는 미국에서 확인되지 않았지만 1978년부터 2003년 사이 전 세계적으로 900건의 대량발병과 관련된 3만건의 사례가 있었다. *Campylobacter* 대량발병 매개체는 지난 20년간 변화되어 왔다. 물과 비살균 우유는 1978과 1987년 사이 절반 이상의 발병원인이다. 반면 다른 식품들은 1988년과 1996년 사이 >80%로 집계되었다. 1981년에서 1990년 사이 10년간의 대량발병기록을 보면 20건은 원유를 먹은 1,013명의 사람들에게 발병하였다 (그림 8.1). 발병율은 45%이다. 적어도 매년 한 번의 발병이 일어나며 대부분 발병은 농장으로 소풍을 다녀온 어린이가 포함됐다.

발병의 계절적 분포는 산발적으로 일어나는 사례들과는 다소 다르다. 우유와 물이 원인이 되는 발병은 봄과 가을에 발발하는 경향이 있고, 여름에는 빈번히 일어나지 않는다. 산발적으로 일어나는 사례들은 여름동안 대부분 흔히 발생한다. 상대적으로 *Campylobacter*에 의한 발병이 낮은 것과 대조적으로, 많은 연구에서 이 세균이 식품을 매개로하여 일어나는 질병의 원인이 된다고 밝혀졌다. 1995년, CDC (미국 질병통제예방센터), USDA (미국 농무부), FDA (미국 식품의약청)에서는 *Campylobacter* 감염을 포함한 Foodborne Diseases Active Surveyllance Network라 불리고 또한 FoodNet이라 알려져 있는 식품매개 질병의 적극적인 감시감독 시스템을 시행했다. FoodNet 발병율 자료, U.S. Census Bureau 자료와 다른 출처의 자료를 포함한 다양한 자료는 매년 미국 내 2백4십만 건의 *Campylobacter* 감염이 있다고 추정하고 있다. 캄필로박터증은 숙주를 죽일 정도로 많이 증식하지 않는 자기 제한적이기 때문에 매년 발생하는 실제 감염의 수는 단지 추정

그림 8.1 다량의 찬 우유의 섭취는 기분을 상쾌하게 할 수 있다. 그러나 우유가 살균처리 되어 있지 않았다면 캄피로박터 균을 포함한 많은 미생물들이 우유에 오염되어 있을 것이다. *캄피로박터 균*이 음식물 섭취를 통해 감염되면 질병(설사, 복통, 그리고 고열)이 발생하게 된다. 살균처리 되지 않은 우유의 음용으로부터 얻을 수 있는 이점보다는 그 위험성이 훨씬 더 크다.

되어질 뿐이다. 이는 영국과 다른 선진국의 감염도와 비슷하다. 여름에 더 자주 발생하며 적절하지 않게 다루어지거나 조리된 음식 (주로 가금육)의 섭취에 따라 발병한다. 또한 원유를 마시는 것, 오염된 표층수, 해외여행과 애완용 동물과의 접촉이 포함 된다 (표 8.3). FoodNet의 자료에 의하면 *Campylobacter* 감염 사고는 1996년부터 2005년 사이에 미국에서 30% 감소하였다. 이러한 감소는 정부정책 (육류 및 가금육 업체에 대한 HACCP)의 이행, 최종제품에 대한 산업체의 강화된 모니터링과 소비자 인식을 포함하는 여러 요소들과 관련 있다.

표 8.3 다양한 식품에서 *Campylobacter*의 분리[a]

식품	양성 샘플 %
닭고기	14–98
칠면조	3–25
오리	48
거위	38
우유	0–12.3
염소유	0
양(羊)유	0
쇠고기	0–23.6
돼지고기	1–23.5
어린 양고기	0–15.5
양고기	3
썩은 고기	47
홍합류	47–69
굴	6–27
야채	<5

[a]출처: W. Jocobs-Reitsma, p. 467–481, *in* I. Nachamkin and M. J. Blaser (ed.), *Campylobacter*, 2nd ed. (ASM Press, Washington, D.C., 2000).

질병의 특징

*C. jejuni*와 *C. coli*

대부분의 *Campylobacter* sp.는 장을 통한 감염과 관련되어 있다. 다른 신체부분의 감염은 일반적으로 *Campylobacter fetus* subsp. *fetus*와 같은 몇몇의 종과 관련 된다 (이후 *C. fetus*라고 지칭한다). *C. jejuni*와 *C. coli*는 1970년대 이후 위장 내 감염 인자로 알려져 왔다.

*C. jejuni*와 *C. coli*는 설사병과 관련된 가장 일반적인 *Campylobacter* sp.로 구별하기가 어렵다. *C. coli*에 대한 *C. jejuni*의 비율은 대부분 실험실에서 이 둘의 구별을 하지 않기 때문에 잘 알려져 있지 않다. 미국에서는 *C. jejuni*에 의한 사례의 대략 5–10%가 실제적으로 *C. coli*에 의한 것이다. 이 수치는 세계의 다른 지역에서는 더 높을 수 있다.

질병은 *C. jejuni* 또는 *C. coli* 감염 중에 일어날 수 있고 환자들은 중병에도 자각증상이 없을 수 있다. 증상과 병의 징후는 열과 심한 복통, 그리고 수일에서 일주일까지 지속되는 설사 (혈변 혹은 혈변이 아닌 경우)를 포함한다. 감염 징후는 보통 자기 제한적 (self-limited)이나 치료를 받지 않은 환자의 5–10% 정도는 재발 할 수 있다. 복부통증의 재발은 일반적이다. 다른 감염과 질병으로는 균혈증, 활액낭염, 비뇨기병, 뇌막염, 심장내막염, 복막염, 홍반, 췌장염, 유산과 신생아 패혈증, 관절염과 Guillain-Barre syndrome (GBS)를 포함한다. 직접적으로 *C. jejuni* 감염이 사망의 원인이 되는 경우는 드물다.

*C. jejuni*와 *C. coli*는 매크로라이드, 플루오로퀴놀론, 아미노글리코사이드, 클로람페니콜, 테트라사이클린과 같은 많은 항생물질에 예민하다. 에리쓰로마이신은 위장 내 감염에 *C. jejuni* 치료를 위해 선택되는 약물이나 시프로플록사신이 좋은 대체약물이다. 에리쓰로마이신이나 시프로플록사신을 이용한 *Campylobacter* 감염의 초기 치료는 대변에서 *Campylobacter*를 사라지게 하는데 효과적이고 감염 증상이 지속되는 것을 줄일 수 있다.

일반적으로 에리쓰로마이신에 민감하여 <5%의 저항율을 보인다. *C. coli*에서의 에리쓰로마이신 저항율은 몇몇 연구에서는 80%정도까지 보여주어 그 저항율은 상이하다. 비록 시프로플록사신은 *Campylobacter* 감염 치료에 효과적이나, 내성을 가진 균주가 나타났다. 이러한 저항성은 가금류 등에서 플루오로퀴놀론과 비슷한 항생물질의 사용과 연관되어 있을 수 있다. 2005년에 FDA (미국 식품의약청)의 수의학센터 (Center for Veterinary Medicine)은 가금류에서 플루오로퀴놀론의 사용을 금지하였다.

다른 *Campylobacter* sp.들

*C. jejuni*와 대조적으로 *C. fetus*는 주로 균혈증 (bacteremia)과 장의 비창자성 감염과 관계된다. *C. fetus*는 또한 유산, 패혈성 관절염, 종기, 뇌막염, 심장 내막염, 동맥류 이상비대, 진균성 동맥류, 혈전 정맥염, 복막염, 나팔관염과 관련있다. 비록 장내 감염은 이 속과 관련하여 발병하지만 그 경우의 수는 낮은 편이다. 왜냐하면 이 균은 42°C에서 잘 생장할 수 없기 때문이다. *C. fetus*는 cephalothin 항생제에 민감하다. *C. fetus* subsp. *venerelais*는 인간의 감염과 관련되어 있지 않다.

식중독 조사에 유용한 역학적 하위분류 시스템

많은 분류 시스템이 *Campylobacter* 감염의 전염병학적 연구를 위하여 고안되어져 왔다. 이 방법들은 생물형 분석 (biotyping), 혈청형 분석 (serotyping), 박테리오신 감수성, 특정효소의 검출, 레시틴 결합, 파지형 분석 (phage typing), 다중효소 전기영동, 그리고 PFGE, 리보타이핑, 그리고 PCR 방법과 결합되어 있는 RFLP (restriction fragment length polymorphism, 제한효소 단편 길이 다형 분석)과 같은 분자생물학에 기초를 둔 방법들을 포함 한다 (5장 참고).

가장 빈번히 사용되는 표현형 분석은 생물형과 혈청형 분석법이다. 전 세계적으로 사용되는 두 가지 주요한 혈청형 분석은 열에 대한 민감성과 O형 항원의 감지이다. 혈청형 분석은 실행하기에 간단하고 균주를 구별해내는 능력이 탁월하다.

지난 5년간 분자생물학에 기초를 둔 방법은 *Campylobacter* 감염의 전염병학 연구에 선두를 달려왔다. PFGE는 *Campylobacter* sp.의 분자적 분석의 가장 강력한 방법 중 하나이다. 그것은 탁월한 분별 능력을 갖고 있다. 리보타이핑, random amplified polymorphic DNA, amplified fragment length polymorphism, multiplex PCR-restriction fragment length polymorphism, 그리고 real-time PCR과 같은 PCR에 기초를 둔 다양한 방법은 *Campylobacter* sp. 연구에 다양하게 적용되어져 왔다. 이 균의 게놈사업 이후, 마이크로어레이 기술의 이용이 다른 분류 시스템으로 개발되고 있다 (자세한 설명은 5장 참고).

전염병을 일으키는 양과 감수성 계층 집단

*C. jejuni*는 낮은 pH에 민감하여 대부분의 캄필로박터균은 위산에 죽는다. 전염병을 일으키는 *C. jejui*의 감염량은 <1,000의 미생물로 높진 않다. 감염을 일으키는 능력은 균주 사이에서 크게 다를 수 있다. 실험에 참가한 지원자 (18%)들은 10^8 CFU의 A3249 균주가 감염되었을 때 발병되었다. 그러나 지원자의 46%는 또 다른 균주인 81-176 균주에 감염되었을 때 질병이 나타났다. 원유를 마신 후 *Campylobacter* 감염에 의한 발병에 있어서, 발병한 사람의 수와 질병의 심한 정도는 섭취한 우유의 양과 연관되어져 있는 것처럼 보였다 (더 많은 우유가 섭취될수록 더 많은 수의 *Campylobacter* 균이 섭취된다) (그림 8.1).

미국에서 가장 많은 감염은 어린아이와 20-40세의 젊은 성인에서 일어난다. *Campylobacter* 감염 사고는 멕시코, 태국과 같은 개도국에서 미국보다 10-100배 이상 많이 발생하는 것 같다. 선진국과 달리 개발도상국에서 캄필로박터 균은 자주

Toles © 1998 *The Buffalo News*. Universal Press Syndicate의 허락을 받고 인용.

설사병을 가지고 있는 또는 아닌 사람에게서 채취된다. 대부분 감염은 유아기와 어린 시절에 나타나고 나이가 들면서 발병률이 줄어든다. 어린이가 성숙함에 따라 면역 시스템은 *Campylobacter* 감염을 이겨낼 수 있고 그에 따라 질병의 빈도가 줄어들기 때문이다. 개발도상국을 여행하는 사람들은 *Campylobacter*에 감염될 수도 있다.

노년층은 다른 나이집단 (유아, 청소년 등)보다 *균혈증* (*bacteremia*, 혈액 내에 세균이 나타나는 것)에 걸리기 쉽다. 계속된 설사병과 균혈증은 면역결핍 바이러스 감염이 있는 환자와 같이 면역저하가 있는 개인에게서 발생할 수 있다.

병원성 인자와 병원성 기작

*C. jejuni*이 사람의 질병을 일으키는 기작에 대해 거의 알려진 것은 없다. *C. jejuni*는 설사나 열과 함께 장에 염증을 일으키는 장독소 생산성 균과 유사한 (enterotoxigenic-like) 질병을 유발한다. 이 질병의 기작은 침투적 (장내 세포에 들어감)일 수 있는데, 이는 사람들의 대변에 피가 보이며 또한 균혈증으로 발전될 수 있기 때문이다. *Campylobacter* 감염에 의해 병위 발병을 이해하는데 있어서 적절한 동물 모델이 부족하다는 것이 주요한 문제이다.

세포 결합과 침투

숙주 세포에 의한 *C. jejuni*의 흡수는 다양한 흡착의 형태를 이용하여 숙주세포 표면과 세균이 긴밀히 결합함으로써 일어난다. 접촉 후에 *C. jejuni*는 적어도 14개의 새로운 단백질을 생산한다. 이 생산은 숙주세포의 세포막에 있어서의 흡수와 변화의 급격한 증가와 상응한다. 그 후에 부가적인 단백질이 만들어지고 숙주 표적 세포 (host target cells)의 세포질로 분비하게 된다. 흡착과 내재화가 일어난 후에, *Campylobacter*에 감염된 세포는 감염부위에 백혈구가 보충되도록 촉진하는 분자를 방출한다. *C. jejuni*에 의해 숙주세포의 유도는 병원성균이 생존하고 퍼지는 것을 증가시킬 수 있다.

편모와 운동성

Campylobacter sp.는 운동성을 가지며 한쪽 또는 양쪽 끝에서 편모가 나오는 단모성이다. 운동성과 편모는 진입과정에 중요한 결정인자가 된다. *Campylobacter* 균체 형성 그리고/혹은 다양한 동물모델에서의 감염은 손상되지 않은 운동성과 원래 길이의 편모에 달려있다. 그러나 다른 요인도 수반될 수 있다. 두 유전자는 편모의 잔섬유가 나타날 때 수반되며 운동성은 균체 형성에 필수적이다. 장의 점액성 단백질을 구성하는 성분, 특히 L-fucose는 *C. jejuni*를 유인한다. 그러한 혼합물 쪽으로 향하는 *C. jejuni*의 움직임은 감염의 병인에 중요할 수 있다.

독소

*C. jejuni*는 콜레라 독소와 비슷한 장독소를 생산할 수 있다. 어떠한 유전학적 증거도 이 독소의 존재를 뒷받침해 줄 수 없다. 질병 발생론에 있어서 cytolethal distending toxin (CDT)의 역할은 알려져 있지 않다. *C. jejuni*의 대부분 균주는 *cdt* 유전자를 가지고 있으나 균주들에 따라 독소 생산량이 다양하다. 이 독소들이 질병발생에 있어서 여러 가지 역할을 하는 것 같다. 이 균의 게놈이 분석되고 있으므로 이 균의 독소들에 대한 보다 많은 정보가 곧 얻어질 것이다.

다른 요인들

환경적 변화에 대한 유전자의 조절은 *Campylobacter* 연구에 중요하다. 캄필로박터균은 미호기성이고, *C. jejuni*는 최적 온도가 42°C로 다른 장내 병원성균보다 높은 온도이다. *Campylobacter* 균의 성장, 대사, 병원성에 대한 환경적 징후를 이해하는 것은 환경과 식품에서 Campylobacter를 제어하는 능력에 큰 영향을 줄 것이다. 여기에는 철, 산화적 스트레스, 저온 및 열처리에 대한 충격반응을 포함하는 온도 조절과 영양결핍에 대한 반응을 포함한다.

자기면역 질병

Campylobacter 감염은 주로 말초 신경 시스템에 영향을 주는 급성 면역-매개 마비 장애인 GBS를 유발하게 하는 주요한 요인이다. *C. jejuni*에 의해 GBS 병이 야기됨은 명확하지 않다. 이 세균의 지다당류는 면역 반응을 유발한다. 생산된 항체는 이미 알려진 LPS 뿐만 아니라 말초 신경조직을 인식한다. 이는 GBS를 일으키는 *Campylobacter*의 주요 작용기작일 수 있다.

면역성

Campylobacter sp.에 의한 감염으로 방어 면역이 생기는데 이는 항체가 매개가 된 것일 가능성이 있다. 초기 시험 후 같은 균주로 28일간 다시 시험하였는데 질병에

대한 방어력은 생기나 이는 반드시 *C. jejuni*의 군체 형성(colonization)이 필요한 것은 아니다. 정기적으로 원유를 마셔 병원체에 노출된 사람들은 질병에 걸리는 경우가 더 적다. *Campylobacter* 감염이 풍토병인 개발도상국에서는 *Campylobacter* 감염에 대한 면역은 나이에 따라 다른 것으로 보인다. 어린이는 나이가 들수록 질병에 덜 걸린다.

플라젤린 (flagellin)은 *Campylobacter* 감염에 있어 중요한 면역원이다. 이 단백질에 대한 항체는 방어 면역과 어느정도 관련이 있다. 모유수유는 개발도상국에서의 *Campylobacter* 감염에 대해 방어력을 가지게 한다. 모유에 존재하는 플라젤린에 대한 항체가 감염으로부터 유아를 보호 되도록 하는 것으로 보인다.

사람에게 감염의 확산을 막기 위한 다른 전략들은 닭고기를 조리할 때 오염되지 않은 물을 쓰는 것과 같은, 개선된 위생 환경과 병아리의 *C. jejuni*에 의한 감염을 막을 수 있는 배타적으로 경쟁할 수 있는 장내 미생물총 (competitive exclusion flora)의 사용, 그리고 동물 백신 사용을 통한 면역학적 접근 등이 있다.

요약

- 오염된 식품의 섭취와 연관된 캄필로박터증은 미국에서 가장 널리 퍼져 있는 식중독 질병이다.
- *C. jejuni*는 가금류 (또는 가금육)에서 흔히 분리된다.
- 열을 가열하면 쉽게 *Campylobacter* 균을 사멸시킬 수 있다.
- *Campylobacter* 감염은 GBS 발병의 주요한 원인이다.
- 운동성은 장내에서 군체형성에 있어 필수적이다.
- *C. jejuni*에 의한 감염의 대략 5-10%가 실제적으로 *C. coli*에 의한 것이다.
- *C. jejuni*의 질병을 일으키는 감염량은 <1,000 CFU이다.

참고문헌

Blaser, M. J. 2000. *Campylobacter jejuni* and related species, p. 2276-2285. *In* G. L. Mandell, J. E. Bennett, and R. Dolin (ed.), *Principles and Practice of Infectious Diseases*. Churchill Livingstone, Philadelphia, PA.

Friedman, C, R., J. Neimann, H. C. wegener, and R. V. Tauxe. 2000. Epidemiology of *Campylobacter jejui* infections in the United States and other industrialized nations, p. 121-138. *In* I. Nachamkin and M. J. Blaser (ed.), *Campylobacter*, 2nd ed. ASM Press, Washington, DC.

Jacobs-Reitsma, W. 2000. *Campylobacter* in the food supply, p. 467-481. *In* I. Nachamkin and M. J. Blaser (ed.), *Campylobacter*, 2nd ed. ASM Press, Washington, DC.

Moore, J. E., D. Corcoran, J. S. g. Dooley, S. Fanning, B. Lucey, M. Matsuda, D. A. McDowell, F. Megraud, B. C. Millar, R. O'Mahony, L. O'Riordan, M O'Rourke, J. R. Rao, P. J. Rooney, A. Sails, and P. Whyte. 2005. Campylobacter. *Vet. Res.* **36**:351-382.

Murphy, c., C. Carrol, and K. N. Jordan. 2006. Environmental survival mechanisms of the foodborne pathogen *Campylobacter jejuni*. *J. Appl. Microbiol.* **100:**623–632.

Nachamkin, I. 2007. *Campylobacter jejuni*, p. 237–248. *In* M. P. Doyle and L. R. Beuchat 9ed.), *Food Microbiology: Fundamentals and Frontiers*, 3rd ed. ASM Press, Washington, DC.

Ranso, G. M., B. Kaplan, A. M. McNamara, and I. K. Wachsmuth. 2000. *Campylobacter* prevention and control: the USDA-Food Safety and Inspection Service role and new food safety approaches, p. 511–528. *In* I. Nachamkin and M. J. Blaser (ed.), *Campylobacter*, 2nd ed. ASM Press, Washington, DC.

Skirrow, M. B. 1994. Diseases due to *Campylobacter*, Helicobacter and related bacteria. *J. Comp. Pathol.* **111:**113–149.

9 장출혈성 *Escherichia coli*

발발

서론

*E. coli*의 분류

***E. coli* O157:H7과 NON-O157 EHEC의 특징**

내산성
항생물질 저항성
열과 방사선에 의한 비활성화

***E. coli* O157:H7의 감염원**

농장에서 *E. coli* O157:H7과 EHEC의 검출
소의 *E. coli* O157:H7 전염과 관련된 인자
E. coli O157:H7에 의해 감염된 소 모델
가축과 야생동물
사람

질병 발발

지리적 분포
E. coli O157:H7감염의 계절성
환자의 나이
E. coli O157:H7의 전염
식품매개와 수인성매개 발병의 예

질병의 특징

발병 감염량

병원성의 기작

부착과 소실
엔테로사이트 소실 관여 부위
60-MDa 플라스미드 (pO157)
Stx

결론

요약

참고문헌

학습목표

- *Escherichia coli* O157:H7을 동정하기 위한 기본적인 생화학적 특성 파악
- 식품내의 어떤 조건이 *E. coli* O157:H7의 성장에 유리한가 이해
- 증상과 발병 시점으로부터 *E. coli* O157:H7에 의한 식품기원 질병 사례 인지
- *E. coli* O157:H7의 성장을 막기 위한 적절한 방법
- *E. coli* O157:H7의 환경에서의 근원 이해
- 식품 기원 질병을 일으키는 *E. coli* O157:H7 독소와 독성인자의 역할 이해

발발

1998년 6월, 와이오밍 주 작은 마을의 의사들은 마을 거주자들 가운데서 피가 섞인 설사를 하는 것이 증가한 것을 주목했다. 더 조사를 한 결과, 가족 모임에 참석했던 방문객들이나 주변 다른 주에서 온 여행객들 또한 아프게 되었다. 157명이 아팠으나 죽은 사례는 없었다. 역학조사 결과 이 병과 염소 무처리 물과의 상관관계가 밝혀졌다. 이러한 발발은 *E. coli* O157:H7의 물에서의 생존력을 강조한 것이며 충분히 처리된 안전한 물을 사용하는 것이 필요함을 강조한 것이다.

오리건 주의 레인 카운티에 사는 사람들에게 있어서 그 지역의 품평회에 참여하는 것은 종종 여름의 가장 흥미 있는 일이다. 양, 염소 등의 농장 동물을 보기위해 가축우리를 방문하는 것은 재미있는 일이다. 그러나 2002년 여름에 그 품평회에 참가했던 82명에게 있어서 그 방문으로 말미암아 *E. coli* O157:H7에 감염되었다. 염소와 양 우리 내부에서 먼지와 떼를 채취하여 미생물 분석을 한 결과, 감염의 원인은 식품, 물, 심지어 동물과의 직접 접촉도 아닌 공기 중에 있던 *E. coli* O157:H7이었다. 74건의 확인된 경우와 8건의 추정된 경우가 있다. 대체로 6살 이하 어린이를 포함하여 23건의 경우이다. 헛간에서 공기 매개 *E. coli* O157:H7과 연관된 다른 발발이 발생하였다.

뜨거운 여름날에 신선하고 시원하고 싱싱한 샐러드의 섭취는 미각을 돋궈주고, 몸을 시원하게 해준다. 워싱턴에서 치어리더 지휘 캠프에 참여한 십대들을 위한 신선한 샐러드의 섭취는 치명적이었다. 29명의 십대들은 광범위한 신장손상의 결과로 투석을 하여야 하는 질병이 발발하였다. 조사관은 샐러드에 사용된 양상추가 *E. coli* O157:H7에 오염된 것으로 확인하였다. 그러나 언제 어디서 양상추가 오염되었는지 확인할 수 없었다. 발병을 조사하는 동안 미국 농무성은 비료나 배설물이 때때로 관개용수나신선한 생산물을 오염시킨다고 경고하였다.

서론

미국, 캐나다, 일본, 영국에서 수백 건의 사건을 포함해서 *E. coli* O157:H7감염의 대규모 발발이 발생하였다. 1996년 일본에서 5월에서부터 12월까지 11,000건 이상이 보고되면서 세계에서 가장 큰 발발이 발생하였다. 같은 해에 스코틀랜드 중심지역에서 501건을 포함한 많은 발병으로 21명의 노년층이 사망하였다. *E. coli* O157:H7이 여전히 EHEC의 우세한 혈청형일지라도 미국, 캐나다, 영국, 일본에서 각 다른 EHEC 혈청형과 관련된 발병이 산발적으로 증가하고 있다. 스위스와 남아프리카에서는 표면이 오염된 물의 섭취로 광범위한 전염성의 *E. coli* O157:NM의 감염이 수천 건 발생하였다. 유럽대륙과 호주, 라틴아메리카에서는 non-O157 EHEC 감염이 *E. coli* O157:H7보다 더 흔하다. 식품매개와 수인성매개 EHEC 감염 발병의 많은 보고는 표 9.1에 제공하였다. 균을 분리하는데 어렵고 노동집약적이기 때문에 non-O157 EHEC 혈청형의 생화학적 표현형은 구분이 없다. O157 EHEC 이외 *E. coli* 감염의 유행은 매우 과소평가될지도 모른다.

*E. coli*의 분류

설사를 유발하는 *E. coli*는 병원성의 기작, 임상적인 특성, 뚜렷한 O:H 혈청형, 병원성 특성에 기초하여 특수한 그룹으로 분류되어진다. *E. coli*는 세 가지 특이표면항원에 기초하여 혈청학적으로 차별화된다. 혈청형은 O (균체), H (편모), K (협막)에 따라 나뉜다. 설사를 유발하는 *E. coli*의 분류는 장관병원성 *E. coli* (EPEC), 독소원성 *E. coli* (ETEC), 장관조직 침입성 *E. coli* (EIEC), 산발적 부착성 (diffusely adhering) *E. coli* (DAEC), 장관응집성 *E. coli* (EAEC), 장관출혈성 *E. coli* (EHEC)이다. 이 장에서 기술하고 있는 모든 범주의 *E. coli*는 감염된 사람의 분변으로부터 배설되어 다른 사람, 동물 그리고 환경에 확산될 수 있는 잠재력을 가진다 (Box 9.1). 이 장은 EHEC가 대부분 심각한 질병을 일으키므로 EHEC에 초점을 둔다.

EPEC

EPEC는 유아에게 심한 설사를 일으킨다. 특히 개발도상국이 그렇다. 이전에 EPEC는 선진국의 육아시설에서 설사증 발발과 연관이 있었다. 질병과 관련된 주된 O혈청그룹은 O55, O86, O111ab, O119, O125ac, O126, O127, O128ab, O142를 포함한다. 인간은 중요한 병원소이다. EPEC 조직은 세포에 부착되어 상피조직세포에 침입하여 장애를 유도하는 것으로 알려져 있다.

ETEC

ETEC는 개발도상국에서 유아의 설사를 일으키는 주된 원인이다. 또한 이 균은 종종 여행객의 설사에 원인이 된다. ETEC는 섬모를 통해서 군체 형성 인자로 장에 작은 집락을 이루고, 설사와 유동성 축적물을 발생시키는 이열성, 내열성 독소를 생산한다. 가장 흔한 ETEC 혈청그룹은 O6, O8, O15, O20, O25, O63, O78, O85, O115, O128ac, O148, O159, O167을 포함한다. 인간은 인간에게 질병을 일으키는 ETEC 균주의 주된 병원소이다.

표 9.1 *E. coli* O157:H7과 다른 EHEC 감염의 식품매개와 수인성매개의 대표적인 발발[a]

년도	월	지역	건수 (사망자)	장소	매개물질
1982	2	오리건	26	지역사회	그라운드 비프
1982	5	미시간	21	지역사회	그라운드 비프
1985		캐나다	73 (17)	보육원	샌드위치
1987	6	유타	51	요양원	그라운드 비프, 사람에서 사람으로
1988	10	미네소타	54	학교	조리된 그라운드 비프
1989	12	미주리	243	지역사회	물
1990	7	노스다코타	65	지역사회	로스트 비프
1991	11	매사추세츠	23	지역사회	사과주
1991	7	오리건	21	지역사회	수영장 물
1992	12	오리건	9	지역사회	원유
1993	1	캘리포니아, 아이다호, 네바다, 워싱턴	732 (4)	식당	그라운드 비프
1993	3	오리건	47	식당	마요네즈?
1993	8	오리건	27	식당	칸탈루프 멜론
1994	11	워싱턴, 캘리포니아	19	가정	살라미 소시지
1995	10	캔자스	21	결혼식	펀치 음료, 과일 샐러드
1995	7	몬태나	74	지역사회	양상추 잎
1995	9	메인	37	캠프	양상추
1996	5, 6	코네티컷, 일리노이	47	지역사회	메스클런 (mesclun) 양상추
1996	7	일본 오사카	7,966 (3)	지역사회	하얀 무, 싹
1996	10	캘리포니아, 워싱턴, 콜로라도	71 (1)	지역사회	사과 주스
1996	11	중부 스코틀랜드	501 (21)	지역사회	조리 육류
1997	7	미시간	60	지역사회	알팔파 싹
1997	11	위스콘신	13	교회연회	미트볼, 콜슬로
1998	6	와이오밍	114	지역사회	물
1998	7	노스캐롤라이나	142	식당	콜슬로
1998	9	캘리포니아	30	교회	케이크
1999	8	뉴욕	900 (2)	축제	우물물
2000	11	아이오와, 미네소타, 위스콘신	52	지역사회	양상추
2002	7	10개 주	38	지역사회	그라운드 비프
2002	8	워싱턴	32	캠핑	그라운드 비프
2005	9,10	미네소타	23	지역사회	양상추 팩
2006	8–10	캐나다 26개 주	206 (3)	지역사회	신선 시금치 팩

[a]*E. coli* O157:H7이 아닌 다른 것.

EIEC

EIEC는 피가 섞이지 않은 설사와 장내 상피세포에 침입하여 증식하는 *Shigella* sp.에 의해 야기된 것과 비슷한 이질을 유발한다. *Shigella*의 그것과 같이 EIEC의 침입능력은 큰 플라스미드의 출현과 관련이 있다. 그것은 침입성에서 몇몇 외막 단백질을 암호화한다. 이러한 외막단백질들의 항원성과 EIEC의 O항원은 가깝게 관련되어있다. 세균의 집적의 주요한 위치는 결장인데, 여기에 EIEC 균들이 상피세포에 침입하고 성장하여 세포죽음을 일으킨다. 인간은 주된 병원소이고, 가장 많이 관련된 혈청그룹은 O28ac, O29, O112, O124, O136, O143, O144, O152, O164, O167이다. 이 혈청그룹 중에서 O124는 가장 흔하게 나타난다.

BOX 9.1

병원성 *E. coli*의 확산 조건

옛 농장의 옥외 화장실을 나타내고 있는 이 역사적인 그림은 과학이 증명한 것, 즉 *E. coli* (EPEC, ETEC, EHEC)와 같이 분변에 존재하는 병원성균이 잘못된 관리로 인하여 농장의 동물, 사람, 물로 쉽게 확산될 수 있다는 것을 강조하고 있다. 이 경우와 같이 낡아빠진 옥외 화장실을 안채 가까이 두면 결국에는 우리가 식용할 가축과의 접근이 용이하기 때문이다.

DAEC

DAEC는 유아보다 어린이의 주요한 설사증과 관련이 있다. 1살에서 5살까지 DAEC-관련 설사증에 대한 위험이 증가한다. 나이와 관련된 감염여부의 이유는 알려지지 않았다. DAEC의 가장 흔한 혈청그룹은 O1, O2, O21, O75이다. DAEC 감염의 전형적인 증상은 출혈이 없는 순한 설사증이다. DAEC 균주는 HEp-2 또는 HeLa세포 선에서 랜덤방식으로 고착된다. DAEC는 보통 이열성이나 내열성 독소 또는 Shiga toxin (Stx)의 높은 수준은 생산하지 않는다.

EAEC

EAEC는 전 세계에 몇몇 나라에서 유아와 어린이의 지속성 설사증과 관련이 있다. 이 *E. coli* 균주는 다른 형태의 병원성 *E.coli*와 차이가 있다. HEp-2 세포에 응고적으로 고착되는 특유한 형태를 형성하는 능력 때문이다. EAEC는 HEp-G2 세포의 표면에 벽돌모양으로 쌓아올려진 형태로 유착한다. EAEC와 관련된 혈청그룹은 O3, O15, O44, O77, O86, O92, O111, O127을 포함한다. EAEC 균주와 관련된 플라스미드로부터 유도된 유전자 탐색은 이 형태의 *E. coli* 균주를 동정하기 위하여 선진화 된 것이다. 설사질병을 유발하는 EAEC의 의미를 결정하기 위하여 역학적인 정보가 좀 더 필요하다.

C	O	L	O	N	I	Z	A	T	I	O	N
G	Y	A	D	I	M	S	A	L	P	D	R
R	T	C	L	X	U	R	E	M	I	C	S
O	H	I	P	O	A	H	C	A	F	P	D
U	J	M	Q	T	F	A	R	B	D	W	I
N	H	E	M	O	R	R	H	A	G	I	C
D	E	H	N	R	H	M	X	R	F	I	A
B	L	C	B	E	B	L	O	O	D	Y	T
E	P	O	A	T	C	E	F	E	X	S	T
E	O	I	T	N	R	S	R	P	Y	T	L
F	E	B	H	E	T	S	C	S	O	O	E
E	P	Y	T	O	R	E	S	O	C	T	Z

Clues

Condition to which enterohemorrhagic *E. coli* is unusually tolerant. ____________

Enterohemorrhagic *E. coli* has many unusual ____________ characteristics in comparison with "normal" *E. coli.*

An especially nasty type of diarrhea caused by enterohemorrhagic *E. coli.* ____________

The primary reservoir of enterohemorrhagic *E. coli.* ____________

One of the first nonmeat foods associated with enterohemorrhagic *E. coli,* whose presence led the federal government to require that it be pasteurized. ____________

The ____________ of the colon by enterohemorrhagic *E. coli* is one of the first steps by which it causes illness.

If a foodborne pathogen does not cause vomiting, it probably causes ____________.

The first food implicated in disease caused by *E. coli* O157:H7. ____________

If one cooks contaminated hamburgers (or for that matter, salads) *really* well, they become ____________.

Something that causes bleeding is called ____________.

The second leading source of illness caused by enterohemorrhagic *E. coli.* ____________

Element that carries the genes for enterohemorrhagic *E. coli's* pathogenicity. ____________

O157:H7 is the ____________ of one of the most common kinds of enterohemorrhagic *E. coli.*

Part of HUS indicative of kidney failure. ____________

Type of toxin produced by ETEC. ____________

EHEC

EHEC는 1982년에 출혈성 설사증이 두 번 발발됨으로서 *E. coli* O157:H7가 동정되어 인간에게 병원성을 가지는 첫 번째 균으로 알려졌다. 그 이후로, *E. coli*의 다른 혈청형인 O26, O111, sorbitol을 이용하는 O157:NM 또한 출혈성 설사증과 관련되고, EHEC 로서 분류된다. 혈청형 O157:H7은 미국과 다른 나라에서 EHEC-관련 질병의 발생의 주요 원인이다. 모든 EHEC 균주는 아프리카 원숭이 (green monkey)의 신장 (vero) 세포에서 세포독성 (deadly) 인자를 생산한다. 그러므로 그들은 베로톡신 (verotoxins) 또는 Stx라 불린다. *Shigella dysenteriae*에 의해 생산된 Stx와 유사하기 때문에 Stx라 불린다. Stx 생산성 *E. coli* 감염은 용혈요독증후군 (hemolytic-uremic syndrome, HUS)이라는 때때로 치명적이고 위중한 환경과 이어있다. 많은 다른 혈청형의 *E. coli*는 Stx를 생산한다. 따라서 그들은 Stx 생산 *E. coli* (or EHEC)라 불린다. 인간으로부터 EHEC의 혈청형은 200가지 이상으로 분리되었다. 그러나 그 균주 중에서 단지 출혈성 설사증을 유발시키는 것만 EHEC로 고려되어 진다. 주된 non-O157:H7 EHEC 혈청형은 O26:H11, O111:H8, O157:NM을 포함한다. EHEC *E. coli* O111 감염의 발발은 전 세계적으로 발생하였다. 1999년 6월에 *E. coli* O111:H8감염의 발병은 58건이 텍사스에서 십대 치어리더 지휘 캠프에서 발생하였다. 오염된 얼음이 매개물로 연관되었다. *E. coli* O157:H7은 가장 흔한 EHEC의 혈청형이고 EHEC의 다른 혈청형보다 이 혈청형이 잘 알려져 있기 때문에 이 챕터에서는 *E. coli* O157:H7에 초점을 둔다 (Box 9.2).

E. coli O157:H7과 NON-O157 EHEC의 특징

*E. coli*는 인간과 온혈동물의 장내에 흔히 분포되어 있다. 대부분 *E. coli* 균주는 무해하지만 몇몇 균주는 설사 질병을 야기하고 병원성이 있다. 현재 총 167개의 O 항원과 53개의 H 항원과 74개의 K 항원이 동정되었다. 단지 설사증 질병과 관련된 *E. coli*의 혈청균주를 위하여 O와 H 항원만의 확인이 필요로 고려되어진다. O 항원동정은 균주의 혈청그룹을 동정하고, H 항원은 혈청형을 동정한다. 설사 질병과 관련된 혈청형의 적용은 종종 특별한 혈청그룹이 설사 유발성 *E. coli*의 하나의 범주로 분리되었다. 그러나 O55, O111, O126, O128과 같은 어떤 혈청그룹은 하나 범주 이상에서 나타난다.

E. coli O157:H7은 1982년에 처음 식품매개 병원성으로 동정되었다. 이전에 균이 분리되었을지라도 질병통제예방센터에서 분리되면서 동정되었다. 일찍이 1975년에 피가 섞인 설사증을 보이는 캘리포니아 여성으로부터 분리되었다. Stx의 생성뿐만 아니라 *E. coli* O157:H7의 대부분 균주는 대부분 다른 *E. coli* 균주에서 흔하지 않는 몇 가지 특성을 가진다. 예를 들면, 액체배지에서 44.5°C 이상에서 잘 자라지 않고 24시간 내 솔비톨을 이용할 능력이 없고, β-글루쿠로니데아제의 생산 능력이 없고 4-methylumbelli-feryl-D-glucuronide의 가수분해 능력이 없고 부착-소실 (AE) 유전자 (*eae*)의 소유와 60 MDa 플라스미드의 운반능력이 있다. 비 O157 EHEC 균주는 대부분 Stx와 *eae* 유전자와 큰 플라스미드를 생산할지라도 성장과 신진대사 특성은 나누지 않는다.

BOX 9.2

E. coli O157:H7

E. coli O157:H7은 1982년에 병원성균으로서 출현하였다. 질병의 처음 발단은 주로 소고기의 섭취와 관련되었지만 최근에 질병은 오염된 과일과 채소, 호수, 수영장, 물놀이 공원과 같은 시설과 그리고 사람과 사람사이의 전염이 관련된다. 세균은 사람에게 해를 끼치는 많은 수단을 가지고 있다. 숙주의 생존을 촉진하지만 질병을 야기할 수 있다. *Shigella*와 같이 질병은 100개 이하의 세포에 의해 야기될지도 모른다. 미국에서 *E. coli* O157:H7은 우점종의 EHEC 균주이다. 세계의 다른 곳에서는 상황이 다를 수 있다.

내산성

대부분 식품매개 병원성균과 달리 많은 *E. coli* O157:H7은 산성의 환경에서 저항성이 있다. *E. coli* O157:H7의 최소 pH는 4.0–4.5이다. 그러나 이것은 pH와 다른 인자의 상호작용에 좌우된다. 예를 들면 소고기에서 초산, 구연산, 유산을 함유한 유기산이 *E. coli* O157:H7의 성장에 영향을 미치지 않는다. 높은 수준으로 *E. coli*

O157:H7이 접종되었을 때 발효 소시지 (pH 4.5) 4°C 저장 중에 2개월 동안 생존하고, 마요네즈 (pH 3.6에서 3.9)에서 5°C에서 5-7주 동안 생존하고, 사과주 (pH 3.6-4.0)에서 20°C에서 1-3주 동안 생존한다.

E. coli O157:H7에서 내산성을 유도하는 세 가지 시스템이 있다. 산화적 시스템, 아르기닌 의존성 시스템, 글루탐산 의존성 시스템이 있다. 산화적 시스템은 아르기닌 의존성 시스템과 글루탐산 의존성 시스템보다 산의 스트레스에 대한 효과가 적다. 시그마 인자 RpoS는 산화적인 내산성을 요구하지만 다른 두 가지 시스템은 부분적이다. 한번 유도되면 냉장온도에서 생존 기간을 연장하기 위하여 내산성은 지속할 수 있다. 더 중요하게 *E. coli* O157:H7에서 내산성의 조절은 열, 자외선, 항균제와 같은 다른 스트레스 환경에서의 내성을 증가할 수 있다.

항생물질 저항성

인간의 질병과 관련된 *E. coli* O157:H7과 같은 병원성균은 그람 음성균이 항생효과를 쉽게 받는다. 그러나 항생제에 대한 저항성이 증가하고 있다. 인간과 동물과 음식으로부터 분리된 *E. coli* O157:H7 균주는 streptomycin-sulfisoxazole-tetracycline에 대한 저항성과 같이 다수의 항생제에 대한 저항성이 발달되어 왔다. 인간과 동물로부터 분리된 Non-O157 EHEC 균주는 항생제에 대한 저항성을 가지고, 몇몇은 인간과 동물의 약에 사용되는 흔한 복합항생제에 대하여 저항성이 있다. 항생제에 저항성이 있는 EHEC 균주는 항생제 처리한 동물의 장내에서 다른 세균보다 선택적 이익을 가진다. 그러므로 항생제 저항성이 있는 EHEC 균주는 항생제에 선택적인 압력으로 배설물에서 유리하기 때문에 *E. coli*는 주요한 균주일 것이다. 아마도 항생제 치료는 인간의 질병에서 추천하지 않는다. 왜냐하면 그 질병은 세균의 죽음으로부터 내독소와 Stx의 방출을 통해서 더 나빠지게 될지도 모르기 때문이다.

열과 방사선에 의한 비활성화

E. coli O157:H7은 다른 병원성균에 비하여 열에 대한 저항성이 좋지 않다. 음식에서 어떤 화합물이 나타나는 것은 세균을 보호할 수 있다. 그라운드 비프에서 지방의 형성은 *E. coli* O157:H7를 보호하였는데, D 값이 지방이 적은 부분 (2.0%)과 많은 부분 (30.5%)은 각각 57.2°C에서 4.1과 5.3분이고, 62.8°C에서 0.3과 0.5분이다. 우유의 저온살균 (72°C, 16.2분)은 1 ml당 *E. coli* O157:H7을 10^4 이상 사멸시키는 효과가 있다. 식품의 내부 온도가 최소 68.3°C되게 하여 수 초간 열처리를 하는 것과 같이 육제품에 적당한 열처리는 *E. coli* O157:H7을 불활성화시켜 안전하게 할 수 있는 결정적인 제어 방법이다.

많은 나라에서 음식에서 식품매개 병원성균을 제거하기 위하여 방사선의 사용을 승인하고 있다. 다른 처리 기술과 달리 방사선 조사는 식품 원료 특성을 유지하면서 식품매개 병원성균을 사멸시킨다. 미국에서 냉장육에 대해서는 4.5 kGy가 승인되었고, 냉동육에 대해서는 7.5 kGy까지 승인된다. 식품매개 병원성균은 방사선 조사에 상당히 민감하다. 소고기 패티의 원료육에서 *E. coli* O157:H7에 대한 D_{10} 값은 0.241에서 0.307 kGy까지 범위가 정해진다. 온도에 의존하여, 4°C보다 -16°C에서 방사선 조사된 조각이 D_{10} 값이 분명히 더 높다. 따라서 1.5 kGy 선량의 방사선 조사는 그라운드 비프에서 높은 농도의 *E. coli* O157:H7을 제거하기 위하여 충분하다. 2006년 미국에서 대량생산된 제품에서 *E. coli* O157:H7의 발발에 이어 방사선 조사는 신선제품의 안전을 확보하는데 있어서 중요한 수단이 되었다.

E. coli O157:H7의 감염원

농장에서 *E. coli* O157:H7과 EHEC의 검출

덜 익은 소고기와 저온살균하지 않은 우유가 *E. coli* O157:H7감염의 발발을 많이 일으킨다. 따라서 소가 *E. coli* O157:H7의 병원소로서 많은 연구의 초점이 되었다. *E. coli* O157:H7과 소사이의 관계는 처음으로 1977년 아르헨티나에서 태어난 지 3주 이하의 송아지와 연관이 있었다. 많은 나라에서 소 무리에서 60%로 높은 EHEC 전염율이 발견되었으나 대부분의 경우 10−25% 범위였다. *E. coli* O157:H7의 분리율은 non-O157 EHEC보다 많이 낮다. 캐나다에서 농장의 젖소에 의한 EHEC의 전염율은 80무리 중에서 송아지의 57%, 소의 36%의 범위를 보였다. 미국에서는 965 송아지 젖소의 31두와 비육장의 소 11,881중 191두가 *E. coli* O157:H7 양성이었다. 성장한 소보다 젖을 뗀 어린 소가 *E. coli* O157:H7을 더 잘 전염시킨다. 그 해 따뜻한 달에 *E. coli* O157:H7 시험결과 양성인 경향이 높다. 이것은 인간의 질병에서 계절의 변화와 일치한다.

소의 *E. coli* O157:H7 전염과 관련된 인자

E. coli O157:H7의 배설물과 사료 또는 환경적 요소 사이에서 관계가 있을지 모른다. 예를 들어 몇몇 송아지 식이요법에서 사료 또는 환경적 요소와 통면실과 같은 사료 구성성분은 *E. coli* O157:H7의 감소와 연결된다. 반대로 젖을 떼기 전 송아지 그룹을 사육할 때 위생설비가 없이 사료를 배분하고 일찍 출하된 곡식 사료는 *E. coli* O157:H7의 전염의 증가와 관련 있다. 곡물과 건초 사료 프로그램은 소에 의한 *E. coli* O157:H7 전염에 영향을 줄지도 모른다.

물과 사료 원료와 같은 환경적 요소 또는 비료 취급과 같은 농장 경영 업무는 낙농장에서 *E. coli* O157:H7의 유행에 영향을 미치는 중요한 역할을 한다. 병원성균은 농장에서 물 담는 통 안에서 발견된다. *E. coli* O157:H7은 소 배설물과 물에서 몇 주 또는 몇 달 동안 생존할 수 있다.

E. coli O157:H7과 함께 장내 균체에 대하여 가축의 대부분의 세대가 감염되기 쉽다. 같은 무리에서 늙은 동물보다 어린 동물이 양성을 보이는 경향이 있다. 많은 소들 중에서 *E. coli* O157:H7은 일시적으로 위장기관에 수송되고, 어린 송아지와 어린 암소에 의하여 몇 주에서 몇 달 동안 간헐적으로 배설된다. 암소는 *E. coli* O157:H7의 하나의 균주 이상으로 전염할 수 있다.

E. coli O157:H7에 의해 감염된 소 모델

E. coli O157:H7은 어린 송아지와 성숙한 소에게 병원성이 없다. 따라서 병원성균에 전염된 동물은 아프지 않다. 그러나 *E. coli* O157:H7이 갓 태어난 송아지에서 설사증과 장애를 일으킬 수 있는 것이 증명되었다. 초기의 *E. coli* O157:H7이 집적되는 곳은 소의 제 4위이다.

가축과 야생동물

먹이사슬에서 소가 EHEC의 주된 근원으로 여겨질지라도 EHEC 균주는 다른 가축과 양, 염소, 사슴, 개, 말, 돼지, 고양이와 같은 야생동물로 부터도 분리되었다. *E. coli* O157:H7은 갈매기와 쥐로부터도 분리되었다. 양에서 *E. coli* O157:H7과 EHEC의 유행은 일반적으로 다른 동물보다 높다. 독일에서 7종류의 동물의 조사에서 양 (66.6%), 염소 (56.1%), 소 (21.1%), 이보다 적은 닭 (0.1%), 돼지 (7.5%), 고양이 (13.8%), 개 (4.8%)로부터 분리되었다.

사람

출혈성 대장염 또는 용혈성요독증후군을 가진 환자들에 의한 *E. coli* O157:H7의 fecal shedding은 징후가 시작되어 13-21일간 지속된다. 그러나 어떤 경우에는 병원성균이 몇 주 동안 배설물로 배설될 수 있다. 하루 동안 센터에서 치료받은 감염된 어린이는 62일 동안 병원성균을 배설하였다. 낙농장에 사는 사람들은 *E. coli* O157:H7 항체가 상승하였다. 그러나 배설물로부터 병원성균은 분리되지 않았다. 오랜 기간 동안 자각 증상이 없는 보균상태는 동정되지 않는다. 사람의 *E. coli* O157:H7 보균한 분변은 사람과 사람사이에 병원성균을 전염시키기 때문에 중요하다. 사람과 사람에게 전염하는 정도는 엄청나게 낮은 양의 세균이다. 100개 세포보다 적고 겨우 10개 세포정도로도 질병을 일으킬 수 있다. 화장실 사용 후와 같이 개인위생이 부적당한 경우 2차 전달매개체로 오염된 손을 통해서 병원성균을 옮길 수 있다.

질병 발발

지리적 분포

E. coli O157:H7은 세계적으로 많은 주요한 질병을 일으킨다. 6대륙의 최소 30개국에서 인간에게 *E. coli* O157:H7감염이 보고되었다. 미국에서 1998까지 *E.coli* O157:H7감염 발발 또는 무리가 196건 발생하였다. 많은 수의 발발은 1982년에서 1992년까지는 평균 매년 2건이었는데, 1993년에서 1998년 사이에는 평균 29건 발생하였다. 이 극적인 증가는 1993년에 미국 서부의 큰 여러 주에 발발의 선전으로 *E. coli* O157:H7감염의 인식이 향상된 덕분일지도 모른다. 1994년 1월 1일 이래로 *E. coli* O157:H7감염의 개인적인 사건은 국립 신고대상질병감시 (National Notifiable Diseases Surveillance) 시스템에 신고할 의무가 있다. 1982년과 1998년 사이에 미국에서 감염의 발발, 군중들, 사건들의 많은 숫자는 표 9.2에 나타나있다. 미국에서 *E. coli* O157:H7감염의 정확한 숫자는 알려지지 않고 있다. 왜냐하면 증세가 없거나 약한 경우나 피가 섞이지 않은 설사증의 경우에 의료시설을 찾지 않기 때문에 보고되지 않기도 한다. 질병 발생은 Surveillance Network (Food Net [http://www.cdc.gov/ncidod/dbmd/foodnet/])에 보고한다. 미국에서 몇몇 감시 기구에서의 *E. coli* O157:H7 감염율은 1996년에서 1999년 동안 매년 10만 명당 2.1-2.8명 정도로 나타났다. 질병통제예방센터는 미국에서 *E. coli* O157:H7은 매년 61건의 죽음과 73,480건의 질병을 일으켰고, non-O157 EHEC 균주는 30건의 죽음을 포함해서 27,740건으로 측정한다. 이 중의 85%가 식품매개로 일어났다.

표 9.2 1982-1998년 미국의 *E. coli* O157:H7감염에 의한 발발 및 사례의 수[a]

년도	발발의 수	사례의 수
1982	2	47
1984	2	70
1986	2	52
1987	1	52
1988	3	153
1989	2	246
1990	2	75
1991	4	54
1992	4	75
1993	17	1,000
1994	32	543
1995	32	455
1996	29	488
1997	22	298
1998	42	477
Total	196	4,085

[a]출처: P. M. Griffin, persomal communication, 2000.

E. coli O157:H7감염의 계절성

E. coli O157:H7감염의 군집과 발발은 매년 따뜻한 달 동안에 최고에 도달한다. 미국에서 발발과 군집의 86%가 거의 5월에서 10월 사이에 발생한다고 보고되었다. 그 이유는 계절적 패턴이 알려지지 않았지만 여름동안 소에게 병원성균의 유행이 증가하는 것을 포함한다. 다른 달보다 따뜻한 달 동안 소고기와 같은 제품의 불완전한 조리나 잘못된 처리 (잘못된 온도와 교차오염)와 야외 요리의 경우 소고기 또는 다른 *E. coli* O157:H7 오염 음식이 인간에게 노출된다.

환자의 나이

모든 연령대가 *E. coli* O157:H7에 의하여 감염될 수 있지만 아주 어리거나 고연령대에서 대부분 합병증과 함께 심각한 질병을 경험한다. HUS는 보통 어린이에게 발생하고 혈전증 혈소판감소자반병 (thrombotic thrombocytopenic purpura, TTP)은 성인에게 발생한다. 2-10살의 연령대의 어린이가 *E. coli* O157:H7에 감염되기 쉽다. 같은 나이 그룹에서 높은 감염율은 오염된 음식의 노출, 오염된 환경, 감염된 동물 때문만이 아니라 감염된 어린이들 사이에서 상대적으로 미성숙한 위생기술과 미성숙한 면역체계 때문에 감염 기회가 많다.

E. coli O157:H7의 전염

많은 음식은 *E. coli* O157:H7감염의 매개물로서 확인되었다. 예를 들어 그라운드 비프, 로스트 비프, 조리된 고기, 사슴 육포, 살라미 소시지, 원유, 저온 살균된 우유, 요구르트, 치즈 아이스크림과 케이크, 양상추, 저온살균하지 않은 사과주와 주스, 양배추 샐러드를 포함한다. 미국에서 매개물이 확인된 것으로 보고된 183건의 발병 중 그라운드 비프가 41%로 가장 빈번한 매개물이었고 발병의 21%와 23%에 해당하는 제품은 그 기원이 밝혀지지 않았다 (그림 9.1). *E. coli* O157:H7에 감염된 고기나 배설물과 접촉한 음식들은 교차오염의 근원이 되기 쉽다. 사람과 사람 사이의 전염 (2차감염 포함)은 25.5%이었고 물 (특히 휴양시설의 물)을 매개로 전염은 12.4%가 발병되었다.

식품매개와 수인성매개 발병의 예

발병의 기원

1982년에 오리건 주에서 26건의 사건과 19명의 입원환자를 포함하여 *E. coli* O157:H7의 발병이 처음으로 문서화되었다. 환자 모두에게 피가 섞인 설사증과 혹독한 복통이 있었다. 이 발발은 특정 패스트푸드 레스토랑 체인점의 덜 익은 햄버거를 먹은 것과 관련이 있다. *E. coli* O157:H7은 환자의 변기에서 발견되었다. 2차 발발은 4에서 58세의 다양한 연령대의 14명의 입원환자를 포함하여 21건의 사건과 미시간 주에서 같은 패스트푸드 레스토랑 체인점에서 3개월 후에 발생하였다. 오염된 햄버거가 다시 발생시켰다. *E. coli* O157:H7은 완자와 냉동 그라운드 비프 패티로부터 분리되었다. *E. coli* O157:H7은 관계자에 의해 공급된 고기와 환자로부터의 세균의 미생물학적 특성의 복구에 의해서나 식품에 관련된 것에 의해 야기되어 확인되어진다.

수인성 매개 발발들

E. coli O157:H7감염의 수인성 발발은 최근 놀랄 만큼 증가되었다. 수영하는 물, 마시는 물, 우물물, 얼음이 모두 관련된다. 호수와 연관된 발발의 조사가 드러났는데 몇 가지 예로 아장아장 걷는 아이들이 수영하는 동안 물에 배변을 하여 *E. coli* O157:H7이 오염되는 경향이 있다. 호수 물을 삼킨 후에 야기되는 것으로 확인되었다. 1999년 8월에 뉴욕에서 지방 박람회에 참석하여 *E. coli* O157:H7의 수인성

그림 9.1 1982년-2002년 미국의 *E. coli* O157:H7 발발건수. 출처: J. M. Rangel, P.. H. Sparling, C. Crowe, P. M. Griffin, and D. L. Swerdlow, *Emerg. Infect. Dis.* **11:**603-609, 2005.

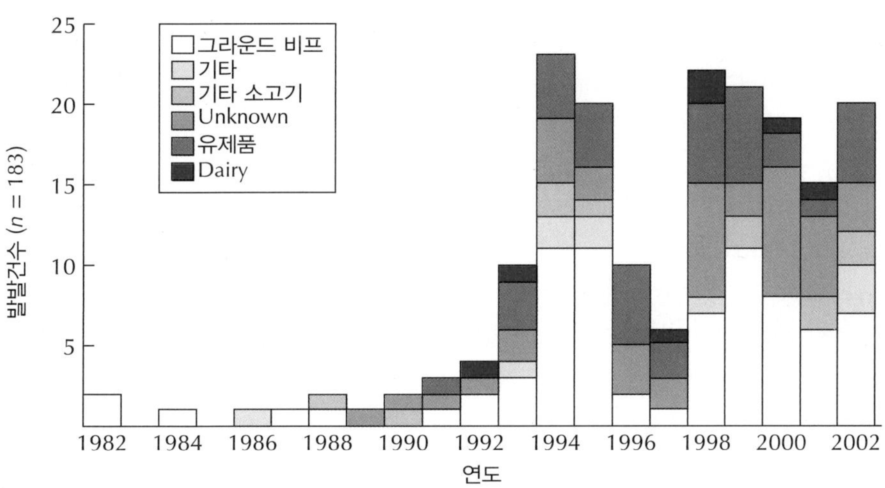

매개 발발이 크게 발생하였다. 900명 이상 감염되었고, 그들의 65명은 입원하였다. 3살 소녀는 HUS로 죽었고 79세 남자는 HUS-TTP로 죽었다. 전염 수단으로 무염소처리 우물물이 음료수와 얼음에 사용되었고, 우물물의 견본으로부터 *E. coli* O157:H7이 검출되었다. 수인성 매개 *E. coli* O157:H7감염 발발은 스코틀랜드, 남아프리카, 일본에서도 보고되었다.

사과주와 주스로부터 발발

23건을 포함해서 1991년에 메사추세츠 주에서 사과주 관련 *E. coli* O157:H7의 감염 발발이 처음 확인되었다. 1996년에 미국에서 저온 살균하지 않은 사과주와 주스와 관련하여 *E. coli* O157:H7감염 발발이 보고되었다. 세 가지 가장 큰 사건은 서부 세 개의 주 (캘리포니아, 콜로라도, 워싱턴)와 캐나다의 브리티시 콜롬비아 주에서 71건의 확인된 사건과 한 건의 죽음이다. *E. coli* O157:H7은사과 주스로부터 분리되었다. 몇 몇의 발발에서 *E. coli* O157:H7의 감염 근원이 비료에 오염된 사과로 의심되어졌다. 떨어진 사과를 사용하여 사과주를 만드는 것은 흔한 일이다. 사과는 비료로 오염된 토양에서 떨어져 있다가 오염될 수 있다. 사과는 또한 비료가 있는 장소에서 저장되거나 운반되는 경우 오염될 수 있고, 그것들이 오염된 물에 처리될 경우 오염될 수 있다. 1991년 메사추세츠 주에서 발발의 조사에서 아래와 같이 드러났다. 사과주 제조를 위한 압착가공 시설과 소에게 먹이를 주는 들판이 근접하여 압축 가공장치에서 오염도가 상승하였다. 이러한 발발은 미국 식의약청 HACCP의 주스에 대한 규정을 선도하였다. 규정은 완제품에서 대부분 저항 병원성균의 숫자가 5 log 단위로 축소시키는 과정을 요구한다.

여러 주에서의 대형 발발

1993년 초 미국의 워싱턴, 아이다호, 캘리포니아, 네바다와 같은 여러 주에서 *E. coli* O157:H7감염이 발생하였다. 사건의 거의 90%가 한 개의 패스트푸드 레스토랑 체인점에서 식사한 것과 관련되었는데, 햄버거 속 고기로부터 *E. coli* O157:H7이 분리되었다. 사람과 사람에게 전염되는 2차 오염 때문에 많은 사람들이 감염되었다. 178명의 사람은 입원하였고 56명은 HUS로 발전되었으며 4명의 어린이들이 죽었다. 그 발발은 한 레스토랑 체인점에서 햄버거를 충분히 조리하지 않아 일어난 결과이다. 워싱턴 주에서 한 체인점의 조리 과정을 보면 조리된 햄버거 내부 온도가 60°C이었는데 워싱턴 주에서 요구하는 최소 내부온도 68.3°C보다 낮아 충분하지 못하였다. 조리된 햄버거 속 고기 내부온도가 68.3℃는 그라운드 비프에 있는 낮은 양의 *E. coli* O157:H7은 사멸할 수 있었다.

채소와 관련된 발발

원료 채소, 특히 양상추와 알팔파 싹이 북아메리카, 유럽, 일본에서 *E. coli* O157:H7 감염의 발발과 연루되었다. 지난 10년간 미국에서 양상추 관련 발발은 계속 증가하였다. 1996년 5월에 매스컬런 (mesclun) 양상추는 일리노이 주와 코네티컷 주에서의 47건의 발발과 관련 있다. 역추적 조사에서 양상추 성장과 가공 장소에서 오염된 양상추와 방목된 소가 근원으로 연관되었다.

1996년 5월에서 12월 사이에 일본에서 12건의 죽음을 포함하여 11,826건의 다수의 *E. coli* O157:H7감염 발발이 발생하였다. 1996년 7월 오사카에서 7,892명의 학생과 74명의 선생님과 교직원이 이 큰 발발에 영향을 받았다. 그들 중 606명은 입원하고, 106명은 HUS에 걸리고, 3명은 죽었다. 오염된 무 싹이 *E. coli* O157:H7의 근원이었다.

질병의 특징

E. coli O157:H7감염에 의한 인간 질병의 범위는 피가 섞이지 않은 설사증, 피가 섞인 설사증, 신장 질병 (HUS), TTP (성인은 HUS의 형성)이다. 몇몇 사람은 질병의 증상이 없고 나타나는 신호가 없지만 감염되었을 지도 모른다 (이것이 *asymptomatic infection*이라 알려져 있다). 대장에서 집락이 형성되는 동안 3-4일 배양기간 동안 세균의 영양분 섭취는 발생한다. 질병은 피가 섞이지 않은 설사병과 혹독한 복통이 1-2일 동안 된다. 이틀에서 삼일동안 혈액 섞인 설사병이 진행되고, 4일-10일 동안 지속된다. 많은 발발 조사에서 90% 이상이 *E. coli* O157:H7에 의하여 피가 섞인 설사증의 경우로 기록되었지만 약 30%의 발발은 피가 섞이지 않은 설사증도 포함되었다. 보통 일주일 후 증상이 끝나지만 환자의 6%가 HUS로 진행한다. *E. coli* O157:H7감염의 재난율은 ~1%이다.

HUS는 거의 어린이에게 극심한 신장 장애를 일으킨다. 증상은 세 가지 특징이 있는데, 심각한 신장장애, 미소혈관장애인 용혈성 빈혈과 혈소판 감소증이다. TTP는 성인에게 영향이 있고 HUS와 조직학적으로 유사하다. 뇌에서 혈액응고로 심각한 신경이상을 동반한다.

발병 감염량

E. coli O157:H7의 전염성이 있는 양은 극히 적다 예를 들어 1993년 미국 서부에 다양한 주에서 발발한 많은 냉동 그라운드 비프 패티에서 *E. coli* O157:H7 1 g당 0.3-15 CFU가 있었다. 유사하게 식품매개 발발과 관련된 살라미 소시지에서 *E. coli* O157:H7은 1 g당 0.3-0.4 CFU로 검출되었다. 이러한 자료는 *E. coli* O157:H7의 감염 유효량이 100 세포 이하인 것을 제시한다. EHEC 질병의 사람 대 사람과 수인성매개를 통한 전염이 낮은 양으로도 감염할 수 있는 증거가 된다. 나이, 면역 기능, 원래 쇠약한 상태에 따라 각 개인이 아프게 될 지는 개인적으로 또는 집단적으로 영향을 미칠 수 있다.

병원성의 기작

EHEC의 정확한 병원성 기작은 알려지지 않고 있다. EHEC의 병원성에 대해 일반적인 지식은 세균이 대장에 군집을 형성하고, 수용 세포막에 부착되는 능력에 의해 질병을 야기한다고 알려 졌다. 그들은 하나 또는 그 이상의 Stx를 생산한다. 그러나 장에 군집형성 기작은 잘 알 수 없다. 다양한 잠재적인 독성인자와 숙주인자 (host factor)의 역할은 확인되지 않은 채 남아있다. EHEC의 병원성을 포함해서 독성인자는 표 9.3에 요약하였다.

표 9.3 EHEC의 병원성에 관련된 단백질과 유전자[a]

유전자의 위치	단백질 표시	유전자	기능
염색체 (엔테로사이트 소실 부위)	인티민 (intimin)	*eae*	부착
	Tir	*tir*	인티민 수용체
	분비 단백질	*espA, espB, espD*	신호전달 유발
	Type Ⅲ 분비 시스템	*escC, escD, escF, escJ, escN, escR, escS, escT, escU, escV, sepQ, sepZ*	세포외 단백질 분비기구
파아지	Stx	*stx1, stx2, stx2c, stx2d*	단백질 생합성 저해
플라스미드	EHEC 용혈소	EHEC-*hylA*	세포막 투과성 방해
	카탈라아제-퍼옥시다아제	*katP*	

[a]출처: A. D. O'Brien et al., *Curr. Top. Microbiol. Immunol.* **180:**65–94, 1992;N.T. Perna et al., *Infect. Immun.* **66:**310–3817, 1998.

부착과 소실 (Attaching and effacing)

흡착인자와 그들의 유전자는 특성을 나타냈지만 *E.coli* O157:H7과 다른 EHEC 균주의 부착과 군집형성의 기작은 완전히 특성화되지 않았다. AE 기작에 의해 구두로 감염된 동물의 결장에 병원성균은 집락을 형성할 수 있다는 동물 모델 연구가 알려졌다(그림 9.2). AE 장애는 장세포에서 세균의 밀접한 부착에 의해 특성을 나타낸다. 이것은 세포질에서 액틴의 퇴적과 상피세포에서 밀접한 미세 융모가 손실된다. *E. coli* O157:H7에 의한 AE 형성 과정을 유사한 기작이 조절하는 것으로 보인다.

그림 9.2 *E. coli* O157:H7에 의한 AE 장애. **(A)** 무균 돼지에 미생물을 접종한 경우 내강 원형 질막에 세균이 부착되어 있는 부정형 입방-원주상 모양의 소낭선 경세포 (neck cell) (toluidine blue 염색). 발췌: D. H. Francis, J. E. Collins, and J. R. Duimsta, *Infect. Immun.* **51:**953–956, 1986. **(B)** 세균이 부착된 토끼 회장의 전자현미경 사진. 발췌: P. Sherman, R. Soni and M. Karmali, *Infect. Immun.* **56:**756–761, 1988.

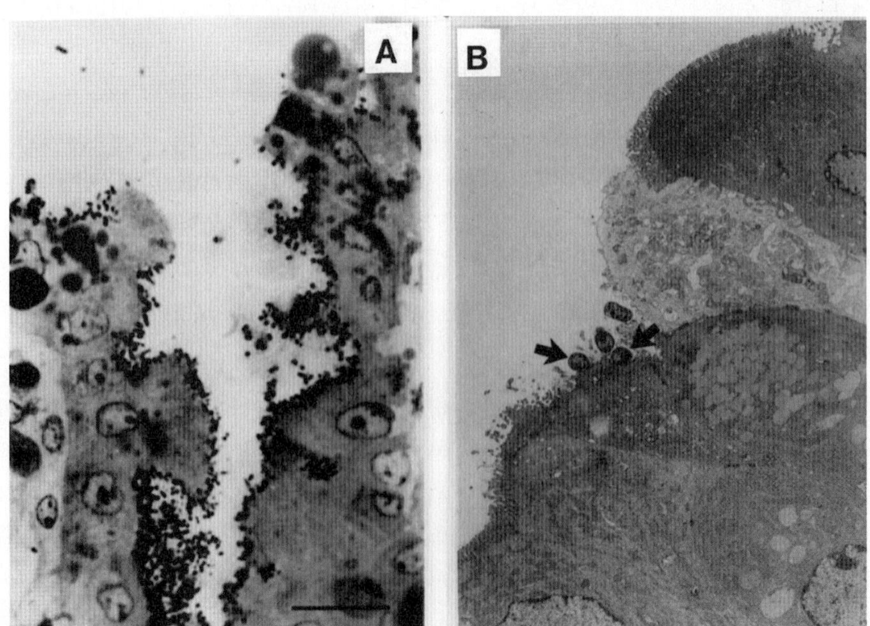

엔테로사이트 (Enterocyte) 소실 관여 부위

EPEC 염색체의 엔테로사이트 소실 관여 부위의 유전자들은 AE 장애를 생산하는데 관여한다. 엔테로사이트 소실관여 부위는 장관의 미생물군, *E. coli* K-12 또는 ETEC 균주 같은 *E. coli* 균주 일부에서는 나타나지 않는다. 엔테로사이트 소실 관여 부위는 AE 장애를 일으키는 EPEC, EHEC에서 발견된다. 엔테로사이트 소실 관여 부위는 알려진 기능의 유전자로 세 가지 단편으로 구성된다. 엔테로사이트 소실 관여 부위와 관련된 유전자는 숙주와 함께 직접 서로 작용하는 것으로 알려진 부착과 인식에 관여하는 단백질을 암호화하고 있다.

인티민 (intimin)은 *eae* (*E. coli* AE에서 유래) 유전자에 의해 암호화된 외막 단백질이다. 단백질은 EPEC, EHEC, *Hafnia alvei*, *Citobacter rodentium*에 의해 생산된다. 인티민은 보고된 유일한 *E. coli* O157:H7의 흡착인자이고 실험동물에서 장내 균체형성에 있어서 중요한 인자이다.

Tir 단백질은 세균 세포에 의해 생산되어 type III 분비 시스템을 통해서 숙주세포로 이동되는데 숙주세포에서 인티민 수용체로 작용한다. 대부분의 병원성 세균은 숙주세포의 수용체를 이용한다. 그들 자신의 수용체를 공급하는 EPEC와 EHEC의 능력은 흡착, 이동 및 신호전달을 개시하는데 부가적인 이점이 있다. Type Ⅲ 분비 시스템은 많은 그람 음성 병원성 세균에 존재하는데 숙주와의 접촉에 의해 유도되는데 이것은 단지 진핵세포에 독성인자를 전달하는 작용만을 가지고 있다.

60-MDa 플라스미드 (pO157)

E. coli O157:H7은 ~60MDa (60-MDa 플라스미드가 EPEC에 나타난다는 것과 관련 없음)의 플라스미드 운반물질을 분리한다. EHEC 감염의 병원성과 연관된 60MDa 플라스미드와 EHEC 관련 때문이다. 그러나 그것의 병력에서 정확한 역할은 확인되지 않았다. 플라스미드 수송체는 EHEC 용혈성과 카탈라아제-퍼옥시다아제를 암호화한 것들을 포함하는 잠재적인 독성 유전자이다. EHEC 카탈라아제-퍼옥시다아제는 세균간염동안 포유류 세포의 기작을 방해하고, 항산화 스트레스에 반하는 세균을 보호하는 효소이다.

Stx

EHEC는 하나 또는 두개의 Stx를 생산한다. Stx 패밀리의 학명과 그들의 중요한 특

표 9.4 Stx의 명명과 생화학적 특성[a]

명명	유전적 위치	Stx2 subunit와의 아미노산 상동성 (%)		수용체	장 점액에 의한 활성화 여부	질병
		A	B			
Stx	염색체	55	57	Gb_3	–	설사, HC[b], HUS
Stx1	파아지	55	57	Gb_3	–	설사, HC, HUS
Stx2	파아지	100	100	Gb_3	–	설사, HC HUS
Stx2c	파아지	100	97	Gb_3	–	설사, HC, HUS
Stx2d	파아지	99	97	Gb_3	+	설사, HC, HUS
Stx2e	염색체	93	84	Gb_4[c]	–	돼지 부종 질병

[a]출처: A. R. Melton-Celsa and A. D. O'Brien, p.121–128, *in* J. B. Kaper and A. D. O'Brien (ed.), *Escherichia coli* O157:H7 *and Other Shiga Toxin-Producing* E. coli *Strains* (ASM Press, Washington, D.C., 1998)

[b]HC, 용혈성 대장염 (hemorrhagic colitis)

[c]Gb_4, 글리코리피드 글로보테트라오실세라미이드 (glycolipid globotetraosylceramide)

징은 표 9.4에 열거되어 있다. 다른 *E. coli* 균주의 Stx1단백질의 분자생물학적 연구는 Stx1이 *S. dysenteriae* type 1의 Stx와 완전히 동일하거나 단지 아미노산 하나가 다르다고 나타났다. Stx1과 달리 Stx2 그룹의 독소는 Stx에 대하여 혈청 상승에 의해 무력화 되고, 특정한 Stx1 DNA 실험에서 교차 반응이 나타나지 않는다. *E. coli* O157:H7과 다른 EHEC 균주에 의해 생산된 Stx2 패밀리의 독소는 항원성의 차이와 연속성이 있다. Stx2의 하위의 그룹은 Stx2, Stx2c, Stx2d, Stx2e이다.

Stx 패밀리의 구조

Stx는 7.7 kDa 수용체 결합 B 아속의 오각형 단위와 연관되어 단일 효소의 32 kDa A 아속으로 구성되어 있다. Stx A 아속은 B 서브유닛에서 A1에 연결된 A1 단편 (~27 kDa)와 카르복시 말단 A2 단편 (~4 kDa)에서 트립신에 의해 나눠질 수 있다.

Stxs의 유전학

모든 stx1 오페론이 용원성 산모양의 박테리오파지의 유전자군에 정해지고, 동일하게 나타나는 반면 *stx2* 패밀리에서 상당한 이질성이 있다. 염색체에서 융합한 박테리오파지에 위치하는 다른 Stx2 단백질의 유전자와 달리 *S. dysenteriae* type1과 Stx2e의 Stx는 염색체 유전자에 의해 암호화 된다. Stx2의 부가적인 변형 유전자는 EHEC로부터 분리되었다. 마침내 Stx와 Stx1 생산은 *stx1* 촉진제에서 결합한 iron-Fur 단백질 화합물에 의해 복사 정도에서 반작용적으로 조절되었다. Stx2 생산이 철 뿐만 아니라 온도 조절에도 영향을 받지 않기 때문에 이것은 온도에 영향을 받지 않는다.

수용체

진핵세포 표면에서 Stx 패밀리의 모든 구성체가 당지질과 결합한다. Stx2e와 Stx 패밀리의 안정 사이에서 결합 특수성 변화는 수용체의 탄수화물 특이성과 연관되어 있다. Stx2c가 C18:1 지방산을 함유한 Gb_3 (glycolipid globotriaosylceramide)을 더 좋아하기 때문에 Stx1은 C20:1 지방산을 함유한 Gb_3에 차별적으로 결합한다.

Stx의 작용

Stx는 단백질 생합성 억제에 의해 활동한다. 골지체에서 독소의 운반은 중독에서 필수적이라고 밝혀지는 동안 A 서브유닛의 운반기작과 B 서브유닛의 특별한 역할은 명백하게 밝혀지지 않았다. 비록 전체 독소는 전체 세포에 독소영향에 대한 필수적이지만 A1 서브유닛은 60S 리보솜의 서브유닛을 구성하는 28S rRNA의 아데노신 위치에서 N-글리코사이드 결합을 쪼갤 수 있다. 이 아데닌 뉴클레오티드 하나를 제거하면 사슬연장인자 의존성 아미노아실 tRNA의 리보솜 결합을 저해한다. 펩티드 사슬의 연장이 멈춰지고, 총체적인 단백질 합성이 금지되고 세포 사멸이 일어난다.

질병에서 Stx의 역할

결장 질병, HUS, 신경 질환을 조정하는 Stx의 명확한 역할은 이해되지 않았다. 피가 섞인 설사증이나 HUS의 동물 모델이 충분하지 않다. 질병의 심각성은 인간에게 실험적인 감염을 하지 못하게 한다. 그러므로 우리의 질병을 일으키는 Stx의 역할에 대한 이해는 질병에 걸린 인간의 조직, 동물 모델군, 배양된 상피세포를 조직병리학적 측면에서 얻을 수 있다. Stx는 어떤 기관에서 세포의 항상성 성질을 방해하여 상피세포 관다발에 손상을 줌으로서 병인으로 작용한다. 인간에게 *E. coli* O157:H7감염과 HUS의 전개 사이에 상호관련이 있다. HUS 환자의 신장 조직의 조직 병리학적으로 검사하면 신장에서 기본적인 여과 unit인 사구체에서 광범위한 구조상의 손상이 나타난다. Stx의 출현에서 균체내 독소 또한 대식세포를 합성하기 위해 활성화할 수 있고, 사이토카인, 수퍼옥사이드 라디칼, 프로테이나아제를 방출하고, 상피세포 손상을 확대할 수 있다. 보통 피가 섞인 설사증 환자로부터 분리한 *E. coli* O157:H7균주는 Stx1과 Stx2 또는 Stx2 하나만 생성한다. Stx1 하나만 생성하는 균주 분리는 흔하지 않다. Stx2나 Stx2와 Stx1의 결합물을 생성하는 *E. coli* O157:H7에 감염된 환자는 Stx1하나만 생성하는 EHEC 균주에 감염된 환자와 비교하여 심각한 신장장애나 순환계 합병증으로 발전하는 경향이 있다.

결론

E. coli O157:H7에 의해 야기된 HUS와 출혈성 *E. coli*의 심각한 성질은 단지 순한 증세를 야기하는 전형적인 식품매개 병원성균과 분류에서 분리된다. 낮은 감염 유효량 (<100 세포)과 결합한 혹독한 질병은 식품매개 병원성균의 대부분의 위험성사이에서 *E. coli* O157:H7이 적격이다. 병원성균에 의한 질병은 다양한 음식의 섭취와 연결되어 있다. 휴양시설의 물, 마시는 물 또한 *E. coli* O157:H7감염의 운반 매개 물질이다. *E. coli* O157:H7의 병원성 기작은 충분히 알려지지 않는다. 그러나 AE 부착과 하나 또는 다양한 Stx는 독성인자로 중요하다. 다른 EHEC 균주가 질병을 일으킬지라도 *E. coli* O157:H7은 여전히 북아메리카 EHEC의 중요한 혈청형이다. 비 O157:H7 EHEC 균주의 분리는 임상적인 실험실에서 사용하는 일반적이지 않은 기술을 요구한다. 따라서 이 균들은 통상적인 방법으로 거의 검출되지 않는다. 식품매개 질병에서 비 O157 EHEC 균주의 인식은 사람에게서 식품과 연관된 피가 섞인 설사증과 HUS에서 O157:H7보다 다른 EHEC 혈청형 동정에 요구된다. EHEC에 독특한 다른 독성 마커의 동정과 Stx 또는 그들의 유전자 실험과 같은 임상적인 실험실 기술의 증가된 유효성이 비 O157 EHEC가 기여하는 질병 검출을 강화할지 모른다.

요약

- 소는 *E. coli* O157:H7의 주된 병원소로서 전염 매개물이 대체로 조리가 덜 된 그라운드 비프이다.
- 내산성은 이 병원성균의 중요한 특징이다.
- O157:H7 보다 다른 EHEC 균주가 용혈성요독증후군 (HUS) 사건과 더 관련이 있다.
- Stx의 생산은 *E. coli* O157:H7의 중요한 독성인자이다.
- *E. coli* O157:H7은 솔비톨 비발효성과 β-글루쿠로니다아제 생산 능력 부족과 같은 생화학적 특성에 따라 다른 *E. coli* 균주와 쉽게 구분가능하다.

참고문헌

Besser, R. E., P. M. Griffin, and L. Slutsker. 1999. *Escherichia coli* O157:H7 gastroentertis and the hemolytic uremic syndrome: an emerging infectious disease. *Annu. Rev. Med.* **50:**355–367.

Centers for Disease Control and Prevention. 2000. Preliminary FoodNet data on the incidence of foodborne illnesses–selected sites,, United States, 1999. *Morb. Mortal. Wkly. Rep.* **49:**201–205.

Kaper, J. B., J. P. Nataro, and H. L. Mobley. 2004. Pathogenic *Escherichia coli. Nat. Rev. Microbiol.* **2:**123–140.

Meng, J., M. P. Doyle, and T. Zhao. 2007. Enterohemorrhagic *Escherichia coli*, p. 249–270. *In* M. P. Doyle and L. R. Beuchat (ed.), *Food Microbiology: Fundamentals and Frontiers*, 3rd ed. ASM Press, Washington, DC.

O'Brien, A. D., V. L. Tes, A. Donohue-Rolfe, M. P. Jackson, S. Olsnes, K. Sandvig, A. A. Lindberg, and G. T. Keusch. 1992. Shiga toxin: biochemistry, genetics, mode of action, and role in pathogenesis. *Curr. Top. Microbiol. Immunol.* **180:**65–94.

Perna, N. T., G. F. Mayhew, G. Posfai, S. Elliott, M. S. Donnenberg, J. B. Kaper, and F. R. Blattner. 1998. Molecular evolution of a pathogenicity island from enterohemorrhagic *Escherichia coli* O157:H7. *Infect. Immun.* **66:**3810–3817.

Philpott, D., and F. Ebel (ed.). 2003. E. coli *Shiga Toxin Methods and Protocols.* Humana Press, Totowa, NJ.

10 *Yersinia enterocolitica*

학습목표

- *Yersinia*를 식별하기 위해 기본적 생화학 특성의 이용
- 식품에서 어떤 조건이 *Yersinia*를 성장하게 하는지 이해
- 증상과 발병 개시 시간으로 *Yersinia*로 인한 식중독을 판단
- *Yersinia*의 성장을 막기 위한 알맞은 조건 (열, 보존제, 배합) 선택
- 그 종의 환경적 근원 식별
- 식중독을 유발하는 *Yersinia* 독소와 발병인자의 역할 이해

발발

*Yersinia enterocolitica*로 인한 식중독 중에서 가장 대규모로 발생한 것은 1982년 6-8월 사이 발생한 것이다. 적어도 172건의 *Y. enterocolitica* 양성반응이 알려졌고, 그 중 41%는 5세 미만의 어린이에게서 발병했다. 저온살균 우유의 섭취가 *Y. enterocolitica* 감염 경로였다. *Y. enterocolitica*가 우유에서 분리되지는 않았으나 유효기간이 지난 우유를 먹이는 돼지 농장의 우유 운반상자로부터 같은 혈청형이 분리되었다. 적절한 위생처리 없이 우유 상자가 재사용 되었다면 소비자에게 배달되는 우유팩 겉면에 감염되었을 것이다. 심한 복통과 발열 등 *Yersinia* 장염 증상은 맹장염과 유사하다. 실제로 17명의 환자들이 불필요한 맹장제거수술을 받았다.

서론

*Y. enterocolitica*는 1930년대에 병원성균으로 처음 알려졌다. *Y. enterocolitica*는 Enterobacteriaceae 과의 다른 속과 10-30%의 DNA 상동성을 나타내며 *Yersinia pseudotuberculosis*와 *Yersinia pestis* (역병 원인균)와 ~50% 정도 유사하다. 뒤에 두 종은 90% 이상의 DNA 상동성을 보이며 유전적 분석결과 *Y. pestis*는 처음으로 전염병의 실체가 알려진 바로전인 1,500-20,000년 전에 진화된 *Y. pseudotuberculosis*의 클론임이 밝혀졌다.

미생물의 특성

Yersinia sp.는 11가지 종이 있고 Enterobacteriaceae 과에 속한다. 이과에 속하는 다른 것과 마찬가지로 *Yersiniae*는 그람 음성이며, 옥시다아제 음성, 막대모양이며

포도당을 발효하는 통성혐기성이다. 세 종류의 잘 알려진 포유류 병원성균, 한 종류의 어류 병원성균 및 질병과의 관계가 불확실한 몇 종이 그 속에 속한다. 잘 알려진 네 가지 병원성균은 선페스트와 폐역병 (흑사병)의 원인이 되는 *Y. pestis*, 사람에게도 경우에 따라 발병하며 설치류 병원성균인 *Y. pseudotuberculosis*, 연어과 및 기타 담수어 장질환의 원인이 되는 *Yersinia ruckeri*, 사람에게 가장 빈번하게 나타나는 *Yersinia* sp.이며 장질환 병원성균인 *Y. enterocolitica*이다.

*Y. pestis*는 벼룩에 물리거나 호흡기를 통해 감염이 되는 반면 *Y. pseudotuberculosis*와 *Y. enterocolitica*는 식품유래 병원성균이다. 이 세 종은 숙주의 방어에 견딜 수 있는 독성 결정인자를 많이 갖고 있다. 이 독성 결정인자와 유사물질이 동물병원성균 (예, *Pseudomonas aeruginosa*, *Bordetella* sp.) 및 식물병원성균 (예, *Erwinia amylovora*, *Xanthomonas campestris*, *Pseudomonas syringae*) 뿐만 아니라 장출혈성 *E. coli*, *Salmonella*, *Shigella* sp.와 같은 장내세균에도 발견된다. 이는 다양한 병원성균 간에 독성 유전자의 수평적 이동을 의미한다. 게다가 *Yersinia*는 감염의 생리학적 반응을 약화시킬 수 있는 수많은 사람 유전자를 획득하고 있는 것 같다.

분류

*Y. enterocolitica*는 크게 생화학적 활성과 지다당 O 항원에 따라 여러 그룹으로 세분할 수 있는 이종의 속이다 (표 10.1). 생물형은 특정 유기기질을 대사하는 능력에 따라 분류되며, 임상적, 역학적 중요성에 따라 몇 가지 형태로 속을 세분하는 중요한 수단이다 (표 10.1). 대부분의 사람이나 가축의 병원성 균주는 생물변종인 1B, 2, 3, 4, 5이다. 반면에 생물변종 1A는 통상 육지나 담수생태계에 존재한다. 이러한 이유로 그들은 장내 감염을 유발함에도 불구하고 환경적 균주라 불린다. 흙, 물, 가공되지 않은 식품에서 분리된 *Y. enterocolitica* 모두가 생물변종인 것은 아니다. 이들 균주는 생물변종 1B-5 (하단참조)의 특징적인 독성 결정자가 부족하며 새로운 비병

표 10.1 *Y. enterocolitica*의 생물형 결정 방법

테스트	생물형의 작용[a]:					
	1A	1B	2	3	4	5
리파아제 (트윈 가수분해)	+	+	−	−	−	−
에스쿨린 (esculin) 가수분해	D	−	−	−	−	−
인돌 생성	+	+	(+)	−	−	−
자일로오스 (D-xylose) 발효	+	+	+	+	−	D
Voges-Proskauer 반응	+	+	+	+	+	(+)
트레할로오스 발효	+	+	+	+	+	−
질산 환원	+	+	+	+	+	−
피라진아미다아제 (pyrazinamidase)	+	−	−	−	−	−
β-D-글루코시다아제	+	−	−	−	−	−
프롤린 펩티다아제	D	−	−	−	−	−

[a] +, 양성; (+), 지연양성; −, 음성; D; 다른 반응

원성 아종 또는 새로운 *Yersinia* sp.로 분류된다.

*Y. enterocolitica*의 혈청형은 지다당 표면 O 항원에 근거하고 있는데 어떤 점에서는 생물변종과 일치하며 이 종을 병리학적 중요성의 측면에서 분류하는데 좋은 도구가 되기도 한다. 혈청형 O:3는 사람에게 가장 흔히 분리된다. 대부분은 생물변종 4에 속한다. 사람에게서 흔히 분리되는 또 다른 혈청형은 O:9 (생물변종 2), O:5,27 (생물변종 2 또는 3) 등이며 이는 북부 유럽에 자주 발생한다. 사람 임상 시료에서 가장 흔히 분리되는 *Y. enterocolitica* 생물변종은 생물변종 4이다. 생물변종 1B 세균은 보통 미국내 환자로부터 분리되며 미국인 균주라고도 불린다. 그것들은 미국에서 yersiniosis 식중독 원인이 되어왔다.

적어도 18개의 *Y. enterocolitica* 편모 (H) 항원 (보통 a, b; b, c; b, c, e, f, k; m; 등 소문자로 표기)이 밝혀져 있다. *Y. enterocolitica*의 H 항원과 비슷한 종의 H 항원 사이에는 중복되는 부분이 있지만, 완전한 O와 H 혈청형은 거의 되어 있지 않다.

Yersinia sp.는 박테리오파아지 타이핑, 다중효소 전기영동, 염색체와 플라스미드 DNA의 제한단편 길이 등의 방법에 따라 분류할 수 있다. 이러한 기술은 역학조사나 돌발적인 감염의 감염원을 추적하는데 데 이용될 수 있다.

감수성과 내성

*Y. enterocolitica*는 4°C 이하의 온도에서 자랄 수 있는 점이 보통 세균과는 다르다. 최적온도 (약 28–30°C)에서의 세대시간은 약 34분이며 22°C에서는 1시간, 7°C에서는 5시간, 1°C에서는 40시간으로 늘어난다. *Y. enterocolitica*는 냉동에 잘 견디며 얼리고 녹이는 과정을 반복하더라도 냉동식품 내에 연장된 기간 동안 살아남을 수 있다. *Y. enterocolitica*는 보통 중간 온도보다는 상온이나 냉장온도에서 잘 살아남는다. *Y. enterocolitica*는 조리되지 않은 식품보다 조리된 식품에서 더 잘 견디는데 이는 조리된 식품 내에 영양분 이용률이 증가하기 때문이다. 또한 가공되지 않은 식품 내에 비병원성 *Y. enterocolitica* 균주 같은 다른 내한성 세균 (5–35°C 사이에서 성장하는)이 존재하면 성장의 제한을 받는다. 조리된 쇠고기, 돼지고기의 경우 *Y. enterocolitica* 생균수는 25°C에서는 24시간이내에 7°C에서는 10일 이내에 100만배 이상 증가하게 된다. *Y. enterocolitica*는 진공 포장된 고기나 삶은 계란, 끓인 생선, 살균된 액상 계란, 살균된 전지우유, 치즈와 두부 경우 에는 냉장온도에서도 살 수 있다. 쇠고기, 돼지고기보다는 덜하지만, 굴, 생새우, 조리된 게살 같은 냉장 수산식품 경우에도 자란다. Yersiniae는 또한 냉장된 야채나 치즈에서 더 오랜 기간 견딜 수 있다.

*Y. enterocolitica*와 *Y. pseudotuberculosis*는 pH 7.6 정도가 최적이며 pH 4–10 범위에서 잘 자란다. 염기에 대한 내성은 좋으나 내산성은 산미료, 주변 온도, 배지 조성, 세균의 성장 단계에 따라 다르다. *Y. enterocolitica*의 내산성은 우레아제의 생산에 의해 증대되는데, 이는 요소를 가수분해하여 암모니아를 방출하여 세포질의 pH를 높이기 때문이다.

*Y. enterocolitica*와 *Y. pseudotuberculosis*는 열에 민감하여 71.8°C에서 18초 또는 62.8°C에서 30분 동안 저온살균으로 사멸된다. 표면이 오염된 고기를 80°C 뜨거운

물에 10–20초 동안 담그면 99.9% 세균이 감소한다. *Y. enterocolitica*는 또한 이온화와 UV 조사, 식품에 질산 나트륨이나 아질산 나트륨의 첨가로 쉽게 죽일 수 있다. NaCl 농도에는 5%까지도 견딜 수 있다. *Y. enterocolitica*는 유산, 초산 등의 유기산과 염소에 민감하다. 그러나 자연의 수상 환경과 비슷한 조건에서 자라는 yersiniae 중에는 염소에 대한 내성을 가진다.

감염의 특징

Y. enterocolitica 감염은 비특이적이고 자기제한적인 설사를 보이나 다양한 자기면역 질환을 일으킨다 (표 10.2). 이 질병의 위험 정도는 숙주의 특성 특히 나이와 면역 상태에 따라 다르다. *Y. enterocolitica*는 오염된 음식이나 물을 섭취한 후 위장관 내로 침입한다. 사람에게 감염을 유발하는 평균 양은 정확하지 않으나 10^4 CFU 정도이다. 위산은 *Y. enterocolitica* 감염에 대한 중요한 경로여서 위산이 적은 사람에게는 감염유발 양이 낮아진다.

대부분의 *Y. enterocolitica* 감염은 특히 5세 이하의 어린이에게 나타난다. 이러한 환자에게 발열과 복통을 동반한 설사를 일으킨다. 설사는 물 같은 상태부터 유점액 상태까지 다양하다. 그것은 보통 며칠에서 3주까지 지속되나, 어떤 이에게는 몇 달

표 10.2 *Y. enterocolitica*의 감염과 관련된 증상과 질병

공통적인 증상과 질병

설사 (위장염), 특히 소아 설사
소장결장염
말단 회장염 때문에 일어나는 가맹장염; 급성 임파절염
인두염
감염 후 자기면역 후유증
- 관절염 (HLA-B27와 관련)
- 결절성홍반
- 포도막염 (HLA-B27와 관련)
- 사구체신염 (드문경우)
- 심근염 (드문경우)
- 갑상선염 (드문 경우)

공통적이지 않은 증상과 질병

패혈증
내장농양 (간, 비장, 또는 허파)
피부감염 (농포, 상처에 의한 감염, 근염 등)
폐렴
심장 내막염
골수염
복막염
뇌막염
장중첩증
눈병 (결막염, 안내염)

동안 설사가 나타나기도 한다.

5세 이상 어린이와 성인의 경우, 급성 yersinia 증상은 복통을 일으켜 맹장염으로 오인되기도 하여 유사맹장염 증후군이라 불린다. 어떤 경우 발열을 일으키나 설사 증상은 거의 없다. 이 증후군은 생물변종 1B로 정의된 감염형 *Y. enterocolitica*에 의해 더 자주 발생한다. 실제 맹장염의 경우 *Y. enterocolitica*는 거의 발견되지 않는다.

*Y. enterocolitica*는 장 외부에서 분리되지는 않지만, 그것이 자랄 수 없는 조직은 없다. 면역 기능 저하, 영양 불량, 만성 신장질환, 간질환, 알코올 중독, 당뇨병, 그리고 만성/급성 철분 과다 축적 등은 *yersinia* 균혈증에 더 민감하게 만드는 요인이 된다. 신체 기관에 퍼지면 농양, 카테터 관련 감염, 심장 질환, 뇌막염 등과 같은 다양한 질환을 유발한다. *Y. enterocolitica*의 치사율은 30–60% 정도이다.

Yersinia 증상을 앓는 대부분의 사람이 장기간의 합병증 없이 회복되기는 하지만 *Y. enterocolitica*의 감염은 급성 감염에 따른 관절염, 심장염, 갑상선염과 같은 면역학적 합병증에 주목하여야 한다. 이 중 관절염이 가장 많이 알려져 있다.

감염원

Yersinia sp.에 감염은 동물에서 사람으로 전달되는 동물원성 감염증이다. 사람에 흔히 나타나는 *Y. enterocolitica*의 아종은 가축에도 존재하지만, 사람에 희귀한 종은 일반적으로 야생 설치류에 존재한다. *Y. enterocolitica*는 여러 환경에서 살아남을 수 있어서 새, 개구리, 어류, 파리, 벼룩, 게, 굴 뿐만 아니라 많은 포유동물의 장관에서도 분리되었다.

*Y. enterocolitica*에 양성인 식품은 돼지고기, 소고기, 양고기 그리고 유제품 등이 있다. *Y. enterocolitica*는 또한 육지와 흙, 초목, 호수, 강, 우물, 개울 등 담수 생태계에서도 흔히 발견된다. 그것은 흙, 초목, 개울, 호수, 우물, 온천 물 등, 특히 낮은 온도의 환경에서 다양한 기간 동안 살아남을 수 있다. 많은 환경적 *Y. enterocolitica*는 세균 독성의 정도가 미약하여 사람이나 동물의 건강에 위험하지는 않다.

*Y. enterocolitica*가 다양한 야생동물이나 가축에서 발견되지만, 돼지는 사람의 질병과 가장 밀접한 관계가 있는 생물변종 4와 혈청형 O:3가 빈번히 분리되어온 유일한 동물 종이다. 돼지는 혈청형 O:9와 O:5,27도 옮기는데, 이것 또한 사람에 흔히 감염된다. 사람 yersinia 증의 발병율이 높은 나라에서 *Y. enterocolitica*는 흔히 도살장의 돼지에서 분리된다. 도축 시 가장 흔히 배지 양성 반응을 보이는 조직은 편도선이다. 이는 돼지에 *Y. enterocolitica* 감염이 가장 잘 일어나는 부위이다. *Yersiniae*는 또한 혀, 맹장, 직장, 분변, 위 조직에서도 분리된다. *Y. enterocolitica*는 소매로 공급되는 고기에서는 거의 분리되지 않는다. 그러나 세균 분리와 검출의 표준법은 실제의 오염발생을 과소평가한다. 돼지가 감염의 중요한 요인이라는 증거는 yersinia 증에 감염된 생고기나 덜 익힌 고기를 먹은 후의 역학적 조사에 바탕을 두고 있다. 감염은 또한 곱창를 분리할 때 오염된 돼지 창자를 만진 후에도 일어날 수 있다.

식육은 생물변종 1B *Y. enterocolitica*에는 거의 감염되지 않는데, 그 감염원은 거의 알려져 있지 않다. 그들의 높은 독성에도 불구하고 이러한 균주에 의한 yersinia 증의 발병율이 낮은 것은 사람과 감염원사이의 접촉이 제한되었음을 의미한다. 이

생물변종에 의한 yersinia 증은 쥐의 병원성균이므로 쥐가 이러한 균주들의 감염원이라고 추정된다.

식품에 의한 발발

*Y. enterocolitica*가 자연계에 널리 분포하고 있으며, 식육에 집락을 형성하고 동물과 환경에 저항하고, 냉장온도에서 성장하는 능력에 비해 yersinia 증의 발생은 놀랍게도 매우 드문 것이다. 그 기원이 알려진 대부분의 식중독은 대부분 우유에 의한 것이다 (표 10.3). *Y. enterocolitica*는 살균에 의해 쉽게 파괴된다. 그러므로 감염은 생우유 또는 살균 후에 오염된 우유를 섭취하기 때문이다. 1970년대 중반에 발생한 두 건의 yersinia 증은 *Y. enterocolitica* O:5, 27에 의한 것인데, 생우유를 먹은 138명의 캐나다 학생들에게 발생하였으나 우유에서는 그 세균이 검출되지 않았다. 1976년 뉴욕 주에서 발생한 것은 혈청형 O:8 *Y. enterocolitica*가 원인이었으며, 감염된 217명 중 38명이 배지 양성반응을 보였다. 감염원은 초코우유였는데, 이는 살균 후에 오염된 것으로 알려졌다.

1981년, *Y. enterocolitica* O:8에 의한 감염은 뉴욕 주에 다이어트 캠프에서 455명 중 35%에게 일어났다. 그 중 7명의 환자는 입원하였고, 다섯 명은 맹장절제술을 받았다. 감염원은 물에 녹인 분유와 초면이었다. 아마도 어떤 감염된 식품 조리사가 요리 중 음식을 오염시킨 것이었다.

최근 아틀란타에서는 15명의 유아와 어린이가 *Y. enterocolitica* O:3에 감염되었다. 이 경우에는 식품취급자에 세균이 곱창에서 어린에게 감염된 것이었다. 돈육치즈 (돼지 곱창으로 만든 소시지의 일종)나 콩나물, 두부도 원인이었다. 콩나물과 두부의 경우에는 오염된 우물이나 샘물이 발생원인이었다. 뉴욕주의 75세 노인과 캐나다 온타리오의 한 가정에서 발생한 *Y. enterocolitica* 경우 물이 감염원 이었다. *Y.*

표 10.3 *Y. enterocolitica* 감염으로 발생된 식중독 사례

지역	년도	월	대상자수	혈청형	발병원
캐나다	1976	4월	138	O:5,27	생우유?[a]
뉴욕	1976	9월	38	O:8	초코우유
일본	1980	4월	1,051	O:3	우유
뉴욕	1981	7월	159	O:8	분유; 초우면
워싱턴	1981	12월	50	O:8	두부, 샘물
펜실베니아	1982	2월	16	O:8	콩나물, 우물물
남아메리카	1982	6월	172	O:13a,13b	우유?[a]
헝가리	1983	12월	8	O:3	돼지고기 치즈 (소시지)
조지아 (미국)	1989	11월	15	O:3	돼지곱창
북동 아메리카	1995	10월	10	O:8	저온살균우유?[a]

[a]?, 발병원으로부터 세균이 분리되지 않았음

enterocolitica O:3에 감염된 것으로 추정되는 몇 건의 식중독 사고가 영국과 일본에서 발생하였지만 대부분의 경우 감염원이 규명되지 않았다.

병원성 기작

*Y. enterocolitica*는 그 독성 결정자에 대해 집중적으로 연구되어온 침입성 장관 병원성균이다. *Y. enterocolitica*의 모든 균주가 똑같이 독성을 띄지는 않는다. *Y. enterocolitica* 균주 중 생물변종 1B, 2, 3, 4, 5는 상호작용하는 독성 결정자를 갖고 있다.

병리학적 변화

Yersinia 증을 앓는 환자의 수술 표본을 조사해본 결과 *Y. enterocolitica*는 침입성 병원성균임이 밝혀졌다. 회장말단이 주 감염소이다. 다른 질병으로 발전될 수도 있으므로 사람에 대해서는 yersinia 증에 대한 임상실험을 할 수 없었다. 그러므로 yersinia 증의 병원성에 대한 대부분의 정보는 쥐나 토끼와 같은 동물 모델에 의한 것이다. 실험적으로 감염된 토끼와 돼지는 장관 상피 조직에 침투 후 병원체가 온몸에 퍼질 수 있었다. 만일 세균이 림프절까지 도달한다면, 혈액에 들어가 어떤 장기에도 퍼질 수 있다. 그러나 그것들은 간과 비장에 주로 감염된다.

독성 결정인자

염색체 내 인자

*Y. enterocolitica*가 포유동물의 세포 내로 침투할 수 있는 것은 *inv* 유전자에 의해 발현되는 외막 단백질인 인베이신 (invasin)과 관계가 있다. 인베이신은 장질환과 장출혈을 일으키는 *E. coli* 균주의 필수적 독성 결정자인 인티민 (intimin)과 관련이 있으며, 이것은 이 균의 감염의 특징인 독특한 부착-소멸성 장기손상을 유발한다.

인베이신의 아미노말단은 세균의 외막에 삽입되어 있고 카르복시말단은 표면에 노출되어 있다. 카르복시말단은 숙주 세포의 인테그린 (integrin)과 결합한다. Invasin이 있는 사균은 물론 심지어 그 일부 껍질이라도 숙주세포 내로 침투 할 수 있기 때문에, 그 침입 과정은 전적으로 숙주세포에 의해 조절된다. *Y. ruckeri*를 제외한 거의 모든 *Yersinia* sp.에 *inv*와 거의 비슷한 DNA 서열이 존재하지만, 그 유전자는 *Y. pseudotuberculosis*와 전형적인 병원성 생물변종인 1B-5 내에서만 기능을 갖는다. 이는 인베이신이 그 독성에 중요한 역할을 함을 의미한다.

*Y. enterocolitica*의 대부분은 열에 안정한 장독소이며 어린 쥐에서 활성을 나타내는 Yst (또는 Yst-a)를 분비한다. Yersinia증의 한 증상인 설사와 Yst의 관계는 아직 명확하지 않다. *Y. enterocolitica*의 어떤 균주는 4-37°C의 넓은 온도 범위에서 Yst나 다른 장독소를 만들어낼 수 있다. 이러한 독소들은 산에 상대적으로 안정하기 때문에 위산에 견딜 수 있다. 만일 식품에 존재한 상태로 함께 소화된다면, 이는 식중독을 유발할 수 있다. 그러나 인위적으로 식품에 접종해 보았을 때 그 독소는 25°C에서 주로 세균 성장 중 정상기에 만들어졌다. 식품 내 그 독소의 생산에 적절한 저

장 조건은 심각한 부패와 생성된 Yst를 섭취하는 결과가 발생된다.

실험실 조건에서 *Y. enterocolitica*는 25°C에서는 운동성이 있지만 37°C에서는 그렇지 않다. 플라젤린과 인베이신 모두를 암호화하는 유전자의 발현은 전사과정에서 조절되는 것으로 나타났다. 인베이신의 발현에 손상을 입은 *Y. enterocolitica* 돌연변이는 극도로 운동성을 가진다. 편모 단백질은 yersinia 증을 앓는 사람에서 만들어진다. 운동성은 쥐의 *Y. enterocolitica* 독성에는 영향이 없는 것으로 나타났다.

다른 독성 결정인자

철이 과다 축적된 환자는 *Y. enterocolitica*에 감염될 확률이 높다는 연구결과로 부터 조직 내 철의 이용율은 yersinia 증 예후를 결정한다. *Y. enterocolitica*는 분리균주 중에는 포스포리파아제 A를 생성하기 때문에 용혈성 (적혈구를 용해)을 가진다. 이 효소를 암호화하는 *ypl*A 유전자가 없는 *Y. enterocolitica*균주는 그 균을 접종한 쥐에서 독성이 감소되었다. YplA는 편모 단백질과 같은 이출 기작을 통해서 *Y. enterocolitica*에 의해 분비된다.

Y. enterocolitica 내에서 내산성은 우레아제 생산과 관계있다. 이 효소는 요소로부터 암모니아의 배출을 촉매하고 세균이 pH 2.5까지 견딜 수 있게 한다. 우레아제는 또한 숙주 조직 내에서 *Y. enterocolitica*의 생존에 기여하지만 그 작용기작은 알려지지 않았다. *Y. enterocolitica*의 우레아제는 pH 3.5–4.5에서 최적 활성을 나타내는 점에서 특이하며 세균의 산 저항에 대한 생리학적인 역할을 하는 것으로 생각된다.

독성이 강하고 침입성인 *Y. enterocolitica* 균주들은 pYV (plasmid *Yesinia* virulence)라 하는 약 70 kb 플라스미드를 가지는데, 이는 *Y. enterocolitica*, *Y. pestis*, *Y. pseudotuberculosis*에서도 발견된다. pYV는 세균이 식균작용과 용균으로부터 견딜 수 있게 해준다. 그래서 병원성균이 조직 내에서 자랄 수 있는 것이다. pYV음성 변종을 숙주의 상피 세포나 식세포와 함께 배양하면 다른 손상 없이 많은 수가 세포 내로 침입한다. 반대로 pYV양성 세균은 주로 숙주 세포 밖에 남아 있다.

장질환을 일으키는 yersinae는 특이한 분비 경로 (type III 분비경로)를 이용하여 진핵세포의 세포질 내로 단백질을 삽입한다. 세균의 세포질에서 숙주의 세포질로 *Yersinia* 외막 단백질 (Yops)의 이동은 숙주에 가깝게 결합되어 있는 세균으로부터 한 단계로 일어난다.

*Yersinia*에 의해 유도되는 자기면역 질병

pYV양성 *Y. enterocolitica*에 감염된 소수의 환자들은 자기면역성 관절염을 앓는다. 비슷한 현상이 *Campylobacter*, *Salmonella*, *Shigella*, *Chlamydia* sp.에 감염되어도 나타난다. 활성 관절염의 발병은 연구된 바가 별로 없다. 남성과 여성은 똑같이 영향을 받는다. 관절염은 보통 1–38일 범위 내에서 1–2주 동안 설사나 가맹장염 증상을 동반한다. 관절은 대부분 무릎, 발목, 발가락, 발목관절, 손가락, 손목, 팔꿈치 등을 포함한다. 관절염은 보통 3개월 이하 지속된다.

*Y. nterocolitica*는 여러 가지 갑상선 장애, 자기면역성 갑상선염, 그레이브스병 (갑상선기능항진증) 등과 관력이 있다. 후자는 thyrotropin (TSH) 수용체에 대한

항체를 생산하는 사람에 의해 유발되는 면역계 장애이다. *Y. enterocolitica*와 갑상선 질환의 연관성은 이러한 장애를 가진 환자가 *Y. enterocolitica* O:3에 대한 항체의 양이 증가하는 것으로 알 수 있다.

다른 yersinia 증의 자기면역 합병증은 라이터증후군 (Reiter's syndrome), 포도막염 (uveitis), 급성 사구체신염, 대장염, 류마티스성 심장염 등이 있는데, 이들은 주로 스칸디나비아 반도의 국가에서 보고된다. Yersinia 증은 비독성의 갑상선종과 하시모토 갑상선염과 관련되어 있지만 그에 대한 yersiniae의 역할은 아직 밝혀지지 않았다. 일본에서 *Y. pseudotuberculosis*는 가와사키 병과 관계있는 것으로 알려졌다.

요약

- *Y. enterocolitica*는 우레아제, 편모, 부드러운 지다당 등의 특징을 나타내는데 위와 소장의 점막층을 통해 감염된다.
- 일단 *Y. enterocolitica*는 37℃ 장내에서 분열을 시작하면, 지다당이 불규칙해지고, 세균의 표면에 Ail, YadA가 노출된다.
- 37°C에서 자란 *Y. enterocolitica*과 비교했을 때, 상온에서 자란 *Y. enterocolitica*의 감염율이 높은 것은 yersinia 증이 사람과 사람사이의 전염이 적은 것을 입증한다.
- 온도유도상으로 특징되는 *Y. enterocolitica*의 생명주기는 *Y. pestis*의 벼룩-쥐-벼룩 주기와 비슷하다.
- *Y. enterocolitica*가 자연계에 널리 분포하고 있으며, 식육에 집락을 형성하고 동물과 환경에 저항하고, 냉장온도에서 성장하는 능력에 비해 yersinia 증의 발생은 놀랍게도 매우 드문 것이다.

참고문헌

Andersen, J. K., R. Sorensen, and M. Glensbjerg. 1991. Aspects of the epidemiology of *Yersinia enterocolitica:* a review. *Int. J. Food Microbiol.* **13:**231–237.

Bottone, E. J. 1997. *Yersinia enterocolitica:* the charisma continues. *Clin. Micrbilo. Rev.* **10:**257–276.

Burnens, A. P., A. Frey, and J. Nicolet. 1996. Association between clinical presentation, biogroups and virulence attributes of *Yersinia enterocolitica* strains in human diarrhoeal disease. *Epidemiol. Infect.* **116:**27–34.

Cover, t. L., and r. C. Aber. 1989. *Yersinia enterocolitica. N. Engl. J. Med.* **321:**16–24.

Robins-Browne, R. M. 2007. *Yersinia enterocolitica,* p. 293–322. *In* M. P. Doyle and L. R. Beuchat (ed.), *Food Microbiology: Fundamentals and Fronitiers,* 3rd ed. ASM Press, Washington, DC.

Schiemann, D. A. 1989. *Yersinia entrocolitica and Yersinia pseudotuberculosis,* p. 601–672. *In* M. P. Doyle (ed.), *Foodborne Bacterial Pathogens.* Marcel Dekker, New York, NY.

11 *Shigella* Sp.

학습목표

- *Shigella*를 식별하기 위해 기본적 생화학 특성 이용
- 식품에서 어떤 조건이 *Shigella*를 성장하게 하는지 이해
- 증상과 발병 개시 시간으로 *Shigella*로 인한 식중독 판단
- *Shigella*의 성장을 막기 위한 알맞은 조건 (열, 보존제, 배합) 선택
- 그 종의 환경적 근원 식별
- 식중독을 유발하는 *Shigella* 독소와 발병인자의 역할 이해

발발

1998년 여름, 두 달 동안, 신선한 파슬리 섭취와 관련된 7건의 *Shigella sonnei* 감염이 발생했다. 신선한 파슬리는 맛과 색을 더하기 위해 곁들여지거나 음식 위에 종종 뿌려진다. 수백 명의 사람들이 심한 단기간의 설사와 함께 앓았다. 환자들의 대부분은 음식점에서 조리되지 않은 채로 잘려진 파슬리를 먹었다. 병원체는 pulsed-field 겔 전기영동, 역학 역추적, 다른 조사로부터의 자료를 바탕으로 *S. sonnei*라고 밝혀졌으며, 멕시코의 한 농장이 오염된 파슬리의 근원지로 함축되었다. 이 발병의 여파로 많은 양의 파슬리를 자르고 보관하는 것과 실온에서 파슬리를 자르는 것과 같은 단계를 없애자고 하는, 식품 취급 실무의 변화가 제기되었다. *Shigella*는 오염된 관개용수와 신선한 야채의 수확 후 과정을 통해 확산된다. 전염은 10−100개의 적은 양의 세균으로 감염을 유발하며 대변-구강 경로로 발생한다. 인간과 다른 영장류만이 *S. sonnei*의 유일한 보유자이다.

서론

세균성 이질 (또는 시겔라증상)은 *Shigella* sp.에 의해서 야기된다. 이질은 히포크라테스가 고통스러운 복부 경련을 수반하고, 피와 점액을 포함한 잦은 배변이 특징인 병을 설명하면서 쓰인 용어이다. 아마도 이 병의 가장 역사적인 충격은 군사작전에 지대한 영향을 준 것이었다. 지연되는 군사 전투와 공격은 항상 대부분 이질 유행을 퍼트렸고, 그것은 수많은 군사/민간인 희생자를 낳았다. 배설물을 통해 오염된 음식

과 물에 의해 경구 투입되어 질병 유발에 적은 양이 요구되는 점에서 *Shigella* sp.에 의한 이질이 자연재해 (지진, 홍수, 기근)나 인재 (전쟁)로부터 유발된다는 것도 놀랄 일이 아니다. 이는 이러한 특수 환경이 아니어도, 선진국이나 후진국에서 중요한 질병으로 남아있다.

지난 20년 동안 몇몇 큰 시겔라증 발병은 오염된 식품 소비와 관계가 있었다 (아래 참조). 질병은 오염된 식품 섭취로 야기되었고 몇몇 사례에서는 감염자의 오염된 배설물로부터 급속히 전염되었다.

1989년과 1994년 : 여객선을 타고 해외로 퍼진 시겔라증. 1989년 10월, 여객선 승객 14%와 선원 3%가 위장 증세를 보였다는 보고가 있었다. 복수항체내성 균주인 *Shigella flexneri* 2a가 환자로부터 분리되었고, 독일 감자 샐러드가 발병 원인이었다. 오염은 처음에 음식이 조리된 나라에서 발생하여 계속해서 조리실 승무원에 의한 것으로 밝혀졌다. 1994년 8월에도 S.S. *Viking Serenade* 라는 여객선에서 시겔라증이 발생하였다. 승객 34%인 586명이 설사 증세를 보였으며 한 사람이 사망했다. *Shigella flexneri* 2a가 환자로부터 분리되었고, 봄 양파가 원인이 된 것으로 추정되었다.

1990년 : 사막의 방패 작전. 군사작전 중의 설사는 군대가 제대로 채비하지 못하게 하는 주요 원인이다. 장내병원성균은 사막의 방패 작전 중의 214명의 미군에게서 분리되었고, 그 중 113명이 시겔라증으로 진찰되었는데, *S. sonnei*가 가장 우세한 종이다. 시겔라증은 군사 수행에서 많은 시간을 잡아먹었고 사우디아라비아에서 미군에게 분리된 가장 흔한 장내병원성균인 장독소 *E. coli*보다 좀 더 심각한 질병율을 일으킨 책임이 있다. 운반체는 오염된 생야채, 특히 양상추였다. 12개의 양상추를 검사한 결과, 모든 양상추에서 장내병원성균이 분리되었다.

1991년 : 알래스카의 무스 수프. 1991년 9월, 알래스카의 갈레나에서 지역민 모임에 참가한 25인은 집에서 만든 무스 수프를 먹다 *시겔라증*에 걸렸다. 수프를 만든 다섯 여성 중 한 명은 위장염을 앓고 있었다. *S. sonnei*가 입원환자에게서 분리됐다.

1994년 : 오염된 가공품. 오염물질로는 상추와 골파가 관계있었다. 1994년 노르웨이에서 *S. sonnei*에 의한 시겔라증의 110개의 배양-확인 사례가 보고되었다. 샐러드 바에 있던 스페인산 아이스버그 양배추가 발병의 원인으로 추정되었고, 유사하게 영국과 스웨덴을 포함한 유럽 국가들의 발병율을 높이는 데에도 영향을 주었다. *S. sonnei*는 유럽 북서부 국가의 환자에게서 분리되었지만, 다른 식품에서는 발견되지 않았다. 역학적 증거는 수입된 상추가 매개체임을 알려주었다. *S. flexneri* 혈청형 6 (만니톨-음성) 감염의 발생은 1994년 미드웨스트에서 발병했다. 확실하지는 않지만 매개체는 멕시칸 골파 (봄양파)

로 추정되었다. 17명의 대상자가 인디애나 교회 식사에서 발생하였으며, 29명이 인디애나 기념 연회장에서 발생하였고, 26개의 배양 확인된 만니톨-음성 *S. flexneri* 또는 *Shigella* sp.는 일리노이 주 보건당국에 보고되었다. 또한 *S. flexneri* 혈청형 6이 미주리, 미네소타, 위스콘신, 미시건, 켄터키의 환자들에게서 분리되었다. 골파의 섭취가 감염원인 것으로 지목되었는데, 감염된 노동자가 골파를 수확하고 포장하는 과정에서 감염시켰을 가능성이 크다.

2000년 : 5층 콩 딥 소스. 오염된 5층 (콩, 살사, 과카몰리, 나초 치즈, 사우어 크림)의 딥 소스와 관련된 시겔라증이 서부 3개 주에서 발생했다. 원인 병원성균인 *S. sonnei*가 최소 30명의 환자로부터 분리되었다. 병원성균은 딥 소스의 치즈 층에서만 분리되었고 먼저 *Shigella*를 표적으로 하는 PCR 검사에 의해 검출되었다. 다음으로 *Shigella*는 선택배지에 도말하여 집적 배양하여 분리되었다.

2001년 : 토마토. 전염병에 관한 정보에 의하면 880명 이상이 관련된 발발은 여러 식당이 동일한 판매지로부터 구입한 과숙되고 흠집이 난 토마토와 관련이 있다. 병에 걸리거나 증상이 있는 작업자들은 토마토를 구입하기 전에는 아프지 않았음이 보고되고 이 작업자들로부터 균주가 분리되었다.

표 11.1 *Shigella* sp.에 의한 식중독 발발 사례

년도	지역	오염원[a]	분리균주
1986	텍사스	세절 양상추	*S. sonnei*
1987	레인보우 패밀리 모임	식품취급자 (조리사)	*S. sonnei*
1988-1989	뉴욕주 몬로에	다양한 오염원	*S. sonnei*
1988	미시간 야외 음악 축제	식품취급자 (조리사)	*S. sonnei*
1988	상용 항공기내	냉장 샌드위치	*S. sonnei*
1989	여객선	감자 샐러드	*S. flexneri*
1990	미군 사막방패작전	신선 식품 (야채)	*Shigella* sp.
1991	알래스카	무스 (moose) 수프	*S. sonnei*
1992-1993	미군 희망회복작전, 소말리아		*Shigella* sp.
1994	유럽	스페인산 세절 양상추	*S. sonnei*
1994	중서부	골파	*S. flexneri*
1994	여객선		*S. flexneri*
1998	미국 여러 지역	생파슬리	*S. sonnei*
2000	서부 연안	콩 딥소스	*S. sonnei*
2001	뉴욕	토마토	*S. flexneri*

[a] 오염원이 밝혀지지 않은 경우 표기하지 않았음.

시겔라증 식중독 발병 원인에 대한 특이한 점은 식품의 오염이 가공 공장에서는 발생하지 않고 식품을 다루는 사람 손으로 전염된다는 것이다. 위의 사례 내용과 표 11.1의 명백한 예처럼 이 사건은 작은 마을의 모임이나 소풍에서 감염된 손으로 음식이 오염되는 것에서부터 여객선이나 기관에서처럼 대규모의 발병에 이르기까지 어떤 경우도 될 수 있다.

분류 및 생화학적 특성

체성항원 (O 항원)을 기준으로 한 혈청학적 그룹 (41 혈청형)으로 분류되는 *Shigella* sp.에는 *Shigella dysenteriae* (그룹 A), *S. flexneri* (그룹 B), *Shigella boydii* (그룹 C), *S. sonnei* (그룹 D)과 같이 네 종이 있다. 장내세균과의 한 종류로서 그것들은 유전적으로 escherichiae와 거의 일치하고 samonellae와 매우 가깝다. *Shigella* sp.는 운동능력이 없고, 옥시다아제 음성, 그람 음성의 막대형 세균이다. 이 세균을 다른 장내세균과 구별하는 중요한 생화학 특성은 락토오스 발효가 불가능하다는 것이다. 그러나 *S. sonnei*의 일부 균주는 천천히 락토오스를 발효하거나 구연산을 유일한 탄소원으로 활용하기도 한다. 그것들을 *S. flexneri* 6, *S. boydii* 혈청형 13과 14를 제외하고는 황화수소를 생산하지 않고, 포도당으로부터 가스를 발생시키지 않는다. *Shigella* sp.는 시안화칼륨 (청산칼리)에 의해 억제되고 리신 탈카르복실라아제를 합성하지 않는다. 장침입성 *E. coli* (EIEC)는 *Shigella* sp.와 병균학적, 생화학적으로 유사한 특성이 있다. 이 유사성은 이러한 병원체를 구별하는데 문제가 된다. 예를 들어 EIEC는 운동능력이 없고 락토오스 발효가 불가능하다. EIEC의 몇몇 혈청형 또한 *Shigella*와 동일한 O 항원을 갖고 있다.

Shigella sp.는 성장 조건이 특별하지 않고 통상 실험실 합성 배지에서 배양된다. *Shigella* 배양균은 물과 임상 표본과 같은 분석시료로부터 쉽게 분리되며 잘 자란다. 후자의 경우, 급성 감염 상태 동안에는 배설물에 다수 (대변 1 g당 10^3–10^9)의 *Shigella* sp.가 존재하므로, 균의 동정은 배양 배지, 생화학 분석, 혈청학적 유형에 따라 즉시 이루어진다. 초기 감염 후 몇 주 동안 회복기 환자 (대변 1 g당 10^2–10^3)에서 shigellae가 검출된다. 이 단계에서는 선택 집적 액체배지의 사용이 불가능하고 배설물 시료 중 다른 세균이 더 크게 성장하기 때문에 *Shigella*의 분리는 더 어렵다.

식품으로부터의 *Shigella* sp.의 분리는 다른 근원보다 쉽지 않다. 식품에는 shigellae의 검출에 영향을 미치는 다양한 물리적 요소를 가지고 있다. 식품의 지방함량; pH와 염 같은 물리적 인자; 식품 중 자연미생물 같은 요소들이 이에 해당된다. 후자의 경우 시료 중 다른 미생물이 존재하면 액체배양 동안 *Shigellae*보다 더 빨리 자란다. 발병의 임상적 보고에서 식품 시료의 분석까지 상당한 시간이 걸리므로 원인물질을 알아내는 가능성이 줄어들게 된다. 식품 내 shigellae의 생리학적 상태가 성공적인 검출에 중요하다. *Shigella* sp.는 추정되는 식품 시료에 소수로 존재하거나 생리적 상태가 부실한 상태로 있을 것이다. 이러한 조건에서는 특별한 집적 배양 과정이 shigellae의 성공적인 분리와 검출에 요구된다.

식품 속의 *Shigella*

Shigella sp.는 특정 식품과 관계가 없다. Shigellae에 의한 발병과 관련된 일반 식품에는 감자 샐러드, 치킨, 토스트 샐러드, 조개 등이 해당된다. 오염된 식품은 집, 식당, 캠프, 소풍, 학교, 비행기, 여대생 클럽 회관, 군대 식당을 포함한 곳에서 공급된다. 많은 경우, 근원식품은 알려지지 않았다. 1983년에서 1987년까지 54,453명의 대상자에 해당되는 2,397건의 식중독 발병이 미국 질병통제예방센터로 보고되었는데, 38%만이 원인체가 밝혀졌을 뿐이다. 역학조사 결과 어떤 보통의 식품이 지목을 받지만, *Shigella* sp.가 종종 음식으로 검출되지 않고 표준 세균학적 방법으로도 규명되지 않는다. 또한 *Shigellae*가 흔히 특정 음식과 연관되어 있지 않기 때문에 이 질병을 알아내기 위한 일반적인 식품검사는 잘 행해지지 않는다.

가공 공장에서 미생물에 오염된 식품의 문제에 대한 전통적인 접근은 최종 제품을 검사하는 것이다. 이 접근 방법에는 몇 가지 결점이 있다. 현재 세균학적 방법들은 종종 시간이 소요되고 힘이 든다. 최종 제품검사에 대한 대안은 HACCP 체계이다. HACCP 체계는 미생물 오염과 화학적 물리적 위험에 가장 취약한 가공 체계의 중점관리기준을 규명하고 있다.

대조적으로, 식품에 *Shigella* 오염을 예방하기 위한 중점관리기준의 수립이 HACCP 개념에 항상 적합한 것은 아니다. 병원성균은 대개 위생 상태가 불량한 감염자로부터 식품으로 유입된다. 어떤 경우에는 이는 제조 장소에서 일어나지만 대부분은 가공공장과 소비자 사이의 시점에서 발생된다. 다른 요인은 야채 (예 양상추)와 같은 식품은 수확지에서 오염되어 직접 마켓으로 배송된다는 사실이다. HACCP 체계가 식품 안전성과 식중독 발병을 막는 수단임에도 불구하고, 원래 존재하던 것아 아니라 식품으로 유입되는 *Shigella*와 같은 병원성균은 대개 검출되기 어렵다.

식품에서의 생존과 성장

성장 조건에 따르면 *Shigella* sp.는 pH 2-3의 배지에서 수 시간 생존할 수 있다. 그러나 shigellae는 낮은 pH 식품이나 대변 샘플에서는 잘 살아남지 않는다. 감귤류 주스 (오렌지와 레몬), 탄산음료, 와인을 사용한 연구는 shigellae가 1-6일 후에 회복 검출된다는 것을 밝히고 있다. 버터나 마가린과 같은 중성 pH 식품에서 냉동 또는 6°C 보관했을 때 shigellae가 100일 후에 회복되었다.

*Shigella*는 영하 20°C에서 상온까지 생존 가능하나 상온에서보다 냉동 또는 냉장 보관된 식품에서 더 오래 버틴다. 마요네즈나 치즈가공품을 포함하는 샐러드 같

BOX 11.1

***Shigella*는 쉽게 전달된다.**

*Shigella*는 식품에 의해 사람에서 사람에게 쉽게 전달된다. 발병은 주로 특히 화장실 사용 후 적절하게 손 씻지 않는 것과 같은 위생불량과 관계가 있다. 병원성균은 상온에서 식품 중에서 빠르게 증식한다. *Shigella*는 숙주에 Shiga 독소라고 하는 강력한 독소를 생산한다. 시겔라증은 중독이 아니라 감염이다. 즉, 영양세포가 유입되어야하고, 세포가 증식하여 질병을 유발한다. 100개의 세포 정도로도 질병을 유발할 가능성이 있다.

은 식품에서는 *Shigella*가 13에서 92일간 생존했다. *Shigella*는 냉동 새우, 아이스크림, 잘게 썬 돼지고기와 같은 식품의 습기 없는 표면에서 더 오래 살았다. *Shigella*의 성장은 4°C, pH 4.8-5.0에서 NaCl 3.8-5.2%, $NaNO_2$ 300-700 mg/L, 염소산나트륨 (NaClO) 0.5-1.5 mg/L 상태에서 지연되었다. *Shigella*는 3 kGy에서 10^7 CFU/g의 감소를 보일 정도로 이온화 방사선에 민감하다.

질병의 특징

시겔라증은 적어도 (i) 혈변 설사나 이질 유발, (ii) 낮은 감염량, 이 두 가지 중요한 점에서 이 책에 언급된 다른 식중독균과는 차이가 있다. 이질은 혈변을 포함하지만 혈 점액성 설사는 급성 복통과 직장의 고통, 근육경련, 열을 수반한다. 복통과 설사가 시겔라증을 앓는 모든 환자에게 나타나는 반면, 열은 1/3 정도, 혈이 섞인 대변은 40%정도 까지 나타난다. 시겔라증 임상적 특징은 약한 묽은 설사에서 급성 이질까지 범위가 크다는 것이다. *Shigella* sp.로 인한 이질 단계는 묽은 설사가 먼저 일어날 수도 그렇지 않을 수도 있다. 이질 단계에서는, 결장에 과도한 세균집락형성과 세포로의 침입이 있게 된다. 감염이 진행되면 점액 표면의 죽은 세포가 떨어져 나가고 이것이 대변에 혈액, 고름, 점액이 나타나게 한다.

*Shigella*는 건강한 사람에게도 병을 유발하는 급성 병원체이다 (Box 11.1). 가장 발병이 잘 되는 연령은 6세 미만의 아동들이다. 시겔라증의 발병기간은 1일에서 7일이지만 증상은 주로 3일 내에 시작된다. 병의 심각성의 정도는 관련된 균주에 따라 다를 것이다. 그러나 병의 심각성과 상관없이 시겔라증은 자기제한을 한다. 치료되지 않은 채 있으면, 임상적 질병은 대개 1, 2주간 지속되고 (길어야 한 달), 환자는 회복한다. 일반적으로 건강한 환자들에게는 감염이 자기제한적이라서 항생제 없이도 완치가 되기 때문에, 의약품 치료법은 명확하지 않다. 그러나 시겔라증의 치료에 사용되는 항생제는 트리메토프림-설파메톡사졸이다. 급성 탈수, 장천공, 패혈증, 발작, 용혈요독 증후군, 라이터 증후군 등 합병증도 유발한다.

식품에 의한 발발

미국 내 보고된 시겔라증의 식중독 발생이 최근에 줄어들고 있지만, 시겔라증은 여전히 주요 보건 문제이다. 1982년에서 1997년 사이에 약 448,000명의 대상자가 미국에서 발생했다. 이것은 병원성 세균에 의한 식중독 중 세 번째이다. WHO는 세계적으로, *Shigella* sp.가 연중 후진국의 1억6470만명, 선진국의 150만명의 시겔라증 발병에 원인을 제공하고 있다고 추정했다.

사람들은 *Shigella*의 자연 보유자이다. *Shigella*의 사람 대 사람 전염은 대변-구강 경로를 통한다. 대부분의 시겔라증 경우 대변으로 오염된 식품이나 물의 섭취가 원인이다. 식품의 경우, 오염의 첫째 원인은 식품을 다루는 이의 개인 청결 부족이다.

감염된 보균자로부터 shigellae는 여러 경로 (음식, 손가락, 대변, 파리)로 퍼진다. 연중 날씨가 따뜻한 동안에 가장 많이 발생한다. 오염된 식품의 부적절한 보관이 식품기인성 시겔라증의 발병을 야기하는 두 번째로 원인이다. 다른 원인으로는 불충분한 조리, 오염된 기구, 안전하지 않은 재료로 만든 식품 등이다. 시겔라증의 확산을 줄이기 위해서는 감염자들의 대변 샘플이 *Shigella*에 음성이 될 때까지 모니터링 되어야 한다. *Shigella*의 낮은 감염량은 전이가 높은 확률로 일어난다는 것을 의미한다. 약 100개의 *Shigella* 세포가 사람-대-사람으로 병을 유발하고, 이는 식품기인성, 수인성으로 인한 설사의 그것과 비슷하다.

시겔라증은 제도적 시설 (감옥, 정신병원, 양로원, 붐비고 청결하지 못한 곳)로 널리 퍼질 수 있고 그것은 직접적인 대변-경구 오염 환경을 유발하게 된다. 위생 쓰레기 처리와 수질 정화 구조를 파괴하는 일이 발생되면 종종 시겔라증이 대량 발생될 수도 있다.

독성 인자

시겔라증의 임상 징후는 *Shigella* 독성으로 바로 특징되는데, 설사의 유도, 창자 상피세포 공격, 세포내 증식, 세포에서 세포로의 확산이 그것 들이다. 세균에 의한 장독소의 생산은 그것들이 작은 용기 내에 있다고 할지라도 이질로 발전되는 설사를 야기한다. 상피세포를 공격하고 세포에서 세포로 이동하는 *Shigella*의 능력은 유전자의 배열에 따라 조절된다. 독성에 관여하는 유전자의 발현을 조절하는 세균의 기작은 병원성에 있어 중요하다. *S. dysenteriae*는 Shiga 독소라고 하는 열불안정성 독소를 생산하는데 그것은 *Shigella* 설사의 발병기전에 관여한다. 침입하여 독소를 생산하는 균주는 가장 심각한 감염을 일으킨다.

성장 온도는 독성을 조절하는 데에 중요한 인자이다. *Shigella* sp.의 독성 균주는 37°C 성장 시 침입성이지만 30°C에서는 침입하지 않는다. 이러한 방식은 세균이 숙주에 있을 때에만 독성 생산물을 합성함으로써 에너지를 절약한다고 것을 입증한다.

유전적 조절

숙주와 병원성균과의 상호작용의 복잡성을 보면 *Shigella* 독성은 몇몇 유전자를 필요로 한다는 것이 당연함을 알 수 있다. 이것은 염색체와 플라스미드-암호화 유전자 모두가 포함된다. 큰 플라스미드는 *S. sonnei*와 *S. flexneri*의 침입에 있어 필수 역할을 한다. 다른 *Shigella* sp.들은 EIEC처럼 유사한 플라스미드를 갖고 있고 그것은 기능적으로 상호교환 되며, 상당한 DNA 관계도를 보여준다. *Shigella*와 EIEC의 플라스미드는 아마 같은 조상에서 나왔을 것이다.

유전자 *ipa* 그룹은 회복기 환자와 실험적으로 검사된 원숭이의 혈청으로 감지된 주요 항원인, 플라스미드 항원을 암호화한다. 이러한 유전자들은 포유동물 세포

침입에 필요하다. 결국 단백질은 세균성 세포 표면 복합체를 만들고 세균표적 포식 작용을 경유하여 숙주 세포로 *Shigella*의 유입을 유도하는 시그널을 변환하는 역할을 한다. *ipa* 유전자의 산물은 세균이 숙주로 유입된 후에, 포식 액포의 용해 역할을 하는 용혈소와 접촉한다고 가정되어왔다. 감염된 포식세포에서 예정된 세포 죽음을 유도하는 *S. flexneri*의 능력은 IpaB에 부여된 부가적 특징이다.

포유류 조직 침입 역할을 하는 독성 플라스미드 유전자와는 대조적으로 *Shigella* 독성과 관련 있는 염색체 반점들은 숙주 내에서의 조절 또는 생존에 관여되어 있다. *Shigella*와 *E. coli*는 유전적 레벨에서 아주 밀접하지만 *Shigella*에 독성 플라스미드가 존재한다는 것이 다른 점이다. *Shigella* 염색체에는 *E. coli*에는 없는 여분의 유전자가 있다는 사실뿐만 아니라, *E. coli*에는 *Shigella* 염색체에는 없는 유전자가 존재한다. 유전적 차이는 *Shigella*와 *E. coli*의 독성의 차이를 입증하는 것이다.

결론

Shigella sp.로 인한 식중독 감염은 다른 식품매개 병원성균만큼 흔히 발생하지는 않지만 그것들은 현성 임상 질병을 야기하는 극히 적은 감염량으로 폭발적 확산을 일으킬 잠재성이 있다. 아울러 세균성 이질의 지속적인 경우 의학적 관찰이 필요한데 (입원의 경우에도) 일하느라 시간을 놓치고 증상이 악화되고 지속되면 손을 쓸 수가 없다. *Shigella*에 의한 이질에 효과적인 백신은 없다. 이러한 사실은 물론 균주가 지리적으로 넓게 분포한다는 것과 *Shigella* 감염에 대한 사람의 민감성 때문에 *Shigella*는 엄청난 보건 위협이 될 것이다.

요약

- 감염량은 100 세포 이하이다.
- 시겔라증은 자기제한적이다.
- 인간은 *Shigella*의 자연 보유자이다.
- *Shigella*는 대변-구강 경로로 퍼진다. 그러므로 손을 깨끗이 씻는 것이 가장 효과적인 예방법이다.
- 독성 유전자의 발현은 온도에 의해 조정된다.
- *Shigella*는 많은 독성 유전자를 *E. coli*와 공유한다.
- 독성 역할을 하는 유전자는 독성 플라스미드에 위치해 있다.

참고문헌

Lampel, K. A., and A. T. Maurelli. 2007. *Shigella* species, p. 323–342. *In* M. P. Doyle and L. R. Beuchat (ed.), *Food Microbiology: Fundamentals and Frontiers*, 3rd ed. ASM Press, Washington, DC.

Niyogi, S. K. 2005. Shigellosis. *J. Clin. Microbiol.* **43:**133–143.

Parsot, C., and P. J. Sansonetti. 1996. Invasion and the patogenesis of *Shigella* infections. *Curr. Top. Microbiol. Immunol.* **209:**25–42.

12 *Vibrio* Sp.

발발

서론

미생물의 특성
역학

질병의 특징

물리적 및 화학적 처리에 대한 감수성
V. cholerae
V. mimicus
V. parahaemolyticus
V. vulnificus
*V. fluvialis, V. furnissii, V. hollisae*와
V. alginolyticus

요약

참고문헌

학습목표

- 기본적인 생화학적 특징들을 이용한 *비브리오균*의 검증
- *비브리오균*의 생육을 촉진하는 식품 요인들의 이해
- 증상과 발병 시기를 통해 *비브리오균*에 의해 야기되는 식중독의 사례 확인
- *비브리오균*의 증식을 예방하기 위한 적절한 조치 (열, 보존제, 처방) 선택
- *비브리오균*의 감염원 확인
- 식중독을 유발하는 *비브리오균* 독소와 병원성 인자의 역할 이해

발발

사람들은 생굴이 맛있다는 것과 이것이 최음제로서의 역할을 한다는 속설 때문에 생굴을 먹는다. 사람들은 가공하지 않은 패류의 섭취와 관련된 위험들에 대해서는 거의 주의를 기울이지 않는다. 1997년 2달 (7-8월) 동안, *Vibrio parahaemolyticus* 감염에 의한 대규모 발병이 북아메리카에서 발생했다. 최소 209명의 사람들이 생굴 섭취로 인한 위장염으로 건강을 해치게 되었다. 증상은 설사, 복통, 구역질, 구토 등과 같았다. 사람들은 위장염의 증상에 대해서 관심을 가졌으나, 그것은 그다지 큰 관심은 아니었다. 이 발병과 관련된 양식장으로부터 수집된 굴은 200 CFU/g 이하의 *V. parahaemolyticus*가 확인되었다. 이는 현재의 기준 수치보다 더 낮은 세균수 수치에서 인간에게 질병이 발생할 것임을 암시한다. 미국과 캐나다는 10^4 CFU/g 이하의 *V. parahaemolyticus*가 검출되는 경우에 한해 굴의 판매를 허용하고 있다.

서론

현재 20여 가지 이상의 비브리오균 종이 있다. 이 가운데 적어도 12종은 인간에게 감염증을 유발할 수 있으며 *Vibrio cholerae*와 *V. parahaemolyticus*를 제외하고는 그들의 병원성 기작에 대하여 알려진 바가 거의 없다. 12종의 병원성균 중에서 8종은 식품과 직접적으로 관련되어 있는데 이것들이 바로 이장의 주제이다 (*Vibrio carcharirae*와 *Vibrio damsela*의 감염은 오직 상처 감염으로부터 발생하는 것처럼 보이며 *Vibrio metschnikovii*와 *Vibrio cincinnatiensis*의 감염 경로는 확실하지 않다).

비브리오균 감염과 가장 연관성이 있는 것 중의 하나는 최근의 해산물 소비이

다. 큰 강의 어귀에 널리 퍼져있는 세균 종인 비브리오균은 매우 다양한 종류의 해산물과 연관되어 있다. 슈퍼마켓에 있는 약 40-60%의 어류와 패류는 *Vibrio* 속 균을 포함하고 있으며, 이 가운데 *V. parahaemolyticus*와 *Vibrio alginolyticus*는 가장 흔히 검출된다. 비브리오균은 여름철 동안 패류로부터 가장 빈번하게 검출된다. 연간 비브리오 감염 사고는 1996-1998년의 초기 발생시기로부터 2006년까지 78% 증가한 것으로 추정하고 있다. 해산물의 감염을 줄이기 위한 추가적인 방법 외에 소비자들은 조리되지 않은 해산물의 섭취가 가져오는 비브리오 감염에 대해서 인식 하여야 한다.

미생물의 특성

알칼리성 펩톤 수가 가장 널리 사용되고 있긴 하지만 비브리오균의 검출을 위해 다양한 증균 배지들이 있다. 이러한 증균 배지들은 종종 thiosulfate-citrate-bile salts-sucrose (TCBS) agar 배지나 다른 고체배지와 연계된다. 비브리오균을 *Enterobacteriaceae* 과로부터 구분하기 위해서 수크로오스 분해 콜로니가 옥시다아제 시험 (cytochrome *c*의 존재를 검출하기 위해 사용되는 실험)에 사용 된다; 그러나 실험에 사용되는 콜로니가 TCBS agar 배지로부터 직접 얻어진 것 일 때에는 잘못된 결과가 발생할 수도 있다. 그러므로 옥시다아제 시험을 하기 전에 TCBS의 수크로오스 분해 콜로니들은 혈액 한천배지와 같은 비선택 배지에 많은 양을 접종하여 5-8시간 동안 배양하도록 해야 한다.

역학

지표수와 패류에 존재하는 비브리오균의 수는 계절적 특성과 관련되어 있으며, 일반적으로 4-10월 사이의 기온이 따뜻해지는 시기에 그 수는 더욱 증가 한다 (그림 12.1). 마찬가지로 비브리오균은 서부과 북서부 태평양보다는 만과 동부 해안의 따뜻한 물에서 더욱 흔하게 검출된다. 계절적 특성은 *Vibrio vulnificus*와 *V. parahaemolyticus*의 감염에 있어서는 가장 주목할 만하지만, *Vibrio fluvialis*와 같은 비브리오균은 연중 발생한다.

질병의 특징

비브리오균과 관련된 다양한 질병은 그 병의 정도에 있어서 차이가 크다. 감염증의 발생은 개인의 평소 건강 상태에 의해 좌우 된다 (예를 들어, 만성 간질환 환자는 이 질병으로 인해 사망할 확률이 더 높다). 이러한 일반적인 비브리오 감염증과 다른 것이 *V. cholerae* O1/O139이며, 이 종은 건강한 사람에게도 쉽게 아프게 만들 수 있다. 대부분의 사례는 최근의 해산물 섭취와 관련이 있다. 비브리오균은 분변 오염에 의해 야기된 전형적인 미생물의 일부분이기 때문에, 비브리오균 감염은 패류의 위생시설 프로그램을 통하여 제어할 수 없다. 그러므로, 세균의 성장을 막기 위해서 가공하지 않은 해산물은 저온 상태로 유지되어야 하고, 섭취하기 전에는 적절하게 조리되어야 한다.

두 가지 가장 흔한 비브리오균 종의 식중독 증상은 각각 다르며 주목할 필요가 있다. *V. vulnificus* 식중독 (비브리오 패혈증) 증상으로는 일반적으로 발열, 오한, 구

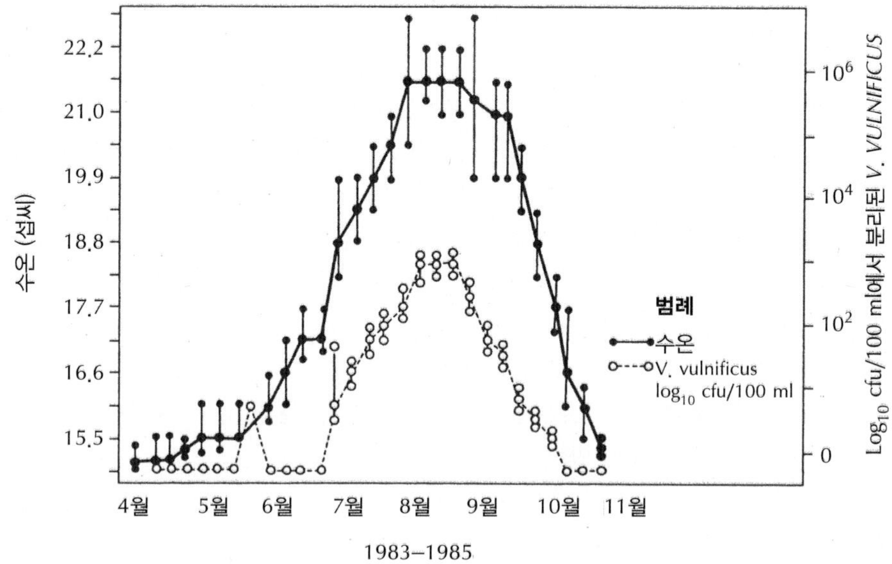

그림 12.1 미국 북동부 해안에서 시기와 수온에 따른 *V. vulnificus*의 검출. R. C. Tilton과 R. W. Ryan의 *Diagn. Microbiol. Infect. Dis.* **6**:109–117, 1987에서 저자의 승인을 받고 발췌.

역질이 있다. 일반적으로 설사는 관찰되지 않으며, 치사율은 40–60%에 이른다. *V. parahaemolyticus* 감염에서 나타나는 가장 흔한 증상에는 설사, 복통, 구역질, 구토가 있으며, 치사율은 매우 낮다.

물리적 및 화학적 처리에 대한 감수성

*V. cholerae*와 *V. parahaemolyticus*의 경우를 제외하고는 다른 비브리오균을 제어(사멸)하는 예방법의 효과에 대해 알려진 바는 상대적으로 매우 적다. 일반적으로 비브리오균은 저온에 민감하며, 해산물은 냉장 온도에서 비브리오균으로부터 안전하다. 비브리오균은 냉장 온도에 보관된 식품에서는 상당한 기간 동안 생존하며, 장기간의 냉동 보관 이후에도 생존한다. 열처리는 식품에 있어서 비브리오균의 개체수를 줄이기 위한 매우 효과적인 방법이다. 미국 FDA는 다음과 같은 방법을 권장한다. 껍질을 벗기지 않은 굴, 대합조개, 홍합은 4–9분간 찔 것, 껍질을 벗긴 홍합은 190.6°C (375°F)에서 10분간 튀길 것, 굴은 232.2°C (450°F)에서 10분간 구울 것. 내부 온도가 최소 60°C가 될 때까지 패류를 충분히 가열하면 병원성 비브리오균을 사멸 시킬 수 있다. 방사선 조사와 높은 수압 또한 비브리오균의 수를 줄여준다. 높은 수압은 굴 껍질을 완벽하게 벗겨준다는 점에서 부가적인 편의를 제공한다. 다양한 건조 향신료, 몇몇 허브 오일, 토마토 소스, 몇몇 유기산은 살균 역할을 한다. 여과 섭식하는 (filter-feeding) 이매패류를 세균이 없는 정화된 물을 반복적으로 여과하면서 흡수하거나 배출함으로써 특정한 세균을 제거하는 정화과정 (depuration)은 *Salmonella*와 *Escherichia coli*는 제거하지만 비브리오균은 제거하지 못한다.

V. cholerae

V. cholerae O1은 콜레라를 유발하는데, 이러한 콜레라는 epidemic (한 지역에 있는 많은 사람들이 동시에 아프게 되는 전염병)과 pandemic (epidemic과 비슷하지만, 더욱 넓은 지역에 걸쳐 나타나는 전염병)의 가능성을 지닌 몇 안 되는 식중독 가운데 하나이다. 종 사이의 중요한 구별은 콜레라 독소 (cholera toxin, CT)의 생성, 혈청군, 전염병 확산의 가능성을 기초로 하여 이루어진다. O1 혈청군의 모든 *V. cholerae* 균주가 콜레라 독소를 생산하는 것은 아니다. 그러나 *V. cholerae* O1 콜레라 독소 생성 균주는 오랫동안 epidemic과 pandemic 콜레라와 관련되어 왔다. *V. cholerae* 가운데 거의 200여 가지의 혈청군이 밝혀져 있다. *V. cholerae* 균주의 혈청형 결정은 지다당류에 기초하며 이것은 또한 체성항원 (O 항원)으로도 알려져 있으나 H 항원은 혈청형 결정에 있어서 유용하지 않다.

분리와 동정

*V. cholerae*로 의심되는 분리균주는 장내세균과 (*Enterobacteriaceae*)와 비브리오과 (*Vibrionaceae*)의 동정에 사용되는 일련의 생화학적 배지에서 배양될 수 있다. 전통적인 테스트 방법과 상업적으로 이용 가능한 동정 시스템 둘 다 효과가 있다.

핵산 시험은 일반적으로 *V. cholerae* 검증에 사용되지 않는데, 이것은 이 종이 전통적인 방법에 의해서도 쉽게 동정될 수 있기 때문이다. DNA 검증법은 콜레라 독소 (*ctx*) 유전자의 탐지를 통해 *V. cholerae*의 콜레라 독소 생성 균주를 구분하는데 있어서 유용하다. 제한효소 단편 길이 다형 (restriction fragment length polymorphism, RFLP) 분석은 *V. cholerae*의 역학 연구에 있어서 유용하다.

감염원

*V. cholerae*는 큰 강어귀 지역에 분포하는 전형적이며 자유롭게 살아가는 세균 미생물이다. 비 O1/비 O139 균주는 배설물 오염이 예상되는 전염병 환경에서도 O1 균주보다 더욱 흔하게 검출된다. 익히지 않은 혹은 덜 익힌 어패류의 섭취를 통해서 지역 사회에 그러한 환경 분리균들이 주기적인 도입되는 것이 미국의 멕시코 만 해안 부근과 호주에서 지역적으로 감염증 사고가 발생하는 원인인 것 같다. 이러한 지역의 환경 중에서 *V. cholerae*의 지속성은 살아는 있으나 살아 있으나 생육이 불가능한 상태 (VBNC)를 포함한 생존에 유리한 형태를 가지는 이 균의 능력에 의해서 촉진되어진다. 이러한 휴면 상태에서 세포는 크기가 작아지고, 난형체가 된다. 비록 VBNC 비브리오균이 비선택 배지에서 배양될 수 없을 지라도, 몇몇 연구들은 회장을 묶은 토끼의 루프 (ligated rabbit ileal loop)에 주입되거나 혹은 지원자들에 의해 섭취된 VBNC *V. cholerae* O1이 장 내용물이나 분변 표본에서 각각 배양 가능한 *V. cholerae* O1이 산출되었음을 증명하였다.

인간이 *V. cholerae*를 장기간 보균하는 것은 매우 드문 일이며, 또한 이것은 병의 전염에 있어서도 중요하지 않다. 그러나 항생제로 치료받지 않은 환자들은 심지어 증상이 멈춘 후에도 1-2주 동안 비브리오균을 계속해서 배설할 수 있다. 자각증상이 없는 보균자들은 급성질병을 가진 사람의 가족 구성원 중에서 가장 흔하다: 다양한 연구에서 이 그룹의 자각증상이 없는 보균 비율은 4-22%에 이르렀다.

식품에 의한 발병

콜레라의 전염에 있어서 물이 결정적인 역할을 한다는 사실은 1세기 이상 동안 알려져 왔다. 1854년, 런던의 내과 의사이자 역학자인 John Snow는 질병이 템즈강의 주요 하수 오물 유입지 아래의 한 지점에서 취수한 물의 섭취와 관련되어 있다고 결정하였다. 콜레라의 전염과 연관 있는 음식으로는 게, 새우, 가공하지 않은 생선, 홍합, 새조개, 오징어, 굴, 대합조개, 쌀, 가공하지 않은 돼지고기, 수수죽, 밥, 거리 행상들이 파는 음식, 냉동 코코넛 우유, 가공하지 않은 채소와 과일 등이 있다. 이 식품들의 한 가지 공통된 특징은 pH가 중성이거나 그 근처라는 사실이다. 식중독이 발병하여 많은 식품들이 의심될 때, 산성 pH를 가진 식품들은 의심의 대상에서 제외될 수 있다. 음식은 위산에 의해 *V. cholerae* O1이 죽는 것을 막는 역할을 한다. 미국에서, 게, 새우, 그리고 굴은 *V. cholerae* 질병과 가장 빈번히 관련 있는 매개체이다.

질병의 특징

콜레라의 특징적인 급격한 탈수를 일으키는 설사는 콜레라 독소를 생산하는 *V. cholerae* O1/O139에 감염된 사람들 가운데 극히 일부분에서만 찾아볼 수 있다. 대부분의 *V. cholerae* O1 감염은 가볍거나 심지어 자각증상도 없다. 콜레라의 잠복기는 수 시간에서 5일까지 다양하며, 부분적으로는 접종량 (섭취된 세포수)에 의존한다. 병의 발병은 묽은 설사와 함께 갑작스럽게 시작되며, 식욕감퇴, 복통, 단순한 설사와 같은 증상들이 있을 수도 있다. 초기에 대변의 색깔은 갈색이지만, 일단 설사가 시작되면 그것은 연한 회색으로 변하며 약간의 비린내 나는 냄새도 동반된다. 대변의 점액은 "미음"과 같은 모양을 보인다. 구토는 설사가 시작된 지 몇 시간 후에 발생한다. 건강한 북미 지원자들에게 설사를 일으키기 위해서 필요한 *V. cholerae* 균수는 완충 염수 (pH 7.2)에 접종한 경우 10^{11} CFU이었다. 그러나 완충제로 작용하는 음식 (생선과 쌀)과 함께 주어졌을 때, 10^{6}의 더 작은 균수로도 비브리오균이 지원자들에게 병을 유발했다.

병원성 기작

V. cholerae O1/O139로 인한 감염은 병원성균에 오염된 음식이나 물의 섭취에 의해서 시작된다. 위장의 산성 장벽을 통과한 후에, 비브리오균은 하나 혹은 그 이상의 흡착 요소들을 사용하여 소장을 통제한다. 콜레라 독소 (그리고 아마 다른 독소들도)의 생산은 장의 상피 세포들의 이온 수송을 방해한다. 이것은 콜레라의 특징인 심한 설사를 야기하며, 수분과 전해질의 과도한 손실을 동반한다. 콜레라 할로독소 (halotoxin)는 다섯 개의 동일한 B 서브유닛과 하나의 A 서브유닛으로 구성되어 있다; 각각의 서브유닛들은 동물이나 본래의 세포배양시스템에서 분비유발 활성 (세포 구성요소의 분비물 증가)를 유발하기에 충분하다.

*V. cholerae*는 진핵세포에 해로운 다양한 세포외 산물을 생산한다. *V. cholerae*는 매우 특징적인 독소들 (수용성의 적혈구 응집소와 용혈독소) 외에도 많은 다른 독성 요소들을 생산할 수 있지만 그 원인이 되는 단백질과 유전자는 아직 정제되거나 클로닝되지 않았다. 콜로니화 인자 (colonization factors), 편모, 지다당, 다당류 캡슐

을 포함하여 많은 다른 병원성 요인들이 관련되어 있다.

V. mimicus

1981년 이전에 *Vibrio mimicus*는 수크로오스 비분해성 *V. cholerae* 비 O1로 알려졌었다. 이 종은 생화학적 반응과 DNA 하이브리디제이션 연구를 바탕으로 하여 확연히 다른 종으로 결정되었고 *V. cholerae*와의 유사성 때문에 *mimicus*라는 이름이 붙여졌다. 이 종은 위장염의 경우에 주로 분리되지만 귀의 염증 또한 유발할 수 있다. *V. mimicus*의 감염원은 수중 환경이다. *V. mimicus*는 수중에서 자유롭게 존재할 뿐만 아니라 또한 수중 식물의 뿌리, 침전물, 플랑크톤 100 g당 6×10^4 CFU까지의 수치로 분리되기도 했다.

식품에 의한 발병

*V. mimicus*로 인한 위장염은 오직 해산물의 섭취와 연관이 있다. 미국에서, 생굴의 섭취는 이 종으로 인한 질병의 주원인이다. 일본의 경우, 가공하지 않은 생선의 섭취는 혈청그룹 O41의 *V. mimicus*를 동반하는 최소 2번의 발병을 초래했다.

질병의 특징

*V. mimicus*로 인한 질병은 대부분 환자의 경우, 설사, 구역질, 구토, 복통과 같은 증상을 동반한다. 몇몇 환자들에게서는 고열, 두통, 피가 섞인 설사가 나타나기도 한다. *V. mimicus*의 감염 복용량의 추정치를 알 수 있게 하는 실험지원자 자료나 역학 자료는 없는 상태이다. 생굴을 먹는 사람을 제외하고는 특별히 이 병에 걸리지 않는다.

병원성 인자

*V. mimicus*는 독특한 장독소를 생산하지는 않지만 많은 균주들은 이미 다른 비브리오균 종에서 설명된 독소들 (예를 들면 콜레라 독소, 열안정성 헤모리신, Zot, 그리고 *V. cholerae* 비 O1/비 O139 균주에 의해 생산되는 NAG-ST와 동일한 열안정성 장독소를 생산한다. *V. mimicus*의 잠재적 장에서 균체형성 요소에 대한 정보는 거의 알려진 바가 없다.

V. parahaemolyticus

*V. parahaemolyticus*는 *V. cholerae*와 함께 가장 잘 알려진 비브리오 병원성균이다. 1950년에 발병한 식중독과 연관되어 있다는 최초의 설명 이래로 무수한 연구들이 보고되어 왔다. 1973-1998년 사이 미국에서 *V. parahaemolyticus* 감염이 40건 발생했으며 1,000명 이상의 사람들이 이 질병을 겪었다고 미국 질병통제예방센터에 보고되어 있다.

분류

*V. parahaemolyticus*는 O 항원과 캡슐 다당류 (K) 항원에 따라 혈청이 결정되어진다. 현재 12개의 O 항원과 59 개의 K 항원이 밝혀진 상태이다. 비록 많은 환경적 분리와 몇몇 임상 분리균들이 K 항원에 의해 분류될 수는 없지만 (untypeable), 대부분의 임상 균주들은 O 유형에 기초하여 분류될 수 있다. *V. parahaemolyticus*의 분류

에 있어서 특별히 고려할만한 사항은 특정 균주가 TDH 혹은 Kanagawa라고 불리는 용혈독소를 생산하는 능력인데 이것이 이 종의 병원성과 관련되어 있다.

감염원

*V. parahaemolyticus*는 전 세계의 큰 강어귀 수중에서 자연적으로 생겨나며, 침전물, 부유입자, 플랑크톤, 다양한 생선과 패류뿐만 아니라 미국의 연안 해수로부터 쉽게 분리된다. 특히 생선과 패류의 경우에는 대합조개, 굴, 바다가재, 가리비, 새우, 게 등 최소 30여개의 다른 종을 포함한다. 해산물 시료의 대부분이 이 종에 양성반응을 나타냈다. *V. parahaemolyticus*의 균수는 계절에 영향을 받는데 1월과 2월에 분석된 시료 중에는 종종 *V. parahaemolyticus*가 없다.

식품에 의한 발병

*V. parahaemolyticus*로 인한 위장염은 거의 전적으로 가공하지 않은 상태로, 부적절하게 요리된 상태로, 혹은 요리되었으나 다시 오염된 상태로 섭취되는 해산물과 연관되어 있다. 일본에서 *V. parahaemolyticus*는 식중독의 주요한 원인이 된다. 1960년대 세균 식중독의 70% 가량이 이 병원성균으로 인한 것이었다. 생선, 게, 새우, 바다가재, 굴을 포함한 해산물은 미국의 식중독 발병과 주로 연관되어 있다. 미국에서 최초의 주요 식중독 (320명이 감염되었던 식중독)은 1971년 메릴랜드 주서 발생하였는데, 이 식중독의 원인은 제대로 익히지 않은 게를 먹은 것 때문이었다. 그 후에는 미국 해안 지대와 하와이 전역에 걸쳐 발생하였다. 미국에서 *V. parahaemolyticus* 감염의 가장 큰 발병은 1978년 여름에 발생하였고, LA의 Port Allen의 저녁식사에 참석했던 1,700명 가운데 1,133명이 감염되었다.

질병의 특징

*V. parahaemolyticus*는 37°C에서 8-9분, 해산물에서 12-18분의 세대시간을 가지고 있다. 그러므로 *V. parahaemolyticus*는 *in vitro*에서나 *in vivo* 모두에서 빠르게 성장할 수 있으며 이는 식중독을 발생시키는데 필요한 감염량을 유발한다. 증상은 오염된 음식을 섭취한 지 4-30시간 후에 시작되며, 평균 23.6시간의 발병시간을 가진다. 주요 증상으로는 구역질, 구토, 고열을 동반한 설사, 복통 등이 있다. 대부분의 경우 이러한 증상들은 3-5일 이내에 진정된다. 식중독의 발병에는 약 10^5-10^7 CFU가 필요하다. 어류와 패류에 존재하는 *V. parahaemolyticus*의 수는 대개 10^4 정도의 Kanagawa 표현형 양성 세포이며, 이는 음식을 섭취하기 전에 오염된 음식이 적절치 못한 온도에 있었다는 것을 암시한다. 부적절한 온도는 병원성균이 식중독을 유발하는 수치까지 성장하도록 한다.

병원성 기작

인간에게 영향을 주는 병원성과 *V. parahaemolyticus*의 Kanagawa 용혈독소를 생산하는 능력 사이의 역학적 연관성은 오래전에 밝혀져 왔으나 이 요인이 설사를 유발하는 분자 구조에 대해서는 최근에 와서야 밝혀지게 되었다. *V. parahaemolyticus*는 질병과 관련된 최소 3개의 용혈 구성요소를 가진다; 열에 불안정한 헤모리신 유전자 (thermolabile hemolysin gene, *tlh*), TDH 유전자 (a TDH gene, *tdh*), 그리고 TDH 관련 유전자 (a TDH-related gene, *trh*)가 있다.

*V. parahaemolyticus*의 독소에 대해서는 알려진 바가 많지만 흡착과정에 대해서는 알려진 바는 거의 없다. 이 과정은 대부분의 장 질환 병원성균 (장을 감염시키는 병원성균)의 병인에 있어서 필수적인 단계이다. 외피, 측면 편모, 섬모와 만노오스 저항성 세포 관련 적혈구응집소 (cell-associated hemagglutinin)를 포함한 몇몇 점착성 요소가 밝혀졌다. 그러나 인간의 질병에 있어서 이러한 요소들의 중요성에 대해서는 아무것도 알려진 바가 없다.

V. vulnificus

*V. vulnificus*는 미국의 병원성 비브리오균 중에서 가장 심각한 것이다. 플로리다에서 *V. vulnificus*는 해산물과 관련된 식중독으로 인한 사망의 주요 원인이다. 비브리오 패혈증을 겪은 사람의 대략 86%는 입원치료를 하였다. 이 세균에 의한 감염에 위험한 집단 가운데, 생굴 섭취로 인한 원발성 패혈증의 사례는 전형적으로 60%의 치사율을 나타낸다. 이 수치는 미국에서 식중독균으로 인한 사망률 중에서 가장 높은 수치이다. 미국 질병통제예방센터는 *V. vulnificus*는 식중독의 사례가 매년 약 50건에 이른다고 추정하고 있다. 이 세균은 위장염과 원발성 패혈증 이외에도 상처 감염을 유발할 수도 있다. 상처 감염은 20-25%의 치사율을 보이며, 또한 해수 그리고/혹은 패류와 관련되어 있다. 감염된 조직을 제거하기 위해서 대개의 경우 수술이 필요하다. 몇몇 경우에는 감염된 사지를 절단하는 수술을 하기도 한다.

분류

이 종의 표현형의 특징에 대해서는 몇몇 연구에서 충분히 설명되어 있다. 이 세균은 TCBS, MacConkey, 혈액 한천배지에서 잘 자라기 때문에 혈액표본으로부터 *V. vulnificus*를 분리하는 일은 간단하지만, 일반적인 환경에서 검출해내는 일은 훨씬 더 어렵다. 비브리오균은 큰 강어귀에 존재하는 세균 개체수의 50% 혹은 그 이상을 차지하고 있으며 대부분은 그 특징이 밝혀져 있지 않다. *V. vulnificus*의 표현형 특징에는 락토오스와 수크로오스 발효를 포함한 상당한 변이가 존재하며, 이들은 이 종의 동정에 있어서 가장 중요한 특징이다.

제어 방법에 대한 감수성

*V. vulnificus*는 냉동, 저온살균, 높은 수압, 이온 방사선에 민감하다. 이 병원성균은 서양고추냉이 소스에 노출시킴으로써 죽일 수 있다. 그러나 이 소스는 굴 내부에 있는 세균을 죽이지 못하기 때문에 이 소스를 생굴에 바르는 것은 굴을 먹기에 안전한 상태로 만들지 못한다.

감염원

*V. vulnificus*는 미국의 멕시코 만, 대서양, 태평양 해안에서부터 전 세계의 여러 지역에 이르는 큰 강어귀 환경에까지 널리 분포해 있다. 수중의 *V. vulnificus*의 존재는 분변성 대장균군의 존재와 연관되어있지 않다. 수온은 수중 *V. vulnificus* 병원성균의 존재와 수치에 영향을 미친다. *V. vulnificus*는 수온이 낮을 때 물이나 굴로부터 좀처럼 검출할 수 없는데, 이는 날씨가 서늘할 때 추위로 인해 죽기 때문이라고

생각된다. 그러나 그것은 저온으로 인한 VBNC 상태와 관련 있는데, 이 상태에서 세포들은 생존해 있으나 검출을 위해 사용되는 일반적인 배지에서는 더 이상 배양할 수 없는 상태가 된다.

식품에 의한 발병

동일한 장소의 굴을 섭취한 후에 *V. vulnificus* 감염을 일으킨 환자에 대한 사례는 하나 이상 없다. 같은 양, 혹은 심지어 같은 그릇의 생굴은 매우 다른 수치의 병원성균을 가진다. 사실 동일한 강어귀 지역으로부터 검출한 두 개의 굴에서 매우 다른 수치의 *V. vulnificus*가 발견되기도 한다. 대부분의 경우, *V. vulnificus* 식중독은 수온이 따뜻한 4-10월 사이에 발생한다. 거의 모든 사례에서 *V. vulnificus* 감염은 생굴의 섭취로 인해 발생하며 이러한 감염은 대부분 원발성 패혈증을 야기한다.

질병의 특징

여기에서의 논의는 주로 식품이 원인이 되는 *V. vulnificus*에 의한 감염으로 제한되어 있다. 증상은 각각의 경우에 있어서 매우 다르게 나타나며, 발병시간은 7시간에서 수일에 이르며, 평균발병시간은 26시간이다. 증상으로는 발열, 오한, 구역질, 저혈압 등이 있다. 놀랍게도 위장염의 전형적인 증상들 — 심한 복통, 구토, 설사 — 은 흔히 나타나지 않는다. 심한 경우에 생존은 즉각적인 항생제 투여에 따라 매우 달라질 수 있다. *V. vulnificus*의 감염량에 대해서는 알려져 있지 않다. *V. vulnificus*는 대부분의 항생제에 민감하게 반응한다.

병원성 기작

Polysaccharide capsule, LPS, 그리고 많은 세포외 물질들이 병원성에 기여한다. 거의 모든 *V. vulnificus* 균주에 의해 생성되는 polysaccharide capsule은 감염을 일으키는 세균의 능력에 있어서 중요한 것이다. 높은 수치의 혈청 이온은 *V. vulnificus*가 인간의 몸속에서 증식하는데 필수적이다. 무독성의 균주는 "투명한" 캡슐에 싸여있지 않은 균체를 생산한다(그림. 12.2). *V. vulnificus* 패혈증에서 나타

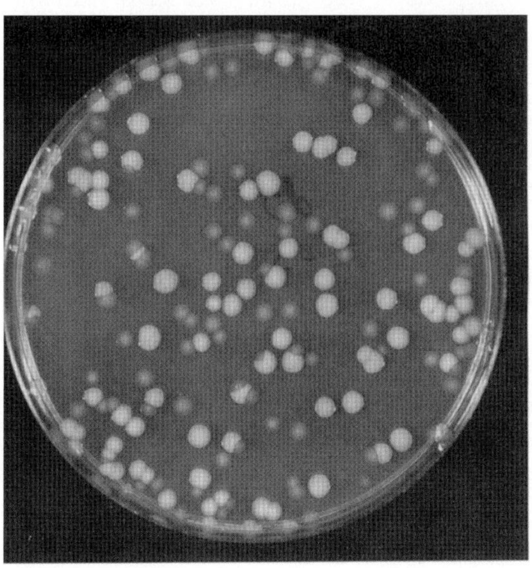

그림 12.2 *V. vulnificus*의 불투명한 (캡슐에 싸인) 균체와 투명한 (캡슐에 싸여있지 않은) 균체. 일반적으로 독성 균주는 캡슐에 싸여있으나, 무독성의 균주는 캡슐에 싸여있지 않다. L. M. Simpson, V. K. White, S. F. Zane과 J. D. Oliver의 *Infect. Immun.* **55:**269-272, 1987에서 승인을 받고 발췌.

나는 증상들 — 발열, 조직 부종, 출혈, 특히 심한 저혈압 — 은 그램 음성 세균에 의한 균체내 독소 쇼크와 연관되어 있다.

*V. fluvialis, V. furnissii, V. hollisae*와 *V. alginolyticus*

*V. fluvialis*는 다른 나라에서뿐만 아니라 미국의 기수 (소금기가 있는 물)와 바닷물, 그리고 침전물로부터 흔히 검출된다. 또한 북서쪽 태평양과 멕시코 만 해안에서 잡은 어류나 패류에서도 검출된다. *V. furnissii*는 전세계의 강, 큰 강어귀, 해양 연체동물 그리고 갑각류에서 검출된다. *V. hollisae*는 해양성의 종일 것 같지만 분포는 잘 알려져 있지 않다. 이것은 따뜻한 물을 선호하는 것처럼 보인다. *V. alginolyticus*는 종종 전 세계의 해수와 해산물에서 다수 발견된다. 이것은 물에서뿐만 아니라 어류, 대합조개, 게, 굴, 홍합, 그리고 새우로부터 쉽게 검출된다. *V. fluvialis, V. furnissii, V. hollisae* 그리고 *V. alginolyticus*와 같은 비브리오균에 의하여 일어나는 인간의 감염은 위에서 논의한 병원성균에 의해 야기되는 감염보다 일반적이지 않으며, 비록 사망자가 보고된 바는 있으나 그 증상은 더 가볍다. 오염된 해산물의 섭취가 감염의 주요 원인이다.

요약

- *V. cholerae*와 관련된 질병은 미국에서 흔하지 않다.
- *V. vulnificus*와 *V. parahaemolyticus*는 가장 흔히 식중독과 관련되어 있다.
- *V. vulnificus*는 미국에서 발생하는 해산물 섭취에 의해 발생하는 식중독 사망자의 95%를 차지한다.
- 수중 비브리오균의 수는 대개 날씨가 따뜻한 4-10월 사이에 가장 많다.
- 해산물을 적절하게 열 처리함으로써 비브리오균 종을 죽일 수 있다.

참고문헌

Daniels, N. A., L. MacKinnon, R. Bishop, S. Altekruse, B. Ray, R. M. Hammond, S. Thompson, S. Wilson, N. H. Bean, P. M. Griffin, and L. Slutsker. 2000. *Vibrio parahaemolyticus* infections in the United States, 1973-1998. *J. Infect. Dis.* **181:**1661-1666.

Karaolis, D. K. R., J. A. Johnson, C. C. Bailey, E. C. Boedeker, J. B. Kaper, and P. R. Reeves. 1998. A *Vibrio cholerae* pathogenicity island associated with epidemic and pandemic strains. *Proc. Natl. Acad. Sci. USA* **95:**3134-3139.

Linkous, D. A., and J. D. Oliver. 1999. Pathogenesis of *Vibrio vulnificus. FEMS Microbiol. Lett.* **174:**207-214.

Oliver, J. D., and J. B. Kaper. 2007. *Vibrio* species, p. 343-380. *In* M. P. Doyle and L. R. Beuchat (ed.), *Food Microbiology: Fundamentals and Frontiers*, 3rd ed. ASM Press, Washington, DC.

Strom, M. S., and R. N. Paranjpye. 2000. Epidemiology and pathogenesis of *Vibrio vulnificus. Microbes Infect.* **2:**177-188.

Tilton, R. C., and R. W. Ryan. 1987. Clinical and ecological characteristics of *Vibrio vulnificus* in the Northeastern United States. *Diagn. Microbiol. Infect. Dis.* **6:**109-117.

SECTION III 그람 양성 병원성 식품미생물

13 *Listeria monocytogenes*

학습목표

- *L. monocytogenes*를 확인할 수 있는 기본적 생화학적 특성의 이용
- 식품의 어떤 조건이 *L. monocytogenes*의 성장을 촉진하는지의 이해
- 증상과 발병을 기준으로 *L. monocytogenes*에 의한 식품매개 질병 인식
- *L. monocytogenes*의 성장을 억제하기 위한 적절한 물리적 화학적 방법의 선택
- *L. monocytogenes*의 환경으로부터 주요 오염원의 확인
- *L. monocytogenes*의 식성병해의 원인독소 및 독성인자들의 역할

발발

식품매개 발발은 오염 순간부터 마지막 사례가 보고될 때까지 매우 길 수 있다. 이와 같은 사례 연구는 이러한 발발과 관련하여 중요한 질문에 대해 조사한다. 산발성의 리스테리아증의 출현을 감지하기 위해 얼마나 오랜 시간이 걸리는가? 식품 리콜을 위해 얼마나 많은 증거가 필요한가? 리콜된 3억5천만 파운드의 핫도그를 무엇을 할 것인가?

이것은 1998-1999년에 미국 17개 주에서 발생하여 79명 감염, 12명 사망을 일으킨 리스테리아증에 대해 나타난 몇 가지 질문의 예이다. 이 사건의 연속적인 상황은 다음과 같이 나타났다.

1998년 봄-여름: 핫도그 가공업체에서 환경으로부터 오염된 *Listeria* 균의 비정상적인 높은 발생률을 보였다.

1998년 7월 넷째주: *Listeria* 균의 출처로 여겨진 식품가공업체의 천장에 설치된 공기조절장치를 떼어내어 제거하였다.

1998년 10월: 미국 질병통제예방센터는 테네시에서 발생한 4가지 리스테리아증 사건을 조사하기 시작하였다. 핫도그를 좋아했던 4명중 74세의 노모는 사망하였다. 그녀는 감기증상, 무기력함, 두통과 함께 사망에 이르게 되었다. 곧 오하이오와 뉴욕 코네티컷에서 더 많은 유사 사고가 확인되었다.

1998년 11월: 31세의 캠프 지도원이 오하이오 주에서 사망하였다. 희생자로부터 분리된 균주는, 다른 주에서 *Listeria* 감염증 피해자로부터 분리해낸 균과 동일한 유전적 특징을 나타내었다. 그들은 동일한 음식을 먹었음이 틀림없었다.

1998년 12월 초: 통계학적 조사결과 원인식품은 핫도그로 확인되었다.

1998년 12월 중순: Sara Lee's Bil Mar 공장에서 포장된 핫도그 브랜드가 관계가 있음

이 확인되었다. 그 생산 공장은 4명의 소비자 죽음으로 인해 문을 닫았다.

1998년 12월 22일: Sara Lee는 Bil Mar 공장에서 제조된 모든 고기류 제품을 리콜한다고 발표하였다.

1998년 12월 23일: *L. monocytogenes*는 Bil Mar 핫도그의 개봉되지 않은 포장상품에서 검출되었다.

1998년 12월 25일: 뉴욕 북부지방에서 또 다른 희생자가 나타났다.

1999년 1월: 미국 농무성이 오염식품 리콜에 대한 경고문을 배포하였다. 그러나 이러한 조치는 임신한 27세의 비디오 가게 여주인에게는 별 도움이 되지 못하였다. 그녀는 심한 감기 같은 증상을 앓고 무사하였지만 그녀의 쌍둥이 아기는 죽음을 피하지 못하였다. *Listeria* 균은 그녀의 태반에서 분리되었다.

1999년 5월: 미국 농무성은 면역체계에 이상이 있는 사람을 포함한 일반 소비자에게 완전히 익힌 음식이 아니라면, 델리가게 고기나 핫도그를 먹지 말라고 경고하였다.

이것은 단지 *Listeria* 감염에 대한 하나의 리콜의 예이다. 미국 농무성은 1999년에서 2002년 동안 *Listeria* 오염으로 인해 30건을 상회하는 다른 식품 리콜을 행하였다.

서론

지난 25년 동안 리스테리아증은 주요한 식품기인성 질병이 되었다. 첫 출현은 1981년 콜슬로에서 유래를 찾아볼 수 있다. 출현은 곧 치즈, 런천미트, 우유, 치킨너겟, 물고기에서도 나타났으며, 지금은 매년 2,000건의 리스테리아증과 500명의 사망자가 보고되고 있다. 많은 요인들이 새로운 식품기인성 질병과 리스테리아증의 발생에 기여하고 있으며, 그 요인은 다음과 같다.

- *Listeria* 균의 성장을 억제하는 기타 부패세균의 억제. *L. monocytogenes*는 일반적인 세균들이 성장하지 못하는 냉장조건하에서, 상대적으로 우세하게 성장한다.
- 사회인구의 변화. 고령화 사회 및 면역억제제 사용 증대, 장기 이식 등으로 인해 감염의 기회가 증대되고 있다. 예를 들어 *Clostridium botulinum* 같은 몇 종류의 병원성균은 감염되면 누구든지 질병을 나타내지만, *L. monocytogenes*는 방어기작이 약해진 사람에서만 질병이 나타나는 기회 감염균이다.
- 식품제조 방식의 변화. 식품제조에 있어 많은 변화가 있으며, 특히 집중화와 합병화가 대표적이다. 점차 작은 설비의 조리장이 집중화, 합병화 되어 안전위생을 위협하고 있다.
- 식품저장에서의 냉장 사용의 증대. *L. monocytogenes*는 냉장조건의 저온에서 다른 균보다 더 잘 생장한다.
- 식생활의 변화. *Listeria* 균 생장을 억제하는 특정 방부제를 사용하지 않으며, 굽거나 조리를 하지 않는 것을 요구하는 자연식품, 또는 최소가공식품, 신선식품을 요구하는 소비자의 식생활의 변화
- 산발적으로 발생하는 리스테리아증을 감지하는 능력과 인지의 변화. 컴퓨터 데이터베이스와 인터넷은 미리 인지하지 못하는 산발성의 감염증을 감지하는데 중요한 역할을 한다.

표 13.1 *L. monocytogenes*에 의해 야기되는 증상

약한 감기증상 감염 – (낙태를 한) 임산부를 제외한 경우 심각하지 않음
리스테리아성 뇌막염 – 두통, 무기력감, 혼수상태
주생기의 감염
뇌염
정신이상
감염성 단구증가증
패혈증

리스테리아증은 전형적인 식품기인성 질환은 아니다. 이 병은 산발성이고, 드물게 발생하지만, 극히 치명적인 질환이다. 이 균은 뇌막염, 패혈증의 원인이 되며, 임신부에게 유산을 야기할 수 있다 (표 13.1). 또한 리스테리아증에 걸린 사람들 중 20-30%는 목숨을 잃는다 (즉, 사망자수/환자수 비율이 높다). 그리고 식품을 섭취한 후 병이 발병하는데 오랜 시간이 걸린다. *L. monocytogenes*는 다른 식품기인성 병원성균과는 차이가 있으며, 이 균은 자연계에 널리 분포되어 있고, 열악한 환경조건에도 저항하며, 미호기성균으로 저온성 세균이며, 인간의 식세포 내에서도 성장한다. 게다가 *Listeria* 균은 식품표면에나 식품내부에서 오랜 기간 동안 생존하며, 토양, 식물, 물에서도 생존한다. 이러한 균학적 특성이 식품산업에서 *Listeria* 균을 주목하는 이유이다. *L. monocytogenes*를 어떻게 대처하여야 하는지는 아직 명확하지 않다. 치사율이 높고 치명적 증상을 동반하는 이 질병을 제어하기를 원하고 있지만, 이 균의 특성상 *Listeria* 균이 없는 모든 식품을 기대하는 것은 비현실적이다.

균주의 특성

분류

Listeria sp.

임상소독제를 개발한 Joseph Lister (그림 13.1)의 이름을 딴 구강세척제와 세균의 속이 있다. 그 세균이 *Listeria* sp.로서 이 균은 *Clostridium*, *Staphylococcus*, *Streptococcus*, *Lactobacillus*, *Brochothrix*와도 관련성이 깊다. *L. monocytogenes*는 *Listeria* sp.의 6개 종중 하나이며 다른 종은 *Listeria ivanovii*, *Listeria innocua*, *Listeria seeligeri*, *Listeria welshimeri*와 *Listeria grayi*가 있다. *Listeria* sp. 중에서 *L. monocytogenes*와 *L. ivanovii*만 병원성균이며, *L. monocytogenes*는 인간 병원균으로, *L. ivanovii*는 주로 동물 병원성균으로 알려져 있다.

Listeria sp.들은 몇 가지 생화학적인 특성에 의해 확인될 수 있다. *Listeria*의 특성 확인에 사용되는 생화학 테스트는 D-xylose, L-람노오스, α-메틸-D-만노사이드와 D-만니톨로부터 산을 생산함을 확인하는 것이다. *L. monocytogenes*와 다른 *Listeria* sp.들을 구별하는 방법은 적혈구 세포를 용해하는 능력을 확인하는 것이다. 주모성 편모에 의한 몸부림치는 듯한 운동성 (tumbling motility)은 통성혐기

그림 13.1 Joseph Lister.

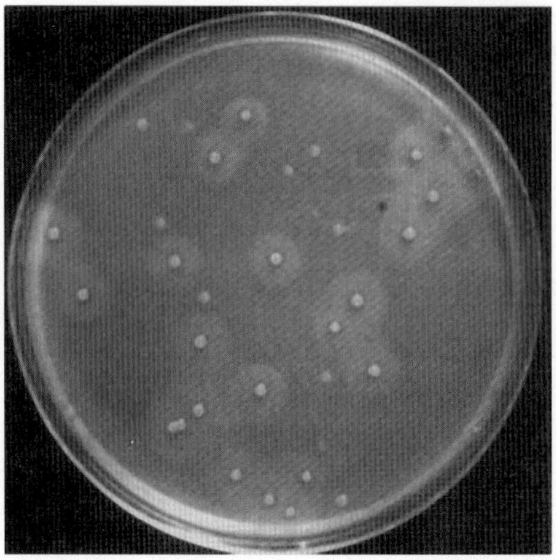

그림 13.2 Oxoid 사의 Listeria 발색 고체배지에서의 *L. monocytogenes* 콜로니의 모습 (Oxoid/Remel의 승인을 받고 인용).

성 세균인 *L. monocytogenes*의 또 다른 주요 특성이다. 비병원성 종들이 *L. monocytogenes*와 동일한 식품과 환경에서 종종 분리되기도 한다. 유전적 또는 면역적 특성에 바탕을 둔 신속 테스트 방법은 *Listeria* sp.를 속 또는 종 수준에서 확인할 수 있다. Oxoid Chromogenic Listeria Agar (그림 13.2)와 같은 특수한 배지를 이용하여 신속한 동정이 가능하기도 하다.

이 균에 의한 사고의 발발을 조사하는 공중보건 공무원들은 *L. monocytogenes*의 일반적인 감염원을 확인하는데 도움이 될 수 있도록 종 이하 수준까지 이 분리 균주의 특성을 조사할 수 있다. 이것은 유전적 지문방법 (genetic fingerprinting) 또는 혈청형 분석을 통해 가능하다. 병원성 *L. monocytogenes*는 13개의 혈청형이 있다. 리스테리아증 환자로부터 분리한 미생물의 95%는 3종의 혈청형 (1/2a, 1/2b, 4b)에 속한다. 미국 질병통제예방센터는 식품기인성 병원성균의 세부분류를 위해 공중보건 연구소 (Public Health Laboratory)들의 네트워크를 설립하였다. PulseNet 연구소는 세부분류를 위한 표준방법으로 PFGE를 채택하였으며, 일반적인 공동오염원, 오염출처를 확인하기위해 다양한 지역에서 나타나는 식품 유래 병원성균의 PFGE의 유형을 인터넷을 통해 재빨리 비교할 수 있다.

물리적 및 화학적 처리에 대한 감수성

*L. monocytogenes*는 0−45°C에서 성장하지만 더 낮은 온도에서도 천천히 자란다 (표 13.2). 동결은 미생물 집단의 크기를 줄이는데 효과적이지 않다. 동결 저장기간 동안의 미생물의 생존과 상해는 식품의 종류와 동결 속도에 의존한다. *L. monocytogenes*는 50°C 이상에서는 사멸한다.

표 13.2 세포분열에 있어 온도의 영향

온도 (°C)	세대시간 (t_d[a], h)
4	43
10	6.6
37	1.1

[a] t_d, doublint time

*L. monocytogenes*는 pH 4.4의 낮은 pH에서도 생장할 수 있다. pH 4.3 이하에서는 생존은 가능하나 성장하지는 못한다. 초산, 구연산, 유산 같은 유기산을 0.1% 처리 시 *L. monocytogenes* 성장을 억제할 수 있다. 이러한 유기산들의 저해능은 그

들의 해리정도와 관계있다. 모든 산이 동등하게 작용하지는 않는다. 구연산과 유산은 초산보다 동일한 pH에서 덜 유해하며, HCl은 가장 효과가 약한 산이다.

*L. monocytogenes*는 0.97 이상의 수분활성도에서 가장 잘 자란다. 대부분 의 균주에서 최소성장 수분활성도는 0.93이다. 그러나 일부 균주는 0.90 보다 낮은 pH에서 성장할 수 있다. 또한 수분활성도 0.83 보다 낮은 경우에서도 오랜 기간동안 생존할 수는 있다. *L. monocytogenes*의 열저항력은 식품의 수분활성도가 감소하면 증대된다. 이러한 균주 특성이 낮은 수분활성도와 열처리를 행하는 식품제조업체에서는 큰 문제거리가 되고 있다.

*L. monocytogenes*는 적당한 염농도 (6.5%)에서 매우 잘 자란다. 심지어 10-12%의 NaCl 존재 하에서도 성장이 가능하다. 세균은 더 높은 염 농도에서 오랜 기간 동안 생존 가능하다. 온도를 낮추면 높은 염 환경에서 생존을 증대시키며, 이런 이유 때문에 처리된 육류는 *Listeria* 성장에 매우 좋은 환경이다.

표 13.3 리스테리아증과 관련 있는 일부의 식품들

치즈
알팔파 정
어류
치킨 너겟
원유
대구 알
칠면조 프랭크
조리 후 냉각된 닭고기
훈제어류
델리 샐러드
델리 육가공품
핫도그
식물성 응유효소
사람 젖
아이스크리임
포크 소시지
수제 소시지
절인 버섯류

리스테리아증과 즉석식품

즉석식품

일부 즉석식품 (예를 들면, 소프트치즈, 프랑크푸르트, 기타 육류)은 감수성이 예민한 사람들에게 높은 리스테리아증 위험성을 야기한다. 리스테리아증을 유발하는 일부 식품들은 표 13.3에 보여주고 있다. 냉장고의 20%는 50°F보다 높기 때문에 냉장은 즉석식품의 안전성을 보장해줄 수 없다. 냉장은 오히려 *L. monocytogenes* 성장에 좋은 환경을 제공해 준다.

유제품

원유는 *L. monocytogenes*의 주요 출처이다. 1985년 캘리포니아에서 발생한 리스테리아증은 살균하지 않은 우유로 제조한 멕시코산 치즈와 관련되어 있었다. 우유에서 *L. monocytogenes*의 가열 불활성화 연구는 가열 살균에서의 생존능과 열저항성에 대한 상반된 결과가 나타났다. 이것은 서로 다른 테스트 방법의 사용, 일반적인 우유에서 발견되는 수준 이상의 *Listeria* 레벨의 사용, 식세포 내에서의 세포내 보호 등의 많은 인자에 의한 것으로 추측된다. 그러나 저온살균 (pasteurization)은 여전히 적당한 안전성을 확보하는 방법으로 간주된다. WHO는 저온살균은 사람에게 위험성을 불러일으키지 않는 정도로 원유에서 *L. monocytogenes* 수를 줄일 수 있는 안전한 처리방법이라고 말한다. 미국의 중재기관도 이 관점에 동의한다. 그러나 *L. monocytogenes*가 저온살균 우유에서 잘 성장하므로 가공 후 오염이 중요한 문제가 되었다. 세균의 수는 4°C에서 7일 경과 시 10배로 증가할 수 있다. *Listeria*는 7°C의 원유보다 저온살균 우유에서 오히려 더 잘 자란다. *Listeria* 세균의 경우 저온살균 후 오염 시 일주일의 냉장보관 후에는 매우 높은 증식을 나타낸다. 온도의 오용은 *Listeria* 성장을 향상시킬 수 있다. 최근 일리노이 주에서 발생한 초콜릿 우유로부터의 리스테리아증은 그 수가 10^9 CFU/ml의 높은 수준을 나타내었다. 우유의 향미는 나빠졌지만 사람들은 여전히 그것을 마셨다.

치즈류

*L. monocytogenes*는 치즈 제조와 성숙하는 동안 생존하는데 이는 온도 내성, 저온 성장력, 내염성 때문이다. 치즈 제조 동안, *L. monocytogenes*는 치즈커드에 농축된다. 커드에서의 *Listeria* 동태는 치즈 타입 (즉 페타 (feta) 치즈의 경우에는 생장이 가능하나 코티지 치즈에서는 사멸하는 것 등)에 영향을 받는다. 예를 들어 치즈 숙성기간 동안 *L. monocytogenes*는 까멩베르 치즈에서 자랄 수 있으나, 체다 치즈 또는 콜비 치즈에선 점차적으로 죽게 되며, 블루치즈에서는 성숙초반 빠르게 감소한 후 유지된다. 감수성이 예민한 사람이 연질치즈를 먹는 것은 리스테리아증의 위험성이 높다. 미국 질병통제예방센터는 임산부와 다른 면역체계가 이상이 있는 사람은 연질치즈를 먹지 말라고 권고하고 있다.

육류 및 가금류 가공품

육류와 가금류에서 *L. monocytogenes* 성장은 고기 종류, pH, 다른 세균의 존재 유무 등에 의존한다. *L. monocytogenes*는 육류보다 가금류에서 더 잘 자란다. 쇠고기 구이와 건조 훈제 소시지에서는 가장 낮은 성장을 나타낸다. 동물 근육조직의 오염은 도살하기 전 동물 표면이나 동물조직 내부에 있던 *L. monocytogenes*에 위해 감염되거나, 도살 후 도살체의 오염에 의해 야기된다. *L. monocytogenes*는 심장, 림프절, 간, 비장에 집중되어 증식하므로 근육조직을 먹는 것보다 기관 섭취가 더 위험하다. *L. monocytogenes*는 육류의 표면에 붙어있기에 제거하거나 사멸시키기 어렵다. *L. monocytogenes*는 pH 6.0부근에서 진공포장된 고기를 포함해서 다양한 육류제품에서 빨리 성장한다. 그러나 pH 5.0부근에서는 거의 성장하지 못한다. 포장하기 전, 가열처리와 염용액에 침지시킨 즉석 육류제품은 *L. monocytogenes* 성장에 좋은 환경이 될 것이다. 왜냐하면 경쟁자로 작용하는 다른 균의 감소와 *Listeria*의 내염성 때문이다.

미국 농무성에 의한 1993-1996년 동안 조리한 즉석고기식품의 *Listeria* 모니터링 결과, 육포, 조리된 소시지, 샐러드, 스프레드의 0.2-5.0%에서 *L. monocytogenes*가 발견되었다. 슬라이스 햄과 슬라이스 런천미트에서는 5.1-81%가 확인되었다. 다행히 *Listeria* 오염은 지난 10년 동안 감소하였다. 캐나다에서는 즉석식품으로 조리된 육류제품에서 *L. monocytogenes*의 검출율이 1989-1990년 24%였지만 1991-1992년에는 3% 이하로 감소하였다. 그러나 오염기관의 *Listeria*의 우세함은 1989-1992년 동안 여전히 나타났으며, 이는 식품 공장에서 *Listeria*가 나타나면 적어도 수년간은 유지됨을 암시한다.

해산물

*L. monocytogenes*는 신선 해산물, 냉동 및 가공된 해산물에서 지속적으로 분리되어 왔다. 갑각류, 물고기를 포함하여, 새우, 훈연된 홍합, 게 가공품에 존재하는 것은 질병을 야기한다. 무지개송어는 두 건의 리스테리아증 발생사건과 관련되어 있다. 미국 FDA 조사에 따르면, 냉동 또는 냉장 게맛살의 경우 국내제품은 4.1%, 수입제품은 8.3%가 오염된 것으로 나타났다. 게와 훈연된 고기에서는 각각 7.5, 13.6%가 오염되어 있었다.

리스테리아증에 고위험성 식품으로 추정되는 해산물은 홍합, 대합, 굴을 포함한

패류; 생선; 염을 포함한, 마리네이드에 담근, 발효한 저장된 물고기; 약한 불로 가공한 물고기 제품과 갑각류이다.

다른 식품보존 방법

진공포장된 가공 육류의 *Listeria* 감염조사에 따르면 53%가 오염되었고 그 중 4%는 1,000 CFU/g의 높은 감염을 보였다. 이러한 결과는 *L. monocytogenes* 균주가 통성혐기성 세균임을 감안할 때 당연한 결과이며, 진공포장에 의해 *Listeria* 균주 성장이 큰 영향을 받지 않음을 알 수 있다. 또한 육수, 생닭, 미리 조리된 치킨너겟의 연구에 따르면 공기조절 (MA) 역시 *L. monocytogenes* 성장 억제에 효율적이지 못함을 나타내었다.

많은 생존하는 세포는 열과 동결, 또는 다양한 처리로 인해 손상되어진다. 열처리된 *L. monocytogenes*는 비열처리된 균주보다 낮은 병원성을 가진다. 일반 비선택 한천배지에서, 손상된 세포는 스트레스에 의해 유발된 손상은 치료하고 성장할 수 있다. 그러나 손상된 세포는 선택 한천배지에서 부가적인 스트레스를 받은 경우에는 콜로니는 형성하지 못한다.

환경에서의 *L. monocytogenes*의 오염원

*L. monocytogenes*는 환경에서 어디에나 존재하며, 인간에게 감염되는 다양한 경로를 가진다 (그림 13.1). 토양 및 물에서 성장, 생존하므로 *Listeria* 균주는 다양한 수생 환경 (담수, 해수, 폐수 등)에서도 검출된다. *Listeria*는 폐기물 슬러지가 처리된 토양에서 자란 알파파와 기타 작물에서도 지속적으로 분리되어 왔다. *Listeria* 균주

그림 13.3 *L. monocytogenes*의 가능한 전파 모식도 (B. Swaminathan, p. 383–409, *in* M. P. Doyle, L. R. Beuchat, and T. J. Montville [ed.], *Food Microbiology: Fundamentals and Frontiers*, 2nd ed. [ASM Press, Washington, D.C., 2001]에 기초하여 작성).

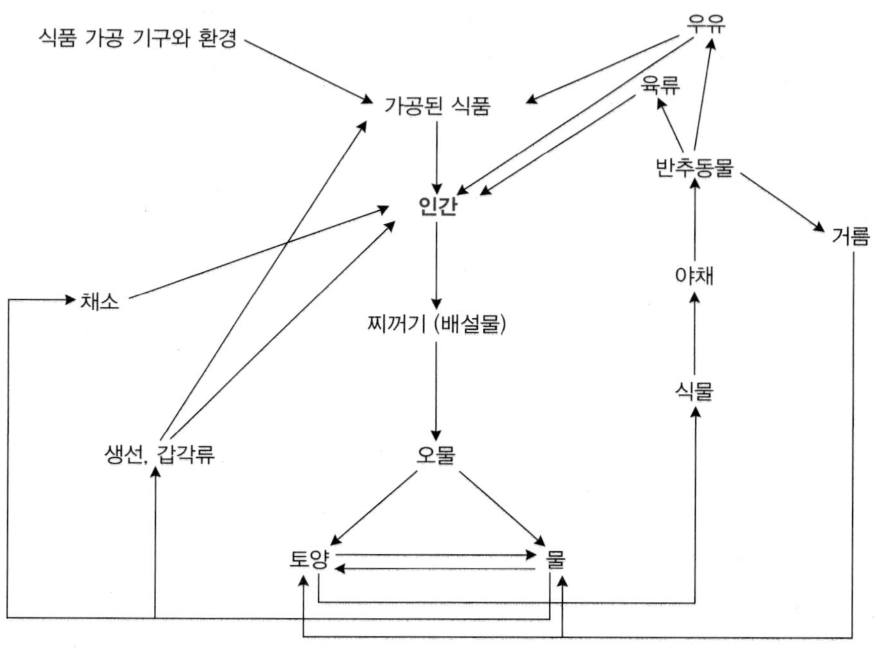

가 오염된 토양에 절단된 홍당무 시료는 3개월 후에도 여전히 *Listeria* 균주가 검출되었다. *Listeria*는 잔디 또는 사일로에 저장한 목축사료에도 검출되며, 식물의 부패 및 분변 역시 *Listeria*의 토양오염에 기여한다고 추측된다. 토양은 시원하고 습한 환경을 제공하며, 부패식물은 영양 성분을 공급할 것이다.

*L. monocytogenes*는 건강한 동물의 분변에서도 검출되었다. 많은 동물들이 *Listeria*에 감염될 수 있다. 발병하지 않은 인간보균자 및 감염증 환자의 분변도 *Listeria*의 오염원이 된다. *Listeria*가 환경으로부터 동물 및 인간에게 어떻게 전파되는지, 또한 다시 환경으로 방출되는지에 대한 모식도는 그림 13.3에 나타내었다.

식품 가공공장

*L. monocytogenes*는 식품가공으로 작업자의 신발, 옷, 자동차 등의 흙을 매개로 식품가공공장으로 유입된다. 또한 오염된 식물과 동물의 조직, 사람 (보균자)을 매개체로 공장에 들어갈 수 있다. 식품공장의 높은 습도와 영양적 수준은 *Listeria* 균 생장을 촉진한다. *L. monocytogenes*는 배수관 같은 습한 지역, 고여 있는 물, 바닥, 잔류물과 가공장비등의 습한 부분에서 발견된다. *L. monocytogenes*는 스테인레스 철과 유리, 고무 표면에 부착되어 있다.

*L. monocytogenes*는 도살하는 동안 분변오염물을 통해 도살체로 옮아간다. 건강한 동물의 11–52%는 *Listeria* 분변 매개체로 작용한다. *L. monocytogenes*는 도살장 전 지역에서 나타나며, 특히 작업자의 손에서 주로 검출된다. 가장 오염된 곳은 소가죽 벗기는 곳, 돼지 기절시키는 곳, 고기를 매달아 놓은 곳이다. 가금류 도살장을 연구한 결과 털을 뽑기 위한 침지수, 범람한 냉각수, 재사용되는 세척수 등에서 *L. monocytogenes*를 발견하였다.

*L. monocytogenes*는 식품안전을 위해 사용되는 열처리 시에 생존하지 못한다. 이는 주로 식품 가공 후의 재오염으로 나타난다. *L. monocytogenes*는 식품 제조공장에서 제거되기 어려운데 이는 *Listeria*가 식품표면에 부착되어 있고 하수구와 같은 손이 닿기 어려운 곳에서 바이오필름을 형성하기 때문이다. 이것은 적당한 위생 안전 확보를 어렵게 한다. *L. monocytogenes*는 종종 식품 가공공장에서 사용하는 재료물질에 존재하며, 이러한 이유로 미리 *Listeria*를 제거한 가공공장에서 다시 재감염의 충분한 기회를 제공하게 된다.

*L. monocytogenes*의 유행과 조절 상태

식품의 *L. monocytogenes* 오염은 널리 퍼져있다. 미국 농무성의 식품리콜에서 *Listeria*는 주요한 원인이다 (그림 13.4). 오염수준은 빵 제품의 0%에서 일부 즉석식품의 16%까지 다양하다. 비 가공식품의 오염도는 더 높으며, 생닭의 경우 *Listeria* 검출율은 60% 이상이다. 열처리되지 않은 저장 물고기 및 육류제품에서는 열처리된 식품보다 그 오염도는 매우 높다. 또한 *L. monocytogenes*는 콩나물, 오이, 양배추, 활엽채소, 감자, 무, 토마토를 포함함 많은 야채에서 발견되어진다.

*L. monocytogenes*를 어떻게 조절하여야 하는지에 대한 국제적 논의가 있었다 (Box 13.1). *L. monocytogenes*는 너무 흔하기 때문에, 많은 나라의 규제관련기관은 *Listeria* 없는 식품생산은 불가능하다고 토로하였으며, 따라서 *L. monocytogenes*

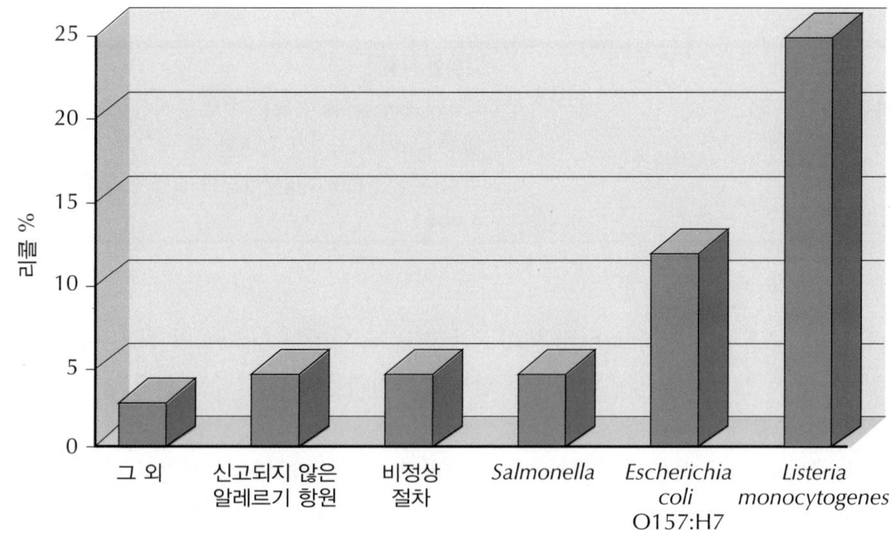

그림 13.4 USDA 리콜의 원인들 (1997년).

에 대한 허용기준을 제정하였다. 인간에게 리스테리아증을 야기했던 제품들은 특별 항목에 등재되었고 리스테리아증을 유발하지 않는 식품보다 더 엄격하게 규제되었다. 대부분의 많은 유럽 국가들은 식품은 *Listeria* 없는 식품, 또는 가능한 한 낮은 수준이어야 한다고 제안하였다. 또한 *Listeria* 감수성 집단에는 반드시 *Listeria* 없는 제품이 필요하다고 판단하였다. 다른 식품들은 *Listeria*를 100 CFU/g 이하로 함유할 수 있다고 판단하였다. 그러나 대조적으로 영국과 미국은 *L. monocytogenes*는 25

BOX 13.1

집단운동 : *Listeria monocytogenes*에 대한 산업적인 통제 반응

목적

실생활을 이해하기 위한 요소는 모의실험의 이용을 통한 산업적 정책의 설립을 포함한다.

시나리오

당신은 8개월 전에 고급 파이 라인에 딸린 커다란 쿠키 제조회사인 MSF Food에서 일했다. 이 라인은 크게 성공하여 단체의 이익을 4% 증가시켰다. 이 라인이 새로운 시장의 틈새를 채우고, 다음 해의 이익이 유사한 정도로 증가하기 위해 유통에 치즈케이크와 크림파이 생산품을 첨가하기로 결정했다. 생산품 라인의 책임자는 질문한다. 만약 이러한 생산품이 *Listeria* 위험을 제기할 수 있고, 어떤 종류의 최종산물 검사는 생산품의 안전을 보증하기 위해 필요하다. (쿠키 라인에서, 회사는 *Salmonella* 시험을 하고, 생산품이 부정적인 결과를 얻게 될 때까지 연구를 수행한다. 파이에서 *Listeria*를 위한 유사한 프로그램이 마련되어야 한다.) 회사의 생산 측은 "test-and-hold" 정책이 이러한 short-shelf-line인 냉장 프로젝트를 위한 죽음의 접촉일 것이다. 미생물학 분야는 최종산물 검사가 생산품의 안정을 보증하는 유일한 방법이라고 강조한다.

이 문제를 해결하기 위한 미팅이 소집되었다. 그 미팅에서 당신의 의무는 쿠키, 크림, 케이크 제조회사의 부회장에게 두 페이지의 추천사항을 쓰는 것으로 결정되었다.

당신의 임무

1. 예비미팅: 그룹을 나누고 결과를 검토한다. 당신이 결정하기 위해 필요한 부가정인 정보가 무엇인지 정한다. "testing 논쟁"의 관점을 결정한다. 당신은 미팅하는 동안 주장하고 싸울 것이다.
2. 본미팅: 그룹은 스스로 설명할 수 있는 일치된 의견에 도달하기 위해 노력한다.
3. 미팅의 결과: 쿠키, 크림, 케이크 제조회사의 쿠키에 대해서는 많이 알지만 미생물학에 대해서는 전혀 모르는 부회장에게 회사가 해야 하는 것과 그 이유에 대한 당신의 추천사항의 개괄적으로 설명하는 메모를 쓰는 것이다.

표 13.4 저위험군과 고위험군 식품에 대한 소비자의 제안사항

저위험 식품	고위험 식품
*L. monocytogenes*가 높은 수로 증식하지 않도록 하는 것	*L. monocytogenes*가 높은 수로 증식하도록 하는 것
성장가능 온도에서 장시간 보관되지 않은 것	냉장온도에서 장시간 보존된 것
위험군 집단 10만 명당 1명이 질병에 걸릴 가능성	위험군 집단 6,000 명당 1명이 질병에 걸릴 가능성
<100 CFU/g 허용	0 허용

표 13.5 다양한 인간 집단에 대한 상대적인 리스테리아증 위험도

집단	상대적 위험도
전체	1[a]
70세 이상의 고령인	3
임산부	17
HIV[b] 양성 환자	200

[a]절대적 위험도, 백만명 당 7명이 발병함을 의미
[b]HIV, human immunodeficiency virus (사람면역결핍바이러스)

g당 제로 규정 (zero-tolerance)을 마련하였다. 두 나라는 *Listeria*의 허용수준을 결정하기 전에 반드시 감염량을 알아야 한다고 주장하였다. 감염량은 현재 알 수 없으며, 특히 사람마다 다르다.

누구라도 미국 정부에 규제안을 변경하라고 요구할 수 있는 "시민의 청원"은 저위험 식품군의 *L. monocytogenes*에 대한 다른 허용범위를 제안하였다 (표 13.4). 이것은 만약 *L. monocytogenes*이 식품에서 성장할 수 없고, 성장이 가능한 온도에 식품을 유지하지 않고 (첫 번째 조건에 이미 포함될 수 있음), 사람에게 질병을 유발할 가능성이 낮다면 허용범위 제로를 고집할 정당한 이유가 없다는 주장이다. 미국의 허용범위 제로정책에 대한 두 가지 논쟁이 있다. 첫 번째 미국 FDA는 미국인의 건강을 보호하기 위해 과학적 기준을 토대로, 규정을 제조하는 유일한 법률 기관이었다. 그러나 일부 사람들은 다른 규제장치를 요구하였다 (표 13.5). 리스테리아증 사고율은 미국의 경우 10만명당 ~0.7건으로서 제로 규정을 가진 미국과 100 CFU/g 이하의 허용범위를 가진 유럽국가와 같았다. 이런 이유로 제로규정은 부가적인 장점을 제공하지 못하는 것으로 드러났다. 두 번째 논쟁으로는, 이러한 규제가 국제간

BOX 13.2

현존하는 딜레마

미국은 1억 달러정도를 리스테리아증 발병율을 줄이는데 사용한다. 그러나 돈이 효과적으로 쓰이는가? 리스테리아증만 생각하는 건 비용효율이 높은가? 이것은 말하기 어렵다. 미생물은 주변에 넓게 깔려있고 제거하기 어렵다. 아직 리스테리아증 발생에 연관되어있는 음식은 상대적으로 적다. 바로 먹을 수 있는 식품들은 꼭 리스테리아에 대해 검사를 해야 하는가 또는 오직 역사적으로의 문제들인가? 상대적으로 리스테리아증에 대해 적은 경우가 있는데 균이 발생하게 되면 그 음식을 먹은 사람 중 작은 퍼센트가 병에 걸리게 된다. 그러나 비록 적은 확률로 걸리지만 치사율은 매우 높다. 리스테리아를 테스트하는 것 보다 특정 음식을 피하라는 위험한 상태의 사람들을 교육하는 것이 더 비용효율 적일까? 리스테리아를 격리하고 확인하는 방법을 더 바란다. 이것들은 부정오류율이 10에서 15%에 달한다. 예로 리스테리아가 있는 100개의 샘플을 실험하면 10-15개의 샘플에서 균이 발견되지 않는다. 100%의 믿을만한 테스트가 없을 때 허용오차가 없는 것을 요구하는 것은 올바른가? 리스테리아의 존재가 있음직하지 않거나 치료를 받은 생산품을 테스트하는 것이 분별을 할 수 있는가? 식품에 대한 미생물학적 설명을 위한 국제 위원회는 테스트할 필요가 없다고 제안했다. 현제 조절 중요성은 음식으로부터 리스테리아의 분리가 급격히 줄어들었다. 그러나 리스테리아증의 수는 감소하지 않고 있다. 취체기관, 식품산업 그룹, 그리고 소비자는 현제의 규제가 재검토 되어야 한다는 데에 동의하고 있다. 그러나 그들은 어떻게 또는 왜에 동의하지 않는다. 당장에는 진행이 모니터링할 수 있게 리스테리아증에 대한 더 나은 감시의 발전을 강조하고 있다. 리스테리아증으로 이루어진 식품은 정밀검사를 증가시키는 경향이 있다. 그러나 이것은 추가의 리콜을 막지는 못했다. 위험이 있는 그룹, 특히 임산부를 산부인과 의사를 통해서 교육시키는 노력이 있다. 그러나 이것들은 더욱더 효과적이어야 되기를 필요로 한다. FDA는 음식 안에 그것의 증식을 지원하지 않는 100 CFU/g 이하의 *L. monocytogenes*를 허용하는 소비자의 청원을 고려중이다. 토론은 몇 년 간 계속될 것이다.

무역에 문제가 될 수 있었다. 미국이 유럽국가의 100 CFU/g 허용범위의 식품을 수입을 반대한 경우, 비관세장벽을 통한 자유무역의 방해가 될 수 있었다. 현재의 딜레마는 박스 13.2에서 논의되어 있다.

보균자

*L. monocytogenes*는 많은 사람들의 분변에서 자각 증상이 없이 운반될 수 있다. 이것은 건강한 사람, 임산부, 위장염 환자, 도축장 직원, *Listeria*를 다루는 연구소 직원, 식품을 다루는 사람, 혈액 투석환자를 포함한다. *L. monocytogenes*는 건강한 사람의 분변 시료로부터 2-6% 빈도로 검출되었다. 리스테리아증 환자는 종종 많은 수의 *Listeria* 균을 배설한다. 환자 21%의 분변 시료에서 10^4/g 이상의 *Listeria*가 검출되었다. 동거인의 18%에서 동 균주의 *L. monocytogenes*가 분변에서 확인되었다. 분변매개체는 이차 전달을 통해 발현이 확대된다 (초기 전달은 식품에서 초기 감염자로, 이차 전달은 초기 감염자에서 다른 사람으로 전달을 말한다). 식품기인성 출현에 바탕을 둔 *Listeria*의 이차 전달은 또 다른 병원체의 전달과 함께 발생한다.

식품유래의 발병

식품을 통한 리스테리아증의 전파는, 1981년에 캐나다에서 발생하였다. 사건조사와 균주 유형연구로부터 리스테리아증이 식품에서 기인함을 증명하였다. 1981년 캐나다 노바 스코티아에서 발생하였으며, 6개월 동안 34건의 임산부와 7건의 일반인에서 발생하였다. 사건 조사연구에 의하면 발병의 원인이 콜슬로와 관계가 있는 것으로 나타났다. 전염성의 균주는 콜슬로의 개봉되지 않은 포장에서 확인되었다. *Listeria*에 감염되었다고 의심되어지는 양의 퇴비로 비료를 준 양배추는 *Listeria* 뇌막염의 원인이었다. 수확된 양배추는 가열처리되지 않은 상태로 겨울과 봄 동안 저장되었다. 저온 저장은 저온성균인 *L. monocytogenes*의 생장에 유리한 조건을 부여하였다.

1985년 캘리포니아에서 발생한 리스테리아증의 원인은 오염된 멕시코 스타일의 치즈였다. 8개월 동안 142건이 발생하였으며, 그 중 임산부는 93건이었다. 49건은 임신하지 않은 성인이었다. 희생자의 대부분은 리스테리아증에 걸리기 쉬운 조건이었다. 거의 1/3은 사망하였다. 그러나 약 10,000명이 치즈를 먹었으며, 전체 발병율은 매우 낮았다. 부적합한 저온살균 우유와 살균우유와 원유의 혼합물은 발병을 야기하였다.

스위스에서는 소프트 치즈의 *L. monocytogenes*가 4년 동안 122건의 감염증과 연관되어 있었다. 오염된 페이트는 영국에서 300건의 리스테리아증을 야기하였다. 식품 리콜, 오염 식품을 먹지 않도록 하는 홍보활동, 식품가공공장에서의 오염을 막기 위한 적절한 행동들이 이러한 대량 발병을 막았다.

2000년 5-11월 사이 미국 10개 주에서 리스테리아증이 발생하였다. 분리된 *L. monocytogenes*의 혈청형은 모두 1/2a 혈청형이었고 PFGE 패턴이 동일하였다. 8개의 주산기와 21개의 주산기가 아닌 경우가 보고되었다 (주산기는 태어나기전부터 생후 1개월까지의 기간을 의미한다). 21개의 주산기가 아닌 환자들의 평균나이는 65세였다 (나이의 범위: 29-95세). 62%가 여자였다. 이 발병은 4명의 사망과 3명의 유산 또는 사산의 결과를 낳았다. 사건조사 연구결과는 델리 칠면조 고기로 확인되었다.

S Y O W K C A D F A A D L
W M A C R O P H A G E Z I
X P P R E G N A N T G P S
X O E U F W B Z A N U W T
S S M Y N O Z R I B D C E
S T W O R Q E P I C K A R
I P F T R G Y Q I C V G I
J R I S I T U D Y J O E O
H O X R O I A X O T J E L
N C F R T R A L R L G A Y
D E E O O V S U I T W W S
R S U P A H J W L T G X I
I S S Z R U Z T N J Y B N

Clues

Enzyme that helps *Listeria monocytogenes* break through membranes. ____________

Symptom of listeriosis in some pregnant women. ____________

Human cell that *Listeria* can grow inside of. ____________

Listeriosis is a disease characterized by low morbidity but high ____________.

Most contamination with *Listeria monocytogenes* occurs ____________.

____________ women are a high-risk group for listeriosis.

The increased popularity of ____________ foods over the last 20 years has led to an increased prevalence of listeriosis.

____________ is a method for identifying bacteria below the species level on the basis of their antigens.

Unlike most foodborne diseases which occur in large outbreaks, cases of listeriosis are ____________.

Listeria monocytogenes is difficult to control because it is ____________ in the environment.

질병의 특징

*L. monocytogenes*는 잘 정의된 고위험군에서 질병을 야기한다. 고위험군은 임산부, 신생아, 면역체계 이상이 있는 성인이다. 리스테리아증은 때때로 건강하지 않은 사람에게서도 발생한다. 임산부가 아닌 사람에서 *L. monocytogenes*는 패혈증, 뇌막염을 일으킨다. 사망율은 20–25%이다. 리스테리아증에 걸리기 쉬운 사람의 임상조건은 악성종양, 장기이식, 면역억제제 치료 환자 또는 후천성 면역결핍 바이러스에 감염되었거나, 고령자이다. 특히 임신 3개월 이내의 임산부는 *L. monocytogenes*의 감염시 약한 감기 유사증상을 경험할 것이다. 그러나 *Listeria* 감염은, 사산이나 유산을 야기하여 태아에게는 치명적인 결과를 나타낸다. 반면에 리스테리아증 출현에 세심한 주의를 요하지만 대부분의 경우 산발적이다. 일부 산발적인 경우는 인식되

지 않는 흔한 출처에서 발생된 것이다. 비록 식품이 리스테리아증의 몇 가지 경우에 관련성이 확인되었지만 대부분의 경우 감염방식은 알려지지 않고 있다. 많은 경우 식품과 관련이 없는데, 이는 산발적 발생을 조사하기 어렵기 때문이다. 5주 이상의 잠복 기간이 있으므로, 이 동안의 정확한 식품섭취를 조사하거나 의심되는 식품을 조사하는 것은 어렵다. 지역적인 산발성 발생을 이해하는 것이 리스테리아증의 효과적인 제어전략을 개발하는데 필수적이다.

산발성의 리스테리아증은 실제 드문 질병이다. 유럽과 캐나다에서 수동적인 감시 결과 백만명 당 발생빈도는 2-7명으로 나타냈다. 미국에서 적극적인 감시 연구 결과는 백만명 당 7.4건의 발병을 나타냈다. 1990년 이래로 미국에서 돌발성의 리스테리아증 사고와 사망은 거의 50% 감소하였는데 이는 현재의 예방책에 근거한다고 판단된다.

사람의 리스테리아증은 잘 얼려져 있지 않다. 비록 *L. monocytogenes*에 대한 노출은 흔하지만, 리스테리아증은 드물다. 이러한 이유가 인간의 저항력 때문인지, 대부분의 균주가 약한 병원성균이기 때문인지는 불분명하다. 인간 리스테리아증은 확실하게 이해되지 않고 있다. 몇몇 건강한 사람은 *L. monocytogenes*의 증상이 없는 분변 매개체로 작용한다. 보균자에서 임상 질병의 위험성은 알려지지 않고 있다. 비록 *Listeria*는 임산부가 주요대상이지만 일부 임산부는 증상이 없는 보균자로서 정상적인 임신결과를 나타낸다. 임신기간에 한번 감염된 여자는 다음 임신 시에는 동일한 감염증을 나타내지 않았다.

*L. monocytogenes*는 이차적 질병, 발열성의 위장염을 야기할 수 있다. 이러한 위장염 발생은 앞에서 언급한 발생과는 차별이 되며, 증상을 나타내는 사람은 특이한 위험요소를 가진 사람은 아니다. 감염양은 $1.9 \times 10^5 - 1.0 \times 10^9$ CFU/g 식품 또는 ml 식품으로 침입한 *Listeria* 농도와 비교할 때 상당히 높다. 결국 병징은 *Listeria*에 노출된 후 18-27시간 이내에 나타난다. *Listeria* 위장염은 1994년에 처음으로 보고되었다. 냉장하지 않고 저장된 큰 통에 보관된 초콜릿 우유의 가공 후 재 오염에서 야기되었다. 도매상들에 의해 구입된 후, 저온저장되지 않은 오염우유를 여름 기간 동안 판매되었으며, 우유를 마신 이들의 75%는 병을 앓았다. 조사는 상대적으로 쉬웠으며, 대부분의 희생자가 맛이 나쁜 우유를 지적했기 때문이다.

발병 감염량

*L. monocytogenes*의 감염량은 숙주의 면역상태, 미생물의 독성정도, 식품종류 등 많은 요소에 의존한다. 윤리적 문제로 지원자를 대상으로 한 연구는 불가능하다. 그러나 동물실험에서는 노출수준을 감소하면 임상질병도 감소하였다. 식품으로부터 리스테리아증이 나타난 경우 식품에서의 *L. monocytogenes*의 농도는 보통 100 CFU/g이다. 그러나 1998년 *Listeria*와 관련된 프랑크프루트 소시지는 0.3 CFU/g 이하로 확인되었다. 감염양을 정확하게 평가하기 위해서는 더욱 많은 연구가 필요하다.

독성인자와 발병기작

*L. monocytogenes*는 식품기인성 병원체 중에서도 독특하다. 다른 병원체는 독소를

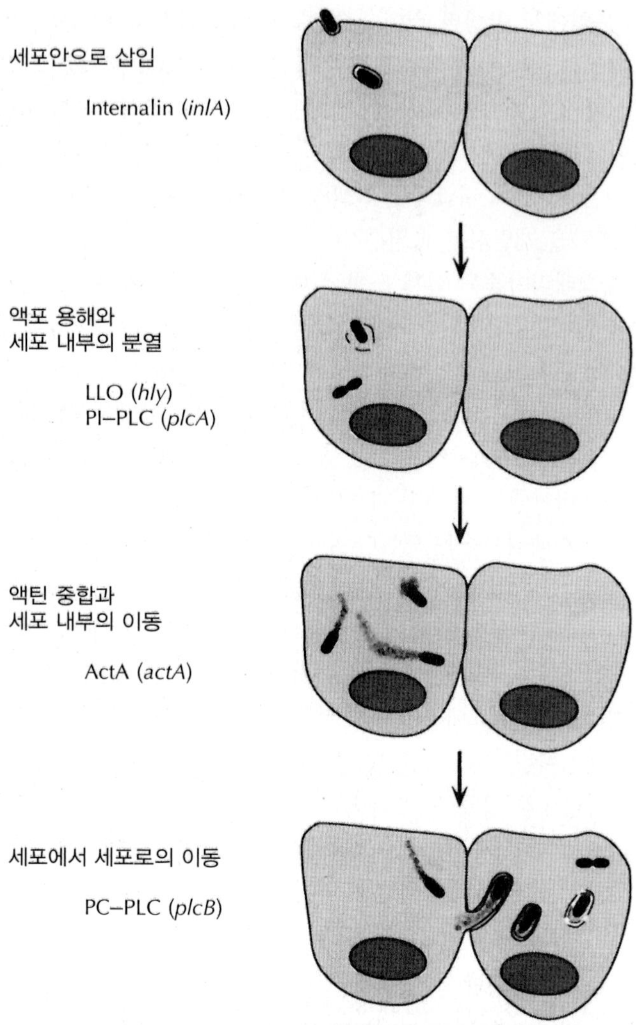

그림 13.5 *L. monocytogenes*의 세포-세포 전달의 모식도. (출처: B. Swaminathan, p. 383-409, *in* M. P. Doyle, L. R. Beuchat, and T. J. Montville [ed.], *Food Microbiology: Fundamentals and Frontiers*, 2nd ed. [ASM Press, Washington, D.C., 2001].)

분비하거나, 혈액에서 증식한다. 대조적으로 *L. monocytogenes*는 숙주세포 내에 들어가서 세포 안에서 자라고 세포들 사이를 직접 이동한다 (그림 13.5). 세포-세포간 전달은 *Listeria* 균의 항생물질과 항체에 대한 노출을 줄인다. 또한 이러한 세포막 관통능력은 *L. monocytogenes*가 뇌와 태반으로 침입하도록 한다.

*L. monocytogenes*의 병원성

*L. monocytogenes*의 병원성에 대한 많은 조사가 실시되었다. 달걀 수정란 실험, 조직배양 분석, 특히 쥐를 이용한 실험동물 실험 등이 실시되었다. 이들 연구에서 쥐의 위 구멍, 정맥 또는 입으로 세균을 감염시켰으며, 독성은 50% 치사량의 비교, 또는 비장과 간에서의 세균수를 측정하여 평가하였다. 50% 치사량은 10^3–10^7 CFU 범위를 나타내었다.

쥐가 *L. monocytogenes*에 노출되었을 때 일주일 동안 감염은 잘 알려진 경로를 따른다. 정맥감염 후 10분 이내에 세균의 90%가 간으로 이동하고 5-10%은 비장으로 이동한다. 첫 6시간동안 *Listeria* 수는 간에서 10배로 감소하며, 이는 *Listeria* 균의 빠른 사멸을 암시한다. 이후 생존한 *Listeria* 균은 그 후 감수성이 예민한 대식세포에 감염하고, 이후 증식한다. 그들은 전형적으로 비장과 간에서 48시간 동안 성장한다. 만약 이후 3-4일 동안 불활성화되면 감염된 숙주는 회복된다.

인간의 경우 *L. monocytogenes*는 입으로 들어간 후 소장 장벽을 통과한다. 이 후 대식세포로 들어가 증식하게 된다. 혈액은 증식된 균들을 림프절로 이동시킨다. 균들이 간과 비장에 도달한 경우 대부분의 균주는 빨리 사멸한다. 이후 생존한 균들은 혈액을 통해 뇌나 태반으로 이동하게 된다.

병원성에 관여하는 특이유전자

*L. monocytogenes*는 식세포가 아닌 사람의 세포에서 그들의 방법으로 싸울 수 있다. 어떻게 유전자 제어가 병원성에 영향을 미치는 가는 거의 알지 못한다. *L. monocytogenes*의 일련의 유전자는 감염과정의 각 단계에서 역할을 하게 된다. 단백질 internalin은 감염과정 시작 시 필요하다. Internalin은 유전자 *inlA*에 의해 코드되어 있다. 이 유전자는 체온으로 조절되어지고 20°C보다 37°C에서 더 빨리 발현된다. 이 유전자가 결핍된 돌연변이는, 세균이 포유동물 내부로 침입하여 형성하는 파고좀 (phagosome)을 형성하지 못한다. 한편 리스테리아증을 위해서는 *Listeria*는 파고좀으로부터 유출되어 숙주세포의 세포질로 방출되어야 한다. *hly* 유전자는 이 단계에 관여하며, 파고좀을 코드하는 효소 리스테리오리신을 코드한다. 리스테리오리신은 적혈구를 파괴하며, 효소 활성은 용혈성 활성 평가에 의해 측정된다. *hly* 유전자가 변이된 *L. monocytogenes* 돌연변이는 병원체가 아니다. 이 돌연변이 세포는 *Listeria*를 액포에 의해 가두어 둘 수는 있지만 세포질 안으로 해리시키지는 못한다.

Listeria 균주가 숙주의 세포질로 해리되면 *Listeria* 유전자는 정상적인 유형으로 성장과 증식을 조절한다. *Listeria* 세포는 사람세포를 가로질러 이동하기 위해 숙주의 액틴 분자를 이용하는 특별한 능력이 있다. 마이오신과 함께 액틴은 인간 근육의 중요한 성분이다. 액틴은 낮은 농도로 비근육세포에서 나타난다. *Listeria*에서 *actA* 유전자는 균의 한 끝을 만드는 ActA 단백질을 코드한다. ActA는 전방으로 세포를 이동 촉진하는 액틴을 만든다. 이러한 액틴으로 인한 추진력은 *Listeria* 세포를 숙주의 세포막으로 추진케 하며, 또한 근접한 숙주세포-세포를 이동하게 한다. 병원성에 필요한 최종 유전자는 *plcB*이다. 이 유전자는 근접한 인간세포의 세포질에서 세균을 유리시키는 리스테리오리신 O를 도와 세포막 가수분해효소를 코드한다.

요약

- *L. monocytogenes*는 냉장온도에 자랄 수 있는 널리 상재하는 균이다.
- 리스테리아증은 상대적으로 낮은 발생빈도를 가지지만 ~25%의 높은 사망율을 나타낸다.
- *L. monocytogenes*는 낮은 수분활성도, 낮은 pH, 탈수에 상대적으로 저항력이 있는 내성의 균이다.

- 냉장 저장하는 즉석식품은 *L. monocytogenes* 감염이라는 특별한 문제를 야기할 수 있다.
- 증상이 있는 사람과 증상이 없는 사람 모두 그들의 분변에서 *L. monocytogenes*를 배출할 수 있다.
- *L. monocytogenes* 규제에 있어 미국은 즉석식품에서 제로규제를 가지지만 유럽에서는 특정한 식품에 대해서 일부 허용규제를 가지고 있다.
- 일반적으로 오랜 기간 동안 발생한 리스테리아증의 발현은 냉장식품에서 야기되며 이 질환은 높은 사망율을 나타내고 임산부에 있어 특히 문제가 된다.
- *L. monocytogenes*는 숙주세포에 들어가서 세포 내부에서 성장하며 이후 근접세포로 직접 이동한다.
- 인터날린 (internalin), 리스테리오리신, ActA와 세포막 가수분해효소는 병원성을 지배하는 4가지 중요한 단백질이다.

참고문헌

National Advisory Committee on Microbiological Criteria for Foods. 1991. *Listeria monocytogenes. Int. J. Food Microbiol.* **14:**185–246.

Ryser, E. T., and E. H. Marth. 1991. Listeria, *Listeriosis, and Food Safety.* Marcel Dekker, New York, NY.

Swaminathan, B., D. Cabanes, W. Zhang, and P. Cossart. 2007. *Listeria monocytogenes*, p. 457–491. *In* M. P. Doyle, and L. R. Beucht (ed.), *Food Microbiology: Fundamentals and Frontiers*, 3rd ed. ASM Press, Washington, DC.

Tompkin, R. B. 2002. Control of *Listeria monocytogenes* in the food-processing environment. *J. Food Prot.* **65:**709–725.

14 *Staphylococcus aureus*

학습목표

- *S. aureus*의 동정을 위한 기초 생화학적 특성의 이해
- 식품 내 *S. aureus* 성장에 유리한 환경조건의 이해
- 증상과 발병 시간으로부터 *S. aureus* 식중독 발병의 인지
- *S. aureus*의 성장을 막기 위한 적절한 조건 (열, 보존제, 배합비) 선택
- *S. aureus*의 환경적인 감염원 파악
- 식중독을 일으키는 포도구균 장독소의 역할 이해

발발

나에게 여행의 두려움은 납치, 사고, 기내의 지루한 영화가 아니라 나쁜 음식과 관계가 있다. 대학생이었을 때 나는 일본 도쿄로 가는 비행기를 탔다. 비행기는 알레스카 앵커리지에서 승무원과 신선치 못한 음식 때문에 멈추었다. 여행의 처음은 순조로웠다. 앵커리지를 지나 1시간 쯤 되었을 때 땅콩과 소다음료를 먹었다. 아침식사는 비행의 지루함을 깨기 마련이다. 식사는 좋은 냄새가 났다. 오믈렛과 햄, 치즈가 따뜻하게 제공되었다. 그러나 식사제공 카트가 비행기의 뒷좌석에 도달하기도 전에 앞에서 우르르하는 소리가 났다. 식사 후 약 30분이 지나, 안전벨트를 착용하라는 승무원의 충고를 무시한 채 한 승객이 갑자기 일어나서 비행기 뒷부분으로 갔고 결국 화장실에 들어가기 전에 다른 여성을 향해 구토를 하였다. 기내는 조용하기는 했지만 많은 승객들이 병색을 나타내기 시작했다. 화장실에 가려는 승객들이 줄을 섰으며, 그 수는 식사가 제공된 뒤 2시간 반에 정점에 다다랐다. 질병에 걸린 첫 번째 남자는 행운이었다. 그는 화장실을 차지했기 때문이다. 오직 4개의 화장실만이 구토와 설사를 일으킨 나머지 259명의 승객들에게 주어졌다. 무뚝뚝한 1등석 승객이 1등석실로 가는 앞쪽으로 가는 길을 가로막았다. 1등석은 승객과 화장실의 비가 20:2이고 1등석 음식을 먹은 사람들은 아프지도 않았다. 약 80%의 승객들이 설사를, 70%가 구토, 85%가 멀미를 하였다. 불안한 마음으로 착륙했을 때 나는 무슨 일이 발생했는지를 알았다. 다행히도 승무원들에게는 '미생물에 영향을 받지 않는' 식사가 제공되었다. 단지 그들 중 한 사람만이 아팠다. 그녀는 다시는 스테이크 대신 오물렛을 선택하지는 않을 것이다.

착륙 후에 실험복을 입은 두 명의 조사원으로부터 검사 제의를 받았다. 면봉을 사용해 직장의 샘플을 채취해 검사하였더니 *S. aureus* 독소와 미생물 양성반응이 나타났다. 그들은 치즈오믈렛과 햄의 검사에서도 *S. suresus* 균체와 독소를 검출해냈다. 다른 조사원들은 기내 주

방을 방문했다. 그들은 그 음식이 비행 전 14시간 전에 준비되었고 실온에서 보관되어졌음을 발견했다. 음식은 냉장이 아닌 상태로 보관되었다가 식사 직전에 전자렌지로 가열되어 제공되었던 것이다. 조사원들이 주방장을 만나 보니 그 주방장의 손에 고름이 찬 것을 발견하였다. 바로 그 손가락의 *S. aureus*이 음식 속에 배양되었음을 추측할 수 있었다.

S. aureus 미생물의 특징

역사적 배경과 일반적 고찰

포도상구균과 식중독 질병사이의 관계는 오염된 우유를 먹고 구토와 설사를 일으킨다는 것을 1914년에 발견함으로써 정립되었다. 1930년 G. M. Dark와 그의 동료들은 상한 케이크에서 분리한 "황색용혈성 *포도상구균*"의 배양물을 자원하여 섭취하였다. 그 결과 그들에게는 구토와 복부경련, 설사와 같은 증상이 발생하였다.

*S. aureus*는 그 특성이 잘 밝혀져 있다. 이 균은 다양한 물질들을 분비한다. 포도상구균 장독소 등 이들 중 많은 물질들이 독성인자로 작용한다. 포도상구균 독소는 독소성 쇼크 증후군과 포도상구균 식중독과 같은 적어도 2가지 이상의 질병을 사람에게 일으킨다.

*S. aureus*는 흔히 위장염을 유발하는 포도상구균 식중독의 주요 원인균이다. 많은 다른 형태의 위장염과 달리 포도상구균성 식중독은 음식물 속의 살아있는 세균에 의해 일어나지 않는다. 오염된 음식 속에 포도상구균이 분비한 독소를 섭취하였을 때 식중독이 일어난다. 이러한 형태의 식중독은 사람에 있어서 미생물의 감염과 성장을 필요로 하지 않기 때문에 독소형식중독(intoxication 또는 poisoning)이라 한다. 실제로 미생물이 사멸되었어도 독소가 남아있는 식품에 의해 발생하기도 한다. 포도상구균 독소는 가열 심지어는 통조림 가공에 의해서도 파괴되지 않는 독특한 독소이다. 버섯 통조림에 의해 대규모로 발발한 예가 있다. *S. aureus*가 통조림 가공 이전의 버섯 원료에서 성장하여 독소를 생산하였다 (Box 14.1). 버섯 통조림은 121°C에서 2.4분간 열처리되어 상업적 살균 제품으로 생산되었다 (25장 참조). 그러나 그 버섯 통조림을 섭취한 사람들에게 대표적인 포도상구균 식중독 증상이 나타났다. 포도상구균 장독소는 식품으로부터 꾸준히 검출되어왔다.

포도상구균의 식품 오염원

사람이 *S. aureus*의 주요 수용체이다. 사람은 자연적 운반자이고 다른 사람과 식품에 포도상구균을 전염시키며, 사람 내의 주요 서식장소는 비강이다. 또한 *S. aureus*는 피부에도 존재한다. *S. aureus*는 직접접촉 혹은 기침과 재채기를 할 때 호흡기와 관련된 점액물질에 의해 전파된다. 대부분 포도상구균 식중독은 요리를 준비하는 동안 사람이 식품을 오염시키는 결과를 초래한다. 게다가 식품 취급자에 의한 오염 외에도 고기 분쇄기, 칼, 저장상태, 잘려진 고기 덩어리, 칼날에 의하여 식품 속에 포도상구균이 들어가게 한다. 포도상구균 질병의 발생과 관련된 환경은 부적절한 냉장, 너무 미리 준비된 음식, 개개인의 위생결핍, 부적당한 냉각과 식품의 가열처리, 급식을 위한 따뜻한 접시의 장기 사용 등이다.

동물 또한 *S. aureus*의 원인이 된다. 예를 들어 소 유방염 (젖소 유두의 전염병)

BOX 14.1

모든 것이 다른 모든 것에 영향을 미친다.

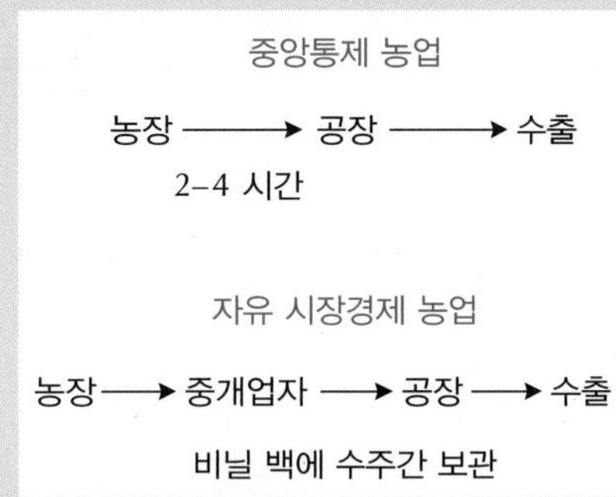

Illustration of mushroom canning practices.

지금쯤 이 책을 읽은 사람은 미생물이 식품 생태계에서 성장할 수 있고 식품의 내적요인과 외적요인이 식품의 안전성을 결정한다는 것을 깨달았을 것이다. 종종 이러한 요인들은 식품미생물학의 영역을 훨씬 뛰어넘어 정치계와 경제계까지 확대된다. 중국산 버섯 통조림식품을 고려해보자.

1989년 말 미국 질병통제예방센터는 미시시피, 뉴욕, 펜실바니아 주로부터 4건의 포도상구균 식중독 사례를 보고받았다. 약 100명의 환자가 구역질, 구토, 설사 및 경련을 일으켰다. 모두 오믈렛, 살라드, 피자 또는 버섯이 함유된 토마토 소스를 먹었다. 버섯은 모두 중국으로부터 수입한 대규모 단체의 버섯 통조림으로 밝혀졌다. 곧 미국 식약청은 중국으로부터 큰 크기의 버섯 통조림 수입을 금지했고 연간 5,000만 파운드의 버섯관련 사업을 중지시킴으로써 국제적 사건으로 확대되었다. 미국의 한 조사팀이 부패한 버섯의 원인을 구명하고 그 문제를 해결하기 위해 중국으로 급파되었다.

보고서에 의하면 버섯의 캐닝 작업은 적절하게 이루어졌으며 가공 이후에도 오염이 없었다고 한다. 이는 내열성 포도상구균의 장독소가 캐닝 이전에 버섯에 생성되었음을 의미한다. 중국은 오래 전부터 수출을 위한 안전한 캐닝 기술을 가지고 있다. 무엇이 변화해서 문제가 생겼을까?

농장에서 식탁까지의 과정은 공산주가 재배와 캐닝을 통제하던 시절에는 짧고 빠르게 진행되었다 (그림 참조).

버섯은 통조림 공장 부근에서 재배되었고 수확 후 몇 시간 내에 캐닝되었다. 전체적인 과정이 잘 통합되고 관리되었다. 자유 시장경제 농업이 그 지역에 확산되자 버섯을 사고 파는 중개업자가 개입되었다. 중개업자는 다른 농산물과 마찬가지로 버섯을 비닐 백에 담아 사고 팔고 했다. 통조림 공장은 우수한 품질의 신선한 버섯 대신에 일상적으로 저장된 버섯을 사용하게 되었다. *S. aureus*는 신선한 버섯에서는 호기성 부패미생물에 대하여는 경쟁력이 약하였지만 플라스틱 백의 혐기적 조건에서는 왕성하게 성장하게 되어 버섯에 명백한 부패현상 없이 독소를 생산하였다. 미스테리는 풀렸고 결국 *S. aureus* 세포는 캐닝하기 이전에 버섯에서 성장하여 독소를 생성한 것이었다. 캐닝 과정 중 버섯에 열처리를 하였을 때 세포는 사멸하였지만 독소는 남아 있었다.

중국의 캐닝 버섯제품의 사례는 유일한 것처럼 보일지 모르나 식품안전은 농장으로부터 식탁까지 식품 체인에 관련되어 있는 모든 것들에 항상 관련이 있다. 식품 체인의 어느 부분이라도 바뀌게 되면 항상 그 체인의 나머지 부분에 대한 영향이 고려되어야 한다.

은 낙농산업에 심각한 문제이다. 그것은 종종 *S. aureus* 의해 일어난다. 소 유방염은 미국 내에서 단일로서 낙농업에 가장 큰 손실을 일으킨다. 유방염은 세균이 우유와 유제품을 오염시킬 수 있기 때문에 공중보건의 골칫거리이다. 이것은 자동화된 착유기, 우유 취급자, 설비의 엄격한 예방조치로 통제할 수 있다.

특정한 식중독 발생에 대한 포도상구균 식품 오염의 원인은 항상 알 수는 없다. 왜냐하면 *S. aureus*와 관계없이 식품에도 많이 존재하기 때문이다 (표 14.1). 보통 식품에 오염된 포도상구균의 양은 처음에 100 CFU/g 이하 정도로 낮다. 그러나 유리한 조건에서 포도상구균은 10^6 CFU/g 이상의 높은 수준까지 자랄 수 있고 그것이 포도상구균 식중독을 일으키게 된다.

표 14.1 일반적인 식품에 들어있는 *S. aureus*의 분포[a]

식품	검체 수	*S. aureus* 양성 (%)	*S. aureus* 수 (CFU/g)[b]
그라운드 비프	74	57	≥100
	1,830	8	≥1,000
	1,090	9	> 100
큰 고기	112	46	<10
돼지고기 소시지	67	25	≥100
분쇄 칠면조 고기	50	6	≤10
	75	80	≤3.4
연어 스테이크	86	2	≤3.6
굴	59	10	≤3.6
북미 꽃게 (blue crab) 살	896	52	≤3
껍질 벗긴 새우	1,468	27	≤3
바다 가재 꼬리	1,315	24	≤3
여러 종류의 크림파이	465	1	≤25
참치 포트파이	1,290	2	≤10
조제 샐러드	517	12	≤3

[a]L. M. Jablonski and G. A. Bohach, p. 411–434, *in* M. P. Doyle, L. R. Beuchat, and T. J. Montville (ed.), *Food Micirobiology: Fundamentals and frontiers*, 2nd ed. (ASM Press, Washington, D.C., 2001)에서 인용.
[b]평판세균수 계산이나 최확수법으로 측정하였음.

불리한 환경조건에 대한 내성

*S. aureus*는 식품 속에서 다른 병원성균이 생육할 수 없는 조건하에서 저항성을 갖고 생육하는 무아포형성균 중의 하나이다. 따라서 고염식품, 저 수분활성도 식품에서도 출현한다. *S. aureus*는 건조된 고기, 푸딩, 소스 등과 같은 수분활성도 0.86 정도의 식품에서 호기적으로 생육한다.

*S. aureus*는 몇몇의 화합물을 세포 내에 축적하거나 삼투압 스트레스에 의해 생육이 촉진되는 효과적인 삼투압 저항시스템을 가지고 있다. 글리신베타인 (glycin betaine)은 삼투압방지제로 매우 중요하게 작용하며, 그밖에 정도 차이는 있지만 L-프롤린, 프롤린베타인, 콜린, 타우린 등도 삼투압방지제로 작용한다. 프롤린과 글리신베타인은 낮은 수분활성도에서 반응하는 *S. aureus* 내에 매우 많이 축적된다. 이들은 세포 외부의 수분활성과 대등하도록 세포 내 수분활성도를 낮춘다. 그러나 이들 화합물을 수송하는데 에너지를 필요로 한다. 극한적 생육조건에서 *S. aureus*는 미생물은 독소를 생산하지 않는다.

*S. aureus*는 내세포질에 생존에 대한 능력 때문에 서로 다른 세포 형태로 점막 표면과 같은 곳에 부착하여 살아 있게 된다. *S. aureus*는 다른 세포질 병원성균에 의해 발생되는 것과 유사한 과정으로 숙수 세포에 감염이 된다. 13장에서 *Listeria monocytogenes*에 대해 설명한 것처럼 식포형성, 단백질 티로신 키나아제의 활성화, 세포형태 변화 등의 과정이 일어난다.

식품에 의한 발병

포도상구균 식중독의 발생

포도상구균 식중독은 보통 24-28시간 내에 사람들이 병을 회복하고 병원에 가지 않기 때문에 보고 할 이유가 많지 않다. 또한 포도상구균 식중독에 대한 국가적 감시 체계가 있긴 하지만, 이것은 공식적으로 보고 할 만 한 질병은 아니다. 미국에서는 포도상구균 식중독의 1-5%만이 보고되고 있는 실정이다. 그것들의 대부분 매우 광범위한 대중에게 일어난 경우이다. 가정에서 일어나는 경우 보통 보고되지 않는다. 포도상구균 식중독은 미국 내에서 발생하는 식중독 질병의 14%를 차지한다. 이것은 식중독 질환 중에서 3번째로 많은 것이다. 미국에서 연간 25건의 주요한 포도상구균 식중독이 발생하고 있다. 그 발생은 계절과 관련이 있어 대부분은 온도가 따뜻하고 종종 식품 저장이 부적당한 늦여름에 일어난다. 그 다음으로는 11월과, 12월에 많이 발생되는데 아마도 연휴기간에 남은 음식의 잘못된 취급으로 인해 일어나는 것으로 생각된다. 헝가리에서 식품에 의한 위장염의 40%가 포도상구균 식중독 때문에 발생하는 것으로 보고되어졌다. 일본에서의 그 비율은 20-25%로 조금 낮은 편이다. 영국에서는 1969년과 1990년 사이에 보고된 359건의 포도상구균 식중독의 75%가 육류나 가금류 생산품에 의해 일어났다.

전형적인 대형 포도상구균 식중독 사고

미국 FDA는 포도상구균 식중독 발병에 많은 전형적인 요소가 있다고 보고했다. 식품 유형, 오염 수단, 부적절한 식품취급기준과 증상 등이 모두 *S. aureus*에 의한 식중독을 지적했다. 텍사스주의 16장소, 5,824명의 아이들에게 제공 되었던 급식에서 1,364명의 어린이가 전형적인 포도상구균 식중독 증세를 보였다. 식중독에 걸린 어린이의 95%가 *S. aureus*에 오염된 치킨샐러드를 먹었다고 조사되었다.

그 식사는 전날 중앙의 주방에서 미리 준비되었다. 냉동치킨을 3시간 동안 삶은 후에 뼈를 발라내고 실온에서 식혔으며, 작게 분쇄하여 30.5cm 깊이의 팬에 넣어서 5.5-7°C의 냉장고에서 하룻밤동안 보관되었다. 다음날 아침 다른 샐러드재료들을 첨가하여 섞었고 그 음식은 용기에 담겨진 채 오전 9:30-10:30 사이에 트럭을 통해 옮겨졌다. 그러고는 11:30-12:00 사이에 제공 될 때까지 실온에 보관되었다.

그 치킨은 아마도 뼈를 발라내는 과정에서 오염되었을 것이다. 깊은 팬 속에서 보관하므로 치킨의 신속한 냉각을 막아 포도상구균의 성장과 독소 생산에 좋은 환경을 제공하였을 것이다. 게다가 따뜻한 교실에서 제공된 음식의 일시적인 보관은 미생물 성장의 좋은 조건이 된다. 식품취급자들의 *S. aureus* 보균자 여부확인, 보다 신속한 치킨의 냉각, 샐러드 준비 후에 냉장처리는 식중독을 예방할 수 있었을 것이다.

포도상구균 식중독의 특징

포도상구균 식중독은 음식을 먹은 후 30분 내에 구토를 일으키는 자가제한적 질병이다. 하지만 구토는 유일한 증상이 아니다. 포도상구균 식중독에 걸린 많은 환자들 중에는 구토를 하지 않기도 한다. 다른 일반적 증상으로는 메스꺼움, 심한복통, 설사, 두통과 피로가 있다. 포도상구균 식중독에 걸린 2,992명의 환자들의 병증을 요약하면, 82%가 구토, 74%가 메스꺼움, 68%가 설사 증세를 타나냈으며 64%가 복

BOX 14.2

모든 것이 보이는 것과 항상 같지는 않다.

당신은 25명 이상의 사람이 뷔페 식사를 하고 30분 이내에 구토와 구역질 증상을 나타내는 상황에 처해졌을 때 즉시 *S. aureus* 독소형 식중독을 의심해 볼 수 있다. 오하이오 주에서 2,000년에 한 식당에서 발생한 사례가 그 경우이다. 그러나 독소는 식품이나 환자의 분변에서 검출되지 않았다. 통계학적 분석 결과 샐러드를 의심하게 되었다. 샐러드와 환자의 구토물을 조사한 결과 유기인산 콜린에스테라아제의 저해물인 메토밀 (methomyl)이 검출되었다. 메토밀은 손이나 숟가락으로 식당 주위에 살포하는 "파리잡이 (fly bait)"로 사용되었는데 그 숟가락이 없어진 것이다. 식중독의 또 다른 경우는 세 사람이 인디언 요리인 로티 (roti)를 먹었는데 그 식당은 라벨을 붙이지 않은 캔에 메토밀을 보관하고 있었다. 이러한 발발 사건은 두 가지 중요한 교훈을 남겼다. 식품 기구는 화학물질을 살포하는데 결코 사용해서는 안 되고 화학물질과 살충제는 반드시 명확하게 라벨을 붙여서 캐비넷에 자물쇠를 채워서 보관해야 한다는 것이다.

통을 호소하였다. 모든 설사의 경우는 구토증상이 함께 나타났다. 발열이 보이지 않는 것은 감염으로 의한 것이 아니라 독소가 원인이 되어 발생하는 질병과 일치하는 것이다.

보통 증상은 음식을 먹은 후 6시간 이내에 나타난다. 한 보고에 의하면 감염자의 75%가 음식을 먹은 후 6-10시간 내 포도상구균 식중독의 증상을 나타냈다. 포도상구균 식중독에 의한 사망은 드물다. 사망율은 일반인의 경우는 0.03%에서 어린이와 노년층과 같은 감염에 민감한 계층은 4.4%로 나타난다. 대체로 포도상구균 식중독에 걸린 환자의 10% 정도가 의료진을 찾으며, 치료법은 설사와 구토가 심할 경우 수액주사를 주사하지만 보통은 최소한의 치료만 하게 된다.

발병 감염량과 감수성 집단

발병 감염량

미국 FDA에서는 식품 중 *S. aureus*의 수준이 10^5 cell/g 이상이면 질병을 일으키기에 충분한 장독소의 양을 생산할 수 있다고 말하고 있다. 또 다른 연구에 의하면 가끔 *S. aureus*의 낮은 수준에서도 문제가 되기도 하지만 $10^5 \sim 10^8$ cell/g의 수준이 전형적인 범위라 제안하기도 한다.

발병 독소의 양

최소 독소량은 질병발생으로부터 얻은 식품의 분석에서 나온다. 포도상구균 독소는 아주 강력하여 식품 1 g 당 1 ng(10^{-9} g) 양이면 질병을 일으킬 수 있지만, 많은 경우에 발병한 식품에 있는 포도상구균 장독소 양은 1-5 μg 수준이다.

많은 요소들이 포도상구균 식중독과 그 병의 경중에 관여한다. 이들 요소에는 개인의 독소에 대한 감수성, 식품섭취량, 독소 유형 등이 포함된다. 포도상구균 장독소 A는 보다 많은 식중독을 발생시키지만, 장독소 B에 의한 식중독은 더 심한 증상을 유발한다. 포도상구균 장독소 B에 노출된 2,291명 중 46%는 증상이 입원할 정도로 심각했다. 장독소 A에 노출된 1,813명 중에서는 오직 5%만이 입원을 할 정도였다. 이것은 발현되는 독소 양 차이에 의한 영향이다. 즉, 장독소 B가 장독소 A보다 더 많은 양 생산되었기 때문이다.

포도상구균 장독소는 장에 작용한다. 신경 수용기의 자극에 의해 구토를 일으키는 반응이 초래된다. 즉, 신경 수용기의 자극은 신경을 통해 뇌의 구토 중추로 전달되어 구토를 일으킨다.

사람과 원숭이의 구토를 유발하게 하는 경구적 장독소의 양은 다양한 수준이다. 일반적으로 원숭이는 사람보다 독소에 덜 민감하다. 사람의 경우 포도상구균 장독소 B를 20-25 μg (체중의 0.4 μg/kg) 섭취하였을 때 구토를 일으키는 것으로 나타났다. 붉은털 원숭이에 있어서는 50%가 구토를 일으키는 장독소 B의 양은 약 1 μg/kg 수준이었다.

미생물, 독소 및 병원성

장독소 생산 포도상구균의 명명, 특성 및 분포

작고, 구형이라는 의미를 지닌 "staphylococci"는 그람양성 세균이다. 그 세포들은 0.5-1.5 um 범위의 직경을 가지고 있다 (그림 14.1). 그들은 catalase positive (즉 그들은 과산화수소 분해 효소를 가지고 있다)이다. 포도상구균은 전형적인 그람 양성균의 세포벽구조인 테이코산 (teichoic acid)을 함유하는 펩티도글리칸 (peptidoglycan)으로 이루어져 있다. *Staphylococcus* 속의 미생물 중에서 *S. aureus*를 구별하는 몇 가지 특징을 표 14.2에 요약하였다. *Bergey's Manual of Determinative Bacteriology* (세균 분류를 위한 사전)은 staphylococci를 *Micrococcaceae* 과로 분류한다.

이 과에는 *Micrococcus, Staphylococcus, Planococcus* 속이 포함되어 있다. *Staphylococcus* 속은 23개 이상의 종과 아종으로 세분화되어 지며, 이들 중 많은 종의

그림 14.1 *S. aureus*세포의 전자현미경 사진.

표 14.2 *Staphylococcus* 속 미생물들의 일반적 특성[a]

특성	표현형[b]					
	S. aureus	*S. chromogenes*	*S. hyicus*	*S. intermedius*	*S. epidermidis*	*S. saprophyticus*
응고효소 (Coagulase)	+	−	+	+	−	−
내열성 뉴클레아제	+	−	+	+	±	−
덩어리지는 성질	+	−	−	+	−	−
황색 색소	+	+	−	−	−	±
용혈 활성	+	−	−	+	±	−
포스파타아제	+	+	+	+	±	−
라이소스타핀	민감	민감	민감	민감	약간 민감	ND
히알루로니다아제	+	−	+	−	±	ND
만니톨 발효	+	±	−	±	−	±
노보바이오신 저항성	−	−	−	−	−	+

[a]L. M. Jablonski and G. A. Bohach, p. 411-434, *in* M. P. Doyle, L. R. Beuchat, and T. J. Montville (ed.), *Food Micirobiology: Fundamentals and fromtiers*, 2nd ed. (ASM Press, Washington, D.C., 2001)에서 발췌.
[b]ND, 미조사; +, 양성; −, 음성; ±, 불명확.

미생물들은 식품을 오염시킨다. Baird-Parker agar 배지에서 검은색 집락을 형성하는 포도상구균은 *S. aureus*로 의심하며, 이 중 코아규라아제 양성 반응을 나타내는 미생물을 *S. aureus*는로 확인하게 된다 (코아규라아제는 독소생성과 높은 연관성을 지닌 효소이다). 코아규라아제 음성 및 양성을 포함하는 *Staphylococcus*의 몇몇 종들은 포도상구균 장독소 (staphylococcal enterotoxin)을 생산할 수 있다. 일부 몇 종은 위장염을 일으킬 수 있지만 거의 모든 포도상구균 식중독은 *S. aureus*에 기인한다.

장독소의 개요와 명명

항원성에 기초한 장독소의 분류

*S.aureus*는 면역학적 시험에 따라 분류할 수 있는 일련의 독소를 만든다. 포도상구균 장독소는 발견된 순서에 따른 분류에 의해 명명되었다. 포도상구균 장독소 A, 장독소 B, 장독소 C, 장독소 D, 장독소 E가 주요한 종류이다. 단백질 아미노산 서열결정기술과 재조합DNA기술은 장독소의 1차 분자구조를 밝혀내었다 (그림 14.2). 이들 사이에는 아미노산서열의 높은 상동성을 나타낸다. 포도상구균 G, H, J, I는 최근에 발견된 것들이다. 독소쇼크증후군과 관계있는 *S. aureus* 균주에 의해 생산된 장독소 생성물은 처음에 포도상구균장독소 F라고 불렸다. 이 장독소는 다른 장독소와는 달리 동물에게 구토를 일으키지 않는 점이 발견되어 그 명칭이 독소쇼크증후군 독소 I로 바뀌어졌다 (Box 14.3).

포도상구균 장독소 형질발현의 조절

일반적 고찰

포도상구균 장독소는 대수증식기 (exponential growth phase) 동안 소량 생성된다. 이렇게 만들어지는 장독소의 양은 균주에 달려있다. 포도상구균 장독소 B와 C

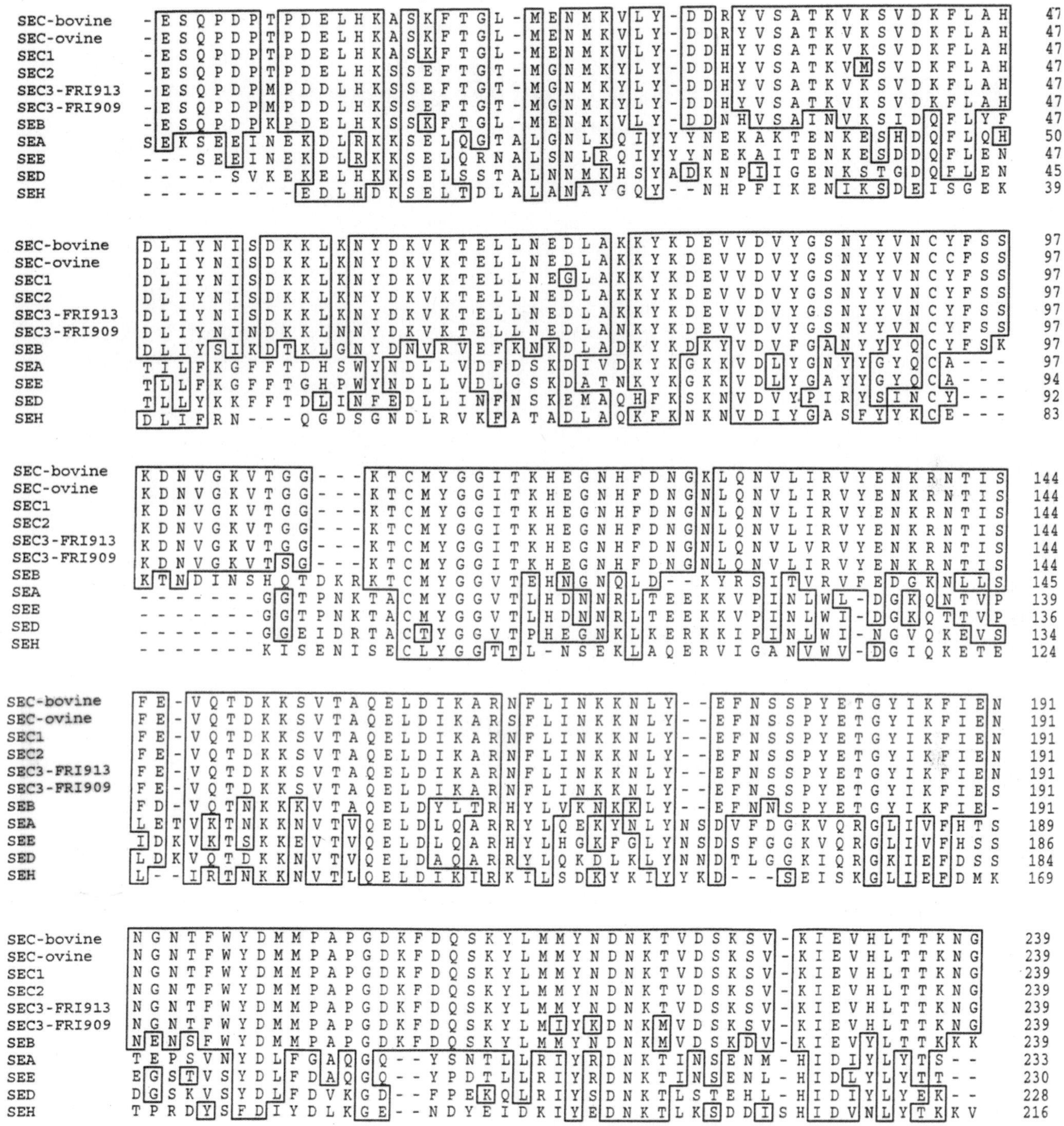

그림 14.2 포도상구균 장독소 A, E, J, D, C, B, G, H, I 형의 아미노산 서열. 동일한 아미노산 서열 부분은 네모 상자로 표시. L. M. Jablonski and G. A. Bohach, p. 411-434, *in* M. P. Doyle, L. R. Beuchat, and T. J. Montville (ed.), *Food Micirobiology: Fundamentals and Fromtiers*, 2nd ed. (ASM Press, Washington, D.C., 2001)에서 인용.

BOX 14.3

독소 충격 증후군: 미생물 생태계의 변화가 기존 병원성균으로부터 새로운 위협을 야기한다.

독소 충격 증후군은 식품에 의해 유발되는 것이 아니라 *S. aureus*에 의해 일어난다. 여성에게는 독소 충격 증후군으로서 구토, 설사, 신장의 이상, 중추신경계 증상, 손과 발의 탈피 현상 등이 있는데 이는 치명적일 수도 있다. 이 증후군은 초강력 흡수력을 가진 탐폰이 경쟁력이 있는 여성의 위생기구로 도입되었던 1970년대 중반에 알려졌다. 초강력 흡수력으로 인하여 오래 사용이 가능하였고 결국 수분과 온도가 적당하고 영양성분이 우수한 환경에서 *S. aureus*의 성장 및 독소의 생성 기간이 길어지는 결과를 낳았다. 독소 충격 증후군을 일으키는 독소 1은 사례의 75%를 유발하고 포도상구균 장독소 B (식중독을 일으키는 독소)는 사례의 25%를 유발한다. 현재 연방정부는 탐폰의 흡수력을 통제하고 멘스 중에 있는 여성들에게 탐폰을 자주 바꾸도록 권장하고 있다.

는 배양의 350 μg/ml 정도의 많은 양을 생산된다. 포도상구균 장독소 A와 D, E는 겔 확산 분석법에 의해 쉽게 검출할 수 있으며, 배양액 1 ml 당 100 ng 정도로 적은 양까지도 검출할 수 있다. 몇몇 균주생산은 이보다 훨씬 민감한 검출법으로만 분석할 수 있는 수준의 매우 적은 양의 독소를 생산한다. 이들 중 포도상구균 장독소 D와 J는 가장 잘 검출되지 않는다.

포도상구균 장독소 생산의 분자유전학적 조절

*S. aureus*의 독성요소 발현을 조절하는 3가지 유전자는 *agr* (보조유전자), *sar* (포도상구균 보조조절자), *sae* (*S. aureus* 외독소 발현)이다. 이 중 *agr* 유전자가 가장 잘 알려져 있다. 유전자 *agr*의 돌연변이는 독소 발현을 감소시킨다. 유전자 *agr*는 전사 및 번역단계에서 유전자를 조절한다. 모든 포도상구균 독소가 *agr* 유전자에 의해 조절되는 것은 아니다. 포도상구균 장독소 A는 *agr* 유전자 돌연변이에 의해 영향을 받지 않는다. 적어도 15개의 유전자는 *agr* 유전자의 통제 아래 있기 때문에 *agr* 유전자를 총체적 조정자로 간주한다.

포도상구균 장독소 유전자 발현의 조절

유전자 *agr*의 속성은 장독소 생산의 몇가지 측면과 "포도당 효과"를 설명한다. 예를 들어 *agr* 유전자의 발현은 미생물 생육과정 중 장독소 B와 C의 발현과 동시에 일어난다. 그것들은 모두 후기 대수증식기와 대수증식기 이후에 높은 발현을 나타낸다. 유전자 *agr*에 의해 조절되지 않는 포도상구균 장독소 A는 초기에 만들어진다. 더욱이, *agr* 유전자에 영향을 미치는 포도당을 배지에 첨가해주면 몇몇 포도상구균 장독소의 생성이 억제된다. 장독소 C 발현과정에 포도당은 두 가지 다른 경로로 영향을 미친다. 첫 번째로, 포도당 대사는 pH를 낮추어 간접적으로 장독소 C 발현에 영향을 미친다: 유전자 *agr*는 중성 pH에서 발현율이 가장 높으나 포도당을 포함하는 배양액에서의 생육은 배지 pH를 낮춘다. 이것은 직접적으로 *agr* 발현을 감소시키고, *sec* 유전자와 다른 *agr* 타겟 유전자의 발현에도 영향을 미친다. 또한 포도당은

BOX 14.4

*S. aureus*의 장독소

장독소 생성균으로서 분리된 포도상구균의 특성을 조사하는 것은 매우 중요한 일이다. 환경에는 식품의 안전에 영향을 미치지 않는 *Staphylococcus* sp. 균주들이 많이 있고 실제 위해를 유발하는 것들과는 구별을 하여야 한다. *S. aureus*의 분리에 있어서 첫 번째 단계는 Baird-Parker 고체배지에 도말배양을 하는 것이다. *S. aureus*의 가능성이 있는 콜로니는 매우 특이하여 투명한 배지 위에서 주위에 침전으로 인한 할로 (halo)와 함께 검은 색 콜로니를 형성한다. 장독소의 직접적 조사는 어려운 일이다. 따라서 의심이 되는 콜로니를 액체배지에서 배양한 후 상징액의 coagulase 그리고/또는 내열성 뉴클레아제 활성을 조사한다. Coagulase 조사를 통해 배양액에 의한 특수한 토끼 혈청의 응집능을 알 수 있다. 강한 응집반응의 경우에는 튜브를 거꾸로 해도 응집물이 떨어지지 않는다. 약한 반응을 한 경우에는 보통 내열성 뉴클레아제 조사와 같은 다른 방법으로 확인해야 한다. 이 방법은 DNA 분해능을 색의 변화로 확인하는 것이다. *S. aureus*의 균수 측정을 위한 3M 필름 플레이트는 Baird-Parker 배지에서의 반응 및 내열성 뉴클레아제 조사방법을 한 장의 페트리필름에 합쳐 놓은 것이다. 그러나 coagulase 및 내열성 뉴클레아제 활성은 장독소 생성과의 상관관계만 나타낼 뿐 그것을 명확히 증명하지는 못한다. 장독소를 검지하는 공식적인 방법은 그림에서 보는 바와 같이 마이크로슬라이드 확산분석 방법이다. 이 방법은 지루하고도 복잡한 방법이다. 마이크로슬라이드 장치는 현미경 검경을 위한 슬라이드 위에 확산용 한천 판을 만들고 그 한천 판에 플렉시글라스 구멍을 뚫어서 만든다. 보통 가장 흔한 독소 A, B에 대한 각각의 항독소 (A 항독소와 B 항독소) 모두를 중앙의 well에 넣고 양성 대조구로서 정제한 장독소 A와 B를 각각 well 3과 5에 주입하며 시료를 well 2와 4에 넣는다. 예시 1의 경우 항독소와 대조구 장독소 사이에는 침전 띠를 형성하였고 시료와는 형성하지 않아 시료에 독소가 없음을 나타낸다. 시료가 독소를 함유하고 있을 때에는 면역확산 띠가 표준 독소에 의해 형성된 확산 띠와 교차하여 나타난다. 예시 2의 경우는 시료 4에 장독소 A는 없지만 장독소 A가 존재함을 나타낸다. 키트 형태로 독소를 조사하는 다양한 다른 방법들이 있는데 효소면역분석법 (ELISA)에 기초를 두고 있다. 이들은 분석조작이 단순하고 해석이 용이하다. 포도상구균 장독소의 효소면역분석법이 인정을 받게 되면 독소의 검출이 훨씬 용이하게 될 것이다.

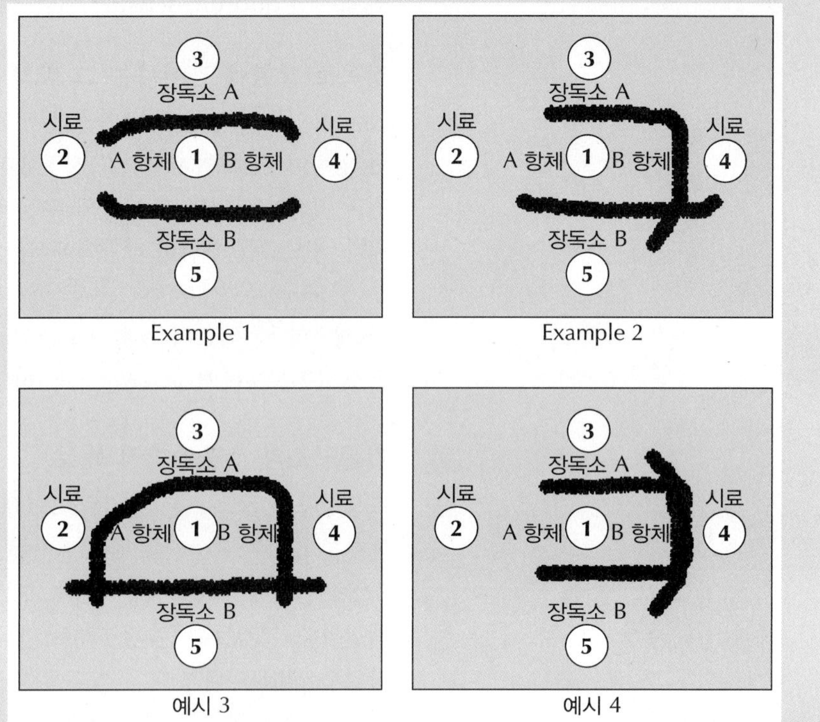

면역확산분석법의 그림과 설명은 미국 FDA의 *세균분석매뉴얼 (Bacteriological Analytical Manual)*에서 인용한 것이다.

agr 유전자 결손 균주의 *sec* 유전자 발현을 감소시킨다. 이는 *agr* 유전자에 비의존적이고 pH에 영향을 받지 않는 독소생성 중지에 대한 두 번째 포도당 의존 기전을 제시한다.

많은 미생물들이 자가유도로 알려진 과정이 단백질의 발현을 조절한다. 자가유도에서는 하나의 화합물의 생산이 같은 유기체 내에서 다른 화합물의 생산을 야기시킨다. 유전자 *agr*의 위치는 *S. aureus* 자가유도 반응의 중심에 있다. 유전자 *agr*

오페론의 구성요소는 세균의 두 구성요소 (수용계와 반응계)체계의 신호전달 경로와 유사한 quorum-sensing 기관으로 이루어져있다.

장독소 발현에 관여하는 그 밖의 분자유전학적 현상

많은 요인들이 장독소 발현을 선택적으로 저해한다. 그러한 조절과 신호전달에 대한 영향이 이제 밝혀지기기 시작했다. 유전자 *agr*은 *S. aureus*를 위한 유일한 신호전달 기전이 아니다. 포도당의 부정적 효과는 전적으로 더 높은 산성도 때문만은 아니다. 포도당을 포함한 배양액에서는 산이 중화될 때에도 장독소를 적게 생산한다.

*S. aureus*는 삼투압에 저항성을 지닌다. *S. aureus*이 낮은 수분활성도의 식품에서 생육할 때 비교적 적은 양의 장독소를 생성한다. 장독소 C 생산 *S. aureus*는 높은 NaCl 농도에서 *sec* 유전자의 mRNA와 장독소 C 단백질 생성이 감소한다.

기본구조와 생물리학적 특성

포도상구균 장독소는 분자량 25,000-28,000 정도의 단일 폴리펩티드 구조이며, 대부분 pH 7-8.6 범위에서 전하를 띠지 않는 중성 혹은 염기성 단백질이다 (pH 7-8.6 범위에서 등전점을 가짐). 모든 포도상구균 장독소는 단일 단위로 구성된 단백질이다. 그것들은 큰 전구체로 만들어져서 세포로부터 분비되는 과정에서 절단된 단일 peptide이다.

모든 포도상구균 장독소의 단백질 3차원적 구조는 상호 유사하다. 포도상구균 장독소 A, B, C와 E의 단백질 구조는 65-85%가 베타-평풍구조, 10% 이하가 알파-나선구조로 이루어져 있다. 이러한 단백질 3차원구조는 포도상구균 장독소의 안정성을 부여해주고 있다.

포도상구균 장독소는 매우 안정적이다. 독성과 항원성은 가열과 통조림과정에 의해 완전히 파괴되지 않는다. 포도상구균 독소를 파괴시키기 위해서는 *S. aureus* 세포를 사멸시키는데 필요한 온도보다 더 높은 온도를 가해 주어야 한다. 많은 포도상구균 식중독의 경우, 식품 내에서 살아있는 세균은 발견되지 않고 독소만 남아 있다.

포도상구균 장독소의 항원특성

각각의 장독소는 항체를 사용하여 다른 타입의 독소와 구분할 수 있는 항원적 특성을 가진다. 그러나 약간의 교차반응은 발생한다. 일반적으로 교차반응의 정도는 단백질 아미노산서열의 유사성과 상관관계를 가진다. 아미노산서열의 유사성이 매우 높은 두 가지 주요 포도상구균 장독소 A와 E가 그랬듯이, 장독소 C형의 아류형과 이들 분자변이형 간에는 교차반응을 일으킨다. 아미노산 유사성이 먼 포도상구균 장독소를 공통의 항체로 인식할 수 있는 장독소는 장독소 A와 D이다.

요 약

- *S. aureus*는 일반적으로 사람과 연관이 있다.
- 열악한 공중위생이 많은 포도상구균 식중독 발생의 원인이 된다.
- 포도상구균 식중독에서 구토와 설사증상은 음식을 먹은 후 0.5-6시간 후에 발생한다.

- *S. aureus*는 항원성이 다른 여러 종류의 장독소를 만든다.
- *S. aureus* 세포는 열에 민감하나 독소는 열에 대한 저항력을 가지고 있다.
- *S. aureus* 식중독균은 높은 내삼투성을 지니고 있다.
- 장독소에 대한 유전학 특징과 작용기작에 대한 상당한 지식이 알려져 있다.

참고문헌

Bergdoll, M. S. 1989. *Staphylococcus aureus*, p. 247–254. *In* M. P. Doyle (ed.), *Foodborne Bacterial Pathogens*. Marcel Dekker, Inc., New York, NY.

Dinges, M. M., P. M. Orwin, and P. M. Schievery. 2000. Exotoxins of *Staphylococcus aureus*. *Clin. Microbiol.* Rev. **13:**16–34.

Seok, K. S., and G. A. Bohach. 2007. *Staphylococcus aureus*, p. 493–518. *In* M. P. Doyle and L. R. Beuchat (ed.), *Food Microbiology: Fundamentals and Frontiers*, 3rd ed. ASM Press, Washington, DC.

15 *Clostridium botulinum*

학습목표

- *Clostridium botulinum*의 동정을 위한 기초 생화학적 특성의 이해
- 식품 내 *C. botulinum*의 성장에 유리한 환경조건의 이해
- 증상과 발병 시간으로부터 보툴리즘 발병의 인지
- *C. botulinum*의 성장을 막기 위한 적절한 조건 (열, 보존제, 배합비) 선택
- *C. botulinum*의 감염원 파악
- 보툴리즘을 발생을 방지하는데 필요한 포자의 역할, 혐기적 조건, 독소의 열에 대한 민감성의 이해

서론

보툴리즘 (botulism, 보툴리늄 독소증)은 드물지는 않지만 가끔씩 치명적인 질병을 야기한다. 미국 질병통제예방센터에 식품에 의한 보툴리즘 24건, 보툴리즘과 상처에 의한 보툴리즘 3건 그리고 71건의 장내 보툴리즘 (혹은 유아 보툴리즘)이 평균적으로 보고되고 있다. 식품 상품에 의한 보툴리즘은 드물게 발생하지만, 많은 나라에서 다른 감염원으로부터 보툴리즘 발생 사례는 빈번히 보고되었다 (표 15.1).

보툴리즘의 4가지 형태

보툴리즘은 흔히 우리가 가정에서 사용하는 통조림 제품과 아주 연관이 있다. 상업화와 관련된 사건은 1970년대 초 뉴욕에서 발생한 사고이다. 중년의 부부가 여름날 밤에 크림수프 통조림을 먹고 난 다음날 아침 그들은 사물이 두 개로 보이기 시작했고, 호흡곤란과 두 팔다리의 마비를 경험하였다. 만약 이를 즉각적으로 조치를 취하지 않았다면 toxin으로 인해 횡격막이 마비되어 호흡이 질식될 수도 있었다. 다행히 보툴리즘에 의한 병이라고 신속히 판단하여 인공호흡기를 꽂아 살았으나, 그들은 완벽하게 회복되지는 못하였다. 이 사건의 조사결과 이 식중독 사고는 통조림 공장 작업자가 크림수프 통조림의 상업적 살균 공정에 대한 잘못된 해석으로 인하여 발생되었다고 밝혀졌다. 즉, 덜 살균된 크림수프 속에서 *Clostridium botulinum*이 성장하여 독소를 만들게 되었다. 이 사건을 계기로 미국 FDA에서는 저산성 식품 (pH 4.6 이하 식품, 수분활성도 0.85 이하 식품)에 대한 GMPs를 제정하게 되었다. 본 GMPs에서는 레토르트 작업자에게 교육을 실시하고 증명서를 발급하도록 하

표 15. 1 식품에 의한 보툴리즘의 발생 사례

국가	기간	발생 건수	일반적 타입	일반적 식품
아르헨티나	1979–1997	277	A	저장 채소
벨기에	1988–1998	10	B	육류
캐나다	1985–1999	183	E	에스키모의 해양 포유류 고기 전통발효 제품
중국	1958–1989	2,861	A, B	발효된 콩 제품
프랑스	1988–1998	72	B	가정 염지햄
독일	1988–1998	177	B	육류
이란	1972–1974	314	E	어류
이탈리아	1988–1998	412	B	유지나 물에 저장한 채소
일본	1951–1987	479	E	어류나 어류제품
노르웨이	1975–1997	26	E	락피스크 (*Rakfisk*, 전통발효 어류)
폴란드	1988–1998	1,995	B	가정에서 저장한 육류
러시아	1988–1992	2,300	B	가정에서 저장한 버섯, 어류
스페인	1988–1998	92	B	채소
미국	1950–1996	1,087	A	채소

였으며, 가공공정 및 공정의 변경은 승인된 가공 관계자만이 할 수 있도록 하였다.

식품에 의한 보툴리즘은 많은 경우 잘못된 온도와 연관되어 있다. 그림 15.1은 온도 관리를 잘 못하여 일어난 보툴리즘 사고를 보여주고 있다. 보툴리즘 사고 중 크게 발생한 사건은 뉴멕시코 주의 Clovis에서 일어났다. 이 지역에서 만든 샐러드를 먹고 사물이 두 개로 보이는 증상과 호흡곤란 그리고 어눌한 말투를 보인 40여 명이 넘는 환자가 속출하였다. 의사는 신속히 보툴리즘에 의한 증세로 진단을 하고 조치를 취하였다. 그리고 이 사건이 통조림 제품과 연관이 있다고 추측하고 three-bean 샐러드라는 통조림이 원인이라고 말하였다. 이어서 미국 질병통제예방센터와

그림 15.1 1982–2002년 사이 미국에서의 식품에 의한 보툴리즘의 발생 사례. 그래프의 피크는 발발에 있어서 잘못된 온도관리의 역할을 입증. 질병통제예방센터의 승인을 받고 인용.

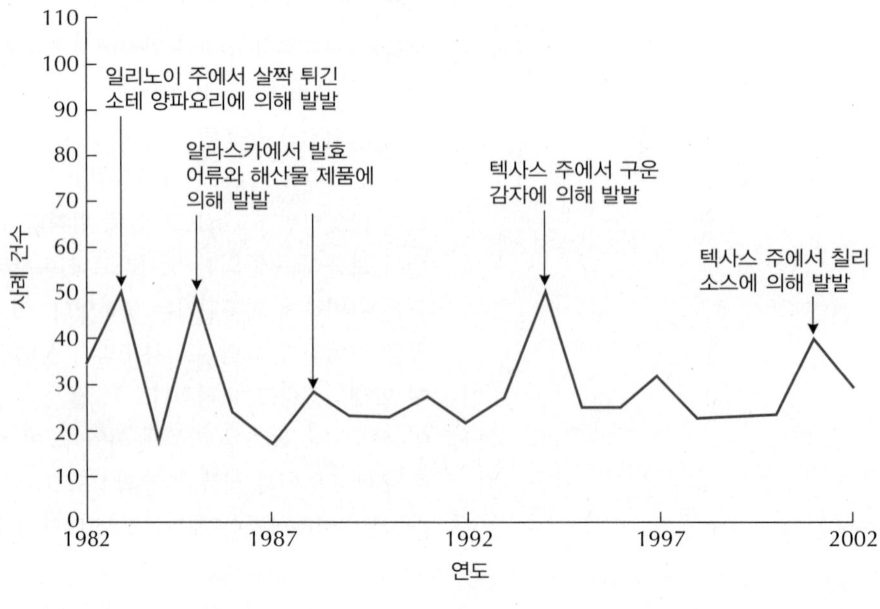

미국 FDA는 철저한 조사와 더불어 콩과 감자 샐러드와의 관계를 명확히 하였다. 그래서 그들은 지난밤 레스토랑에서 사용하다 남은 통조림 감자를 상온에서 방치하였고 다음날 감자 샐러드를 만들 때 충분히 가열하지 않고 이것을 사용하였음을 밝혔다. 이는 보툴리늄 독소 중독의 완벽한 시나리오로 판명되었다. 보툴리늄의 포자가 통상적으로 감자에 존재한다. 굽는 과정에서 많은 종류의 세균은 죽게 되고 산소는 제거되어 결과적으로 *C. botulinum*이 살기 좋은 환경으로 된다. 이 살아남은 포자는 감자 통조림에서 영양세포로 성장하고 보툴리늄 독소를 만들게 된다. 그리고 감자 샐러드는 열에 의해 조리가 되지 않았으므로 toxin은 파괴되지 않았다. 이로 인해 피해자들은 회복하는데 많은 시간이 걸렸다.

대부분 상업적인 제품은 안전하지만 오일에 담겨진 마늘 병입 제품에서 여러 사건이 일어났다. 결과적으로 북미지역에서는 오일에 담겨진 마늘 제품은 산처리를 하여 냉장상태로 유통 판매될 수 있었다. 2006년의 저온살균 당근주스의 보툴리즘 사고는 냉장과정의 잘못에 기인하여 발생하였다. 이 당근주스를 마신 3명은 안면 및 호흡마비 증상을 일으켰다. 보툴리늄 A 항독소 치료를 받은 환자는 이 증상을 중지시킬 수 있었다. 보툴리늄 A 독소는 이들 환자와 당근주스 제품에서 분리되었다.

그리고 캐나다 북부와, 알래스카, 스칸디나비아, 그리고 일본 북부지역에서 어류 제품에 의한 *C. botulinum* E 보툴리즘 사고가 발생한다. 이들 어류제품은 많은 경우 발효시킨 제품이다. 하지만 발효할 수 있는 탄수화물 함량이 낮아 산생성이 적어서 생성된 산에 의한 *C. botulinum*의 성장을 저해할 수가 없다.

1970년대 캘리포니아의 공중보건과 연구원들은 새로운 유형의 보툴리즘을 발견하였는데 이것은 유아 보툴리즘이다. 유아 보툴리즘 증상은 유아들이 자라지 못하고 혼자 일어서지도 못하며 근육긴장이 약해진다 (그림 15.2). 이들 유아에게는 갑자기 죽어가는 공통점이 발견되었다. 초기에는 병원에 입원한 아이들을 통하여 조사한 결과 모유 수유와 관련이 있다고 보고하였지만, 얼마 후 모유를 먹은 유아에

그림 15.2 인간 보툴리즘의 특징인 근육마비증을 지닌 유아. 질병통제예방센터의 승인을 받고 인용.

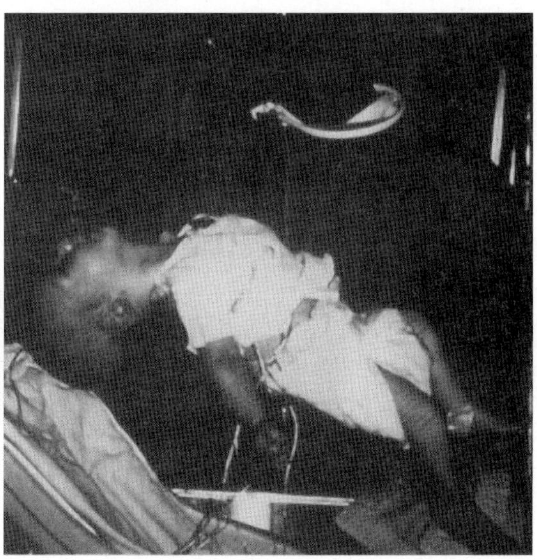

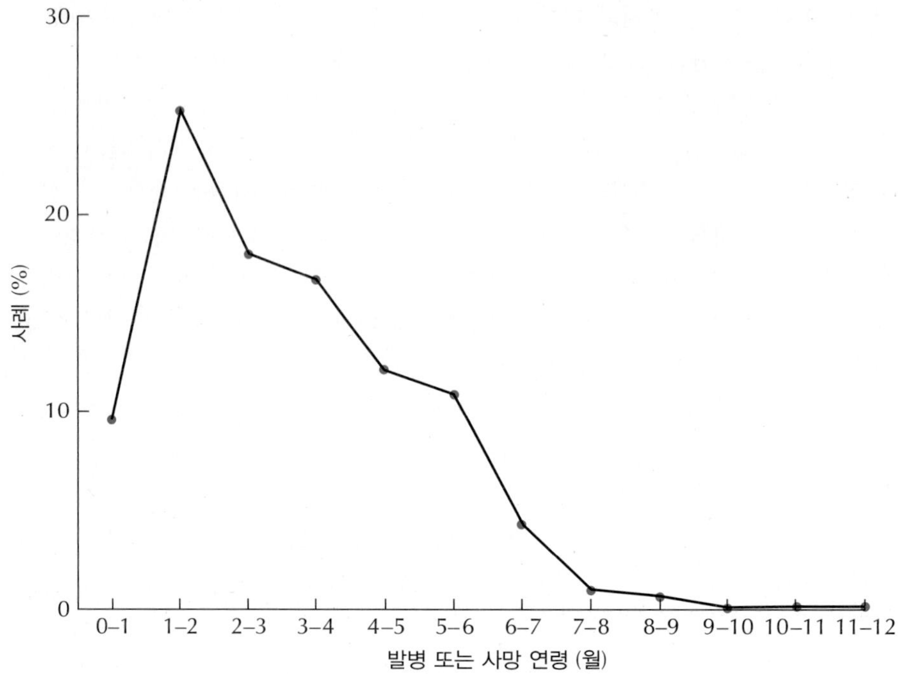

그림 15.3 유아 보툴리즘의 발병 연령. 미국에서 1976–1995년 사이에 발생한 1,428명 사례. 질병통제예방센터의 승인을 받고 인용.

게는 모유를 먹지 않은 유아보다 방어효과가 더 보였다고 보고하였다. 결국 꿀과 익히지 않은 농산물의 섭취가 유아 보툴리즘에 관련된다는 것이 밝혀졌다. 우리는 보툴리늄 포자를 섭취하지만 우리 장내에 이들 세균이 정착하지 못하므로 이들로 부터 보호된다. 그러나 유아에게는 이러한 보툴리늄 정착을 저해하는 장내미생물이 적기 때문에 포자를 섭취할 경우 장내에서 독소를 생성하게 되어 위험이 빠질 우려가 있다. 어른의 경우 면역손상이나 항생제 치료를 받은 사람은 장내 유용 미생물이 감소하거나 죽기 때문에 유아 보툴리즘에 노출될 수도 있는데 이를 장내 보툴리즘이라고 부르기도 한다. 유아에게 있어 이 보툴리즘을 예방하려면 2세 이전에는 익히지 않은 농산물을 먹여서는 안 된다고 미국소아학회는 권고하고 있다. 그림 15.3은 유아 보툴리즘이 6개월 이상의 유아에서는 현저히 줄어듬을 보여주고 있다.

세 번째 보툴리즘은 상처 보툴리즘으로 식품에 의해 발병하지는 않으나 치명적일 수 있다. 이는 피부 아래 체조직에 포자가 유입될 시 발병하는 특징이 있다. 최근

그림 15.4 상처에 의한 보툴리즘. 질병통제예방센터의 승인을 받고 인용.

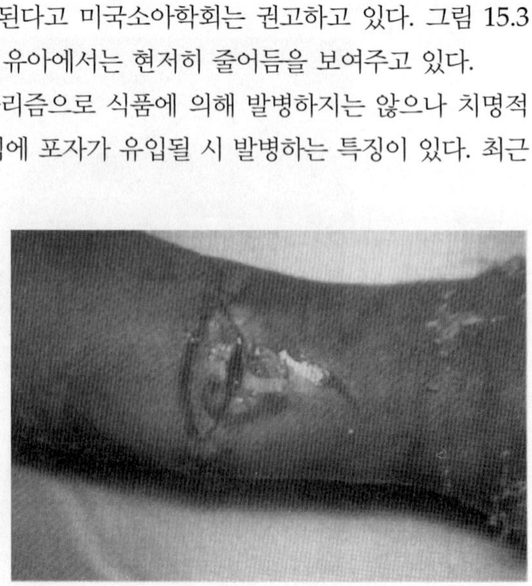

BOX 15.1

테러시대의 생물학적 방어와 안전

*Clostridium botulinum*은 알려진 것 중에서 가장 강력한 독소를 생성한다. 그럼에도 불구하고 식품미생물학자들이 이 균을 야구의 카드선수처럼 교환한 적이 있다. 교환할 것이 없었다면 최소한의 형식을 갖추고 아주 싼 값에 이 균을 살 수 있었다. 이러한 시대는 테러리스트가 포자가 담긴 편지를 정치가나 유명인사에게 보내었던 2001년 10월에 끝이 났다. *Bacillus anthracis*는 가정사의 단어이기도 하며 테러와 관련된 단어가 되었다. 미생물학은 갑자기 고귀하지 않은 분야가 되었다. 포자를 연구하는 미생물학자들은 FBI 요원들의 방문을 받았다. 2002년 1월 말에 미국 의회는 "테러리즘을 저지하고 차단하기 위해 요구되는 적절한 수단의 제공에 관한 법률(일명 'Patriot Act')"과 "공중보건 방어와 생물테러에 대한 대비 및 반응에 관한 법률"을 통과시켰고 George W. Bush는 여기에 서명하였다. 이 법률들은 연방정부가 생물테러에 사용될 수 있는 미생물, 즉 오늘날 "선택 병원체(selected agents)"로 알려진 미생물들을 연구하는 미생물학자를 강력하게 감시할 수 있도록 하였다. 식품미생물학자들이 일반적으로 연구할 수도 있는 선택 병원체에는 *C. botulinum* 균주와 그 독소, *Clostridium perfringens*의 ε-독소, 포도상구균의 장독소 및 T-2 독소가 포함되어 있다. 지금은 연구실이 등록되지 않고 검사를 받지 않았으며 질병통제예방센터에 의해 승인을 받지 않은 상태에서 이 중 어느 것을 보유하는 것도 연방정부의 법에 어긋나는 일이다. 미국의 법무장관은 선택 병원체를 연구하는 과학자에 대한 배경 조사를 하는 한편 승인 여부를 결정한다. "제한인물(restricted persons)" 즉 중죄 또는 1년 이상의 징역에 해당하는 기타 범죄의 피의자, 미국의 적대국 시민권자, 정신적으로 결함이 있거나 정신병원 요양경력이 있는 자들은 선택 병원체를 다루는 것을 금지하고 있다.

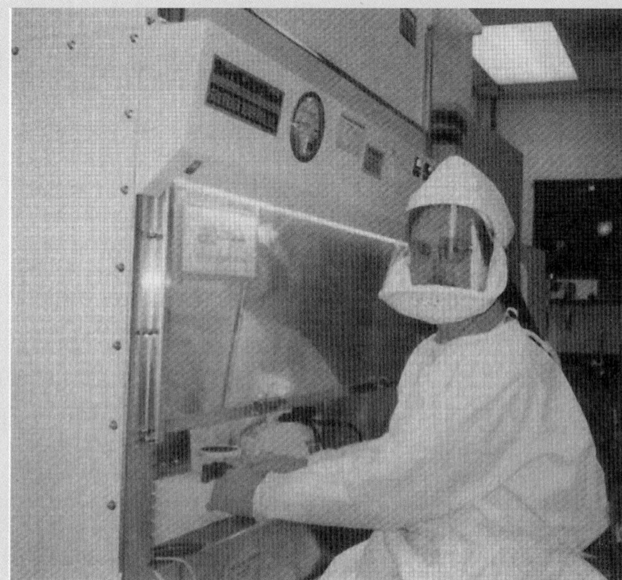

개인용 공기정화장치를 쓰고 생물안전 IIa 급의 무균상에서 작업하고 있는 미생물학자.

선택 병원체에 관한 법률은 선택 병원체의 목록을 비치하고 사법부에서 인정한 사람들만이 접근할 수 있는 방에 잠군 채 보관해야 하며 BSL-3 작업 실행기준에 따라 생물안전 무균상에서 취급하도록 규정하고 있다. 표준 BSL 가이드라인에 부가하여 실험실은 위험성 측정을 하여야 하며 지역의 안전 플랜을 가지고 있고 실험실 출입, 균주의 유지보관, 실험절차에 관한 상세한 기록을 비치하여야 한다.

생물안전 레벨은 미생물이 얼마나 위험한 것인지 그리고 그 미생물이 유발할 수도 있는 질병을 얼마나 쉽게 치료할 수 있는지에 의해 명시된다. 건강한 성인에게 일관되게 질병을 유발하지 않는 미생물은 BSL-1 실험실에서 취급될 수 있다. BSL-1 실험실은 실험실 내에서 흡연과 음식을 먹거나 마시는 것을 금지하고 입으로 피펫팅을 금지하는 등의 표준 미생물학적 실행 기준을 준수하여야 한다. 다른 특별한 시설이 요구되지는 않는다. 대부분의 식품매개 병원성균들은 BSL-2 실험실에서 취급되어야 한다. 이러한 미생물들은 섭취하거나 또는 상처나 막을 통해 감염되었을 때 질병에 걸리게 할 수 있다. 이러한 질병은 치료가 비교적 쉽다. BSL-1 실험실의 요구사항에 부가하여 BSL-2 실험실은 실험실 근무자에게만 사용될 수 있고 생물위해 경고사인이 있어야 하며 에어로졸을 생성하는 절차는 생물안전 무균상에서 행해져야 하며 실험실 근무자는 실험실 코트를 입고 장갑을 착용하여야 한다. 어떤 경우에는 그림과 같은 개인적 호흡장치를 사용하여 보호수준을 높일 수 있다. BSL-3 실험실은 더욱 전문화된 것으로서 에어로졸을 통하여 전이될 수 있는 미생물을 취급하는데 필요하다. 매우 치명적인 질병을 유발하는 미생물은 BSL-3 수준을 필요로 한다. BSL-2의 요구조건에 부가하여 BSL-3 실험실은 접근의 통제, 실험실 폐기물과 의복의 소독, 기계적 안전장치가 필요하다. 실험실은 복도로부터 떨어져 있어야 하고 공기의 흐름은 빌딩의 다른 부분에 순환되지 않고 외부로 방출되어야 한다. 모든 배양조작을 위해서는 생물안전 무균상을 사용하여야 한다. 고도의 감염성을 가지며 치료방법이 없는 에볼라 바이러스와 같은 미생물은 BSL-4 실험실을 필요로 한다. 미국의 경우 단지 몇 개의 BSL-4 실험실이 있을 뿐이다. 다행히 식품미생물들은 BSL-4 실험실을 필요로 하지는 않는다.

이러한 방어와 안전에 대한 주의사항은 향후 10년 동안 더욱 강화될 것은 의심의 여지가 없다. 식품 오염균이 될 수도 있는 선택 병원체에 대한 연구를 수행하는 것은 더욱 어렵고 돈이 많이 들며 통제가 심해질 것이다. 사법부의 승인을 얻는데 더욱 긴 시간이 걸리고 각종의 면역이 요구됨에 따라 대학원생이나 박사 후 과정의 연구자들은 이러한 미생물을 연구하는 것이 불가능해질지도 모른다. 결국 이 때문에 생물테러나 더욱 증가할 지도 모를 식품매개 보툴리즘에 대응할 수 있도록 훈련받은 과학자 수가 감소할 것이다. 미래의 법률이 여전히 미생물의 잘못된 사용으로부터 우리를 보호하면서도 합법적인 연구를 수행하기 쉽도록 해주기를 희망한다.

1년 사이의 보툴리즘 사고는 식품과 관련된 사고보다는 마약의 일종인 헤로인이 오염된 주사에 의해 발생한 건수가 더 많다고 보고되었다. 보툴리즘의 네 번째 형태는 *C. botulinum*을 생물학적 테러물의 일종으로 의도적으로 사용하려는 것이다.

질병의 특징

식품에 의한 보툴리즘은 예사롭지 않게 여기거나 오진을 하여 가벼운 병에서부터 발생 후 1일 이내 사망하는 심각한 질병의 경우까지 있다. 보툴리즘 증상은 신경독이 함유된 음식물을 섭취한 후 12에서 36시간에 나타나지만, 몇 시간이내 나타나는 경우도 있으며 14일 이후까지도 나타나지 않은 경우도 있다. 일찍 증상이 나타나면 더욱 심각하다고 할 수 있다. 첫 번째 증상으로는, 일반적으로 메스꺼움과 구토를 들 수 있다. 이후 시각장애, 정상적인 입과 목의 기능장애, 근육의 조절이 힘들며 피로를 느끼며 호흡장애와 같은 신경학적 증상이 뒤따르게 된다. 또 다른 증상으로는 유아 보툴리즘의 초기 증상으로 잘 나타나는 복통, 설사, 변비 등이 있다. 호흡곤란과 기도 폐색은 사망의 주요 원인이 될 수 있다. 1900년대 초기에는 치사율이 50%로 높았으나, 최근에는 항혈청과 현대화된 호흡 보조장비의 사용으로 치사율이 10% 정도로 감소하였다. 그러나 이것은 3-4개월 동안 호흡 보조장비 처치를 해야 하며 걸리면 완벽히 회복되기 위해서는 몇 년이 걸리기도 한다. 만일 보툴리늄 독소가 생물학적 무기로 사용된다면 호흡 보조장비 및 항독소제제의 부족으로 많은 어려움을 갖게 될 것이다.

보툴리즘은 종종 식중독, 뇌졸중, 소아마비, 유기인산염 중독, 틱마비, 근무력증, 일산화탄소 중독 등과 같은 다른 질병으로 오진하기도 한다. 특히 Guillain-Barré 신드롬으로 오진하기도 한다.

보툴리즘의 초기 치료로는 (i) 항혈청을 사용하여 신경독소를 중화시키는 것 (ii) 관장제를 사용하여 장내에 있는 신경독을 제거하는 것 (iii) 위에 음식물이 남아 있는 경우 구토제를 사용하거나 위세척하는 방법으로 신경독소를 제거하거나 불활성화 시키는 방법을 사용한다. 질병 초기 단계에는 항혈청 치료가 가장 효과적이고, 다음 단계로 호흡기관의 근육 마비를 막기 위해 기계적 통기처치를 실시한다. 유아 보툴리즘 최적의 치료는 환자의 체력 유지를 돌보는 것이다.

발병 독소량, 감염량 및 감수성 집단

사람을 대상으로 한 독성실험이 힘들기 때문에 보툴리늄 신경독소의 최소 독성농도에 대하여 거의 알려 지지 않았다. 식품의 안전적인 측면에서 신경독소의 존재 혹은, LD_{50}값을 허용하는 조건은 묵과 할 수 없다. 보툴리늄 독소는 천연물 중에서 가장 강한 독소로 알려져 있다. 원숭이에 대한 보툴리늄 독소의 LD_{50}값 (50% 사망하는 농도)은 0.4 ng/kg of body 이하였다. 이것은 150파운드의 사람의 LD_{50}값이 1×10^{-9} 온스 정도임을 알 수 있다.

C. botulinum 배양의 용이성과 높은 독성은 생물학적 무기로 사용할 수 있도록 하였다. 2003년 UN의 특별위원회에서는 이라크가 농축 보툴리늄 독소를 50겔론 정도 생산하였다고 보고하였다. 이는 그 위력을 확인 할 수는 없지만, 16개의 미사

일과 100개의 폭탄을 합한 위력을 지니는 것이라 한다.

식품에 의한 보툴리즘을 방지하는 유일한 방법은 식품 내에 신경독소 생성을 방지하는 것이다. 위험성이 높은 집단에 예방접종을 실시하는 것은 비용 측면에서 효율적이지 못하다. 현재는 이 분야 연구자와 미군 관계자만 예방접종을 실시하였다. 수분함량이 높은 식품의 경우 *C. botulinum*의 성장을 억제할 수 있는 방안을 마련하여야 한다. 예를 들면 통조림 식품은 *C. botulinum*의 포자를 죽일 수 있도록 열처리 과정을 수행하여야 한다. 최소가공으로 제조되는 식품에서 *C. botulinum*의 성장은 미생물 성장저해제와 냉장 등의 요소를 조합하여 조절할 수 있다. *C. botulinum* 성장의 억제는 보통 다른 식품 유래 병원성균과 부패미생물을 제어하게 된다.

*C. botulinum*의 특성

분류

*C. botulinum*은 그람 양성, 간균, 혐기성의 세균이다. 실험실에서 *C. botulinum*의 연구에는 그림 15.5와 같은 혐기성 챔버를 사용하여야 한다. *C. botulinum*은 성장곡선상 정지기에 도달되었을 때 달걀 모양의 내생포자를 형성한다 (그림 15.6). 항원성이 다른 *C. botulinum* 독소가 7종 (A–G)이 존재한다. 식품, 상처, 유아 보툴리즘을 포함한 사람의 보툴리즘은 A, B, E, 그리고 매우 드물지만 F 타입의 독소에 기인한다. 동물에서는 C, D 타입 독소가 보툴리즘을 일으킨다. G 타입은 질병으로 연관되는 경우는 알려진 바 없다.

*C. botulinum*의 종은 생리학적 차이를 근거로 하여 4개 그룹으로 나눠진다 (표 15.2). 제1그룹은 A 타입 균주 모두와 B와 F 타입 중 단백질분해효소를 생산하는 모든 균주를 포함 한다. 제2그룹은 E 타입의 균주와 B와 F 타입 중 단백질분해효소

그림 15.5 *C. botulinum*에 치명적인 산소를 제거한 기체를 함유하는 혐기성 배양장치.

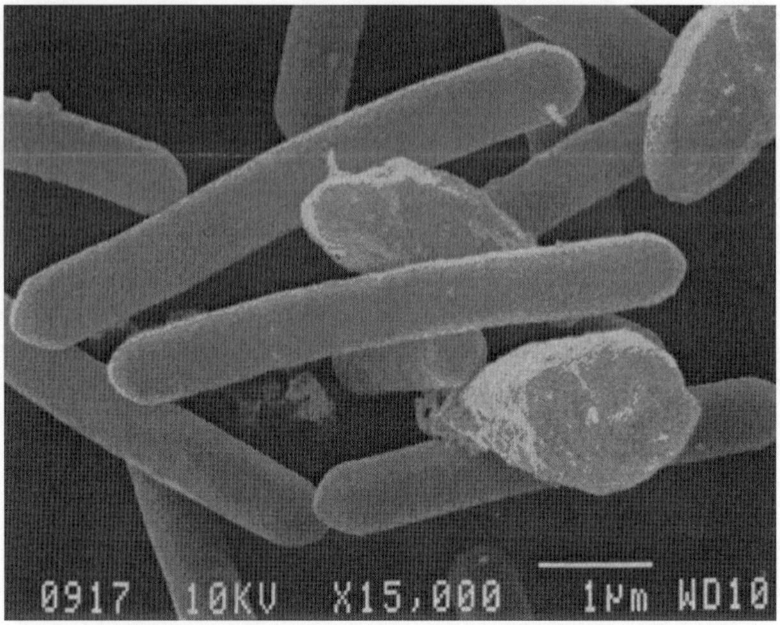

그림 15.6 *C. botulinum*의 영양세포 (막대모양)와 포자 (불규칙한 타원형)를 주사현미경으로 찍은 사진. B. Maleeff에 의해 촬영되었고 P. Cooke에 의해 제공. 두 사람 모두 USDA Eastern Regional Research Center 소속임.

비생성 균주 모두를 포함한다. 제3그룹은 C와 D 타입 균주를 포함하고, 제4그룹은 G 타입의 *C. botulinum* 균주를 포함한다. 이 분류는 DNA 상동성 연구결과와 일치한다. 16S와 23S rRNA 염기서열 분석 결과 그룹간에는 거의 연관이 없었으나, 각 그룹 내 균주들 사이에서는 높은 연관성을 나타내고 있다.

제I그룹 균주들은 단백질분해활성과 A 타입의 신경독소를 생산하는 특징을 지닌다. 성장의 최적 온도는 37°C이며, 10−48°C 사이에서 성장한다. 이에 속한 균주들은 많은 양의 신경독소를 생산한다 (10^6 mouse LD_{50}/ml [1 mouse LD_{50}은 50%의 생쥐가 4일안에 죽는 농도]). 이 그룹 균주의 포자는 $D_{100°C}$ 값이 25분 정도로 높은 내열성을 가진다 ($D_{100°C}$ 값은 주어진 100°C에서 90%를 사멸시키데 필요

표 15.2 *C. botulinum*의 그룹과 특징[a]

특 징	독소 그룹:			
	I	II	III	IV
신경독소 종류	A, B, F	B, E, F	C, D	G
최저성장온도 (°C)	10	3	15	ND
최적성장온도 (°C)	35−40	18−25	40	37
최저성장 pH	4.6	ca. 5	ND	ND
성장억제 NaCl 농도 (%)	10	5	ND	ND
최저성장 a_w	0.94	0.97	ND	ND
포자의 $D_{100°C}$ (분)	25	<0.1	0.1−0.9	0.8−1.12
포자의 $D_{121°C}$ (분)	0.1−0.2	<0.001	ND	ND

[a]ND, 미조사. J. W. Austin, p. 329−349, *in* M. P. Doyle, L. R. Beuchat, and T. J. Montville (ed.), *Food Mirobiology: Fundamentals and Frontiers* (ASM Press, Washington, D.C., 2001)에서 인용.

한 시간). 미생물 성장을 억제하기 위해서는 pH 4.6 이하, 염농도 10% 이상, 수분활성도 0.94 이하로 유지해 주어야 한다.

제II그룹 균주들은 단백질을 분해하지 못하고, 최적 성장 온도가 낮으며 (30°C), 3°C 정도의 낮은 온도에서도 성장한다. 포자는 열저항성이 낮다 ($D_{100°C}$값이 0.1분 이하). 제II그룹 미생물은 pH 5.0 이하, 염농도 5% 이상, 수분활성도 0.97 이하에서 성장 저해를 받는다. 15장은 사람에게 질병을 일으키는 제I그룹과, 제II그룹에 초점이 맞추어 있다.

보존 방법들에 대한 내성

식품 속 *C. botulinum* 성장을 제어하는 요인으로는 온도, pH, 수분활성도, 산화환원 전위차 (E_h), 보존제 첨가, 경쟁 미생물 존재 등이 있다. 역사적으로, *C. botulinum*의 성장조절을 위한 최대 또는 최저 한계 설정 연구가 진행되어 왔다 (표 15.2). 이 요소들은 매우 효과적으로 작용한다. 대체로, 이 요소들은 다른 저해 요소들과 조합하여 사용함으로써 상승효과를 초래한다. 이러한 상승효과는 식품저장에서 "다중 장애 이론"의 개념 기초가 되었다.

저온

냉장은 *C. botulinum* 성장을 방해한다. 최저 한계 온도는 제I그룹은 10°C, 제II그룹는 3°C이다. 그러나 이 한계는 다른 최적 성장 조건에 따라 달라진다. 실제 최저 성장 온도에 상관없이, 최저 한계 온도에서 신경독소 생산은 일반적으로 몇 주 걸린다. 제I그룹의 최적 성장 온도는 35-40°C, 제II그룹의 최적 성장 온도는 25-30°C이다.

열에 의한 불활성

열처리는 *C. botulinum* 포자를 불활성 시키고, 저장성이 안정한 식품을 생산하는 가장 일반화된 방법이다. 제 I 그룹의 *C. botulinum* 포자는 내열성이 높다 ($D_{121°C}$ 값 0.1-0.2분). 따라서 제1그룹 포자들은 저산성 식품 통조림의 상업적 살균에 특별한 관련이 있다. 통조림 제조 산업에서는 *D* 값 121°C에서 0.2분을 가열공정 산출의 표준으로 채택하고 있다. 가장 열 저항성이 큰 균주들의 z값 (D 값이 10배 변하는데 필요한 온도 변화)은 약 10ºC이다. *D*, *z* 값의 변화에도 불구하고, 저산성 통조림식품의 최소 열처리로써 12*D* 공정을 채택하였을 때 통조림 식품이 상업적으로 안전하다 할 수 있다.

제II그룹의 균주들은 제I그룹보다 열 저항성이 훨씬 낮다 ($D_{100℃}$ 값 0.1분 이하). 제II그룹 *C. botulinum*의 포자는 827 MPa 이상의 압력에서 40-50°C 정도만 열처리해주어도 사멸한다. 그러나 냉장 온도에서 성장할 수 있어, 저온 살균한 냉장 제품들에 제II그룹 *C. botulinum* 포자의 생존 위험성이 있기 때문에 각별한 주의를 요한다. 중성 인산염 완충용액에 있는 *C. botulinum* E 타입 균주의 $D_{82℃}$ 값은 0.2-1.0분이나, 열전달 매체의 종류, 균주, 미생물 배양 배지, 라이소자임 (이 효소는 포자를 완전 사멸시키지는 못하지만 포자 발아에 손상을 줌) 존재 유무 등에 따라 $D_{82°C}$ 값이 0.15-4.90분 범위 내에서 변화하는 것으로 보고되어 있다.

pH

*C. botulinum*의 성장에 대한 최소 pH는 제I그룹은 4.6, 제II그룹는 5이다. 많은 과일과 채소들은 *C. botulinum*을 억제하기 위해 산성이지만, 다른 제품들은 산성 유지를 위해 산미료를 따로 첨가해야 한다. 기질, 온도, 산미료의 성질, 보존료 첨가, 수분활성도, 산화환원 전위차 등의 요소는 *C. botulinum*의 산에 대한 내성 정도에 따라 다른 영향을 준다. 산에 대한 내성이 비교적 강한 곰팡이와 효모는 산성 제품에서 성장하여 주변의 pH를 *C. botulinum*이 성장할 수 있는 pH로 올려놓는 경우도 있다.

염과 수분활성도

소금은 식품 속의 *C. botulinum*을 제어 하는데 가장 중요한 요소 중 하나이다. 소금은 일차적으로 수분활성도를 떨어뜨린다. 물에 녹은 소금의 농도를 염수 농도라 부며 다음과 같이 표기한다.

$$\%\text{염수} = [\%\text{NaCl} / (\%\text{H}_2\text{O} + \%\text{NaCl})] \times 100$$

다른 조건이 성장에 최적 조건이라고 가정할 때 성장에 제한을 주는 염수의 농도는 제I그룹 균주는 10%, 제II그룹은 5%이다. 이는 각각 수분활성도 0.94, 0.97에서 성장이 억제되는 결과와 잘 일치하는 결과이다. 일반적으로 NaCl, KCl, 포도당, 설탕 등은 수분활성도를 낮추어 미생물 성장을 억제하는 현상에서 유사한 결과를 나타내지만, 글리세롤에 의한 수분활성도 저하에 따라 미생물 성장에 미치는 영향은 다르다. 수분활성도에 따른 미생물 성장 억제 효과는 산 또는 보존제 사용에 의해 대체로 증가한다.

산소와 산화환원 전위차 (E_h)

산소에 노출된 음식에 *C. botulinum*이 성장하지 못하는 동안에, 대부분 식품 내부의 E_h는 미생물이 성장하기 어려울 만큼 충분히 낮다. 용존 산소가 제거될 정도로 열처리한 식품이 산소에 노출되면서 보툴리즘 중독이 발생하는 경우가 많다. 이런 음식에 산소의 역확산은 수 시간에 걸쳐 서서히 진행되므로 혐기적 상태를 상당시간 유지해 준다. *C. botulinum*의 성장 최적 E_h는 −350 mV이나, 성장의 시작은 +30 ~ +250 mV에서 일어날지도 모른다. 일단 성장이 시작되면, E_h는 빠르게 감소한다.

*C. botulinum*을 접종한 돼지고기를 산소가 20% 함유한 대기조건 속에 넣어 보관하였을 때 *C. botulinum*의 신경독소 생산을 지연시키지 못했다. 한편 질소와 이산화탄소를 100% 함유한 기체 MA포장에 돼지고기를 보관하였을 때 부패미생물과 병원성 미생물의 성장은 억제되었으나 *C. botulinum* 성장은 오히려 촉진 되었다. 압축된 CO_2 기체는 *C. botulinum*에 치명적이어서 CO_2의 압력의 증가는 치사율을 증가시킨다. 식품의 *C. botulinum*균에 대한 저장을 위한 기체의 종류에 대해서는 좀 더 주의 깊게 조사되어야 한다.

보존제

아질산염은 육제품에서 *C. botulinum*을 억제하는데 사용한다. 아질산염은 육제품의 색과 향기에도 기여한다. 아질산염의 효능은 pH, 소금, 열처리, 저장 시간, 저장 온도, 식품의 구성 성분 등 복잡한 상호작용에 따라 달라진다. 아질산염은 세포를 구성하는 여러 조직과 함께 한 가지 이상의 기작으로 *C. botulinum*을 억제한다. 아질산염과 질소산화물은 고기 속의 2차 아민류와 함께 반응하여 니트로조아민류를 만들어 내기도 한다. 이들 니트로조아민류는 발암물질로 작용하기도 하기 때문에 아질산염의 사용량에 대한 규제를 하게 된다.

솔베이트 (sorbate), 파라빈 (paraben), 니신 (nisin), 페놀성 항산화물질, 폴리인산염, 아스코베이트 (ascorbate), EDTA, 무수중아황산염 (metabisulfite), 말레산알킬염 (*n*-monoalkyl maleate), 푸마르산염 (fumarate), 유산염 (lactate salt) 등은 *C. botulinum*에 대해 높은 보존활성을 나타낸다. 또한 천연의 액상 연기는 어류에 존재하는 *C. botulinum*의 억제에 사용된다. 하지만 육제품에서는 *C. botulinum*의 억제작용을 하지 못한다.

높은 성장율을 보이는 미생물과의 경쟁

식품 내에서는 높은 성장율을 보이는 미생물간의 경쟁이 치열하다. 이러한 현상으로 인해 *C. botulinum*에 큰 영향을 미치기도 한다. 산에 대한 내성을 지닌 곰팡이인 *Cladosporium* 속 미생물과 *Penicillum* 속 미생물은 산성 식품의 pH를 상승시켜 *C. botulinum*의 성장이 가능하도록 만들어 준다. 다른 미생물 중에는 환경을 산성으로 변화시키거나, 특정 저해물질을 생산하여 *C. botulinum* 성장을 저해하기도 한다. *Lactobacillus*, *Pediococcus*, *Streptococcus* 속의 유산균은 식품의 pH를 낮추어 줄 뿐만 아니라 박테리오신을 생성하여 *C. botulinum*을 저해하기도 한다. 이렇게 유산균과 유산균이 발효할 수 있는 당을 사용하므로 아질산염을 적게 사용하는 일명 "위스콘신 가공법 (Wisconsin process)" 방법으로 베이컨을 생산하는 방법이 미국에서 허용되어 있다. 만약 부적절한 온도에 베이컨이 노출이 되면 유산균은 당을 발효시켜 pH 4.5 이하로 떨어뜨려 주므로 독소생성을 억제한다.

방사선을 이용한 불활성화

C. botulinum 포자는 방사선 저항성을 가지고 있다. 제I그룹 미생물들은 −50°C에서 −10°C의 범위에서 *D* 값은 2.0−4.5 kGy에서 사멸하는 결과를 보였으며, *C. botulinum* E 타입의 포자는 훨씬 낮은 수준인 1−2 kGy 조사에서 민감성을 나타내었다. Radappertization (에너지원으로 방사선을 사용한 통조림 공정)은 12 log 회로를 거쳐 *C. botulinum*의 포자수를 감소시키는 과정으로 고안되었다. 방사선 조사 시 산소 존재 유무, 온도 조건, 조사선량 등의 환경이 달라지면 포자의 *D* 값도 달라진다. 일반적으로 산소 혹은 보존제의 존재 시, 20°C 이상의 온도에서 포자는 방사선 조사에 훨씬 민감하게 반응한다.

*C. botulinum*의 오염원

환경에서의 발생

주변 환경의 *C. botulinum* 발생은 식품의 오염에서 큰 영향을 미친다. *C. botulinum* 포자는 대부분 토양이나 퇴적물에 포함되어 있으며, 그 숫자와 타입은 지역에 따라 다르다 (표 15.3). A 타입 포자는 미국 서부지역, 중국, 브라질, 아르헨티나의 토양

표 15.3 토양과 퇴적물에서의 *C. botulinum*의 발생[a]

위치	양성 시료(%)	MPN/kg	타입 (%)[b]				
			A	B	C/D	E	F
미국 동부의 토양	19	21	12	64	12	12	0
미국 서부의 토양	29	33	62	16	14	8	0
위스콘신주 그린 베이의 퇴적물	77	1,280	0	0	0	100	0
알래스카의 토양	41	660	0	0	0	100	0
영국의 토양	6	2	0	100	0	0	0
스칸디나비아 해변의 퇴적물	100	>780	0	0	0	100	0
핀란드 발트해의 앞바다	88	1,020	0	0	0	100	0
네덜란드의 토양	94	2,500	0	22	46	32	0
스위스의 토양[c]	44	48	28	83	6	0	27
이탈리아 로마의 토양	1	2	86	14	0	0	0
이란 카스피해의 퇴적물	17	93	0	8	0	92	0
중국 신장의 토양	70	25,000	47	32	19	2	0
일본 이시카와의 토양	56	16	0	0	100	0	0
브라질의 토양	35	96	57	7	29	0	7
남아프리카의 토양	3	1	0	100	0	0	0

[a]J. W. Austin, p. 329–349, *in* M. P. Doyle, L. R. Beuchat, and T. J. Montville (ed.), *Food Microbiology: Fundamentals and Frontiers* (ASM Press, Washington, D.C., 2001)에서 인용.
[b]각 타입의 %는 동정된 모든 타입에 대한 %를 의미
[c]어떤 시료는 다양한 혈청형을 함유하고 있어 합계가 100%를 초과

에서 많이 분포되어 있고, B 타입 포자는 미국 동부지역, 영국, 유럽대륙 여러 토양에 분포되어있다. 미국의 B 타입 포자는 단백질 분해력을 가지고 있는데 반해 유럽의 B 타입 포자는 단백질 분해력이 없다. E 타입 포자는 북부지역과 온화한 수생지역에서 많이 분포되어 있으며, C 타입과 D 타입 포자는 따뜻한 환경에서 빈번히 출현된다.

Joel Pett © 2003 *Lexington Herald-Leader*, CartoonArts International, Inc. 승인을 받고 인용. 저작권 있음.

표 15.4 식품에서의 *C. botulinum* 포자의 발생[a]

가공품	원산지	양성 시료 (%)	MPN/kg	타입
내장을 제거한 송어 처브	5대호	12	14	E, C
진공포장 냉동 가자미	대서양	10	70	E
손질된 볼락	캘리포니아	100	2400	A, E
연어	알래스카	100	190	A
진공포장 어류	북극해 바이킹 제방	42	63	E
훈제연어	덴마크	2	<1	B
소금에 절인 잉어	카스피해	63	490	E
생선과 해산물	일본, 오사카	8	3	C, D
생 육류	북미	<1	0.1	C
절인 육류	캐나다	2	0.2	A
생돼지고기	영국	0–14	<0.1–5	A, B, C
임의의 꿀 시료	미국	1	0.4	A, B
유아 보툴리즘 관련 꿀 시료	미국	100	8×10^4	A, B

[a]J. W. Austin, p. 329–349, *in* M. P. Doyle, L. R. Beuchat, and T. J. Montville (ed.), *Food Microbiology: Fundamentals and Frontiers* (ASM Press, Washington, D.C., 2001)에서 인용.

식품에서의 발생

여러 조사는 식품 속 *C. botulinum* 포자의 발생률에 대해 알려져 있다 (표 15.4). 이들 조사는 주로 생선, 고기, 유아식품 및 벌꿀에 집중 되어있다. *C. botulinum*의 E 타입 포자는 생선과 수생동물에 많이 분포한다. 고기와 고기제품은 일반적으로 오염수준이 생선에 비해 낮은데, 이는 수역 환경보다 농장 환경이 덜 오염되었기 때문이다. 북아메리카의 경우, 평균 최확수 (MPN)는 고기제품 kg 당 약 0.1 포자를 나타낸 반면 유럽의 경우, 평균 최확수는 kg당 약 2.5 포자를 나타내었다. 이들 포자는 고기류와 연관된 A와 B 타입이 대부분 이었다. *C. botulinum*의 A 타입 혹은 B 타입 포자는 흙에 가까이 접촉하는 과일과 채소를 오염시킬 수 있다. 오염된 제품으로 자주 발견되는 것은 아스파라거스, 콩, 양배추, 당근, 샐러리, 옥수수, 감자, 순무, 올리브, 살구, 체리, 복숭아, 토마토 등 이다. 규격에 맞는 MA 포장된 채소에서는 전체적으로 *C. botulinum* 포자의 발생률이 0.36% 이하로 낮으나, A 타입과 B 타입 포자가 다 이런 제품들에서도 발견되었다. 재배 버섯은 B 타입의 포자수가 kg 당 2.1×10^3 수준이어서 특별한 관심을 가질 필요가 있다.

독성인자와 병원성 기작

보툴리늄 독소는 알려져 있는 독소 중 가장 독성이 강한 독소로 알려져 있다. *C. botulinum*은 8종류의 항원적으로 서로 다른 독소 (A, B, C_1, C_2, D, E, F, G)를 생산한다. C_2를 제외한 모든 독소는 신경독소이다. C_2와 exo-타입 효소인 C_3는 ADP-리보실화효소이다.

7종류의 신경독소는 구조와 작용양식이 유사하다. *C. botulinum*의 신경독소들은 분자량이 150,000 정도로 고분자이며, 2개의 사슬로 구성된 단백질들이다. 신경독소들은 아세틸콜린 방출을 방해하여 신경말단에서 신경전달을 차단한다. 이러한 과정은 아연-금속단백질분해효소 (zinc metalloprotease)로 작용하며 일어나게 된다.

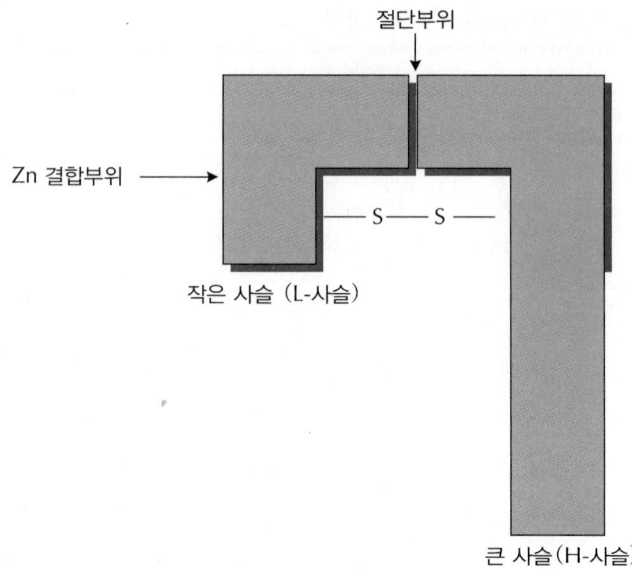

그림 15.7 보툴리늄 독소 단백질의 구조. 한 개의 단백질로 구성되어 있으며 단백질 분해효소에 의해 큰 사슬 (카르복시 말단)과 작은 사슬 (아미노 말단)로 분해되어 활성화될 수 있다. 결합력이 약한 이황화결합으로 연결되어 있기 때문에 열에 대한 민감성을 갖게 된다.

다행히도 보틀리늄 독소들은 매우 열에 민감하여, 80°C에서 10분간 열처리하거나 끓여 주면 독소 활성이 소실된다.

신경독소의 구조

보툴리늄 독소들은 대략 150,000 분자량을 가진 단일 폴리펩티드인 수용성 단백질이다 (그림 15.7). 이은 N-말단으로 부터 대략 1/3 지점 부분이 프로테아제에 의해 잘라지게 되면, 단일 이황화결합으로 연결되어 있던 단백질이 큰 사슬 (분자량 100,000) 부분과 작은 사슬 (분자량 50,000) 부분으로 나누어지며 활성을 지닌 신경

BOX 15.2

복용량에 따라 독이 되기도 하고... 또는 약이 되기도 한다.

보툴리늄 독소는 현재까지 알려진 독소 중 가장 치명적인 독소이다. 그러나 아주 낮은 농도로 희석되었을 때 이 마비성 독소는 나쁜 쪽보다 오히려 좋은 쪽으로 사용될 수 있다. 각종의 신경근육 질병은 과도하게 활성화된 근육에 의해 발병하고 이전에는 치료가 불가능하였거나 수술을 해야 했다. 안검경련 (blepharospasm)은 눈꺼풀 부근의 신경 종말에 발생하는 심각한 질병으로서 눈을 계속 깜박거리게 만들어 맹인과 같이 앞을 못 볼 수도 있다. 이 환자에게 미국 FDA가 승인한 A 형의 보툴리늄 독소 제품인 보톡스를 주사하여 신경을 마비시킴으로써 환자가 눈의 깜박거림을 멈추고 볼 수 있게 된다. 사시는 눈에 부착된 근육의 길이가 달라서 생긴다. 미적인 문제 이외에도 환자가 한쪽 눈을 계속해서 사용하지 않다 보면 결국 한 눈이 기능을 잃어버린다. 전통적인 치료 방법은 수술을 통하여 근육의 길이를 같게 만드는 것이다. 보툴리늄 독소를 주사하면 동일한 효과를 얻을 수 있다. 미국 FDA는 이 두 가지 질병에 이 독소의 사용을 1989년에 승인하였다. 2002년에는 목 근육 긴장이상 (cervical dystonia)의 치료를 위해 보톡스의 사용이 FDA의 승인을 받았다. 이 질병은 목과 어깨의 근육이 비자발적으로 심하게 수축하여 머리가 비정상적인 위치로 꼬이게 한다. 보톡스로 이 근육을 이완시킴으로써 문제를 해결할 수 있다. 또한 보톡스는 미용 성형술을 대신하여 찌푸린 듯한 눈살의 주름을 제거하는 데 미용학적으로 사용될 수 있다. 불행히도 그 효과는 4개월밖에 가지 않는다. 연간 약 백만명의 미국인이 보톡스 주사를 맞고 있다.

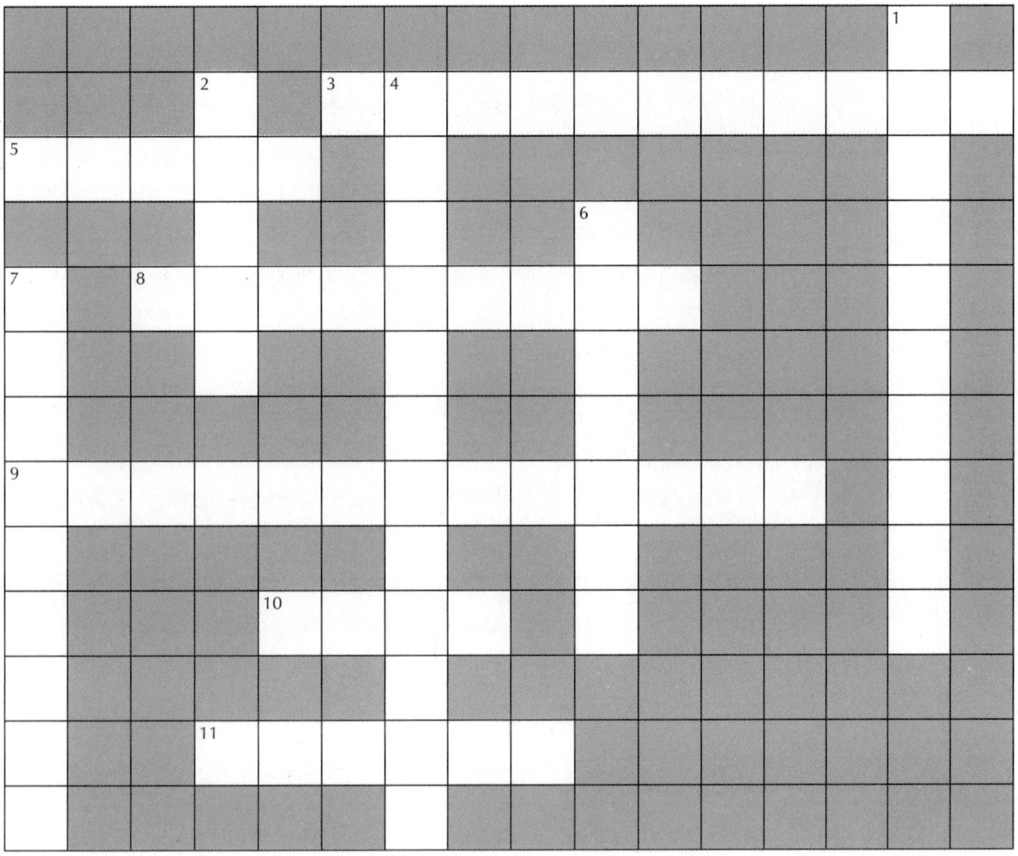

Across

3. There would probably be more cases of botulism if the toxin were not _______ by heat
5. "Good" botulinal toxin
8. Canned high-acid foods are the perfect place for *C. botulinum* to grow because they are _______
9. Group II strains are characteristically _______
10. Place where spores are found in the environment
11. Type of botulism caused by in situ toxin production

Down

1. Botulinal toxin is the only _______ produced by a foodborne bacterium
2. The most prevalent type of botulism in the year that heroin was contaminated by spores
4. Symptoms caused by botulinal toxin
6. Compound used to inhibit *C. botulinum* in cured meats
7. Paralysis of this part of the body by toxin causes death

독소로 된다. 큰 사슬에 Zn 결합부위를 가지고 있다.

세균 프로테아제 또는 트립신과 같은 프로테아제들에 의해 단백질 분해가 일어나게 된다. 작은 사슬이 큰 사슬의 N-말단쪽 반쪽에 Cys-429과 Cys-453 사이의 이황화결합과 비공유결합으로 연결되면 트립신으로 처리하지 않은 분자에 상응하는 정도로 독성이 증가한다. 다시 이황화결합이 잘리면 두 개의 사슬로 나누어지면 독성은 없어진다.

신경독소의 유전적 조절

C. botulinum 포자 A, B (단백분해력을 지니고 있는 타입과 없는 타입 독소), C, E, F (*Clostridium barati* 타입), G (*Clostridium butyricum* 타입)에 의해 만들어진 신경

독소 유전자 염기서열이 완전히 결정되었다. 다양한 신경독소들의 상관성의 정도는 독소 단백질의 아미노산서열의 상동성에 의해 결정된다. 다른 혈청형의 신경독소들은 아미노산 상동성이 떨어진다. 서로 다른 보툴리늄 균주의 독소들이 동일한 혈청형을 보이는 경우도 있다.

보툴리늄 독소를 암호화하는 유전자 및 다른 연관된 비독성 단백질 유전자의 위치는 혈청형에 따라 달라진다. 신경독소 A, B, E, F 타입을 암호하는 유전자 그리고 연관된 비독성 단백질을 암호화하는 유전자는 세균의 염색체 상에 위치해 있다.

신경독소의 작용양식

보툴리늄 독소는 신경말단에서 시냅스 소포로부터 아세틸콜린의 방출을 방해한다. 이것은 보툴리즘 중독의 이완성 마비를 초래한다. 이러한 마비현상은 여러 가지 신경학적 병의 치료에 사용되기도 한다. 보톡스라는 상품은 보툴리늄 독소로써 얼굴의 주름을 지우는 성형외과 치료에 사용된다. 보톡스를 주름 근처 피부 아래에 주사하면 밑에 있는 근육들의 이완성 마비가 일어나면서 주름이 없어지게 한다 (Box 15.2). 이에 독성학자들은 투여량에 따라 독성이 되거나 혹은 장점이 될 수도 있다고 말하고 있다.

요약

- *C. botulinum*은 호기성 조건에서 포자를 형성한다.
- 보툴리즘은 흔하게 발생하는 병은 아니지만 매우 심각한 질병이다. 통조림 제조시 온도가 잘못 적용되어 발생하거나, 깊은 상처, 혹은 유아나 어른의 소화기관에 정착하여 발생하는 질병이다.
- 보툴리즘 식중독의 증상은 신경과 근육과 신경에 장애를 준다. 예를 들어 사물에 두 개로 보이거나 말이 어눌하거나 호흡이 온전치 못한 증상을 보인다.
- *C. botulinum* 포자는 저산성 식품의 통조림 공정에서 규제의 목표가 된다.
- pH 4.6 이상, 수분활성도 0.86 이상의 통조림 식품은 12*D* 공정으로 제조해야 한다.
- *C. botulinum* 균주들은 7종류의 항원적으로 서로 다른 신경독소를 생산한다.
- 보툴리늄 독소는 매우 독성이 강한 단백질성 독소이지만, 열에 의해 쉽게 불활성화 된다.

참고문헌

American Society for Microbiology. Home page (contains links to the latest legislation on selet agents). http://ww.asm.org.

Hauschild, A. H. W., and K. L. Dodds. 1993. Clostridium botulinum: *Ecology and Control in Foods*. Marcel Dekker, Inc., New York, NY.

Johnson, E. A. 2007. *Clostridium botulinum*, p. 401-421. *In* M. P. Doyle and L. R. Beuchat (ed.), *Food Microbiology: Fundamentals and Frontiers*, 3rd ed. ASM Press, Washington, DC.

Richmond, J. Y., and R. B. McKinney (ed.). 1999. *Biosafety in Microbiological and Biomedical Laboratories (BMBL)*, 4th ed. Government Printing Office, Washington, DC.

16 Clostridium perfringens

학습목표

- *Clostridium perfringens*를 식별하기 위해 기본적 생화학 특성을 이용
- 식품에서 어떤 조건이 *C. perfringens*를 성장하게 하는지 이해
- 증상과 발병 개시 시간으로 *C. perfringens*로 인한 식중독을 판단
- *C. perfringens*의 성장을 막기 위한 알맞은 조건 (열, 보존제, 배합) 선택
- 그 종의 환경적 근원을 식별
- 식중독을 유발하는 *C. perfringens*독소와 발병인자의 역할을 이해

식품매개 질병

포자의 관점에서 본 *C. perfringens* 독소감염

우리 포자들은 '위대한 생활환'의 일부분이다. 대부분 시간을 우리는 단지 기다리고 있을 뿐이다. 휴면하고 인내심을 가지고 기다린다. 그러면, 변화가 생긴다. 가열은 우리의 경쟁자인 영양세포를 사멸시킨다. 온도가 배지의 따뜻한 온도로 떨어지면 우리는 세포로 변화하여 증식한다. 우리는 무수히 수가 많다. 어떤 불쌍한 인간이 우리를 먹게 되면 우리는 천국에 있게 되는 것이다. 따뜻한 온도, 많은 영양분, 혐기적 조건. 우리가 자라면 많은 양의 이산화탄소를 생산하고 사람은 가스 공격을 받는다고 생각한다. 영양분이 고갈됨에 따라 우리는 포자를 만들고 휴면상태로 돌아간다. 포자를 생성하는 동안 우리가 세포를 깨고 나가면서 단백질독소를 만들어 내고 이로 인해 설사를 유발시킨다. 숙주로부터 나오면 우리는 생활환으로 돌아가 기다린다. 다시 휴면하고 인내을 가지고 기다린다.

사람의 관점에서 본 *C. perfringens* A형 식중독

두 건의 *C. perfringens* A형 식중독이 1994년 성 패트릭 날 발생하였다. 오하이오 주 클리브랜드 지역에서 만들어진 소금으로 간을 한 쇠고기 조제식품을 먹은 156명에게서 발생하였다. 소금으로 간을 한 쇠고기는 3시간 동안 끓여 만들어 졌고, 냉장고에 넣기 전 상온으로 서서히 냉각시킨 것이었다. 4일 후 그것은 48.8°C로 데워져 제공되었는데, 이것으로 만든 샌드위치가 늦은 아침부터 그날 오후 늦게 까지 상온에서 유지되었고 신선한 맥주와 함께 섭취되었다.

두 번째는 성패트릭 날 버지니아 주에서 소금으로 간을 한 쇠고기 저녁요리를

먹었던 86명의 사람들에게 발병하였다. 소금을 뿌린 쇠고기는 상업적으로 만들어진 것으로 소금물에 절여진 냉동제품이었다. 그것이 해동되고, 큰 조각 (4.54 kg) 상태로 요리되고, 냉장고에 보관되고, 제공되기 전에 열 램프 아래에서 90분 동안 유지된 것이었다. 그 식품 시료에 많은 수의 *C. perfringens*가 포함되어 있었다.

이 두 발생 사례는 *C. perfringens* A형 식중독에 있어서 전형적으로 육류가 포함되어 있으며 온도가 잘못되어 있음을 설명하고 있다. 오하이오 발생에서는 소금으로 간을 한 쇠고기가 요리되고 난 후에 너무 천천히 식히게 되었고, 그 다음 *C. perfringens* 세포를 사멸시키기에 불충분한 온도에서 재가열 되었던 것이다. 버지니아 발생에서는, 쇠고기가 너무나 큰 부분 (덩어리)으로 요리되어서 공급되기 전에 적절하게 재 가열 되지 않았던 것이다.

발병율

C. perfringens A형 식중독은 미국에서 식품기인성 질병의 세 번째로 잘 발생되는 것이다. 1993년부터 1997년까지 40건의 *C. perfringens* A형 식중독이 발생 (전체 세균성 식중독의 4.1%)하였다. 대상자는 2,772명 (전체 대상자의 6.3%)이었다. 그러나 다른 모든 식중독처럼 *C. perfringens* A형 독소감염의 경우에도 대부분 인식되지 못하거나 보고되지 못했다. 어림잡아 연간 미국에서 25만 명이 발병하고 이중 평균 7명은 사망하는 것으로 추정된다. *C. perfringens* A형 독소감염과 관련된 경제적 비용은 2억4천 달러를 초과할 것이다.

C. perfringens A형 독소감염은 대개 규모가 크며 (~50에서 100명) 종종 기관 같은데서 일어난다. 발생 규모가 큰 것은 두 가지 요인 때문이다. 첫째, 큰 기관은 종종 음식을 미리 만들어 놓고 나중에 제공하기 위해 보관한다. 이 경우 만일 저장 온도가 잘못되었다면 *C. perfringens*가 성장하게 한다. 둘째, 대부분 *C. perfringens* 독소감염 경우 비교적 가볍고 일반적인 증상을 보이므로 많은 인원이 아파질 때에만 보건당국 관계자가 개입하게 된다. *C. perfringens* 식중독은 연중 발생하지만, 대부분의 식중독처럼 여름철에 약간 더 발생한다. 따뜻한 날씨로 인해 냉각, 보관, 제공되는 동안 온도가 잘못 유지될 수 있는데, 재밋거리가 많아 위생에 신경을 덜 쓰게 되는 경우 (피크닉, 박람회, 축제 등) 더욱 그렇다.

C. perfringens A형 식중독의 매개식품

*C. perfringens*는 성장과 생존에 필요한 20종의 아미노산 중에서 13종의 아미노산을 만들지 못한다. 따라서 고단백 식품이 가장 일반적인 매개식품이다. 미국의 식품매개 *C. perfringens* 질병은 육류 및 가금류와 가장 널리 관련되어있다. 단백질 함량이 높거나 잘못된 온도 관리 (예를 들면, 그레이비, 스튜, 멕시코 음식)를 받는 다른 식품 또한 중요한 매개식품이다.

C. perfringens A형 식중독을 유발하는 요인들

C. perfringens 식중독은 보통 조리, 냉각, 또는 식품 보관 온도를 잘못 적용하기 때문에 생긴다. 미국 질병통제예방센터는 최근 그 원인이 밝혀진 *C. perfringens* 발병 모두의 경우 부적절한 저장 또는 보관 온도가 유발원인이라고 보고했다. 이중에서

부적절한 조리가 ~30%, 오염된 기구 사용이 ~15%이었다.

C. perfringens 식중독에 있어서 온도의 오용이 중요하다는 것은 놀랄만한 일이 아니다. *C. perfringens* 영양세포는 비교적 열에 내성이 있으며 더 중요한 것은 *C. perfringens* 포자는 영양세포보다 더더욱 내열성을 나타낸다. 불완전한 조리는 *C. perfringens* 포자의 발아를 유도하게 되고, 만일 부적절하게 냉각 보관되었다면 포자로부터 생긴 영양세포가 식중독을 유발할 정도로 급속히 증식할 수 있다.

C. perfringens A형 식중독의 예방

완전하게 조리한 식품이 *C. perfringens* A형 식중독을 예방하는 최고의 접근 방법이다. 이것은 특히 큰 덩어리의 고기구이와 칠면조에 있어서 중요하다. 크기 때문에 *C. perfringens* 포자를 죽이기에 필요한 높은 내부온도에 도달하기 어렵다. 큰 덩어리의 고기를 높은 내부온도가 되도록 조리하는 것이 어렵다는 것은 식품이 *C. perfringens* 식중독의 일반적인 발생원인가 하는 것을 설명해준다. 둘째, 아마도 더 중요한 예방 단계는 *C. perfringens* 영양세포가 자랄 수 없는 온도 (4.5°C 이하 또는 60°C 이상)로 조리된 식품을 신속히 냉각, 보관하는 것이다.

C. perfringens A형 식중독 구명

공중위생 당국은 전통적으로 *C. perfringens* 발생을 규명하는 데에 잠복시간과 증상이나 형태, 식품운반체의 경로 (예, 온도가 잘못 적용된 육류나 가금류가 있었는가?)와 같은 지표를 사용한다. 그러나 *C. perfringens* 식중독과 *Bacillus cereus*와 같은 독소감염의 발병시점 및 증상의 유사성 때문에 임상적, 역학적 측면에만 의존하는 것은 별 의미가 없다. *C. perfringens* 식중독 발생의 규명에는 배설물에 대다수의 포자 존재 여부 또는 특정 독소의 검출과 같은 실험실적 분석이 더 믿을만하다. 미국 질병통제예방센터에 의해 사용되는 세균학적 지표는 2명 이상의 환자에서 대변 1g 당 10^5개의 *C. perfringens* 또는 역학적으로 의심되는 식품 1g 당 10^5개의 *C. perfringens*가 존재한다고 되어있다. *C. perfringens*는 주위 환경에 널리 분포되어 있으므로, 그것을 단지 추정되는 식품이나 배설물에서 발견하는 것만으로는 식중독 발생 규명에 불충분하다. 식품 또는 배설물에 존재하는 대부분의 *C. perfringens* 균주들은 독소 생산관련 유전자를 수반하지 않으며 질병을 유발하지 못한다.

현재 미국 질병통제예방센터와 미국 FDA는 식중독 발생 규명하기 위해 환자 배설물에 있는 *C. perfringens* 장독소 검출을 사용한다. 몇 가지 상용으로 이용 가능한 혈청학적 검사로 장독소를 검출할 수 있다.

C. perfringens 장독소는 식품에 기인하지 않는 장관질환 (예, 항생물질 관련 설사증상) 환자의 배설물에도 존재하기 때문에 한 사람만으로는 불충분하고, 여러 사람의 배설물에 *C. perfringens* 장독소가 검출되어야만 명백한 증거가 될 수 있다. 이 사실은 사람들이 같은 음식을 먹고 전형적인 잠복시간에 발병하고, 특징적인 *C. perfringens* 독소감염을 보였을 때 더욱 그렇다. 배설물에 *C. perfringens* 장독소가 검출되어야만 *C. perfringens* 발생 여부를 규명하기 위해 배설물 중의 *C. perfringens* 장독소를 검출하는 것은 배설물 시료를 증상 직후 수거해야만 하므로 효용성이 제한된다. 종종 이런 조건의 제공자를 구하기 어렵다. 분변에서 *C. perfringens* 장독소

를 검지할 수 있는 몇몇 혈청분석 키트가 상업적으로 제조되어 사용되고 있다.

C. perfringens A형 식중독의 특징

C. perfringens A형 독소감염 증상은 오염된 식품 섭취 후 8시-16시간 사이에 발생한다. 이 증상은 피해를 입은 후로부터 12-24시간 이내에 자발적으로 없어지게 된다. *C. perfringens* A형 독소감염 환자들은 대개 설사와 복부에 가혹한 고통을 받게 된다. 구토와 발열은 일어나지 않는다. *C. perfringens* A형 독소감염으로 인한 사망율은 낮지만, 허약하고 나이든 사람에게는 죽음을 초래한다.

C. perfringens A형 독소감염의 전형적인 병원성이 그림 16.1에 설명되어 있다. 처음에, 온도 오용에 의해 *C. perfringens* 세포가 자극되어 식품 내에 급속히 증식된다. 다수의 세균이 섭취되면, 일부 영양세포는 위를 지나 소장까지 살아서 통과하고, 거기서 증식하고 포자를 만든다. 소장에서 포자를 만드는 동안 *C. perfringens* 장독소가 생성된다. 소장으로 분비되면, *C. perfringens* 장독소는 소장 상피세포와 즉시 결합하고 손상을 입힌다. 이 *C. perfringens* 독소 유도형 소장 손상으로 설사가 시작된다.

C. perfringens 독소감염이 보통 비교적 온후하고 자기제한적인 이유는 두 가지로 설명할 수 있다. 첫째, 아마도 결합되지 않은 *C. perfringens* 독소를 설사로 씻어내고 둘째, *C. perfringens* 독소는 융모 첨단세포에 우선적으로 영향을 미친다. 이것들은 소장에서 가장 오래된 세포들이며 신속히 새 세포로 대체되어, 정상세포에 의해 건강을 되찾게 된다.

C. perfringens A형 식중독의 발병 감염량

C. perfringens 세포는 위산에 의해 사멸된다. 따라서 *C. perfringens* 독소감염의 경우 대개는 심하게 오염된 식품 (예, 식품 1g 당 10^6-10^7 이상의 *C. perfringens* 영양세포가 포함된 식품)이 섭취된 경우 발생한다. *C. perfringens* 세포가 소장에서 포자를 형성할 때 독소가 생성되므로 이것이 독소형 감염이라고 생각된다.

누구나 *C. perfringens* 독소감염에 민감하다. 그러나 허약하고 나이든 사람에게는 더욱 치명적이다. 많은 사람들이 질병을 일으키는 *C. perfringens* 독소에 반응하는 일시적인 혈청 항체를 만들지만, 전에 노출되면 면역방어 작용을 하는지에 대한 증거는 없다.

원인 미생물

개괄

*C. perfringens*는 1940년대와 1950년대에 처음으로 식품매개 병원성균으로 밝혀졌다. *C. perfringens*가 식품에 의해 옮겨지는 두 가지의 명백히 다른 질병을 유발시킨다는 것이 점차 명백하게 되었다. 이 두 가지는 *C. perfringens* 독소감염과 괴저성 장염이다. 식품매개 괴저성 장염이 산업화 사회에서는 극히 드물기 때문에 여기서 언급하지는 않는다. *C. perfringens*는 그람 양성, 막대모양, 캡슐화된, 비운동성 세균으로 광범위한 사람과 가축 질병을 유발한다. *C. perfringens*의 독성은 적어도 두 종

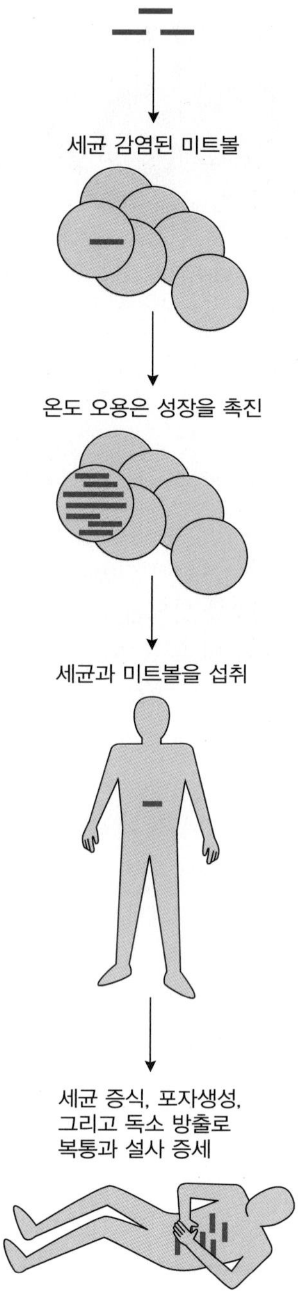

그림 16.1 *C. perfringens* 식중독을 나타내는 도식화. (위) 영양세포 또는 포자가 육류 가공품에 오염되고 식품이 보관될 때 급속히 증식한다. (중간) 사람이 영양세포를 섭취하면, 소장에서 급속히 증식하고 (다량의 가스가 발생) 포자를 형성하며 포자와 같은 시간에 독소를 방출한다. (아래) 환자는 가스, 복통, 설사로 병이 나지만 24-48시간 안에 회복된다.

류의 독소 즉 사람의 장관에서 활성이 있는 *C. perfringens* 장독소와 베타독소를 포함한 여러 종류의 독소를 생성하기 때문이다.

장관활성 독소를 생산하는 것은 물론 *C. perfringens*는 식중독을 일으킬 수 있는 몇 가지 다른 특징들을 가지고 있다. *C. perfringens*는 10분 내에 2배 가까이 증식할 정도로 성장이 빠르다. 이 때문에 식품에서 급속히 증식하게 된다. *C. perfringens*는 방사능, 건조, 열과 같은 환경적 스트레스에 내성적인 포자 (그림 16.2)를 형성한다. *C. perfringens* 포자는 불완전하게 조리되거나 부적절하게 재가열된 식품에서 생존한다.

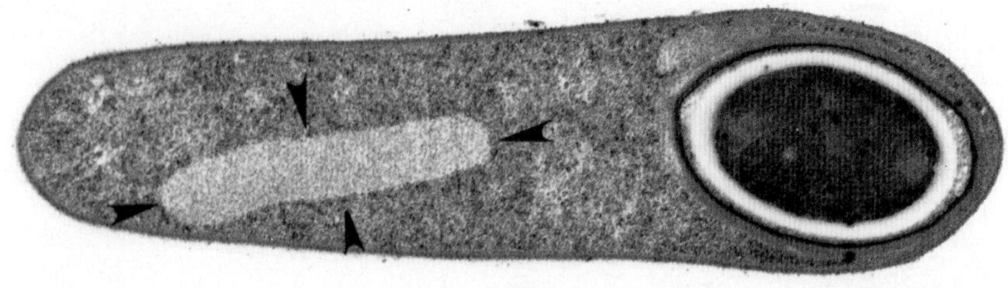

그림 16.2 *C. perfringens*의 포자형성의 투과전자현미경 사진. 포자가 완전히 형성된 끝부분과 결정함유물 (화살표 끝부분)에 주목하라. 매사추세츠 대학, Ron Labbe의 승인을 받고 인용.

분류: *C. perfringens* 독소의 분류

적어도 14가지의 다른 *C. perfringens* 독소들이 있다. 그러나 각각의 *C. perfringens* 세포들이 이 독소 모두를 암호화한 유전자를 가지고 있지는 않다. 이러한 제한은 독소에 기반을 둔 분류 체계를 위한 기초를 제공한다. 이 체계는 *C. perfringens* 분리균주를 14개 독소 중 4개 (알파, 베타, 입실론, 이오타)의 독소를 만드는 능력에 따라 다섯 개의 형 (A–B)으로 분류한다 (표 16.1). *C. perfringens*의 독소 형은 전통적으로 쥐를 이용한 힘든 독소 항혈청 중화시험을 사용하였으나, PCR의 개발은 *C. perfringens* 분리균주의 독소 유전자형을 알게 함으로써 독소형을 쉽게 만들었다.

*C. perfringens*에 의한 두 종류의 식중독은 각각 특징적인 *C. perfringens* 형과 연관이 있다. 괴저성 장염은 C형 분리균주가 원인이다. 그 분리균주들이 생산하는 베타독소가 주요한 독성 인자이다. 종종 다른 형이 유사한 성질을 나타내기는 하지만, 이름에서 알 수 있듯이 *C. perfringens* A형 독소감염은 A형과 관련되어 있다. A형 독소를 생산하는 분리균주들은 다른 것들보다 좀 더 폭넓게 분포하고 있으며 따라서 그 세균에 의한 대부분의 질병의 원인이 된다.

보존방법에 대한 *C. perfringens*의 감수성

식품 내 병원성균의 성장은 온도, E_h, pH와 수분활성 (A_w)과 같은 인자에 의해 영

표 16.1 *C. perfringens*의 독소형[a]

균주형	독소의 생물활성[b]				
	α-포스포리파아제 C	β-괴사성 독소	ε-퍼미아제	ι-ADP 리보실화	장독소
A	+	−	−	−	+
B	+	+	+	−	+
C	+	+	−	−	+
D	+	−	+	−	+
E	+	−	−	+	+
유전자	*plc*	*cpb1*, *cpb2*	*ext*	*iap*, *iba*	*cpe*
유전자 위치	염색체	플라스미드	플라스미드	플라스미드	염색체, 플라스미드

[a]S. Brynestad and P. E. Granum, *Int. J. Food Microbiol.* **74**:195–200, 2002; C. L. Hatheway, *Clin. Microbiol. Rev.* **3**:66–98, 1990; B. A. McClane, p. 423–444, *in* M. P. Doyle, and L. R. Beuchat (ed.), *Food Microbiology: Fundamentals and Frontier*, 3rd ed. (ASM Press, Washington, DC, 2007)에서 인용.
[b]+, 생성; −, 생성되지 않음.

향을 받는다. 그러므로 *C. perfringens* 성장에 대한 인자들의 영향을 아래에 간단히 언급하였다.

온도

C. perfringens 포자의 내열성은 그것들을 불완전하게 조리된 식품 내에 생존할 수 있게 한다. 포자의 내열성은 환경적, 유전적 인자들에 의해 영향을 받는다. *C. perfringens* 포자가 가열되는 환경은 내열성에 영향을 준다. *C. perfringens* 포자 중 어떤 것은 한 시간 또는 그 이상 끓여도 생존한다. 또한 내영성에는 유전적 변이가 있다. 아마도 선택적 압력 때문에 다른 *C. perfringens* 분리균주의 포자보다 독소감염 분리균주의 포자의 내열성이 더 크다. 끝으로, 식품의 불완전한 조리는 *C. perfringens* 포자의 사멸에 실패할 뿐만 아니라 실제로 포자들의 발아를 유도함으로써 A 형 독소감염의 발생을 도울 수 있다.

C. perfringens 영양세포 또한 어느 정도 열에 내성이 있다. 실제로 호열성은 아니지만 비교적 높은 최적온도 (43–45°C)를 보이며 종종 50°C에서 자랄 수 있다. 독소감염 분리균주의 영양세포는 다른 것들보다 2배정도 열에 내성이 있다.

C. perfringens 세포는 냉장 또는 냉동에 견디지 못한다. *C. perfringens* 성장은 15°C 이하에서는 급속히 감소한다. 6°C 이하에서는 자라지 못 한다. 반면에 포자는 저온 저항성이다. 장 또는 냉동식품에 존재하는 살아 있는 포자가 식품이 데워질 때 발아하면 독소감염이 생길 수 있다.

기타 인자들

식품 내 *C. perfringens*의 성장은 또한 A_w, E_h, pH 그리고 아마도 질산과 같은 염지촉진제의 존재에 영향을 받는다. *C. perfringens*균은 *Staphylococcus aureus*보다 낮은 수분활성 환경에 내성이 있지 않다. *C. perfringens*균 영양세포 성장을 위한 수분활성은 0.93–0.97이며 수분활성을 조절에 사용된 용질에 따라 다르다.

*C. perfringens*균은 성장을 위해 극도의 환유원적 환경을 요구하지는 않는다. 주위의 E_h가 성장을 개시하기에 적당하게 낮으면 최적의 성장 조건을 만들기 위해 페레독신 같은 환원제를 만들어 환경의 E_h를 조정할 수 있다. 대부분의 일반 식품 (예, 생고기와 육즙)의 E_h는 *C. perfringens*가 성장하기에 충분할 정도로 낮다.

*C. perfringens*의 성장은 또한 pH에 민감하다. 최적 성장은 pH 6–7에서 발생하는 반면, 만약 모든 pH 값이 5 이하 그리고 8.3 이상 일 때 *C. perfringens*의 성장은 빈약하다.

E_h, pH, A_w 그리고 아마도 염지촉진제와 같은 보존 인자들은 *C. perfringens* 포자의 과성장을 억제함으로써 *C. perfringens* 균을 조절한다. 그러나 세포 성장을 억제하는 보존인자들의 존재 하에서도 발아되지 않은 포자들이 살아남을 수도 있다. 그것들은 식품이 준비되는 과정에서 성장 억제 인자들이 제거되면 나중에 발아할지도 모른다.

C. perfringens A형의 감염원

*C. perfringens*균은 자연 환경 전반에 존재하는데 토양 (10^3–10^4 CFU/g), 식품 (신선육 또는 냉동육의 약 50%가 이 균주에 오염되어 있음), 먼지, 사람과 가축의 장

관 (인분에는 10^4-10^6 CFU/g 정도가 존재)에도 존재한다. *C. perfringens*균의 광범위한 분포는 근본적으로 빈번한 식중독 발생과 관련이 있다. 하지만 최근의 연구는 *C. perfringens*균이 자연 도처에 분포한다는 것이 식품기인성 병원성균의 감염원을 이해하는 데에 적절하지는 않은 것으로 나타났다. 이것은 5% 이하의 *C. perfringens* 분리균주만이 독소 생성에 필수인 *cpe* 유전자를 보유하고 있기 때문이다. *C. perfringens* 독소 양성균 경우에만 식중독을 일으킨다. 대부분의 *C. perfringens* 분리균주들은 *cpe* 음성이기 때문에 소수의 장내독성 *C. perfringens*균이 자연계 어디에 존재하는가를 발견하는 것이 중요하다.

cpe 유전자염색체 또는 플라스미드 모두에 존재할 수 있다. 그러나 대부분의 독성균주들에서 *cpe* 유전자는 염색체에 위치하고 있다. 식중독과 염색체 *cpe* 유전자를 가진 균주와의 밀접한 관계는 자연계 독성균주들의 위치를 식별하는 또 다른 지표를 제공한다. 환경의 분리균주에서 *cpe* 유전자가 어디에 위치하는가를 밝힘으로써 미생물학자들은 독소감염형 *C. perfringens* 분리균주의 생태학에 관한 중요한 질문에 답할 수 있을 것이다. 답변 가능한 질문은 다음과 같다. 그 균들이 건강한 소수의 사람에 존재하는가? 그것은 몇몇의 식육동물에 존재하는가? 그것은 가공 중 식품에 유입되는가? 그것이 음식을 처리할 때, 보관할 때, 조리할 때 들어갈 수 있는가?

C. perfringens A형 식중독의 독성인자

내열성

대부분의 *C. perfringens* 독소감염 경우 염색체 *cpe* 유전자를 수반하는 균주에 의해 발생된다. 염색체 또는 플라스미드 *cpe* 유전자를 수반하는 *C. perfringens* 분리균주 모두가 유사한 정도의 독소를 만들기 때문에, 처음에는 염색체-*cpe* 운반균주 사이의 관계가 혼란스러운 것이었다. 염색체 *cpe* 유전자와 독소감염과의 관련은 플라스미드 유래의 *cpe* 유전자를 갖는 세포와 포자보다 더 큰 내열성을 보이는 염색체 *cpe* 유전자를 갖는 세포에 기인한다. 조리된 고기는 대부분의 *C. perfringens* 독소감염의 원인이기 때문에 염색체 *cpe* 유전자를 갖는 분리균의 큰 내열성은 불완전한 조리 동안 그것들이 살아남도록 돕는다.

C. perfringens 장독소

C. perfringens 장독소가 식중독에 관련되어 있는 증거

C. perfringens 독소는 포유동물의 장내에서 분비액과 전해질 손실을 유발하기 때문에 장독소로 분류되어 진다. *C. perfringens* 장독소가 *C. perfringens* A형 식중독의 원인이라는 명백한 역학적인 증거가 있다.

1. 환자에 변에 존재하는 *C. perfringens* 독소와 식중독과 강한 상호작용이 있다.
2. 실험동물의 변에 독소의 농도는 심각한 장내 영향을 미친다.
3. 사람에게 정제된 *C. perfringens* 독소를 투여하였더니 병을 앓게 되었고 *C. perfringens* 식중독과 같은 증세를 나타내었다.

4. *C. perfringens* 독소 양성균주를 실험동물의 장에 감염시키면 *C. perfringens* 독소-특이성 항혈청으로 중화될 수 있다.

최근 *C. perfringens* 독소감염분리균주의 병원성에 대한 장독소의 중요성이 분자 수준에서 Koch의 가설을 충족하는 실험 결과 입증되었다. 이 실험으로 *C. perfringens cpe*⁺ 균주의 포자형성 배양 용해액이 실험동물의 분비액을 유도하는 것으로 나타났다. 이것은 *C. perfringens* 독소 (그 발현이 포자형성과 관련되어 있는)가 독소감염균의 활성에 필요하다는 것과 일치한다. 더욱이 *cpe-* 변이균주의 영양세포나 포자형성 배양 용해액 어느 것도 동물을 병들게 하지 못했다. *cpe-* 변이균주가 독성을 상실한 것은 *cpe* 유전자의 결핍으로 돌릴 수 있다. *cpe* 유전자를 다시 유도되면 독성이 완전히 회복되었다.

C. perfringens A형 독소감염은 *C. perfringens* 독소가 관련된 유일한 질병은 아니다. 또한 *C. perfringens* 독소 생산 균주들은 비식품기인성 장관 질환의 원인이기도 하다. 항생물질 관련 설사증, 돌발성 설사, 동물들의 설사 등이 이에 해당된다. 비식품기인성 장관 질환을 일으키는 *C. perfringens cpe*⁺ 균주는 유전적으로 독소감염을 유발하는 것과는 차이가 있다. 말하자면 독소감염균주에는 염색체에 *cpe* 유전자가 있지만 비식품기인성 장관 질환 유도 균주들은 플라스미드에 있다.

C. perfringens 장독소의 발현과 방출

C. perfringens 장독소의 발현과 방출에는 다음의 3가지 흥미로운 특징이 있다. 첫째, *C. perfringens* 장독소는 포자를 형성하는 영양세포에 의해 만들어진다. 둘째, *C. perfringens* 장독소는 실제로는 포자를 형성하는 *C. perfringens* 세포에 의해 분비되지 않고 모세포가 용해될 때 분비된다. 셋째, 많은 *C. perfringens* 장독소 양성 균주들이 상당한 양의 독소를 만든다는 것 등이다.

***C. perfringens* 장독소의 합성.** *C. perfringens* 독소의 합성은 세포가 포자를 형성할 때 시작해서 다음 6-8시간 후에 증가한다. 포자형성 6-8시간 후 *C. perfringens* 독소는 총 세포단백질의 30%정도 까지나 된다. 왜 어떤 *C. perfringens* 균주들은 포자형성 동안 그렇게 많은 독소를 생산하는 것 일까? 독소 생산량은 *cpe* 유전자의 위치에 의해 영향을 받지 않을뿐더러 만들어진 독소 양이 유전자 농도에 영향을 미치지도 않는다. 모든 *cpe*⁺ 균주들은 단지 하나의 *cpe* 유전자 복사만을 운반한다. 포자형성능과 독소 생산과의 일반적인 관계가 있다. 예를 들면 *C. perfringens*가 포자형성을 잘할수록 더 많은 양의 독소가 생긴다는 것이다. 그러나 이러한 상관관계가 절대적이지는 않다.

***C. perfringens* 장독소의 방출.** *C. perfringens* 독소는 합성하는 동안 세포내에 축적되고 종종 결정함유물을 형성하기에 충분한 농도에 이르기도 한다. 세포내 독소는 포자형성이 완료되면 소장으로 방출되는데 그때 모세포는 성숙된 포자 방출을 위해 용해된다. 모세포가 용해와 독소 방출이 필요하다는 것은 *C. perfringens* 독소가 장내에서 신속히 작용을 함에도 불구하고 왜 증상이 섭취 후 8-24시간에 나타나는가를 적어도 부분적으로 설명한다. *C. perfringens* 세포는 독소가 소장으로 방출되기 전에 포자형성을 마쳐야만 한다. 이 시간이 8-12시간 정도이다.

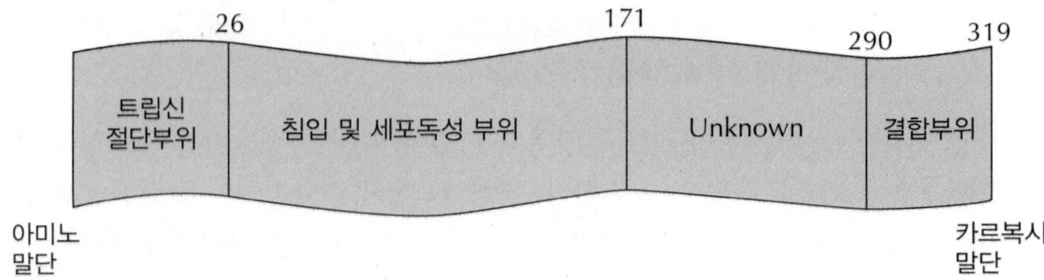

그림 16.3 *C. perfringens* 장독소의 모식도. 트립신 절단부위, 침입 및 세포독성 부위, 그리고 결합부위가 있음. 아미노산 서열번호는 위에 표시되어 있음. 출처: S. Brynestad and P. E. Granum, *Int. J. Food Microbiol.* **74:**195–200, 2002.

C. perfringens 장독소의 생화학적 특성

C. perfringens 독소는 열에 민감하다. 60°C에서 5분 동안 열을 가하면 생물학적 활성이 불활성화 된다. 그것은 또한 극한 pH에 민감하지만 약간의 단백질 가수분해 처리에 의해 저항성을 가진다. 사실 단백질가수분해 효소인 트립신 혹은 키모트립신에 의한 제한적 처리는 *C. perfringens* 독소 활성을 2배 혹은 3배 증가시킨다. 이것은 사람의 장의 단백질분해 효소가 *C. perfringens* 독소를 활성화 할 수 있다는 것을 시사한다.

C. perfringens 장독소가 장관계에 미치는 영향

C. perfringens 장독소의 주요 목표는 소장이다. *C. perfringens* 독소의 생물학적 활성은 열에 불안정한 콜레라 및 *E. coli* 독소와는 몇 가지 점에서 차이가 있다. *C. perfringens* 독소는 포도당 소비를 억제하며 소장에 직접적인 세포 손상을 일으킨다. 융모 첨단세포들은 특히 민감하다. 반면에 다른 세균 독소 (예, Shiga 독소, *Clostridium difficile*) 또한 세포독성과 장조직의 손상을 유발한다 할지라도 *C. perfringens* 독소는 아주 빠른 시간에 장조직 손상을 가져온다는 점에서 매우 독특하다. *C. perfringens* 독소유발 장손상은 15–30분 안에 발생한다.

요약

- *C. perfringens*는 혐기성, 포자형성균으로서 일반적으로 육류 및 육류가공품에서 발견된다.
- 독소감염형 독소는 영양세포가 장내에 포자를 방출할 때 결정단백질로서 분비된다.
- 부적절한 가열이나 냉각은 *C. perfringens* A형 독소감염의 주원인이다.
- *cpe* 유전자는 장독소를 암호화한다. 그것은 독소감염형 분리균주의 염색체에 위치하지만 식품과 관련이 없는 분리균주에서는 플라스미드에 위치한다.
- *C. perfringens* A형 독소감염 환자는 보통 설사와 심한 복부의 고통을 받게 된다.

참고문헌

Food and Drug Administration. 2002. Foodbone pathogenic microorganisms and natural toxins. http://vmcfsan.fda.gov/~mow/intro.html.

Labbe, R. G. 1989. *Clostridium perfringens*, p. 192–234. *In* M. P. Doyle (ed.), *Microbial Foodborne Pathogens*. Marcel Dekker, Inc., New York, NY.

McClane, B. A. 2007. *Clostridium perfringens*, p. 423–444. *In* M. P. Doyle and L. R. Beuchat (ed.), *Food Microbiology: Fundamentals and Frontiers*, 3rd ed. ASM Press, Washington, DC.

17 *Bacillus cereus*

학습목표

- *B. cereus*를의 동정을 위한 기본적 생화학적 특성
- *B. cereus*의 성장에 유리한 식품의 상태 이해
- 증상과 발현된 시간으로 *B. cereus*에 의한 식중독 인지
- *B. cereus*의 성장을 막기 위한 적절한 조치 (열, 방부제, 그리고 체제) 선택
- *B. cereus*의 환경적인 오염원 확인
- 식중독 유발에 있어서 포자와 독소의 역할 이해

발발

볶음밥은 *B. cereus* 식중독을 설명하는데 자주 사용되는 고전적인 예로서 여전히 식중독의 문제를 일으키고 있다. 얼마나 많은 사람이 다양한 질병으로 아프거나 사망하는 지에 대한 리스트를 작성하는 질병관리통제센터의 "주간 질병과 사망률"이라는 간행물은 버지니아의 두 탁아소에서 발생한 *B. cereus*의 식중독의 사고에 대해서 요약했다. 82명의 어린이가 특별히 제공된 음식을 먹었다. 80명의 어린이가 조사를 받았고 점심을 먹은 어린이는 67명이었다. 점심을 먹지 않은 13명의 어린이는 식중독에 걸리지 않았다. 점심을 먹은 14명의 어린이는 매스꺼움, 복부경련, 그리고 설사 등의 증세로 식중독에 걸렸다. 발병의 평균시간은 먹은 후 약 2시간이었다. 평균 회복시간은 식중독이 발병한 후 4시간 뒤였다.

닭고기 볶음밥이 이 식중독의 발발과 연관이 있었다. 그 밥을 먹은 사람의 1/3이 식중독에 걸렸다. 밥을 먹지 않은 사람은 아무도 식중독에 걸리지 않았다. 10^5 cell/g 이상의 *B. cereus*가 한 어린이의 구토물에서 분리되었다. 아이가 먹다 남은 닭고기의 미생물 수는 10^6 cell/g이었다.

이 조사는 잘못된 식품 취급의 전형적인 양상을 밝혀내었다. 밥은 전날 밤에 조리되었고 하룻밤 냉장되기 전 실온에서 냉각되었다. 다음날 아침밥과 닭고기는 기름에 튀겨진 후 보육원으로 배달되었고 냉장하지 않고 두었다가 재가열하지 않고 아이들에게 제공되었다. 식당 직원이나 탁아소 직원들 어느 누구도 이것이 식품 취급에 있어 매우 위험한 관행이라는 것을 몰랐다.

서론

*B. cereus*는 미국에서 연간 27,000건 이하로 발병되는 것으로서 사소한 식품매개 병원성균으로 생각되고 있지만 그 중요도가 점점 커지고 있다. 비교적 발병 건수가 낮은 것으로 보이는 것은 *B. cereus* 식중독이 잘 보고가 되지 않기 때문인 것으로 추정된다.

*B. cereus*는 미국에서 원인균이 확인된 식중독의 2% 미만을 차지하고 있는 반면에 유럽에서는 식중독 약 30%를 차지하기도 한다. *B. cereus*는 두 가지 독소를 생산한다. 구토형 독소는 식품에서 성장하는 세포에 의해 생산되고 빠르게 작용한다 (0.5–0.6시간). 반면에 설사형 독소는 소장에서 세포가 성장하는 동안 생성되어 설사병을 유발한다. 설사와 경련, 직장 결리 (tenesmus)를 유발하는 설사형 독소는 느리게 작용한다 (6–14시간). 이 두 종류의 식중독은 증상이 비교적 완만하고 단시간 지속되어 한정된 과정을 겪는 식중독이다. 이 때문에 그 발생건수가 실제보다 낮게 보고된다. *B. cereus*는 다른 영양세포에 비하여 그다지 경쟁적인 면을 가진 미생물은 아니다. 하지만 조리에 의해 다른 세포들이 죽고 난 후에도 살아남아 성장하고 식중독을 유발한다. 식중독의 발생은 육류, 그레이비, 볶음밥, 파스타, 소스, 푸딩 그리고 유제품들과 관련이 있다.

미생물의 특징

속과 종은 세포의 기초적인 생리학 (생화학적 테스트에 의해 결정)과 미생물의 형태 (현미경 검사)에 근거하여 명명되었다. 따라서 호기성 포자형성 간균은 모두 *Bacillus* sp.로 분류된다. 분자생물학적 분석과 유전학적 분석을 통하여 표현형질의 특성에 근거한 많은 이 균의 동정이 부정확하다는 것이 밝혀졌다. *Bergey's Manual of Systematic Bacteriology* (세균 동정서)에 기술된 *Bacillus* sp.는 한 속으로 분류하기에는 너무나 다양하다. 16S rRNA 염기서열의 분석에 의하면 *Bacillus* sp.에는 적어도 5개의 속 혹은 rRNA 그룹이 있다. 그 이후 새로운 종의 동정으로 속의 수가 약 16개로 증가되었다.

Bacillus anthracis, *B. cereus*, *B. mycoides*, *B. thuringiensis*, *B. pseudomycodies*와 *B. weihenstephanensis*는 *B. cereus* 군에 속한다. 이러한 세균은 16S와 23S rRNA의 염기서열이 매우 비슷하여 그들이 공통된 계통 (line)으로부터 진화되었음을 알 수 있다. *B. anthracis*는 매우 독성이 강한 병원성균일 뿐만 아니라 생물학전에 사용된다는 점에 있어서 이들 그룹 중에서 가장 구별되는 것이다. *B. cereus*와 *B. thuringiensis*의 DNA에 대한 광범위한 연구를 통하여 그들이 다른 종으로 분류될 어떤 과학적인 이유가 없다는 것이 밝혀졌다. 실제로 천연살충제로서 사용되는 *B. thuringeiensis* 균주가 식품에서 *B. cereus*의 식중독을 유발한 사례가 있고 어떤 *B. cereus* 균주들은 탄저병 독소를 생산한다.

대부분의 *B. cereus* 균주들은 10°C 이하의 온도에서 또는 4–8°C에 보관하고 있는 유제품에서 성장할 수 없다. 그러나 내냉성 균주들은 4–6°C에서도 성장이 가능하다. 어떤 균주들은 주모에 의해 운동성을 가지고 어떤 균주들은 전혀 운동성이 없다. 이 그람 양성 포자형성 간균의 영양 요구는 매우 단순하다. 그래서 이들은 보통 쌀과 같은 전분질 식품과 관련성이 높다.

L	T	Q	S	U	V	M	S	A	D	Q	V	J	B	G
B	Q	E	P	X	M	L	A	E	H	R	R	A	I	D
V	D	J	N	A	S	E	R	O	P	S	C	M	R	Z
K	E	N	T	E	R	O	T	O	X	I	N	X	N	X
Q	L	C	T	N	S	K	I	E	L	C	G	Z	N	V
N	H	C	I	T	E	M	E	L	J	A	Q	O	O	P
S	R	U	C	R	H	S	U	O	T	R	S	M	X	V
U	P	I	H	T	I	S	H	S	K	H	I	G	N	O
O	M	R	T	I	C	D	A	B	J	T	V	P	S	F
S	Y	V	J	E	C	P	X	D	O	N	Y	Q	F	R
Z	S	K	R	C	S	H	G	J	F	A	T	J	B	Y
Q	F	E	H	T	I	B	V	C	P	R	H	N	V	N
X	U	B	F	E	J	L	R	V	V	U	X	I	W	K
S	H	W	U	F	Z	S	E	K	T	T	C	A	N	B

Clues

Species name for another, not normally foodborne, pathogen in the genus *Bacillus*. ____________

Foodborne pathogen that makes both an emetic toxin and a diarrheal toxin. ____________

Toxin that causes rapid and uncontrollable release of watery fecal matter from the bowels. ____________

Toxin that causes vomiting. ____________

Italian food that can be a source of spores. ____________

Asian food often implicated in outbreaks of *B. cereus* gastroenteritis. ____________

Medium for growth of plants, reservoir for spores, and what you might do to your pants when you consume a diarrheal toxin. ____________

Resistant but dormant life form produced by species in the genera *Bacillus* and *Clostridium*. ____________

Rectal analog of "dry heaves." ____________

What you do after consuming an emetic toxin. ____________

Food microbiologists call pathogens that produce emetic and ____________ toxins "double-bucket" bacteria.

환경에서의 오염원

*B. cereus*는 자연에 널리 퍼져있고 토양과 자라나는 식물로부터 매우 쉽게 분리된다. 또한 환경으로부터 식품으로 쉽게 교차오염이 가능하다. *B. cereus*는 유제품에 있어서 특히 문제를 많이 일으킨다. 포자는 토양 1 g당 10^5 개가 존재할 수 있는데 소의 유방과 원유 속으로 오염된다. *B. cereus* 포자는 특히 소수성이어서 낙농공장의 파

이프라인과 고체 표면에 잘 부착한다. 포자들은 저온살균에 살아남아 발아 후 다른 영양세포가 없는 상태에서 성장하여 많은 유제품에서 문제들을 유발한다. *B. cereus*의 내냉성은 이러한 문제들을 더욱 악화시킨다.

식품에 의한 발병

B. cereus 식품에 기인한 식중독의 발발은 매우 과소평가된다. 이것은 식중독 지속기간이 보통 24시간 미만으로 비교적 짧고 다른 식품매개 병원성균의 증상과 매우 비슷하며 *B. cereus* 오염 우유로 인한 식중독이 한 두 가지 경우로 제한되며 이 식중독으로 분류되지 않았을 가능성이 있기 때문이다. 유통기한이 다 되어가는 우유에는 종종 식중독을 유발할 충분한 수의 *B. cereus* 세포들이 들어 있다. 발병량은 10^3-10^4개의 세포이다. 다행히 *B. cereus*의 프로테아제는 이취를 생성한다. 사람들은 이러한 이유로 소비자들이 심하게 오염된 우유를 마시는 것을 막아주기를 바란다.

식중독에 대한 감독의 수단이 나라마다 매우 다르기 때문에 다른 국가와의 발병률을 비교하는 것은 불가능하다. 일본, 북미, 유럽에서의 *B. cereus*에 의한 발병률과 그 사례의 비율을 보면 발병률은 1-47%, 사례의 비율은 0.7-33%로 차이가 매우 크다. *B. cereus*에 의한 가장 높은 발병률과 사례는 아일랜드, 네덜란드, 그리고 노르웨이이다. 1991년 네덜란드에서 원인의 주체가 밝혀진 식중독 중의 27%는 *B. cereus*에 의한 것이었다. 그러나 *B. cereus*로 인해 생긴 식중독의 실제 비율은 전체의 약 2.8% 밖에 되지 않는다. 그 이유는 식중독 대부분의 병인이 확인되지 못하기 때문이다.

식중독의 특징

*B. cereus*에 의한 식중독에는 두 종류가 있다. 첫 번째 종류는 구토형 독소에 의한 종류로 구토를 유발한다. 두 번째 종류는 장독소에 의한 것으로 설사를 유발한다. 소수의 *B. cereus* 균주는 이 두 가지 독소가 둘 다 생산하고 두 종류의 증상 모두를 유발한다. 식품에서 생성된 독소에 의해 유발되었다고 보기에는 설사형 식중독의 잠복기간 (>6 시간; 평균 12시간)이 너무 긴 것 같다. 미리 생성된 독소는 섭취했을 때 빠르게 작용한다. *B. cereus* 수가 식중독을 유발하는 것보다 최소 100배 이상일 때는 장독소가 식품에서 미리 생성될 수도 있다. 비록 10^7 cell/ml보다 많은 *B. cereus* 수를 포함하는 식품이 항상 부패된 것처럼 보이지는 않지만 이렇게 많은 *B. cereus*를 가진 제품들은 더 이상 소비자에게 적합하지 않다. *B. cereus* 식중독 두 종류의 특징은 표 17.1에 나타나 있다.

감염량

노르웨이의 오슬로에서 처음으로 *B. cereus* 설사형 식중독이 바닐라 소스에 의해 일어난 후에 S. Hauge 교수는 원인균을 분리하여 4×10^6 cell/ml가 되게 배양한 후 그 배양액 200 ml를 마셨다. 당시에는 자신을 직접 실험대상으로 하는 것이 용인되었고 심지어는 용감한 행위로 인정되었지만 오늘날에는 연구윤리에 어긋나는 행동이다. 집에서 절대 따라 해서는 안된다. 약 13시간이 지난 후 그는 복부의 통증과

표 17.1 *Bacillus cereus*에 의한 두 종류 식중독의 특성[a]

특성	설사형 증상	구토형 증상
식중독 유발 감염량	총 10^5–10^7 세포	10^5–10^8 cell/g
독소 생성 장소	숙주의 소장	식품
독소의 타입	단백질; 장독소	환상형 펩티드; 구토형 독소
잠복기간	8–16시간 (때때로 24시간 초과)	0.5–5시간
식중독 지속기간	12–24시간 (때때로 며칠)	6–24시간
증상	복부통증, 묽은 설사, 때때로 구역질	구역질, 구토, 권태감 (종종 장독소의 생성으로 설사가 뒤따름)
대표적 원인식품	육류제품, 수프, 채소, 푸딩/소스, 우유/유제품	볶음밥, 밥, 파스타, 가루반죽과자 (pastry), 면류

[a]P.E. Granum, p. 373–381, *in* M. P. Doyle, L. R. Beuchat, and T. J. Montville (ed.), *Food Microbiology: Fundamentals and Frontier* (ASM Press, Washington, DC, 2001)에서 인용.

설사증상이 나타났고 그 증상은 약 8시간 동안 지속되었다. 식중독이 발발된 식품에서 200–10^9 cell/g 또는 ml의 *B. cereus* 수가 보고되었고 이는 전체 감염량 (cell/ml × 섭취한 ml 수)은 5×10^4–1×10^{11}개라는 것을 나타낸다. 식중독을 유발할 충분한 양의 독소를 생산하기 위해 필요한 *B. cereus* 세포의 전체수는 대체로 10^5–10^8개이다. *B. cereus* 10^3 cell/g보다 많은 수를 포함하고 있는 식품은 섭취하기에 안전하지 못하다.

독성인자와 병원성 기작

매우 다른 종류의 독소가 두 가지 형태의 *B. cereus* 식중독을 일으킨다. 구토를 야기하는 구토형 독소는 분리되어 그 특성이 밝혀졌지만 설사형 식중독은 하나 또는 그 이상의 장독소에 의해 야기된다.

구토형 독소

구토형 독소 (표 17.2)는 오직 구토만을 일으킨다. 이 증상은 살아있는 영장류에서

표 17.2 구토형 독소 세레울라이드의 특성[a]

형질	성질, 활성 또는 값
분자량	1.2 kDa
구조	환상형 펩티드
등전점	하전 무
항원성	무 (?)
영장류 생체에서의 생물활성	구토
세포독성	무
열 안정성	121°C에서 90분
pH 안정성	pH 2–11에서 안정
단백분해 효과 (트립신, 펩신)	무
독소 생성 조건	25–32°C의 식품 (쌀, 우유)

[a]Adapted from P. E. Granum, p. 373–381, *in* M. P. Doyle, L. R. Beuchat, and T. J. Montville (ed.), *Food Microbiology: Fundamentals and Frontier*. 2nd ed. (ASM Press, Washington, DC, 2001)에서 인용.

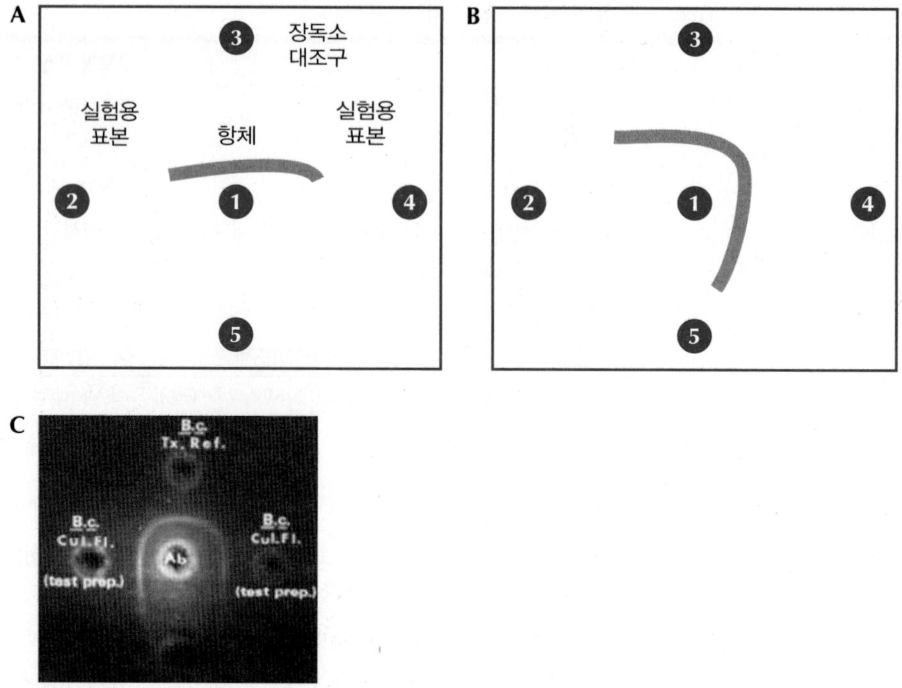

그림 17.1 마이크로슬라이드 확산 테스트는 *B. cereus*의 설사유발성 장독소 및 포도상구균 장독소를 감지하는데 이용된다. 독소의 면역혈청은 well 1에 놓고, 대조구 독소는 well 3에 놓여진다. 실험군은 well 2, 4, 5에 각각 놓여진다. 항혈청과 독소가 각각 well로부터 확산하여 만나면 침전물 띠가 형성되어진다. 실험 **(A)** 음식샘플은 음성이나 알려져 있는 장독소와 함께 띠가 형성되어진다. **(B)** Well 4에 있는 샘플이 장독소를 함유한다. **(C)** 실제 시험결과의 사진에서 well 2와 well 4의 샘플은 (5는 아니다) 독소에서 양성이다. 사진은 미국 식약청의 R. Bennett의 승인을 받고 기재함; 도표는 R. Bennett의 사진에 기초함.

만 감지될 수 있기 때문에 그 구조는 한때 미스테리였다. 그러나 최근 HEp-2 세포가 이 독소를 감지할 수 있다는 것이 밝혀짐에 따라 이 독소의 정제와 구조결정이 가능하였다. 현재 구토형 독소는 "세레울라이드 (cereulide)"로 명명되었고 D-*O*-Leu-D-Ala-L-*O*-Val-L-Val)$_3$에서 보는 바와 같이 4개의 아미노산과 그리고/혹은 옥시산 (oxy acid)이 3번 반복되는 링 구조로 되어있다. 이 구조는 세레울라이드가 유전자로부터 합성되는 산물이 아니라 효소에 의해 중합되는 펩티드라는 것을 보여주고 있다. 구토형 독소의 생화학적 합성 경로와 작용 매커니즘은 알려져 있지 않다. 구토형 독소는 고압살균, 넓은 범위의 pH (2−11) 그리고 프로테아제에 의한 분해에 저항성이 있다. 또한 항원성은 없다.

장독소

클로닝과 연기서열 분석을 통하여 *B. cereus*는 장독소로 알려진 단백질 또는 단백질 복합체 5 종류 이상을 생산한다. 상이한 단백질들이 식중독과 어느 정도 관련이 있는지는 '마이크로슬라이드 확산 테스트 (microslide diffusion test)'를 통하여 결정될 수 있다 (그림 17.1)

세 종류의 장독소가 *B. cereus* 식중독과 관련되어 있는 것으로 추정된다. 두 종류의 장독소는 몇 개의 구성성분으로 되어 있으며 식중독과 관련이 있다. 세 번째 장독소는 한 개의 34 kDa 단백질로 구성되어 있다. 3개의 성분으로 구성되어 있으며 장독소 활성을 가진 용혈소(hemolysin, Hbl)는 피부괴사능과 혈관 침투성을 지니고 있으며 결찰(ligated) 토끼 회장계제(ileal loop)에 용액의 축적을 야기한다. 이 단백질이 *B. cereus* 설사증을 유발하는 독성물질일 가능성이 있다. 세 종류의 Hbl 단백질 모두는 한 개의 *hbl* 오페론으로부터 전사된다.

포자

B. cereus 포자는 식중독에 있어서 중요하다. 이 포자는 다른 *Bacillus* sp.의 포자보다 더욱 소수성이다. 따라서 다양한 형태의 표면에 흡착이 가능하고 세척 과정 중 제거하기가 곤란하고 소독제의 어려운 표적 대상이다. *B. cereus* 포자는 또한 흡착에 관여하는 부속기관 그리고/혹은 선모를 가지고 있다. 이런 특성으로 인하여 포자가 공중위생 처리를 견디고 식품에 오염될 수 있도록 표면위에 남아있게 된다. 또한 상피세포의 흡착에도 도움을 준다.

요 약

- *B. cereus*는 유제품에서 특히 문제를 일으키는 포자형성균이다.
- 토양에 존재하는 대표적인 균주로 다양한 식품에 존재한다.
- 두 가지의 상이한 독소는 구토형 또는 설사형 식중독을 유발한다.
- 디저트, 육류 요리와 유제품들은 설사형 식중독과 빈번히 관련이 있다.
- 쌀과 파스타는 구토형 식중독의 가장 흔한 매개체이다.
- *B. cereus* 어떤 균주들은 냉장온도에서도 성장한다.
- *B. cereus*에 의한 식중독 사례는 실제보다 매우 적게 보고될 수 있다.

참고문헌

Granum, P. E. 2007. *Bacillus cereus*, p. 445–455. *In* M. P. Doyle and L. R. Beuchat (ed.), *Food Microbiology: Fundamentals and Frontiers*, 3rd ed. ASM Press, Washington, DC.

SECTION IV 기타 중요 식품미생물

18 유산균과 식품발효

학습목표

- 식품발효의 생화학적 기초의 이해
- 유제품, 야채류, 육류 제품의 발효사이의 공통점과 차이점의 이해
- 특정 발효에 영향을 미치는 특정 세균
- 발효식품 제조를 위한 개괄적인 과정
- 식품제조공정에서 발효의 사용이 주는 이점에 대한 이해

서론

*발효*는 많은 의미를 가진 단어이다. Louis Pasteur는 산소가 없는 상태 하에서의 생명현상을 설명하기 위하여 그것을 사용하였다. 엄밀한 발효의 생화학적 정의는 세균이 산소가 존재하지 않을 때 탄수화물로부터 에너지를 만드는데 사용하는 과정이다. 그러나 발효는 산소가 있거나 혹은 없는 환경 하에서의 모든 생물학적 과정을 포함한다 (예를 들면 식초, 항생물질, 글루탐산나트륨, 아미노산, 구연산을 만드는 발효). 몇몇을 제외하고 *식품발효*는 산소 부재 하에서 세균이 에너지를 생성하는 동안 식품의 특성을 변화시키는 생물학적 과정이다. 결국 발효는 산 생성 이외의 많은 부분까지 포함하게 된다. 발효는 향기성분, 탄산염을 생성하고, 조직감과 영양적 이용가능성을 변화시키며, 해독작용을 하고, 그들의 원재료로부터 매우 다른 식품으로서 가치를 증진시킨다(그림 18.1; 표 18.1).

이번 장은 생화학을 전공하지 않은 학생들을 위해 발효의 생화학적 현상을 간결하게 다루고 있다. 이러한 생화학적 원리는 유제품, 채소류, 육류제품의 발효에 적용된다. 또한 포도주, 빵, 맥주의 제조에 효모의 이용을 설명하고 있다. 마지막으로 다른 분야에서는 식품을 보호하기 위해 발효가 이용된다는 것에 대하여 서술하였다.

식품 발효의 생화학적 기초

에너지는 구성성분이 산화가 될 때 방출된다 (예를 들면 전자를 잃을 때). 알코올과 같은 발효산물은 당과 같은 출발물질보다 더욱 산화가 일어나지만 완전하게 산화되지는 않는다. 예를 들면 알코올과 같은 발효물질을 태워버림으로써 더 많은 에너지가 방출될 수 있다. 하나의 화합물이 산화되고 전자를 잃어버리면 그 전자는 다른 곳으로 이동한다. 즉, 전자는 환원되게 되는 전자 수용체로 이동하게 된다. 이러한

그림 18.1 샌드위치에 사용된 빵, 사우어크라우트, 육류 그리고 스위스 치즈는 모두 발효식품이다.

과정은 다음과 같이 설명될 수 있다.

환원형 전자공여체 (화합물 A) → 산화형 화합물 A
산화형 전자공여체 (화합물 B) → 환원형 화합물 B

당의 산화에서 산소가 전자 수용체라면,

$$\begin{array}{r} \text{당 } (C_6H_{12}O_6) \rightarrow CO_2 \\ O_2 \rightarrow H_2O \\ \hline \text{당} + O_2 \rightarrow CO_2 + H_2O\ (+\ \text{energy}) \end{array}$$

이러한 완전산화는 많은 양의 에너지를 세포에 제공한다. 이러한 에너지는 ATP와 같은 인산화된 화합물의 형태로 저장되고 에너지는 인산기가 이동함에 따라 다른 화합물로 이동할 수 있다. 위의 예에서 포도당의 완전산화는 34 분자의 ATP를 생성한다. 이 에너지는 다른 화합물에 인산기를 전이함으로써 전달될 수 있다.

표 18.1 발효의 이용

채소와 과일의 보존
향미와 조직감 등의 기호성 향상
원료에 자연발생적으로 생겨난 독소와 바람직하지 않은 성분들의 분해
특히 일부 두류와 같이 소화성 향상
유산과 아미노산 등의 유익한 미생물 대사산물 함량 증가
새로운 시장개척을 위한 신제품의 개발
식이가치 증진

발효식품에서 전자 수용체로 작용하는 산소가 없으며 따라서 당의 특정 부분이 전자 수용체로 작용한다. 당의 이 특정 부분은 더 이상 산화되지 못하고 더 이상의 에너지도 생산할 수 없다. 이러한 불완전 산화는 1 분자의 포도당으로부터 1 분자 또는 2 분자의 ATP만 생산할 뿐 많은 에너지를 생산할 수 없다. 그러나 맹인의 사회에서는 애꾸가 왕인 것과 마찬가지로 에탄올, 초산, 유산과 같은 불완전 산화생성물은 종종 다른 미생물에 의해 더욱 산화되기도 한다. 초산은 *Acetobacter aceti*에 의해 1 분자의 ATP를 생산하면서 초산으로 산화된다. *Propionibacterium freudenreichii* subsp. *shermanii*는 유산을 프로피온산으로 산화하면서 1 분자의 ATP를 생산한다.

이화작용 (분해대사)

그림 2.12는 발효세균에 의해 사용되어지는 복잡한 생화학적 경로를 차례대로 보여준다. 좀 더 일반적인 그림 18.2는 자세한 생화학적 과정을 무시하고 이해를 쉽게 설명한 것이다. 포도당에서 피루브산으로 이어지는 Embden-Meyerhof-Parnas (EMP) 경로는 이화과정에서 가장 중요하다. 포도당 1 분자는 2 분자의 피루브산으로 전환된다. 이 과정에서 산화 환원 반응이 균형을 이루지 못한다. 그것은 피루브산을 유산이나 에탄올과 같은 화합물로 산화함으로써 균형을 이루게 된다. 인간과 같은 비발효 생물은 산소를 말단 전자 수용체로 사용하여 피루브산을 이산화탄소와 물로 완전히 산화시킨다. 포도당으로부터 생성되는 ATP 분자 수에서 본다면 EMP 경로는 가장 좋은 발효경로이다. 이 경로의 최종산물이 유산뿐이기 때문에 이 경로를 사용하는 생물을 정상발효미생물이라 부른다.

Entner-Doudoroff 경로와 이상발효 경로는 포도당 1 분자 당 1개의 ATP를 생성한다. Entner-Doudoroff 경로는 유제품 발효에서 중요하다. 락토오스 (유당, lactose 또는 milk sugar)는 발효 동안 포도당과 갈락토오스로 분해된다. 그러나 락토오스의 갈락토오스 부분은 EMP 경로에 의해 사용될 수 없다. EMP 경로를 사

그림 18.2 발효식품의 제조에 이용되는 분해대사 경로.

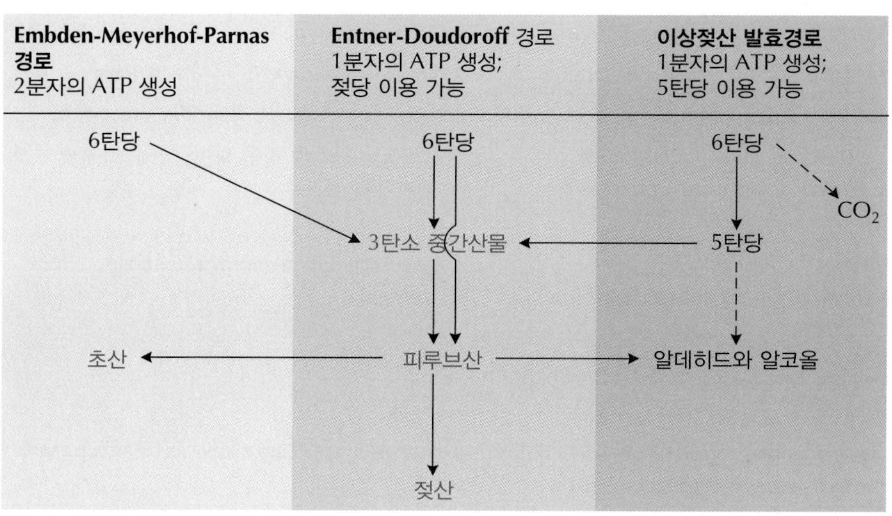

용하는 유기체들은 그들의 에너지의 반을 사용하면서 갈락토오스를 밖으로 분비한다. Entner-Doudoroff 경로를 사용하는 유기체들은 분지된 갈락토오스를 사용하지만 1 개의 중간물질 3탄당을 형성하고 따라서 1 분자의 ATP를 생성한다.

이상발효 경로는 이산화탄소를 방출한다. 이 경로는 오직 하나의 3탄당 중간물질과 1 ATP를 생성한다. 그러나 이 경로는 다른 유기체들이 이용하지 못하는 오탄당을 사용할 수 있게 한다. 그러므로 오탄당이 많고 육탄당 (2 분자의 ATP를 생성)이 없는 환경에 있어서는 이상발효 경로를 이용하는 유기체들이 매우 유리하다.

유기체들이 어떤 경로를 이용하는 지는 많은 것에 의해 결정된다. 이것은 특정 효소들의 유전인자, 이들의 발현 조절, 사용가능한 당의 종류를 포함한다. *Lactococcus*와 *Pediococcus* sp.의 세균은 정상발효 경로를 이용하며 오직 유산만을 생성한다. 몇몇 *Lactobacillus* sp.는 정상발효 경로, 몇몇은 이상발효 경로를 그리고 몇몇은 두 가지 경로를 모두 이용한다.

유제품 발효

많은 미생물들이 발효유제품을 만들기 위해 사용된다 (표 18.2). 이러한 미생물들은 그림 18.3에 나타나 있다. 유산 구균은 고체배지에서 포도상 구균 형태의 덩어리를 형성하지만 액체배지에서는 연쇄상 구균 형태의 사슬 모양으로 성장하게 된다. *Pediococcus*는 종종 4련구균 형태를 취하지만 *Leuconostoc*은 한 개의 분열 기준선을 가지고 있어 사슬 모양을 형성한다. 산 생성에 사용되는 주요 세균은 정상발효 유산균이다. 이상발효 유산균은 향미 물질을 생산하는데 관여한다. 특정 치즈

표 18.2 발효유와 치즈의 제조에 있어서 관여하는 미생물

제품	주요 산 생성 미생물	인위적으로 사용되는 미생물
치즈류		
콜비, 체다, 코티지, 크림	*Lactococcus lactis* subsp. *cremoris* or *lactis*	무
궈다 (Gouda), 에담, 하바르티	*Lactococcus lactis* subsp. *cremoris* or *lactis*	*Leuconostoc* sp., *Lactococcus lactis* subsp. *lactis*
브릭, 림버거	*Lactococcus lactis* subsp. *cremoris* or *lactis*	*Geotrichum candidum*, *Brevibacterium linens*, *Micrococcus* sp.
까멩베르	*Lactococcus lactis* subsp. *cremoris* or *lactis*	*Penicillium camemberti*, 때때로 *B. linens*
청색 치즈 (로크포트)	*Lactococcus lactis* subsp. *cremoris* or *lactis*	*L. lactis* subsp. *lactis*, *Penicillium roqueforti*
모짜렐라, 프로볼론, 로마노, 파르메산 (Parmesan)	*Streptococcus thermophilus*, *Lactobacillus delbrueckii* subsp. *bulgaricus*, *Lactobacillus helveticus*	무; 로마노 치즈의 경우 향미증진을 위해 동물성 리파아제 첨가
스위스	*S. thermophilus*, *Lactobacillus helveticus*, *Lactobacillus delbrueckii* subsp. *bulgaricus*	*Propionbacterium freudenreichii* subsp. *shermanii*
발효유		
요구르트	*S. thermophilus*, *Lactobacillus delbrueckii* subsp. *bulgaricus*	무
버터밀크	*Lactococcus lactis* subsp. *cremoris* or *lactis*	*Leuconostoc* sp., *Lactococcus lactis* subsp. *lactis*
사우어크림	*Lactococcus lactis* subsp. *cremoris* or *lactis*	무

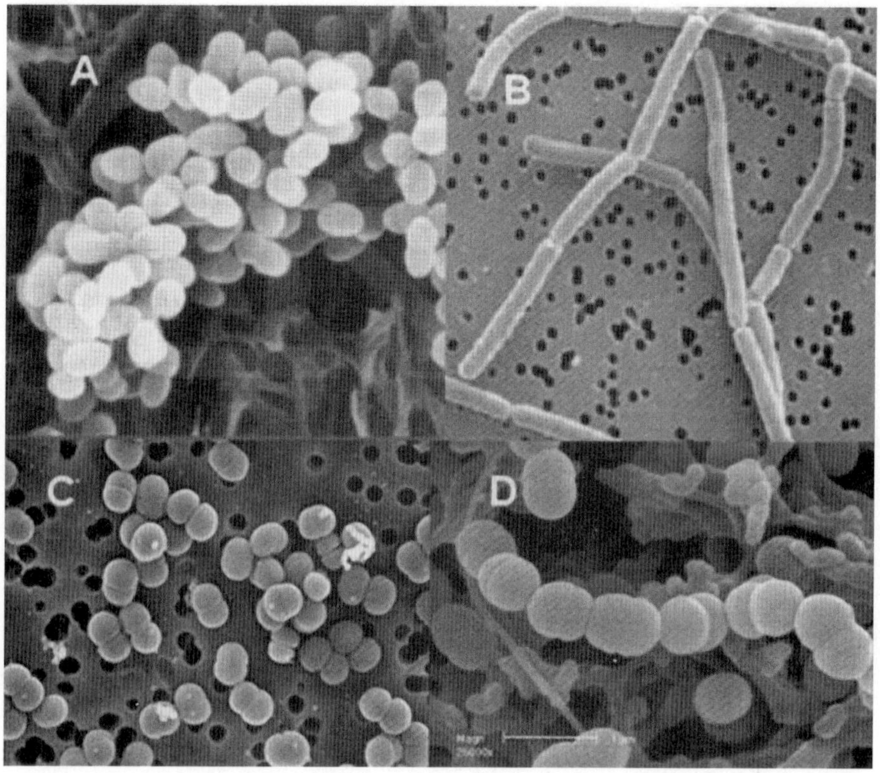

그림 18.3 식품발효에 관여하는 유산균. **(A)** *Lactococcus;* **(B)** *Lactobacillus;* **(C)** *Pediococcus;* **(D)** *Leuconostoc.* (B, C) 미국 에너지성 연합 게놈연구소의 승인을 받고 인용. **(D)** American Society for Microbiology의 승인을 받고 G. Kaletunç, J. Lee, H. Alpas, and F. Bozoglu, *Appl. Environ. Microbiol.* **70**:1116–1122, 2004에서 인용.

의 향미 및 조직 특성을 얻기 위하여 정상발효 유산균과 이상발효 유산균을 종종 혼합하여 사용한다. 혼합발효는 단독발효보다 종종 더욱 빨리 산을 생산할 수도 있다.

저온살균에 의해 원유에 함유되어 있는 대부분의 유산균과 다른 세균들은 사멸된다. 여기에 유산균 스타터를 첨가하면 우유 속에 원래 존재하던 많은 수의 우유 세균과 경쟁을 피할 수 있다. 발효유제품 제조업자들은 우유에 특별한 세균 스타터를 첨가함으로써 우유의 산 생성 정도와 속도를 조절할 수 있다. 이것은 좀 더 나은 제조 공정관리와 일정한 제품을 생산할 수 있게 한다.

2차적 미생물 (secondary microbiota)로 불리어 지는 다른 세균은 향미와 조직감에 영향을 주기 위해서 몇몇 발효제품에 첨가된다. 사용량은 보통 전체 스타터 미생물의 10–20%가 되도록 조정한다. 구연산을 대사하는 *Leuconostoc* sp.와 *Lactococcus lactis* subsp. *lactis*는 발효 버터밀크 (cultured buttermilk)와 Gouda, Edam, Havarti 등의 치즈에서 향기성분과 이산화탄소를 생성한다. 몇몇의 효모를 포함하여 이상발효 유산 간균 (*Lactobacillus brevis, Lactobacillus fermentum, Lactobacillus kefiri*)은 케피르와 쿠미스와 같은 외국 유래의 발효 유제품에서 에탄올, 이산화탄소, 유산을 생성하는 다양한 미생물의 일부분이다. 에탄올은 휘발성

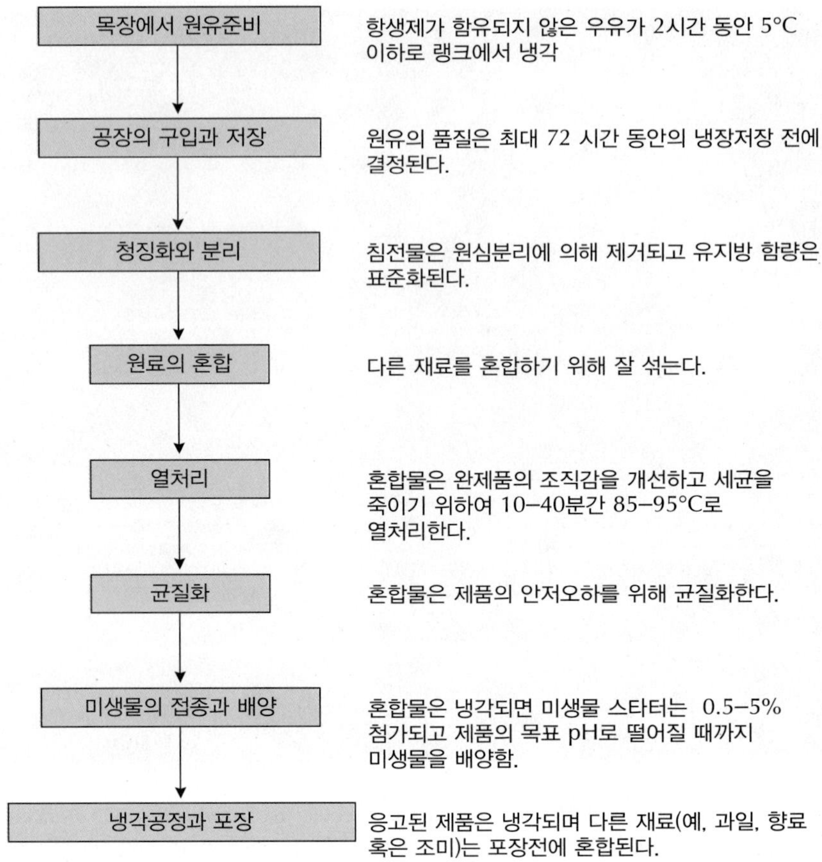

그림 18.4 발효유제품의 제조를 위한 일반적 공정.

이 크게 강하지는 않아서 향기에 미치는 영향은 크지 않지만 에스테르화되어 휘발성 물질로 바뀌면 맛에 큰 영향을 미친다. *Propionibacterium freudenreichii* subsp. *shermanii*는 스위스 유래 치즈에 첨가된다. 이 미생물의 대사는 유산을 프로피온산, 초산, 이산화탄소로 전환시키며 이산화탄소는 스위스 치즈에서 구멍 (eyes)을 형성한다. 프로피온산균은 또한 구연산을 천연 향미 증진제인 글루탐산으로 발효한다. *Penicillium roqueforti*는 블루 치즈의 생산에 사용되는 2차적 미생물이고 *P. camemberti*는 까멩베르 치즈의 제조에 이용된다.

치즈의 일반적인 제조공정은 그림 18.4에 나타나 있다. 고품질의 우유만을 발효에 이용하는 것이 중요하다. 미적인 면이나 위생을 고려하여 청징화 공정에 의해 침전물을 제거하여야 한다. *Listeria monocytogenes*와 같은 병원균은 우유의 백혈구에 존재할 수도 있다. 청징화를 통하여 이러한 백혈구를 재거할 수 있다. 식염, 조미료, 우유 고형분과 같은 재료는 잔존하는 모든 미생물을 사멸시킬 수 있는 가열처리 이전에 첨가된다. 균질화는 발효 중 지방 성분의 분리를 방지하고 첨가된 모든 재료들을 고루 분산시켜 제품을 안정화한다. 실제 발효 단계에서 스타터 미생물은 4–8시간 내에 치즈의 pH를 5.3 이하, 발효유제품의 pH를 4.6 이하로 빠르게 떨어뜨린다. 이런 pH에서는 오직 내산성 세균만이 생장 할 수 있다. 발효 후 제품을 포장하고

표 18.3 발효식품의 제조에 있어서 스타터 미생물 이용의 장점

빠른 산 생성
오염의 감소
맛과 향기성분의 생산
제품의 균일화
공정의 예측이 용이

숙성시키거나 또는 향미 개선을 위하여 2차발효를 시킨다.

요구르트는 전통적으로 *Streptococcus thermophilus*와 *Lactobacillus delbrueckii* subsp. *bulgaricus*를 사용하여 제조하였다. *Lactobacillus acidophilus*와 *Bifidobacterium* sp.가 프로바이오틱스로서 인기가 높아 종종 첨가된다 (24장 참조). 요구르트 제조의 첫 번째 단계는 진공농축기를 사용하여 우유를 25% 농축하는 것이다. 그 다음 우유 고형물 (5%, w/w)을 첨가하고 90°C에서 30–90분간 열처리를 한다. 온도를 45°C까지 냉각한 후 스타터 미생물을 2% (v/v) 첨가하고 3–5시간 배양한다. 최종 제품의 적정 산도는 0.8–0.9%이고 세균수는 약 10^9 CFU/g이다. 이 세균수는 저온 저장 중 "살아있고 활성을 가진 미생물"을 함유한 요구르트에 요구되는 최소 수준인 10^6 CFU/g까지 감소되기도 한다.

스타터 미생물

발효유의 상업적인 성공의 열쇠는 제품의 일관적이고 예측가능한 산생성 비율이다. 이것은 발효를 개시하기 위한 정제된 세균 배양물 즉 스타터 미생물을 첨가함으로써 가능하다. 산도는 수분조절, 단백질 유지, 미네랄의 손실, 단백질의 수화작용, 단백질 분자사이의 상호작용에 많은 영향을 준다. 결과적으로 이러한 것들은 제품의 관능적 특성을 결정한다.

발효 유제품의 향미는 사용되는 스타터 미생물과 2차 미생물에 의해 결정된다. 그러나 제조에서 소비까지 짧은 시간이 걸리는 (1일–4주) 발효 유제품과 몇몇 치즈들 (모자렐라 치즈, 크림 치즈, 코티지 치즈 등)은 2차 미생물에 의한 숙성된 향미의 생성은 아무 상관이 없다.

향기성분의 생성

유산은 유제품 발효의 주요 최종 산물이다. 이것은 산미에는 영향을 주지만 향기와는 무관하다. 발효유제품의 주요 향기와 향미 성분은 초산, 아세트알데히드, 디아세틸이다. 요구르트의 경우 이러한 성분들은 *Streptococcus thermophilus*와 *Lactobacillus delbrueckii* subsp. *bulgaricus*에 의해 생성된다. *Leuconostocr* sp.와 구연산을 자화할 수 있는 *Lactococcus lactis* subsp. *lactis*는 버터밀크와 몇몇 치즈에 향기성분을 생성하기 위해 첨가되기도 한다.

우유는 0.15–0.2%의 구연산을 포함한다. 구연산은 디에세틸, 초산, 이산화탄소를 생성하기 위해 *Leuconostoc* sp., 구연산 자화성 *Lactococcus lactis* subsp. *lactis*, 통성혐기성 이상발효 유산 간균에 의해 대사된다. 이산화탄소는 Gouda와 Edam과 같은 치즈의 구멍과 버터밀크의 거품발생 원인이 된다.

많은 대사경로가 아세트알데히드를 형성한다. 트레오닌 aldolase 효소는 트레오닌을 글리신과 아세트알데히드로 분해한다. 아세트알데히드는 또한 구연산 자화성 *Lactociccus lactis* subsp. *lactis*에 의해 생성된다. 요구르트 형의 형성이나 풋 사과향 (green-apple flavor)에 의한 결점은 아세트알데히드에 대한 디아세틸의 비율이 높을 때 발효유에서 생성될 수 있다. 요구르트에서 과량의 아세트알데히드는 발효기간이 오래될 때 생성되며 높은 산 함유량과도 관련이 있다. 에탄올을 아세트알데히드로 전환시키는 *Leuconostoc* sp.의 사용은 과도한 아세트알데히드 생성을 방지할 수 있다. 나쁜 냄새의 생성은 또한 빠른 냉각과 냉장저장을 통해 예방될 수 있다.

유단백질의 효소적 분해는 숙성 치즈의 향미를 생성한다. 치즈에서 생성된 유리 아미노산과 펩티드는 긍정적 혹은 부정적 영향을 미친다. 단백질 분해의 가장 중요한 부정적 영향은 쓴맛이다. 이것은 유단백질인 카제인 단백질이 소수성 펩티드로 분해될 때 생겨난다. 이런 현상은 세균 단백분해효소에 의해 쓴 맛이 없는 펩티드와 아미노산으로 가수분해함으로써 방지될 수 있다. 그러므로 고미 펩티드의 축적은 그들의 생성과 분해의 상대적인 비율에 달려있다.

유산균의 유전학

유산균의 유전학에 대한 연구는 1970년대 초에 시작되었다. 초기에는 유산 구균의 플라스미드와 자연적 유전자 전달 현상에 초점이 맞춰졌다. 유산균의 유전학에 대한 자세한 이해와 자연적 유전자의 전달 시스템, 그리고 유전공학에서 요구되는 방법들의 발전으로 인하여 유산균 유전학은 식품미생물학에서 매우 중요한 분야로 발달되었다.

유산균에 있어서 염색체 내 또는 인트론 (intron)에 유전자의 삽입이 가능하고 전위인자 (transposable element)에 의해 한 곳에서 다른 곳으로 옮겨지거나 플라스미드라고 불리는 염색체 외부 DNA의 일부분에 유전자의 삽입이 가능하다. 유산균의 염색체는 상대적으로 크기가 작다. 하나의 염색체 부위에서 다른 부위로 이동할 수 있는 전위 유전인자는 몇몇 유산균에서 매우 중요하다. 가장 간단한 전위인자인 삽입서열 (insertion sequence)은 많은 유산균에 존재한다. 분자의 재배치와 유전자 조절에 영향을 주는 그들의 능력은 유제품 발효에 좋을 수도 혹은 나쁠 수도 있다. 또한 더욱 복잡한 전위인자들이 있다. 이러한 자가 이동성 접합 트랜스포손 (self-transmissible conjugal transposon)들은 니아신 제조, 설탕의 이용, 박테리오파지에 대한 방어기작을 암호화한다. 그것은 하나의 세포에서 다른 세포로 이동할 수 있다.

플라스미드는 염색체 외부에 독립적으로 복제가 가능한 원형 DNA 분자들이다. 이들이 유산 구균에서 락토오스 대사, 단백질분해 활성, 올리고 뉴클레오티드의 수송, 박테리오파지 저항성, 세포 외 다당류 생성, 구연산 이용성을 포함하는 발효 유제품의 필수적인 특징들을 암호화할 때 특히 중요하다. 유산 구균, 유산 간균, *S. thermophilus*는 또한 형질도입 즉 박테리오파지에 의한 세균 유전물질의 이동에 의한 새로운 유전자를 획득할 수 있다.

발효채소류

고대인들은 채소의 영양적 가치를 보존하기 위하여 발효를 사용하였다. 많은 다양한 미생물들이 이러한 목적으로 사용되었다. 유산균과 효모는 유럽과 아메리카에서 많이 사용되어 왔으며 많은 동양식품은 곰팡이를 발효에 이용하였다. 야채류의 생물학적 저장을 위해 가장 널리 사용되는 것은 유산발효이다. 야채류 피클 제품의 시장 규모는 미국에서만 2백만 달러에 달한다.

표 18.4 전형적인 채소발효의 단계

1. 건전하고 손상이 없으며 크기가 균일하고 적당히 익은 채소의 선택
2. 전처리 (박피, 가열처리, 조리 등)
3. 통째로 또는 구멍을 내거나 단편조각 혹은 얇게 썬 형태로 발효조에 담기 (100리터-100톤 규모 정도로 하며 스타터 미생물을 첨가할 수 있음)
4. 소금물로서 채소를 완전히 잠기게 하고 산소를 차단하고 혐기성 상태를 유지하기 위하여 발효조를 밀폐
5. 자연적 발효과정 유도 (발효기간은 온도, 제품의 타입, 존재하는 세균에 따라 달라짐)
6. 발효제품은 그대로, 비포장 또는 포장 제품으로 혹은 저온살균 후 유통

야채류의 유산발효는 유사 이전의 중국인에 의해 많이 행해졌다. 그러나 기원후 1세기 동안의 가장 오래된 증거를 보면 플리니우스 (Plinius)는 토기에 흰 양배추를 저장한 기록이 있다. 이러한 저장방법으로 인하여 양배추를 유산 발효하여 사우어크라우트를 만드는 것이 개발되었다. 가열살균과 냉동시스템의 발전으로 인하여 선진국의 경우 발효를 통한 저장방법은 덜 중요하게 되었다. 그럼에도 불구하고 개발도상국에서는 발효가 식품저장의 중요한 수단이다.

야채류 발효는 복잡한 미생물학적, 생화학적, 물리적 반응들을 포함한다. 발효는 또한 많은 외부요소에 의해 영향을 받는다. 이것은 기술적 요소, 구성성분, 원료의 질, 토착 미생물의 4 그룹으로 분류되어 진다.

표 18.4는 발효야채류의 일반적인 제조공정을 보여준다. 우수한 품질의 원료를 사용하는 것이 중요하다. 멍이 들거나 손상을 받은 야채는 높은 수준의 미생물을 함유하고 있을 수 있다. 블랜칭 또는 조리 등의 전처리가 효소를 불활성화하고 야채류의 가스를 제거하기 위하여 요구되기도 한다. 야채류를 발효 용기 안에 적절하게 담아야 한다. 스타터 미생물은 야채류에 존재하는 자연 미생물들에 비하여 경쟁력이 약하여 보통 첨가하지 않는다. 산소를 제거하는 것 등의 혐기적 조건이 생화학적 발효에 요구되는데 발효 용기를 밀봉함으로써 쉽게 혐기적 조건을 만들 수 있다. 용존산소는 야채류 및 그 속에 존재하는 미생물들에 의해 제거된다. 발효의 속도는 자연 미생물에 의해 결정이 된다. 완성된 제품은 다양한 형태로 유통된다. 다양한 야채류의 식물학적, 물리적, 화학적 특성이 다르기 때문에 특정 제품의 생산에 맞게 정확한 공정을 사용해야 한다.

발효에 의해 사용되는 구성성분과 첨가제

소금은 많은 이유 때문에 발효에 첨가된다. 그 중 중요한 하나의 이유는 향미이다. 사용되는 소금의 양은 야채류의 종류와 소비자의 기호도에 따라 결정된다. 사우어크라우트 생산에서 소금은 절단된 양배추에서 방출되는 액체의 양을 많게 한다. 소금은 또한 발효용기 안을 혐기적 조건으로 만드는데 도움을 준다. 또한 야채류의 자연적인 미생물에 선택적인 효과를 가진다. 소금의 사용 양을 늘리면 유산균의 성장을 도우며 원하지 않는 세균과 균류의 성장을 막는다. 사우어크라우트 발효에서 이상발효 유산균은 1% 미만의 낮은 염 농도에서 유리하며 3%의 농도에서는 매우 성장이 저해된다. 높은 염 농도는 정상발효 유산균의 성장에 유리하며 발효를 촉진시

킨다. 0.8% 이하의 염 농도는 사우어크라우트의 연부현상과 원하지 않는 발효를 유발한다.

다른 식품첨가물은 특별한 발효 야채류에 사용되고 대부분의 나라에서 법에 의해 사용량을 통제한다. 사우어크라우트에 아스코빅산을 첨가하면 회색이나 갈색으로 탈색되는 것을 방지할 수 있다. 구연산과 아황산 또한 같은 목적으로 사용된다. 소르빅산은 효모, 곰팡이, 다른 미생물의 성장을 방해한다.

사우어크라우트 발효

유산균 집단뿐만 아니라 전체적인 미생물 집단은 발효과정 동안 변화한다. 예를 들어 양배추의 발효는 다음과 같은 4단계를 거치게 된다.

1. 발효는 양배추를 용기에 담자마자 시작된다. 양배추가 용기에 꽉 차게 많이 담그면 통성 혐기성 세균이 처음 2-3일간 성장할 수 있는 반면에 절대호기성 세균의 수는 감소한다. 이 기간 동안 용존산소는 미생물에 의해 또 식물의 호흡에 사용된다. 유산, 초산, 포름산과 호박산의 생성으로 pH는 낮아진다. 또한 이산화탄소에 의해 거품이 형성될 수 있다.
2. 비유산균은 혐기적 조건에 의해 억제되며 유산균이 많이 자라게 된다. 유산발효는 이상발효 유산균 즉 초기의 *Leuconostoc mesenteroides*와 그 후에 증식하는 *Lactobacillus brevis*에 의해 개시된다. 이들 미생물의 변화는 3-6일 후에 완료되며 유산의 농도는 최대 1%까지 증가한다.
3. 발효의 3번째 단계는 정상발효 유산균에 의해 진행된다. 완전한 산소의 부족, 낮은 pH, 높은 염 농도는 그들의 성장을 가속화한다. 정상 유산균은 총산의 농도를 1.5-2.0%까지 증가시킨다. 대부분의 사우어크라우트는 pH가 3.8-4.1에 도달할 때 저온살균을 하게 된다.
4. 발효용기에 저장되어 그대로 유통되는 사우어크라우트만이 발효의 마지막 단계를 거친다. 이 단계는 *L. brevis*와 세포벽의 파괴로 인해 방출되는 오탄당을 대사하는 약간의 이상발효 유산균에 의해 진행된다. 산의 함량은 2.5%까지 증가할 수 있다.

피클 발효

피클은 주로 오이로 만든다. 향기성분이 40종 이상 피클에서 동정되었지만 대부분은 원료 오이로부터 유래하였다. 실제로 유기산을 첨가하여 제조한 피클이 발효 피클보다 더 잘 팔리고 있다. 많은 양의 딜피클이 생산되어 패스트푸드 국가의 식당에서 판매되고 있다.

상업적 오이 발효는 8,000-10,000 갤런의 제품을 넣을 수 있는 용기를 사용하여 실외에서 이루어지며 스타터 미생물은 거의 사용되지 않는다. 원료 오이를 염류 용액에 담그고 용기는 목재 뚜껑으로 밀봉한다. 오이는 포도당과 과당을 각각 1% 정도 함유하고 있는데 보통 자연적으로 생겨나는 *Lactobacillus plantarum*에 의해 정상유산발효를 거치게 된다. 최종 pH는 고산성 식품의 한계 기준인 pH 4.6보다

표 18.5 발효소시지의 제조 단계

1. 고품질의 육류를 갈아서 입자크기를 작게 한다.
2. 식염 (아질산 150 ppm 이하의 것 사용), 발효성 당으로 3% 포도당, 양념, 스타터 미생물 (~10^7 CFU/g)을 첨가한다.
3. 혼합
4. 용기에 꽉 차게 진공주입
5. 숙성
6. 스타터 미생물과 병원성균을 죽이기 위한 열처리
7. 건조

훨씬 더 낮은 약 3.7 부근이다. 이 산으로 병원균의 농도가 5-log 단위만큼 감소하고 제품의 안전성이 높아진다. 사우어크라우트와 같이 피클은 용기에서 1년까지 저장될 수 있다.

스위트 피클은 꼬마 오이와 유사한 방법으로 발효된다. 발효 후 오이를 세척하고 25-30%의 당 용액에 침지한다.

오이의 호흡과 이상발효 유산균인 *L. mesenteroide*의 과도한 성장으로 생성된 이산화탄소는 피클에 축적되어 블로우터 (bloater)라고도 불리는 플로우터 현상 (floater)을 일으킨다. 플로우터 형성은 오이 발효에 있어서 심각한 문제이다. 원료 오이의 크기가 크거나, 고온에서 발효할 경우 및 용존 이산화탄소의 농도가 높으면 손상은 더욱 심해진다. 염류 용액의 이산화탄소 농도는 이상발효 유산균의 성장을 억제하거나 질소 또는 다른 가스를 주입하여 이산화탄소를 제거함으로써 감소시킬 수 있다.

육류의 발효

발효된 육류는 발효 야채류나 발효 유제품만큼 많이 이용되지는 않지만 여전히 발효식품의 중요 한 형태이다. 발효는 육류의 특성을 바꾸고 변패를 방지한다. 발효육의 가장 전형적인 형태는 완전 건조되거나 반 건조된 발효 소시지이다. 미국 농무성 식품안전검사국은 저장 안정성 소시지의 경우 질산염과 염지제 (curing agent)를 함유하고 있고 pH 5 이하까지 발효되어야 하며 수분 : 단백질의 비가 3.1:1.0 이하가 되도록 요구하고 있다.

소시지의 제조는 간단하다. 육류를 으깨어 작은 조각으로 만든다. 이것을 아질산염, 염지제, 향신료, 발효성 탄수화물, 그리고 때때로 글루코노델타락톤 (glucono-delta-lactone)과 혼합한다. 아질산염 (40-50 ppm)은 *Clostridium botulinum*을 저해하고 염지육의 맛을 향상시키며 마이오글로빈을 니트로소마이오글로빈 (염지육의 분홍색 형성)으로 전환하기위해 첨가된다. 육류에는 충분한 양의 산을 생성하기 위해 필요한 포도당이 함유되어 있지 않기 때문에 0.4-0.8%의 발효성 당을 첨가한다. 글루코노델타락톤은 글루콘산으로 전환된다. 이것은 유산균에 의해 유산과 초산으로 전환되어 산 생성을 촉진시킨다. 스타터 미생물 (10^7 CFU/g)은 또한 이 시점에서 첨가된다. 혐기적인 발효환경을 만들기 위해 산소가 침투할 수 없는 용기에 담는다. 이것을 미생물의 성장이 촉진되도록 보관한다. 스타터 미생물은 8시간 이내에 pH를 5.6에서 4.8로 떨어뜨린다. 유산은 단백질을 응고시킴으로써 건조를 촉진한다. 소시지 제조의 마지막에는 때때로 열처리로 끝난다.

스타터 미생물을 육류 산업에 사용하는 것은 비교적 새로운 일이다. 스타터 미생물을 사용함으로써 얻는 이점은 표 18.5에 나타나 있다. 자연적으로 발효된 육류의 토종 세균은 유산 간균이다. 불행하게도 그들은 스타터 미생물을 만들기 위해 사용하는 냉동건조 과정을 견딜 수 없다. 그래서 1950년대에 *Pediococus acidilactici*를 사용하기 시작했다. 이것은 또한 정상발효 유산균으로서 6% 염에서도 견딜 수 있으며 단백분해력이 없다. 냉동건조 미생물은 용해되기 힘들고 긴 유도기를 가진다. 그래서 1980년대에는 냉동 미생물을 사용하기 시작했다. 이것은 유도기를 짧게 하며 좀 더 빠르게 산을 생성한다.

요약

- 발효는 산소가 없는 곳에서 전자 수용체로 내부 유기화합물을 사용하여 일어나는 당류의 불완전한 산화이다.
- 발효 또한 생물학적 과정을 의미할 수 있다.
- 발효대사는 포도당 1 분자로부터 산화 대사보다 훨씬 적은 1 또는 2 분자의 ATP만을 생산한다.
- 정상발효 유산균은 오직 유산만을 생성한다.
- 이상발효 유산균은 유산, 에탄올, 이산화탄소 그리고 초산을 생성한다.
- 정상발효 유산균은 산을 생산하는 데 이용하는 반면 이상발효 유산균은 향기 생성에 기여한다.
- 스타터 미생물은 발효의 속도와 발효의 균일성을 증가시킨다.
- 유산균은 유전자 전달을 위한 많은 방법을 가지고 있다.
- 플라스미드는 발효에 있어서 많은 중요한 특징들에 대한 유전자를 가지고 있다.
- 채소 발효는 토착의 미생물에 의존한다.

참고문헌

Breidt, F., Jr., R. F. McFeeters, and I. Díñiz. 2007. Fermented vegetables, p. 783-794. *In* M. P. Doyle annd L. R. Beuchat (ed.), *Food Microbiology: Fundamentals and Frontiers*, 3rd ed. ASM Press, Washington, DC.

Fox, P. E. (ed.). 1993. *Cheese: Chemistry, Physics, and Microbiology*, vol. 1 and 2. Chapman and Hall, Ltd., London, England.

Johnson, M. E., and M. E. Steele. 2007. Fermented dairy products, p. 767-782. *In* M. P. Doyle and L. R. Beuchat (ed.), *Food Microbiology: Fundamentals and Frontiers*, 3rd ed. ASM Press, Washington, DC.

Ricke, C. S., I. Z. Diax, an J. T. Keeton. 2007. Fermented meat, poultry, and fish products, p. 795-816. *In* M. P. Doyle and L. R. Beuchat (ed.), *Food Microbiology:*

Fundamentals and Frontiers, 3rd ed. ASM Press, Washington, DC.

Salminen, S., and A. von Wright (ed.). 1998. *Lactic Acid Bacteria*. Marcel Dekker, Inc., New York, NY.

19 효모 및 기타 미생물에 의한 발효

학습목표

- 다양한 발효에서 효모의 역할 이해
- 제빵과정의 단계와 빵의 발효 및 제품 특성과의 관련성
- 맥주와 포도주 발효의 생화학적 기초
- 맥주와 포도주 발효의 유사성
- 맥주의 제조에 있어서 여러 성분과 제조공정의 역할
- 적포도주와 백포도주 생산의 차이점과 유사성
- 식초제조를 고전적 방법과 신기술의 접목
- 코코아 및 커피의 생산과 자연발효에 있어서 발효의 역할

서론

열정이란 당신의 희망이 별과 같이 빛나게 만드는 효모와도 같은 것이다.

헨리 포드

효모는 빵의 부풀리기, 발효, 이산화탄소 주입, 형태변화 능력 등과 오랫동안 관련되어 왔다. 이 장에서는 제빵, 맥주, 포도주의 제조에 있어서 이와 같은 능력들을 다루고 있다. 빵은 효모에 의해 생성된 이산화탄소를 빵의 발효와 부풀리기에 이용하여 제조된다. 발효에는 상당한 시간이 소요되고 급하게 제조할 경우에는 비발효빵을 이용하였다. 맥주의 제조는 빵보다 더욱 복잡하고 여러 단계를 거치게 된다. 맥주의 경우에는 효소제를 제조하여 탄수화물이 알코올로 발효되기 이전에 전분을 발효성 당으로 분해하여야 한다. 양조용 포도에는 쉽게 발효될 수 있는 단당류를 함유하고 있어 포도주의 제조는 어떤 면에서는 맥주 제조보다 간단하지만 또 다른 측면에서는 포도와 포도의 화학적 특성으로 인하여 맥주 제조보다 더 복잡하다. 식초는 한 개의 산화과정으로 이루어져 있어 이론상으로는 매우 쉽다. 그러나 실제로는 발효액으로 산소를 공급하는 일이 매우 어렵다. 또한 이 장에서는 비서구 지역의 몇몇 발효식품에 관여하는 미생물들에 관하여 간단하게 다루고 있다.

효모에 의한 발효

빵

빵이 없으면 권위도 없다.

터키 속담

고대 사회가 발전하면서 곡류식품은 다양한 죽 (porridges와 gruels)에서부터 발효되지 않은 납작한 빵을 거쳐 효모를 이용한 발효빵으로 발전하였다. 이집트인들은 기원 전 2,700년부터 오븐을 이용해 빵을 구웠다 (그림 19.1). 양조에 의해 생산되는 부산물인 효모(*Saccharomyces cerevisiae*)를 제빵에 사용될 수 있도록 제빵과 양조를 함께 하기도 하였다. 오늘날에는 각각 다른 특성화된 효모들이 각각의 목적에 맞게 사용되어진다.

제빵의 첫 번째 단계는 밀가루, 설탕 (발효성 탄수화물), 지방 (조직감 형성 목적), 소금, 기타 첨가물을 섞는 것이다. *Saccharomyces cerevisiae* (빵효모)는 건조된 가루 형태나 고체 덩어리 혹은 크리임과 같은 형태로서 원료 밀가루의 1−6% (w/w) 양을 첨가한다. 제빵에서 효모의 주요 목적은 빵을 부풀게 하는 이산화탄소의 생성이다. 또한 효모는 전분을 발효성 포도당으로 분해하는 아밀라아제를 생산하기도 한다. 물이 첨가되고 난 다음 밀가루의 글루텐 단백질이 신축성을 띠고 반죽이

그림 19.1 Georg Steindorff가 발굴한 유적물의 고대 이집트인 제빵과정 모습. 위로부터 첫 번째 두 열의 빵 반죽 모습과 그 다음 두 열의 원뿔형 제빵 틀에 반죽을 채우는 모습을 주의해서 볼 것. 제일 아래 그림은 제조가 완료된 빵을 제빵 틀로부터 꺼내는 것을 보여준다. 이 그림은 제빵과정에 관한 식품미생물학자의 초기 기록이라 할 수 있을 것이다.

점탄성을 갖도록 반죽을 만든다. 그리고 반죽은 28-32°C에서 몇 시간 동안 발효를 거친다. 반죽은 기포를 반죽 덩어리로 고루 분산시키기 위해 재혼합과정을 거치고 반죽의 양이 두 배가 될 때까지 발효시킨다. 굽기는 약 200°C에서 약 30분 정도 행하게 되는데 이 때 이산화탄소가 팽창하면서 빵의 부피가 40% 정도 증가하고 이는 단백질의 변성에 의해 그 부피가 유지된다.

신맛을 가진 발효빵 (sourdough bread)의 제조를 위하여 이상발효유산균의 혼합 균주가 10^7-10^9 CFU/g 정도로 첨가되기도 한다. *Lactobacillus* 속 (주로 *L. sanfranciscensis*)은 빵의 독특한 씹힘성을 부여하고 조직감을 향상시키며 부패를 방지한다. 제빵사가 신맛을 가진 발효빵을 제조할 때 균의 첨가는 이전 발효빵 반죽의 일부를 사용한다. 연속적인 반죽의 사용으로 수십년 동안 스타터 컬쳐의 보급이 이루어질 수 있었다.

맥주

맥주는 하느님이 우리를 사랑하고 있으며 우리가 행복하기를 바라는 증거이다.

벤자민 프랭클린

오늘날 우리가 사용하는 방법과 아주 유사한 형태의 맥주 제조는 고대로 거슬러 올라갈 수 있다 (그림 19.1). 맥주의 제조는 오늘날 아주 중요한 위치를 차지하고 있다. 미국에서만 2004년 한해 3,310억 달러치의 맥주가 판매되었다. 맥주의 필수적인 구성성분은 호프 (향미증진과 항균작용), 효모 (알코올과 이산화탄소의 생성), 맥아 (발효성 탄수화물 제공), 물이다. 독일의 법률 (purity laws)은 맥주 제조를 위해 이 외의 어떤 첨가물의 사용도 금하고 있다. 미국을 포함한 다른 나라에서는 가격이 다소 싼 곡류나 옥수수를 발효성 당의 급원으로서 부재료로 사용하는 것을 허락하고 있다.

양조공정은 맥아제조공정, 담금공정, 맥아즙제조공정 (wort boiling), 발효공정, 발효후공정 (postfermentation treatment)으로 구성된다 (그림 19.2). 효모는 부리의 전분을 발효할 수 없으므로 맥아를 제조한 후 담금공정을 거치게 된다. 맥아 제조과정 중 곡류는 발아를 유도하기 위하여 물에 24-48시간 침지한다. 이렇게 함으로써 전분입자가 함유되어 있는 세포벽과 단백질 매트릭스는 파괴되고 아밀라아제가 유리된다. 담금공정 중 아밀라아제는 전분을 발효성당으로 분해된다. 담금공정 말기에는 맥아즙은 거의 발효하기에 적당한 상태로 된다. 이 때 향미와 항균성을 부여하기 위해 허브 (주로 호프)를 첨가한다. 호프의 종류에 따라 맥주에 독특한 향미를 부여한다. 효모를 첨가하기 전에 호프와 맥아즙의 혼합물을 끓인 후 약 20°C 정도로 냉각한다.

다양한 종류의 효모가 다양한 형태의 맥주를 생산하기 위해 사용된다. *S. cerevisiae*는 발효 중 발효액의 표면에서 증식하는데 에일 (ale) 맥주의 제조에 사용된다. *Saccharomyces carlsbergensis*는 발효액 바닥으로 가라앉는데 라거 (larger) 맥주의 제조에 사용된다. 두 가지 경우 모두 접종량을 약 10^7 CFU/ml 정도로 많게 하고 발효 중 3회의 2배 증식기간을 거쳐 균체가 8배까지 증가하게 된다. 한 번의 발효에서 얻은 효모는 다음 10-15회의 발효를 위해 사용된다. 그 후에는 동일한 형태

BOX 19.1

Hymn to Ninkasi 벽화는 BC 19세기 이전에 빵과 맥주가 동시에 생산되었음을 보여준다.

Hymn to Ninkasi 벽화	동시작업
흐르는 물에 의해 생겨나고, 비옥의 여신 닌후르사그가 부드럽게 돌보아 주며, 흐르는 물에 의해 생겨나고, 비옥의 여신 닌후르사그가 부드럽게 돌보아 주며,	**빵**
당신이 큰 삽으로 반죽을 만들고, 향료를 넣어 피트 (pit)안에서 혼합하고, 닌까시, 당신이 큰 삽으로 반죽을 만들고, 피트에서 꿀과 함께 반죽을 하며,	제빵 반죽 준비
당신이 커다란 오븐에서 빵을 굽고, 껍질을 벗긴 곡류들을 순서대로 넣고, 닌까시, 당신이 커다란 오븐에서 빵을 굽고, 껍질을 벗긴 곡류들을 순서대로 넣고,	빵을 굽기
당신이 바닥 위의 맥아에 물을 붓고, 고귀한 개들과 세도가들을 물리치고, 닌까시, 당신이 바닥 위의 맥아에 물을 붓고, 고귀한 개들과 세도가들을 물리치고,	**맥주**
당신이 물이 들어 있는 큰 병에 맥아를 맥아를 침지하고, 물결이 일었다가 사라지네. 닌까시, 당신이 물이 들어 있는 큰 병에 맥아를 맥아를 침지하고, 물결이 일었다가 사라지네.	맥아제조
당신이 열처리한 곤죽상태 것 (mash)을 큰 갈대 매트에 펴고, 그것을 식히고, 닌까시, 당신이 열처리한 곤죽상태 것 (mash)을 큰 갈대 매트에 펴고, 그것을 식히고,	담금
당신이 고귀하고 단 맥아즙을 두 손으로 들고서, 꿀로서 그것을 양조하고, (당신이 단 맥아즙을 항아리에 담고) 닌까시, (...) (당신이 단 맥아즙을 항아리에 담고)	맥아즙 제조
여과기는 유쾌한 소리를 내고, 당신이 커다란 용기 속으로 그것을 넣네. 여과기는 유쾌한 소리를 내고, 닌까시, 당신이 커다란 용기 속으로 그것을 넣네. 당신이 여과된 맥주를 큰 통으로부터 따를 때,	양조
그것은 티그리스와 유프라테스 강물의 흐름과도 같네.	여과
닌까시, 당신이 여과된 맥주를 큰 통으로부터 따르고, 그것은 티그리스와 유프라테스 강물의 흐름과도 같네.	병입

Miguel Civil 번역

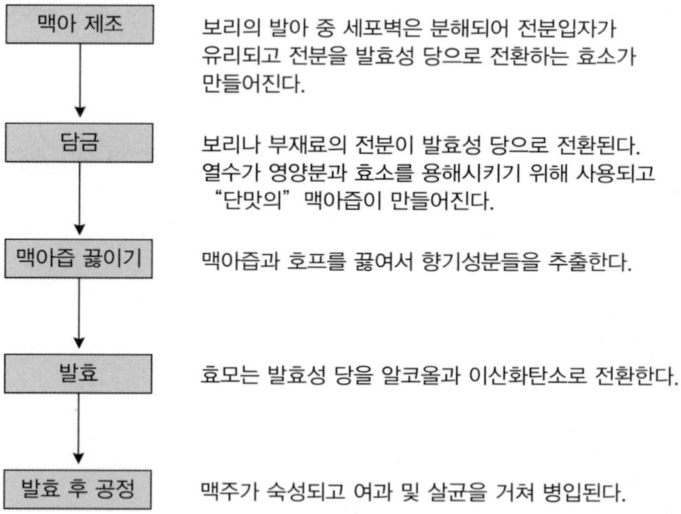

그림 19.2 맥주의 제조공정. 전 세계의 소비량은 연간 180억 갤런을 웃돈다. I. Campbell, p. 735–745, *in* M. P. Doyle, L. R. Beuchat, and T. J. Montville (ed.), *Food Microbiology; Fundamentals and Frontiers*, 2nd ed. (ASM Press, Washington, DC, 2001)에서 인용.

의 새로운 효모를 접종하여 발효를 진행한다. 효모는 맥아즙의 다양한 당들을 순차적으로 이용한다. 에탄올은 효모의 생육이 정지되고 난 후에 생성되고 알데히드와 고급알코올 등의 향기화합물이 생성된다.

발효후공정은 디아세틸과 아세트알데히드에 의해 발생하는 맥주의 풋 냄새 (green flavor)를 제거하기 위한 숙성과정을 포함한다. 이러한 화합물들은 낮은 농도로 존재하지만 낮은 역치를 가지고 있다. 즉 사람이 아주 낮은 농도에서도 그 향기를 맡을 수 있고 맛에 나쁜 영향을 미친다. 통 (cask)에서의 숙성과 효모가 함유된 상태에서 15°C에서의 저장 및 산소에 노출을 피함으로써 이러한 나쁜 향기를 제거할 수 있다. 일부 소규모의 전문 혼탁백주 역시 인기가 있지만 대부분의 맥주는 맑게 여과하여 제품화된다. 셀루로오스 섬유와 부석 등과 같은 여과 보조제는 여과에 의한 효모의 제거를 용이하게 한다. 비열처리의 수단으로서 막여과가 이용되기도 한다. 이렇게 함으로써 생맥주의 맛을 유지하면서 열처리의 에너지 비용을 줄일 수 있다. 열처리 살균을 위하여는 여과 후 잔존하는 효모를 모두 죽이기 위해 60°C에서 5–30분 처리하기도 한다. 다음 살균된 맥주는 깨끗하게 세척된 병으로 주입되게 된다. 생맥주 통의 생맥주는 열처리를 하지 않고 유통이나 저장 중 냉장보관하여야 한다.

포도주

포도주가 형편없는 나라는 취하지 않고 일상적인 술로서 와인의 사랑스러움을 독한 술로 대신 이용하는 곳에서는 술에 취하지 않은 사람이 없다. 사실 포도주는 위스키의 해악에 대한 유일한 해독제이다.

토머스 제퍼슨

포도주의 제조 역시 자연효모가 포도즙에 오염되어 알코올음료로 발효하였을 고대

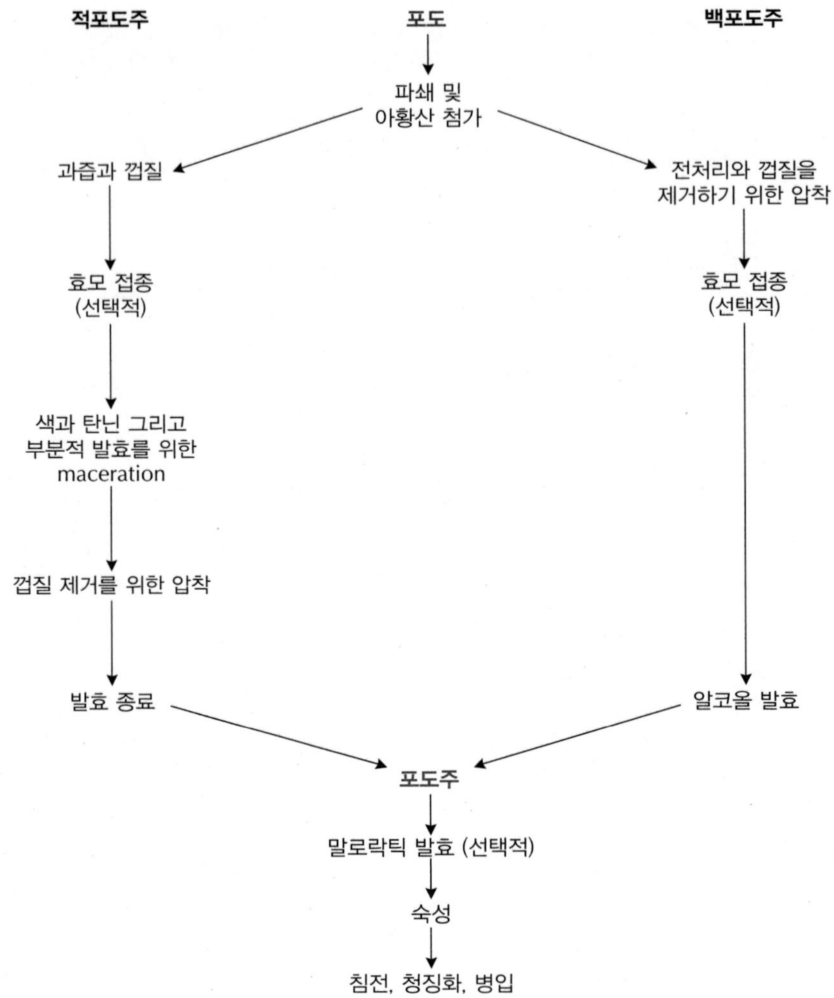

그림 19.3 포도주 제조를 위한 공정. 미국의 경우 2002년에 5.95억 갤런 (210억 달러)의 포도주가 소비되었다. G. H. Fleet, p. 747–772, *in* M. P. Doyle, L. R. Beuchat, and T. J. Montville (ed.), *Food Microbiology; Fundamentals and Frontiers*, 2nd ed. (ASM Press, Washington, DC, 2001)에서 인용.

에서부터 시작되었다. 19세기 후반에야 프랑스의 미생물학자 Lois Pasteur는 미생물이 발효를 일으키는 것을 발견하였다. 그는 또한 포도주를 부패시키는 세균의 역할을 발견하였다. 포도주에서 이러한 미생물을 사멸시키기 위해 저온살균이 개발되었다. 그 이후에야 저온살균이 우유에도 적용되게 되었다. 프랑스는 세계에서 가장 많은 포도주 생산국으로서 이태리, 스페인, 미국이 그 뒤를 잇고 있다.

그림 19.3은 포도주 제조공정의 개요를 보여주고 있다. 포도주 제조에 있어서는 발효 이전에 여러 가지 중요한 문제들이 있다. 가장 명백한 것은 포도 그 자체이다. 다양한 품종의 포도가 백포도주와 적포도주의 제조에 이용된다. 백포도주용 품종으로서는 리슬링, 샤도네, 소비뇽블랑 등이 있다. 멀로, 피노누아, 시라 등은 적포도주 제조를 위해 사용된다. 포도의 향미는 당연히 포도주로 이행된다. 적포도주와 백포도주 제조를 위한 파쇄 및 전처리 과정은 매우 다르다. 백포도주를 제조를 위하여

포도주스는 포도의 파쇄 후 껍질과 즉시 분리되어야 한다. 다음 주스는 청징화하여 발효조로 이동한다. 적포도주 제조를 위하여 주스와 껍질은 함께 발효조로 들어가게 된다. 껍질은 상층부에 떠오르게 되는데 발효액의 상층부와 하층부를 펌프로 순환시킴으로써 포도주에 색, 떫은 맛, 건강에 유익한 물질을 부여하기 위해 자주색과 적색의 안토시아닌, 페놀화합물 등을 추출한다. 발효가 시작된 후 발효액은 껍질로부터 발효조로 흘러나오게 된다.

포도는 나무 통에서 발효될 수 있지만 대량생산을 위해 커다란 스테인레스 스틸 탱크가 일반적으로 사용된다. 포도주스에 효모를 접종하는 것이 나은지 접종하지 않는 것이 좋은지는 현재도 논란의 대상이 되고 있다. 다른 발효에서와 마찬가지로 특정한 효모의 접종은 제품의 품질을 균일하게 하고 더욱 빠르게 제품을 생산할 수 있다. 효모를 접종할 경우 일반적으로 *S. cerevisiae*와 *Saccharomyces bayanus*가 10^6-10^7CFU/g 농도로 사용된다. 그러나 *S. cerevisiae*는 포도에서 자연적으로 아주 높은 농도로 존재하지 않는다. 만약 효모를 접종하지 않고 자연효모를 사용하여 발효를 하면 공정을 예측하기 어렵고 결과가 아주 좋거나 아주 나쁠 수도 있다. 발효를 일으키는 자연효모는 포도 또는 양조장의 시설로부터 유래한다. 와인발효를 일으키는 자연효모는 주로 *Kloeckera*와 *Hansenia* 속에 속하며 일부가 *Canidida, Pichia, Hansenula* 속이다. 비록 이러한 효모들이 미숙과에서는 10-1,000 CFU/g의 적은 수로 존재하지만 완숙과에서는 그 수가 10^4-10^6CFU/g으로 증가한다.

백포도주의 발효에는 보통 10-18°C에서 1-2주가 소요된다. 비교적 저온에서 중요한 휘발성 향기가 남아있게 된다. 적포도주는 적색색소를 추출하기 위해 20-30°C의 비교적 고온에서 약 7일의 단시간에 발효된다. 다른 미생물의 성장과 마찬가지로 효모의 생육 역시 포도주스의 내적 요인 및 외적 요인에 의해 영향을 받는다. 이런 요인들로는 pH, 산소농도, 당농도, 온도, 기타 영양성분 및 다른 토착미생물들이 있다. 발효는 포도당과 과당이 완전히 이용된 후 끝나게 된다. 발효 중 에탄올과 이산화탄소 외에 맛을 순하게 하고 점성을 부여하는 글리세롤, 향기성분으로서 고급알코올 에스테르 및 알데히드가 생성된다. 숙신산과 초산의 생성은 와인의 변패를 야기한다.

말릭산은 어떤 포도에서 자연적으로 생성되는데 와인에 강한 신맛을 야기한다. 말릭산은 SweetTarts와 Jolly Rancher와 같은 캔디를 만드는데 사용된다. 말릭산은 TCA 회로의 부산물로 생성되는데 포도가 익어가면서 일반적으로 그 양이 감소한다. 말릭산의 함량이 높은 포도주는 쓴맛이 난다. 말로락틱 발효는 이러한 포도주의 산도를 감소시키는데 이용된다. 이 2차 발효는 알코올 발효가 끝나고 1-3주 후 시작된다. 이전에 *Leuconostoc* sp.로 분류되었던 *Oenococcus oeni*가 말로락틱 발효를 행하게 되는데 탈탄산 작용을 통해 말릭산을 유산으로 전환한다.

$$\underset{\text{말릭산}}{HOOC\text{-}C(OH)\text{-}CH_2\text{-}COOH} \rightarrow \underset{\text{유산}}{HOOC\text{-}C(OH)\text{-}CH_3} + \underset{\text{이산화탄소}}{CO_2}$$

말로락틱 발효는 숙성된 향미를 부여하는 것 외에도 pH를 0.3-0.5 정도 증가시킨다.

포도주의 발효후공정은 간단하다. 적포도주는 향미개선을 위해 오크통에 1-2년간 숙성한다. 어떤 향미는 오크통으로부터 유래하는데 훈연된 오크 및 목재수지로부터 또는 다른 향미생성 기작에 의해 만들어진다. 백포도주는 보통 숙성하지 않는다. 적포도주와 백포도주의 효모변패를 방지하기 위하여 100-200 μg/ml의 소르빈산칼륨을 첨가하기도 한다. 다음으로 포도주는 청징화를 위해 여과하고 병입한다.

식초발효

사람은 포도주와 같다 - 어떤 것은 변패하여 식초가 되나 최상의 것은 나이가 들수록 좋아진다.

포프 존 23세

식초발효는 포도주만큼 오래 전에 시작했다. 식초는 포도주 (오늘날에는 다른 알코올 함유 원료도 사용)로부터 만들어졌기 때문에 포도주 발견 이후에야 만들어졌을 것이다. 식초는 *Gluconobacter* 또는 *Acetobacter* sp.가 포도주를 오염시키고 식초로 변했을 때 우연하게 발견되었음에는 의심의 여지가 없다. 이러한 현상은 식초가 다른 식품의 보관에 사용되어지고 난 후에야 그렇게 나쁜 것이 아님이 밝혀졌다.

식초는 에탄올을 아세트산으로 산화시킴으로써 만들어진다.

$$CH_3CH_2OH + O_2 \rightarrow CH_3COOH + H_2O$$

이것은 2단계의 생물학적 과정으로 일어난다. 식초 제조의 첫 번째 단계는 알코올을 만들기 위한 효모의 알코올발효이다. 포도주와 사과주의 알코올이 자주 사용되지만 다른 대부분의 과일이나 전분질 원료의 발효에 의해서도 만들어 질 수 있다. 두 번째 단계에서는 에탄올이 초산으로 산화된다. 식초의 제조에 사용되는 *Gluconobacter oxidans*가 절대 호기성이고 에탄올이 초산으로 산화되어야 하기 때문에 산소의 전달이 식초의 생산에 있어서 생산 속도의 제한인자로 작용한다. 가장 오래된 방법은 공기가 통하는 목통에 포도주를 넣고 *Gluconobacter*를 접종한 후 기다리는 것이다. 몇 주 후 또는 몇 달이 지나면 포도주는 식초로 변한다. "Tricking" 발효조는 산소의 전달속도를 높여 하루나 이틀로 시간을 빨리 단축했다. 이 trickling 발효조는 산소의 공급을 원활하게 하기 위한 좁고 얇은 나무 조각이 부착된 커다란 큰 나무 챔버로 구성되어 있다. 나무 챔버는 *Gluconobactor* 속의 미생물이 그 위에서 생물막 (biofilm)으로서 증식할 수 있는 대팻밥으로 가득 차 있다. 챔버 상부에 있는 회전 스프레이어는 나무 칩 (chip) 위에 알코올 용액을 뿌리고 이 액은 고정화된 *Gluconobacter* 위로 조금씩 흘러내려 가면서 초산으로 전환된다. 산소에 노출된 대팻밥 위 세균의 넓은 표면적은 식초 생산에 매우 효과적이다. 이 발효조가 더 이상 사용되지 않는 것은 기술적인 한계 때문이 아니라 이 발효조를 제작할 수 있는 기술자가 은퇴하거나 죽었기 때문이다. Trickling 발효조는 아마도 고정세포기술을 이용한 최초의 생물반응기일 것이다. 식초 제조의 가장 최신 방법은 심부배양 발효조 (submerged culture reactor)이다 (그림 19.4). 이것은 아주 큰 발효조에 동일 양의 공급속도로 산소를 공급함으로써 많은 양의 식초가 짧은 시간 내에 만들어질 수 있다.

그림 19.4 근대적 방법으로 식초 생산을 위해 사용되는 대규모 발효조.

그림 19.5 카카오 꼬투리.

코코아와 커피 발효

코코아

코코아? 코코아! 이 망할 비참하고도 보잘 것 없는 것, 어린애나 무지한 소년에게나 알맞지. 설마 셰익스피어가 코코아를 마셨겠나?

셜리 잭슨

좋은 코코아 향은 연속적인 미생물의 반응을 포함하는 복잡한 발효의 결과로 생겨난다. 코코아는 *Theobroma cacao*라는 식물로부터 만들어진다. 남미가 원산지이며 적도에서부터 북위 15°, 남위 15°에서 자란다. 카카오 콩 또는 종자는 코코넛 크기의 꼬투리 안에 들어있다 (그림 19.5). 꼬투리는 끈적끈적 물질인 점액성 과육부분과 종자로 차있어 흡사 호박과도 유사한 형태를 가지고 있다. 발효를 하지 않으면 코코아 종자는 쓴맛과 수렴성을 지닌다. 그래서 종자와 과육부분을 꼬투리로부터 분리하여 무더기 (heaps)로 쌓아 두거나 컨테이너에 넣어 2-8일 동안 발효시킨다. 발효 중 산소를 공급하기 위하여 주기적으로 뒤집어준다. 발효에 의해 생성되는 초산과 열은 종자가 발아하는 것을 방지한다.

과육부분은 10-12%의 수크로오스와 기타 당류를 가지고 있다. 또한 구연산을 함유하고 있어 pH가 3.4-4.0 정도이다. 발효미생물은 자연 환경, 식물 및 작업자로부터 유래한다. 2-3일 정도 걸리는 첫 번째 단계의 발효 동안에는 효모가 가장 중요한 미생물이다. 효모는 알코올과 알데히드를 생성하며 10^7 CFU/ml까지 유산균이 자랄 수 있는 좋은 혐기적 환경을 만들어 준다. 유산균은 많은 양의 가수분해 효소, 인베르타아제, 글리코시다아제 및 프로테아제를 생산한다. 미생물의 분포는 이상발효유산균이 일부 존재하지만 대부분이 정상유산발효균이다. 주기적으로 뒤집어 주면서 발효의 마지막 단계에서 초산균의 생육에 필요한 산소를 공급한다. *Gluconobacter*와 *Acetobacter* sp.는 10^6 CFU/g까지 자랄 수 있다. 발효 동안 건조와 볶는 과정 중 초콜릿 향으로 전환되는 전구물질이 생겨난다.

코코아 발효에는 주요한 2가지 방법이 있다. 가나 (Ghana)와 다른 소량 생산지역에서는 종자를 땅 위에 무더기로 쌓아 바나나 잎으로 덮고 손으로 뒤집어준다 (그림 19.6). 이 방법은 노동력이 많이 들지만 높은 품질의 제품을 생산할 수 있다. 이렇게 제조한 코코아 종자로 최상의 초콜릿을 제조할 수 있다. 두 번째 발효방법은 넓은 재배면적과 큰 농장에 유리한 것으로서 무더기로 쌓아 두는 대신 커다란 상자

Across

1. Virus that attacks bacteria
5. Homofermentation yields 2, heterofermentation yields 1
6. A bioprocess is also called a ______
9. Used in cured meat for color, taste, and antimicrobial properties
12. Type of fermentation that makes only lactic acid
14. During Prohibition, amateur fermentation microbiologists were often the targets of a ______
15. Propionibacteria produce these in Swiss cheese
18. Fermentation can be described as life in the absence of ______
19. Analogous to the ______ planted to start the growth of a vegetable, starter cultures are used to ______ a new fermentation
20. Used to make beer, wine, and bread

Down

2. Fermented foods are microbially safe due to ______
3. Acids are made from fermentable ______
4. Oxidized alcohol
7. Abbreviation for citric
8. Heterofermentative, but not homofermentative, microbes use these
10. Their breakdown is responsible for bitter flavor in cheese
11. Genus consisting of only homofermentative species
13. Energy is made when compounds are ______
16. The liquid drained away in making chocolate
17. Bacteriophage cycle that breaks open the host

그림 19.6 카카오를 발효하는 무더기 발효 방법.

에 넣어 발효하는 방법이다. 상자의 크기는 1×1×1 m에서 7×5×1 m 정도이다. 상자에는 종종 회전하기 쉽게 롤러를 달기도 한다. 2가지 방법 모두에서 "sweat"라고 불리는 액체가 생성되고 카카오 콩으로부터 배출되어 진다. 이 방법은 건조를 쉽게 한다. 큰 규모의 상자 발효는 무더기 발효에 비해 더욱 빠르고 값싸게 할 수 있지만 품질은 떨어지게 된다. 초콜릿 제조업자가 어떤 방법을 좋아할 지는 물론 상자 발효와 같이 빠르고 비용이 적게 들지만 무더기 발효와 같이 우수한 품질의 종자를 생산하는 것이다. 이는 두 가지 발효방법에 있어서 미생물의 생태에 관한 많은 연구를 필요로 할 것이다.

좋은 코코아 향의 생성은 여전히 예술에 비유되는 것처럼 매우 어렵다. 미생물의 연속적 반응은 매우 복잡하여 스타터 미생물을 이용하는 것은 불가능하다. 향은 식물의 유전적 잠재능력에 의해서도 좌우된다. 좋은 발효가 제품의 나쁜 품질을 좋게 하지는 못하지만 나쁜 발효는 최상급의 코코아의 품질을 망칠 수도 있다.

커피

커피, 지금까지 발명된 것 중 가장 우수한 유기 현탁액

스타 트렉: 보이저

*Coffea*의 여러 종인 *C. arabica, C. robusta, C. canephora* 등은 커피라는 생산을 위해 남미, 중미, 하와이, 에티오피아, 인도 등지에서 재배된다. 꽃이 피고 난 후 커피 열매가 익기까지 약 1년이 걸린다. 코코아 꼬투리보다 훨씬 작지만 커피콩을 함유하는 체리와 같은 커피 열매는 점액성 과육으로 둘러싸여 있다. 커피콩을 분리하기 위하여 점액성 과육을 제거하여야 한다. 과육의 제거는 기계적으로, 효소를 사용하여, 탈수에 의해 그리고 발효에 의해 가능하다.

커피 열매의 발효는 커피 생산에 있어서 코코아 생산의 경우에 비하여 훨씬 덜

표 19.1 기타 지역적으로 중요한 식품 발효

제품	미생물	제법	이용
효모와 곰팡이에 의한 발효			
간장	*Aspergillus oryzae, Aspergillus sojae,* 효모, pediococci	콩과 볶은 밀을 35–40°C에서 2–4개월 (12–19% 소금, pH 4.6–4.8)간 발효 후 70–80°C에서 살균	조미료
미소 (Miso)	*A. oryzae*에 의한 발효와 효모와 pediococci에 의한 2차 발효	쌀과 콩 또는 콩을 4–14% 식염의 존재 하 25–30°C에서 1주–1년 간 발효	수프 기본재료
청주 (Sake)	효모, 곰팡이, 유산균	쌀은 코지곰팡이에 히애 발효되어 전분으로부터 당을 유리한다. 당은 효모에 의해 발효되어 알코올로 전환된다. 어떤 타입의 청주는 유산발효를 거침	알코올 음료
수푸 (Sufu)	*Mucor* sp., *Rhizopus chinensis, Actinomucor elegans*	응고된 두유를 압착하여 입방체 모양으로 만들고 소금물에 끓인 후 균을 접종하여 1–12개월 숙성	양념
템페 (Tempeh)	*Lactococcus* sp., *Lactobacillus* sp., *Rhizopus oligosporus*	콩을 압착한 후 유산균을 접종하고 2일간 발효한 다음 *R. oligosporus*를 접종하여 균사체가 덩어리와 결합	얇게 썰거나 튀겨서 사용 또는 과일에 사용하기도 함
라오차오 (Lao-chao)	*Rhizopus oryzae, R. chinensis, Endomycopsis* sp.	즙, 단맛, 약간의 알코올을 함유하도록 실온에서 1–2일간 발효	후식
온컴 (Oncom)	*Neurospora intermedia, R. oligosporus*	탈지 땅콩 케이크에 미생물을 접종하여 25–30°C에서 1–2일간 발효한다. 표면은 유색의 분생자 혹은 포자로 덮인다.	발효땅콩 케이크
유산균에 의한 발효			
가리 (Gari)	유산균과 효모	카사아버의 껍질을 벗기고 세척 후 갈아서 액이 흘러나오도록 하여 2일간 발효	스튜에 사용하거나 찬 설탕물과 함께 먹음
김치 (Kimchi)	유산균	배추 또는 무 뿌리를 마늘과 함께 자연발효. 다양한 향신료 첨가	한국의 주 채소발효 식품
포이 (Poi)	초기 유산 간균과 유산 구균 그리고 그 이후의 효모	타로 토란 (taro) 식물의 알곡을 갈아서 수화시키고 토종 미생물로 1–3일간 발효	음식과 부식으로 먹음
기타 세균에 의한 발효			
케피르 (Kefir)	세균과 효모	소젖이나 양젖에 케피르 미생물을 접종한 후 실온에서 하룻밤 발효. 락토오스가 발효되어 신맛, 이산화탄소, 약간의 알코올을 생성한 음료	음료
청국장 (Natto)	*Bacillus natto (B. subtilis)*	25–40°C에서 12시간–2주간 발효	콩을 통째로 발효한 것으로서 그대로 또는 조리하여 섭취

[a]Adapted from L. R. Beuchat, p. 701–720, *in* M. P. Doyle, L. R. Beuchat, and T. J. Montville (ed.), *Food Microbiology: Fundamentals and Frontiers,* 2nd ed. (ASM Press, Washington, DC, 2001).

중요한 역할을 담당한다. 발효의 주목적은 커피콩을 분리하기 위한 것이다. 발효는 커피콩의 향과 품질에 거의 영향을 미치지 않는다. 발효될 때 커피콩으로부터 펄프가 제거된다. 남아있는 점액성 과육에 둘러싸인 커피콩은 물탱크에 침지한다. 토착형의 효모, 곰팡이, 유산균 및 그람 음성 세균이 발효하여 과육을 물로 쉽게 씻어 낼 수 있는 수용성 물질로 전환한다. 점액상 과육의 주성분이 펙틴이기 때문에 발효는 펙틴분해 미생물에 의해 좌우된다. 12-60시간이 소요되는 발효 중 커피콩의 pH는 천연의 커피콩 pH인 5.4-6.4에서 pH 3.7까지 떨어지게 된다. 그 다음 커피콩은 잘 알려지지 않은 미생물의 연속작용에 영향을 받는 10-25일의 태양건조를 거치게 된다.

비서구사회의 발효식품류

아시아, 아프리카, 남미에서 중요한 역할을 하는 발효식품들이 아주 많이 있다. 토착형의 식품산업에 요구되는 냉장시설, 에너지가 많이 드는 식품저장 방법 또는 기초적인 기술이 부족한 나라에서는 발효식품이 매우 중요한 역할을 한다. 발효는 김치나 가리 (gari)의 경우와 같이 식품의 보존을 위하여, 템페 (temph)와 케피르 (kefir)와 같이 영양가나 건강기능을 향상시키기 위하여 또는 청주와 같이 단순히 기호성을 높이기 위하여 이용될 수 있다.

이러한 발효들은 표 19.1에서와 같이 그들의 주요 분포미생물에 발전되었다. 발효를 위한 기질은 보통 지역에서 생산되는 전분질의 작물이거나 또는 자연적으로 생성되는 발효성 당을 함유하고 있는 작물이다. 템페와 청주와 같이 일부 미생물을 접종하여 발효하기도 하지만 대부분의 경우 토착 미생물들이 발효미생물로 작용한다.

그림 19.7 주로 발효식품으로 구성된 대표적 한국음식을 즐기는 저자 (Thomas Montville).

보통 변패와 관련성이 있는 곰팡이와 진균을 자주 사용함으로써 비천연발효가 될 수 있다. 그러나 유제품발효를 위하여 육류를 변패시키는 유산균의 사용은 더 이상 비천연이라 할 수는 없다. 유산균은 산도가 독특한 향미를 부여하며 보존제로 작용하는 많은 토착형 채소발효에 있어서 중요한 역할을 한다 (그림 19.7). 많은 전통 발효에는 종종 밝혀지지 않은 혼합 미생물들이 관여하고 있다.

요약

- 빵과 맥주 모두는 이산화탄소와 에탄올을 생성하기 위한 발효에 효모를 이용한다.
- 맥주의 제조는 가수분해효소의 유리를 위한 맥아제조, 발효성 당의 생성을 위한 당화, 발효, 청징화, 살균 및 병입과정을 거친다.
- 포도주의 생산은 포도에 천연의 발효성 당이 존재하기 때문에 맥주 제조보다는 기술적으로 단순하다.
- *Oenococcus oeni*에 의한 2차 발효는 포도주의 말릭산의 함량을 줄이기 위해 이용될 수 있다.
- 식초의 생산은 반응속도 한계요인인 산화과정을 극복하기 위해 통과 trickling 나무 챔버, 커다란 발효조를 사용한 호기적 발효이다.
- 커피와 코코아 발효에 있어서 점액성의 과육은 이후의 가공을 위한 커피콩과 카카오 콩의 유리를 위해 발효된다.
- 발효는 커피의 품질보다 코코아의 품질에 있어서 훨씬 더 중요하다.
- 토착형의 발효는 보존을 위해 또는 향상된 영양적 특징을 가진 새로운 제품의 제조를 위해 지역에서 생산된 작물의 기질을 이용한다.

참고문헌

Campbell, I. 2007. Beer, p. 851–862. *In* M. P Doyle and L. R. Beuchat (ed.), *Food Microbiology: Fundamentals and Frontiers*, 3rd ed. ASM Press, Washington, DC.

Fleet, G. H. 2007. Wine, p. 863–890. *In* M. P. Doyle and L. R. Beuchat (ed.), *Food Microbiology: Fundamentals and Frontiers*, 3rd ed. ASM Press, Washington, DC.

Nout, M J. R., P. K. Sarkar, and L. R. Beuchat. 2007. Indigenous fermented foods, p. 817–835. *In* M. P. Doyle and L. R. Beuchat (ed.), *Food Microbiology: Fundamentals and Frontiers*, 3rd ed. ASM Press, Washington, DC.

Thompson, S. S., K. B. Miller, and A. S. Lopez. 2007. Cocoa and coffee, p. 837–850. *In* M P. Doyle and L. R. Beuchat (ed.), *Food Microbiology: Fundamentals and Frontiers*, 3rd ed. ASM Press, Washington, DC.

20 부패 미생물

학습목표

- 광범위한 식품의 부패와 관련된 미생물에 대한 지식을 습득
- 식품의 부패를 억제하는 내적인 기작의 이해
- 미생물에 의한 부패에 미치는 가공의 효과를 이해
- 특정 식품의 편배를 유발하는 원인 미생물의 유래 확인
- 원료물질 (식품 또는 식자재)의 오염을 최소화할 수 있는 과정 이해

서론

다른 도시에 있는 친구가 잠시 들려 식사를 하겠다는 전화를 받는다면, 우리는 식사 대접을 위해 필요한 재료를 찾으려고 냉장고 문을 열 것이다. 스파게티 소스가 담긴 병의 뚜껑을 열었을 때 소스 표면에 다량의 푸른곰팡이가 발생해 있고, 요리에 필요한 런천미트는 푸른 빛깔을 띠고 이상한 냄새가 나고 점질물이 형성되어 있는 것을 발견할 수가 있다. 또, 샐러드를 만들기 위해 꺼낸 양상추는 갈색으로 변해있고, 고추는 검은 반점이 생성되어버려 실망하여 우유 한잔을 마시려고 우유를 따르는 순간 우유마저 변질되어 있는 것을 발견하게 된다면 대학시절 식품미생물학을 배울 때 좀 더 관심을 가졌어야 했을 것이라 느낄 것이다.

생산물 (농산물, 축산물, 수산물)이 소비자가 거부할 정도로 기호성이 변화되었다면 부패된 것이다. 식품의 부패와 관련된 요인은 색상의 결함이나 조직감의 변화, 이취 및 점질물의 생성 그리고 기타 식품의 가치를 상실하는 여러 가지 변화 등이 있다. 식품에서 효소활성은 저장 중 식품을 변화시키지만, 감지할 수 있는 색상과 냄새 등 기호성의 변화를 수반하는 부패는 미생물의 성장에 의한 분해와 대사산물의 형성 결과이다. 이 장에서는 육제품에서 유제품, 농산식품에 걸친 여러 가지 식품의 부패와 관련 미생물, 부패를 일으키는 조건, 부패 식품의 결점 등에 관해 알아보자.

육류와 가금류 및 수산물 가공식품

육류의 미생물

살아있는 건강한 동물의 근육조직에 존재하는 세균수는 아주 낮지만 육류 동물의 장관뿐만 아니라 가죽, 머리카락, 발굽 등에도 수많은 세균이 존재한다. 가죽에 존재하는 미생물은 *Staphylococcus, Micrococcus, Pseudomonas* sp. 등과 같은 세균과 효모, 곰팡이 등이며 이들 미생물은 정상적으로 피부표면, 분변 그리고 토양에 흔히 존재하고 그 수와 조성은 동물이 처해있는 환경조건에 의해 영향을 받는다.

박피된 도체에 존재하는 대부분의 세균은 피부로부터 유래되며 박피 과정 중 피부표면에 있던 미생물은 도체 표면의 근육에 이동하게 된다. 소와 양과는 달리 돼지의 껍질은 제거하지 않고 도체에 그대로 남겨둔다. 오염된 탈모기를 사용한 탈모 과정에서 재오염되기도 하고 내장 적출단계에서 장 내용물에 오염된다. 도체의 취급과정 중에도 도체간에 교차오염이 일어날 수 있다. 내장과 피부조직 뿐만 아니라, 도축장의 바닥, 벽, 접촉표면, 칼, 작업자의 손 등이 적색육의 주요 오염원이다.

가금류의 미생물

사육장과 배설물뿐만 아니라 가금류의 피부, 다리에도 미생물이 존재한다. 피부에도 존재하지만 *Acinetobacter*와 *Moraxella* 등이 주를 이루는 내냉성 세균은 깃털에 존재한다. 가금류를 사육장과 도계장으로 수송하는 동안 또는 방혈 과정 중에 분변의 오염이나 교차오염은 이루어진다. 도계 즉시 미생물의 성장을 최소화하기 위해 급속히 냉각시키며, 잘게 부순 얼음 침지나, 냉각침지 그리고 분무, 공기, 이산화탄소 등을 이용한 냉각 장치를 이용한다. 이 장치에 사용하는 물 중에서 살균처리되지 않은 물에는 세균이 존재하여 부패의 원인이 될 수 있으므로 반드시 음용수를 사용하여야 한다.

어류의 미생물

어류에 존재하는 미생물의 종류와 수는 어획 당시의 환경, 계절, 취급과정, 가공공정 등에 영향을 받는다. 물의 온도는 어류 표면에 존재할 수 있는 세균의 형태와 초기 균수를 결정하는 중요한 요인이다. 일반적으로 한대지방의 어류보다 아열대 및 열대지방의 어류의 표면 미생물 수가 더 많다. 온대지방에서 어획한 어류에는 내냉성 미생물이 주를 이룬 반면 열대지방에서 어획한 어류에는 중온성 미생물이 주를 이룬다. *Acinetobacter, Aeromonas, Cytophaga, Flavobacterium, Moraxella, Pseudomonas, Shewanella, Vibrio* sp. 등은 온대지방의 어패류에 많으며, *Bacillus, corymeforms* 그리고 *Micrococcus* sp.는 아열대 및 열대 지방의 어패류에 많이 존재한다. 어류의 초기미생물은 어획방법에 영향을 받는다. 일반적으로 그물을 사용하여 잡은 고기는 낚시 줄로 잡은 고기보다 미생물수가 많다. 이는 어획당시 고기의 몸부림으로 바닥의 진흙 등이 부유되어 어체 표면에 오염되기 때문이다. 그물로 끌어 올릴 때 그물 내 포획된 어류가 밀집되어 있으므로 이때 어류의 장 내용물에 의해 어체 표면이 오염된다. 따라서 어획 후 냉각이 지연되면 오염 미생물의 성장을 용이하게 하여 쉽게 부패해 버린다. 히스티딘 디카복실라아제를 생성하는 *Morganella (Proteus) morganii* 와 관련 *그람 음성* 세균은 참치, 고등어, 날치 등에 독성을 나타내는 수준의 histamine을 생성할 수도 있다. *Photobacterium phosphorum*은 냉장 보관중인 이들 어종에 히스타민을 생성할 수 있다.

갑각류의 미생물

열처리가 되기 전까지 살아있는 갑각류 (바다가재, 게, 대하)와는 달리 새우는 수확 후 곧바로 죽는다. 부패는 갑각류가 죽자마자 바다의 환경이나, 취급과 수세과정 중 새우 표면에 오염된 세균에 의해 시작된다. 굴, 대합조개, 가리비, 홍합 등 연체패류에 존재하는 미생물은 서식하는 환경의 수질과 가공에 사용하는 세척수의 수질에 영향을 받는다. 어류를 변패시킬 수 있는 *Pseudomonas* sp., *Shewanella putrefaciens, Acinetobacter, Moraxella* 등의 세균들이 또한 갑각류의 변패를 초래한다.

식품표면의 세균 부착

육류, 가금류, 어류의 부패는 근육표면에 존재하는 세균의 성장의 결과라 할 수 있다. 성장의 첫 번째 단계는 육표면에 미생물 세포의 부착이다. 세균의 근육 표면에 부착은 두 단계로 이루어진다. 첫 번째 단계는 반데르발스 힘 또는 물리화학적인 요소에 의해 느슨하고 가역적인 흡착이다. 이때에 흡착에 영향을 미치는 요인은 물에 존재하는 세균수이다. 두 번째 단계는 글리코칼릭스 (glycocalyx)로 알려진 세포외 다당류층을 생성하여 표면에 비가역적인 흡착으로 이루어진다. 많은 요인들이 세균의 표면 흡착에 영향을 미치며 그 예로는 표면의 특성, 미생물의 성장단계, 온도 그리고 세균의 운동성이다. 근육식품과 연관성이 있는 미생물의 변화가 그림 20.1에 나타나 있다.

저장 중 미생물상의 변화

근육 식품의 초기 미생물군의 조성은 쉽게 변한다. 이들 미생물은 동물의 종류, 사양방법, 토양, 물 등의 환경으로부터, 육가공에 사용되는 첨가물, 작업자의 손, 가공기계의 표면 등으로부터 유래된다. 대부분 부패하기 쉬운 식품인 육류, 가금류, 어류 제품은 유통기간을 연장하기 위해 냉장온도에서 저장된다. 미생물의 성장은 저장 중에 일어나므로 미생물군의 조성은 몇 종 또는 한 종류로 변화하게 되며 이와 관련한 미생물은 *Pseudomonoas, Lactobacillus, Moraxella, Acinetobacter* sp.와 *Brochothrix thermosphacta* 종 등이다 (그림 20.1). 호기적 상태로 냉장 보관중인 근육식품에서는 성장속도가 빠른 *Pseudomonas* sp.가 우세하며, *Moracella*와 *Acinetobactoer* sp.는 저온과 낮은 pH에서는 상대적으로 성장속도가 늦다. 호기성 미생물은 진공이나 공기조성을 달리한 대기에서 저장 중 성장이 억제된다. 이러한 조건하에서는 혐기적 상태에서 대사능력이 있고, 비교적 성장속도가 빠르며 어류의 pH에서 성장이 가능한 유산균이 우세하며, 높은 pH 조건하에서는 *B. thrmosphacta*

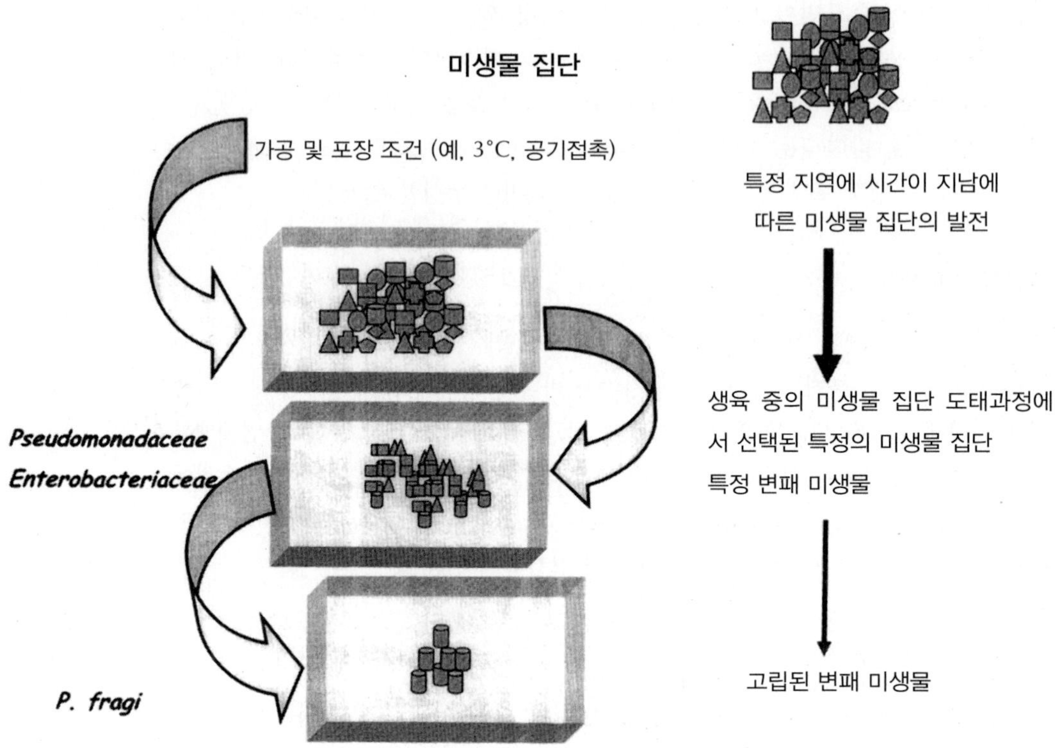

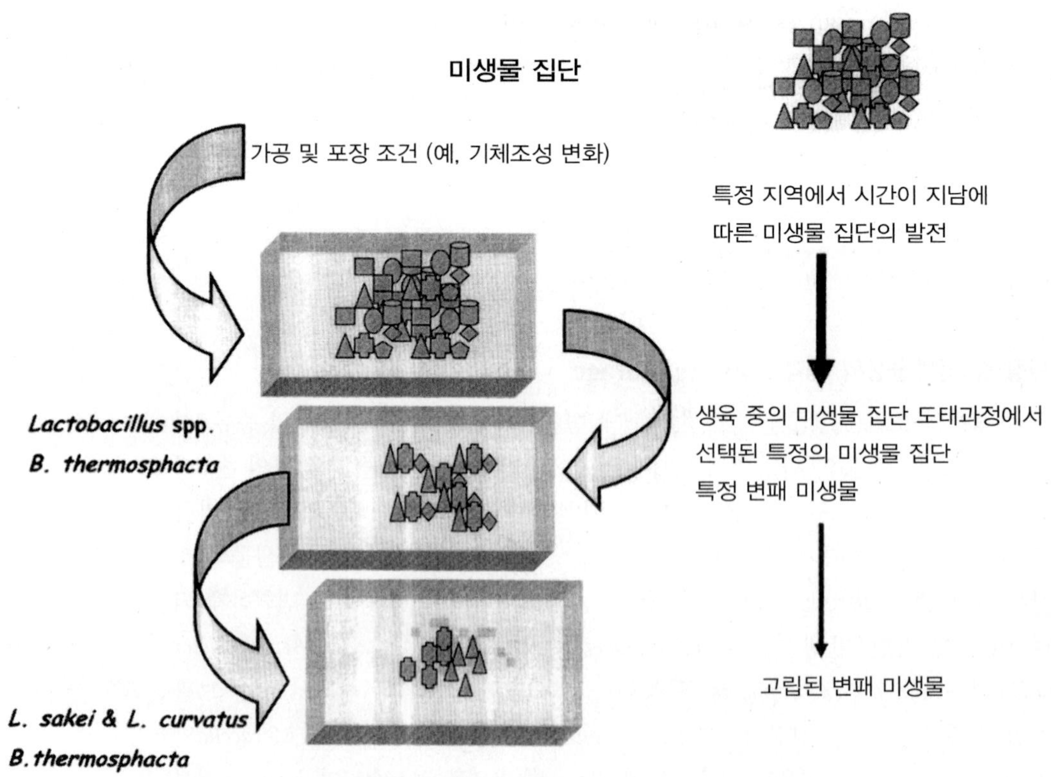

그림 20.1 다양한 가공 및 포장 조건에서 근육식품의 미생물 분포의 변화. 출처: G.-J. E. Nychas, D. L. Marshall, and J. N. Sofos, p. 112, *in* M. P. Doyle, L. R. Beuchat, and T. J. Montville (ed.), *Food Microbiology: Fundamentals and Frontier*, 3rd ed. (ASM Press, washington, D.C., 2007).

와 *S. putrefaciens*가 성장하여 부패시킨다. 가공제품은 건조하거나 소금, 설탕과 같은 용질을 첨가함으로써 수분활성도를 낮출 수 있으며, 수분활성도가 낮은 상태에서는 세균의 성장이 억제되고 효모와 곰팡이의 성장이 일어난다. 일반적으로 제품의 수분활성도 (A_w)가 0.60 이하의 조건에서는 미생물의 성장이 일어나지 않는다.

미생물 성장배지로서의 근육조직

근육 내 지방, 육, 탄수화물 등의 조성은 미생물의 성장과 부패형태에 영향을 미친다. 육표면의 세균수가 10^7 CFU/cm^2에 이르는 상태를 부패라 한다. 호기성 부패일 경우 세균수가 10^7 CFU/cm^2이면 이취가 발생하며, 10^8 CFU/cm^2에 도달하면 점질물이 생성된다.

육류의 조성과 변패

적색육의 A_w는 0.99이며 이때 수분함량은 약 74-80%이다. 단백질의 함량은 15-20% 범위이며, 근육내 지방함량은 2.5-37%, 탄수화물 함량은 0-1.2% 범위를 나타낸다. 탄수화물의 혐기적 분해로 근육내 유산은 축적되고, 그 결과 근육의 pH는 낮아진다. 육을 상온에서 저장할 경우 *Clostrifium perfringens*와 Enterobacteriaceae과에 속하는 중온성 균의 성장이 우세하게 일어난다. 'Sours' 또는 'bone taint'로 알려진 근육 내부의 부패는 도체 냉각과정이 완만하게 이루어 질 때 발생하며, 근육조직 내에 존재할 수 있는 혐기성 중온성의 성장을 촉진시킨다. 도체 표면이나 부분육의 표면이 건조하게 되면 세균의 성장은 제한되고 곰팡이에 의한 부패가 일어난다. 즉 *Thamnidium, Mucor, Rhizopus* sp.는 쇠고기 표면에 성장하여 회색에서 검정색을 띠는 솜털 같은 모양의 균사체를 형성한다. 검은색 부패는 *Cladosporidium* sp., 백색 부패는 *Sporofrichum*과 *Chrysosporium* sp., 그리고 녹색부패는 *Penicillium* sp.의 성장에 의해서 발생한다. 쇠고기를 -5°C이하로 유지하면 표면에 곰팡이는 성장하지 않는다.

가금육의 조성과 부패

가금류 근육의 미생물에 의한 부패기전은 적색 근육의 부패 기전과 유사하며, 부패는 육의 표면에 국한 되어 일어나며 이취 발생, 점질물 형성, 변색 등의 현상이 발생한다. 가금류의 피부조직은 부패 미생물이 근육조직 내부로 오염되는 것을 방지하는 역할을 한다. 가금류의 가슴살 (pH 5.7-5.9)과 다리살 (pH 6.4-6.7)의 pH는 다르지만 부패를 일으키는 미생물의 종류는 유사하여 주로 *Pseudomonas, Aeromonas, S. putrefaciens* 등이 주종을 이룬다. 산소 비투과성 필름으로 포장한 가금류는의 부패는 *Shewarella, B. thermosphacta*와 기타 lactobacilli에 의해 일어난다. Hydrogen sulfide, dimethyl sulfide, methyl mercaptan 등의 함유황 화합물질을 생성하는 *S. puterfaciens*는 가금류 부패의 주요 미생물이다.

어류의 조성과 부패

건강상태가 양호한 살아있는 물고기의 내부 근육은 일반적으로 무균 상태이다. 세균은 피부 바깥쪽 점질층과 아가미 표면, 양식 어류의 경우 장관에 존재한다. 어육의 조성은 어종에 따라서 다양하며, 크기, 계절, 어획장소, 먹이에 따라 차이가 크다. 대구와 같이 지방이 거의 없는 생선의 평균 조성은 단백질 18%, 지방 1%이하이지만, 청어와 같이 지방이 많은 생선은 10-30%의 지방을 함유하고 수분함량이 다양하여, 지방과 물을 합한 함량이 근육의 80% 정도를 차지한다. 다른 근육 식품과 마찬가지로, 얼음으로 저장되는 신선한 생선의 부패 미생물은 주로 *Pseudomonas* sp., *S. putrefaciens* 등이며, 그 외 *Acinetobater*와 *Moraxella* sp. 등도 있다. 신선한 생선의 부패 특성은 네 단계로 나눌 수 있다. 그 첫 번째 단계는 사후 0-6일 정도에 나타나는 현상으로 이취 없이 세균의 수적 변화가 이루어진다. 두 번째 단계는 사후 7-10일 정도로 세균의 성장이 두렷하고 약간의 이취가 난다. 세 번째 단계에는 사후 11-14일 정도로 세균의 증식이 급격히 이루어지고 쉰내와 비린내가 강해지며, 피부에 점질물이 형성된다. 마지막 단계로는 사후 14일 이후에 나타나는 현상으로 세균수는 일정하며, 단백질 분해가 시작되고 피부에 많은 양의 점질물이 형성되며 심한 부패취를 발생한다.

갑각류의 조성과 부패

갑각류와 연체패류는 일반적으로 생선보다 많은 양의 유리아미노산을 함유하고 있다. 트리메틸아민옥사이드는 두족류, 가리비, 새조개를 제외한 갑각류에 존재하지만 연체패류의 조직에는 없다. 갑각류에는 단백질을 쉽게 분해시켜 조직연화와 휘발성 이취발생을 초래하는 카텝신(cathepsin)과 같은 효소가 있다. 어획 후, 머리 부분을 제거하면 분해효소를 제거하는 효과를 가져와 저장성이 증진된다. 새우와 같은 갑각류 육질에서 흔히 나타나는 흑색 부패현상은 부패미생물에 의한 것이 아니라 폴리페놀옥시다아제의 활성에 기인한 것이다.

연체패류의 살코기 부위의 총질소함량은 생선이나 갑각류보다 낮고, 글리코겐 형태의 탄수화물의 함량이 높다. 연체패류의 변패 형태는 다른 수산식품과 다르며 변패가 진행됨에 따라 조직의 pH가 낮아지는 발효와 유사한 현상을 일으키는데 lactobacilli와 streptococci가 우세균으로 나타난다.

부패에 영향을 미치는 요인

단백질 및 지방 분해활성

Pseudomonas 와 호기성 부패미생물은 대수증식기 후반에 단백질 분해효소를 생성하며 단백질 분해현상은 미생물수가 10^8 CFU/cm^2 이상 일 때 발생하여 식품의 부패는 계속 진행되고 이때 미생물의 수는 최고에 달한다.

지방의 호기적 산패는(Oxidative rancidity) 저장 중 불포화 지방산이 산소와 작용함으로써 발생한다. 속도는 지방에 함유되어 있는 불포화 지방산의 조성비에 영향을 받는다. 알데히드, 케톤, 저급지방산은 산패취의 원인 물질이다. 미생물의 활동과는 관계가 없는 근육식품의 자동산화는 호기적인 조건에서 저장할 때 발생한다. 일반적으로 근육 조직내 탄수화물이 이용되는 동안 지방분해효소의 생성은 제한되지만 이와 달리 미생물에 의한 지방분해는 근육표면에서 포도당이 고갈될 때까지 일어날 수 있으며, 이때 아미노산 분해도 일어나 지방산패의 영향을 상쇄할 수도 있다.

지방조직의 부패

지방 조직은 대부분 불용성 지방으로 구성되어 이들이 분해되거나 유화되기 전까지는 미생물이 이용할 수 없다. 지방과 근육조직에 대한 부패 진행과 부패 미생물의 성장율이 서로 유사하지만 지방조직은 탄수화물 함량이 근육조직 보다 낮기 때문에 이용할 수 있는 포도당이 고갈되고 미생물의 수가 보다 적더라도 부패취는 감지된다. 이러한 현상은 미생물수가 10^6 CFU/cm^2 이상일 때 발생한다. *Hafina alvei, Serratia liquefaciens*와 *Lactobacillus plantarum* 등과 같은 내냉성 미생물의 성장율은 쇠고기나 돼지고기의 살코기에서 보다 지방에서 더 높다. *S. putrefaciens* 등과 같은 부패 미생물도 자랄 수 있다. 살코기에 앞서 지방의 부패는 진공포장육에서 근육조직액의 유출을 유도하고 도체표면을 건조시켜 세균의 성장을 억제시킨다

혐기적 조건에서의 변패

저장조건에서 공기가 배제되면 근육식품의 부패미생물의 대부분은 유산균이 차지하나, 근육의 pH가 높거나 잔존 산소가 존재 할 경우 *B. thermosphacta*와 *S. putrefaciens* 등과 같이 다른 미생물도 부패에 관여한다. 혐기적 조건에서 미생물의 성장속도는 호기적인 환경에 비해 상당히 늦다. 혐기적 조건에서 최대 미생물 수는 10^8 CFU/cm^{2}인데 반해 호기적인 조건에서 최대 미생물수는 >10^9 CFU/cm^2 이다. 근육조직은 혐기적 조건에서 저급지방산과 아민의 축적에 따라 쉰 냄새 치즈취 등 좋지 않은 냄새 (acid, cheesy odor)와 풍미 (cheesy flavor)가 발생한다. 혐기적 조건에서 *B. thermosphacta*은 유산균에 비해 근육식품을 훨씬 빨리 부패시킨다.

그 외 변패와 관련된 육의 특성

도살 전 과도한 스트레스와 운동은 근육내 글리코겐을 고갈시켜 육색이 검고, 질긴 고기를 생산하게 되며, 정상적인 근육에 비해 부패가 빨리 진행된다. 부패가 빨리 진행되는 이유는 근육내 포도당이 고갈되고 유산이 축적되기 때문이다. 사후 포도당의 이용은 근육의 pH를 급격하게 감소시켜 연도감소가 유발되는 PSE근육 (pale, soft, exudative)은 돼지고기, 칠면조고기. 드물게 쇠고기에서 발생한다. PSE 근육은 정상적인 근육에 비해 부패전도가 느리다는 이론도 제기되고 있다.

분쇄 육제품

분쇄 육제품 (ground or blended products)의 저장성이 짧은 이유는 (i) 분쇄용 원료 육류의 초기 미생물 과다 (ii) 공정 중 오염 (iii) 분쇄에 의한 표면적 증가 등이다. 호기적으로 저장하는 그라운드 비프의 표면에는 *Pseudomonas, Acnetobacter*

Moraxella sp.가 주 미생물군으로 존재하며 내부에는 산소가 제한되므로 유산균이 주종을 이룬다. 때로는 *Aeromonas* sp.나 *Enterobacteriaceae* 과에 속하는 균들이 그라운드 비프에 오염균으로 발견되기도 한다.

조리제품

근육식품이 조리는 영양세포는 사멸시키나 표자형성 세균은 살아남을 수 있다. 상하기 쉽고 조리된 비염지육의 부패는 열처리에 살아남거나 열처리 후 오염된 균, 특히 내냉성 미생물인 micrococci, streptococci, lactobacilli와 *B. thermosphacta* 등에 의해서 일어난다.

가공제품

가공제품의 미생물에 의한 부패는 제품의 특성이나 사용된 첨가물에 따라 다르다. 가공육의 부패의 특성은 *점질물 형성* (*slimy*), 신맛 (souring), 녹변 (greening)현상이다. 점질물 형성 (slimy spoilage)은 효모나, *Lactobacillus, Enterococcus* sp., *B. thermosphacta*의 성장에 의해 제품의 케이싱 표면에 발생한다. 신맛이 나는 현상 (souring)은 *Lactobacillus, Enterococcus* sp.와 *B. thermosphacta* 등이 성장하여 락토오스 또는 다른 당을 이용하여 유산을 축적하는 현상으로 케이싱 바로 아래 부분에서 발생한다. 신선육의 녹변현상은 황화수소를 생성하는 오염미생물에 의해 발생하며, 염지육의 녹변현상은 진공포장육이나 공기조성변형 포장육이 공기에 노출되었을 때 표면에 발생되는 과산화수소에 의해 발생한다. 제조시설 및 원료육의 비위생적인 관리로 인해 오염된 *Lactobacillus viridescens*가 녹변현상의 주요 원인 미생물이며 그 밖에 *Streptococcus*와 *Leuconostoc* 등이 관여한다.

염지육의 부패는 lactobacilli와 micrococci와 같이 수분활성도가 낮은 환경에서 내성이 있는 미생물에 의해 발생한다. 염지육에 설탕을 첨가하면 *Leuconostoc* sp.나 *L. viridescens*이 점질물인 덱스트란을 생성하여 점질화 현상이 발생한다. 건조 육제품이 적절히 제조되었거나 저장된 경우 수분활성도가 낮이 비교적 미생물학적으로 안전한 상태를 유지할 수 있다. 수분활성도가 낮은 상태에서 자랄 수 있는 미생물의 성장을 억제하기 위해서 건조 육제품의 수분은 충분히 제거되어야 한다. 이러한 제품은 상대습도가 높거나 수분이 많은 환경에 노출되지 않는 한 미생물에 의한 부패는 발생하지 않는다.

근육식품의 변패 방지

제품의 내적 특성과 저장환경의 외적 특성의 변화는 근육식품의 부패미생물의 성장을 조절할 수 있다. 부패 미생물의 성장을 방지하거나 주 부패 미생물의 종류에 영향을 미칠 수 있는 가공방법이나 첨가물의 선택에 따라 가공육의 저장기간은 연장될 수 있다. 가공 방법의 중앙 집중화와 제품을 보다 먼 거리의 국내외 시장에 유통하려는 식품산업 흐름의 변화에 따라 신선육의 저장기간의 연장은 매우 중요하다. 신선육의 부패 방지 및 저장기간의 연장을 위한 특수한 방법에는 위생적인 저장과 유통이 가능한 효과적인 제조방법, 도체로부터 이화학적, 미생물학적 오염물질을 제거하기 위한 세척 및 침지방법 그리고 염소와 유기산 등의 항미생물 제제를 혼합한 세척수의 이용방법 등이 있다. 도체 세척 시 유산, 초산, 프로피온산, 구연산 등 유기산의 이용에 관한 많은 조사연구가 진행되었으며, 그중 도체 표면의 미생물 수를 감소시키기 위하여 유산, 초산이 가장 흔히 사용되었다. 유기산의 효과는 산의 종류, 농도, 온도 그리고 사용하는 가공 공정 등의 요인에 따라 다르다.

온도는 근육식품에서 미생물의 성장에 미치는 환경적 요인 중에서 가장 중요하다. 온도가 미생물의 성장적온보다 낮아짐에 따라 세대시간과 유도기는 길어지고 따라서 성장은 느려진다 (그림 20.2). 호기적 저장조건하에서 *Pseudomonas* sp.의 비교적 높은 성장율은 20°C이하의 온도에서 중온성 미생물과 내냉성 미생물의 경쟁적으로 성장하는 환경을 조성한다. 이와는 달리 20°C이하의 혐기적 조건에서 내냉성 lactobacilli의 급격한 성장은 다른 내냉성 부패 미생물과의 경쟁적으로 성장하는 환경을 조성한다. 중온성 균의 성장이 가능한 온도에 식품을 저장하면 중온성균의 성장에 의해 식품은 부패한다. 저온에 저장할 경우 근육식품의 pH나 유산의 농도에 의해 성장을 억제 받을 수 있는 내냉성 부패미생물은 보다 높은 온도에서 저장할 경우 성장이 가능하다. 이와는 달리 내냉성 부패미생물의 성장최저온도는 성장에 미치는 다른 요인 즉 pH, A_w, 산화 환원전위와 식품첨가물, CO_2 등의 성장 억제 물질에 의해 높아질 수 도 있다.

근육식품의 유통기간은 진공포장이나 기체조절포장 (MAP: modified atmo-

그림 20.2 저장온도에 따른 그라운드 비프의 생균수 변화. 출처: T. C. Jackson, D. L. Marshall, G. R. Acuff, and J. S. Dickson, p. 91–109, *in* M. P. Doyle, L. R. Beuchat, and T. J. Montville (ed.), *Food Microbiology: Fundamentals and Frontiers*, 2nd ed. (ASM Press, Washington, D.C., 2001).

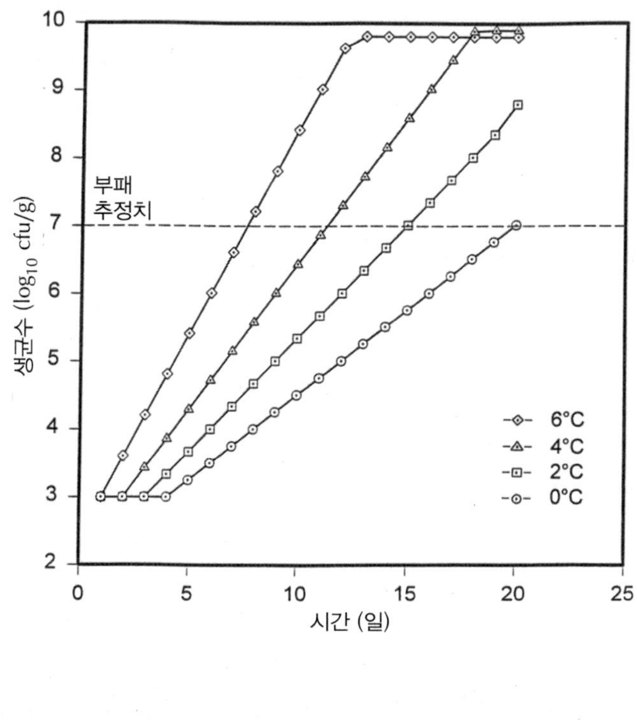

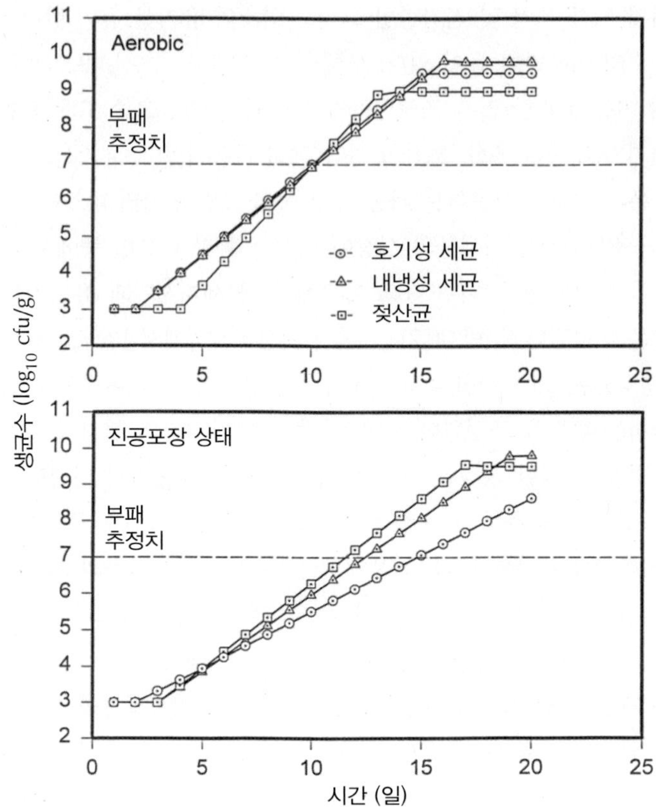

그림 20.3 0°C에서 호기적 포장과 진공포장 돈육의 호기성 세균, 내냉성 세균, 유산균의 생균수, 성장곡선은 유도기 기간과 세대 시간을 근거로 작성함. 출처: T. C. Jackson, D. L. Marshall, G. R. Acuff, and J. S. Dickson, p. 91-109, *in* M. P. Doyle, L. R. Beuchat, and T. J. Montville (ed.), *Food Microbiology: Fundamentals and Frontiers*, 2nd ed. (ASM Press, Washington, D.C., 2001).

sphere package)을 이용하면 연장할 수 있다. MAP는 공기보다 다른 가스 조성을 가지며, 산소 비투과성이 높은 포장지를 사용한다. 일반적으로 포장지내 공기의 조성은 이산화탄소나 다양한 비율의 산소와 질소가 함유되어 있다. 이러한 제품의 저장성이 연장되는 것은 *Pseudomonas, Moraxella*와 *Acinetobacter*가 주를 이루는 호기성 미생물에서 유산균과 *B. thermosphacta*가 우세한 미생물 군으로 변화되기 때문이다 (그림 20.3). 이산화탄소는 정균효과가 있기 때문에 공기조절 기법에 흔히 사용되고 있으며, 많은 미생물의 유도기와 세대시간을 연장시킨다. 산소는 진공포장 신선육의 소비자가 선호하는 붉은색을 유지시키기 위해 기체조절포장법에 자주 사용되고 있다. 그러나 충분한 산소의 양이 존재할 경우 호기성미생물과 *B. thermosphacta* 가 성장하여 육을 부패시켜 버린다. 산소 대용으로 질소를 사용하면 질소는 산화적 산패현상을 지연시키고 호기성 미생물의 성장을 억제시킨다.

육류의 방사선 조사는 병원성미생물과 부패미생물을 현저히 감소시킴으로써 미생물학적 안전성과 품질을 증진시킨다. 현재 비교적 적은 양의 조사 (5 kGy 이하)가 가장 관심을 끌고 있다. 병원성 미생물의 생육형 세포 90%를 불활성화 시키는

데 필요한 조사량은 가공조건 (온도와 산소의 존재유무)에 따라 다르지만, 일반적으로 저선량의 경우 *Aeromonas*와 *Campylobacter*에 대해 0.2 kGy 이하, 고선량의 경우 *Listeria*와 *Salmonella* 0.77 kGy를 사용하고 있다. 종에 따라 다양하지만 부패미생물의 영양세포를 90% 불활성화 시키는데 필요한 조사량은 일반적으로 0.2-0.8 kGy 범위이다. *Clostridium* 포자를 90% 불활성화 시키는데 필요한 조사량은 3.5 kGy 정도로 높다. 저선량 (5 kGy 이하)의 조사로 신선육의 저장성을 연장시킬 수 있다. 병원성 미생물과 부패 미생물을 현저히 감소시킬 수 있기 때문에 저준위 조사량은 신선육의 살균에 권장되는 방법이다. 조사의 결점중의 하나는 소비자가 조사식품의 구매를 주저한다는 사실이다.

BOX 20.1

이건 정말로 상한 건가?

우유는 요구르트와 같은 형태를 띠기 시작하면 상한 것이다. 요구르트는 코티지치즈처럼 보이면 상한 것이고 코티지치즈는 보통의 치즈처럼 보이면 상한 것이다. 결국 보통의 치즈는 바로 상한 우유라 할 수 있으며 이미 상한 샅이므로 더 이상 심하게 상할 수 는 없는 것이다.

우유 및 유제품

미생물 성장에 다른 유제품의 부패에 관해 알아보기로 하자. 현대 유가공 공정 중 품질보존을 위한 수단으로 살균, 멸균, 발효, 건조, 냉장 그리고 냉동방법을 이용하고 있다. 이러한 저장 방법과 교동, 여과, 원심분리, 응고 등의 성분분리 공정을 혼합 사용할 경우 각기 다른 맛과 조직감을 갖는 다양한 유제품을 제조할 수 있고 이들 제품의 부패에 관련하는 미생물군도 매우 다양해진다 (Box 20.1). 일반적으로 유제품의 부패는 이취의 발생과, 조직과 외관이 뚜렷하게 변화하는 특징이 있다. 미생물에 의한 우유와 치즈의 부패 양상은 표 20.1과 20.2에서 보는 바와 같다.

미생물 성장배지로서의 우유와 유제품

우유

우유는 충분한 수분함량, 거의 중성에 가까운 pH, 이용할 수 있는 다양한 영양분을 함유하고 있으므로 미생물의 성장에 좋은 배지이다. 우유가 좋은 배지이기는 하지만, 우유에 yeast extract나 단백질 분해물을 첨가할 경우 미생물의 성장은 증가하므로 반드시 우유가 미생물 성장에 이상적인 배지라 말 할 수는 없다. 우유는

표 20.1 미생물 성장에 따른 액상유제품의 변패[a]

종류	관련미생물	효소의 종류	대사산물
쓴맛	내냉성 세균, *B. cereus*	프로테아제, 펩티다아제	고미성 펩티드
산패	내냉성 세균	리파아제	유리지방산
과일취	내냉성 세균	에스테라아제	에틸에스테르
응고	Bacillus sp.	프로테아제	카제인 불안정화
신맛	유산균	당분해성 효소	유산, 초산
맥아취	유산균	옥시다아제	3-메틸 부탄알
점성	유산균	폴리머라아제	세포외다당류

[a]J. F. Frank, p. 142-155, *in* M. P. Doyle, L. R. Beuchat, and T. J. Montville (ed.), *Food Microbiology: Fundamentals and Frontiers*, 3rd ed. (ASM Press, Washington, D.C., 2007)에서 인용.

표 20.2 미생물성장에 따른 치즈의 변패[a]

종류	관련미생물	대사산물
조직이 부서지고 균열	이상유산발효형 유산간균	CO_2
초기 가스 생성	대장균군, 효모	CO_2, H
후기 가스 생성	*Clostridium* sp.	CO_2, H
산패	내냉성 세균	유리지방산
과일향	유산균	에틸 에스테르
표면에 백색 결정 형성	*Lactobacillus* sp.	과량의 유산
분홍 얼룩 형성	*L. delbrueckii* subsp. *bulgaricus*	높은 산화환원전위

[a]J. F. Frank, p. 141–154, *in* M. P. Doyle, L. R. Beuchat, and T. J. Montville (ed.), *Food Microbiology: Fundamentals and Frontiers*, 3rd ed. (ASM Press, Washington, D.C., 2007)에서 인용.

지방함량이 높지만, 이를 탄소원이나 에너지원으로 사용할 수 있는 부패미생물은 거의 없다. 왜냐하면 우유의 지방은 당단백, 지단백, 인지질로 구성된 보호막으로 쌓인 구형을 하고 있고, 또한 많은 종류의 미생물이 락토오스를 분해 이용할 수 없어 대부분 탄소나 에너지를 얻기 위해 단백질 분해나 지방분해에 의존하기 때문이다. 마지막으로 신선한 원유는 다양한 미생물 성장 억재물질을 함유하고 있기 때문이다.

우유의 주요 영양분은 락토오스, 지방, 단백질, 미네랄 그리고 비단백태 질소화합물이다. 우유에 있어 탄소원은 락토오스와 단백질 그리고 지방이다. 우유의 구연산은 많은 종류의 미생물에 의해 이용될 수 있지만 성장을 촉진시킬 수 있을 만큼 충분하게 함유되어 있지 않다. 우유에는 미생물의 성장을 시작할 수 있는 충분한 양의 포도당이 존재하지만, 발효미생물은 성장을 계속하기 위해서는 락토오스를 이용하기 위한 수송계 (transport system)와 가수분해 효소가 필요하다. 그 외 부패미생물은 락토오스를 lactobionic acid로 산화시킬 수 있다. 우유 내 락토오스는 많은 양 존재하며 광범위한 미생물의 성장에 필요한 충분한 양이 함유되어 있다.

우유에는 카제인과 유청단백질의 2종류의 단백질이 있다. 카제인은 수화된 미셀 형태로 존재하며 쉽게 단백분해 될 수 있다. 유청 단백질 (β-락토글로불린, α-락트알부민, 혈청알부민, 이뮤노글로불린)은 카제인이 침전된 후 우유 내 수용성 형태로 존재한다. 미생물에 의한 단백분해는 카제인이 유청단백질에 비해 더 받기 쉽다. 우유 성분 중 요소, 펩티드, 아미노산과 같은 비단백태 질소화합물은 미생물이 쉽게 이용할 수 있으나, 우유 부패 단계까지 미생물의 성장에 필요한 양 만큼 함유되어 있지 않다.

원유에 존재하는 주요 미생물억제제는 락토페린과 락토퍼옥시다아제 시스템이다. 그 외 천연 억제제는 라이소자임, 특수 면역단백질, 엽산, 비타민 B_{12} 결합 시스템 등이 있다. 당단백의 일종인 락토페린은 철을 결합함으로써 항미생물 작용을 한다. 냉장 보관되는 우유를 부패시키는 내냉성 호기성 미생물은 락토페린에 의해 성장이 억제된다. 그러나 원유에 구연산이 존재한다면 경쟁적으로 철 이온을 결합하는 작용을 하므로 락토페린의 성장 억제 효과는 감소된다. 우유에 존재하는 가장 효과적인 천연 성장억제제는 락토퍼옥시다아제 시스템이다. 락토퍼옥시다아제는 티오시아네이트의 산화를 촉매하고 동시에 과산화수소를 환원시켜 하이포티오시아네이트가 축적된다. 유산균, *E. coli*균 그리고 많은 종류의 병원성 미생물이 이러한 시스템에 의해 억제된다. 미국에서 유통될 수 있는 우유의 최소 열처리 조건은 실제 처리온도나 처리 시간이 약간씩 높거나 길게 처리하지만 72°C에서 15초이다. 살균은 이들 미생물억제 시스템을 파괴함으로써 부패 미생물의 성장율에 영향을 미친다. 심한 열처리는 설퍼하이드릴 물질의 유출과 단백질 가수분해에 의한 가용성 질소를 증가시킴으로서 미생물의 성장에 영향을 미친다. 락토퍼옥시다아제는 정상적인 살균처리에 의해 일부분만 불활성화 된다.

유제품

유가공 제품은 가공 공정중 영양분의 제거 또는 농축과정 등 가공처리로 또는 pH와 수분활성도의 감소 등으로 인해 액상유에 비해 매우 다른 성장 환경을 조성한다. 예를 들면 요구르트는 근본적으로 산성화시킨 우유로 영양분은 풍부하나 pH가 낮은 환경을 제공한다. 치즈는 요구르트에 비해 산도가 낮으나 첨가한 소금과 수분함량이 적어 수분활성도가 낮다. 특히 고체상태의 치즈는 부패 미생물의 운동성을 억제한다. 연유와 같은 농축유는 부패를 억제할 만큼 수분활성도가 낮지 않으므로 반드시 통조림을 하거나 저온저장을 하여야 한다. 버터는 유중수적형 (water-in-oil) 유화물이므로 미생물은 유청방울 내에 갇히게 된다. 버터에 가염을 하게 되면 물방울 내 평균 염농도는 6-8%가 되므로 냉장상태에서 성장이 가능한 그람 음성 균의 성장이 억제된다. 비가염버터는 산성화된 크림으로 제조하므로 저장을 위해 낮은 pH나 냉장 상태를 유지하여야 한다.

내냉성 미생물에 의한 부패

액상유제품의 저장은 효과적인 소독, 살균, 적절한 유통과 냉장상태유지가 중요하다. 집유된 원유는 즉시 냉각시키고 살균과정을 제외하고 소비할 때까지 냉장상태를 유지하여야 한다. 우유는 집유단계에서 최종 소비단계까지 기간 동안 냉장상태를 유지하여야 하므로 내냉성 미생물의 성장이 일어날 수 있다. 일반적으로 이러한 미생물이 성장한 우유는 풍미가 나빠지게 된다. 살균유의 저장기간은 14일에서 20일정도로 예상되지만 용기의 내용물이 내냉성 미생물에 오염된다면 부패현상이 발생하게 된다.

우유의 내냉성 세균

원유와 살균유의 부패에 관여하는 주된 내냉성 미생물은 Psudomonadaceae 과에 속하는 호기성 그람 음성 간균이며, 드물게 Neisseriaceae 과와 *Flavobacterium, Alcaligenes* sp.에 속하는 균이다. 그 외 *Bacillus, Micrococcus, Aerococcus, Staphylococcus* sp.가 있으며, 3-7°C에서 우유를 저장할 경우 *Pseudomonas* sp.가 Enterobacteriaceae과에 속하는 미생물 보다 더 잘 자란다. 내냉성 미생물에 의한 우유의 부패현상은 일반적으로 단백분해현상이 주를 이루며, 이들 미생물은 세포외 리파아제, 포스포리파아제와 가수분해효소를 생산하며 락토오스는 이용할 수 없다. 냉장우유에서 발생하는 이취의 주요 원인균은 *Pseudomonas fluorescens, Pseudomonas fragi, Pseudomonas putida, Pseudomonas lundensis* 등이다. 일반적으로 원유에서 발견되는 내냉성 세균은 살균처리에 의해 사멸된다.

우유에 존재하는 내냉성 세균의 오염원. 우유에서 발견되는 내냉성 미생물은 토양, 물, 동식물 등에 널리 서식한다. 식물체에는 내냉성 미생물이 g당 10^8이상, 농장에서 사용하는 물에는 비교적 낮은 수준으로 존재한다. 물은 착유시설 등의 세척에 사용하므로 우유에 직접 유입될 수 도 있다. 물에서 분리되는 내냉성 미생물은 세포외 효소를 매우 왕성하게 생산하며 냉장온도에서도 성장이 양호한 특징이 있다. 착유기, 각종 용기, 저유탱크는 내냉성 미생물의 주 오염원이다. 살균유제품은 오염된 기구나 공기에 노출된 경우 내냉성 미생물에 오염될 수도 있다. 공기 중 내냉성 미생물은 매우 낮은 수준으로 존재하지만 단 한 마리라도 공기를 통해서 오염된다면 그 제품을 부패시킬 수 있으므로 주의하여야 한다.

성장특성 및 제품의 부패양상. 원유에서 분리된 가장 성장이 양호한 내냉성 *Psudomonas* sp.의 세대시간은 3°C에서 8-12시간, 3-5°C에서 5.5-10.5시간이다. 이러한 성장율은 우유 1 ml당 단 1마리가 오염 되었을 경우, 5일 이내 우유를 완전히 부패시킬 수도 있다. 그러나 원유에 존재하는 내냉성 *Psudomonas*의 성장속도는 이 보다 훨씬 늦어 냉장우유를 10-20일 이내에 부패시킨다. 내냉성 미생물에 의한 액상유의 부패양상은 이들 미생물이 생성하는 세포외 효소에 기인한다. 이러한 부패양상은 내냉성 미생물의 수가 10^6에서 10^7 CFU/ml일 때 관찰할 수 있다. 단백분해현상에 의해 쓴맛, 부패취, 침전 등의 현상이 발생할 수 있다. 지방분해현상에 의해서는 산패취와 과일취를 수반한다.

단백분해효소와 부패. 원유에 존재하는 *P. fluorescens*와 그 외 내냉성 미생물은 대수증식기 후반이나 정지기동안 단백분해효소를 생산한다. 내냉성 *Pseudomonas* sp.의 적정 단백질 분해효소 생성 온도는 성장적정온도 보다 낮다. 5°C 이하에서 비교적 많은 양의 단백분해효소를 생산하며, 우유를 2°C로 유지할 경우 효소의 생산은 억제된다. 칼슘과 철이온이 *Pseudomonas* sp.의 단백분해효소의 생산에 미치는 효과는 우유의 부패와 관련이 있다. 칼슘이온은 단백분해효소의 합성에 필요하며, 철은 미생물의 성장을 제한할 수 있는 농도로 우유에 첨가될 경우 *Pseudomonas* sp.에 의한 단백분해효소의 생산을 저해한다.

유제품의 부패와 관련된 *P. fluorescens*가 생산하는 프로테나아제는 4°C에서도 활성은 유지하나 적정온도는 30에서 45°C, 적정 pH는 거의 중성이나 알칼리 부근이며 모두 Zn^{2+}와 Ca^{2+}를 함유하는 금속함유효소 (metalloenzyme)이다. 유제품의 부패와 관련한 이들 효소의 가장 중요한 특징은 초고온순간살균 (UHT)에서도 효소 활성을 유지하므로 열안정성이 매우 높다는 사실이다.

내냉성 미생물이 생산하는 효소는 카제인을 분해하여 고미성 펩티드를 생성한다. 쓴맛은 살균 후 내냉성 미생물에 오염된 살균유에서 흔히 발생하는 이취현상이다. 지속적인 분해는 우유의 부패취의 원인이 되는 암모니아, 아민, 설파이드 등의 저분자 물질을 생성한다. 원유에 내냉성 미생물이 오염되어 약 10^5에서 10^7 CFU/ml 수준으로 성장하면 UHT 멸균처리를 한 멸균유에서도 효소가 완전히 불활성화되지 않아 고미 현상이 일어난다. UHT 우유에서 단백분해효소의 활성이 낮으면 응고나 침전 현상이 발생한다.

지방분해효소와 부패. 내냉성 슈도모나드의 리파아제는 프로테아제와 같이 대수증식기 후반이나 정지기 동안에 생산된다. 효소의 적정합성온도는 적정성장온도보다 낮은 온도이다. 우유는 슈도모나드가 지방분해효소를 생산하기 매우 좋은 배지이다. 지방분해효소의 작용에는 칼슘이온이 필요하며 EDTA에 의해 활성이 억제되지만 Ca^{2+}을 첨가하면 억제가 해제된다. 철을 첨가하면 원유에서 *P. fluorescens*에 의한 지방분해효소 생성 개시가 지연된다.

Psudomonas sp.가 생성한 지방분해효소는 온도 22–70°C, pH 7.0–9.0의 범위에서 활성을 유지하며 적정 조건은 30°C와 40°C, pH 7.5와 8.5이다. *P. fluorescens*가 생성한 지방분해효소는 냉장온도에서도 활성을 유지하며, 냉동온도 부근 및 수분활성도가 낮은 환경에서도 활성을 유지한다. 내냉성 슈도모나드가 생성한 지방분해효소의 열안정성은 단백질분해효소의 열안정성과 유사하다. 낮은 온도에서의 불활성화는 염은 효소의 반응성을 증가시키고 카제인은 효소의 안정성을 증가 시키는 것과 같이 우유성분에 의해 뚜렷한 영향을 받는다.

원유의 지방은 막에 의해 효소적 분해로부터 보호받는 구형으로 존재한다. 우유는 펌핑, 교반, 냉동 등에 기인한 과도한 전단력 (shear force)에 의해 막이 파괴되면 지방분해가 쉽게 일어난다. 원유는 지방구 막을 분해하여 원유나 살균유의 산패의 원인이 되는 성분을 함유하고 있다. 이러한 과정은 미생물과 관계가 없다. 지방분해효소의 작용으로 발생하는 산패취는 C_4에서 C_8 지방산의 유리되기 때문이다. 고분자 지방산은 비누취 (soapy flavor)를 생성한다. 효소적작용으로 생성된 저급불포화지방산은 케톤이나 알데히드로 산화되어 산화취 또는 “cardboardy” 이취를 생성한다. *P. fragi*는 에탄올과 유리지방산을 에스테르화하여 우유의 과일취 (fruity falvor)를 생성한다. 멸균처리 제품에 있어 지방분해에 의한 이취의 발생은 수주나 몇 달이 걸린다. 과도하게 내냉성 미생물에 오염된 ($>10^6$ CFU/ml) 원유로 제조한 제품에도 매우 적은 양의 효소가 존재하기 때문이다.

버터에 있어 산패는 지방을 분해하는 미생물의 성장, 잔존하는 열에 안전한 지방분해효소, 우유에 존재하는 지방분해효소의 작용 등에 기인한다. 전형적인 버터의 산패취는 저분자지방산 (C_4에서 C_8)이다. 버터에서 미생물유래 지방분해효소는 −10°C에서도 활성을 유지한다. 내냉성 미생물의 성장은 숙성크림 (sour cream) 비숙성크림 (sweet cream)으로 제조한 버터에서 가능하다. 비숙성크림은 가염이나 냉장상태로 보관하여야 한다. 버터는 유중수적형 (water-in-fat)유화물이므로 수분과 염은 저장 기간 동안 평형상태를 이루지 않는다. 제조과정 중 염과 수분은 제품 내 골고루 분산시키지 않으며 버터 조직 내 수분활성도가 특히 높은 부분에서 내냉성 미생물이 성장하게 된다.

치즈는 단백질분해효소보다 미생물 유래 지방분해효소에 의해 변패가 잘 일어난다. 왜냐하면 대부분 단백분해효소는 커드의 지방부위에 집중되어 있기 때문이다. 대부분 치즈는 산성조건이므로 지방분해효소의 활력은 제한되나 완전히 불활성화 시킬 수는 없다. 까멩베르 (camembert)나 브리 (Brie) 치즈 등은 숙성 중 pH가 증가하여 거의 중성에 가까워진다. 체다 치즈와 같이 산성이 강한 치즈일지라도 수개월간 숙성했거나 지방분해효소가 많이 존재할 경우 변패가 일어나기 쉽다. 내냉성 미생물은 pH가 낮고 소금이 함유된 숙성치즈에서는 성장하지 않고, 코티지 치즈와 같이 수분함량이 높고 숙성시키지 않는 치즈에는 성장할 수 있다.

내냉성 미생물과 관련된 유제품의 부패조절

원유에서 내냉성 세균에 의한 부패의 방지는 오염의 최대한 방지, 착유 즉시 냉각, 냉장상태로 보관하는 것이다. 집유 후 즉시 냉각하는 것은 매우 중요한 일이다. 농장에서 착유 후 집유 탱크에 들어갈 당시 우유의 온도는 30-37°C이다. 미국 위생 표준은 착유 후 2시간이내 7°C로 냉각할 것을 권장하고 있다. 그러나 실제농장에서는 4°C이하로 냉각할 수 있는 시설을 갖추고 있다. 우유는 농장에서 48시간마다 착유하기 때문에 이전에 착유한 우유에 이후 3회에 걸쳐 착유한 우유와 혼합된다. 두 번째 착유한 우유가 이전에 집유한 우유를 10°C 초과하게 가온하여서는 안된다.

비록 공기 중의 내냉성 미생물이 유제품의 유통기간에 영향을 미치기도 하지만 살균 유제품의 내냉성 미생물에 대한 오염을 방지하기 위해서는 장비의 위생적인 관리와 철저한 세척과 소독이 가장 중요한 문제이다. 주입시설을 효과적으로 잘 세척하고 위생적으로 잘 관리한다 하더라도 통상적인 연속적 사용으로 인하여 내냉성 미생물이 축적되고 문제를 야기할 수도 있다.

발효성 무포자형성균에 의한 부패

액상유, 치즈와 발효유는 발효성 무포자형성균에 의해 부패되기 쉬운 유제품이다. 유제품의 발효성 변패를 야기하는 이들 무포자형성 미생물은 유산을 생성하는 군이나 *E. coli*군이다. 우유와 발효유제품의 부패에 관여한 유산균의 종류에는 *Lactococcus, Lactobacillus, Leuconostoc, Enterococcus, Pediococcus, Streptococcus* sp.가 있다. 대장균군은 우유를 부패 할 수는 있지만 유산균이나 내냉성 미생물이 보다 성장이 왕성하여 대장균군에 의한 부패는 매우 드물게 일어난다. *Enterobacter*나 *Klebsiella* sp.는 흔히 대장균군 변패와 관련이 있지만 *Escherichia* sp.는 가끔 단독으로 유제품의 부패를 일으킨다. 유산균은 소의 유방부위나 환경에 정상적으로 서식하고 있다. 대장균군은 방광부위에 존재하고 착유기의 부적절한 세척에 의해 오염될 수 있다.

액상유제품의 부패

액상유제품의 가장 흔한 발효성 부패는 유산균의 성장에 의한 신맛을 내는 현상이다. 유산균 자체는 매우 깨끗하고 기분이 상쾌한 산취를 내며 향기는 없다. 부패된 우유의 불쾌한 산취는 소량의 초산과 프로피온산이 원인이 된다. 쉰 냄새는 감지할 수 있을 정도의 산취가 생성되기 전에 느낄 수 있다. 그 외 다른 부패현상은 산 생성과 연관되어 일어난다. 맥아 냄새 (malty flavor)의 주 원인물질은 3-메틸부타날이며 *Lactococcus lactis* subsp. *lactis* bv. maltigenes의 성장에 의해 발생된다.

우유에 있어 유산균의 성장과 관련된 부패현상은 점성 (ropy) 현상이다. 유제품과 관련이 있는 대부분의 유산균은 우유의 점성을 증가시키고 나아가 끈끈이 현상을 나타내는 균체외 고분자물질을 생성한다. 이 고분자 물질은 포도당, 갈락토오스 소량의 만노오스, 람노오스와 오탄당으로 구성되어 있는 일종의 다당류이다. 일부의 고분자물질 생성 유산균은 요구르트와 스칸디나비아 점성 우유 (Scandinavian ropy milk) 제조에 사용되기도 한다.

치즈의 부패

일부 유산균은 치즈의 이취나 외형의 손상을 일으킨다. 락토바실리는 숙성된 체다 치즈의 정상적인 우점 미생물군의 일종이다. 만약 이상발효 락토바실리가 우세할 경우 숙성 중 가스 생성과 더불어 치즈의 조직은 갈라진다. 숙성된 체다 치즈의 가스발생 현상은 대장균군, 효모, 포자형성균보다 락토바실리에 의해 더 자주 발생한다. 모짜렐라 치즈 (mozalella cheese)에서 일어나는 가스발생 부패는 *Lacobacillus brevis, Lactobacillus casei* subsp. *pseudoplantarum*에 의해 주로 발생하고 *Lactobacillus casei* subsp. *casei*에 의한 조직의 연화현상을 일으킨다. 또한 색소 생성 프로피오니박테리아와 *Lactobacillus delbrueckii* subsp. *bulgaricus*는 치즈를 분홍색으로 변색시키기도 한다. 그밖에 에스테라아제를 생성하는 유산균은 과일향 (fruity flavor)를 생성하며, 에틸헥사노에이트 와 에틸부티레이트의 에스테르가 주요 원인물질이다.

치즈의 제조과정이나 숙성초기에 대장균군이 성장하여 가스 생성에 의해 치즈 조직이 부풀어지는 부패를 일으킨다. 체다 치즈와 같은 경질치즈에서 이러한 부패 현상은 유산균에 의한 발효가 늦어 pH가 급격하게 낮아지지 않거나 오염이 심한 우유를 사용하였을 경우 발생한다. 카멩베르 치즈와 같이 곰팡이로 숙성하는 연질 치즈는 숙성 중 대장균군의 성장에 의해 pH가 증가하며, 유통 중 대장균군이 성장하여 약 10^7 CFU/g에 이르면 플라스틱 포장을 팽창시키는 부패를 일으킨다.

유산균과 대장균군에 의한 부패의 조절

액상유에 있어서 유산균과 대장균군에 의한 부패현상은 위생적인 착유, 원유의 7°C 이하 유지, 우유의 살균, 살균유의 냉장저장에 의해 방지할 수 있다. 이들 미생물은 드물게 냉장상태의 살균우유에서 부패 수준까지 성장할 수도 있다. 치즈 제조 시 대장균군의 조절은 살균유의 사용, 락토오스가 신속하게 발효 이용될 수 있는 환경 조성 그리고 제조 중 위생관리를 철저하게 함으로써 가능하다. 치즈와 발효유에 있어서 바람직하지 못한 유산균에 의한 부패현상의 조절은 매우 어렵다. 왜냐하면 이들 제품의 제조 과정은 유산균의 성장이 가능한 조건을 유지해야 하며, 최종 제품 역시 유산균의 성장에 적합하기 때문이다. 부패 관련 유산균은 제조 환경에서 쉽게 분리할 수 있으므로 보다 철저한 위생관리가 필요하다.

포자형성세균

포자형성세균에 의한 부패는 멸균처리와 영양세포에 의한 오염의 기회가 거의 없는 포장법을 사용하는 저산성 액상 유제품의 보존 중에 발생할 수 있다. 이러한 범주에 속하는 제품은 무균적으로 포장한 우유와 크림 그리고 캔 포장을 한 가당, 무가당 연유 등이다. 무균적으로 포장하지 않은 냉장 액상유는 보다 빨리 성장하는 그람 음성 내냉성 미생물이 존재하지 않을 경우 내냉성 *Bacillus cereus*와 *Bacillus polymyxa*에 의해 부패가 일어난다. 내부 염 농도가 낮은 경질치즈는 포자형성 균에 의해 부패가 일어날 수 있다. 유제품을 부패시키는 포장형성 균은 원유에서 유래하며, 원유에서 흔히 분리되는 포자형성세균은 *Bacillus lichenifromis, B. cereus, B. subtilis* 와 *B. megaterium* 등 *Baacillus* sp.가 대부분이다. *Clostridium* sp.는 극히 소량 원유에 존재하지만 정량을 하기 위해서 적절한 증균 배양과 최확수법을 사용한다. 원유 내 포자형성세균의 수는 계절에 영향을 받는다. 온대성기후에서 여름에 집유한 우유보다 겨울철에 집유한 원유에서 *Bacillus*와 *Clsotridum* sp.가 더 많이 분리되기도 한다.

액상유제품의 부패

살균유는 내냉성 *B. cereus*의 성장에 의해 부패될 수 있다. 원유에서 포자의 발아는 열에 의해 활성화되는 살균 즉시 일어난다. 계속된 성장으로 일어나는 부패 현상은 '비산성 응유현상 (sweet curdling)'이다. 이러한 현상은 우유의 응고현상은 일어나지만 심한 산생성이나 이취를 수반하지 않는 현상이다. 응고는 응유효소 (chymosin)와 유사한 단백분해효소에 의해 일어나며 단백을 분해해서 쓴맛을 내게 된다. 이들 미생물의 성장 양상은 우유 용기 하부에 단추모양으로 콜로니가 생성되는 것을 관찰할 수 있다. 내냉성 *B. cereus*는 지방구 막을 분해하여 크림에서 지방을 응집시키는 포스포리파아제 C (레시티나아제)를 생성한다. 이러한 현상을 고미크림 (bitty cream) 부패현상이라 한다. *B. circulans* 와 *B. mycoides* 이 외의 *Bacillus* sp.는 열처리한 — 우유를 부패시킨다. *B. stearothermophilus*는 우유에서 발견되는 주요 열저항성 균주이며 UHT 처리우유에서 종종 *B. subtilis* 와 *B. megaterium* 등드의 *Bacillus* sp.가 분리되기도 한다.

캔 농축유의 부패. 캔으로 충진 밀봉한 농축유에는 A_w를 낮추기 위해 설탕과 포도당을 첨가한 가당연유와 첨가하지 않은 무당연유가 있으며 무당연유는 반드시 멸균처리 하여야 한다. 비산성 응유현상은 *Bacillus coagulans, B. stearothermophilus* 와 *B. cereus*의 성장에 의해 일어나며 이러한 부패 현상은 살균유에서 내냉성 *B.*

*cereus*에 의해 일어나는 비산성 응유현상과 유사하다. *B. subtilis*와 *B, licheniformis*는 연유에 성장하여 커드형성과 단백질 파괴현상을 일으킨다. 밀봉 포장한 연유에 *Clostridium sporogenes*가 성장하면 관이 팽창하고 심하면 터지게 된다. 가스를 생성하지 않고 산성화되는 '무가스 산패 (flat sour)' 현상은 *B. stearothermophilus, B, licheniformis, B. coagulans, B. marceras*와 *B. subtilis*가 원인균이다. 가당연유는 포자 발아를 억제하는 수준의 수분활성도를 유지하여야 한다. 그러나 수분활성도의 조절이 부적적할 경우 *Bacillus* sp.에 의해 산 생성과 산성 단백분해현상이 발생할 수 있다. 농축 유제품에서의 포장형성세균의 발아 및 성장을 억제하기 위해서 UHT 등의 적절한 열처리 방법을 사용하여야 한다.

치즈의 부패

포자형성세균에 의한 치즈의 주요 부패현상은 주로 *Clostridium tyrobutyricum*과 때때로 *C. sporogenes* 및 *C. butyricum*에 의한 가스 생성이다. 이러한 부패현상은 치즈가 수 주간 숙성된 후 발생하므로 'late blowing' 또는 'late gas'현상이라 한다. 비교적 pH와 수분함량이 높고, 내부 염 농도가 낮은 에멘탈, 스위스, 궈다 (Gouda) 치즈와 에담 (Edam) 치즈에서 가장 많이 발생한다. 이러한 현상은 가끔 체다 치즈나 이탈리안 치즈에서도 발생한다. 가공치즈는 열처리 과정 중 포자가 불활성화 되지 않으므로 late gas 현상이 빈번히 일어날 수 있다. 'Late gas' 부패현상은 유산의 발효에 의해 부티르산, 초산, 탄산가스와 수소가스가 생성되기 때문에 발생한다.

효모와 곰팡이

낮은 pH에서도 성장이 양호한 효모와 곰팡이의 성장은 발효유제품의 일반적인 부패양상이다. 효모에 의한 부패현상은 과일냄새나 효모냄새가 나거나 가스 생성이다. 경질치즈 또는 가염치즈는 적절히 제조되었을 경우 매우 작은 양의 락토오스를 함유하고 있으므로 효모의 성장이 제한된다. 요구르트나 발효밀크와 같이 발효우유나 코티지 치즈와 같은 신선치즈에는 정상적으로 효모가 이용할 수 있는 락토오스가 함유되어 있어 효모에 의해 변패되기 쉽다. 체다 치즈에 *Candida* sp.가 성장하면 에탄올, 에틸아세테이트와 에틸부티레이트의 농도가 증가하게 되어 발효취와 효모취가 발생한다. 이러한 치즈는 효모가 성장할 수 있도록 수분함량이 높고 (스타터 미생물의 활력이 낮아 잔여 락토오스의 함량이 높음) 염도가 낮다. 가당연유나 버터밀크와 같이 수분활성도가 비교적 낮은 유제품은 효모에 의한 부패현상이 일어날 수 있다. 유제품에서 흔히 분리되는 효모는 *Kluyveromyces marxianus, Debaromyces hansenii, Candida famata, Candida kefyr*와 그 외 *Candida* sp. 등이다. 그 외 *Rhodotorula mucilaginosa, Yarrowia lipolytica, Torulospora*와 *Pichia* sp. 등이 있다. *Candida*는 진공 포장된 치즈로부터 분리된 바가 있다. 곰팡이의 포자는 살균에 의해 생존할 수 없다. 락토오스와 유산을 이용할 수 있고 높은 염농도에 내성이 있는 효모, 특히 단백분해효소나 지방분해효소를 생성할 수 있는 효모는 발효유제품에서 성장이 가능하다.

치즈에서 가장 많이 발견되는 곰팡이는 *Penicillium* sp.이다. 그 외 *Aspegillus, Alernaria, Mucor, Fusarium, Cladosporium, Geotrihum*과 *Hormodendrum* 등이 때때로 발견된다. 가공치즈로부터 흔히 분리되는 곰팡이는 *Penicillium roquefroti, Penicillium cyclopium, Penicillium viridicatum*과 *Penicillium crustosum*이다. 진공포장 체다 치즈에서 성장할 수 있는 곰팡이는 *Cladosporium cladosporioides, Penicillium commume, Cladosporium herbarum, Penicillium glabrum* 과 *Phoma* sp. 등이다. 곰팡이의 발생을 억제하기 위해 솔빈산, 프로피온산과 나타마이신 (natamycin)과 같은 항진균제를 사용하고 있다. *Penicillium* sp. 중에는 솔빈산에 내성이 있을 뿐만 아니라 탈탄산에 의해 솔빈산을 분해하여 1,3-펜타디엔을 생성하기도 한다. 이러한 물질은 치즈에 케로센과 유사한 냄새를 부여한다.

농산물과 곡류의 부패

이 부분은 과일, 채소 그리고 곡류에서 미생물의 성장에 의해 발생하는 색상, 풍미, 조직, 향기의 변화에 대해 집중적으로 알아보기로 하자. 이러한 목적에서 식품미생물학에서는 수확 후 부패를 다루기 때문에 이 장에서는 수확하기 전에 야기되는 식물 조직의 분해와 연관되는 식물병리학적 측면은 부패문제에 국한시키고자 한다. 과학적인 정의에 의하면 과일과 채소의 차이점이 있지만 소비자의 측면에서 때로 혼돈이 야기되기도 한다. 과실은 씨앗을 갖는 식물의 기관이라 정의하며 사과, 귤, 딸기류 뿐만 아니라 때대로 채소로 간주되는 오이, 토마토, 고추류 등을 포함한다. 반면에 채소는 그 외 잎, 뿌리, 종자 등 식물의 먹을 수 있는 모든 부분으로 정의 한다.

부패의 양상

일반적으로 농산물의 부패양상은 크게 3종류가 있다. 첫 번째 형태는 능동적 부패현상 (active spoilage)으로 식물병원성 미생물에 의한 신성한 제품에 감염이 되어 부패가 진행된다. 두 번째 부패현상은 수동적 부패 (passive spoilage) 또는 상처유래 부패로써 농산물 외부조직 (껍질이나 외피)이 상처를 받으면 이를 통해 미생물이 내부로 침입하여 부패를 일으키는 현상이다. 이러한 현상은 농산물이 수확, 가공기계, 또는 곤충에 의해서 상처를 입은 직후 흔히 발생한다. 능동적 부패는 부패 미생물이 식물병원성미생물에 의해 입은 상처를 통해서 또는 기공과 같이 식물조직에 천연적으로 존재하는 작은 구멍을 통해 내부 조직으로 침입할 때 일어날 수 있다.

농산물의 부패는 농산물의 종류, 환경, 관련 미생물에 따라 다양한 방식으로 뚜렷하게 나타난다. 전통적으로 부패는 특정 생산물에 나타나는 현상으로 설명된다. 과일과 채소의 곰팡이에 의한 부패현상과 관련 곰팡이는 표 20.3에서 보는 바와 같다. 이 표를 참고할 경우 한 종류 이상의 미생물이 동일하거나 유사한 부패현상을 타나낸다는 사실을 잊지 말아야 한다. 예를 들면, 채소에 있어 가장 잘 알려진 식물

조직이 부드러워지는 부패현상인 연부현상 (soft-rot)이다. 이 질병은 다양한 식물 병원성 미생물에 의해 발생하며 이들 중 가장 잘 알려진 균은 *Erwinia carotovora*이다. 그러나 *Bacillus*와 *Clostridium* sp.와 같은 세균과 효모와 곰팡이 등도 종종 연부현상을 일으킬 수 있다. 부패의 형태는 부패를 일으키는 미생물명에 의해 알려져 있다. 예를 들면 *Fusarium* 부패 (rot)와 *Rizopus* 연부병 (soft rot)은 부패의 형태뿐만 아니라 부패를 일으키는 곰팡이를 나타내고 있다.

표 20.3 곰팡이에 의한 과일과 채소의 부패 형태[a]

품명	부패명	원인 곰팡이
과일류		
감귤류	*Alternaria* 부패병	*Alternaria*
	녹색곰팡이병	*Penicillium digitatum*
바나나	탄저병 (고미형 부패)	*Colletotrichum musae*
	균핵병	*Colletotrichum musae, Fusarium roseum, Verticillium theobromae, Ceratpcustis paradoxa*
복숭아	갈색부패병	*Monilinia fructicola*
	분홍부패병	*Trichothecium*
포도	회색곰팡이병	*Botrytis cinerea*
파인애플	파인애플 흑균병	*Ceratocystis paradoxa*
토마토, 감귤류	흰곰팡이병	*Geotrichum candidum*
사과, 배	피공부패병	*Crytosporiopsis malicorticus, Phlyctaena vagabunda*
오렌지	청색곰팡이병	*Penicillium*
복숭아, 살구	*Cladosporium* 부패병	*Cladosporium herbarum*
채소류		
양파	흑색곰팡이병	*Aspergillus*
	탄저병	*Colletotrichum*
양파, 고구마	흑균병	*Aspergillus niger, Ceratocystis fimriata*
당근, 꽃양배추	흑균병	*Alternaria*
상치, 시금치	노균병	*Brentia, Phytophthora*
아스파라가스	*Fusarium* 부패병	*Fusarium*
양배추	회색곰팡이병	*Botrytis*
강낭콩	*Rhizopus* 연부병	*Rhizopus*
	시들음병	*Pythium*
감자	괴경 부패	*Fusarium*
샐러리	연부병	*Sclerotinia*
가지	고사병	*Phomopsis*

[a]J. M. Jay, Modern Food Microbiology, 7th ed. (Springer, New York, NY, 2005)에서 인용.

표 20.4 보통의 채소와 유기농 채소에 있어서 중온성 및 내냉성 세균, 효모, 곰팡이, 유산균 그리고 대장균군의 분포[a]

조사/유기농 여부	대장균군	*E. coli*	효모	곰팡이	내냉성균	중온성균	이상발효유산균	정상발효유산균
조사 1[b]								
일반	2.75	ND[e]	5.18	3.54	5.84	5.76	5.10	4.80
유기농	2.97	ND	5.19	3.54	5.85	5.78	5.22	4.79
조사 2[c]								
일반	1.5	2.0	ND	ND	ND	ND	ND	ND
유기농 (인증)	2.3	2.3	ND	ND	ND	ND	ND	ND
유기농 (비인증)	2.3	2.4	ND	ND	ND	ND	ND	ND
조사 3[d]								
일반	2.9							
유기농 (인증)	2.9							
유기농 (비인증)	2.9							

[a]단위: log cfu/g
[b]C. A. Phillips and M. A. Harrison, *J. Food Prot.* **68:**1143–1146, 2005.
[c]A. Mukherjee, D. Speh, A. T. Jones, K. M. Buesing, and F. Diez-Gonzalez, *J. Food Prot.* **69:**1928–1936, 2006.
[d]A. Mukherjee, D. Speh, E. Dyck, and F. Diez-Gonzalez, *J. Food Prot.* **67:**894–900, 2004.
[e]ND, 미조사.

부패의 기작

건강한 식물의 세포에는 미생물의 침입에 대비한 다양한 방어기전이 있다. 그러므로 미생물에 의한 부패현상은 이러한 방어기전을 통과하여야 발생한다. 과일, 야채, 곡류와 두류 (콩과식물)는 내부 조직의 오염을 방어하는 외피, 내피, 종피 등 세포 표피층이 있다. 세포 표피층의 조성은 다양하나 조직의 세포벽은 셀룰로오스와 펙틴질로 구성되어 있으며 세포의 최외각 부분은 왁스층 (cutin)으로 쌓여있다. 곤충의 침임, 황사, 주위 표면과 마찰 등 조절이 불가능한 요인에 의한 손상이 수확 전에 발생할 수 있다. 수확 후 손상은 디자인이나 관리가 잘못된 가공 설비에 의해 종종 일어난다. 어떤 미생물 특히 식물병원성 곰팡이는 식물의 외부 조직을 침투할 수 있는 메카니즘을 가지고 있다. 외부의 보호 조직이 일단 침투되면 이러한 미생물들이 내부 조직을 재빨리 침투할 뿐 아니라 침투성이 없는 다른 미생물들도 손상된 조직의 영양분을 이용하여 또 다른 부패를 초래한다. 미생물이 과일, 야채, 곡류 등의 외부 조직을 침투하면 내부 조직으로 침입하여 영양분을 섭취하여야 한다. 식물 조직은 주로 펙틴질로 구성된 중층 (middle lamella)에 의해 서로 연결되어 존재한다. 세포벽은 펙틴산과 셀룰로오스로 구성된 1차벽과 거의 대부분이 셀룰로오스로 구성된 2차벽으로 이루어져 있다.

분해효소는 식물성 농산물의 수학 후 부패에 매우 중요한 역할을 한다. 다섯 종류의 미생물 효소, 즉 펙티나아제, 셀룰라아제, 포로테아제, 포스파티다아제, 디하이드로게나아제 등이 농산물 분해의 주요 원인이다. 펙틴과 셀룰로오스는 식물 세포의 주요 구성성분이기 때문에 펙티나아제와 셀룰라아제는 부패에 관련된 가장 중요한 분해효소이다. 펙티나아제는 펙틴 사슬을 분해하여 중합도를 감소시킨다. 종종 펙티나아제를 한 개의 효소로 다루기도 하지만 실제로는 3종의 주요 펙티나아제가 식물의 부패에 관여하는 것으로 알려져 있다. 펙티나아제는 *Botrytis cinerea, Monilinia fructicola, Penicillium citrinum, E. carotovora* 등 각종의 식물 병원균에 의해 생산된다. 어떤 펙티나아제는 펙틴 사슬을 절단하여 그 길이를 감소시킨다. 펙틴 사슬의 분해로 결국 펙틴이 액화되고 식물 조직이 완전히 파괴된다. 셀룰라아제는 부패를 유도할 수 있는 두 번째로 중요한 분해효소이다. 셀룰라아제는 포도당의 중합체인 셀룰로오스를 포도당으로 분해하는 작용을 한다. 펙티아나제와 마찬가지로 여러 형태의 셀룰라아제가 존재하여 어떤 것은 천연 셀룰로오스 사슬간의 결합을 분해하고 어떤 것은 셀룰로오스를 짧은 사슬로 분해한다. 펙티나아제보다는 셀룰라아제가 농산물의 수확 후 부패에 있어서 덜 중요하다.

생리적 상태의 영향

농산물의 생리적 상태는 특히 과일과 야채의 경우 미생물 부패에 대한 민감성에 매우 큰 영향을 미칠 수 있다. 과일, 채소, 곡류는 보통 미생물 감염에 저항할 수 있는 방어 기구를 가지고 있다. 보통 이러한 방어 기구는 식물이 생리적으로 최상의 상태에 있을 때 가장 효과가 크다. 일단 식물조직이 노쇠하고 최상이 아닌 생리 상태에 놓이게 되면 감염에 대한 저항성은 사라진다. 과일과 채소는 식물에서 수확된 이후 생리적 상태가 변화하는 방식이 다르다. 딸기, 콩, 상추 등 호흡속도의 일시적 상승을 일으키지 않는 비클라이막테릭 과일과 채소는 수확 후 성숙이 정지된다. 반대로 바나나, 토마토 등 클라이막테릭 과일과 채소는 수확 후에도 성숙이 계속된다. 성숙은 정상적인 세포의 결집성이 감소하고 조직이 쇠퇴할 때까지 계속된다. 노화(senescence)라고 알려진 이 과정은 과일과 채소에 의해 생산된 분해효소의 축적에 의해 발생하고 미생물 변패와는 관련이 없다. 그러나 노화에 의해 발생한 세포 결집성의 손실은 과일과 채소에 있어서 미생물의 감염과 부패에 대하여 더욱 민감하게 만든다. 결론적으로 클라이막테릭 과일과 채소는 보통 가장 부패하기 쉬운 농산물에 속한다.

미생물에 의한 채소의 부패

채소, 과일, 곡류와 두류는 식물유래 산물이지만 각각 미생물 균총과 부패의 형태에 영향을 미치는 고유한 차이가 있다. 미생물 균총에 영향을 미치는 중요한 내적 요인은 pH와 수분활성도 (A_w)이다. 일반적으로 채소의 자연적인 미생물 균총은 세균, 효모와 곰팡이를 대표하는 속으로 구성되어 있다. 과일과 채소의 부패에 관여하는 매우 다양한 미생물은 표 20.4에서 보는 바와 같다. 그러나 균총은 채소의 종류, 환경, 계절과 그리고 얼마나 토양과 근접한 장소에서 성장되었느냐에 따라 매우 다양해 질 수 있다. 채소의 수확기에는 그람 음성균과 그람 양성균이 정상적으로 존재한다.

유기농 채소 유래의 미새물군

미국의 경우 유기농 식품의 연간 판매량은 최근 10년간 크게 증가하였다. 유기농 채소는 많은 식중독 사고와 관련되어 있어 유기농 채소의 미생물학적 품질은 최근 크게 논란이 되어왔다. 사람의 안전 요인과는 별개로 두더라도 농산물의 미생물 농도는 유통기한을 감소시킬 수 있다. 유기농 채소의 생산에 사용되는 방법은 농산물의 미생물 농도를 증가시킬 것으로 생각된다. 다양한 종류의 미생물들이 유기농 채소와 관련이 있다고 밝혀졌지만 미생물 수는 전통적인 일반 농법으로 생산된 채소의 것과 차이가 없다 (표 20.4). 그러므로 유기농 또는 비유기농 채소의 미생물학적 부패와 유통기한은 거의 유사하다.

부패 미생물

다양한 미생물이 채소의 부패를 일으킨다. 표 20.3은 과일과 채소의 부패 원인 곰팡이와 관련된 부패형태를 나타낸 것이다. 효모, 곰팡이와 세균은 채소 부패의 원인이 된다. 그러나 세균이 초기 부패 단계에서 보다 흔하게 분리된다. 왜냐하면 특히 냉장상태에서 세균은 효모와 곰팡이에 비해 대부분의 채소에서 성장이 빨라 경쟁적 우위에 있기 때문이다 (표 20.5).

부패는 경작지의 지력 (history)에 영향을 받는다. 예를 들면 한 종류의 채소를 여러 해 동안 반복해서 경작할 경우 토양에 식물 병원성균의 축적을 초래하여 부패의 가능성을 증가시킨다. 토양은 홍수나 수질이 좋지 않은 관개시설의 물에 의해 오염될 수 있다.

실질적으로 채소는 최종 소비단계 전까지 가공이나 사람의 손을 거치게 되며, 흔히 거치는 가공공정에서도 부패의 가능성은 증가한다는 사실을 잊지 말아야 한다. 대부분의 경우에 채소 가공업자는 보다 신선한 상태로 판매하기 위해 세척수에 5-250 mg/L의 염소를 첨가한다. 염소는 효과적인 항미생물 제제이다. 그러나 염소수나 다른 소독수를 사용한 세척은 원래 존재하는 미생물에 대해 제한적으로 작용한다. 대부부의 가공업자는 신선한 채소류를 염소수로 세척하는 것을 소독의 단계로 생각하지만 이것은 진정한 염소 사용의 목적이 아니다. 염소의 사용 목적은 물에 존재하는 미생물을 효과적으로 사멸시켜 세척수를 통한 채소의 오염을 최소화하는 것이다.

절단, 세절, 다지기, 혼합은 신선한 채소 처리과정의 중요한 단계이다. 이러한 과정은 즉석식품에 대한 수요가 증가함에 따라 더욱 중요한 문제가 되고 있다. 가공과정은 설비로부터 제품으로 미생물의 전이를 통해 신선채소에 있어서 미생물 수의 증가를 야기할 수 있다.

저장, 포장, 기체조절포장 (MAP, modified-atmosphere), 수송과정도 채소류의 미생물에 의한 부패에 영향을 미칠 수 있는 중요한 단계이다. 대부분의 대기조절 기술은 산소의 농도를 감소시키고 이산화탄소 양을 증가시키는 것을 포함하고 있다. 대기조절을 통해 과일과 야채의 호흡과 노화과정을 감소시켜 관능적 품질 악화를 방지 할 수 있다. 노화를 방지할 수 있는 이산화탄소의 양은 최소 약 5% 수준이며 20%를 초과할 경우 식품이 질적 악화를 가져올 수 있다. 편성혐기성이나 통성혐기성 세균은 이산화탄소에 대해 내성이 더 강하다. 곰팡이류는 발효성 효모에 비해 이산화탄소에 대한 내성이 더욱 약하다.

열처리 (통조림)나 냉동과 같은 강도 높은 가공기술은 채소의 저장수단으로 장기간 사용되어 왔다. 냉동채소는 저장온도가 적절하지 않으면 미생물에 의한 부패

표 20.5 저장된 야채 샐러드에서 분리된 호냉성 세균과 유산균 그리고 효모[a]

미생물	분리 비율 %
호냉성세균	
Enterobacter intermedium	1
Pasteurella haemolytica biobar T	1
Pseudomonas sp.	1
Pseudomonas aeruginosa	1
Pseudomonas picketti biovar 1	1
Pseudomonas putrefaciens	1
Pseudomonas stutzeri/P. mendocina group	1
Salmonella enterica serovar Choleraesuis	1
Acinetobacter	3
Enterobacter agglomerans	3
Pasteurella ureae	3
Plesiomonas shigelloides	3
Pseudomonas maltophilia	3
Staphylococcus cohnii	4
Acinetobacter antitratus	5
Chromobacterium violaceum	7
Pseudomonas putida	8
Pseudomonas fluorescens	19
ND[b]	33
유산균	
Lactobacillus curvatus	2
Lactobacillus lactis	2
Lactobacillus fermentum	4
Lactobacillus plantarum	7
Lactobacillus paracasei	11
Lactobacillus mesenteroides	16
Lactobacillus brevis	22
ND	36
효모	
Candida valida	4
Geotrichum sp.	4
Hansenula splutinis	4
Rhodotorula splutinis	4
Torulopsis sp.	4
Candida lambica	11
Trichosporon sp.	18
ND	50

[a]R. M. Garcia-Gimeno and G. zurera-Cosano, Int. J. Food Microbiol. **36**:31–38, 1997에서 인용.

[b]ND, 미조사.

가 일어난다. 냉동채소에 존재하는 미생물의 종류는 신선채소와 근본적으로 동일하다. 따라서 냉동상태가 적절하게 유지되지 않을 경우 냉동채소의 부패는 신선채소와 유사한 양상을 나타낸다.

통조림에 의한 채소의 저장은 채소를 통조림 용기에 넣고 밀봉하여 미생물을 충분히 살균되도록 열처리를 하는 방법이다. 대부분의 채소는 120°C 이상 열처리하므로 대부분의 미생물은 제거되나 내열성이 아주 강한 세균 포자는 살아남는다. 결과적으로 통조림 채소의 부패는 통조림관이 손상되지 않는 한 내열성 포자형성세균에 의해 발생한다. 가스 생성 없는 산 생성은 통조림 채소에서 흔히 발생하는 부패현상이다. 이러한 현상을 무가스 산패 (flat sour)라 하며 *B. stearothermophilus*나 *B. coagulans*에 의해 발생한다. 이러한 현상은 보통 부분적으로 적당한 열처리를 받았거나 40°C 이상에서 저장할 경우 발생한다. 통조림 채소에서 볼 수 있는 또 다른 부패는 가스의 생성과 통조림관의 팽창현상이다. 이러한 팽창현상은 성장 시 많은 양의 수소가스와 이산화탄소를 생성하는 *Clostridium thermosaccharolyticum*과 같은 혐기성 포자형성 고온균에 의해 발생한다. 일부 통조림 채소에서 황화수소의 생성으로 특유의 불쾌한 냄새를 발생하는 'sulfide stinker'로 알려진 부패를 야기할 수 있다. 이러한 부패는 보통 통조림관의 팽창없이 발생한다.

미생물에 의한 과일의 부패

신선한 과일은 채소와 마찬가지로 수분활성도가 높아 대부분의 내건성 (낮은 A_w에서 생육 가능) 곰팡이와 내삼투압성 (높은 A_w에서 생육 가능) 곰팡이를 제외한 대부분의 미생물이 성장할 수 있다. 그러나 멜론을 제외하고 대부분의 과일은 pH가 4.4보다 낮기 때문에 채소와는 상이하다. 과일은 또한 당분의 함량이 채소보다 높다. 또한 일반적으로 과일에는 두꺼운 외피조직을 가지고 있고 고농도의 항미생물성 유기산의 함량이 높아 더욱 효과적인 방어기전이 있다.

정상미생물과 부패미생물 균총

채소와 마찬가지로 과일에 존재하는 정상적인 미생물의 종류는 매우 다양하며 세균과 효모, 곰팡이 등이 있다. 주 오염원은 공기, 토양 그리고 곤충 등 채소에서 언급한 모든 것들을 포함한다. 그러나 채소와는 달리 과일의 부패는 세균에 의한 부패도 있지만 주로 효모와 곰팡이에 의해 발생한다. 세균에 의한 부패는 배의 *Erwinia* 부패 또는 유산균에 의해 발생하는 오렌지 주스의 버터밀크와 유사한 냄새를 발생하는 부패가 있다. 여러 가지 채소의 취급이나 가공공정도 과일에 그대로 적용된다. 과일은 일반적으로 수확 후 즉시 세척과 헹굼 과정을 거쳐 운송용 박스에 포장된다. 세척과정은 미생물 수를 감소시키는 중요한 단계이며 약 3 log CFU/g의 미생물을 감소시킬 수 있다.

최근 신선절단 또는 최소가공 과일제품의 편의성으로 인해 그 수요가 증가하고 있다. 곰팡이와 효모는 이들 제품의 부패를 일으킬 수 있으며 곰팡이에 비해 생육이 빠른 효모에 의한 부패가 더욱 빈번히 발생한다. 그러나 세균도 과일의 부패에 중요한 역할을 한다.

여러 종류의 과일은 수분활성도를 낮추어 저장성을 부여하는 건조공정을 거쳐 중간정도 함량의 수분을 함유하는 반건조제품으로 가공되기도 한다. 건포도, 자두, 대추, 무화과 등은 건조 과일제품으로 소비된다. 건조된 사과, 살구, 배 또한 소비자에게 인기가 있다. 건조된 과일의 수분함량은 건조방법에 따라 5% 이하에서 35% 범위에 있다. 대부분의 건조 과일의 수분활성도는 미생물의 성장을 억제시킨다. 변패는 내삼투압성 효모나 내건성 곰팡이에 의해 일어난다. 일반적으로 건조과일의 효모와 곰팡이의 수는 평균 10^3 CFU/g 이하이다. 건조과일의 부패에 관여하는 효모는 *Zygosaccharomyces rouxii*와 *Hanseniaspora, Candida, Debaromyces, Pichia* sp. 등이다. 수분활성도 0.85 이하에서는 *Penicillium, Aspergillus* (특히 *A. restricus* 계열), *Eurotium* sp. (특히 *Aspergillus glaucus* 계열)와 *Wallemia sebi* 등 곰팡이류의 성장이 가능하다.

과일 농축주스, 젤리, 잼, 설탕조림과 시럽은 낮은 수분활성도로 인하여 변패에 내성이 있다. 그러나 건조 과일제품과는 달리 이들은 수분활성도 0.82-0.94가 되도록 충분한 양의 설탕을 첨가함으로써 수분활성도를 낮추어 준다. 이러한 제품은 수분활성도를 낮추는 동시에 60-82°C로 열처리함으로써 내건성 곰팡이의 대부분을 사멸시킨다. 결과적으로 이러한 제품의 부패는 용기를 완전히 밀봉하지 못하거나 개봉 후 적절하게 보관하지 않으면 부패한다.

과일제품의 저장을 위해 다양한 열처리 방법을 사용하고 있다. 과일은 산성조건을 유지하므로 미생물의 사멸이 용이하여 채소에 비해 열처리를 약하게 적용한다. 과일 통조림의 경우 반절, 세절, 네모형 절단을 막론하고 중심온도가 85-90°C가 유지되도록 열처리하여 가공된다. 일부 가공 과실주스와 넥터류는 93-110°C로 급격히 가열하고 무균적으로 용기에 주입한다. 두 경우 모두 대부분의 세균, 효모, 곰팡이의 영양세포를 죽이기에 충분하다. 그러나 일부 곰팡이는 내열성이 있는 자낭포자나 균핵을 생성하기도 한다. 가공과일의 부패에 관여하는 대표적인 곰팡이는 *Byssochlamys fulva, Byssochlamys nivea, Neosartorya fischeri*와 *Talaromyces flavus* 등이 있다. 열처리한 과일 제품의 부패양상으로는 눈으로 식별할 수 있는 곰팡이의 성장과 이취, 조직의 파괴, 전분과 펙틴의 액화현상 등이 있다.

최근 식품미생물학자는 열에 내성이 있는 포자형성세균인 *Alicyclobacillus acidoterrestris*이 살균 주스에서 문제를 야기할 수 있다는 사실을 밝혀냈다. 이 세균은 대부분의 세균이 사멸되는 산이나 열에 내성이 있어 살균 조건에서도 살아남을 수 있다. 이 균은 여러가지 주스 특히 사과와 오렌지 주스에 약냄새나 페놀성 이취의 주성분인 2-메톡시페놀 (guaiacol)을 생성한다.

미생물에 의한 곡류와 곡류제품의 부패

곡류는 식물에서 유래한 점에서는 과일과 채소와 비슷하지만 많은 부분에서 다르다. 일반적으로 곡류는 원예작물인 과일과 채소와는 달리 1차 경작물이나 농작물로 알려져 있다. 곡류는 제분되어 인간을 위한 식품으로 소비되는 밀가루나 빵, 파스타

제품으로 또는 더욱 가공되어 스낵 또는 아침식사용 시리얼 형태로 이용된다. 밀가루 반죽을 제외한 곡류가공 최종제품은 대개 수분활성도 (A_w)가 0.65 미만으로 대부분의 미생물이 성장할 수 없다.

천연의 미생물 균총

곡류와 곡류제품에는 일반적으로 여러 종의 세균, 곰팡이, 효모가 존재한다. 특별한 몇몇 종은 곡류의 생산, 수확, 저장, 가공 동안의 환경조건에 좌우된다. 곡류나 곡류제품은 수분활성도가 낮기 때문에 자연적으로 존재하는 미생물은 주로 곰팡이일 것으로 간주되고 있지만 항상 그러하지는 않다. 실제로, 저장 조건, 곡류의 형태 그리고 수분함량에 따라서 세균의 오염수준은 곰팡이 수를 훨씬 초과할 수도 있다. 곡류에 존재하는 많은 종류의 미생물 중에서 곡식 낱알에 침입할 수 있는 종류는 드물다. *Alternaria, Fusarium, Helminthosporium, Cladosporium* 등과 같은 곰팡이가 경작지에서 밀에 침입하는 주요 미생물이다. 그러나 이러한 곰팡이의 감염은 극소수이고 곡류에 수분함량이 증가하지 않도록 관리한다면 곰팡이에 의한 그 손상은 거의 입지 않는다.

가공 효과

곡류는 원래의 상태로 이용되지 않고 다양한 가공처리과정을 거친 후 이용된다. 각각의 전처리 단계와 제분공정은 미생물 수를 감소시키므로 밀가루는 밀 상태보다 미생물 수가 적다. 밀가루에 존재하는 극소수의 미생물을 제외하고 제분공정을 거친 곡류의 미생물균총은 제분공정을 거치지 않은 곡류에 존재하는 균총과 유사하다. 대부분 곡류제품의 제조공정의 최종단계는 특히 밀가루의 경우 반죽을 만들기 위해 수분 첨가 (물 또는 우유)와 다른 첨가제를 첨가한다.

부패의 형태

적당하게 건조되고 저장된 곡류와 곡류제품은 수분활성도가 낮아 저장성이 양호하다. 부패에 본질적으로 저항성이 있다. 그러나 저장기간 동안 수분을 흡수하지 않도록 곡류를 보호한다 하더라도 수분활성도는 내건성 곰팡이의 성장이 가능한 수준까지 증가할 수 있다. 수분 활성도가 낮다는 것은 균류의 성장을 지연시킬 뿐이고 충분한 시간이 주어진다면 결국 부패현상이 발생할 수 있다는 사실을 명심하여야 한다. 대량으로 저장하는 곡류에서 온도의 미미한 변화는 일정 구역에 수분의 응축을 야기할 수 있어 곰팡이가 성장할 수 있는 수준까지 수분함량을 증가시킨다. 이러한 경우 *Aspergillus, Eurotium* spp., *W. sebi*와 같은 곰팡이의 성장이 가능하여 부패의 원인이 된다. 곰팡이는 수분활성도가 낮은 상태에서도 성장이 가능하기 때문에 곡류의 주요 부패 미생물이다. 곰팡이에 의한 부패의 우려는 바로 곰팡이 독소의 생산 여부이다. 또한 곰팡이는 방향성 휘발성 물질을 생성하여 곡류제품의 색, 풍미, 향 등을 나쁘게 변화시킨다. 휘발성 대사물질의 생성은 곡류의 형태보다 관여하는 곰팡이의 종류에 의해 좌우된다. 곡류에서 곰팡이 성장의 또 다른 중요한 나쁜 효과는 유리지방산가 (FAV)의 증가 현상이다. 유리지방산가의 증가는 곰팡이 유래 리파아제 활성에 기인한다. 이러한 지방분해 효소는 열 안정성이 있기 때문에 유리지방산가는 곡류의 곰팡이 부패를 나타내는 지표로서 사용되기도 한다.

곡류를 기본 재료로 제조한 대부분의 식품은 섭취하기 이전에 어떤 형태로든 열처리 과정을 거친다. 이러한 처리과정 중 열 저항성이 있는 대부분의 미생물을 제외한 모든 미생물은 불활성화 된다. 그러나 상업적으로 제조한 빵에서 비록 드물게 나타나는 현상이지만 *B. subtilis* 또는 *B. licheniformis*에 의한 점질화 현상과 적색 색소를 생성하는 세균인 *Serratia marcescens*의 성장으로 야기되는 혈색 빵 (bloody bread) 현상 등이 발생하기도 한다.

요약

- *Pseudomonas* spp.는 유제품, 육류, 가금류, 농산물의 변패에 관여한다.
- 세균은 근육조직에 두 단계 과정을 거쳐 부착된다.
- 가공설비는 부패 미생물의 중요한 오염원이 될 수 있다.
- 위생적인 제조공정 (GMP)은 원재료 및 완제품과 관련된 부패 미생물의 수를 감소시켜 유통기간을 연장시키는데 있어서 필수적이다.
- 온도조절은 부패의 예방과 저장기간 연장을 위해 매우 중요한 요인이다.
- 단백질 분해에 의한 부패는 지방분해에 의한 부패보다 먼저 일어난다.
- 식품의 조성 (지방, 탄수화물, 단백질의 함량)은 미생물 성장과 부패에 영향을 미친다.
- 한 종류 미생물의 성장은 다른 미생물의 성장에 영향을 미치며 결과적으로 부패를 일으킨다.

참고문헌

Carlin, F. 2007. Fruits and vegetables, p. 157–170. *In* M. P. Doyle and L. R. Beuchat (ed.), *Food Microbiology: Fundamentals and Frontiers*, 3rd ed. ASM Press, Washington, DC.

Frandk, J. F. 2007. Milk and dairy products, p. 141–156. *In* M. P. Doyle and L. R. Beuchat (ed.), *Food Microbiology: Fundamentals and Frontiers*, 3rd ed. ASM Press, Washington, DC.

Jay, J. M. 2005. *Modern Food Microbiology*, 7th ed., p. 187–198. Springer, New York, NY.

Nychas, G.-J. E., D. L. Marshall, and J. N. Sofos. 2007. Meat, poultry, and seafood, p. 105–140. *In* M. P. Doyle and L R. Beuchat (ed.), *Food Microbiology: Fundamentals and Frontiers*, 3rd ed. ASM Press, Washington, DC.

Tournas, V. H. 2005. Spoilage of vegetabel crops by bacteria and fungi and related health hazards. *Crit. Rev. Microbiol.* **31:**33–44.

Whitfield, F. B. 1998. Microbiology of food taints. *Int. J. Food Sci. Technol.* **33:**31–51.

21 곰팡이

학습목표

- 일반적 식품 부패 곰팡이와 그에 관련된 질병에 대한 지식 습득
- 곰팡이를 구별하고 동정하는 방법 이해
- 특정 곰팡이 독소와 곰팡이와의 관련성 이해
- 곰팡이 문제와 흔히 관련이 있는 식품 확인
- 식품에서 곰팡이의 성장과 독소 생성에 관여하는 조건 이해
- 곰팡이 독소가 존재하는 식품의 선별을 위해 사용되는 방법 논의

서론

우리는 어떤 버섯을 먹으면 병에 걸리거나 죽을 수도 있다는 것을 알고 있다. 일반적인 식품 부패 곰팡이들은 질병을 야기하고 죽기도 한다. 실제로 1940년대 *Penicillium* sp.는 일본에서 황변미에서 독소의 원인으로 확인되었다. 곰팡이 독소는 1960년대 초반 영국에서 "칠면조 X 질병"라는 칠면조에서 발생한 질병으로 서구 과학자의 관심을 얻었다. 이 질병으로 대략 100,000마리의 칠면조와 다른 가축이 도축되었다. 이 질병의 원인은 사료에 포함된 *Aspergillus flavus*로 오염된 땅콩가루로 추정되었다. 사료의 분석으로 나중에 아플라톡신으로 명명된 형광성 화합물이 질병에 책임이 있다고 밝혀졌다. 아플라톡신은 또한 케냐에서 많은 새끼오리를 폐사시키고 캘리포니아의 부화장에서 양식된 송어에서 간암을 유발시켰다. 이 장에서는 일반적인 식품의 부패와 관련된 곰팡이에 초점을 맞추고자 있다.

곰팡이의 분리와 균수 측정 및 동정

세균은 곰팡이보다 더 빨리 자라고 오염된 샘플에서 자주 발견된다. 그래서 곰팡이의 균수를 측정하는 배지로는 항균성물질과 곰팡이 콜로니를 도포하는 것을 억제하는 물질인 DRBC (dichloran rose bengal chloramphenicol) agar 배지와 또는 dichloran – 18% glycerol agar 배지를 사용한다. 무기염류로 이루어진 한정배지인 Czapek agar 배지와 그 유사배지인 Czapek yeast extract agar와 맥아즙 한천 (malt extract agar) 배지가 식품으로부터 *Aspergillus* 종을 동정하는데 사용된다. Czapek yeast extract 20% 수크로오스 한천에서 성장은 *Aspergillus* sp.를 확인하

는 데 유용하다. 아플라톡신을 생산하는 곰팡이의 빠른 검출을 위한 가장 효과적인 배지는 *A. flavus*와 *Aspergillus parasiticus* 한천배지이다. 30°C에서 42–48시간 동안 배양했을 때 *A. flavus*와 *A. parasiticus*는 밝은 노란빛을 띤 주황색 콜로니를 생성하고 이 콜로니는 진단에 도움이 되고 즉시 확인된다. *A. flavus*와 *A. parasiticus*의 구조는 그림 21.1과 같다.

Penicillium sp.와 달리 *Aspergillus* sp.는 편리하게 색으로 코딩되어 있고 분생자 (비운동성 포자)의 색은 동정에서 매우 유용한 시작점 역할을 한다. 현미경상의 구조도 동정에서 중요하다. 경자 (phialide – 분생자 생성 세포)는 긴 줄기 (stipes)의 정낭 (vesicle)에서 바로 만들어 지거나 세포를 보호하는 연결선 (metulae)을 가지고 있을 것이다. *Aspergillus* sp.의 정확한 동정은 원자재와 식품 또는 사료 등에서 곰팡이 독소 오염 가능성을 평가하는데 필수적인 선결조건이다.

식중독 곰팡이에 적합한 일반적인 균수 측정 절차는 일반적인 *Penicillium* sp.을 측정하는데 효과적이다. 많은 항균성 배지에서 만족할만한 결과를 얻을 수 있었다. 그러나 일부 *Penicillium* sp.는 감자즙 한천 (potato dextrose agar) 배지와 같은 매우 묽은 배지에서 약하게 자라기도 한다. 그래서 DRBC agar 배지와 디클로란-18% 글리세롤이 포함된 한천배지가 추천할 만하다.

종 단계에서 *Penicillium*의 동정은 쉽지 않고 배지, 배양시간과 온도의 표준화된 조건하에서 주로 수행되었다. 현미경을 통한 형태학적 특성 이외에 콜로니의 크기와 분생자와 콜로니의 색을 포함하는 총체적인 생리학의 특징은 종을 식별하는데 이용된다. 선택배지인 DRBC agar 배지는 *Penicillium verrucosum*과 *Penicillium viridicatum*의 균수 측정을 위해 사용된다. *P. verrucosum*은 이 한천배지에 자색-갈색의 색을 생성한다. 그림 21.2는 4개의 *Penicillium* 아속의 penicillia를 보여준다.

Fusarium sp.는 대부분 곡물입자, 씨, 밀가루와 옥수수 가루와 같은 분쇄된 곡

그림 21.1 아플라톡신 생산 곰팡이 종류. **(A)** *A. flavus* 분생자두 (배율, ×300); **(B)** *A. flavus* 분생자 (배율, ×1,875); **(C)** 미성숙 *A. parasiticus* 분생자두 (배율, ×300); **(D)** *A. parasiticus* 분생자 (배율, ×1,875). 출처: A. D. Hocking, p. 540–550, *in* M. P. Doyle and L. R. Beuchat (ed.), *Food Microbiology: Fundamentals and Frontiers*, 3rd ed. (ASM Press, Washington, DC, 2007).

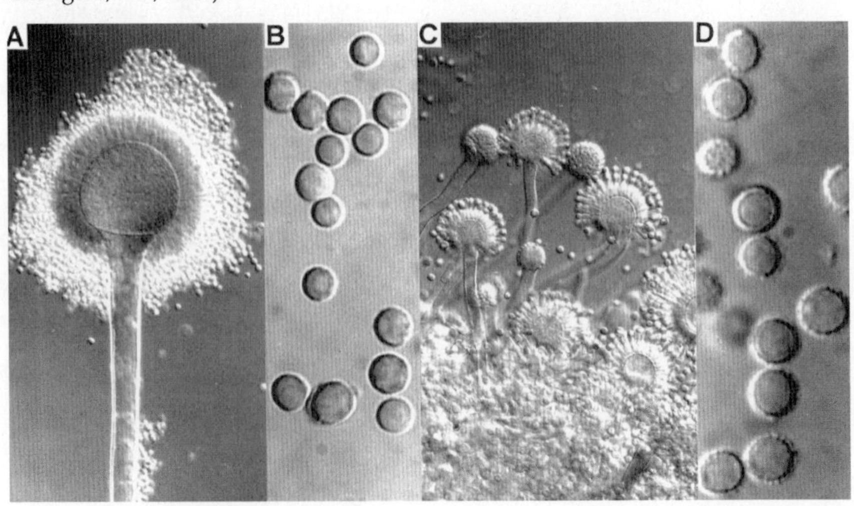

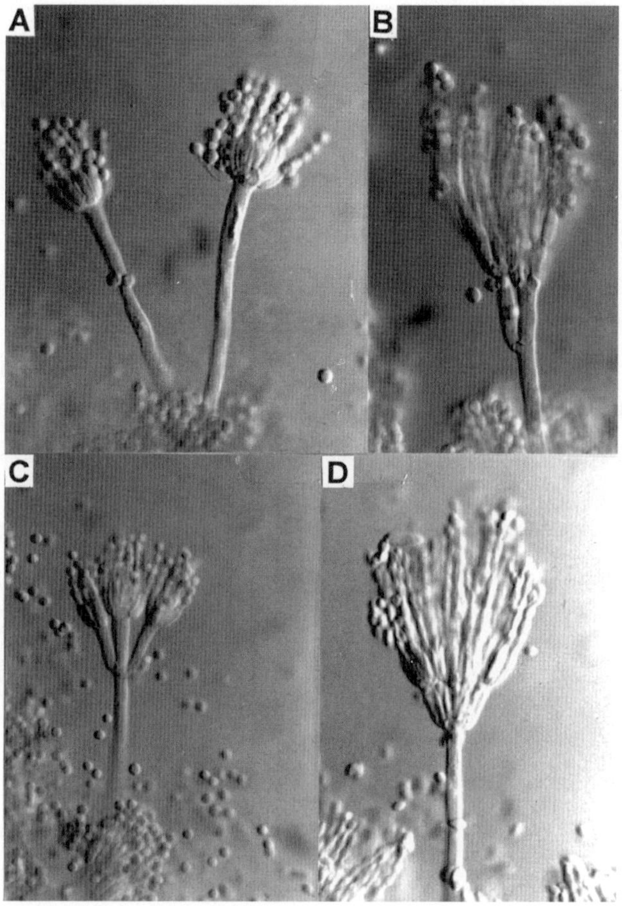

그림 21.2 *Penicilium* 아속 4종류의 대표적인 곰팡이들(배율, ×750) **(A)** *Penicillium* subgenus *Aspergilloides* (*P. glabrum*); **(B)** *Penicillium* subgenus *Penicillium* (*P. expansum*); **(C)** *Penicillium* subgenus *Furcatum* (*P. citrinum*); **(D)** *Penicillium* subgenus *Biverticillium* (*P. variabile*). 출처: J. I. Pitt, p. 551-562, *in* M. P. Doyle and L. R. Beuchat (ed.), *Food Microbiology: Fundamentals and Frontiers*, 3rd ed. (ASM Press, Washington, DC, 2007).

류, 맥아, 동물용 사료, 죽은 식물조직과 관련되어있다. 이들에서부터 *Fusarium* sp.를 분리해내기 위해서는 선택배지를 사용해야 한다. *Fusarium*의 분리와 검출을 위한 기본 기술은 평판배양기술을 사용하는 것으로 제품의 연속적 희석에 의한 배지상의 콜로니 계수나 곡물의 씨나 낟알을 한천배지 표면위에 바로 두는 것이다. 많은 *Fusarium* sp.는 식물성 병원성균이고 작물이 자라는 곳에서 발견되기 때문에 이 곰팡이들은 빛에 반응한다. 성장, 색소형성, 포자형성은 12시간 주기로 배양할 때 배양물들이 12시간 주기로 빛이 있는 곳과 어두운 곳에서 자랄 때 성장, 염색, 아포 생산은 가장 전형적이다. 형광등이나 북쪽 창문에서 들어오는 햇빛이 가장 좋다. 낮에 25°C이고 밤에 20°C로 변동하는 온도는 또한 성장과 포자형성을 촉진시킨다.

여러 배양 배지는 *Fusarium*을 분리하고 검출하는데 사용되어 왔다. 그 종류에는 Nash-Snyder 배지, 변형된 Czapek Dox agar, Czapek iprodione dichloran (CZID) agar, potato dextrose iprodione dichloran agar와 dichloran chloramphenicol peptone agar가 있다. Nash-Snyder 배지와 발암물질로 알려진

펜타클로로니트로벤젠이 들어있는 변형된 Czapek Dox agar는 식품미생물 실험실에서는 일반적으로 사용되어지는 것은 아니다. 그러나 이 배지들은 세균과 다른 균류로 대량으로 오염된 샘플을 실험할 때 매우 유용하다. 식품에서 *Fusarium*을 분리하는데 가장 일반적으로 사용되는 배지는 CZID agar이고 불가능하지는 않지만 이 배지에서 종 단계에서 *Fusarium*의 빠른 동정은 어렵다. *Fusarium* 분리종의 동정은 carnation leaf agar (CLA)와 같은 다른 배지에서 계대배양을 통하여 이루어진다. 대부분의 곰팡이는 CZID agar에서 억제되어 *Fusarium* sp.는 쉽게 구별 가능하다.

Fusarium sp.의 동정은 대분생자와 소분생자의 형태와 생성에 기초하고 있다 (그림 21.3). *Fusarium* sp.는 모든 배양배지에서 바로 분생포자를 형성하지 않고 감자즙 한천배지와 같은 높은 탄소원을 함유한 배지에서 형성된 분생포자는 더 다양하고 전형적인 형태가 아니다. CLA는 풍부하고 일정한 포자를 생성해 내는 배지이다. 살충제 저항성이 없는 잘 자란 어린 카네이션의 잎을 5 mm^2의 작은 크기로 잘라 2시간동아 오븐에서 45-55°C로 건조시키고 방사선 조사로 살균한다. CLA는 2.0%의 한천배지 표면에 몇 개의 카네이션 잎을 표면에 올려 만든다. *Fusarium* 분리종을 한천과 잎의 경계면에 접종하여 배양하면 분생자욕 (sporodochia)에 다수의 전형적인 부생자와 분생자병을 형성한다 (그림 21.4). CLA는 탄소원이 낮고 자연적으로 생성되어 포자 형성을 자극하는 물질이 풍부하다.

Aspergillus sp.

*Aspergillus*는 약 300년 전에 처음으로 묘사되었고 식품에서 중요한 속이다. 비록 일부 종들은 식품을 만드는데 사용되어 왔지만 (예를 들어 *Aspergillus oryzae*는 간장의 제조에 사용된다) 대부분의 *Aspergillus* sp.는 식품에서 부패성 또는 분해성 곰팡이로 작용한다. 이것은 곡류, 견과류, 양념과 같은 저장된 원료에서 아주 빈번하고 온대지방보다 열대 또는 아열대 지방에서 더 빈번하게 발생한다. 비록 지난 35년간의 곰팡이 독소 연구는 아플라톡신에 대한 것이 대부분이었지만 *Aspergillus* sp.에는 곰팡이 독소를 생성할 수 있는 종이 있다. 음식에는 많은 독소를 생성하는 *Aspergillus* sp.가 있기 때문에 그 종이 특정한 음식에서 독소를 생성한다면 그것을 동정하고 확인하는 것이 중요하다.

Aspergillus sp.는 100개 이상의 확인된 종이 있고 대부분이 실험실 배지에서도 잘 자란다. *Aspergillus* sp.에서 속들은 세분화되어 6개의 아속으로 분류된다. *Aspergillus*의 분생자 단계 (무성상태)를 보유하는 많은 유성포자를 생성하는 종이 있지만 식품에서 실제로 중요한 두 가지 속은 내건성 (xerophilic)인 *Eurotium*과 *Neosartorya* sp.이다. 이 속은 열에 잘 견디는 자낭포자를 만들고 열가공된 식품 주로 과일에서 부패를 일으킨다. 가장 널리 사용되는 *Aspergillus* 분류법은 전통적인 형태학적 분류법을 따른다. 그러나 동위효소 (isoenzyme) 패턴, 부차적 대사산물, 유비퀴논 시스템과 같은 화학적 방법과 분자적 방법은 속간의 관계를 명확히 하는데 사용되어져 왔다.

거의 50개의 *Aspergillus* sp.는 독성의 대사물질을 생성하지만 식품과 사료에서 가장 중요한 *Aspergillus* 곰팡이 독소는 아플라톡신 (*A. flavus, A. parasiticus, Aspergillus nomius*에 의해 생성), *Aspergillus ochraceus*와 관련된 종들과 *Aspergillus*

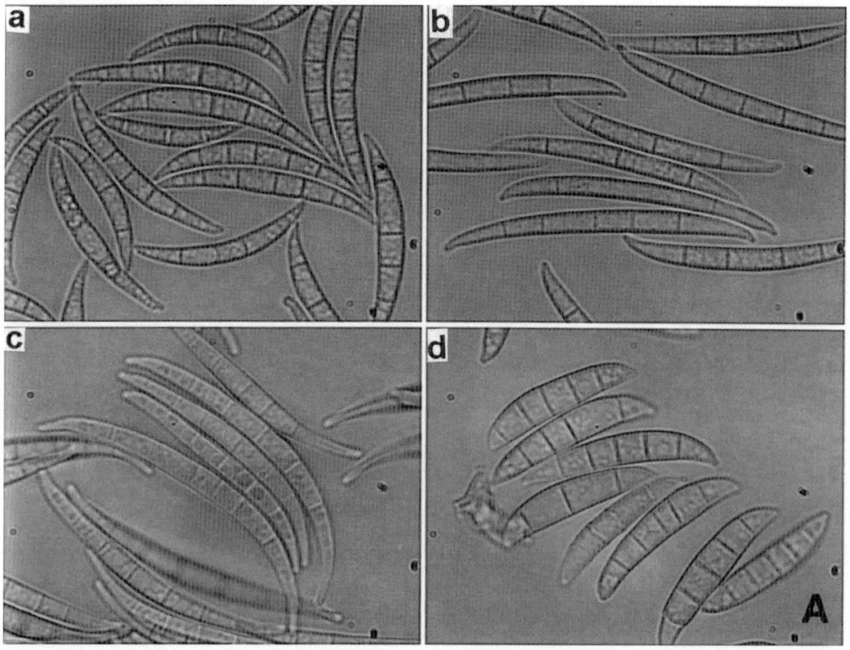

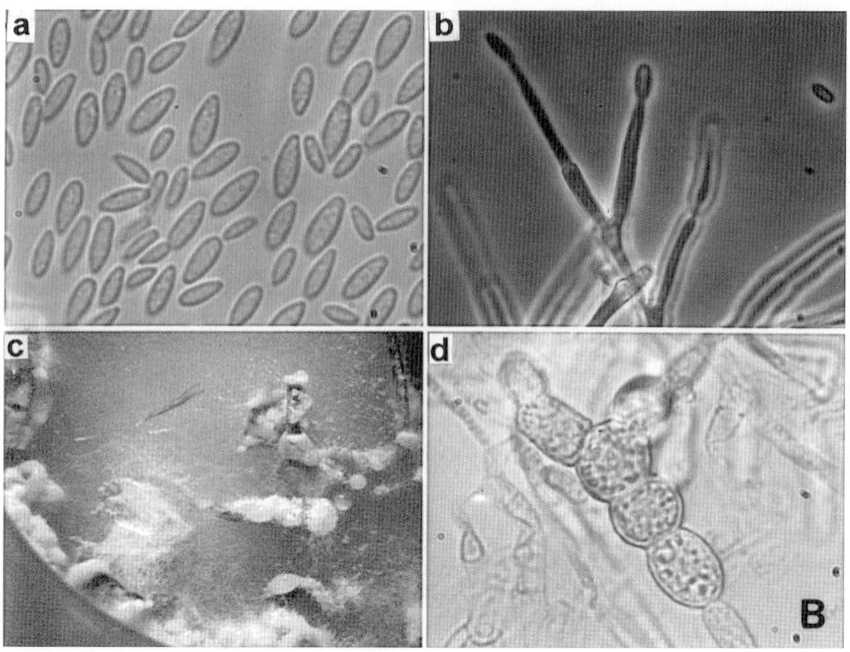

그림 21.3 **(A)** *Fusarium* 속 거대분생자의 예 **(a)** *F. graminearum*; **(b)** *F. moniliforme*; **(c)** *F. equiseti*; **(d)** *F. culmorum* (배율, ×1,000). **(B)** *Fusarium* 속 미세구조 및 거대구조의 예 **(a)** 작은 크기의 분생자; **(b)** 단경자 (monophialides); **(c)** 스포로도치아 (sporodochia); **(d)** 후막포자 (배율, ×1,000 [a, b, d]; ×10 [c]). 출처: L. B. Bullerman, p. 563–578, *in* M. P. Doyle and L. R. Beuchat (ed.), *Food Microbiology: Fundamentals and Frontiers*, 3rd ed. (ASM Press, Washington, DC, 2007).

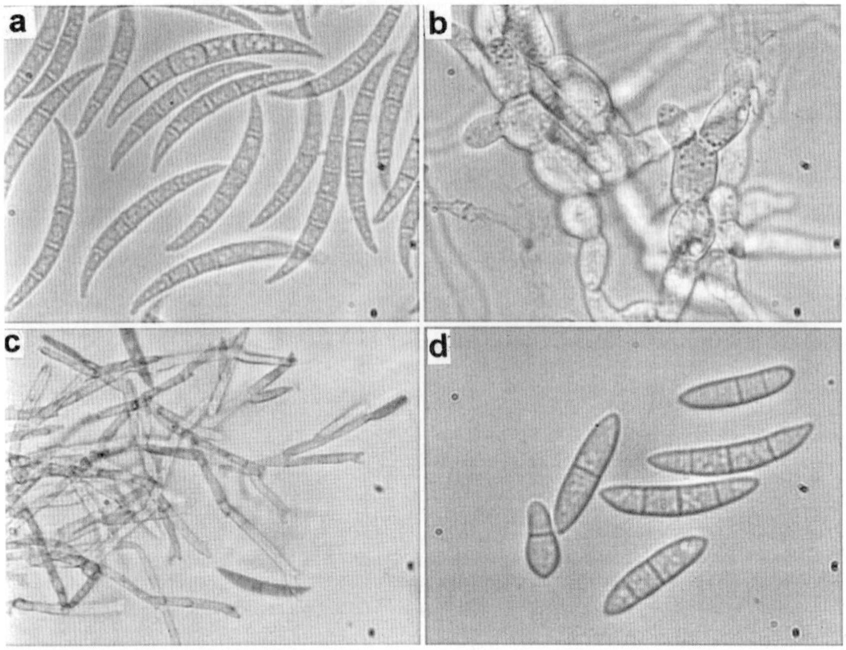

A. Fusarium sporotrichioides.

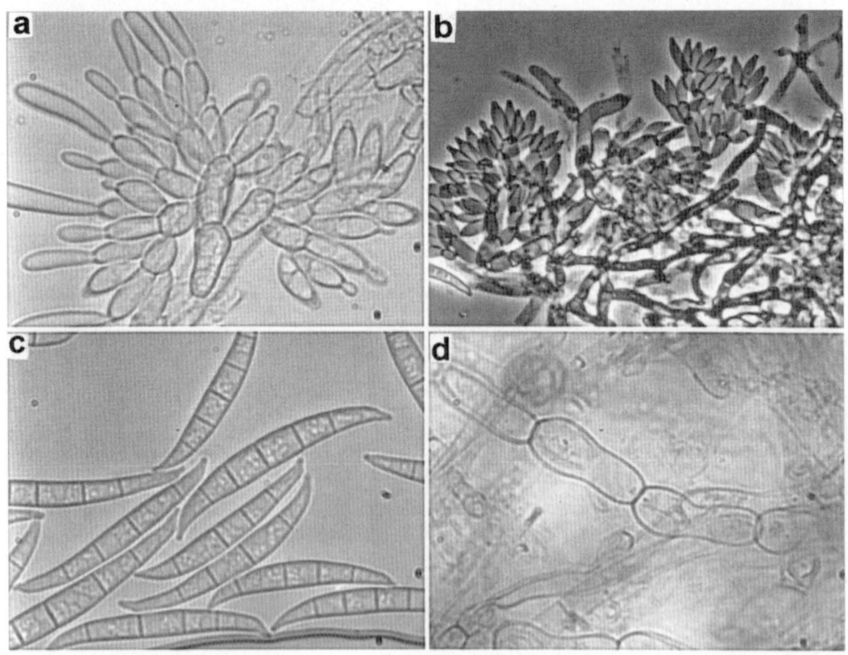

B. Fusarium graminearum.

그림 21.4 **(A)** *F. sporotrichioides*의 현미경적 구조 **(a)** 거대 분생자; **(b)** 후막포자; **(c)** 경자; **(d)** 작은 분생자 (배율, ×1,000 [a, b, d]; ×550 [c]). **(B)** *F. graminearum*의 현미경적 구조 **(a)** 분생자병 (단경자); **(b)** 스포로도치아의 단경자; **(c)** 거대 분생자; **(d)** 후막포자 (배율, ×1,000 [a, c, d; ×550 [b]).

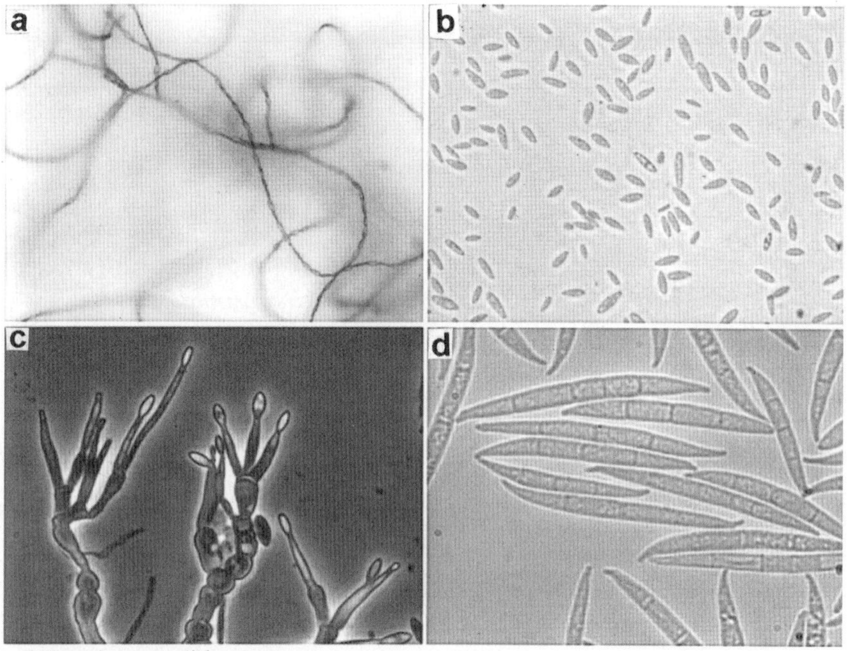

C. Fusarium moniliforme.

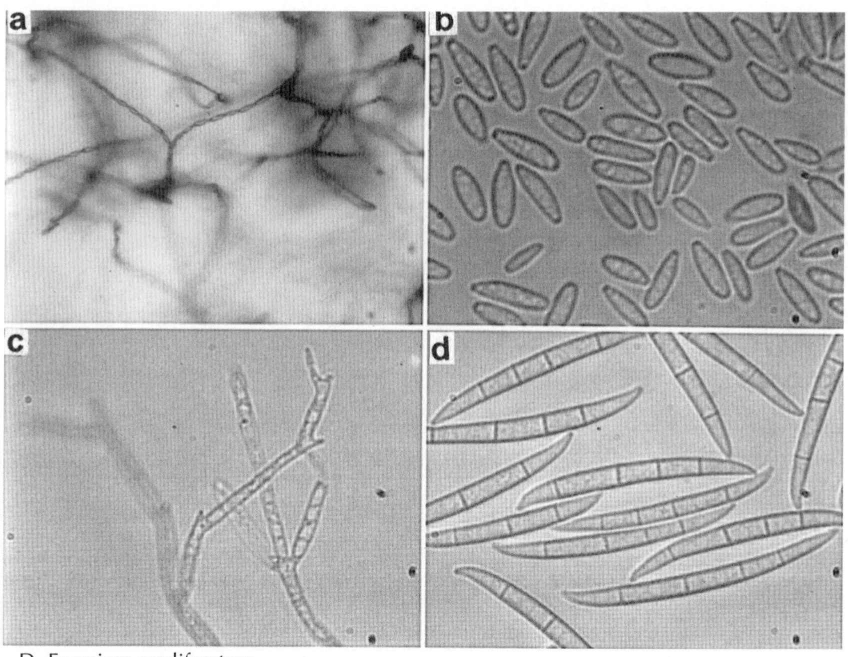

D. Fusarium proliferatum.

그림 21.4 (계속) **(C)** *F. moniliforme*의 현미경적 구조 **(a)** 사슬형의 작은 분생자; **(b)** 작은 분생자; **(c)** 분생자 형성 단경자; **(d)** 거대 분생자 (배율, ×165 [a]; ×550 [b]; ×1,000 [c, d]). **(D)** *F. proliferatum*의 현미경적 구조 **(a)** 사슬형의 작은 분생자; **(b)** 작은 분생자; **(c)** 다경자; **(d)** 거대 분생자 (배율, ×165, [a]; ×1,000 [b–d]). 출처: L. B. Bullerman, p. 563–578, *in* M. P. Doyle and L. R. Beuchat (ed.), *Food Microbiology: Fundamentals and Frontiers*, 3rd ed. (ASM Press, Washington, DC, 2007).

표 21.1 *Aspergillus* 속에서 생산되는 중요한 곰팡이 독소와 그들의 효능[a]

곰팡이 독소	독성	원인균
아플라톡신 B_1, B_2	급성 간손상, 간경변, 발암성(간), 기형유발성, 면역억제제	*A. flavus, A. parasiticus, A. nomius*
아플라톡신 G_1, G_2	B aflatoxin과 유사한 효과; G_1 독성은 B_1 보다 덜 하나 B_2 보다 큼	*A parasiticus, A. nomius*
사이클로피아존산	여러 기관의 변성과 괴사, 경련성, 낮은 구강 독성	*A. flavus, A. tamarii*
오크라톡신 A	신장의 괴사 (특히 돼지), 기형유발성, 면역억제제, 발암가능성	*A. ochraceus* 및 관련 종, *A. carbonarius*, 때때로 *A. niger*
스테리그마토시스틴	급성 간 및 신장 손상, 발암성 (간)	*A. versicolor, Emericella* sp.
푸미트레모젠	경련성 (쥐)	*A. fumigatus*
테리트렘	경련성 (쥐)	*A. terreus*
트립토퀴발린	경련성	*A. clavatus*
사이토찰라신	세포독성	*A. clavatus*
에치눌린	음식 거부 (돼지)	*Eurotium chevalieri, Eurotium amstelodami*

[a]A. D. Hocking, p. 537–550, *in* M. P. Doyle and L. R. Beuchat (ed.), *Food Microbiology: Fundamentals and Frontiers,* 3rd ed. (ASM Press, Washington, DC, 2007)에서 발췌.

*cafbonarius*와 보통 *Aspergillus niger*에서 생성된 오크라톡신 A (ochratoxin A), *Aspergillus versicolor*와 *Emericella* sp.에 의해서 생성되는 스테리그마토시스틴 (sterigmatocystin), 사이클로피아존산 (cyclopiazonic acid) (일차적으로 *A. flavus*가 생성하지만 *Aspergillus tamarii*에서도 생성된다고 보고 [그림 21.5])이 있다. 신체에 비자발적 발작을 일으키는 (tremorgenic) 독소는 *Aspergillus terreus* (territrems), *Aspergillus fumigatus* (fumitremorgens), *Aspergillus clavatus* (tryptoquivaline)에 의해 생성된다. 시트리닌 (citrinin), 파툴린 (patulin), 페니실린산 (penicillic acid)은 특정 *Aspergillus* sp.에 의해 생성되어 진다.

Aspergillus sp.는 상당히 긴 기간 동안 영향을 미치고, 광범위하게 유효한 독성을 나타내는 독소를 생산한다. 아마도 아플라톡신 B_1은 인간을 포함한 광범위한 동물종의 간의 발암성 물질로 알려져 있다. 오크라톡신 A와 시트리닌은 신장 기능에 악영향을 미친다. 사이클로피아존산은 광범위한 효력을 가진다. 테리트렘 (territrem)과 같은 트레모르게닉 (tremorgenic) 독소는 중추신경계에 악영향을 미친다. 표 21.1은 *Aspergillus* sp.에 의하여 생산되는 가장 중요한 독소와 그들 독소의 영향을 나열하고 있다.

*A. flavus*와 *A. parasiticus*

독소생성 aspergilli의 가장 중요한 그룹은 *A. flavus*와 *A. parasiticus*의 아플라톡신을 생산하는 곰팡이라고 최근에 설명되어졌지만 덜 일반적인 종 *A. nomius*도 있다. 이 모두는 *Aspergillus* sp. *Flavi* 절로 분류된다. 이 세 가지 종은 매우 관계가 있고, 매우 비슷하게 보이지만 아마도 많은 특징들이 그들을 구별하는데 사용된다 (표 21.2). 이 세 가지 종으로부터 생산된 독소들은 종 특이성이 있다. *A. flavus*는 아플라톡신 B_1과 B_2 그리고 사이클로피아존산을 생산하지만 오직 몇 개의 분리집단만이 독소를 생산한다. *A. parasiticus*는 아플라톡신 B_1, B_2, G_1 그리고 G_2를 생산하지만 사이클로피아존산은 생산하지 않는다. 그리고 대부분의 분리집단이 독소를 생산한

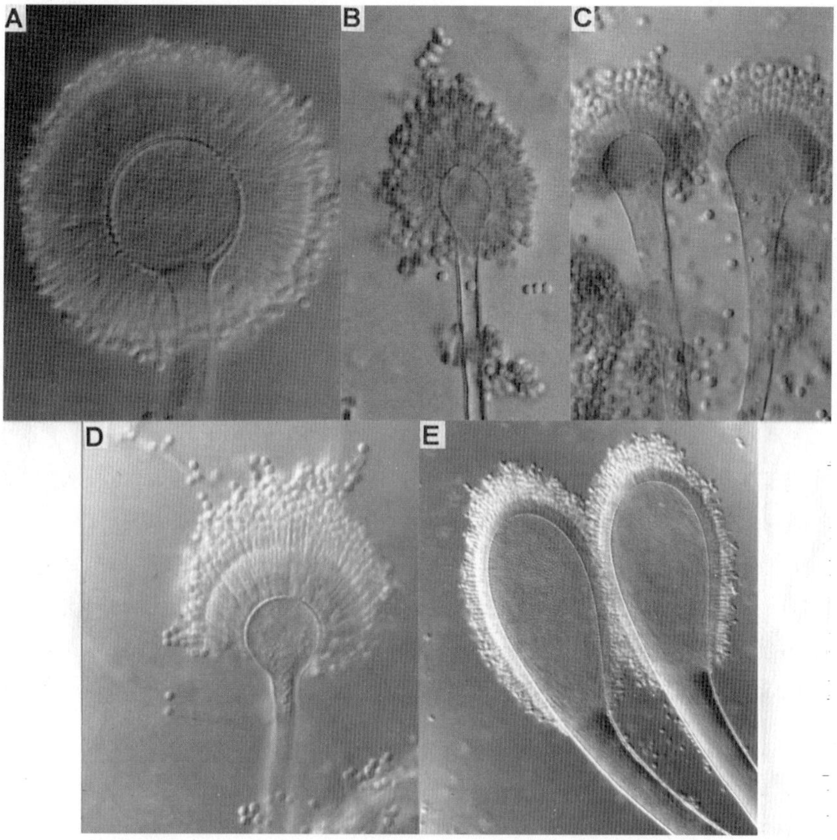

그림 21.5 몇몇 곰팡이 독소 생성 *Aspergillus* 속. **(A)** *A. ochraceus* (배율, ×750); **(B)** *A. versicolor* (배율, ×750); **(C)** A. fumigatus (배율, ×750); **(D)** A. terreus (배율, ×750); **(E)** A. clavatus (배율, ×300). 출처: A. D. Hocking, p. 540–550, *in* M. P. Doyle and L. R. Beuchat (ed.), *Food Microbiology: Fundamentals and Frontiers*, 3rd ed. (ASM Press, Washington, DC, 2007).

다. *A. nomius*는 형태학상으로 *A. flavus*와 비슷하지만 *A. parasiticus*처럼 사이클로피아존산을 제외한 B와 G 아플라톡신을 생산한다. 이 종은 희귀성을 나타내기 때문에 거의 연구가 진행되지 않았다. 분리집단의 잠재적인 독소 생성력은 알려지지 않았고 이 종의 실제적인 중요성은 평가하기가 쉽지 않다. *A. oryzae*와 *A. sojae*는 *A. flavus* 그리고 *A. parasiticas*와 관련이 있고 발효음식에 사용된다. 그러나 그들은 독소를 생산하지 않는다. *A. tamarii*는 아플라톡신 B와 사이클로피아존산을 생산한다. Flavi과 안의 관련된 종의 정밀한 구별은 존재할지도 모르는 독소의 형태와 독소생산 가능성의 결정을 위하여 중요하다.

표 21.2 *A. flavus, A. parasiticus*와 *A. nomius*의 차이[a]

종	분생자	균핵	독소
A. flavus	부드럽고 약간 거친 모양이며 다양한 크기를 가짐	크고 공모양	아플라톡신 B_1과 B_2, 사이클로피아존산
A. parasiticus	눈에 띄게 거칠고 크기는 거의 일정함	크고 공모양	아플라톡신 B와 G
A. nomius	*A. flavus* 와 유사함(총알 모양)	작고 긴모양	아플라톡신 B와 G

[a]A.D. Hocking, p. 537–550, *in* M. P. Doyle and L. R. Beuchat (ed.), *Food Microbiology: Fundamentals and Frontiers*, 3rd ed. (ASM Press, Washington, DC, 2007)에서 발췌.

검출과 동정

*A. flavus*와 *A. parasiticus* (그림 21.1)는 적절한 배지와 방법에 의해 다른 *Aspergillus* sp.로부터 쉽게 식별된다. 분생자 세포벽의 질감은 확실히 다른 특징을 가진다. 유침 검경으로 관찰했을 때 *A. flavus*의 분생자 (그림 21.1B)는 보통 약간 거친 면을 가지고 있고, *A. parasiticus* (그림 21.1D)는 완전히 거친 면을 가진다. 세 가지 아플라톡신 생산 종을 구별하는데 가장 유익한 특징 조합은 표 21.2에 요약되어있다.

아플라톡신

아플라톡신은 다이퓨라노쿠마린 (difuranocoumarin) 유도체이다. 아플라톡신 B_1, B_2, G_1, G_2는 위에서 언급된 곰팡이에 의해 자연적으로 생겨난다. B와 G는 긴 파장의 자외선에서 관찰된 형광색 (각각 파란색과 초록색)을 말하고, 아래첨자 1과 2는 박막 크로마토그래피 (TLC)에서 그들의 분리 패턴을 말한다. 아플라톡신 M_1과 M_2는 젖을 내는 동물에서의 수산화 (hydroxylation)에 의해 그들 각각의 B 아플라톡신으로부터 생산되고 섭취된 B 아플라톡신의 ~1.5%의 비율로 우유에서 분비된다.

두 개의 말로닐 (malonyl) 단위를 가진 아세틸 단위의 응축과 이산화탄소 소실과 함께, 아플라톡신은 폴리케타이드 (polyketide) 경로를 통해 합성된다. 중간의 단계에서 노솔로린산 (norsolorinic acid)이 형성된다. 노솔로린산은 아플라톡신 B_1을 형성하기 위하여 여러 신진대사 전환을 거친다. 아플라톡신 G 그룹은 B 그룹 아플라톡신 즉 *O*-메틸스테리그마토시스틴과 같은 기질로부터 독립된 경로에 의해 형성된다. 아플라톡신의 생합성에 관련된 대부분의 유전자는 *A. flavus*와 *A. parasiticus*의 게놈에서 하나의 유전자 클러스터 안에 있고 그들의 제어와 발현은 현재 상대적으로 잘 연구되어져 있다.

독성. 아플라톡신은 동물과 인간에서 강한 간 손상, 간 경화, 종양 유도를 만드는 급성과 만성 독이다. 사람의 건강에 더욱 중요한 것은 아플라톡신만 작용하거나 다른 곰팡이 독소와 결합했을 때 나타나는 아플라톡신의 면역억제 효과이다. 면역억제는 특히 아플라톡신 음식물 섭취가 만성인 지역에서 전염병을 증가시키고, 동물 또는 아이들에게서 면역억제에 반응하는 항체의 생성을 방해할 수 있다.

인간에 있어서 급성 아플라톡신증은 드물지만 심각한 발병이 보고되기도 했다. 1967년 대만에 있는 두 개의 농업 공동체에서 26명의 사람들이 분명한 식중독으로 병에 걸리게 되었다. 열아홉은 어린이였고 그 중 셋은 죽었다. 비록 검시가 이루어지지 않았지만 그 공동체에서 발견된 쌀에서 kg당 200 μg의 아플라톡신 B_1이 발견되었고 이것이 발병에 원인으로 생각되어졌다. 1974년에서의 인도에서의 발생한 400명의 사람들을 감염시키고 그중 100명이 사망하게 된 간염은 확실히 아플라톡신에 의해 발생되었다. 그 발병의 원인은 kg당 아플라톡신이 15 mg까지 포함되어 있는 *A. flavus*에 오염된 옥수수로 추정되었다. 치사량이 성인의 경우 약 10 mg이고, 감염된 성인은 하루에 2–6 mg을 섭취했다고 계산되어졌다. 서북의 Malaysian Perak 주에 있는 13명의 중국 어린이의 죽음은 보도에 의하면 오염된 국수 섭취 때문이었다. 아플라톡신은 조직 샘플 사후 검시로 확인되었다. 아플라톡신을 생성하는 *A. flavus* 균에 의한 침투성 *Aspergillus* 증이 보고되었고 아플라톡신 B_1, B_2, M_1은 폐병변에서 검출되었고 환자의 면역체계에 손상을 주는 것으로 여겨졌다.

사람의 건강에 대한 아플라톡신의 가장 큰 직접적인 영향은 간암 유발 가능성이다. 간암에 걸린 사람은 중앙아프리카와 일부 동남아에 많다. 여러 아프리카 국가와 태국에서의 연구는 아플라톡신 섭취와 주요한 간암의 발생 사이에서 상호 관계를 보여준다. 옥수수에서의 아플라톡신의 발생에도 불구하고 미국의 시골 지역에서 인구에 대한 어떤 그런 상관관계를 설명하는 연구가 없었다. 그러나 증거는 높은 아플라톡신 섭취가 일반적으로 B형 간염이 없을 때에도 높은 암의 발생율과 관련이 있다는 가설을 지지한다. 동물에서 아플라톡신은 간장 결장과 신장의 암을 포함하는 다양한 증후군을 발생시킨다. 아플라톡신의 정기적인 적은 양의 섭취는 소에서 적은 양의 사료 섭취, 적은 무게, 그리고 품질이 낮은 우유의 산출을 초래할 수 있다.

작용기작. 아플라톡신 B_1은 간에서 대사되고 매우 반응성이 높은 중간체의 형성을 이끈다. 그 중 하나가 2,3-에폭시아플라톡신 B_1이다. 이와 같은 반응성 중간체는 DNA와 결합하여 돌연변이 생성이나 발암을 초래하는 비정상의 세포 확산의 분열을 가져온다. 아플라톡신은 전자 수송 채널에 작용하고 다양한 효소를 억제함으로써 조직에 산소 공급도 억제시켜 결과적으로 ATP 생성을 감소시킨다.

독소의 검출. 곰팡이 독소는 화학적 또는 생물학적 방법에 의해 검출 되어 진다. 아플라톡신의 화학적 측정은 매우 표준화되어 왔다. 샘플은 클로로포름 또는 메탄올과 같은 적은 양의 물과 결합된 유기용매로 추출된다. 대표적인 샘플 크기는 그 입자 크기에 의존한다. 기름이나 분말 우유의 경우 500 g이지만 밀가루나 땅콩 버터의 경우 3 kg은 필요하다. 추출물은 실리카겔 칼럼을 통과해 세척, 순화되고 박막크로마토그래피나 고속액체 크로마토그래피를 통해 분리되어진다. 박막크로마토그래피 후 아플라톡신은 자외선 빛에서 보이고 알려진 농도의 표준물질과의 시각적 비교에 의해 정량화된다. 자외선 빛 또는 흡광도에 의해 검출하는 HPLC는 쉽게 정량화 가능한 방법이다.

아플라톡신 검출을 위한 면역학적 검정 기술, 효소와 연결된 면역 흡착제 분석과 딥스틱 (dipstick) 테스트들이 발달되어왔다. 이 장비는 상업적으로 사용가능하다. 면역친화성 (immunoaffinity)과 형광 fluorimetric) 검출 탐지는 2분 안에 kg 당 50 μg 미만의 아플라톡신을 찾아낼 수 있는 바이오센서를 개발하기위해 결합되었다. PCR은 아플라톡신 생합성 유전자를 타겟으로 하여 식품에서 아플라톡신을 생산하는 곰팡이의 존재를 검출하는데 적용되었다.

아플라톡신 생산 곰팡이와 아플라톡신의 발생. *A. flavus*가 자연에서 넓게 분포하는 반면 *A. parasiticus*는 덜 분포되었다. 두 종 모두 *A. flavus*로 보고되었기 때문에 자연에서 *A. parasiticus*의 발생의 실제 넓이는 보고된 것 보다 더 크다. *A. flavus*와 *A. parasiticus*는 견과류와 지방 종자에 강한 친화력을 가지고 있다. 옥수수, 땅콩, 목화씨는 이 곰팡이에 의해 침범된 가장 중요한 농작물이고 많은 경우에서, 감염은 수확 전에 이루어진다. 그 농작물이 가뭄이나 관련된 요소로 피해를 입었다면 땅콩은 땅속에 있는 동안 감염되었다. 옥수수에서, 성장 중심부에서의 해충 피해는 아플라톡신 독성을 가진 곰팡이의 감염을 허용하지만 성장하는 열매의 수염을 통해서 감염이 일어날 수도 있다. 목화씨는 꿀샘을 통해 감염된다.

상당한 양의 아플라톡신은 건조와 저장시설이 부족한 몇몇 열대지역에서 한계

조건하에서 재배된다. *A. flavus*는 곡물과 향신료에서 잘 자라지만 이 제품에서의 아플라톡신의 생성은 적당한 건조와 조작, 그리고 저장에 의해 방지될 수 있다.

제어 및 불활성화. 상품에서의 아플라톡신의 제어는 일반적으로 그 영향을 받은 견과류, 곡물, 또는 씨앗을 분리하는 기술에 의존한다. 형광을 발하는 그 입자는 오염되었을 수 있기 때문에 옥수수, 목화씨, 그리고 무화과에서 아플라톡신 분리는 자외선 빛 아래에서 이루어지기도 한다. 모든 땅콩은 자외선 빛에 노출되었을 때 형광을 발해서 이 방법은 아플라톡신으로 오염된 것을 찾아내는 데 유용하지 않다. 아플라톡신에 오염된 땅콩은 변색된 것을 검출할 수 있는 전자색분류검출기 (electronic color-sorting machines)에 의해 제거된다.

아플라톡신은 화학 처리에 의해 부분적으로 파괴될 수 있다. 오존과 과산화수소 같은 산화제는 오염된 땅콩 식품에서 아플라톡신을 제거한다. 100°C에서 2시간 동안 두면 오존은 아플라톡신 B_1과 G_1을 파괴하는데 효과적이지만 아플라톡신 B2에는 아무 영향을 주지 못한다. 이 처리는 또한 식품에서 라이신의 함량을 감소시킨다. 과산화수소 처리는 지방이 제거된 땅콩 식품에서 아플라톡신의 97%를 파괴한다. 아플라톡신 제거의 가장 실용적인 화학적 방법은 상승된 온도와 압력 하에서 무수 암모니아 가스를 사용하는 것으로 땅콩의 총 아플라톡신의 95에서 98%를 감소할 수 있다. 이 기술은 프랑스의 Senegal과 미국에서의 동물 사료의 해독을 위해 상업적으로 사용된다.

상품 특히 땅콩에서 아플라톡신의 제어를 위한 궁극적 방법은 식물을 곰팡이 감염으로부터 막는 것이다. 이 목적은 독성을 가진 균의 연속된 침입을 막기 위해 독성을 가지지 않은 균인 *A. flavus*를 식물에 초기 감염시키는 생물학적 조절 전략을 통해 이루어진다.

아플라톡신은 법에 의해 다뤄지는 몇 안 되는 곰팡이 독소 중의 하나다. 법적인 제한은 특정 음식에서 존재 할 수 있는 아플라톡신의 양에 대해 몇 몇의 국가에 의해 부과되었다. 그 제한은 땅콩과 땅콩 생산품을 포함하는 몇몇의 식품에서 kg당 5-20 μg (ppm)의 아플라톡신 B_1으로 대부분의 서양 국가에서 행하여졌다. 그 양은 동물 사료에서도 해당되지만 미국에서는 식용 소와 양의 사료에서는 kg당 300 μg까지 허용한다. 동남아시아에서는 식품과 사료에서 아플라톡신 양에 대한 법적인 제한은 없다.

기타 독소생성 Aspergilli

아플라톡신이 가장 중요하지만, 다른 *Aspergillus* sp.에 의해 생산된 다른 독소도 있다. *A. ochraceus* (그림 21.5A)는 견과류 (예를 들어 땅콩과 피칸), 콩, 말린 과일, 육포 (남아공에서 사슴이나 소고기를 말린 것), 건어물과 같은 건조식품에서 일반적으로 존재하는 곰팡이다. *A. ochraceus*는 오크라톡신을 생산한다. 오크라톡신 A는 주요 독소로 오크라톡신 B와 C로 이름 붙은 낮은 독소의 부수적인 성분을 가지고 있다. 다른 알려진 독성 대사물질은 xanthomegnin과 viomellein이다. *A. ochraceus*와 밀접하게 관련되어진 다른 *Aspergillus* sp.도 오크라톡신 A를 생성할 수 있고 *Aspergillus sclerotiorum, Aspergillus alliaceus, Aspergillus melleus,* 그리고 *Aspergillus sulphureus*가 모두 오크라톡신을 생산한다고 보고되었지만, *A. ocraceus*

와 관련된 종에서 오직 일부분만이 독성을 가진다. *Aspergillus niger* var. *niger*에 의한 오크라톡신 A의 생성은 1994년에 보고되었다. *A. carbonarius*도 오크라톡신 A를 생성한다.

A. versicolor (그림 21.5B)는 *Aspergillus* 절 section) 중 *Versicolorres*에서 가장 중요한 음식 부패종이고 독성을 가진 종이다. *A. versicolor*는 아플라톡신의 전구체로 발암성 물질인 스테리그마토시스틴의 주요 생산자이다. 놀랍게도, *A. versicolor*는 아플라톡신을 생성하지 않지만 오크라톡신 A를 생성한다. 스테리그마토시스틴은 일본에서는 쌀에서, 캐나다에서는 밀과 보리, 영국에서는 곡류를 기본으로 한 제품 그리고 라스 (Ras) 치즈에서 자연적으로 생겨난다고 보고되어왔다. 스테리그마토시스틴은 상대적으로 물과 위액에서 용해되지 않기 때문에 약한 급성의 구강 독성을 가지고 있다. 간암 유발인자로서 스테리그마토시스틴은 아플라톡신 B_1의 1/150만큼의 독성을 가지지만 알려져 있는 다른 간암 유발인자보다 더 강력하다.

Fumigati (그림 21.5C) 절의 *A. filmigatus*는 폐의 *Aspergillus* 증을 발생시키는 인체 병원성균으로서 가장 잘 알려져 있다. 이 종은 부패한 식물에서 주로 생성된다. *A. fumigatus*는 주로 저장된 식품에서 분리되지만 심각한 부패곰팡이로 분류되지는 않는다.

*A. fumigatus*는 발작을 일으키는 중추신경에 영향을 주는 몇 몇의 독소를 생성한다. 퓨미트레모르겐 A, B, C는 *A. fumigatus*와 *Aspergillus caespitosus*에 의해 생산되는 독성의 순환성 디펩티드이다. 또한 이 종에 의해 생산되는 verruculogen은 다른 곁사슬을 가졌지만 퓨미트레모르겐 (fumitremorgen)과 비슷한 구조를 가진다. Verruculogen은 경련성 독소 (tremorgenic)이고 전각 (anterior hron)의 알파 모터 (alphpa motor) 세포의 억제를 일으킨다.

A. terreus (그림 21.5D)는 일반적으로 토양과 저장된 곡류와 곡류제품, 콩, 견과류와 같은 식품에서 발생하지만 중요한 부패 곰팡이로 간주되지는 않는다. *A. terreus*는 테리트렘으로 알려진 경련성 독소의 그룹을 생산할 수 있다. *A. clavatus* (그림 21.5E)는 토양과 분해한 식물에서 발견된다. *A. clavatus*는 다양한 저장된 곡물에 존재한다고 보고되어 왔고 특히 성장과 포자형성에 적합한 환경에 존재하는 발아 보리에서 보고된다. *A. clavatus*는 파튤린과 시토찰라신, 그리고 경련성 곰팡이 독소 트립토퀴발린과 트립토퀴발론 및 관련된 물질을 생성한다.

Penicillium sp.

1929년 페니실린의 발견은 항생제 성질을 가진 다른 *Penicillium* 대사산물을 찾는데 원동력을 제공하였고 궁극적으로 시트리닌, 파툴린, "독성 항생물질"로 후에 곰팡이독소로 불리는 griseofulvin의 인식을 이끌었다. 독성의 penicillia에 대한 연구는 현재 아주 방대하다. 균류의 대사에 대한 논문의 포괄적인 검토에서 120개 정도의 일반적인 곰팡이 종들은 명백하게 동물들에게 독성을 가진다. 한 개 또는 몇몇의 *Penicillium* sp.에 의해 42가지 독성 대사산물이 생성된다. 85개의 *Penicillium* sp.는 독성을 가지고 있다. *Penicillium* sp.안에서의 분류는 현미경상의 형태에 기초를 두고 있다 (그림 21.2). 그 속은 stipes에서 phialides, metulae와 *rami* (phialides를 보조하는 요소)의 배열과 수에 기초하여 아속으로 나누어진다.

중요한 *Penicillium* 곰팡이독소

이미 언급한 대로, 80개 이상의 *Penicillium* sp.는 독소를 생성한다고 보고되었다. *Penicillium* sp.에 의해 생성된 곰팡이독소 그룹의 범위는 다른 균류의 속보다 더 다양하다. *Penicillium* sp.에서 기인한 독성은 매우 다양하다. 그러나 대부분의 독소는 두 개의 큰 그룹으로 나눌 수 있고, 이 독소들은 간과 신장 기능에 영향을 미치는 독과 신경독이다. 일반적으로, 간이나 신장 기능에 영향을 미치는 *Penicillium* 독소는 자각증상이 없거나 인간이나 동물에서 일반적인 심신 장애를 발생시킬 수 있다. 대조적으로, 동물에서의 신경독의 독성은 종종 계속되는 발작으로 설명되어진다. 그러나 개개의 독소는 이러한 일반화로부터 다양한 변화를 보여준다.

사실, *Penicillium* sp.에 의해 생성된 가장 중요한 독소인 오크라톡신 A는 아미노산 phenylalanine에 연결된 isocoumarin으로부터 기인되었다. 모든 포유류에서 독성의 목표 장기는 신장이다. 그 손상은 급성과 만성의 노출에 의해 생산될 수 있다. 특히 스칸디나비아, 유럽 중부와 서부 캐나다와 같은 차가운 지역에의 보리와 밀에서 자란 *P. verrucosum* (그림 21.6A)에 의해 오크라톡신 A가 생성된다. *P. verrucosum*은 상대적으로 낮은 온도에서도 잘 자라, 최소 0°C에서 최대 31°C에서도 자란다. 음식에서 오크라톡신 A의 중요한 공급원은 *P. verrucosum*이 자란 보리나 밀로 만들어진

그림 21.6 몇몇 독소 생성 *Penicillium* 속 (배율, ×750). **(A)** *P. verrucosum;* **(B)** *P. crustosum;* **(C)** *P. roqueforti;* **(D)** *P. oxalicum.* 출처: J. I. Pitt, p. 551–562, *in* M. P. Doyle and L. R. Beuchat (ed.), *Food Microbiology: Fundamentals and Frontiers*, 3rd ed. (ASM Press, Washington, DC, 2007).

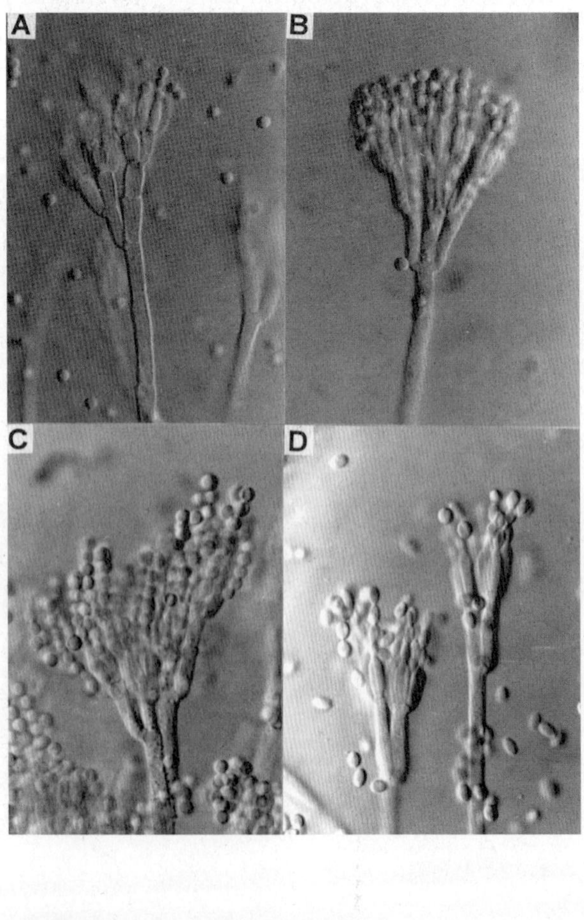

빵이다. 오크라톡신 A는 지용성이고 쉽게 배설되지 않기 때문에, 이 독소는 그 독소를 가진 사료를 먹은 동물과 그 동물 예를 들어 돼지고기)을 먹은 사람의 지방에 축적되게 된다. 오크라톡신 A는 발칸 반도 지역의 신장질환 (불가리아, 유고슬라비아와 루마니아의 일부 지역에서 높은 치사율을 가진)의 원인 물질로 여겨졌다.

시트리닌은 돼지와 개처럼 가축에 영향을 주는 주요한 신장독이다. 이것은 또한 집에서 기르는 조류에서도 중요한 독성을 가진다. 신장의 이상으로 인한 물기 많은 설사와 많은 물 섭취와 몸무게 감소를 일으키게 된다. 사람의 건강에서의 시트리닌의 중요성은 쉽게 평가하기 어렵다. 처음에는 *Penicillium citrinum*의 대사물로서 인식되었고 시트리닌은 다른 균의 20 종 이상의 균류에 의해 생성되었다. *P. citrinum*은 어느 곳에나 존재하는 (거의 모든 환경에서 발견된다) 곰팡이고 균류가 관찰된 거의 모든 식품에서 분리되었다. 가장 일반적인 공급원은 곡류로 특히 쌀, 밀, 옥수수와 같은 갈려진 곡물과 밀가루이다. 시트리닌은 대부분의 성장 온도 범위에서 생성되었지만 수분활성도의 효과는 알려지지 않았다.

파툴린은 락톤의 일종으로서 설치류에서 신경학적인 부분과 위장관에 관한 효과를 낼 뿐 아니라 기형유발물질을 생성한다. 파툴린을 생성하는 가장 중요한 *Penicillium* sp.는 *Penicillium expansum*으로 과일 병원성균으로 잘 알려져 있을 뿐 아니라 다른 신선식품과 가공식품에 널리 분포한다. *P. expansum*은 사과와 배를 썩게 하면서 파툴린을 생성한다. 파툴린은 사람에게서 약한 만성적 독성을 보이기 때문에 주스에 있는 적은 양은 중요하게 여기지 않는다. 하지만 사과 주스가 어린이와 성인이 많이 소비되기 때문에, 일부 국가는 사과 주스와 다른 사과 상품에서의 파툴린의 양을 50 μg/L으로 상한선을 지정해두고 있다. 이것은 주스 제조에서 낮은 품질의 원료 사용의 척도만큼 중요하다. 파툴린은 *P. expansum* (예를 들어 *Penicillium griseofulvum*과 *Penicillium roqueforti)* 외의 다른 *Penicillium* sp.에 서도 생산되지만, 식품에서 허용가능 한계치의 정도는 훨씬 더 낮게 보인다. 파툴린은 저장하는 동안 사과 주스에서 매우 안정적이다. 90℃에서 10초 동안의 저온살균은 독성의 약 20%의 감소를 가져왔다.

높은 독성을 가진 물질인 사이클로피아존산은 가축의 간과 신장에서 간지방과다와 간세포의 괴저를 야기한다. 사이클로피아존산은 *A. flavus*와 적어도 6개의 *Penicillium* sp. (예를 들어, *Penicillium camemberti* Thom, *P. commune,* 와 *P. griseofulvum*)에 의해 생성된다. *A. flavus*와 함께 치즈 부패의 빈번한 원인인 *P. commune*은 식품에서 사이클로피아존산의 가장 일반적인 원인일 것이다. 이 독소를 생산하는 다른 종은 다양한 범위의 서식지에서 분포한다.

급성의 심장 각기병은 19 세기 중 후반에 일본에서 흔한 병이었고 시트레오비리딘 (citreoviridin)과 관련되어 있었다. 그 증상으로는 심장 압박, 호흡곤란, 구역질과 구토를 유발하고 그 결과로서 아프고 참기 힘들어 때때로 광적인 행동을 하게 된다. 극한 경우로는 진행성 마비로 인한 호흡장애도 발생하였다. 시트레오비리딘의 중요한 원인은 보통 쌀에서 발견되는 종인 *Penicillium citreonigrum* (같은 말로는 *Penicillium citreoviride*과 *Penicillium toxicarium*)으로 일반적으로 다른 곡류에서는 덜 발견되고 다른 식품에서는 거의 발견되지 않는다. 시트레오비리딘은 20°C에서 최대로 생성되며 10–37°C 사이의 온도에서 생성된다.

일부 경련성 곰팡이독소들이 *Penicillium* sp.에 의해 생성된다. 가장 중요한 것은 독성이 강한 페니트렘 A이다. 같은 정도의 독성을 가진 verruculogen은 식품에서 흔한 종에 의해 생성되지 않는다. 독성이 덜한 물질로는 퓨미트레모르겐 B, paxilline, verrucosidin과 janthitrems 등이 있다. 몸무게 kg당 약 1 mg의 페니트렘 A 조사는 쥐에서 뇌손상과 죽음을 일으키지만, 그 기작은 명확하지 않다. 페니트렘 A을 일으키는 유일한 식중독 종은 *P. crustosum*이다 (그림 21.6B). *P. crustosum*은 높은 수준에서 페니트렘 A를 생산하고 그래서 음식이나 사료에서의 이 종의 존재는 위험을 알리는 신호가 된다. 페니트렘 A는 수분활성도가 높을 때에만 주로 생성되어진다고 보고된다. *P. crustosum*은 곡류와 동물사료에서 발생하는 흔한 부패곰팡이다. *P. crustosum*은 인과류의 과일과 오이류에서 약한 병원성균일 뿐만 아니라 옥수수, 가공육류, 견과류, 치즈, 그리고 과일주스에서 부패를 유발한다.

P. roqueforti (그림 21.6C)은 치즈 제조에 사용되는 종이지만 2가지 흥미로운 독소를 생성해내는 부패미생물이기도 하다. 로크포르틴 (roquefortine)은 상대적으로 높은 50%의 치사량 (쥐의 복강 내에 340 mg/kg)을 가지고 있지만, 캐나다에서 스트리키니 (strychine) 중독과 비슷한 증상을 가진 개의 죽음의 원인으로 보고되었다. PR 독소 (*P. roqueforti*에 의해 생성된)는 명백히 로크포르틴보다 더 독성이 강하지만 (50% 치사량, 쥐의 복강 내에 6 mg/kg) 동물이나 사람의 질병과는 관계없다. PR 독소와 로크포르틴은 주요 식품에서의 발생 가능성 때문에 공중위생에 중요하다.

세칼론산 (secalonic acid)은 분류학상으로 곰팡이와 연관성이 크지 않은 것으로 생각되는 곰팡이에 의해 생성되는 xanthone 이량체이다. *Penicillium* sp.에 의해 생성된 유일한 세칼론산인 세칼론산 D는 중요한 동물독이다. 세칼론산은 *Penicillium oxalicum* (그림 21.6D)의 중요한 대사산물로서 생성된다. *P. oxaltcum*의 중요한 서식지는 수확한 옥수수이다. 그런데 사람 또는 동물의 질병에서 세칼론산의 역할은 분명하지 않다.

Fusarium sp. 및 기타 독소생성 곰팡이

*Aspergillus*과 *Penicillium* sp. 외에 가장 중요한 곰팡이독소 생산 곰팡이의 그룹은 *Fusarium* sp. 종이다. *Fusarium* sp.는 식물에서 유래된 식품 특히 곡류의 오염원으로서 종종 발견된다. 많은 *Fusarium* sp.는 식물성 병원성균인 동시에 식물기생성으로 토양에서 대부분 발견된다. 그렇게 이 곰팡이와 곰팡이독소는 동물사료와 식품에서 발견된다 (표 21.3). 식품의 관점에서 *Fusarium* sp.는 곡류, 유지종자와 콩의 오염원으로서 매우 자주 접하는 종이다. *Aspergillus*와 *Penicillium* 외에 곰팡이독소를 생성 할 수 있는 다른 곰팡이 속은 *Alternaria*이다. *Alternaria* sp.는 주변에 널리 분포하고 있고 토양, 부패한 식물체와 먼지에서도 발견될 수 있다.

독소생성 *Fusarium* sp.

가장 일반적인 독성을 가진 종은 아래에 나오겠지만 *Sporotrichiella* (*Fusarium sporotrichioides*와 *Fusarium poae*), *Gibbosum* (*Fusarium equiseti*), *Discolor* (*Fusarium graminearum*과 *Fusarium culmorum*)와 *Liseola* (*Fusarium verticillioides, Fusarium moniliforme, Fusarium proliferatum, Fusarium subglutinans*) 절에 속한다. 이 종에 의해 생산된 주요한 곰팡이독소는 표 21.3에 요약되어 있다. *Fusarium* sp.는 색

표 21.3 곡류와 곡류가공 식품에서 중요한 Fusarium 속에서 생산되는 주요 곰팡이독소[a]

구	종	곰팡이 독소
Sporotrichiella	*F. poae*	A형 트리초테센 (trichothecene), T-2 독소, 다이아세톡시스키르페놀 (diacetoxyscirpenol)
	F. sporotrichioides	T-2 독소
Gibbosum	*F. equiseti*	알려지지 않음
Discolor	*F. graminiarum*	데옥시니발레놀 (보미톡신), 3-아세틸데옥시니발레놀, 15-아세틸데옥시니발레놀, 제랄레논, 기타
	F. culmorum	니발레놀, 제랄레논
Liseola	*F. verticillioides*	퓨모니신, 기타
	F. proliferatum	퓨모니신, 모닐리포르민, 기타
	F. subglutinans	모닐리포르민, 기타

[a]A. D. Hocking, p. 563–578, *in* M. P. Doyle and L. R. Beuchat (ed.), *Food Microbiology: Fundamentals and Frontiers,* 3rd ed. (ASM Press, Washington, DC, 2007)에서 발췌.

소 생성으로 인해 일반적으로 흰색에서 분홍색, 붉은색, 보라색과 갈색까지 분포하고 있는 격막이 있는 균사 생성에 의해 특징지어진다. 그 속의 가장 일반적인 특징은 거대분생자 (macroconidia)로 알려진 큰 격벽, 초승달 모양, 방추 모양 또는 낫 모양의 포자를 만드는 것이다. 이 거대분생자는 발 모양의 기본 세포와 부리 모양 또는 끝이 코 같은 세포 모양을 보인다 (그림 21.3A). 몇몇의 종은 미소분생자 (microconidia)로 알려진 한 개 또는 두 개의 세포로 된 분생자를 만들어내고 (그림 21.3B), 균사 또는 거대분생자에서 부풀어 올랐고 두꺼운 벽을 가진 후막포자 (chlamydospore)를 만들어낸다 (그림 21.3B).

*F. poae*와 *F. sporotrichioides*는 *Sporotrichiella* 절에 속한다. *F. poae*는 온대지역의 토양에 널리 분포하고 밀, 옥수수, 보리와 같은 곡물에서 발견된다. 이것은 우선적으로 부생균 (saprophyte)으로 존재하지만 약하게 기생적일지도 모른다. 그것은 러시아, 유럽, 캐나다와 북미의 온난한 지역에서 대부분 발견된다. *F. poae*는 호주, 인도, 아라크와 남아프리카 같은 따뜻한 지역에서도 발견되었다. *F. sporotrichioides*는 토양과 다양한 식물성 물질에서 발견된다. 이 곰팡이는 러시아, 북유럽, 캐나다, 북미와 일본을 포함하는 온도가 조금 더 낮은 지역에서도 발견된다. 이것은 밭에서 곡물이 겨울을 나는 온도인 −2°C 정도의 낮은 온도에서도 자랄 수 있다.

Gibbosum 절에 속하는 종 중 단지 *F. equiseti*만 여기서 논의될 것이다. *F. equiseti*는 알래스카 땅에서부터 열대지역에까지의 토양에서 발견되었고 유럽, 러시아 그리고 북미에서 겨울을 난 곡물과 곡류에서 분리되어왔다. 그러나 *F. equiseti*는 특히 열대지역과 아열대 지역에서 발견된다. 대부분, *F. equiseti*는 부생성 (saphrophytic)이지만 바나나, 아보카도와 박과같은 식물에서 병원성을 가진다. *F. equiseti*는 면역시스템에 영향을 미쳐 인간에서 백혈병을 유발할 수도 있다.

Discolor sp.인 *F. graminearum*은 전 세계 토양에서 발견되는 식물 병원성균이고 독성을 가진 *Fusarium* sp. 중에서 가장 널리 분포한다. 그것은 옥수수에서 이삭을 썩게 하는 *Gibberella* sp.와 밀과 다른 작은 곡류에서 이삭 끝을 말라죽게 하거나 딱지가 생기게 하는 *Fusasium* sp.를 포함하는 곡물의 다양한 질병을 야기한다. 이 두 질병은 곰팡이와 데옥시니발레놀 (deoxynivalenol)과 제랄레논 (zearalenone)과 같은 주요 독성 대사산물이 곡류로 만든 식품과 곡류를 오염시킬 수 있어 식품

F	N	V	I	W	N	M	Z	O	Q	D	W	A
U	S	P	T	A	S	U	V	A	L	F	N	L
S	U	D	R	W	F	I	A	L	J	T	L	E
A	L	P	O	A	I	L	K	R	I	O	K	I
R	L	O	F	T	M	L	A	B	E	G	T	W
I	I	L	E	B	P	I	A	T	J	V	O	T
U	G	Y	U	M	Y	C	O	T	O	X	I	N
M	R	K	Q	A	T	I	V	Z	W	X	Q	L
W	E	E	O	E	S	N	M	M	U	U	I	B
L	P	T	R	A	J	E	O	L	D	R	R	N
X	S	I	M	O	R	P	H	O	L	O	G	Y
S	A	D	P	A	T	U	L	I	N	D	R	A
L	R	E	T	T	Y	W	X	F	D	K	R	Y

Clues

The first mycotoxin to be a public health concern. ____________

Because molds grow so slowly, their media usually contain ____________ compounds.

Mold genus that is "color coded" for easy identification. ____________

Species of *Aspergillus* that makes aflatoxins. ____________

Fungal genus most commonly associated with grains. ____________

Molds are identified and their species determined primarily by their ____________.

A ____________ is a chemical toxin made by molds.

____________ is a relatively benign mycotoxin, but its level in apple juice is regulated because children drink so much apple juice.

____________ is a genus of mold known for its ability to make antibiotics as well as spoiling food.

Aflatoxins are synthesized in the ____________ pathway.

Penicillium ____________ is used in the production of a cheese that bears its name.

Ingestion of aflatoxin can cause severe damage to the ____________.

미생물과 식품 안전에서 중요하다.

*F. culmorum*은 또한 토양에 넓게 분포하고 이 곰팡이와 이것의 독소는 옥수수를 기본으로 한 식품을 오염시킬 수 있기 때문에 옥수수에서 이삭을 썩게 하여 곡류의 병을 유발하는 것은 식품미생물학과 식품안전에서 중요하다. *F. culmorum*은 곰팡이독소 데옥시니발레놀과 제랄레논과 acetyldeoxnivalenol을 생산한다.

Liseola 절은 중요한 *Fusarium* sp.의 4개의 종인 *F. verticillioides, F. moniliforme, F. proliferatum,* 그리고 *F. subglutinans*을 포함한다. *F. verticillioides*은 세계 모든 지구상에서 성장한 옥수수 안에서 발견되는 토양매개성 식물 병원체이다. 이것은 옥수수와 관련된 가장 일반적인 곰팡이이다. 그것은 종종 옥수수 식물에 증상이 나타나지 않는 감염을 일으킨다. 그러나 곡물도 오염시킬 수 있고 식품과 사료등급의 옥수

수에서 넓게 발견되어진다. 옥수수 안에 *F. verticillioides*의 존재는 옥수수 그리고 옥수수원료에 기초를 둔 음식의 일반적인 오염과 그것의 독성 대사산물 특히 퓨모니신 때문에 중요한 관심사이다. *F. verticillioides*와 관련되는 주요한 인간 질병은 식도암이다. *F. verticillioides*에 의해 생성되는 곰팡이독소는 퓨모니신, 푸사르산 (fusaric acid), 푸사린 (fusarin) 및 푸사리오신 (fusariocin)을 포함한다.

*F. proliferatum*은 *F. verticillioides*와 매우 관련이 있지만 *F. moniliforme*로서 잘못 알려져 있기 때문에 이 종에 대해서는 아직 많이 알려지지 않았다. 이것은 또한 *F. verticillioides*과 매우 유사한 방법으로 옥수수로부터 빈번하게 분리된다. *F. proliferatum*은 퓨모니신을 생성하는 것은 가능하나 동물과 인간 질병과는 관련이 없다.

*F. subglutinans*은 *F. verticillioides*과 *F. proliferatum*와 아주 유사하다. 이것은 옥수수와 다른 곡물에 넓게 분포되어있다. *F. moniliforme*으로 종종 잘못 분류되기 때문에 이 곰팡이에 대한 정보는 거의 없다. *F. subglutinans*은 어떤 보고된 동물과 인간의 질병에 명확하게 관련되지 않는다. 그러나 이것은 인간 식도암의 높은 발생율을 가진 지역의 옥수수에서 발견되어진다.

Fusarium 독소의 검출과 정량

Fusarium sp.는 몇몇 독소와 생물학적 활성 대사산물을 생산한다. 독소는 가깝게 관련된 화합물 그룹의 트리코테센 (trichothecene)이다. 트리코테센은 다이아세톡시스키르페놀 (diacetoxyscirpenol), T-2 독소, HT-2 독소, 네오솔라니올 (neosolaniol) 등의 type A와 데옥시니발레놀, 3-아세틸데옥시니발레놀, 15-아세틸데옥시니발레놀, 니발레놀, 퓨사레논-X (fusarenon-X) 등의 type B 그리고 사트라톡신 (satratoxins)과 같은 type C와 같이 3그룹으로 나뉜다. 이들 독소는 곡물 안에서 가장 일반적으로 발견되고, 인간의 질병과 종종 연관되는 독소는 데옥시니발레놀이다. 질병과 관련이 있는 다른 *Fusarium* 독소는 제랄레논과 퓨모니신이다. 이 독소의 분리에 사용되는 가장 일반적인 크로마토그래피 분리 기술은 박막크로마토그래피 (Thin-layer chromatography)와 고속 액체크로마토그래피 (High-performance liquid chromatography)이다. 특히 질량분석기 (mass spectrometry)와 함께 사용할 때 기체크로마토그래피 (Gas chromatography) 또한 이용이 가능하다. 면역측정법은 *Fusarium* 독소를 위해 개발되었다. 정량분석을 위한 키트 뿐 아니라 검출을 위한 정량분석용 키트들은 데옥시니발레놀, 제랄레논, T-2 독소, 그리고 퓨모니신에 이용할 수 있다.

기타 독소생성 곰팡이

오염된 음식의 다른 잠재적인 독소 곰팡이들은 *Diplodia maydis, Phoma herbarum, Pithomyces chartarum, Stachybotrys chartarum* 그리고 *Trichothecium roseum* 종들뿐 아니라 *Acremonium, Alternaria, Chaetomium, Cladosporium, Claviceps, Myrothecium, Phomopis, Rhizoctonia* 그리고 *Rhizopus* sp.을 포함한다. 그러나 이 곰팡이의 대부분은 동물사료에 더 많이 존재할 가능성이 크고, 식품 안전에 대한 이들의 역할은 미미하다. 몇몇은 자연적인 발생으로부터 아직 발견하지 못하였지만 체외에서 독소 이차대사산물의 생성을 보여준 적이 있다.

맥각 곰팡이 *Claviceps purpurea*는 일찍이 알려진 인간 곰팡이 중독증의 원인이고 맥각중독의 원인균으로 알려져 있다. 경련성의 맥각중독은 1692년 예루살렘 모임의 마녀재판 (witchcraft trials)을 이끄는 행동의 원인이었을 가능성이 높다. *Alternaria* sp.는 밭에서 농작물을 감염시키고 밀, 당밀 그리고 보리를 오염시킬지도 모른다. *Alternaria* sp.는 또한 사과, 배, 감귤류, 고추, 토마토 및 감자를 포함한 각종 과일과 채소를 감염시킨다.

요약

- *Aspergillus, Penicillium* 그리고 *Fusarium*은 식품과 관련된 가장 일반적인 곰팡이 속이다.
- 독소 발생 곰팡이는 식물로부터 파생된 음식의 오염균으로 자주 발견된다.
- 곰팡이를 구별하고 동정하는데 사용되는 특징은 현미경을 통한 형태학적 분석과 콜로니 크기, 분생자와 콜로니에서의 색소와 같은 총체적인 생리학적 특징이다.
- 세균의 성장을 억제하는 특정한 성장 배지가 곰팡이 성장을 위하여 요구된다.
- 수소과산화물은 곡류와 다른 가공품의 해독을 위해 일반적으로 사용된다.
- 곰팡이는 온도가 매우 낮은 곳에서도 잘 자란다. 예를 들면 밭에 있는 −2°C의 겨울을 나는 곡류에서도 잘 자란다.

참고문헌

Bullerman, L. B. 1996. Occurrence of *Fusarium* and fumonisins on food grains and in foods, p. 27–38. *In* L. Jackson, J. DeVries, and L. Bullerman (ed.), *Fumonisins in Foods*. Plenum Publishing Corp., New York, NY.

Bullerman, L. B. 2007. Fusaria and toxigenic molds other than aspergilli and penicillia, p. 563–580. *In* M. P. Doyle and L. R. Beuchat (ed.), *Food Microbiology: Fundamentals and Frontiers*, 3rd ed. ASM Press, Washington, DC.

Ellis, W. O., J. P. Smith, B. K. Simpson, and J. H. Oldham. 1991. Aflatoxins in food: occurrence, biosynthesis, effects on organisms, detection, and methods of control. *Crit. Rev. Food Sci. Nutr.* **30:**403-439.

Flannigan, B., and A. R. Pearce. 1994. *Aspergillus* spoilage: spoilage of cereals and cereal products by the hazardous species A. clavatus, p. 115–127. *In* K. A. Powell, A. Renwick, and J. F. Peberdy (ed.), *The Genus* Aspergillus. *From Taxonomy and Genetics to Industrial Application*. Plenum Press, New York, NY.

Hocking, A. D. 2007. Toxigenic *Aspergillus* species, p. 537–550. *In* M. P. Doyle and L R. Beuchat (ed.), *Food Microbiology: Fundamentals and Frontiers*, 3rd ed. ASM Press, Washington, DC.

Pitt, J. I. 2000. *A Laboratory Guide to Common* Penicillium *Species*, 3rd ed. CSIRO Food Science Australia, North Ryde, New South Wales, Australia.

Pitt, J. I. 2007. Toxigenic *Penicillium* species, p. 551–562. *In* M. P. Doyle and L. R. Beuchat (ed.), *Food Microbiology: Fundamentals and Frontiers*, 3rd ed. ASM Press, Washington, DC.

Samson, R. A., E. S. Hoekstra, J. C. Frisvad, and O. Filtenborg (ed.). 1995. *Introduction to Food-Borne Fungi*. Centraalbureau voor Schimmelcutures, Baarn, The Netherlands.

22 바이러스와 프리온

학습목표

- 바이러스, 세균, 프리온의 차이 이해
- 바이러스와 그들의 생활상의 특징 이해
- 병원성균의 제어, 낙농 발효산업에서의 유해 효과와 식중독에서의 그들의 역할 이해
- 식품에서 바이러스, 세균과 프리온의 제어전략을 비교 및 차이점 이해
- 프리온이란 무엇이며 어떻게 전파되는지 설명
- 과학이 끊임없이 변화하는 것을 인지

서론

대부분의 식품미생물학은, 이 책에서도 마찬가지지만, 세균에 대한 연구에 많은 부분을 할애한다. 그러나 바이러스는 미국에서 발생하는 식품유래 질병의 50-66%의 원인을 제공한다. 인간에게의 질병에 첨가하여 어떤 바이러스들은 낙농 산업에서 문제를 일으킨다. 여전히 다른 바이러스들은 병원성균을 제어하여 인간에 대한 질병을 예방하는데 사용될 수 있다.

광우병과 새로운 변종 (new-variant) 크로이츠펠트야콥병 (CJD, Creutzfeldt-Jakob disease)의 원인물질인 프리온은 영국 (2005년 9월을 기준으로)에서 발생하는 155 건의 사례와 150 사망 사례의 원인이었다. 비록 프리온은 미국에서 질병을 유발하는 원인물질은 아니었으나 프리온은 생물학적인 의미를 가지고 있고 미국내로 식품 공급을 통하여 들어올 수 있으며 미국 농무성 (USDA)은 그들의 유입을 배제하려고 노력하고 있다. 이미 소비자들에게 불안과 공포를 야기하고 있으므로 이 장에서 다루려고 한다.

세균, 바이러스, 프리온은 근본적으로 다르다 (표 22.1). 세균은 성분이 복잡한 반면에 식품유래 바이러스는 RNA와 몇몇의 단백질로 구성되어 있다. 프리온은 심지어 더 단순하며 한 개의 단백질 분자로 이루어져 있다. 식품에서 유래된 많은 유형의 세균이 있고 실험실에서 쉽게 배양된다. 두 개의 중요한 (두 개는 가끔씩 일어나는) 식품에서 유래된 바이러스가 있다. 그들은 식품에서 자라지 않고, 실험실에서 배양할 수도 없으며 탐지도 쉽지 않다. 그들은 불량한 위생상태를 통하여 배설물에서 식품으로 옮겨간다. 식품은 바이러스를 장내로 이동시키고 거기서 사람에게 감염이 유발된다. 프리온과 단백질들은 식품의 일부분이고 열에 의하여 쉽게 불활성

표 22.1 세균, 바이러스와 프리온의 비교

특성	질병 유발 원인물질		
	세균	**바이러스**	**프리온**
조성	지질, 탄수화물, 단백질과 유전물질의 복잡한 구조	상대적으로 간단한 구조의 한가닥 RNA	특별한 형태의 단백질
식품에 중요한 형태	12종 이상의 그람 양성 및 음성 세균	두 종의 노로바이러스와 A형 간염 바이러스	오직 한 가지만 알려져 있음
식품에서 제어	내재적 또한 환경적 요인에 의한 성장 제어. 에너지 공급에 의한 사멸	식품에서 성장 못함, 열에 의하여 불활성화, 우수한 위생 상태에 의한 도입 예방	식품에서 성장 못함. 열에 의하여 불활성화 되지 않음. 공중보건 수단을 통해 광우병 소고기 소비 금지
질병유발	감염과 독소	감염	단백질 구조 변화
전이	세균이 성장한 음식의 섭취	분변-구강 감염	프리온이 포함된 육류의 섭취
탐지방법	실험실 배양에 의한 손쉬운 탐지	전자현미경이나 세포배양	검시에 의한 조직 검사
연간 발생건수(미국)	7천 5백만 건, 그 중 60%정도가 바이러스 유래		발생건수 없음

화되지 않는다. 세균과 바이러스는 매년 수백만 건의 식품 유래 질병의 원인이며, 프리온과 관련된 CJD의 발생사례는 아직 미국에서는 확인된 바 없다.

바이러스

기초 바이러스학

바이러스를 이해하는데 몇 가지 기본적인 원칙이 있다.

1. 바이러스는 절대적인 세포내의 기생생물체이다. 이것은 바이러스가 오직 숙주 내에서만 살 수 있으며, 숙주에게 유해하다는 것을 말한다. 바이러스는 살아있는 세포 밖에서 생명현상을 유지할 수 없다. 그들이 살아있는 것인지 그렇지 않은 것인지에 대한 논의가 자주 이어왔으며, 그러한 연유로 가끔 바이러스는 "입자 (particles)"로도 불리운다. 아래에 설명된 이유로 바이러스는 그들이 감염하는 숙주가 무엇인가에 매우 까다롭다. 바이러스는 제한된 숙주 특이성을 갖는다. 숙주가 세균인 바이러스는 인간에게 감염될 수 없다. 동물에게 구제역 (foot-and-mouth disease)을 일으키는 바이러스는 인간에게 감염을 일으키지 않는다. 그러나 때때로 돌연변이현상이 바이러스가 종간의 장벽을 뛰어넘는 것을 가능하게 한다. 그러한 종간의 장벽의 이탈은 인간 면역결핍 바이러스 (human immunodeficiency virus)의 추정되는 원인이다. 만일 유사한 종간의 이탈이 일어나면 조류 바이러스 (avian flu virus)도 인간을 감염시킬 수 있다.
2. 바이러스는 매우 단순하다. 그것은 DNA 또는 RNA (결코 둘 다가 아닌)와 몇 개의 단백질로 이루어져 있으며 때때로 적은 양의 당단백질을 포함한다.
3. 바이러스 감염의 기본적인 원칙은 그들의 부착 단백질 ("리간드"로 불리움)이 숙주세포의 수용단백질에 결합하는 것이다 (그림 22.1). 리간드-수용단백질의 상호작용은 마치 효소-기질 상호작용처럼 특이적이다. 박테리오파아지

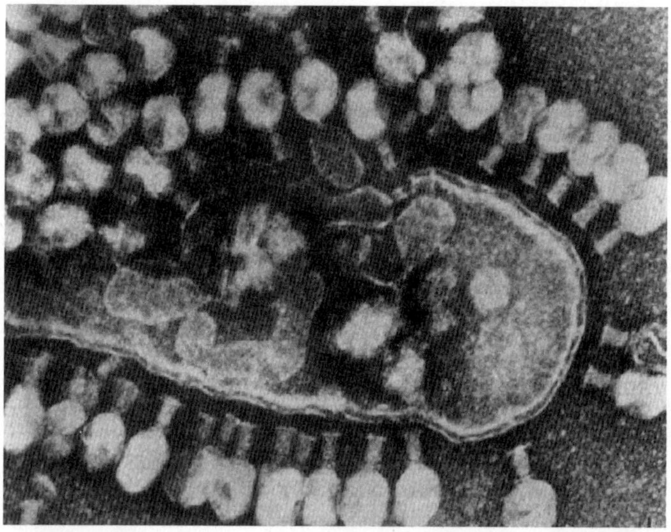

그림 22.1 세포의 감염과정 동안에 발견된 T-짝수 파아지. http://www.armageddononline.com의 승인 하에 발췌됨.

는 오직 세균에만 결합한다. 인간 장내 질병을 일으키는 바이러스들은 오직 장내 상피세포에만 결합할 수 있다. 이것이 바이러스의 특이성을 주는 리간드-수용단백질의 상호작용이다.

4. 바이러스의 생활사는 4가지 과정으로 구성된다. 첫째, 바이러스는 리간드-수용단백질의 상호작용을 통하여 숙주세포에 부착한다. 그리고 바이러스의 유전정보 (즉, RNA 또는 DNA)가 숙주세포내로 들어간다. 일단 숙주내에서는 바이러스의 유전체는 바이러스의 유전자를 복제하고 바이러스 단백질을 합성하기 위하여 숙주의 대사기구를 제어한다. 마지막으로 바이러스의 조각들은 숙주를 파괴하고 세포 밖으로 방출되기 위하여 자발적으로 조립을 수행한다. 세균과는 달리 바이러스는 분열에 의하여 복제되지 않고 용균작용으로 복제된다.

이것은 용균성 (lytic) 파아지의 생활사를 시기 순으로 설명한 것이다. 용균성 파아지는 숙주세포로 들어가서 복제된 후 세포를 용균시키고 밖으로 나온다. 이러한 파이지 이외에 또 다른 파아지로서 잠재성 (temperate) 파아지가 있다. 이들은 숙주에 들어가면 그 유전자들이 숙주의 염색체 안으로 삽입되어 들어간다. 이렇게 숙주의 염색체안에 숨어서 숙주의 유전자 일부분으로 복제된다. 이러한 삽입된 파아지들을 용원상태 (lysogenic state)라고 한다. 용원성 파아지들은 오랜기간 동안 잠복할 수 있으며 구순포진 같은 경우가 발생하면 다시 활성화된다. 이 시점을 용원성 파아지가 "용균으로 간다"고 한다. 이 바이러스 유전자들이 숙주를 떠날 때 숙주 DNA를 취하고 가는 경우가 있는데 이런 경우 이러한 숙주의 유전자들이 바이러스가 감염하는 다음 숙주로 이동할 수 있다. 이러한 과정을 형질도입 (transduction)이라 한다. 유전공학 기술은 때때로 유전자 전달의 방법으로 형질도입 파아지를 이용한다.

세균을 공격하는 바이러스를 박테리오파아지라 부르며 상대적으로 복잡한 구조로 이루어져 있다. 이 파아지는 마치 달착륙선처럼 보인다. 머리는 바이러스의 유

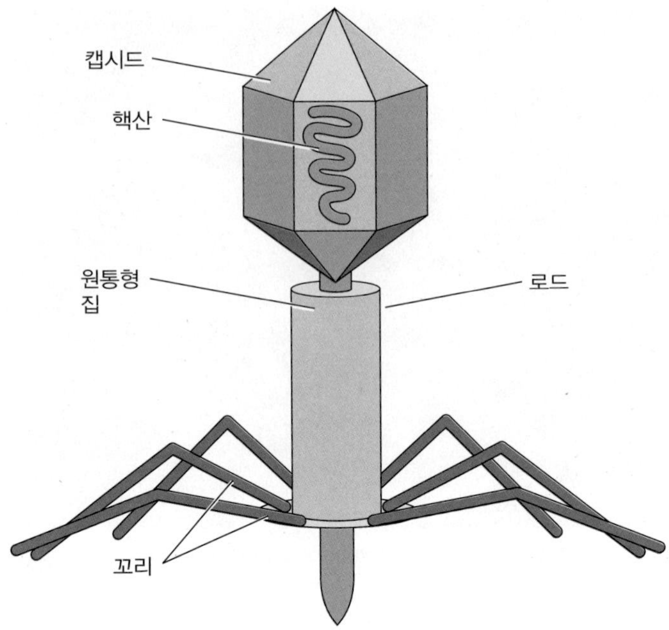

그림 22.2 T-짝수 파아지의 구조. www.armageddononline.com의 승인 하에 다시 그려짐.

전체를 포함하며 수용단백질 리간드가 숙주 특이적인 수용체와 상호작용할 때 꼬리구조를 통하여 그 유전자들이 숙주세포내로 들어간다 (그림 22.2). 노로바이러스 (그림 22.3) 같은 인간 바이러스는 구조적으로 단순하다. 그들의 DNA는 캡소머 (capsomer), 때때로 피막 (envelope)이라고 불리는 단백질로 둘러싸여 있다. DNA는 더 복잡한 기작을 통하여 숙주내로 들어간다. 그러나 그 기작은 위에서 설명한 기작을 그대로 따른다.

박테리오파아지는 세균의 평판 수 측정법과 유사한 방법으로 셀 수 있다. 바이러스의 "플라크를 만드는 것 (plaquing)"은 그들의 숙주세포를 용균시키는 성질을 나타낸다. 숙주세균은 한천평판배지에서 confluent 층으로 자란다 (이러한 개념은 세균이 한천배지에서 셀 수 있는 상태로 자라는 것이 아니라 lawn의 형태로 퍼져 있다는 것을 말함). 바이러스는 세균과 비슷하게 단계적으로 희석되어 세균의 표면층에 도말된다. 배지는 일정기간 배양되고 각 바이러스는 세균에 감염되어 그들을 용균시킨 후 투명환, 즉 플라크를 생성하게 된다 (그림 22.4). 플라크의 수는 곧 바로 바이러스입자의 초기 수와 비례하며 플라크형성단위 (plaque-forming units, PFU)로 나타낸다.

그림 22.3 노로바이러스. B. V. V. Prasad (Baylor College of Medicine)에 의하여 허가됨

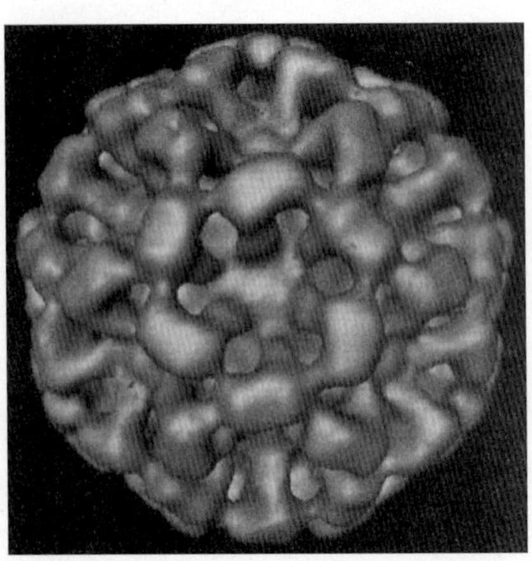

식품유래 질병의 원인체로서 바이러스

식품유래 바이러스의 궁극적인 근원지는 인간 배설물이다. 인간은 인간 위장관내 바이러스에 대한 유일한 숙주이다. 바이러스는 인간에 감염하고 장내에서 성장하여 많은 양의 자손 바이러스를 배설물로 밖으로 배출한다. 식품을 다루는 사람의 배설물에 g당 10^8개 바이러스가 있다. 구토물은 또한 바이러스를 구토물 한방울 당 10^7개의 입자를 가진다. 간단한 예로 분변-구강을 통한 바이러스의 감염의 무서움을 알 수 있다. 식품 취급자가 화장실 이용 후 손을 씻지 않는다고 상상하자. 손톱에 있는

배설물 0.01 g 조각에는 10^6 바이러스 입자를 포함한다. 만약 발병 감염량이 1,000 입자라면 배설물은 1,000개의 샐러드 드레싱, 도너츠 표면과 거품 크리임에 섞여서 1,000명의 사람에게 질병을 일으킬 수 있다. 이러한 예는 "손가락을 핥는 습관"에 대한 새로운 의미를 부여한다.

분변오염에 대한 비슷한 예들이 다음의 경우에도 발생할 수 있다.

- 감염된 조리사가 만든 버터 크리임을 먹은 후 3,000명의 사람들에게 발병한 미네소타 주 St. Paul 시
- 오염된 과일과 아이스를 먹은 후 수백 명의 사람들에게 발병한 유람선
- 3,200명의 아동과 120명의 교사가 감염된 일본의 학교 급식용 점심 요리실
- 점심식사로 나온 냉동된 딸기에 의해 230명의 학생들이 발병한 미시간 주의 학교들

배설물에 오염된 물에 사는 조개류는 바이러스성 식중독의 원인이 된다. 조개는 그들의 여과작용을 통하여 바이러스를 100에서 1,000배로 농축한다. 굴 약식장내의 옥외 변소 배수시설은 굴에 의한 A형 간염을 발생시킨다고 처음 보고(630 건) 된 바 있다. 1988년에 중국의 경우 오염된 물에서 수확한 대합조개를 날것으로 먹은 대략 300,000명의 사람들이 A형 간염을 일으켰다.

4가지 타입의 장관계 바이러스가 있다. 가장 중요한 것은 노로바이러스이다. 식품에서 바이러스를 검출할 수 있는 공식적인 방법이 없기 때문에 발생건수는 그 증상에 의하여 발견된다. 노로바이러스에 대한 임상학적인 판단기준은 표 22.2에 열거되어 있다 (표 22.2). 로타바이러스는 주로 물을 통하여 전염되며 세계적으로 1억 3천만의 설사건수와 6 백만명의 사망을 일으키는 것으로 알려져 있다.

장관계 바이러스는 단순한 구조를 가진다. RNA가 몇몇 구조단백질에 의하여 둘러싸여 있다. 이 RNA 분자는 숙주세포내에서 RNA 의존성 RNA 중합효소에 의하여 더 많은 RNA를 생산하며 바이러스 유전체는 중합효소, 캡시드 단백질, 그리고 다른 바이러스 특이 단백질을 암호화한다. 식품유래 바이러스의 복제에 DNA는 존재하지 않는다.

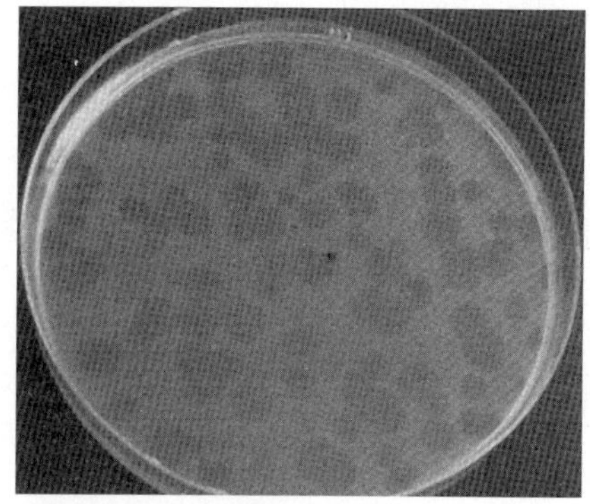

그림 22.4 감수성 세균의 론(lawn)에 형성된 투명환은 바이러스의 감염에 의한 플라크(plaque)를 나타낸다. ASM Microbes Library의 D. Sue Katz (Rogers State University)와 Marie Panec (Moorpark College)에 의하여 허가됨. Grisel Quiroz에 의하여 촬영.

예방

바이러스 입자는 환경에 매우 잘 견딘다. 손에서는 수 시간 동안, 채소나 건조한 표

표 22.2 두 개의 주요 식중독 바이러스의 특징

특징	노로바이러스	A형 간염 바이러스
질병 증상	메스꺼움, 구토, 설사, 12-60시간 지속	황달, 식욕 감퇴, 구토, 만성 불쾌감, 수 주일에서 수 개월 동안 지속
잠복기간	보통 24-48시간, 간혹 10시간 이하 일 때 있음	15-50일 (평균 29일)
분변(혹은 구토물)에서 바이러스 입자의 방출	증상과 동시; 질병 이후 몇 주간 지속됨	증상 전 10-14일간 방출
면역성	노출이 면역성을 주지 못함	노출 하에 항구적인 면역성 부여함[a]
바이러스의 형태	calicivirus, 32 nm 지름을 갖는 구형모양, 표면에 함몰 구조	피코르나바이러스 (picornavirus), 28 nm 지름의 구형모양
연간 식품질병 발생 건수	5,000만	2,000

[a]그러나 몇 년 후 재발될 수 있다. 어린이는 증상이 덜하고 간혹 전혀 증상이 나타나지 않는 질병에 걸릴 수 도 있음을 주목하라. 이러한 어린이는 영구면역을 갖는다. 그러므로 저개발국가에서는 대부분의 사람들이 어린아이일 때 노출되어 어른의 경우는 거의 질병에 걸리지 않는다. 개발국가에서는 어른이 더 큰 위험성이 있다.

면에서도 수 주일 동안을 생존할 수 있다. 그럼에도 불구하고 이론적으로는 몇몇 간단한 측정을 통하여 바이러스성 식품 유래 질병을 예방할 수 있다. 식품을 취급하는 사람의 위생 상태를 점검함하고, 오염된 물에서 조개류의 수확을 못하게 함으로써 식품에 바이러스가 못 들어오게 한다. 식품을 가공하는 지역에서 물을 마실 때는 음료수를 사용함에 의하여 바이러스의 오염을 막을 수 있다. 식품을 가열하거나 식품이 접촉하는 표면을 위생적으로 처리하는 것도 바이러스를 사멸한다. 그럼에도 불구하고 매년 식품유래의 바이러스성 질병이 5,000만 건 이상 발생한다. 따라서 이와 같은 단순한 수단들이 실제로 지켜지지 않고 있다는 것을 의미하고 있다.

다른 항균성 식품 가공방법이 바이러스를 사멸시킬 수도 있고 아닐 수도 있다. 바이러스는 산에 저항력이 있고 위산에서도 살아남는다. 바이러스를 죽이는 데에는 세균보다 더 많은 방사선 선량이 필요하다. 전통적인 가열방법이 세균 만큼 쉽게 바이러스를 사멸시키는데 효과적이다. 고압, 전기파, 전자기파 같은 열을 이용하지 않는 새로운 방법으로 바이러스를 죽이는 것은 잘 알려지지 않았다.

바이러스 세척 (Depurination)이라 불리는 과정은 오염된 물에서 수확한 조개에 존재하는 바이러스의 제거에 이용되기도 한다. 바이러스 세척을 위해서 조개를 오염된 물에서 깨끗한 물로 옮기고 얼마동안 담가둔다. 이 과정 중 조개는 깨끗한 물에서 바이러스를 배출해 낼 것이다. 이러한 과정은 지시자로서 분변의 대장균군 (coliforms)을 사용하여 모니터링한다. 그러나 바이러스는 자주 이러한 방법으로 장내세균이 씻겨나간 후에도 남아있는 경우가 있다. 따라서 바이러스 세척이 완벽하거나 성공적이라고 말하기 어렵다.

노로바이러스 (Norovirus)

노로바이러스, 이전에는 Norwalk 또는 Norwalk-like 바이러스 (오하이오 주의 Norwalk의 초등학교에서 처음 발병)라고 불리우는 식품유래 질병의 주요 원인 바이러스로서 수천 건이 발생하였다. 노로바이러스는 식품유래 질병 서열 10위 이내 병원체로서의 위치를 차지하고 있고 종종 서열 1위를 차지하기도 한다. 모든 바이러스처럼 실험실에서 배양할 수 없기 때문에 연구가 어렵다. 전자현미경, 항체, 유전학적인 탐지 방법 등이 노로바이러스 검출을 위해 사용된다.

노로바이러스는 작고 둥근 구조로 된 단일가닥의 RNA를 함유하는 칼리시바이러스 (calicivirus)이다. 이들은 배설물이 입으로 들어가는 경로로 전염된다. 이 바이러스 입자는 위산에 저항할 수 있으며 오래 동안 저장되고 냉장과 냉동에 대해서도 저항성이 강하다. 작은창자에 도착하면 바이러스는 점막 세포에 감염되고 내부에서 증식하여 세포를 죽이고 더 많은 배설물에 오염되어 방출된다. 배설물에 의한 바이러스 배출은 감염된 사람이 병이 나은 후에도 일주일 이상 계속될 수 있다.

A형 간염 바이러스 (Hepatitis A virus)

A형 간염 바이러스의 식품관련 사건은 모든 간염 사건의 5%를 차지하고 있으며 전반적인 간염의 억제에 있어서 크게 중요하지는 않다. 그러나 식품안전의 관점에서 이 5%는 1년에 약 2,000건과 동일하다. A형 간염 바이러스는 감염된 식품취급자의 배설물에 의해 식품에 오염된다.

이 강도는 "종 특이성"을 잘 모르는 것이 분명하다.
ⓒ Dan Piraro King Features Syndicate.

A형 간염 바이러스는 50일 이상의 잠복기를 가지기 때문에 감염된 사람이 발병하기 전 10-14 일 동안에도 감염된 사람의 배설물에 방출되어 문제가 된다. 이러한 바이러스의 방출은 감염된 사람이 회복한 후 수 주일 동안 계속된다. 이것이 이 바이러스의 전염을 파악하기 어려운 주 원인이 된다. 간염은 다루기 어려운 질병으로서 황달, 식욕감퇴, 구토, 깊은 우울증을 일으킨다. 이러한 증상은 수 주일 동안 지속될 수 있으며 감염된 사람이 병이 나은 후에도 몇 주일 이상 더 바이러스가 남아있게 된다. 이 바이러스는 배양할 수 없기 때문에 사람의 피에서 간염 특정 항체를 탐지함으로써만 진단할 수 있다. 간염은 영구적이고 재발 가능한 신장장애를 일으킬 수 있다. 바이러스가 간세포에 감염됐을 때 T 세포를 통한 몸의 면역체계가 반응한다. 이것은 바이러스 뿐 아니라 간세포를 죽이게 된다. 배설물 오염이 흔한 나라에서 대부분의 아이들이 5살이 됨으로써 면역성을 얻는다. 선진국에서는 A형 간염이 어른들에서 더 흔하고 더 심각한 증상을 나타낸다.

A형 간염 바이러스는 노로바이러스와 마찬가지로 간단한 구조를 갖는다. 4종류의 다른 단백질로 구성된 주변의 피막이 RNA 한가닥을 둘러싸고 보호한다. RNA는 RNA 의존형 RNA 합성효소와 단백질 분해효소, 그리고 거대 단백질을 암호화한다.

노로바이러스와 A형 간염 바이러스의 차이는 표 22.2에 나타나 있다.

기타 바이러스와 식품의 연관성

아스트로바이러스 (Astrovirus)는 미국에서 연간 40,000건 이상의 많은 질병을 일으킨다. 그것은 별모양의 입자로 둘러싸여 있는 구조이며 한 분자 RNA를 함유하고 있다. 배양기간은 3-4 일간이다. 주요 증상은 3-4 일의 잠복기 후 발생하는 설사이다. 회복은 보통 2-3일 걸리지만 2주 이상 걸릴 수도 있다. 로타바이러스 (rotavirus)는 이중가닥의 RNA 바이러스로 저개발국가 어린이의 사망의 원인 바이러스이다.

입원하는 아이의 설사증상 절반은 가 원인이다. 또한 그것은 배설물이 입으로 들어가는 경로에 의해 식품과 물에서 전염된다. 배설물에 의한 구두전염은 특히 탁아소나 요양원에서 문제가 된다. 이 ds RNA 바이러스는 매년 전 세계에서 약 백만 명에 이르는 아이들은 죽인다. 미국에서 사상자 수는 1년에 약 100명이다. 일반적 증상은 설사와 때때로 구토가 4–8일 지속된다.

진드기 유래 뇌염 바이러스 (tick-borne encephalitis)는 생류로부터 전파된다. 소아마비 (poliomyelitis)는 최초의 식품유래 바이러스성 질병의 하나였다. 다행히도 백신접종과 저온 살균으로 미국에서는 더 이상 문제가 되지 않는다. 파보바이러스, 아데노바이러스, 그리고 코로나바이러스는 위장염의 원인 바이러스이다.

많은 바이러스는 식품에 의해 전염되지 않는다. 여기에는 광견병바이러스 (rabies), 한타바이러스 (hantavirus), 헵타바이러스 (heptavirus), 라이노바이러스 (rhinovirus, 보통의 감기 유발), 그리고 에이즈 바이러스 (HIV) 같은 것들이 포함된다. HIV-양성의 식품 취급자가 그들이 준비한 식품을 통해 HIV가 전염될 위험은 없다. 심지어 AIDS 증상을 가진 사람들은 그들이 설사증상을 가지고 있지 않다면 식품안전을 위협하지 않는다 (비록 HIV는 배설물에 의한 구두전염으로 전이되지는 않으나 설사물질이 살모넬라균이나 O157:H7의 병원성 대장균을 포함할 수는 있다. 노로바이러스는 이러한 방법으로 전이되지는 않는다).

낙농산업에서 박테리오파아지

우리는 바이러스는 그들의 숙주를 용균할 수 있다는 것을 알았다. 아마도 어떤 경우는 숙주가 세균일 것이다. 자 박테리오파아지가 유산균과 우유로 가득 채워져 있는 5,000 갤런의 발효조를 공격한다고 상상해보아라. 박테리오파아지는 유산균을 감염시키고 감염된 유산균은 용균되어 유산균은 락토오스를 유산으로 전환시키지 못하여 발효는 멈추게 될 것이다. 매일 백만 파운드의 발효공정에서 박테리오파아지의 공격은 생각하기도 싫은 문제가 된다.

박테리오파아지의 공격으로부터 싸울 수 있는 여러 가지의 방법들이 있다 (표 22.3). 가장 간단한 방법은 무균상태로 만드는 것이다. 20 ppm의 염소로 처리하는 공정은 주위의 박테리오파아지를 사멸시킨다. 공정의 처리된 부분과 처리되지 않은 부분을 공기흐름으로 제어하는 것도 오염을 막을 수 있다. 무균작업은 스타터 미생물의 생산에는 알맞은 방법이나 거대한 대규모 시설을 요할 때는 비현실적이다.

로테이션 배양은 박테리오파아지 제어의 다음 단계라고 볼 수 있다 (그림 22.5). 발효처리장치는 여러 가지의 stater culture 균주 (A부터 K)를 혼합하여 시작한다. 한 균주를 선택하여 사용하는 대신에 발효에 3 개의 균주 (A, B, 그리고 C)를 혼합하여 사용한다. 발효조로부터 시료들을 취하여 규칙적으로 각 균주에 대한 플라크가 생성되는 지를 검사하여 파아지가 오염되었는지를 검사한다. 만일 한 균주 C가

표 22.3 박테리오파아지에 대한 유산균의 방어기전

방어	기전
생물학적 형태	
흡착간섭	유산균은 박테리오파아지가 인식하는 특정 단백질이 부족하거나 수용체를 감추면 흡착을 막을 수 있음.
제한/수식	저항성 유산균은 파아지 DNA를 자르는 제한효소를 갖거나, 파아지 DNA로부터 자신의 DNA를 구별할 수 있도록 자신의 DNA를 수식하는 효소를 가짐.
불현성 감염	이 증상은 박테리오파아지가 부착, 침투, 그리고 용균과정을 시작한 이후에 감염을 억제함.
상업적인 형태	
파아지 억제용 배지	파아지 부착에 요구되는 칼슘이 부족한 배지에 스타터 미생물을 배양함.
냉동된 농축 스타터 미생물	파아지 억제용 배지에서 스타터를 배양, 농축하고 난 후, 더 이상 성장이 요구되지 않는 발효과정에 첨부함.
균주 로테이션	유산균 균주를 계속적으로 로테이션하여 박테리오파아지에 민감한 균주를 동정하고 저항성 균주로 대체함.
우수 제조 관리기준	바이러스의 오염을 최소화함.

파아지에 대하여 오염된 경우 (플라크로 확인되었을 때) 그 균주는 스타터 미생물 풀로부터 제거되고 파아지 저항성 균주 D로 교체한다. 만일 A 균주가 파아지에 의하여 오염된 경우는 균주 E로 대체한다 등등. 발효에 사용된 균주들은 박테리오파아지의 공격이 오기 전에 그들을 막기 위하여 "회전 (rotated)"된다. 파아지 저항성 균주들의 pool이 완전히 없어지는 것을 예방하기 위하여 파아지 민감성 균주들을 돌연변이방법을 통하여 정항성 균주로 전환하여 다시 pool로 활용한다.

스타터 미생물 균주에 공격하는 박테리오파아지를 원천적으로 없애는 것이 발효를 보호하는 또 다른 방법이 될 수 있다. 여기서는 파아지-억제용 배지 (phage-inhibitory media)가 스타터 미생물을 배양하는데 사용될 수 있다. 박테리오파아지는 유산균의 흡착에 칼슘이온을 이용한다. 인산염이 배지에 첨가되면 이 인산염은 칼슘을 킬레이트하여 박테리오파아지가 결합할 수 없게 하고 스타터 미생물이 보호

그림 22.5 로테이션 배양의 순서도. 박테리오파아지 저항성 유산균주 풀 (pool)을 사용하여 3개 균주에 의한 발효시스템을 구축한다. 하나의 균주가 박테리오파아지에 감염되면 다른 균주로 대체한다. 파아지 감수성 유산균주는 파아지 저항성을 부여하기 위하여 돌연변이를 유발시킨 후 균주 풀로 사용한다. (상세한 정보는 텍스트 참조.)

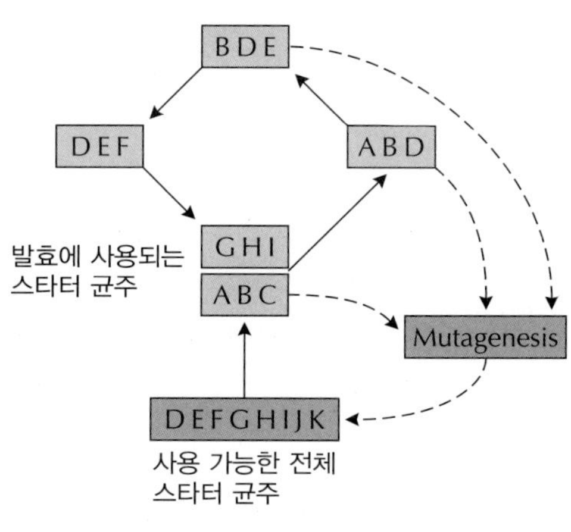

될 수 있다.

발효를 보호하는 마지막 방법은 더 이상 증식할 필요가 없을 고농도의 스타터 미생물을 사용하는 것이다. 세균이 성장하지 않으면 파아지는 그들을 용균시킬 수 없다. 이러한 방법이 단백질을 대사하지 못하는 유산균에 활용된다. 세균이 최종 농도 10^7-10^8 CFU/mL의 농도로 첨가되면 세균의 성장 없이도 충분히 발효과정을 유지할 수 있을 정도의 대사활성을 갖는다.

바이러스의 유용한 이용

세균의 탐지

세균은 식품안전을 위한 활용에 사용될 수 있다. 박테리오파아지는 숙주보다 더 빨리 증식할 수 있기 때문에 특정 병원성균의 신속한 탐지에 사용될 수 있다. 박테리오파아지가 형광염료로 처리되고 파아지에 민감한 숙주에 노출되면 이들은 타켓 세균에 농축되고 관찰이 가능해진다. 파아지들은 또한 β-갈락토시다아제 같은 리포터 유전자 (reporter gene)를 운반할 수 있다. 잠재성 파아지가 타켓 병원성균의 염색체로 삽입되면 파아지 리포터 유전자는 발현되고 병원성균의 존재여부를 색의 변화로 탐지할 수 있다. 발광 (lux) 유전자는 또한 좋은 리포터 유전자가 된다. 그러한 탐지방법은 O157:H7 대장균, *Listeria monocytogenes*, 그리고 *Salmonella* 종들의 탐지를 위하여 개발되어져 있다.

세균의 제어

박테리오파아지는 세균의 탐지 뿐만 아니라 그들을 제어하는데도 사용 가능하다. FDA는 최근 즉석 조리 (ready-to-eat) 육류와 닭고기에 *Listeria monocytogenes*의 제어를 위한 식품 첨가제로 박테리오파아지 LMP-102의 사용을 허가했다. Intralytix 사는 파아지를 생산할 수 있는 *Listeria monocytogenes*로부터 독성 물질들이 검출되거나 전이되지 않는 다는 것을 증명함으로서 FDA의 승은을 얻어냈다. 이러한 파아지 저항성의 개발은 여러 *Listeria monocytogenes* 균주에 특이적인 6 종류의 파아지의 혼합물을 사용함으로써 최소화하였다. Intralytix 사는 이 이중가닥 DNA 바이러스의 완전한 염기서열을 공급함으로써 FDA에 그 안전성을 확인시켜 주었다. 박테리오파아지의 제조는 용원성 파아지보다는 용균성 파아지의 특징을 보유하기 때문에 바람직하지 않은 유전자가 숙주의 염색체로 전이될 가능성은 거의 없다. 대중의 관심을 위한 과학센터 (소비자 보호단체)는 바이러스와 리스테리아의 제어에 그들의 사용에 안전성을 요구하였다. 유사한 파아지 물질인 ECP-100도 현재 대장균 O157:H7의 제어를 위하여 개발 중이다.

소독제로서의 박테리오파아지의 사용도 또한 흥미로운 이용이다. 이러한 응용은 생태학적인 접근을 일으킨다. 전통적인 소독제로 표면에 존재하는 세균은 사멸시키나 채 도달하지 못하는 구석 (niche)이 있기 마련이다. 병원성균들은 신속하게 이러한 부분을 활용하여 성장한다. 소독제로서 병원성균에 특이적인 파아지를 활용함으로써 병원성균만 선택적으로 사멸시키면서 다른 세균들은 안정적으로 유지시킬 수 있다. 미국 환경보호청 (Environmental Protection Agency)은 실험적인 허가를 주었으며 이러한 응용이 제조단계에서 시험으로 실행되어 지고 있다.

프리온

프리온은 세균처럼 복제하지 않으며 바이러스 처럼 숙주의 대사기구를 이용하지도 않는다. 그러나 프리온은 과학의 본질에 관해 우리에게 많은 것을 말해준다.

- 과학에 기초를 둔 대중 정책은 단지 "알려진" 것에 기초를 둔다.
- 어떤 것이 아직 발견되지 않았다는 사실이 그것이 존재하지 않는다는 것을 의미하지는 않는다.
- 확립된 과학적 "사실"이 종종 수정이 될 수 있는 이론이다.
- 새로운 발견은 가장 잘 확립된 정설을 바꿀 수도 있다.

프리온의 간단한 역사

전염성 스폰지형 뇌질환 (TSEs, transmissible spongiform encephalopathy)으로서 우리에게 알려진 증상을 가진 첫 번째 동물은 1732년에 처음 보고되었으나 그 질병은 그 당시에는 그 뇌질환으로 인식되지 않았다. 오늘날 대부분 사람들은 광우병이라고 들어 보았다. 이 질병은 공식적으로는 소 스폰지형 뇌질환 (BSE, bovine spongiform encephalopathy)으로 더 알려져 있는, 182,000마리의 의심스러운 소들을 소각하였을 때 영국 식육 산업에 큰 타격을 주었다. 정부의 관리자는 미국에서의 이러한 현상의 발생을 두려워하고 있다.

소 스폰지형 뇌질환은 1986년까지 나타나지 않았으나 (존재 여부 모름) 프리온 연구는 훨씬 이전에 시작되었다. 1972년에 젊은 의사인 Stanley Prusiner는 뇌가 잠식된 환자들에게서 흥미를 느끼게 되었다. 그러나, 면역 반응은 없었고, 그녀의 신체의 다른 부위는 전혀 문제가 없었다. 그녀의 질병에 대한 Prusiner의 연구는 웃음거리가 되었고 거의 직장을 잃을 뻔하였다. 스폰지형 뇌질환으로 죽은 가축들은 부패한 스폰지형 뇌를 가지고 있다. 그 질환은 양에게 스크래피 (scrapies), 식인종에게는 쿠루병 (kuru), 가축과 엘크에게서는 만성 소모성 질환, 그리고 인간에게는 크로이츠펠트야콥병 (CJD)의 증상으로 인식되었다. 그러나 Prusiner 이전까지는 치료방법이 없는 이 질병의 원인을 연관시킨 사람은 없었다. 그들은 돌연변이, 유전적 경향, 또는 (3-5년의 잠복기 때문에 성장이 느리고 탐지할 수 없는) 지발성 바이러스에 의해 일어난다고 생각했다. Prusiner는 1982년에 스크래피를 설명하기 위하여 프리온 (단백질성과 전염성의 결합에 의해 만들어진 단백질성 그리고 전염성)이라는 개념을 제시했다.

Prusiner는 어떠한 핵산도 없는 전염성의 단백질 분자로써 프리온을 정의하였다. PrP^{c}는 건강한 뇌와 척추의 막에서 발견되는 프리온 단백질이다. 이것이 전염성이 있는 변형된 형태의 단백질인 PrP^{sc}와 접촉되었을 때, PrP^{c}는 PrP^{sc}의 형태로 바뀐다.

프리온의 개념은 DNA와 RNA만이 생물학적 정보를 전달한다는 정설에 모순된다. 그것은 조소와 웃음거리가 되었다. 더욱이, 프리온 단백질이 2가지 형태 (정상적 형태, 감염성 형태)에서 존재할 수 있다는 가설을 제시함으로써 Prusiner는 이 분자생물학의 중심적 정설을 깨뜨렸다. 즉, DNA 염기서열은 RNA 염기서열을 만드는 데 사용되고, RNA 염기서열은 특정 아미노산 서열을 가진 단백질을 만드는

데 사용되며, 단백질 아미노산 서열은 그것의 구조를 결정한다는 정설이 그것이다.

분자생물학의 불변의 두 가지 이론은 "DNA는 RNA를 만들고 RNA는 단백질을 만든다."와 "단백질의 아미노산 서열은 그 구조를 결정하고 그 구조가 기능을 결정한다."이다. Prusiner는 이 사실이 항상 진실이 아니라는 것을 보여주었다.

이것은 한 가지 사실을 제외하고는 과학사에서 애매한 부분으로 남아있다. 즉, 1986년에 광우병 (BSE)이 영국 소에서 발병하였다는 사실을 제외하고는. 그 이후로 영국에서 182,000 마리 이상의 소에서 발견되었다. 비록 그 당시에는 "슬로우바이러스 (slow virus)" 탓으로 돌렸음에도 불구하고 프리온은 양에서 소로 종의 장벽을 넘어 더 많은 종으로 퍼졌다. PrP^{sc}는 감염된 동물의 고기나 내장을 먹었을 때 동물에서 동물로 전염되었다 (미국에서 1989년에 동물의 사료에 내장을 섞은 고기 이용을 금지시켰다). 그 후 10년 동안 영국에서는 새로운 변종 크로이츠펠트야콥병 (CJD)과 쇠고기 소비와의 통계학적 연관관계가 분명해졌다. 2005년 2월까지 영국에서는 150명의 사망을 이끈 155건의 인간 발병 건수가 보고되었다. (높은 치사율을 주목하라.) CJD와 쇠고기간의 연관성은 영국 육우산업의 사료 공급 방법의 변화를 가져왔으며, 광우병에 감염된 가축의 무리 전체를 죽이는 방법을 택하였다. 수십만 마리의 소는 예방대책으로 살상되었다. 1996년에 영국정부는 마침내 광우병이 사람에게 크로이츠펠트야콥병의 형태로 전이될 수 있다는 사실을 인정했다. 혼란은 아직도 가라 않지 않았으나 1997년에 프리온의 발견으로 Stanley Prusiner는 노벨의학상을 수상하였다.

BSE에 대한 미국에서의 상황은 초기에 동물사료에 내장의 사용을 금지하였고, 위험도가 높은 동물을 검사하였기 때문에 영국과는 달랐다. 2003년에 미국에서 검사된 394,000 마리 중 한 마리가 BSE를 가지고 있는 것으로 확인되었다. 미국정부는 그 소가 캐나다에서 온 것으로 신속히 판단하고 확산되는 것을 차단하였다. 캐나다 정부는 BSE에 감염된 소의 확산 가능성을 예방하기 위하여 2,700 마리의 소를 살상하였다. 이러한 빠른 조치로 2003년 5월에 캐나다산 쇠고기를 금지하였던 나라들은 몇 개월 후 금지를 완화시켰다. 불행하게도 2005년에 2 건의 BSE가 캐나다에서 감지되었다.

프리온 생물학

"프리온은 어떤 핵산도 함유하지 않는다"는 프리온의 개념이 논쟁의 여지로 남아있다. 그것이 존재하지 않는지 증명하는 것은 어렵다. 아마 핵산이 존재는 하지만 발견되지 않은 것일 수도 있다. 프리온에 반하는 주장은 "반드시"작은 양의 핵산이 존재한다는 것이다. 그러나 그것은 탐지되지 않고 있다. 그러나 핵산을 파괴할 수 있는 처리를 하여도 프리온은 파괴되지 않고 정제된 프리온에서 핵산은 발견되지 않는다. 단백질 형태의 변환의 개념은 모든 전염성 스폰지형 뇌질환을 설명한다. 그러나 단백질 형태의 변환은 스폰지형 뇌질환을 일으키는 3가지 기작 중의 하나이다. PrP^{c}에 대한 유전적인 결함 (즉 리비아 지방의 유대인이 CJD에 걸릴 확률이 다른 유대인보다 30배 높다)이 CJD의 유사한 형태를 일으키는 원인이 된다. PrP^{c}의 돌연변이는 나이든 사람에게 돌발성 CJD를 일으킨다. 마지막으로 식이에서 소비되는 PrP^{sc}에 의하여 PrP^{c}가 PrP^{sc}로 전환된다.

그림 22.6 정상 프리온 단백질 PrP^c (왼쪽)와 감염성 형태인 PrP^{sc} (오른쪽)의 구조. 전체 구조 (3차 구조)의 변화뿐만 아니라 2차 구조 (coil과 arrow)의 변화에 주목하라. 두 가지 형태 모두 같은 아미노산 서열을 가지고 있다. Sarit Helman의 승인을 받고 인용.

프리온의 작용법을 이해하기 위해 약간의 단백질 화학을 이해할 필요가 있다. 단백질의 아미노산의 1차 구조가 단백질의 2차 구조를 결정한다. 일반적인 2차 구조는 α-helices 구조와 병풍구조 (β-pleated sheet)이다. 단백질 분자는 몇 개의 α-helices, β-pleated sheet와 정렬되지 않은 아미노산 부분을 포함한다. 이런 배열이 스스로 단백질의 전반적인 형태, 즉 구조를 형성한다. 이것을 3차 구조라 한다. PrP^c는 여러 개의 개의 α-helices로 이루어진 형태를 갖는다. 이것이 PrP^{sc}와 접촉되었을 때, PrP^c는 프리온의 형상에 어울리게 변한다. 즉, 더 많은 병풍구조의 형태를 가진다 (그림 22.6, 화살표). 이 형태에서 프리온 단백질은 뇌조직을 파괴한다.

프리온은 열, 방사선, 식품보존제에 의해 불활성화 되지 않는다. 일단 식품에 존재하면 영원히 거기에 존재하게 된다. 전염성 스폰지형 뇌질환을 예방하는 유일한 방법은 변형된 형태가 정상적인 형태와 접촉하는 것을 막는 것이다. 이것은 동물 사료에 동물 부산물 이용을 금지하는 것이다. 대부분의 산업화된 나라들은 동물 사료로 동물 부산물의 사용을 지금 금하고 있다. 미국은 BSE가 존재하는 나라로부터 소고기의 수입을 금하고 있다. 그러나 밍크와 사슴 같은 야생 동물도 또한 전염성 스폰지형 뇌질환을 옮긴다. 이론적으로 이런 프리온은 집에서 기르는 소에게로 종의 장벽을 뛰어 넘어 전염될 수 있다.

요약

- 바이러스는 흡착, 도입, 복제, 조립, 그리고 숙주를 파괴하고 방출하는 간단한 생활사를 갖는다.
- 바이러스는 유일한 리간드-수용체 결합 때문에 숙주특이적이다.
- 바이러스는 배양으로 성장할 수는 없으나 민감한 세균의 배양배지에 플라크의 형태로 나타날 수 있다.
- 바이러스는 세균처럼 식품유래 질병을 일으킬 수 있으나 식품 내에서 성장할 수 없다.
- 배설물-구강 전염은 장내 바이러스 전염의 주요 경로이다.

- 적당한 가열과 좋은 위생은 바이러스로부터 식품의 안전을 지킬 수 있다.
- 노로바이러스와 A형 간염 바이러스는 중요한 식품유래 바이러스다
- 바이러스는 병원성균의 탐지나 제어에 활용할 수 있는 유용성이 있다
- 유산균의 발효배양에 박테리오파아지의 감염을 예방할 수 있는 다양한 방법들이 있다.
- 프리온은 RNA와 DNA를 함유하지 않은 전염성의 단백질로서 1980년대에 Stanley Prusiner에 의해 발견되었다.
- 프리온은 스크래피, 쿠루, 광우병, 그리고 크로이츠펠트야콥병과 같은 전염성 스폰지형 뇌질환의 원인이다.
- 전염성 스폰지형 뇌질환은 정상 단백질인 PrP^{c}가 돌연변이에 의해서 혹은 섭취된 PrP^{sc}와 접촉함으로써 전염성 PrP^{sc}로 변환되었을 때 발병한다.

참고문헌

Cliver, D. O. 1997. Virus transmission via food (an IFT Scientific Status Summary). *Food Technol.* **51:**71–78.

D'Souza, D. H., C. L. Moe, and L.-A Jaykus. 2007. Foodborne viral pathogens, p. 581–610. *In* M. P. Doyle and L. R. Beuchat (ed.), *Food Microbiology: Fundamentals and Frontiers*, 3rd ed. ASM Press, Washington, DC.

Goyal, S. M. (ed.). *Viruses in Food.* Springer Science + Business Media, LLC, New York, NY.

Huston, W., and C. M. Bryant. 2005. Transmissible spongiform encephalopathies–an IFT Scientific Status Summary. *J. Food Sci.* **70:**R77–R87.

Prusiner, S. B. 1998. Prions. *Proc. Natl. Acad. Sci.* USA **95:**13363–13383.

SECTION V 식품미생물의 제어

23 항균제

학습목표

- 화학적 보존제와 이들의 식품의 부패 방지 능력과의 관계 이해
- 식품보존제의 긍정적 관점과 부정적 관점 이해
- 천연보존제와 합성보존제를 구분할 수 있는 특성의 이해
- 미생물의 성장억제 인자와 상호작용
- 유기산의 역할과 pK_a 및 pH 의 영향
- 효소와 무기염 식품보존제의 역할

서론

보존제는 유익한 것이다. 보존제 없이는 식품이 쉽게 변패한다. 변패는 미생물학적, 효소학적, 화학적 및 물리적 변화에 의해 일어난다. 보존제는 이러한 변화들을 방지하거나 지연시킬 수 있다. 대부분의 항균제는 식품 중의 미생물을 죽이지 않고 성장을 억제한다. 또한 냉장, 냉동, 수분활성의 감소, 산성화, 발효, 에너지 (열처리, 방사선 조사, 가압 등) 및 항균성 물질 모두가 미생물의 성장을 억제한다.

항균제는 보존제이기도 하지만 보존제에는 갈변방지제, 항산화제, 안정제 등이 포함되어 보다 넓은 개념이라고 할 수 있다. 항균제의 주된 목표가 되는 미생물은 식품의 액화, 이취 발생, 변색 및 점질물 생성을 초래하는 식중독 세균과 부패세균이다. 변패는 우리들로 하여금 병원성균이 식품에 있다는 것을 경고하는 의미에서 좋은 일이다. 그러나 많은 병원성균들은 명백한 변패의 변화 없이도 자랄 수 있다. (만약 모든 병원성균이 식품을 변패시키면 아무도 식품을 먹고 식중독에 걸리지 않게 될 것이다.) 보존 시에 식품이 변패되지 않고 병원성균이 자라게 되는 것이 근본적으로 위험하다.

대부분의 항균제는 단지 미생물의 성장을 *억제*하며 따라서 살균이라기보다는 정균효과를 지닌다. 즉 정균제는 성장을 억제하며 살균제는 균을 사멸하게 한다. 항균제들은 세포벽, 세포막, 효소, 유전자 등의 모든 대사 작용에 대하여 특이적으로 작용하며 따라서 서로 다른 기작을 가진 항균제 들은 상승효과를 가지게 된다. 이러한 상승적 효과를 기대하는 기술을 *장애기술* (*hurdle technology*)이라 한다. 세포벽, 세포막, 효소 및 유전자들이 항균작용의 목표가 된다. 생물체의 대사는 그물과 같이 상호 연결되어 있어 항균의 기작을 우리가 정확하게 해석한다는 것은 어렵다.

항균제를 분류하는 것은 임의적이다. 이 장에서는 보편적인 화학적 항균제와 천연적인 것으로 구분한다.

화학적 항균제는

- 다년간 사용되어 왔으며,
- 여러 나라에서 승인되고 있고,
- 화학적 합성에 의하여 제조되며,
- 소비자들에게 좋지 않다고 인식되고 있다.

화학적 항균제는 자연계에 존재하는 천연물이기도 하다. 즉 식초 중의 초산, 크랜베리 (cranberry) 중의 벤조산, 로완베리 (rowanberry) 중의 솔빈산이 그러하다.

*천연보존제*는

- 천연물로부터 추출되고,
- 반드시 식품첨가물로 승인을 요하는 것은 아니며,
- 그 표시가 소비자에게 친근감을 준다.

항균작용에 영향을 미치는 인자

식품의 조성은 복잡하며 많은 요소들이 미생물의 성장과 생육에 영향을 미친다. 즉, 식품의 pH, 수분활성도, 저장온도, 저장고의 가스조성 등이 항미생물의 작용에 영향을 미친다. 따라서 저장설비를 개발할 때 이들 모든 요소들이 고려되어야 한다. 항균 작용은 미생물학적 요인과 내부 및 외부 인자, 가공과정의 요인에 의하여 좌우된다.

미생물학적 요인은

- 미생물의 보존방법에 대한 저항성 (예, 영양세포와 포자)
- 초기 세포수
- 성장속도
- 증식단계 및 다른 미생물과의 상호작용 (예, 미생물간의 경쟁관계) 등을 포함한다.

세포가 스트레스에 대하여 어떻게 반응하는가에 대하여 많은 지식들이 축적되어 왔다. 저온과 같은 하나의 스트레스에 노출되어 얻어진 내성으로 세포는 산에 대하여서도 내성을 가질 수 있다. 이를 순응, 스트레스 응답, 후천적 내성이라고 한다. 세포가 스트레스에 노출되면 특별한 단백질이 생성된다. 이 단백질에 의하여 내성이 얻어진다. 일부는 스트레스에 특이적이며 일부는 보다 광범위한 스트레스에 대하여 내성을 가진다.

*내부인자*는 식품 그 자체로서 식품의 성분 조성, pH, 완충능, 산화환원전위, 수분활성 들이다. 이들은 식품 개발 과정에서 안전성을 갖추기 위하여 특정하게 구성된다. 제품이 염, 산, 당이나 다른 잠재적 위해 인자를 줄이기 위하여 재구성되면 미생물학적 안전성이 반드시 고려되어야 한다. 예를 들어 병원성균들은 이전에는 안정된 상태의 제품이었지만 수크로오스를 인공 감미제로 대체하여 제조할 경우 성장할 수도 있다. 이와 같은 현상은 병원성균의 성장을 억제하던 수분활성이 변화하여

성장을 억제하지 못하여 일어난다.

외부인자 역시 항균작용에 영향을 미친다. 이들은 식품 외부의 조건들로서 온도, 저장기간, 대기, 상대습도 등을 포함한다. 이중 시간-온도의 조합이 아마 가장 중요한 요소일 것이다. 이들은 어쩌면 조절하기에 가장 어려운 것이다. 냉장고에 넣어야 할 식품을 잊어버리고 자동차 트렁크에 두었다가 다음날 그것을 섭취하는 것을 생각해 보자. 외부인자 역시 제품개발 과정에서 고려되어야 한다. 냉동식품에서 냉장 품목으로 사업을 확대하는 제조업자는 아마 새로운 미생물의 도전에 직면하게 될 것이다.

*가공식품*의 미생물 성상은 종종 가공전과 다르게 된다. 가공에 따라 식품의 성분 조성이 달라질 수 있다. 예를 들어 건조에 따라 식품의 수분활성이 변한다. 가용성 화합물을 첨가하면 수분활성이 낮아진다. 가열식품에서 영양세포는 감소하나 포자는 생존한다. 식품의 가공은 또한 식품의 미세구조를 변화시킨다.

유기산

탄소 수가 작은 단쇄 유기산들의 항균 기작과 이용성은 거의 서로 유사하다 (표 23.1). 이들은 모두 천연 성분이며 식품 중에 합성보존제로서 사용되기도 한다. 이들은 GRAS (generally reconized as safe) 품목이며 우리에게 친숙해져 있다. 그 기작 때문에 유기산은 각각의 pK_a 이하에서 가장 유용하며 pH 5.5 이상에서는 거의 사용되지 않는 한계를 가지고 있다.

효과적으로 작용하기 위하여 유기산은 세균의 세포막을 통과하여 세포질로 들어가야 한다 (그림 23.1). 유기산은 하전을 띤 형태 또는 비하전 형태로 존재한다. 하전형의 유기산은 세균의 세포막을 통과할 수 없고 결과적으로 작용을 하지 못한다. 세균 내부로 들어가서 성장을 억제하는 것은 비하전 (양성자화 된) 유기산이다. 하전형 및 비하전형 산의 농도가 동일할 때의 pH가 pK_a이다. pH는 log 스케일이기 때문에 pH가 pK_a 이상의 조건에서 한 단위 증가하면 중성 유기산 분자의 농도는 1/10이 되며 유기산은 이러한 낮은 농도에서는 작용할 수 없다. 그 이유로 유기산은 자신의 pK_a 근처 또는 그 이하의 pH를 가진 산성식품에서 가장 잘 작용한다. 낮은 pH에서는 수소가 결합한 비하전 유기산이 세포막을 통과한다. 그 다음 세포

표 23.1 단쇄 유기산들

유기산	화학식	pK_a	분포	대상 미생물	이용	농도(%)
초산	CH_3COOH	4.5	식초	세균, 효모	빵, 치즈, 올리브, 그레이비, 소스, 육류, 가금류	<0.1–0.8
벤조산	 COOH	4.2	크랜베리	진균	음료, 잼, 젤리	<0.1
유산	$CH_3OHCOOH$	4.8	발효식품	세균	주로 pH 및 향미 조절. 육류 살포와 같이 식품안전을 위해 사용하기도 함	<0.4–2.0
프로피온산	CH_3CH_2COOH	4.9	스위스 치즈	효모, 곰팡이, 점액 생산세균	베이커리, 치즈	>0.3
소르브산	$CH_3CH=CHCH=CHCOOH$	4.7	로완베리	진균, 일부 세균	베이커리, 치즈, 포도주	0.1–0.3

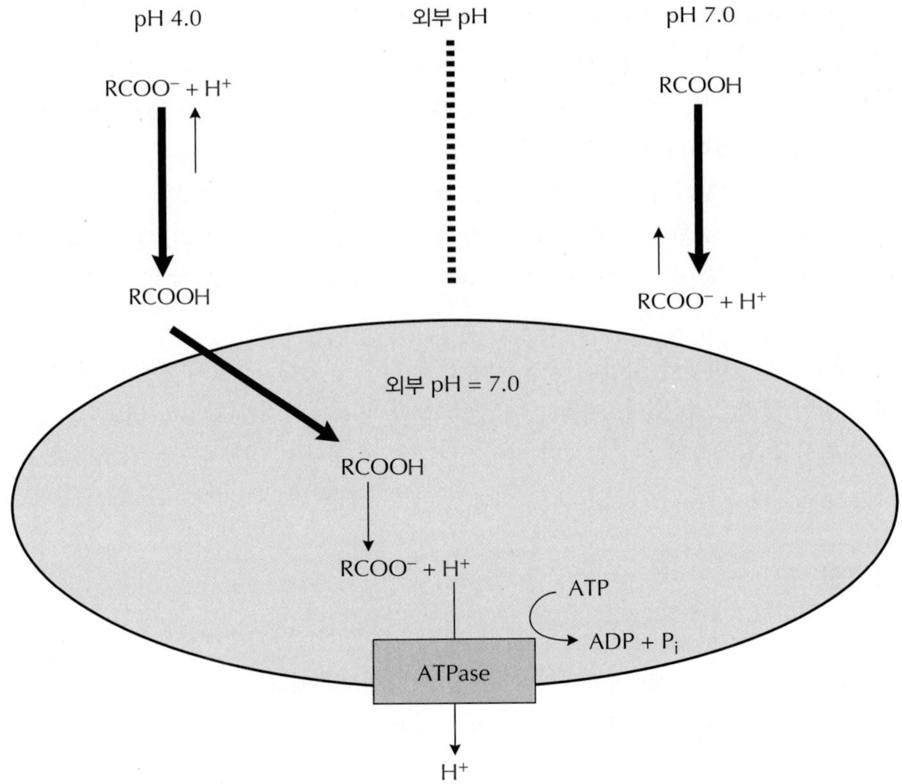

그림 23.1 pH 변화에 따른 유기산의 세포 내외 수송. 유기산은 양자를 받아들여 세포막을 통과할 수 있는 pH가 낮은 상태에서만 생육저해 효과를 가진다. 세포 내부 pH가 높은 곳에서는 유기산이 해리되고 세포는 세포질의 산을 제거하기 위해 에너지를 소비하면서 수소 이온을 세포 밖으로 방출한다. 외부의 pH가 높으면 해리된 유기산은 막을 통과하여 세포 내부를 들어갈 수 없고 결국 미생물의 생육을 저해하지 못한다.

질의 중성 부근 pH에 의하여 산이 다시 수소이온을 해리하게 된다. 유리된 수소이온은 세포를 산성화하고 세포는 ATP를 이용하여 수소이온을 세포 밖으로 펌프질해낸다. 이러한 과정에 따라 세포는 생존에 필요한 중성을 유지하나 성장에 필요한 ATP를 소모하게 된다.

파라벤조산

벤조산은 유기산과 비슷한 pK_a 값을 가진다. 그러나 벤젠 고리와 분자의 산 부분 사이에 존재하는 탄소 사슬이 pK_a 값을 증가시킨다. 파라벤조산은 보통 파라벤이라고 하며 pK_a 값인 pH 8.5까지 해리되지 않는다. 따라서 3.0-8.0 까지의 pH 범위 내에서 효과적으로 작용한다. 세계적으로 메틸, 프로필, 헵틸 파라벤들이 항균제로서 승인되어 있다.

탄소 길이가 증가하면 파라벤의 항균력도 증가하나 물에 대한 용해도가 떨어진다. 용해도와 탄소 길이를 감안하여 적용하는 파라벤을 결정하며 항균력과 용해도를 고려하여 메틸과 프로필 파라벤의 비율을 2:1에서 3:1의 범위 정도로 하여 이용한다. 노르말 헵틸 에스테르는 맥주, 비탄산 음료, 과실음료 등에 사용된다. 파라벤은 세균보다는 곰팡이, 효모에 보다 항균 효과가 있다 (표 23.1). 파라벤들은 베이커리, 음료, 과일 가공품, 잼과 제리, 발효제품, 시럽, 샐러드 드레싱, 와인 및 파이나 샌드위치 등의 속에 널리 이용된다.

페놀과 파라벤은 미생물의 세포막에 작용하여 항균력을 나타내며 보다 구체적인 기작은 명확하지 않다. 막의 계면이 손상되어 세포 내 물질이 용출되거나 아마도 막의 유동성을 변화시켜 호흡을 저해하는 것으로 추정하고 있다. .

아질산염

아질산염은 베이컨, 핫도그, 소시지와 같은 육가공품에 사용된다. 이들 염지 용액은 아질산염, 소금, 당, 향신료나 아스코브산이나 에리스로브산 등이 포함되어 있다. 염지육에서의 아질산염은 그 용도가 다양하다. 니트로소마이오글로빈은 되어 염지육의 색이 핑크색으로 안정화한다. 항균작용 이외에도 아질산염은 육의 향기와 조직감을 부여하고 항산화제로서 작용한다. 아질산은 낮은 pH와 저산소 상태에서 더욱 효과적이다. 용액 중에 포함된 아스코브산과 이소아스코브산 등의 환원제가 아질산의 항균작용을 향상시킨다. 온도, 소금과 다른 미생물의 존재 역시 아질산의 효과에 영향을 미친다.

아질산나트륨은 *Clostridium botulinum, Achromobacter, Enterobacter, Escherichia coli, Flavibacterium, Micrococcus, Pseudomonus* 그리고 *Listeria monocytogenes* 등과 같은 세균의 성장을 억제한다. 미국에서는 대부분 육가공품에 156 ppm 이하, 베이컨에서 100-120 ppm 이하로 규제하고 있다. 에리스로브산, 이소아스코브산의 나트륨 염은 숙성을 촉진시키고 니트로소아민의 생성을 억제하기 위해 첨가된다.

니트로소아민은 아민과 아질산의 상호 반응에 의하여 생성되는 발암성 물질이다. 고온에서 육 단백질과 아질산에 의하여 생성되는 니트로소아민의 발견 이후 아질산 대체 물질에 대한 연구가 널리 이루어지고 있다. 그러나 아직까지 아질산 만큼 육제품에 항균성, 맛, 색깔 등을 좋게 하는 물질을 찾지 못하고 있다. 한편 우리가 일상적으로 먹는 채소류에 의하여 다량의 아질산이 체내로 공급된다는 사실이 알려지면서 니트로소아민의 발암성에 대한 우려도 줄어들고 있다.

인산염

피로인산나트륨, 피로인산4나트륨, 제3인산나트륨, 제4피로인산나트륨, 제6메타인산나트륨 및 인산3나트륨은 식품 중의 미생물 제어에 효과적이다.

그람 음성보다 그람 양성균이 더욱 인산염에 민감하다. 피로인산4나트륨, 제3인산나트륨, 제6메타인산나트륨은 0.5% 농도에서 *Bacillus subtilis, Clostridum sporogenes, clostridium bifermentans* 등 균주의 성장을 저해한다. 피로인산나트륨은 *C. botulinum*의 성장 억제보다는 독소의 생성을 억제한다. *Bacillus* 포자의 발아 후 성장은 제6메타인산나트륨을 0.2-1.0% 정도 처리하면 억제된다.

다가인산은 금속이온과 킬레이트 화합물을 만들어 항균 활성을 나타낸다. 다가인산은 세포벽의 결합 부위에서 유효한 양이온을 제거함으로서 그람 양성 세균과 곰팡이의 성장을 억제하는 것으로 추정된다. 2가의 양이온들은 반대로 인산염의 활성을 억제하며 낮은 pH에서는 킬레이트 형성 부위가 중성화되어 억제 효과가 떨어진다. 오르토인산염은 킬레이트 형성 효과가 없어서 미생물 저해 활성이 없다.

염화나트륨

염화나트륨, 식염은 가장 오랜 보존제이다. 신선육과 생선 등은 고농도의 식염 처리, 즉 염장에 의하여 유일하게 장기 저장되어 왔다. 식염은 살균, 건조, 통조림 등과 병행하여 처리되고 있다. 식중독 세균은 대개 0.92 이하의 수분활성 (13 % NaCl)에서 성장이 억제된다. 그러나 *Staphylococcus aureus*는 예외적으로 호기적 상태에서 0.83-0.86 범위에서 성장하며 혐기적 상태에서의 한계치는 0.90 이상이다. *L. monocytogenes* 역시 소금에 내성을 가지며 저온에서 포화 식염농도에서도 생존한다.

염의 주된 항균 기작은 삼투현상에 의한 수분의 손실에 따른 원형질의 수축 즉 원형질 분리현상 (plasmolysis)이다. 염은 수분활성을 낮추어 미생물의 성장에 부적합한 조건을 만든다. 수분활성이 낮아짐에 따라 세포는 삼투 현상에 따라 원형질 분리에 의해 내부의 수분을 잃어버리고 죽거나 휴면 상태로 존재한다. 성장을 회복하기 위하여 미생물 세포는 외부의 수분활성과 평형을 유지하도록 특정한 용질의 보충을 요한다. 그러나 용질을 농축하기 위하여 ATP를 소비하여야 하고 에너지의 손실로 인하여 결국 성장이 억제되거나 죽게 된다.

방부제

엄격한 의미로 방부제는 보존제가 아니고 식품을 변패시킬 수 있는 미생물의 성장을 억제하거나 죽인다. 식품의 접촉면에 사용되어 간접적으로 또는 이차적으로 식품에 첨가된다. 이러한 소독제는 미국 식품의약청보다는 환경보호청의 통제를 받는다. 신선육과 가금류의 가공처리 중 미생물 감소처리를 미국 농무성에서 요구하기 때문에 소독제의 사용은 그 중요도가 점점 증가하고 있다. 이 경우 항균 세척제 형태로 가장 널리 사용된다.

아황산염

이산화황 (SO_2)은 옛날부터 방부제로 사용되어왔다. 이산화황의 항균성 염에는 K_2SO_3, Na_2SO_3 $KHSO_3$, $NaHSO_3$, $K_2S_2O_5$, $Na_2S_2O_5$ 등이 있다. 아황산염은 주로 과채류 가공품의 곰팡이, 효모, 세균에 의한 변패를 억제하기위하여 사용된다. 세균은 효모나 곰팡이에 비하여 더욱 민감하다. 그래서 와인의 말로락틱 발효를 일으키는 세균을 억제하면서 효모에 의한 알코올 발효에는 영향을 미치지 않는 것이 가능하다. 또한 아황산염은 효소적 갈변을 방지하는 항산화제이기도 하다.

아황산염의 항균성에 영향을 미치는 가장 중요한 요인은 pH이다. 물속에서 SO_2와 그 염은 pH에 의존하여 서로 평형을 유지한다.

$$SO_2 \cdot H_2O \leftrightarrow HSO_3^- + H^+ \leftrightarrow SO_3^{2-} + H^+$$

여기에서도 산의 해리는 중요한 역할을 한다. pH가 감소함에 따라서 $SO_2 \cdot H_2O$는 증가하고 HSO_3^-는 감소한다. SO_2의 pK_a 값은 대개 1.8과 7.2이다. 해리되지 않은 산이나 $SO_2 \cdot H_2O$의 형태일 때 억제력이 가장 강하다. 그러므로 효율적인

저걸 먹지 말아야지! 보존제로 가득 차 있을 것 같아!

출처: www.CartoonStock.com.

pH의 범위는 4.0 이하이다. $SO_2 \cdot H_2O$는 HSO_3^-나 SO_3^{2-}에 비하여 100-1,000배 정도로 *E .coli*, 효모, *Aspergillus niger*에 대하여 효과가 크다. 특히 HSO_3^-는 반응성이 매우 커서 알데히드나 케톤과 반응하여 부가산물인 α-하이드록시술폰산 (α-hydroxysulfonate)를 만든다.

SO_2는 낮은 농도에서 곰팡이를 죽일 수 있다. *Saccharomyces, Zygosaccharomyces, Pichia, hosenula, Candida*에 대한 SO_2의 저해농도는 0.1-20.2 ppm 정도이다. 25-100 ppm 농도에서는 주스에서 *Byssochlamys nivea*의 생육과 파툴린 생성을 억제한다. 아황산은 와인, 과일, 육류의 부패성 세균을 억제한다.

SO_2는 과일, 과일주스, 와인, 소시지, 신선 새우, 피클에서 미생물 변패를 방지한다. 와인 제조 시 곰팡이, 세균, 야생효모를 억제하기 위하여 50-100 mg/L 정도로 포도주스에 첨가된다. 적정한 농도로 처리하면 SO_2는 와인효모나 와인의 향에 영향을 미치지 않는다. 발효 동안 SO_2는 항산화제, 청징제, 용해제로서 작용한다. SO_2는 50-75 mg/L의 농도에서 에탄올을 초산으로 산화하는 *Acetobacter* sp.에 의한 발효 후 변패를 방지하기도 한다.

아황산에 의한 미생물제어의 대상은 세포막, DNA 복제, 단백질 생합성과 효소들이다. *Saccharomyces cerevisiae, Saccharomycodes ludwigii, Zygosaccharomyces bailii*에서 SO_2는 확산현상에 의해 세포에 유입된다. 다른 곰팡이에서는 능동수송에 의하여 이동된다.

염소

염소는 차아염소산 형태로서 가장 널리 사용되는 살균제일 것이다. 세척수나 과일

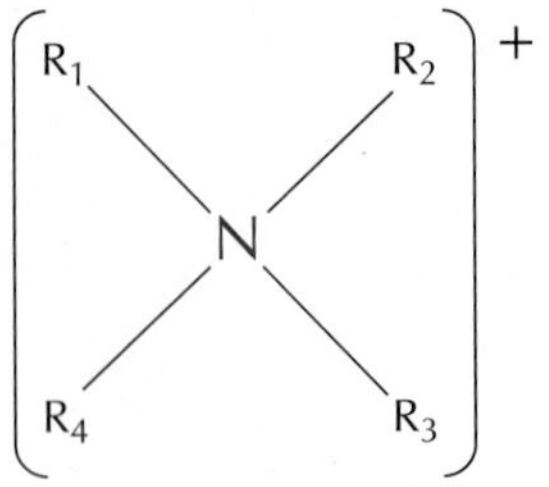

그림 23.2 4가의 암모늄염 화합물의 구조. R 분자는 동일하거나 상이한 성분이 올 수 있다.

및 채소를 이송하는 물에 첨가되어 사용된다. 또한 식품이 접촉하는 면을 살균하기 위해 그리고 육류나 가금류의 접촉면에 미생물의 오염도를 줄이기 위해 사용된다.

차아염소산나트륨 가장 일반적으로 사용되는 형태이다. 강력한 산화제로서 세균, 효모, 곰팡이, 바이러스에 대해 작용한다. 불행하게도 이 물질은 스텐레스 스틸과 같은 금속에도 강한 부식성이 있다.

이산화염소 (ClO_2)는 차아염소산염에 비하여 유리한 중요 특성이 있다. 항균성은 유사하지만 무취이고 나쁜 맛과 냄새를 야기하는 페놀, 아황산, 메르캅탄 등과 같은 바람직하지 못한 화합물을 분해한다.

4 암모늄화합물

4 암모늄 화합물은 통상 "quat"라 불리는데 4개의 화합물이 질소를 둘러싸고 있는 화합물들이다 (그림 23.2). 이 화합물은 R기가 어떤 수의 포화, 불포화, 고리형 또는 비고리형, 치환 또는 비치환 알킬기를 함유할 수 있기 때문에 그 종류가 매우 다양하다. 4 암모늄화합물들은 + 하전을 띠고 있고 − 하전을 띠고 있는 화합물 (종종 염소이온)과 결합되어 있다. 무색의 화합물로서 비교적 냄새가 없고 부식성이 없다. 이들은 세균, 효모, 곰팡이, 바이러스에 대해 항균작용을 가진다. 짐작하는 대로 차아염소산 계통의 살균제보다는 가격이 비싸다.

과산화물

과산화물은 중심부에 -O-O-와 같이 산소가 공유결합을 하고 있는 화합물이다. R_1-O-O-R_2의 경우에 있어서 R_1, R_2는 수소와 같이 무기태 또는 초산과 같이 유기태 화합물일 수 있다. 과산화수소와 과산화 초산은 가장 널리 사용되는 과산화물이다.

두 가지 화합물의 작용은 해리도에 의존적이다. 과산화수소 경우에는 다음과 같이 나타낼 수 있다.

$$O_2^- + H_2O_2 \rightarrow OH\cdot + OH^- + O_2$$

두 화합물의 살균작용은 OH· 라디칼에서 유래한다. 이것은 매우 강력한 산화제로서 세포막의 지질, DNA, 단백질 등과 반응한다.

과산화수소는 강한 카탈라아제 활성을 가진 세균을 제외하고는 광범위한 종류의 세균, 효모, 곰팡이, 바이러스를 죽이는 살균제로 사용된다. 의학적으로는 3-5% 용액으로서 상처부위의 소독에 사용된다. 식품산업에서는 유사한 농도가 설비나 식품접촉면을 살균하는데 사용된다. 식육을 표백하기 때문에 식육에는 사용되지 않는다. 과산화수소는 식품첨가제로는 승인되어 있지 않다. 식품의약청은 자체가 가지고 있는 카탈라아제 활성이 잔존하는 과산화수소를 제거할 수 있는 농산물에만 사용을 제한하고 있다.

과산화산은 과산화수소에 비하여 더욱 강력한 활성을 가지고 있고 가금류나 식육의 품질에 영향을 미치지 않는 아주 낮은 농도로 사용될 수 있다. 가금류, 식육, 농산물의 미생물 수를 감소시키는 것은 아주 중요한 의미를 지닌다. 과산화산은 무균가공에 사용되는 식품접촉면과 용기의 살균에 사용되기도 한다. 퍼옥시다아제와 카탈라아제는 과산화산에 영향을 미치지 않는다.

오존

오존은 강력한 산화활성을 가지는 또 다른 살균제이다. 주요 작용대상은 핵산이다. 오존은 세병에 있어서 안전한 것으로 인정되고 있고 신선 과일이나 채소에 높은 사용 가능성을 가지고 있고 *E. coli* O157:H7의 생존능을 1,000배 이상 감소시킬 수 있다. 그러나 지금까지 사용은 승인되어 있지 못하다. 오존은 식육에는 효과적이지 못한데 그 이유는 식육이 효과를 나타내는 오존 농도 수준 이하로 감소시킬 수 있기 때문이다.

천연 항균성 물질

많은 식품 들이 천연 항균성 물질을 함유하고 있다. 이들은 식품의 유통기간을 연장시킬 수는 있으나 직접 첨가물로 이용하는 데는 한계가 있다. 이상적으로 이들은 순수하게 분리되지 않은 상태에서 첨가되어서 효력을 발생하여야 한다. 천연 항균성 물질을 사용하는 경비가 합성품 정도로 낮아져야 한다. 또한 첨가되는 식품의 맛이나 영양 성분 안전성에 영향을 주어서는 안 된다. 그렇지만 대부분 천연 항균 물질은 보통 식품에서 너무 미량으로 존재하여 효과가 없으며 첨가량을 늘리면 맛이나 냄새 등에 영향을 미치게 된다.

라이소자임

라이소자임은 달걀, 우유 그리고 눈물 중에 들어 있는 항균효소이다. 상업적으로 시판되는 라이소자임은 건조 난백으로부터 제조한 것이다. 달걀의 라이소자임은 129 개의 아미노산으로 구성되어 있고 열 (100°C)과 낮은 pH (<5.3)에 안정하다. 저온에서 pH가 증가하면 불활성화 된다. 이 효소는 세균 세포벽의 펩티도글루칸의 *N*-아세틸뮤람산과 *N*-아세틸글루코사민 간의 β-1,4 결합을 절단하여 세균 세포벽을 분해한다.

라이소자임은 세포벽의 펩티도글루칸이 직접 노출되어 있는 그람 양성균에 더욱 효과적으로 작용하며 *C. botulinum, Clostrium thermosaccharolyticum, Clostridium tyrobutyricum, Bacillus stearotheromphilus, B. cereus, L. monocytogenes* 등 의 생육을 억제한다. 달걀 중에서 라이소자임은 난백 알부민의 주요 항균성 물질로 존재한다. 오보트랜스페린, 오보뮤코이드, 알칼리성 pH는 항균 효과를 더욱 높인다. 그람 음성균에 대하여는 효과가 적은데 이는 이들 균주 들이 비교적 펩티드글루칸이 적고 세포 외막을 가지고 있어 보호 작용을 하기 때문이다.

금속이온을 킬레이트하는 EDTA는 라이소자임의 활성을 높인다. EDTA는 라이소자임이 펩티도글루칸에 침투하도록 도와준다. 칼슘이나 마그네슘이온과 킬레이트 화합물을 형성하는 EDTA의 존재 하에서 그람 음성균에 대한 라이소자임의 항균 활성이 높아진다. 이들 양이온은 세포벽의 지다당층을 유지하는 데 필요하다. 또한 그람 음성균은 pH, 열, 삼투압, 건조, 연속적인 동결-해동에 의해 라이소자임에 민감하게 된다.

라이소자임은 식품에 사용될 수 있도록 승인을 받은 극소수의 천연 항균물질 중 하나이다. 유럽에서는 치즈 제조 중 가스 생성을 방지하는 데 이용되며 일본에서는 해산물, 채소, 파스타와 샐러드의 보관에 이용된다.

C	I	T	A	T	S	O	I	R	E	T	C	A	B	N
I	P	R	E	S	E	R	V	A	T	I	V	E	I	J
L	A	V	O	G	G	G	B	Y	R	P	B	R	X	J
O	N	Y	D	E	T	A	N	O	T	O	R	P	O	I
N	F	H	R	L	Z	N	I	J	K	E	P	X	N	R
E	C	H	N	X	A	I	K	S	F	X	I	K	S	S
H	D	O	D	U	H	C	Y	O	S	Q	Z	J	U	N
P	H	O	S	P	H	A	T	E	S	J	Q	C	L	O
U	Z	Z	D	E	B	C	T	I	G	H	K	K	F	P
X	U	A	L	I	A	I	U	Y	C	H	I	W	I	O
Z	V	A	F	L	R	D	E	J	V	T	D	J	T	B
U	T	C	D	T	R	S	E	N	A	R	B	M	E	M
E	V	P	I	A	M	Y	B	C	Z	N	M	U	S	A
Q	D	N	X	J	O	R	S	R	O	A	F	T	G	Q

Clues

Compounds that prevent the growth of bacteria but do not kill them are called ____________.

Some inhibitors act by their ability to ____________ metals essential for microbial growth.

An organic acid frequently associated with fermented foods. ____________

A proteinaceous microbial inhibitor that acts by chelating iron. ____________

Target for action of phenolic compounds. ____________

In addition to preventing the growth of *Clostridium botulinum*, these compounds give cured meat its characteristic color and taste. ____________

Antimicrobials in this class are among the most common antimicrobials, but they are only effective below their pK_a. ____________

The antimicrobial activity of many plant extracts is due to their ____________ compounds.

Inorganic antimicrobials that act as chelators. ____________

A generic term for compounds that include antimicrobials, antioxidants, texture stabilizers, etc. ____________

The form of an organic acid that can cross the microbial membrane. ____________

Compounds that prevent browning in addition to their antimicrobial activity but cause allergic reactions in some people. ____________

락토페린 (Lactoferrin)과 철 결합단백질

우유와 달걀은 항균성이 있는 철 결합단백질을 함유한다. 락토페린은 우유의 함량은 낮지만 주된 철 결합단백질이다. 락토페린에는 두 개의 결합 부위가 있으며 Fe^{3+}가 결합되는데 한 분자의 HCO_3^-가 필요하다. 우유의 다른 중금속 킬레이터인 구연산은 락토페린의 활성을 억제하며 HCO_3^-는 이를 회복시키는 역할을 한다. 효과적이 되기 위하여 락토페린은 HCO_3^- 존재 하에 철 함량이 낮은 환경에 있어야 한다. 우유는 이러한 조건을 만족한다.

철의 요구 수준이 낮은 미생물에서 락토페린의 효과는 적다. 철은 *Clostridum, Escherichia, Listeria, Pseudomonas, Salmonella, Staphylococcus, Vibrio, Yersinia* sp. 등 많은 미생물들의 성장을 촉진한다. 락토페린이 철과 결합하여 철을 고갈시키면 철을 요구하는 미생물의 성장이 억제된다.

달걀의 알부민에는 오보트랜스페린이라 하는 다른 철 결합단백질이 있다. 오보트랜스페린은 종종 콘알부민이라 불리는데 총 난백 단백질의 10-13%를 차지하는 성분이다. 오보트랜스페린은 락토페린과 아미노산 조성이 유사하다. 하나의 오보트랜스페린에는 2개의 철 결합 부위가 있으며 락토페린과 같이 HCO_3^- 존재 하에 철 분자를 결합한다. 효과가 있기 위하여 철 분자보다 많은 오보트랜스페린이 있어야 하며 알칼리성이어야 한다. 오보트랜스페린은 그람 양성과 그람 음성 균에 모두 억제 효과가 있으나 보통 그람 양성에 효과가 더 크며 *Bacillus, Micorcoccus*에 특히 효과가 크다. 어떤 효모에도 효과가 있으며 오보트랜스페린은 세균에 대해 정균작용을 하며 락토페린처럼 미생물의 철을 결손시킴으로서 효과를 나타내는 것으로 추정된다.

아비딘 (Avidin)

아비딘은 대개 계란 알부민 단백질의 0.05% 정도를 차지하는 또 다른 난백 단백질이다. 열과 넓은 pH 범위에서 안정하다. 아비딘은 몇몇 대사경로를 활성화하는 바이오틴 분자를 한 분자 당 4 개의 비율로 결합한다. 따라서 성장에 바이오틴을 필요로 하는 세균과 효모를 억제한다. 또한 아비딘은 *E. coli* 외막에서 물질수송에 관여하는 단백질과도 결합하는데 이는 아비딘이 세포의 물질 수송을 방해하여 세균의 성장을 억제할 수 있다는 것을 암시한다.

향신료와 정유성분

향신료는 식품에 맛이나 향, 색을 내는 목적으로 첨가되며 이들 역시 어느 정도 항균 효과가 있다. 고대 이집트인들은 기원 전 1550년경 이미 향신료를 식품의 보존과 향미부여를 위하여 사용하였다. 클로브, 시나몬, 오레가노, 타임 등이 강하고 그 다음이 세지, 로즈마리 등의 항균 효과가 있다. 표 22.3에 이들의 활성 물질과 저해 농도, 주된 활성을 나타내는 미생물이 나타나 있다. 모든 향신료가 항균활성을 가지고 있지는 않다.

이들 향신료의 항균 기작에 대하여는 그다지 많이 연구되지 않았다. 향신료의 정유성분 중의 테르펜 성분이 주요 항균 물질이다. 대부분의 활성 테르펜 성분은 유제놀 (eugenol), 티몰 (thymol), 카바크롤 (carvacrol)과 같은 페놀화합물이다. 따라서 이들이 미생물에 대한 작용 기작은 아마 다른 페놀화합물들이 막의 기능을 방해하는 작용과 연관되어 있을 것이다.

양파와 마늘

양파와 마늘은 가장 많이 연구되어 온 식물성 항균 소재이다. 이들의 성분은 *B.*

표 23.2 향신료의 항미생물 효과

향신료	항미생물성 화합물	농도	저해 미생물
정향(clove), 계피	유제놀 (eugenol) 시나믹 알데히드	10–20% 휘발성 기름. 클로브는 100 배 희석액이 활성이 있음.	클로브는 *B. subtilis, E. coli, Salmonella, L. monocytogenes, S. aureus*의 생육 저해
오레가노, 타임 (thyme)	카르바크롤 티몰	MIC[a], 0.02–0.05%; MBC[b], 0.03–0.1% 정유	*E. coli, Salmonella, L. monocytogenes, S. aureus, B. cereus*, 일부 효모와 곰팡이
샐비어 (sage), 로즈메리	터펜, 보르네올, 캠퍼 (camphor), 투존 (thujone)	MIC, 0.3%; MBC, 0.5%	그램 양성 세균에 더욱 효과적; *B. cereus, S. aureus, L. monocytogenes*
바닐린	4-히드록시-3-메톡시-벤즈알데히드	500–2,000 μg/ml	곰팡이, 유산균을 제외한 그램 양성 세균

[a]MIC, 최소저해농도 = 최소 생육저해 농도 (minimum inhibitory concentration).
[b]MBC, 최소 세균사멸 농도 (Minimum bacteriocidal concentration).

subtilis, Serratia marscens, Mycobacterium sp., *B. cereus, C. botulinum* type A, *E. coli, Lactobacillus plantarum, Leuconostoc mesenteroides, Salmonella* sp., *Shigella* sp., 및 *S. aureus*의 성장을 저해한다. 양파와 마늘은 곰팡이 *Aspergillus flavus, A. parasiticus, Candida albicans, Cryptococcus, Penicillium, Rhodotorula, Saccharomyces, Torulopsis*와 *Trichosporon* sp.의 성장 또한 억제한다.

마늘의 주된 항균물질은 알리신 (allicin)이다. 알리신은 마늘의 생 세포가 부서질 때 알리나아제 (allinase)에 의하여 알린 (alliin)으로부터 생성된다. 알리신은 아마 세균 중의 -SH 기를 가진 효소를 저해할 것이다. 비슷한 분해 작용에 의하여 양파에서도 티오프로파날-S-옥사이드가 생성된다. 양파의 주된 항균성 페놀성 화합물은 프로카테큐산 (procathecuic acid)과 카테콜 (catechol)이다.

이소티오시아네이트 (Isothiocyanate)

이소티오시아네이트 (R-N=C=S)는 강한 항균물질이다. 이들은 십자화과나 겨자과의 식물세포 중의 글루코시놀레이트 (glucosinolate)로부터 만들어진다. 이들 식물에는 양배추, 콜라비 (kohlrabi), 브뤼셀 (brussel) 싹, 콜리플라워 (cauliflower), 브로콜리 (broccoli), 케일 (kale), 서양고추냉이, 겨자, 순무와 스웨덴 순무 (rutabagas)가 있다. 곰팡이, 효모와 세균들은 대개 기체 상태로 0.016-0.062 ug/ml, 액체 상태에서는 600 ug/ml 농도에서 성장이 저해된다. 이소티오시아네이트는 디설파이드 결합과 반응하여 SH기를 가진 효소를 불활성화함으로써 세균 세포를 저해하는 것으로 추정된다.

페놀성 화합물

페놀성 화합물 들은 벤젠 고리에 하나 혹은 그 이상의 하이드록시 기를 갖고 있다. 이들은 단순 페놀, 페놀산, 하이드록시신남산 (hydroxycinnamic acid) 유도체와 플라보노이드로 구분된다. 앞에서 언급된 대부분의 항균 물질들이 페놀성 화합물이다.

단순 페놀화합물은 파라크레졸과 같은 모노페놀, 하이드로퀴논과 같은 디페놀, 갈릭산 (gallic acid)과 같은 트리페놀이다. 갈릭산은 식물에서 퀴닉산 에스테르나 가수분해성 탄닌 (탄닌산)으로 존재한다. 보존제로 사용되는 유일한 단순페놀이 목재의 훈연 성분이다. 고기, 치즈, 생선, 가금류를 훈연함에 따라 향이 부여되고 보존성이 커진다. 페놀과 크레졸은 훈연에 의해 생성되는 향, 항산화제, 항균작용에 관여한다. 상업적으로 0.25-0.5% 정도의 농도로 훈연 시에 완충용액 상에서 *L. monocytogenes*의 성장이 저해된다.

페놀성 배당체인 올류로페인 (oleuropein)과 그 아글리콘은 *L. plantarum, L. mesenteroides, Pseudomonas fluorescens, B. subtilis, Rhizopus* sp.와 *Geotrichum candidum*을 저해한다.

요약

- 미생물학적 변패는 변패의 한 유형이다.
- 부패세균이 아닌 병원성균을 함유한 식품이 극히 위험하다.
- 항균물질은 미생물을 치사시키거나 성장을 저해하지만, 보통 후자이다.
- 항균 효과는 미생물의 성상, 내부, 외부 요인에 의하여 영향을 받는다.
- 유기산은 세포막을 지나 해리되고 세포질을 산성화하므로 각각의 pK_a 이하에서 효과적이다.
- 파라벤조산은 유기산과 작용이 비슷하나 pK_a 값이 더 높다.
- 라이소자임은 세포벽을 용해하여 그람 양성 세균 세포를 죽인다.
- 아질산염은 염지육에서 *C. botulinum*을 저해하고 색과 향을 더한다.
- 소금은 수분활성을 낮추고 세포의 원형질 분리를 유발한다.
- 인산과 락토페린은 미생물이 성장하는데 필요한 금속 이온과 킬레이트 결합을 형성한다.
- 아황산은 주로 과일, 채소의 효모와 곰팡이를 저해한다.
- 수분활성은 식품에서 어떤 미생물이 자랄 수 있는지 결정해주고 유도기 기간, 성장속도, 최종 세포농도에 영향을 미친다.
- 수분활성 0.85는 병원성균의 성장이 가능한 최소값으로서 식품미생물학자에게 중요한 수치이다.

참고문헌

Ash, M. and I. Ash. 1995. *Handbook of Chemical Preservatives*. Grower, Brookfield, VT.

Branen, A. L., P. M. Davidson, and S. Salminen (ed.). 1990. *Food Additives*. Marcel Dekker, New York, NY.

Davidson, P. M., and T. M. Taylor. 2007. Chemical preservatives and natural antimicrobial compounds, p. 713–746. *In* M. P. Doyle and L. R. Beuchat (ed.), *Food Microbiology: Fundamentals and Frontiers*, 3rd ed. ASM Press, Washington, DC.

24 생물학적 식품보존과 프로바이오틱스

학습목표

- 발효처럼 식품 특성을 변화시키지 않고 식품안전을 "자연적으로" 향상시키는 생물학적 방법 이해
- 박테리오신이라 불리는 작은 단백질의 항균물질로 사용 가능성 평가
- 박테리오신 유전자의 구조와 박테리오신이 만들어진 방법과의 관련성 이해
- 건강상 이점이 있을 것이라 제안된 프로바이오틱스 세균의 특성 설명과 이에 대한 상업적 요구의 비판적 평가
- 프로바이오틱스 세균의 건강상 이점에 대한 입증된 자료의 부족과 사람 장관의 복잡한 생태계와의 관련성 설명

서론

식품이 가공처리 되었거나 방부제를 가지고 있다는 것을 말하기는 쉽다. 식품 외관의 변화나 라벨에 나와 있는 정보가 분명하게 해주기 때문이다. 그러나 이 정보는 종종 오용되어진다. 방부제와 가공처리된 식품이 우리에게 안전하고 다양한 식품을 제공한다고 하더라도 소비자들은 이들을 경계하고 있다. 결과적으로 소비자들은 신선한 식품의 안정성을 지키기 위해 냉장이라는 방법에 점점 더 의존하고 있다. (신선한의 반대말은 가공처리나 냉동이 아니라 부패라는 것을 명심해야 한다.) 냉장을 유일한 보존 방법으로 사용하지 말아야 하는 두 가지 이유가 있다. 첫 번째는 냉장고의 20%에서의 온도는 10°C (50°F) 이상이라는 것이다. (대부분의 식중독균의 성장을 막기 위하여 40°F이하나 140°F이상의 온도를 유지하여야 하는 40에서 140가지의 규정이 있다는 것을 명심하여야 한다.) 두 번째 이유는 *Listeria monocytogenes*는 10°C 이하의 냉장 온도에서 자랄 수 있다는 것이다. 이 이유로 냉장된 식품 안전을 유지하기 위해 추가된 방법이 필요하다. 유산균은 냉장된 음식에 증가된 보호를 제공한다. 소비자는 유산균을 천연의 건강 증진물로 받아들인다. 이것은 발효를 통해 식품 보존의 가장 오래된 방법으로 여겨진다. 발효를 통하지 않은 생물학적인 식품보존방법은 식품보존의 가장 최신 형태 중의 하나이다.

이 장은 생물학적 보존의 대략적 개요를 제공한다. 생물학적 보존은 전형적인 발효식품으로 보이지 않는 식품의 품질과 안전성을 지키고 증진시키기 위해 유산균, 유산균의 대사산물 또는 둘 다를 사용한다.

몇몇 유산균은 박테리오신이라는 항균성 단백질을 생산한다. 박테리오신은 식품을 변화 (즉 산성화, 가스 발생, 응고 등)시키지 않고 부패와 병원성 세균을 억제한다. 박테리오신의 사용은 식품미생물의 새로운 분야다.

식품산업은 시장에 조정된다. 광고자들은 판매에 부정적인 (즉 식품을 보존할 필요)것을 식품 판매에 도움이 되도록 (즉 보존 방법은 소비자의 건강을 증진시킨다) 기술적 필요를 돌리려 노력한다. 따라서 소비자들은 영양이외의 다른 무언가를 포함한 식품을 원하고 있다. 즉, 식품은 건강을 증진시키는 것이어야 한다. 유산균은 천연적이고 건강을 증진시킨다고 여겨지고 있기 때문에 생물학적 기술에 의해 보존된 식품은 "프로바이오틱스"로 판매된다면 유리할 것이다.

유기산에 의한 식품보존

초산, 유산, 구연산과 같은 유기산은 미생물의 성장을 저해할 수 있다. 산은 주로 식품에 첨가된다. 그러나 유산균은 식품에서 유산을 생산할 수 있다. 많은 요소가 산성화의 효과를 결정한다. 이것은 식품의 처음 pH, 완충능력, 독특한 병원성, 발효 가능한 탄수화물, 유산균 성장에 영향을 주는 성분과 냉장 또는 잘못된 온도에서 유산균과 병원성균의 성장율 등을 포함한다. 생물학적 보존은 각 제품 사용에서 맞춤화와 연구를 필요로 한다. 박테리오신, 디아세틸 (diacetyl), 과산화수소 (hydrogen peroxide)는 산 억제를 강화할 수 있다. 예를 들어 "안전하다고 일반적으로 인식되고 있는 (GRAS)" 배양된 유제품인 MicroGard는 미국에서 생물학적 보존제로 종종 코티지 치즈가 첨가되었다. MicroGard는 초산, 프로피온산, 저분자 단백질과 박테리오신을 생성하기 위해 *Propionibacterium shermanii*를 사용한 발효유로 만들어진다.

보툴리늄균의 독성오염을 방지하기 위한 산 생성 유산균 사용의 아이디어는 1950년대로 거슬러 올라간다. 이 기술은 냉동되지 않은 상태의 베이컨의 보존에 이 균이 pH 4.8 이하에서는 성장할 수 없다는 것을 이용한 것이다. 유산균과 발효된 탄수화물 (포도당 또는 락토오스)이 식품에 첨가되어 진다. 잘못된 온도에 식품을 두었을 때 유산균은 성장하고 산을 생성한다. 적절한 냉장 하에서는 유산균은 성장하지 못하고 산도 생성하지 못하며, 소비자에게 보존 시스템이 보이지 않는다.

아질산염은 보툴리늄균 포자의 강력한 저해제이다. 아질산염이 육류를 보존 처리하기 위해 사용될 때 니트로소아민이라는 발암물질을 형성한다는 것이 발견되었을 때, 항보툴리늄균 활성을 가진 다른 아질산염 대체물을 찾기 위하여 연구가 시작되었다. 위스콘신 대학의 Nobi Tanaka는 조절된 산성화를 통해 베이컨에서 아질산염을 감소시켰다. 베이컨에 g당 10^3의 보툴리늄균 포자를 접종해 28°C에서 배양했을 때, 120 ppm으로 아질산염이 첨가된 베이컨 샘플의 58%에서 독소가 생산되었다. 그러나 수크로오스와 스타터 미생물을 추가하고 아질산염이 40–80 ppm정도로 첨가되었을 때 pH는 떨어졌고 2%미만의 베이컨에서만 독성이 나타났다. 미국 농무부는 1986년 베이컨 제조를 위한 이러한 방법을 "위스콘신 가공방법 (Wisconsin process)"으로 승인했다.

박테리오신

일반 특성

유산균 박테리오신은 작은 단백질로 구성된 상대적으로 균일하지 않은 그룹이다. 이것은 밀접하게 관련된 세균은 저해하지만 행동하지만 박테리오신을 만드는 세균에는 저해하지 않는다. "밀접하게 관련된" 이 말은 그람 양성 세균의 광범위한 범위를 포함한다. 킬레이트 시약, 유체의 압력, 세포 손상은 그람 음성 세균을 박테리오신에 민감하게 만들 수 있다. 박테리오신은 효소는 아니지만 알려지지 않은 세포의 기능을 가지고 있다.

"박테리오신"이라는 용어는 원래 단지 성장기 중 정지기 후반에 생산되는 플라스미드 유래의 단백질로서 박테리오신에 특이한 결합 부위를 가지는 밀접하게 관련된 세균의 좁은 범위에 살균성을 가지는 물질로서 사용되었다.

몇몇 유산균 박테리오신은 이런 기준의 전부를 만족한다는 것이 분명하다. 박테리오신은 그들이 죽이는 세균, 그들의 생화학적 특성 그리고 그들의 유전자가 염색체 또는 플라스미드에 위치하는지에 따라 다르다. 대부분의 박테리오신은 작고 (3–10 kDa), 높은 등전위점을 가지고 소수성 (물을 밀어내는) 및 친수성 (물을 좋아하는) 부위 모두를 가지고 있다.

란티바이오틱 및 페디오신 유사 박테리오신은 두 개의 가장 중요한 박테리오신 그룹이다. 만약 단백질에서 아미드 결합의 기본적 생화학을 안다면 란티바이오틱 니신이 매우 이상하다는 것을 알 수 있을 것이다 (그림 24.1). 니신은 일반적인 표준 아미노산 20개 이외의 다른 아미노산을 포함하고 있다. 단백질이 만들어진 후, 몇몇 아미노산은 시스테인과 작용해 티오에스테르 (sulfhydryl 기 1개) 란티오닌 링을 만든다. 란티오닌 링이 있는 박테리오신을 란티바이오틱스라고 한다. 구조적으로 유사한 란티바이오틱스들이 많이 있다. 최초로 가장 잘 특징 지워진 유산균 박테리오신인 니신은 두개의 관련된 형태에서 만들어진다. 니신 A는 27번째 위치에 히스티딘을 가지고 있는 가장 잘 알려진 니신이다. 니신 Z는 27번째 위치에 아스파라긴

그림 24.1 표준 아미노산 외에 디하이드로알라닌 (Dha), 디하이드로부티린 (Dhb), 란티오닌 (Ala-S-Ala)과 메틸란티오닌 (ABA-S-Ala)과 같은 비표준 아미노산의 위치를 나타내는 니신의 구조.

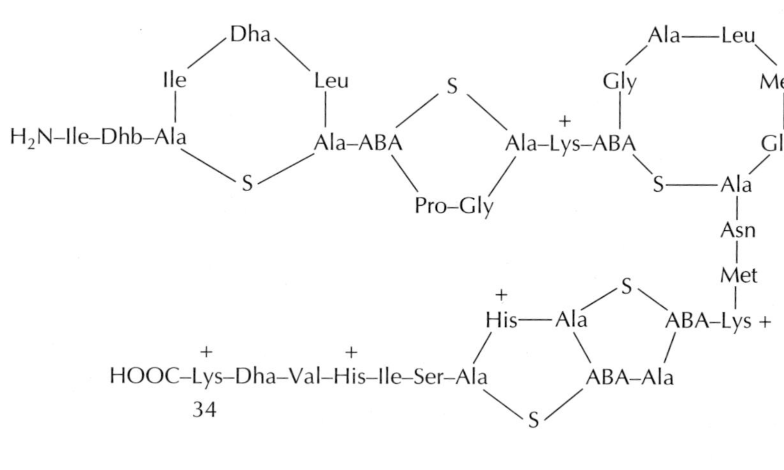

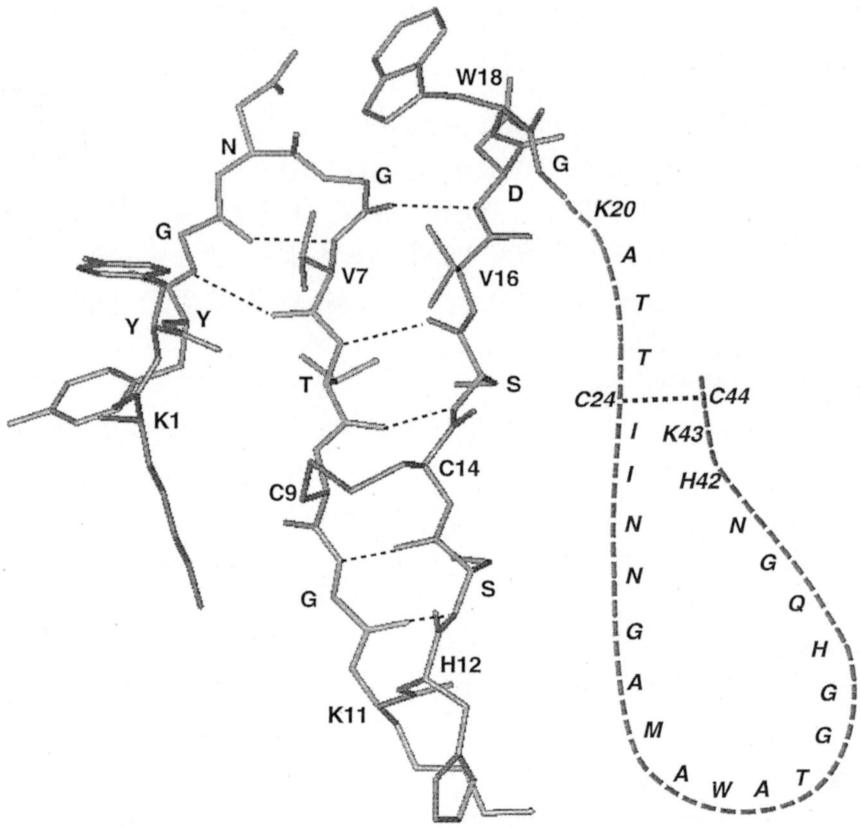

그림 24.2 KYYNGC 카르복시 말단, 디설파이드 결합, 헤어핀 루프와 특정구조를 갖지 못한 아미노 말단을 가지고 있는 페디오신 PA-1의 구조

을 가지고 있고 상업적으로 또한 이용된다. 다른 아미노산을 가지고 있는 리신은 잘 이용되지 않는다. *Bacillus subtilis*에 의해 생성되는 subtilin은 5개의 란티오닌 링을 가지고 있고 니신과 구조적 유사성을 가지고 있다.

페디오신 유사 박테리오신은 작고 열에 안정한 표준 20 개의 아미노산들로 이루어진 단백질이다. 이것은 모두 Gly-Gly ↓ (aa) (화살표는 분리 위치를 나타냄)를 포함한 같은 선도아미노산 서열을 가지고 있다. 이러한 상부 아미노산은 박테리오신 분비 과정 중에 잘려진다. 페디오신 유사 박테리오신은 *L. monocytogenes*에 반해서 작용한다. 이것은 Tyr-Gly-Asn-Gly-Val-(aa)-Cys 아미노 말단 서열을 가진다 (그림 24.2). 페디오신 PA-1, 페디오신 AcH, sakacins A와 P, leucocin A, bavaricin MN, curvacin A들이 이 그룹에 속한다.

항미생물 펩티드 폴리라이신이 이 부류에 속한다. 이름에서 알 수 있듯이 폴리리신은 25에서 35개의 리신의 단량체로 구성된 폴리머이며 (그림 24.3), 2차 구조나 3차 구조의 형태를 가지지 않는다. 이 폴리리신은 일본에서 *Streptomyces albulus*를 이용한 발효공정을 통하여 산업적으로 생산되고 있다. 이것은 박테리오파이지, 곰팡이, 효모, 그램 양성 세균 및 그램 음성 세균에 100 μg/ml 보다 덜한 농도에서 효과적이다.

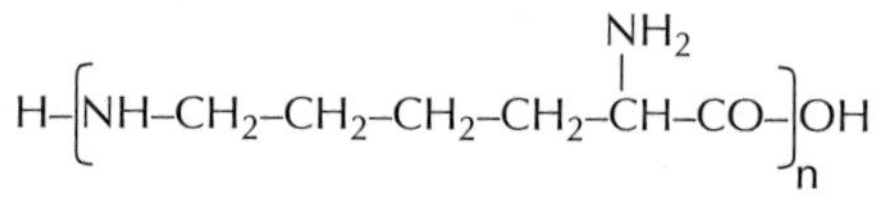

그림 24.3 라이신 분자 25–35개를 가지고 있는 폴리라이신의 구조.

식품에서 박테리오신 이용

박테리오신 또는 세균은 식품에 첨가되어 병원성균을 억제한다. 단지 니신만이 상업적으로 사용가능한 성분이지만 페디오신 첨가도 효과적이다. 순수한 박테리오신보다 유산균의 첨가가 더 많이 이용된다. 박테리오신은 원하지 않은 세균 억제와 스타터 미생물의 성장 촉진에 의해 발효된 식품의 품질을 향상시키기 위해 이용된다. 발효식품을 만들기 위해 한정된 스타터 미생물을 사용하는 많은 이점이 있다. 그러나 식품 고유의 세균은 보통 스타터 미생물을 능가한다. 그러나 박테리오신을 생성하여 고유의 세균을 죽일 수 있는 스타터 미생물을 사용하면 이 문제를 해결할 수 있다.

니신은 세계적으로 우유, 치즈, 통조림 식품, 마요네즈, 유아식 같은 낙농제품에 첨가된다. 이것은 많은 식품에서 보툴리늄균 포자의 억제에 사용되는 GRAS이다. 니신은 또한 열에 민감해 강한 열처리로 감소될 수 있다. 그러나 이런 이용은 나쁜 가공조절을 가릴 수 있기 때문에 미국에서는 승인받지 못했다. 니신은 또한 소스, 샐러드 드레싱, 그리고 치즈 같은 식품의 저장 기간을 연장하여 준다.

니신은 종종 다른 저해제와 함께 사용되고 조절된 대기 하에서 포장된 식품과 함께 사용되기도 한다. 니신은 저장기간을 연장하고 이산화탄소 대기하에서 포장된 생선에서 type E 보툴린 생성균에 의한 독소 생성을 늦춘다. 돼지고기에서 *L. monocytogenes*의 성장을 막기 위하여 니신과 조절된 대기의 조합은 한 가지 방법을 사용하는 것보다 더 효과적이다. 저온살균 전 액체상태의 전란 (whole eggs)에 5 mg/L의 니신을 첨가했을 때, 냉장 저장기간은 두 배가 된다.

페디오신은 *L. monocytogenes* 영양세포를 저해하지만 클로스트리디움의 포자는 저해하지 못한다. 유럽 특허에는 샐러드와 샐러드 드레싱의 저장기간을 연장하기 위해 건조된 분말 또는 액체배양액으로서와 크림, 코티지 치즈, 육류 그리고 샐러드에서 항 리스테리아 약품으로서 페디오신 PA-1의 사용을 포함하고 있다.

페디오신은 육류에서 니신보다 더 효과적이다. 페디오신 PA-1에 침지한 육류는 부착된 *L. monocytogenes*의 생존능을 100–1,000배 정도 감소시킨다. 페디오신으로 전처리된 육류는 차후의 *L. monocytogenes*의 부착을 감소한다. 페디오신 AcH는 쇠고기와 소시지, 그리고 다른 제품에서 리스테리아의 수를 10–100 만 배 정도 감소시킨다. 대부분의 경우 페디오신은 리스테리아를 빠른 속도로 죽이고 생존한 것의 성장도 지연시킨다. Tween 80 같은 유화제를 사용하거나 또는 다른 지방질로 포획하여 사용하면 지방 식품에서 페디오신이 더 잘 작용하게 한다.

박테리오신을 생산하는 스타터 컬쳐는 발효식품의 안전성을 향상시킬 수 있다

유산균에 의해 만들어지는 식품은 보통 박테리오신 생성 스타터 컬쳐의 사용에 의

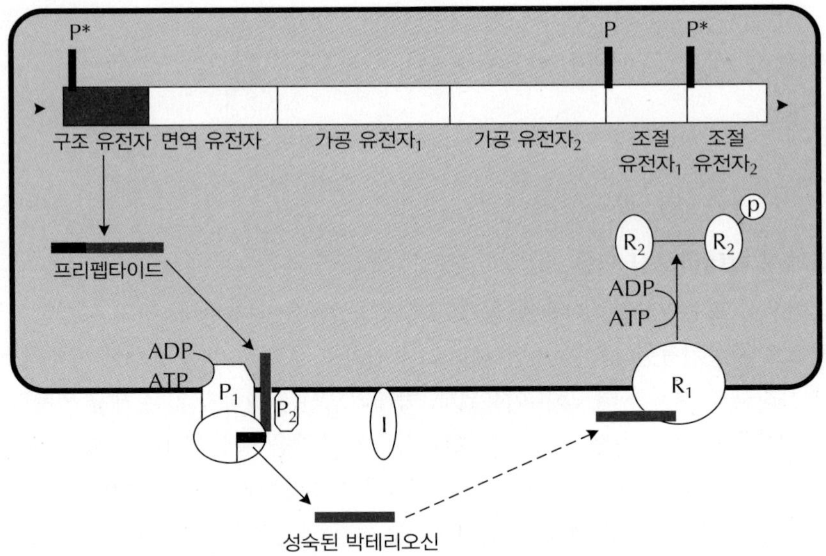

그림 24.4 포괄적인 박테리오신 오페론. 구조유전자는 가공유전자1, 2의 생성물 (P1, P2)에 의해 조절되고 분비된 프리펩티드 (prepeptide)를 암호화 한다. 이 오페론은 또한 면역유전자를 포함한다. 이 오페론은 인산화반응 (R2-p)을 받는 반응 조절자 (R2)와 히스티딘 키나아제 (R1)를 생산하는 reg1과 reg2로부터 암호화된 신호전달경로에 의하여 조절된다. 조절분자 P와 P*는 오페론의 전사에 영향을 미친다. ADP, adenosine diphosphate (아데노신-2-인산). 출처: T. J. Montivile, K. Winkowski, and M. L. Chikindas, p.629-647. in M. P. Doyle, L. R. Beuchat, and T. J. Montville (ed.), Food Microbiology: Fundamentals and Frontiers, 2nd ed. (ASM Press, Washington, DC, 2001).

해 쉽게 개선된다. 예를 들어 체다 치즈를 만드는데 니신 생성 스타터 컬쳐를 사용하는 것은 22°C에서 저장기간을 일반 14일로부터 87일까지 증가시킨다.

페디오신을 만드는 pediococci는 특히 발효된 육류에 효과적이다. 발효된 건조 소시지 제조하는 동안 생성되는 *Pediococcus acidilactici* PAC 1.0의 페디오신은 *L. monocytogenes*의 생육도를 10배 이상 감소시킨다. *P. acidilactici* H가 서머 소시지를 발효하기 위해 사용되었을 때 *L. monocytogenes*의 생육도는 1,000배 이상 감소했다.

박테리오신 유전자의 구성: 오페론

많은 박테리오신의 DNA나 아미노산 서열이 알려져 있다. 비록 폴리라이신의 생합성에 대한 유전학은 알려져 있지 않지만 박테리오신 유전자의 유전적 조직에 대한 일반적 모델이 알려져 있다. 박테리오신에 대한 유전적 *오페론*의 조직이 그림 24.4에 나타나 있다. 오페론은 박테리오신 분자의 면역 (immunity), 성숙 (maturation), 가공 (processing) 그리고 분비 (export)를 포함하고 있는 유전자 인접하여 구조 정보를 가지고 있는 유전자들로 구성되어 있다. 박테리오신의 생합성을 조절하는 유전자들도 또한 오페론에 포함된다. 모든 박테리오신 오페론이 모두 이런 유전자를 가지고 있는 것은 아니며, 각 오페론에서 이러한 유전자의 조직이 모든 박테리오신에서 동일하지도 않다. 일반적인 오페론들이 많은 유사성을 보인다.

*구조 유전자*는 보통 prepeptide를 암호화 한다. Prepeptide는 분비된 박테리오

신과 이동 중 잘려질 *N*-말단 선도서열로 이루어져 있다. 페디오신 유사 박테리오신 유전자는 글라이신-글라이신 사이의 절단부위를 가지고 있는 prepeptide를 암호화한다. 이 선도서열은 아마 분비장치에 의한 인지에 필요할 것이다. 면역 (immune) 유전자는 박테리오신에 의하여 죽는 것으로부터 박테리오신을 생산하는 세포를 보호한다.

면역작용은 생성되는 박테리오신에 특이적이고 생성과정과 연결되어져 있다. 가공 및 분비 유전자는 최소 2개의 박테리오신의 성숙과 세포로부터의 분비에 관여하는 유전자를 암호화하고 있다. 조절 유전자는 박테리오신 합성을 끄고 켤 수 있는 단백질을 암호화한다.

박테리오신 작용. 유산균 박테리오신은 민감한 세균의 세포막을 목표로 한다. 이것은 구멍을 만들어 막을 파괴한다. 이것은 저분자 화합물의 투과성이 증가하여 미리 축적되어 있던 이온과 아미노산 그리고 어떤 경우에는 ATP 분자의 빠른 유출을 일으킨다. 막을 통과한 혼합물이 평형에 도달하면 많은 필수적인 세포내 작용을 요구하는 농도구배를 파괴한다. 폴리라이신의 작용기전은 매우 다르다. 이것은 매우 양이온성 물질이어서 세포표면에 전기적인 흡착을 유발하고 결국 세포막을 벗겨내는 작용을 한다.

합법적 상태 (Legal status). 박테리오신과 이들을 생산하는 세균의 legal status는 명확하지 않다. 유산균은 발효식품을 생산하는 GRAS 미생물이다. 미국 FDA에서 부여한 GRAS 상태는 다른 부수적인 승인 없이 특정 목적으로 사용될 수 있기 때문에 특히 더 바람직하다. 몇몇 사람들은 특별한 적용에서 GRAS 상태의 관련성을 간과한다. 발효식품의 생산을 위한 유산균의 GRAS 상태는 유산균 또는 그 유산균의 대사산물을 비발효식품의 저장 등 다른 용도에 있어서 자동적으로 GRAS로 적용되지는 않는다. 니신은 유일한 GRAS 상태를 가지고 있는 박테리오신이다. 1988년 저온살균 가공된 치즈에서 니신의 사용에 대한 GRAS 상태는 독성학적 분석 데이터에 의해 확정되었다. 그러한 확인과정은 많은 부가적인 GRAS 확인에 대한 근거가 된다. 폴리라이신은 2003년에 밥과 초밥에 대한 사용에 GRAS 확인을 받았다.

관례적인 면에서 박테리오신은 안전하다고 여겨지고 있다. 그러나 GRAS 미생물에 의해 생성된 박테리오신이 자동적으로 GRAS 상태로 인정받는 것은 아니다. GRAS가 아닌 박테리오신은 식품첨가제로 통제를 받고 시장에 내 놓기 전에 미국 FDA에 의해 승인을 받아야 한다. 박테리오신을 생성하는 스타터 미생물에 의해 발효된 식품은 이차식품에서 재료로 사용될 수 있다. 재료로서의 사용은 이것을 제품 라벨에 보존제로 표시하지 않고 제품의 저장기간을 연장할 수도 있다. 그러나 이 재료가 저장기간의 연장을 위한 목적으로 첨가된다면 미국 FDA는 분명히 이것을 첨가제로 생각하고 시장 출시 허가와 라벨 표시를 요구할 것이다. 보존제로 사용되는 정제된 박테리오신은 분명히 미국 FDA에 의한 시장 출시 이전의 승인이 필요하다.

프로바이오틱스 세균

1907년 유산균 섭취가 건강을 증진시킨다는 생각이 처음으로 인쇄되었다. 노벨상 수상자인 Elie Metchnikoff의 책 "Prolongation of Life"에서 그는 발칸 반

표 24.1 연구기록에 의한 사람의 프로바이오틱스 종과 균주의 예[a]

Bifidobacterium breve	*Lactobacillus delbrueckii* subsp. *bulgaricus*	*Lactobacillus reuteri*
Bifidobacterium lactis	*Lactobacillus fermentum*	*Lactobacillus rhamnosus*
Cifidobacterium longum	*Lactobacillus johnsonii*	*Lactobacillus salivarius*
Lactobacillus acidophilus	*Lactobacillus paracasei*	*Saccharomyces boulardii*
Lactobacillus casei	*Lactobacillus plantarum*	*Streptococcus thermophilus*

[a]T. R. Klaenhammer, p. 797–811. *in* M. P. Doyle, L. R. Beuchat, and T. J. Montville (ed.), *Food Microbiology: Fundamentals and Frontiers*, 2nd ed. (ASM Press, Washington, DC, 2001)로부터 발췌. 표에 있는 정보는 M. E. Sanders and J. Huis in't Veld, Antonie Leeuwenhof **76:**293–315, 1999에 의하여 편집되었음.

도 사람들의 장수 비결을 그들이 섭취하는 요구르트의 세균이라고 하였다. 그는 요구르트의 세균이 장속의 유해한 세균을 억제한다는 가설을 세웠다. "프로바이오틱 (probiotic)"이라는 용어는 1970년대에 재발견되었고 동물에 사료 보충제 미생물의 건강증진 효과로 설명하기 위해 사용되었다. 1989년 R. Fuller는 살아있는 "유익한(good)" 세균이 섭취되어 사람의 장관에서 숙주 (사람들)에게 이로운 작용하는 것이라는 보다 좁은 의미의 정의를 제안했다. "프로바이오틱스"라는 것은 여러 저자들이나 단체에 의하여 여러 면에서 규정되어 왔다. 세계식량농업기구 (FAO)와 세계보건기구 (WHO)에서는 프로바이오틱스라는 용어를 "적당한 양으로 섭취되었을 때 숙주에 건강증진을 부여하는 살아있는 미생물"로 정의하였다. 우리는 발효가 식품에서 소화력을 증진시키고 아미노산을 생성하며 비타민을 생성한다는 것을 알고 있으나 프로바이오틱스 세균이 "장의 건강"을 증진하거나 "건강 증진"에 효과를 주는 사실에 관하여 관련 연구자들의 데이터는 미비하다.

유산균의 프로바이오틱스 효과에 대한 많은 보고들이 있어왔다. 그 몇 몇 관련된 종이 표 24.1에 열거되어 있다. 표 24.2는 그 이용을 나타낸 것이다. 그러나 사람과 관련된 자세히 연구된 결과는 별로 많지 않기 때문에 유산균의 치료목적으로의 사용은 주류 의학계에서는 받아들여지지 않고 있다 (Box 24.1).

발효제품을 만들기 위해 사용된 균주들은 보통 그들의 건강증진 효과보다 기술적 특징 때문에 선택되어져 왔다. 예를 들어 전통적으로 요구르트를 만드는데 사용되 어 온 *Lactobacillus delbreckii* subsp. *bulgaricus*와 *Streptococcus thermophilus*는

표 24.2 프로바이오틱스 세균의 건강상 장점과 메커니즘

건강 효과	작용 가능한 메커니즘
락토오스의 소화능력 증진	프로바이오틱스 배양균은 락토오스 이용 가능한 효소 생성
음식물로 인한 질병예방	군체 형성 (colonization)을 촉진, 면역력을 증진, 설사를 감소
항암효과	암 유발 화합물과 결합하고, 암을 촉진시키는 천연효소를 감소시키고, 면역작용을 자극
면역체계강화	감염과 종양에 대한 방어력을 강화, 항원특이면역반응을 증가, 염증을 일으키는 반응을 낮춤
심장관련 질병 예방	답즙 활성을 증가시키고, 콜레스테롤을 감소시킴
혈압 감소	우유단백질에서 세균작용은 동물에서 혈압을 낮추는 화합물을 생성
궤양감소	*Helicobacter pylori*[a]에 대한 억제제의 생산
비뇨생식기 감염 제한	요로와 질 세포에 부착, 경쟁적 배제, 저해제 (계면활성제, 과산화수소)의 생산

[a]궤양의 원인이 스트레스가 아니라 *H. pylori*에 의한 것이라고 널리 인식되고 있다.

BOX 24.1

시장에서의 프로바이오틱스

"고통스럽고 곤란한 Candida 효모감염을 프로바이오틱스 세균으로 제거할 수 있다."
"프로바이오틱스 세균은 유해한 생물체를 억제하고, 면역기능을 증대시키고, 감염에 대한 저항을 증가시킨다."
"체내 세균의 적절한 균형을 촉진시키는 것은 건강에 좋다."

프로바이오틱스 세균의 소비를 촉진하는 많은 인터넷 사이트로부터의 의견을 간단히 소개한다. 식이보충제로 과학적인 불확실에도 불구하고 프로바이오틱스는 큰 사업이다. 약도 아니고 음식도 아닌 식이보충제는 법적으로 음식을 보충하기 위해 섭취되는 음식물 성분으로 규정되어 있고, 식품으로 라벨되어 있지 않고, 식사 (meal)의 유일한 음식이 될 수 없으며, (그러기 위해서는 식품이어야 함) 질병의 예방 또는 치료에 사용하지 못한다. (그러기 위해서는 의약품이어야 함.) (그런 까닭에, 위의 첫 번째 주장은 불법이다.) 보충제는 식품으로 규정되어 있지 않지만 약품으로 규정되어 있지도 않다. 이것은 규정하기가 매우 어렵다. 보충제의 순도, 효능 또는 유효성에 적용하는 정부조례가 거의 없다. 단지 제조자의 명성이 프로바이오틱스 배양균의 생육도와 정확성을 보증한다. 그럼에도 불구하고, 2002년 미국에서 프로바이오틱스는 1억 6천만 달러나 팔렸고 앞으로 10년 동안 매년 10%의 성장이 기대된다. 심지어 미국 시장에는 개를 위한 프로바이오틱스도 있다. 일본에서 가장 규모가 큰 프로바이오틱스 시장은 60억 달러를 능가한다.

프로바이오틱스 세균의 분야는 인과관계로 설명하기에는 어렵다. 이것의 비밀은 사람의 장내 생태계의 미생물에 영향을 준다고 생각되는 프로바이오틱스의 경우 전통적인 순수 배양 미생물 너머에 존재한다. 세계에서 프로바이오틱스의 주요 생산자는 야쿠르트이다. 이 회사는 위산에 저항성을 가지고 특히 활성이 강한 *Lactobacillus casei* 균을 개발한 Minoru Shirota에 의해 설립되었다. "우호적인 세균", "장의 웰빙 증가"를 주는 이 세균의 친근한 생산물의 특성을 주장하며 23개국에서 15억 달러의 총수익을 올렸다. 많은 위장 장애를 위하여 프로바이오틱스를 사용하는 임상 지원이 증가하고 있다. Nestle, Dannon, Danisco, Stoney-field Farm, 그 리 고 다른 주요 식품회사는 최근 프로바이오틱스 제품을 출시하였다. 이러한 프로바이오틱스들이 안티프로바이오틱스 (antiprobiotic)가 되긴 어렵다.

활성이 좋고 빨리 산을 만들어 내지만 산과 담즙산염에 저항성이 약하고 위를 통과하면 거의 살아남지 못하는 특성이 프로바이오틱스로서의 효과를 반감시킨다. 건강증진 가능성 있는 물질로 이용하기 위해서 많은 요구르트 제조자들은 사람에게서 분리되면서 산과 담즙산염에 저항성을 가지고 있는 *Lactobacillus acidophilus*와 *Bifidobacterium* sp.를 사용하고 있다. 산업적 균주로서의 중요한 다른 특징들은 대량으로 배양이 가능한지, GRAS 상태의 미생물인지, 그리고 검증된 임상학적 효능이 있는지 등을 포함한다.

사람의 장관과 미생물 생태

사람 장관의 복잡성은 프로바이오틱스 세균 연구를 어렵게 만든다. 보통의 사람은 400 종이 넘는 세균을 가지고 있다. 이중 30-40 종은 건강한 사람에서 세균의 99%를 이룬다. 우리가 사람 세포 ($10^{13} \sim 10^{14}$) 만큼 많은 세균을 가지고 있다는 것은 주목할 만하다. 사람의 장관계는 많은 미세 환경과 많은 세균들이 존재하기 때문에 생태계적인 접근 방법으로 연구되는 것이 타당하다. 다른 생태계와 마찬가지로, 장관계내의 세균들도 변화한다. 우리는 태어났을 때 어느 정도 무균상태이다. 모유수유를 할 때에 비피더스 세균이 장내에 부착되게 되고 우유를 마실 때 lactobacilli에 의해 미생물이 들어온다. 절대혐기성균은 고형성분의 음식의 섭취로 들어오게 된다.

한번 미생물 균총이 장관계 내에서 자리를 잡게 되면 이 미생물 조성의 분포와 구성은 거의 변하지 않는다. 생태학적 용어에서 사람 장관의 미생물 균총 (microbiota)은 극상군락 (climax community)을 이룬다.

극상군락의 대사활성은 다양하고 숙주의 생리적 특성과 이에 영향을 주는 모든 인자에 의해 강하게 영향을 받는다 (콩을 너무 많이 먹었을 때 무슨 일이 일어나는지 생각해보라).

사람의 장관은 구강에서 항문까지 최대 350 cm 정도의 길이를 가지고 있다. 장관계는 세 개의 주요 부위로 나뉘고 각각은 고유의 미생물 균총을 가진다. 위장은 강산성 (pH 1–3)이고 10^3 CFU/g의 호기성 그람 양성균을 가지고 있다. 장내 pH (6.8–8.6)는 미생물 성장에 유리하다. 소장에는 *Lactobacillus, Bifidobaterium, Bacteroides, Streptococcus*가 10^3–10^4 CFU/g 정도로 존재하고 있다. 대장에서 미생물의 성장은 더 풍부하다. 호기성균 보다 혐기성균이 100–1,000배 정도 우세한 10^{11}–10^{12} CFU/g이다. 대장에는 다양한 미생물들이 있다. *Bacteroides, Fusobacterium, Lactobacillus, Bifidobacterium, Eubacterium* sp.의 세균이 많이 존재한다. *L. acidophilus*는 특히 중요하다. Enterobacteriaceae는 상대적으로 적은 양이 존재한다.

보통 사람은 두 개의 다른 세균 집단을 가지고 있다. 하나는 장내에 부착되어 숙주에 존재하는 토착 세균이고 다른 하나는 장을 통과하는 식품에서 유래한 세균이다. 육식이나 채식 같은 식이 인자나 단식은 놀랍게도 장관내 세균의 분포에 거의 영향을 주지 않는다.

장관의 생태학적 복잡성은 연구하기 힘든 균체 형성을 만든다. 균체 형성은 위의 산, 답즙산염의 농도, 연동운동, 소화 효소, 면역반응에 의해 영향 받는다. 배설물은 건조 중량으로 33–50%가 세균이고, 그들 고유의 생태계를 유지한다. 배설물의 생태계는 건조되기 쉽고 높은 효소활성을 가진다.

프로바이오틱스 세균의 사용의 미래는 예측하기 어렵다. 유산균이 많이 소비되었을 때 장관에서는 어떤 일이 발생한다. 분명 무엇인가가 일어나지만 왜 일어나는지는 설명하기 힘들다. 프로바이오틱스의 이점들이 식이함량, 잘 특징지어진 프로바이오틱스 세균, 인간 개개인의 장내 환경 그리고 확립된 미생물 생리의 원리의 전후관계들의 연구를 통하여 밝혀져야 되는 것은 중요하다고 하겠다. 많은 것이 미생물 순수배양의 범위 밖에 놓여 있고 미래 식품미생물학자에 의해 연구되어야 할 것이다.

요약

- 냉장저장만으로는 식품의 미생물의 안전성을 보장하기에는 충분하지 않다.
- 유산균은 식품이 40°F~140°F 온도에 있을 때 산을 생성한다. 산성화는 병원체가 성장하고 독소를 생성하는 것을 막는다.
- 박테리오신은 세포막에 기공을 만들어 민감한 세균을 죽이는 작은 단백질이다.
- 란티바이오틱 박테리오신은 비표준 아미노산을 가지고 있고 단일 황고리를 가진다.
- 페디오신 유사 박테리오신은 보통 선도서열과 절단부위를 가지고 있으며 *L. monocytogenes*에 대한 활성을 가진다.
- 박테리오신은 식품에서 GRAS 유산균에 의해 생산될 수 있고, 식품첨가물로 승인되거나 GRAS 확인을 거치면 천연방부제로 식품에 첨가될 수 있다.

- 박테리오신, 그것의 조절, 박테리오신을 가공하는 효소를 암호화하는 유전자는 오페론으로 함께 묶여 있다.
- 폴리라이신은 또 다른 펩티드성 항균제로서 페디오신 유사 박테리오신의 란티바이오틱스와는 구별된다.
- 프로바이오틱스 세균은 장에 세균의 균형을 향상함으로서 건강상의 이점을 주는 것으로 생각된다.
- 프로바이오틱스의 가능한 건강상의 장점들은 콜레스테롤을 감소하고, 락토오스의 이용능을 증가 시키고 설사증의 증상을 감소하고 항암작용 등을 포함한다.
- 사람의 장관은 복잡한 생태계이다. 이것은 프로바이오틱스의 연구에 어려움을 준다.

참고문헌

Cleveland, J., T. J. Montville, and M. L. Chikindas. 2001. Bacteriocins: safe food preservatives of the future. *Int. J. Food Microbiol.* **71:**1–20.

Klaenhammer, T. R. 2007. Probiotics and prebiotics, p. 891–907. In M. P. Doyle and L. R. Beuchat (ed.), *Food Microbiology: Fundamentals and Frontiers*, 3rd ed. ASM Press, Washingtion, DC.

Kolida, S., D. M. Saulnier, and G. R. Gibson. 2006. Gastrointestinal microflora: probiotics. *Adv. Appl. Microbiol.* **59:**187–219.

Montville, T. J., and M. Chikindas. 2007. Biopreservation of foods, p. 747–799. In M. P. Doyle and L. R. Beuchat (ed.), *Food Microbiology: Fundamentals and Frontiers*, 3rd ed. ASM Press, Washingto, DC.

Sanders, M. E. 1999. Probiotics-scientific status summary. *Food Technol.* **52:**67–77.

Yohida, T., and T. Nagasawa. 2003. ε-Poly-L-lysine: microbial production, biodegradation, and application potential. *Appl. Microbiol. Biotechnol.* **62:**21–26.

25 식품보존을 위한 물리적 방법

학습목표

- 미생물 성장에 있어서 온도, 조절된 공기, 냉동 역할을 평가
- 다른 종류의 열 공정, 목적, 그리고 공장 수준의 차이점 이해
- 생물의 열처리에 의한 치사율, *D*, *z* 값의 결정
- 식품에 방사선 조사 후 보존에 관한 사회적 판단과 기술
- 식품 보존을 위한 새로운 비열처리 방법의 유용성

서론

미생물 성장에 관련된 많은 스트레스 상태는 세포에 손상을 일으킬 수 있다. 적은 스트레스는 미생물의 성장을 저해하나 많은 스트레스는 세포를 죽일 수 있다. 그래서 미생물을 저해하거나 죽이기 위해 식품 환경은 조절되어져야 한다. 식품의 물리적 조작은 미생물의 성장을 저해하거나 균을 죽이고 또는 식품으로부터 미생물을 퇴치할 수 있다. 탈수, 냉장, 냉동은 미생물 성장을 저해한다. 열, 자외선, 방사선은 미생물을 죽일 수 있다. 비열 에너지 역시 미생물에게 치명적이며, 막 여과는 미생물을 액체 식품으로부터 제거한다. 이 단원에서는 식품 보존 방법 중 여과를 제외한 물리적 보존법에 관해 토의한다.

물리적 탈수공정

건조

식품을 건조할 때 뜨거운 공기는 물을 증발시켜 식품으로부터 물을 제거한다. 건조 온도와 수분활성의 감소는 미생물에 영향을 준다. 식품 조각의 사이즈와 구성물의 시간과 온도의 조합은 건조시 미생물의 측면에 영향을 미친다.

건조의 초기 기간 동안에는 온도는 낮지만 상대 습도는 높다. 식품 조각의 크기는 이 단계의 길이를 결정한다. 만약 이 단계가 길다면 미생물은 증식할 것이다. 건조의 후반부에서는 온도는 높지만 상대 습도는 낮다. 증식에 적합하지 않지만 치사하지는 않을 것이다. 높은 온도는 낮은 수분 함량, 그리고 건조 열처리는 습한 열처리 보다 치사량이 적을 것이다. 만약 시간과 온도의 조합이 잘 되고, 건조가 충분히 지속되면 (최소 30분) 미생물은 죽을 것이다. 그 온도와 습도는 식품의 치사율 결정에 중요하게 작용한다. 어떤 건조 방법에서 표면 온도가 100°C 도달하였다면 내부

온도는 그 보다 낮을 것이다. 미생물이 표면에 존재할 때 그들은 불활성화 될 것이다. 높은 온도와 습도는 건조 기간 동안에는 드문 현상이다. 사실 주요한 미생물 살균은 실질적 건조과정 이후에 오랫동안 지속되는 높은 온도와 낮은 습도 상태에서 나타난다. 손상된 세포는 낮은 수분활성도 때문에 점차적으로 사멸하여 저장 동안 세포 농도는 감소한다.

건조식품의 수분활성도는 미생물의 최소 수분활성도보다 대부분 낮다. 그러므로 건조 제품은 미생물 측면에서는 안전하다. 만약 평형 상태 수분활성도가 증가하거나, 온도가 떨어져 물이 응축되면 제품의 표면에 곰팡이가 성장할 것이다.

동결건조

동결건조는 두 가지 저장 방법을 결합시킨 것이다. 식품의 동결과 동결된 식품을 탈수 후 진공 승화시키는 방법이다. 이는 얼음 상태에서 액체 상태가 되지 않고 바로 증기가 되는 것이다. 이는 물을 제거하는 통상의 방법이다. 다른 건조 방법으로는 용액을 식품의 표면으로 이동시켜 용질을 농축시키는 것이다. 동결건조시 승화는 식품내에서 일어나고 얼음은 그것의 원래 형태만 유지하게 된다. 그래서 용질은 원래의 위치인 식품 내에 남아있고 그 식품의 원래의 형태를 유지한다. 결과적으로 동결건조식품은 원래의 수분 함량의 90-95% 정도를 빨리 재수화한다. 불행히도, 동결건조 식품의 큰 표면은 저장 중 공기에 산화되어 손상받기 쉽다. 동결건조포장식품은 비활성 공기로 인해 산화를 지연시킨다. 진공의 불침투성 포장은 그들의 재수화를 막는다.

동결건조 식품은 얼음의 승화 동안, 그리고 동결 중 수분활성도의 감소로 인해 미생물에 영향을 준다. 이 두 단계 동안의 미생물 손상은 다르게 나타난다. 미생물 생존 또한 동결건조 식품의 구성에 의해 결정된다. 탄수화물, 단백질, 콜로이달 기질은 대부분 미생물을 보호한다. 세포의 생존율은 동결건조 기간 동안 서서히 감소한다.

동결건조는 stock 배양의 보존 시 세포 생존율에 대해 최적화되었다. 미생물 현탁에 있어서 낮은 탈수 온도, 첨가제 보호 및 동결건조된 배양은 생존율을 증가시킨다. 그람 양성 세균은 동결건조 시 그람 음성 세균보다 더 잘 생존한다.

저온저장

저온 저장은 -2°C-16°C의 온도에서 저장하는 것을 말한다. 순수한 물은 0°C에서 얼지만, 대부분의 식품은 -2°C까지 얼지 않는다. 그러나 많은 과일 및 야채는 4°C 이하에서부터 12°C 저장동안 저온상해를 입는다. 저온 저장의 기간은 수일에서 수주까지 다양하다 (표 25.1).

화학 반응은 온도 감소와 같이 감소한다. 이는 미생물의 성장율도 감소시킨다. 냉장 온도는 대부분의 식품 유래 미생물의 최소 성장온도 이하여야 한다 (제 2장 참조). 심지어 *Yersinia enterocolitica, Vibrio parahaemolyticus, Listeria monocytogenes, Aeromonas hydrophila* 같은 저온성 미생물은 낮은 온도에서도 천천히 증식한다. 단지 몇 도의 온도증가는 미생물 증식율을 극적으로 증가시킬 수 있다. 냉장 식품은 초기 미생물 농도가 높은 경우 부패할 수 있다. 다양한 미생물의 온도 요구성이 각

표 25.1 저온 저장으로 신선식품의 보존 가능 기간[a]

식품	온도별 가능한 저장 기간 (일)	
	0°C (32°F)	22°C (72°F)
육류	6-10	1
생선	2-7	1
가금류	5-18	1
과일류	2-180	1-20
잎채소류	3-20	1-7
뿌리작물류	90-300	7-50

[a]출처: J. Farkas, p. 567-592, *in* M. P. Doyle, L. R. Beuchat, and T. J. Montville (ed.), *Food microbiology: Fundamentals and Frontiers*, 2nd ed. (ASM Press, Washington, D.C., 2001)

각 다르므로 저온보존은 미생물 집단의 구성을 변화시킬 수 있다.

미생물의 성장 가능 온도범위는 그것의 막 유동성에 의해 결정된다. 낮은 온도에서 그들의 지방에는 불포화 지방산이 더 많이 가지고 있다. 세포의 지방산 구성으로 막 유동성을 유지하는 것을 *homeoviscous adaptation*이라 한다. 이 액의 상태는 막 단백질의 기능을 결정한다.

CA 저장

다른 환경요인들이 미생물의 성장에 적합할 때 최소 성장온도는 낮아진다. 다른 환경적 성장요인들이 적절하지 못하면 최소 성장온도는 높아진다. 가장 중요한 인자는 pH, 수분활성도 및 산소 농도이다. 냉장과 함께 이러한 환경요인들의 최적성장조건이 아닌 경우의 조합으로 식품의 안정성을 연장시킨다. CA 저장은 과일 및 야채에 많이 이용된다. 산소 농도는 2-5%로 낮추고 이산화탄소 농도를 8-10%로 증가시킨다. 이러한 상태는 저온저장고에서 유지한다. MA 저장 (변형공기저장)은 과일이나 야채의 호흡을 감소시킨다. 이는 품질 열화를 제한하고 미생물 증식을 방지한다.

이산화탄소가 미생물 증식을 억제하는 것은 여러 가지 이유가 있다. 이산화탄소가 물에 용해되게 되면 pH가 감소한다. 그러나 주요기작은 직접적으로 미생물 호흡을 저해하는 것이다 (제 2장 참조). 산소 감소는 이산화탄소의 저해효과에 기여한다. *Pseudomonas* sp., *Acinetobactor* sp. 등의 직접적 부패 세균은 특히 이산화탄소에 민감하나 유산균이나 효모는 그렇지 않다.

공기조절 포장

공기조절 포장은 CA 저장과 유사하다. 진공포장 제품의 경우 공기의 조성보다 공기의 압력이 바뀌는 것이다. 잔존 공기압이 0.3-0.4 bar (1 bar=10^5 Pa)로 줄어든 경우 이용가능한 산소도 줄어든다. 만약 낮은 가스 투과도를 가진 필름으로 신선한 식품을 포장한다면 이산화탄소 농도는 바뀔 것이다. 이는 호흡으로 인해 산소는 소비되고 이산화탄소는 생성되기 때문이다. 변형된 공기는 식품의 질을 유지하고 미생물의 증식을 저해한다. 그러나 *Clostridium botulinum*은 산소 부재 하에서 잘 자라며, 이 경우 공기조절포장 하에서도 유해할 수 있다. 이 때문에 저온살균된 진공포장 식품은 3.3°C이하에서 보존하여야 하며 미생물 증식에 대한 2차 방어책이 있어야 한다.

신선한 과일과 야채를 비롯한 신선 제품을 위한 공기조절포장은 복잡하다. 이 포장 필름은, 포장내의 공기를 평형시킬 수 있는 가스 투과도를 가져야 한다. 포장 대기는 온도에 따른 호흡율과 가스 투과도의 정도에 영향을 받는다. 공기 조절 포장은 썩기 쉬운 제품의 보존기간을 연장하나, 냉장온도에서 병원소의 성장이 가능한 제품으로의 적용은 자제해야 한다. 어류 및 어류가공품은 *C. botulinum*의 위험에 노출되어 있다. 미국과학국립아카데미 (National Academy of Science)에서는 어류가공품의 경우 공기조절 포장의 안전성이 확인될 때까지 사용을 자제할 것을 권고했다.

냉동 및 냉동저장

많은 편이식품들에서 일정한 품질을 유지하기 위해 냉동을 하고 있다. 그러나 냉동은 많은 에너지가 소비된다. 상업적으로 냉동은 식품을 차가운 공기를 이용하거나, 차가운 표면체에 접촉하거나, 액체질소와 같은 냉매에 담금 또는 냉매분무를 통해서 식품의 온도를 −18°C 또는 그 이하로 떨어뜨린다.

식품은 특정 온도에서 동결되는 것이 아니라 넓은 범위의 온도에서 동결된다. 식품의 조성에 따라 다르지만, 일반적으로 식품내의 수분은 −1 ~ −3°C에서 얼기 시작한다. 수분의 동결은 아직 얼지 않은 물의 용질의 농도를 증가시키는 역할을 하게 된다. 이것은 식품의 어는점을 더욱 감소시키게 된다. 그러다가 용질의 한계 용해점에 해당하는 온도가 되면 남아있는 모든 수분이 얼게 된다. 이 온도를 공융점 (eutectic temperature)라 한다. 완전히 동결된 상태의 식품은 얼음결정과 수용성 물질의 결정의 복합체로 존재한다. 이러한 상태는 야채나 과일에서는 −15 ~ −20°C에서 나타나며, 육류에서는 −40°C 부근에서 나타난다.

동결은 미생물에게는 삼투압 자극을 유발한다. 세포내부의 얼음결정 형성은 기계적 상처를 나타낸다. 세포질 액의 농도변화는 pH와 이온강도의 변화를 수반한다. 이러한 것이 효소를 불활성화하며, 단백질을 변성시키며, 대사과정을 저해한다. 세포막의 주요 손상부위이다. 한편 해동과정은 살아남은 미생물에 다시 손상을 야기한다. 손상은 가역적, 비가역적으로 나타나며, 동결조건, 저장조건, 해동조건 등 다양한 요인에 의해 손상, 회복, 사멸 및 생존 정도는 다양하게 나타난다.

동결속도는 미생물 생존에 중요한 인자이다. 완만동결의 경우, 결정은 세포 밖에서 나타나며, 세포질은 −5 ~ −10°C로 급냉된다. 세포는 물을 잃게 되고, 유출된 물은 얼음결정으로 변하며, 이는 또한 외부 용액의 농도증가를 수반한다. 이는 세포내부의 물 손실을 다시 야기한다. 결국 완만 동결은 미생물이 장시간에 걸쳐 삼투적 자극을 받게 되는 과정이다. 동결속도의 증가는 삼투압 자극을 감소시키는 효과가 있다. 이는 미생물의 생존을 증대시키며, 급속 동결의 경우 얼음결정은 세포외부 뿐만 아니라, 세포내부에서도 만들어진다. 이 또한 미생물의 생존율을 감소시킬 수 있다. 동결속도는 식품의 품질에 매우 중요하다. 급속동결은 고품질을 나타낸다. 많은 식품제조업자들이 동결 최적화에 관심을 가지지만, 해동 역시 매우 중요하며, 아직까지 해동 조절에 대한 지식은 부족하다.

동결에 의한 미생물의 영향인자로 가장 중요한 부분은 식품의 환경이다. 어떤 식품성분은 동결시 미생물 치사효과를 증대시키며, 어떤 식품성분은 효과를 동결효과를 감소시킨다. 소금 (염장)은 용액의 빙점강하를 나타내어 동결전 고농도 용액에 접촉하는 시간이 증대되게 한다. 글리세롤, 사카로오스, 젤라틴 및 단백질들은 일반적으로 동결손상을 방지한다.

미생물들은 −8°C이하에서 성장할 수 없다. 동결 중 생존한 미생물의 운명은 저장기간 중 결정된다. 일반적으로 저장 초기에 빠른 사멸율을 나타내나, 점차 느려지고 이후 일정한 생존율을 유지한다. 동결 중 사멸은 얼지 않고 농축된 고농도의 용액에 의해 나타나며, 이 용액은 저장기간 중 변화된다. 온도가 심하게 변화되면 얼음결정은 커진다. 따라서 온도의 심한 변화는 안정된 온도에서보다 미생물에게는 치명적이나, 식품 품질유지에는 적합한 방법이 아니다. 일반적으로 그람 양성 세균은 그람 음성 세균보다 동결에 강하다.

비록 동결과 동결저장이 미생물의 생존을 감소시키지만, 동결은 살균과정은 아니다. 특정조건하에서는 해동시 생존미생물이 증식할 수 있다. 이러한 성장속도는 동결전과 유사하거나 더욱 빠를 수도 있다. 해동은 식품으로부터 영양성분의 유출을 나타낸다. 이 경우 미생물은 해동시 다시 식품의 조직을 쉽게 침투할 수 있고, 유출된 용액은 표면에 있으므로 미생물 증식이 나타난다. 따라서 해동식품은 미생물에 근본적으로 취약하다. 또한 해동식품의 재동결은 위험하다.

열처리에 의한 식품보존

열처리는 일반적으로 가장 많이 사용되어 온 살균방법이다. 식품미생물학자에게 있어서 미생물의 내열성은 가장 중요한 미생물의 특징이기도 하다.

저온살균법은 상대적으로 약한 열처리법이다. 이의 목적은 포자를 형성하지 못하는 병원성 세균을 죽이는 것이다. 이는 대부분 (99.0−99.9%)의 부패미생물을 죽이며 효소들을 실활시킨다. 따라서 저온살균된 식품은 장기보존이 가능하며, 특히 냉장조건에서는 특히 미생물의 성장을 억제할 수 있다.

살균이란 모든 미생물을 죽이는 조작이다. 그러나 상업적 측면에서는 모든 미생물을 제거하고 죽이는 것보다는 병원성 미생물을 죽이며, 유통기간의 연장 의미를 가진다. 예를 들어 어떤 포자가 그들이 성장하지 못하는 조건에 있다면 여전히 상업적으로 살균된 것이다. *C. botulinum*의 포자가 산성식품에 존재하는 경우 그들은 발아하지 못하고 유해하지 않으므로 상업적으로는 살균된 상태이다.

기본기술

식품은 포장 전 또는 포장 후에 가열살균 되어야 한다. 가장 일반적인 가열살균은 통조림 제조후의 살균이다. 캔닝 (Canning)은 밀폐된 용기에서의 상업적 살균을 의미한다. 1800년대 초 Nicholas Appert는 캔닝에 대한 기본기술을 확립하였다. 그는 나폴레옹 군대의 식품보존을 위해 공모된 식품보존기술개발에서 수상하였으

BOX 25.1

Louis Pasteur, 최초의 식품미생물학자

그림 1. Louis Paseur in the laboratory.

Lois Pasteur (그림 1)은 전설적인 위대한 과학자 중의 한명이며, 겸손과 성실을 갖추었다. 유년기 그는 낚시나 그림 그리는 것을 좋아하였으며, 우수한 학생은 아니었다. 26세 때 그의 인생은 과학으로 바뀌었다. 그는 입체이성질체 (어떤 유기산들은 빛을 왼쪽, 또는 오른쪽으로 서로 다르게 휘게 한다)를 발견하였다. 그는 인생은 비대칭적이라는 생각으로, 화학을 버리고 생물학에 입문한다. 그는 몇 가지 중요한 이론을 확립하게 된다. 그때까지 대부분의 사람들은 발효는 화학적 반응이며, 생명은 자연적으로 생성된다고 생각하였다. 그러나 Pasteur는 목이 긴 플라스크를 이용하여 간단한, 그러나 장엄한 실험을 통해 이를 부정하였다. 이는 미생물이 성장 가능한 배지를 가지고 있었지만 미생물의 침입을 방지하였다. 현재까지 살균된 상태의 이 플라스크들은 파리 파스테르 연구소에 보존되어 있다. 생명은 생명으로부터 라는 개념으로 그는 자연발생설을 부정하였다. 또한 그는 발효는 생물학적 반응임을 증명하였다. 수분동안 약한 열처리를 통해 우유, 와인, 맥주 등에서 부패를 나타내는 "ferment" 라는 것을 정지시킬 수 있다고 주장하였으며, 이는 우리가 알고 있는 저온살균법 (Pasteurization)이다. Pasteur는 최초의 식품미생물학자인 것이다.

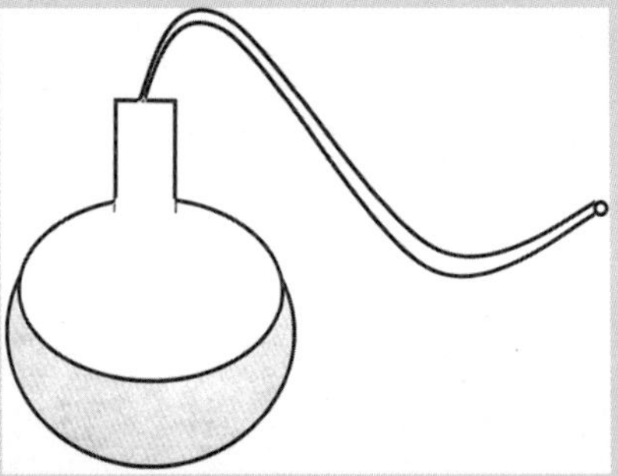

그림 2. Pasteur가 사용한 것과 동일한 형태의 목이 긴 플라스크.

Pasteur는 콜레라와 탄저에 대한 백신을 개발하여 면역학의 아버지로도 불린다. 그는 그의 백신의 잘못으로 인해 사람이 다칠까봐, 결코 그의 백신을 사람에게 실험하기를 원하지 않았다. 그러나 Meister 부인이 그녀의 9살 난 아들 Joseph을 데리고 그의 실험실에 나타났을 때 백신을 사용할 수밖에 없었다. Joseph은 2일전 공수병에 걸린 개에 물려 거의 죽음 직전이었으며 Pateur는 두려움과 함께 백신을 사용하였다. 소년은 회복되었으며, 이후 남은 여생동안 파스테르 연구소에서 살았다. 1940년 독일이 프랑스를 침공하였을 때 본 (Bone) 대학의 영예로운 학위를 거절한 보복으로 그의 시신을 파내려고 하였다. 그때 50년이 지났지만 Joseph은 그의 묘지를 열기보다는 죽음을 택해 Pasteur를 지켰다는 이야기도 있다.

현재 우리는 기초과학과 응용과학의 가치에 대한 토론의 시대에 있다. 어떤 이는 기초과학이 진정한 가치가 있다고 한다. 어떤 이는 특정 어려움을 해결하지 못하는 과학은 투자할 이유가 없다고 한다. 우리는 Pasteur가 한 말을 되새길 필요가 있다. "응용과학이라고 불릴 과학은 없습니다. 나무와 과일이 하나인 것처럼 과학과 과학의 응용이 있을 뿐입니다."

며, 캔닝 식품은 "C" 배급식량 (ration) 형태로서 또는 오늘날의 "MRE" (즉석 식량) 형태로 전 세계 여러 나라 군인들의 식량으로 이용되고 있다.

식품이 열처리 후 무균포장 (aseptic packaging)되면 이는 식품과 용기가 각각 살균됨을 의미하며 무균적인 환경 하에서 포장됨을 의미한다. 무균포장은 과일주스, 일일 식품, 크림, 소스, 수프 등 장시간의 열처리 시 심각한 손상을 나타내는 식품의 포장에 주로 이용되고 있다. 이러한 제품들은 종종 박스 (학생들이 점심으로 가지고 가는 주스박스 형태)에 포장된다. 포장작업장에서 무균이 확보되지 못하는 경우 가공 후 오염으로 문제발생의 소지가 있다.

HTST (High-temperature-short-time heating) (140°C의 고온에서 수초 살균

후 냉각하는 방법)는 식품저장성을 증대시킨다. HTST는 식품의 질과 가공효율을 증대시키며, 저온에서 장시간 살균하는 것보다 관응적 측면 및 영양적 측면에서 우수하다. 현재 주스박스, 음료수 파우치, 다양한 양념류 등이 HTST기술로 만들어진다.

포장제품의 약한 열처리와 저온 저장은 우수한 품질의 제품을 만들 수 있다. 일반적으로 유행하는 REPFED (Refrigerated processed foods of extended durability), 조리 후 냉각 제품, sous vide meal (진공포장 후 약한 열처리한 식품)이 그 예이다.

그러나 일부의 *C. botulinum*은 pH 3의 조건에서 성장하며 유해할 수 있으므로 미국 FDA는 저온저장 이외의 또 다른 안전방법을 요구하는 실정이다.

세균의 가열살균

습열은 핵산, 단백질, 효소의 변성을 초래한다. 식물세포 사멸의 주요기작은 핵산의 파괴이다. 포자에서는 발아가 가장 열에 민감한 부분이다. 약한 열처리 시 세포막이 주로 손상 받게 된다. 건열은 습열보다 덜 치명적이며, 주로 탈수와 산화에 의해 사멸을 나타낸다. 습열살균과 비교할 때 건열살균은 더욱 높은 온도와 오랜 시간을 요구한다.

일정온도에서 가열에 의한 미생물 집단의 사멸속도는 로그 값으로 나타난다. 즉 일정온도, 일정시간 살균은 초기 미생물의 수와 관계없이 일정한 살균효과를 나타낸다. 예를 들어 5분 살균이 90% 살균을 나타낸다면 10분 살균은 99%, 15분 살균은 99.9% 살균을 나타낸다. 이론적으로는 결코 100% 살균을 이룰 수 없다. 만약 초기 균수가 10,000 이라면 5분 살균 후 1,000이 될 것이다. 역시 초기 균수가 10,000,000이라면 5분 살균 후 1,000,000이 될 것이다. 따라서 초기 균수가 매우 높다면 90% 또는 99% 살균이라는 말은 안전을 보장해주지는 못한다. 그림 25.1은 이러한 개념을 산술적 및 로그 변형 치사 데이터로 표시하고 있다.

그림 25.1 일정온도에서 가열처리 시 생존하는 미생물 수의 결과를 산술적 또는 지수적으로 표시한 그림. 곡선은 (왼쪽 *y*축) 산술적 결과이며 직선은 (오른쪽 *y*축) 지수적 결과이다.

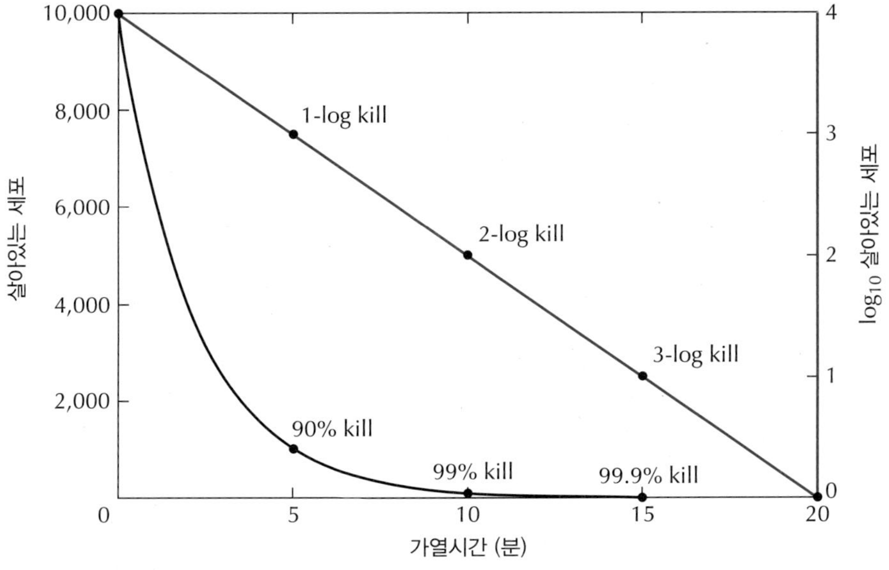

음의 지수형태로 표시된 그래프는 다음과 같이 표현할 수 있다.

$$N = N_0 \cdot e^{-k \cdot t}$$

N : 열처리 시간 (t) 후의 생존 미생물의 수
N_0 : 초기 미생물의 수
k : 특정온도에서의 살균 속도상수

이 식에서 만약 초기세포농도, 살균 속도상수, 열처리 시간을 아는 경우 N을 계산할 수 있다. 또한 초기세포농도와 살균 속도상수를 아는 경우 원하는 N을 위한 살균시간을 계산할 수 있다.

이러한 계산은 복잡해 보이지만, 열처리 시간과 생존 미생물의 관계는 Log_{10}의 간단한 직선그래프로 나타난다 (그림 25.2, Box 25.2). 이 그래프에 따라 생존 미생물의 수를 10 fold (90%) 감소시키는데 소요되는 시간을 D 값 (decimal reduction value)으로 정의한다. 즉 미생물 집단의 90% (1 로그 값)를 파괴하는데 소요되는 시간이다. 식품미생물학에서는 이 값이 k 값을 대치한다.

생존곡선은 특정온도에서 특정 배지 또는 식품에 존재하는 특정 미생물의 사멸속도를 나타낸다. 주어진 조건에서 특정온도에서의 사멸속도는 항상 일정하며 초기 세포농도와는 무관하다. 가열온도에 대한 Log D 값의 그래프는 가열치사곡선 (thermal death time curve)을 나타낸다 (그림 25.3). 이 열사멸시간은 특정온도에서 주어진 미생물을 죽이는데 필요한 시간을 나타낸다.

D 값은 특정온도에서 미생물의 내열성을 나타낸다. 그러나 미생물은 가열 과정 중 온도의 지속적 증가, 고정된 온도, 냉각과정을 거친다. 보다 높은 온도처리는 보다 높은 사멸율을 나타낸다 (D 값은 감소한다). 가열치사곡선은 다양한 온도에서 미생물의 내열성이 어떻게 변화하는지 나타낸다. 이 그래프는 가열살균 동안 각각의 시간-온도 조합에서 가해지는 사멸율을 계산할 수 있게 한다.

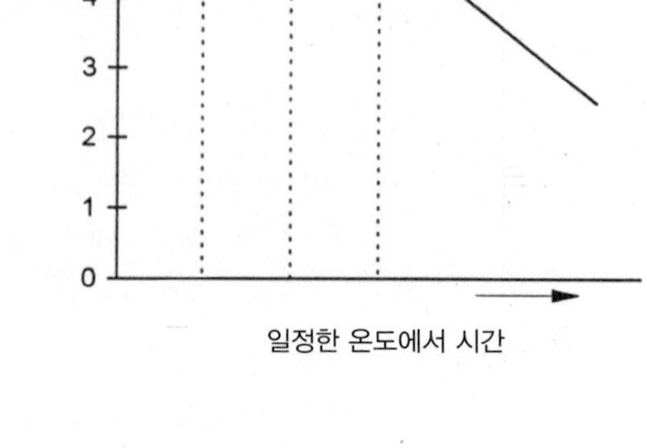

그림 25.2 일정온도에서의 가열시간과 생존 미생물의 지수적 로그 값은 직선을 보여준다. 출처: J. Farkas, p. 567–592, *in* M. P. Doyle, L. R. Beuchat, and T. J. Montville (ed.), *Food microbiology: Fundamentals and Frontiers*, 2nd ed. (ASM Press, Washington, D.C., 2001).

BOX 25.2

D 값을 구하는 방법

책에서 *D* 값에 대한 내용을 읽는 것과 실제로 그 값을 구하는 것은 완전 별개의 문제이다. 여기에 90° C의 열처리를 한 *Bacillus* 포자의 내열성을 근거로 하여 단계적으로 그 값을 구하는 방법을 얘를 들어 설명하고 있다.

1. 적절한 완충액이나 식품에 들어 있는 포자를 90° C에서 가열한다.
2. 적절한 시간간격 (예제의 경우 0, 1, 2, 3, 5, 10 분)으로 1 ml의 시료를 취하여 9 ml의 완충액과 혼합한다 (10배 희석). 이 액을 적절한 수치가 나올 수 있을 정도로 단계적으로 희석한다.
3. 희석액을 적당한 고체배지에 도말하여 적당한 온도에서 하룻밤 배양한다. 이 때 전 단계적으로 희석한 것을 모두 테스트할 필요는 없다. 아래의 예제 경우 초기 포자농도가 높은 것을 알기 때문에 3분 처리구까지 10^1과 10^2 희석액은 배양하지 않았다. 그러나 적당한 농도로 희석된 희석액을 배양하지 않으면 계수하기 적당한 부분을 놓칠 수 있다.
4. 그림 1에서 보는 바와 같이 데이트 표를 만든다. 30-300개의 콜로니가 형성된 플레이트에서 그 수를 계수하여 평균값을 구하고 희석배수를 곱하여 CFU/ml 값을 구한다. (희석 데이터와 CFU/ml 값을 구하는 방법이 다를 수 있으므로 다른 방법을 사용해도 무방하다.) 그림 1에서 10분 처리구에서 그 수가 30보다 약간 더 낮다. 이 경우 수치가 정확하지 못함을 고려할 것.
5. 얻은 데이터를 $\log_{10}$ 값으로 환산한다.

직선회귀식법

6. 이 $\log_{10}$ CFU/ml 값을 *y* 축으로 하고 처리시간을 *x* 축으로 하여 직선회귀식을 구한다. 본 예제의 경우 직선회귀식은 $y = -0.2687x + 5.0089$이다. 직선회귀식에서 r^2 값을 구하는 것은 중요하다. r^2 값은 0 (연관성 무)으로부터 1 (연관성 100%)까지의 값을 가지는데 "적합성" 또는 상관계수를 나타낸다. 이 예제 경우의 r^2 값은 0.98로서 아주 적합함을 나타낸다. 낮은 상관계수 값 (0.85 이하)이 나오면 그래프의 직선정도를 다시 확인하고 때로는 실험을 다시 행하여야 한다.
7. *D* 값은 회귀식 기울기 -값의 역수로서 구할 수 있다. 본 예제의 경우
   D 값 = 1/-(기울기) =
   1/-(-0.2687) = 3.72분이다.

직선회귀식법은 그림 1에서 보는 바와 같이 엑셀 프로그램을 사용하여 쉽게 구할 수 있다.

	희석						
시간 (분)	10^1	10^2	10^3	10^4	10^5	cfu/mL	log cfu/mL
0			(87,107)	(7,12)	(3,0)	9.7E+04	4.987
1			(37,43)	(4,6)		8.0E+04	4.903
2			(23,36)	(5,2)		3.0E+04	4.477
3		(122,146)	(9,13)			1.3E+04	4.114
5		(32,35)	(1,8)			3.4E+03	3.531
10	(27,22)	(3,4)				2.5E+02	2.398
		회귀식: y=-0.2687*x+5.0089					
		D 값=1/-(slope)=1/-(-0.2687)=3.722 min.					

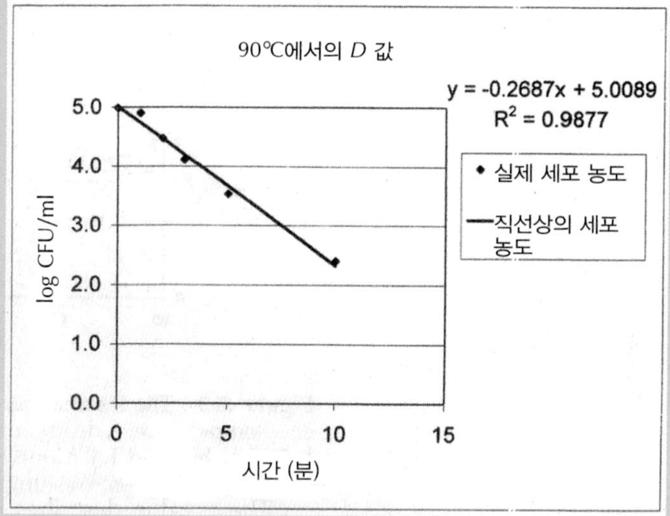

그림 1.

그래픽 방법

D 값은 또한 그래픽 방법을 사용하여 구할 수 있다. 상기의 1번에서 5번까지 단계를 행한다.

8. 그림 2에서 보는 바와 같이 그래프지에 시간에 대하여 log CFU/ml 값을 그래프로 그린다.
9. 그래프의 직선상 부분을 사용하여 CFU/ml의 1-log 값을 감소시키는데 필요한 시간을 구한다. 이 시간이 바로 *D* 값으로서 본 예제의 경우 약 3.7 분이다.

We thank Jon Cruz, an undergraduate in the Montiville laboratory, for conducting the experiment and working out the example.

그림 2.

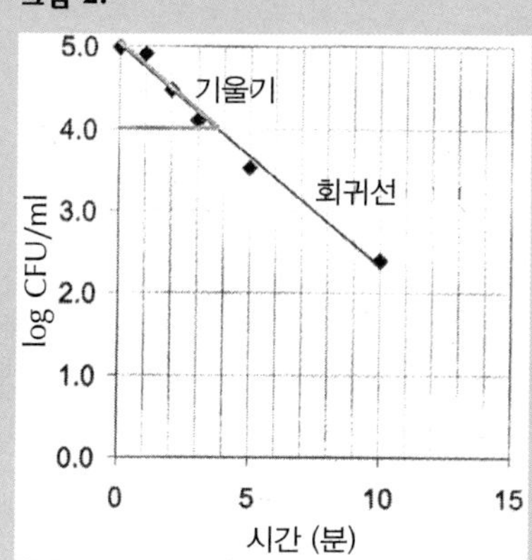

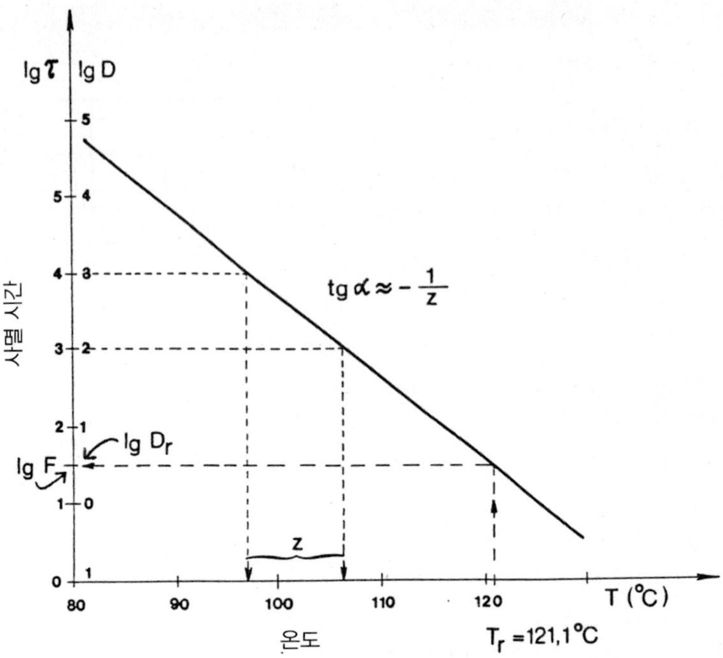

그림 25.3 열치사시간 그래프에서 *z* 값과 *F* 값을 보여준다. T_r, 대조온도; τ, 사멸시간. 출처: J. Farkas, p. 567–592, *in* M. P. Doyle, L. R. Beuchat, and T. J. Montville (ed.), *Food microbiology: Fundamentals and Frontiers*, 2nd ed. (ASM Press, Washington, D.C., 2001).

z 값는 온도변화에 따른 사멸율의 변화를 나타낸다. *z* 값은 *D* 값을 1/10로 감소시키는데 소용되는 온도증가를 말한다. 이는 온도-사멸곡선의 기울기에 해당하며, 다음의 식으로 구할 수 있다.

$$t_2 = t_1 \times 10^{(T_1 - T_2)(z)^{-1}}$$

T_1 : *D* 값이 t_1일 때 두 온도 중 고온
T_2 : *D* 값이 t_2일 때 두 온도 중 저온
z : *D* 값을 1/10로 감소시키는데 필요한 온도증가

예를 들어 250°F에서의 *D* 값이 2분이며, *z* 값이 18°F이라면, 232°F에서의 *D* 값은 20분이 될 것이다. 18°F의 온도증가가 *D* 값을 1/10로 감소시키는 것이다. 그러면 268°F에서의 *D* 값은 얼마일까?

아래의 차이를 이해해 보자.

***D* 값**은 특정온도에서 생존 미생물의 수를 1/10로 감소시키는데 (즉 90% 치사) 소요되는 시간 (분)

***z* 값**은 *D* 값을 1/10로 감소시키는데 변화되는 온도증가

내열성 (*D* 값)과 온도변화에 대한 감수성 (*z* 값)은 미생물의 종류에 따라 다르며 pH, 수분활성 등 여러 요인들에 따라 달라진다. 미생물 종에 따라 다르며, 같은 종이라도 균주에 따라, 포자냐, 영양세포냐에 따라서도 달라진다. 포자는 일반적으로 영양세포보다 훨씬 내열성이 강하다. 어떤 경우 포자는 120°C에서 수 분, 100°C에서 수 시간 가열에 견디기도 한다. 가장 내열성이 약한 경우 100°C에서의 *D* 값은

1분 이하이다. 세균, 효모, 곰팡이의 영양세포들은 보통 70-80°C에서의 *D* 값이 0.1분 이하이다.

세포의 나이, 성장상태, 성장온도, 성장배지조성, 이전의 열처리 유무 등이 미생물의 내열성에 관여한다. 따라서 pK_a 또는 분자량과는 달리 *D* 값, *z* 값은 유동적이며, 하나의 조건에서 얻어진 값들을 다른 조건에 사용하는 것은 세밀한 주의가 필요하다.

일반적으로 영양세포의 내열성 (표 25.2)은 포자의 내열성 (표 25.3)보다 약하다. 포자형성균의 영양세포는 특별히 강한 내열성을 갖고 있지는 않다. 포자의 강한 내열성은 포자의 구조에서 기인한다. 탈수된 포자 중심부와 그 기작은 제3장에서 서술되었다 (건열이 습열보다 비효율적임을 명심할 것).

효모의 영양세포는 55-60°C의 열처리조건에서 10-20분안에 사멸한다. 5-10°C의 온도증가는 효모의 자낭포자까지 죽게 한다. 또한 대부분의 곰팡이의 영양세포와 분생자는 60°C의 습열에서 5-10분 살균으로 죽게 된다. 균핵이나 자낭포자를 형성하는 일부 곰팡이는 더욱 강한 내열성을 가지며 이것이 부패의 원인이 되기도 한다. 대부분의 포자는 120°C, 30분의 건열조건에서 살아남으며 이것은 빵의 부패원인이 된다.

세균의 사멸속도는 가열속도와 열처리전의 가열경험 등에 영향을 받는다. 세포가 성장 가능한 온도보다 높은 조건, 그러나 완전히 죽지는 않는 온도에 노출된 경

표 25.2 세균 영양세포의 상대적 내열성

미생물	열처리 매체	*D* 값 (분)				*z* 값 (°C)
		70°C	65°C	60°C	55°C	
E. coli	링거액 (pH 7.0)				4	
Lactobacillus plantarum	설탕을 첨가한 tryptic soy broth (a_w = 0.95)		4.7-8.1			
	토마토 주스 (pH 4.5)	11.0				12.5
Pseudomonas aeruginosa	영양한천배지				1.9	
Pseudomonas fluorescens	영양한천배지				1-2	
Salmonella enterica serovar Senftenberg (균주 775W)	탈지유			10.8		6.0
	0.1 M 인산완충액 (pH 6.5)		0.29			
	완충액과 설탕 30:70 혼합액 (%, w/v)		1.4-43			
	완충액과 포도당 30:70 혼합액 (%, w/v)		2.0-17.0			
	밀크 초콜릿	440				18.0
	Heart infusion broth (a_w = 0.99, pH 7.4)			6.1		6.8
Salmonella enterica serovar Senftenber	Heart infusion broth + NaCl (a_w = 0.90, pH 7.4)			2.7		13
	Heart infusion broth + 설탕 (a_w = 0.90, pH 7.4)			75.2		8.9
Salmonella enterica serovar Typhimurium	0.1 M 인산완충액 (pH 6.5)		0.056			
	밀크 초콜릿	816				19.0
Staphylococcus aureus	커스터드 또는 완두콩 수프			7.8		4.5

표 25.3 세균 포자의 대략적인 내열성 (*D* 값)

식품의 형태 및 대표적 미생물	*D* 값 (분)		*z* 값(°C)
	121°C	100°C	
저산성 식품 (pH>4.6)			
고온성 호기성균			
Bacillus stearothermophilus	4.0−4.5	3,000	7
고온성 혐기성균			
Clostridium thermosaccharolyticum	3.0−4.0		12−18
Desulfotomaculum nigrificans	2.0−3.0		
중온성 혐기성균			
Clostridium sporoenes	0.1−1.5		9−13
C. botulinum types A and B	0.1−0.2	50	10
Clostridium perfringens		0.3−20	10−30
중온성 호기성균			
Bacillus licheniformis		13	6
Bacillus subtilis		11	7
Bacillus cereus		5	10
Bacillus megaterium		1	9
산성식품 (pH ≤ 4.6)			
내열성 호기성균			
Bacillus coagulans	0.01−0.1		
중온성 호기성균			
Bacillus polymyxa		0.1−0.5	
Bacillus macerans		0.1−0.5	
Clostridium butyricum (또는 *Clostridium pasteurianum*)		0.1−0.5	

우 고온에서 이들의 내열성은 증대된다. 이것은 비치사온도에서 유도된 열충격단백질에 의한 것으로 추측된다. 가열 이외의 다른 환경적 충격, 화학적 물리적 처리 또한 열충격단백질 생산을 유도한다. 이는 교차내성 (cross-resistance)으로 불리며 비치사온도에서 가열처리된 세균은 내산성도 가지게 되는 경우이다. 상업적 공정에서 유래하는 열충격 반응은 미생물을 보호하는 역할을 한다.

식품 가열과정의 계산

용기중의 식품은 가열과정에 즉각적으로 반응하지는 않는다. 미생물 살균에는 다양한 공정의 다양한 가열이 나타날 수 있다. 따라서 많은 온도-시간 조합이 실제 동일한 살균율을 나타내기도 한다. 268°F에서의 36초 살균은 250°F에서 6분의 살균과 동일한 효과가 나타난다. 이러한 다양한 살균을 비교할 수 있는 공통분모, 또는 참고값이 존재하여야 한다.

이러한 목적이 *F* 값을 나타내었다. *F* 값은 특정한 *z* 값을 가지는 일정수의 미생물을 죽이는데 필요한 특정온도에서의 살균시간을 의미한다.

따라서 특정온도, 특정 *z* 값을 규정하고 있으며, 이 경우 121°C (250°F)를 규정하여 F_0로 표시하며, *z* 값은 10°C (18°F)로 한정한다. 가열처리의 F_0는 *살균값* (*sterilization value*)로 표시된다. F_0 값은 특정조건에서의 사멸율을 나타내며, 다른 온도조건에서 동일한 살균효율을 얻는데 필요한 시간을 얻는데 사용될 수 있다. 만약 121°C에서 10°C의 z 값을 가지는 미생물의 살균시간을 알고 있다면, 다음의 식을 이용하여 다른 온도, 다른 시간에서도 동일 살균율을 얻을 수 있다.

$$\text{새로운 온도에서의 살균시간} = \frac{F_0}{10^{[\text{새로운 온도}(°C) - 121°C] / z(°C)}}$$

다양한 식품들이 다른 F_0를 나타낸다. 열 감수성과 가열치사곡선이 수많은 인자에 의해 영향을 받으므로 실제 식품가열공정을 사용하여 가열치사곡선을 얻어야 한다. 식품중의 *C. botulinum*의 A형 및 B형 포자는 가장 내열성이 강한 식품기인성 병원성균체이므로 산성식품의 상업적 살균은 반드시 이 포자의 제거를 목적으로 하여야 한다. "보튤리늄 가공"은 이러한 포자 집단을 10^{12} 감소시키는 과정을 의미한다 (만약 10^{12} 보튤리늄 포자를 가진 식품을 "보튤리늄 가공" 한다는 의미는 처리 후 생존 포자는 단 1개이다 라는 의미를 가짐). 일부 보튤리늄 포자의 D 값은 121°C에서 0.2분이므로 이 경우 "보튤리늄 가공"은 2.4분 (12D × 0.2분/D)를 가진다. 캔닝 식품에 있어 어떤 온도와 시간조합이 2.4분의 F_0를 나타낸다면 상업적으로 문제가 없다. 부패미생물의 포자는 어떤 경우 보튤리늄 포자보다 강한 내열성을 가질 수 있다. 이러한 미생물은 상업적 과정 중 종종 확인된다.

마이크로파 (Microwave) 열처리

식품을 특정 주파수 영역 (1–500 MHz의 라디오파 또는 500 MHz–10 GHz의 마이크로파 영역)에 두면 온도가 올라간다. 이 열은 물분자에 의해 나타난다. 물분자는 전기적으로 수소원자의 양과 산소원자의 음의 성질을 동시에 가지므로 라디오파나 마이크로파 영역에서는 회전하고 새로운 전장에서 재배치되게 된다. 이것은 분자사이의 마찰을 유도하고 이것이 열을 발생하게 한다. 전자레인지의 비가열 방식이 살균되는지에 대한 비판은 실험적으로 증명되어 있다. 단지 발열만으로도 살균은 충분히 설명된다.

마이크로파 가열은 식품가공에 있어 시간과 에너지를 절약하게 한다. 그러나 식품의 형상이나 열적, 물리적 및 정전기적 특성 그리고 식품의 크기, 에너지 소모, 주파수 등 다양한 인자가 식품의 전자기파의 효과를 변화시킬 수 있다. 식품의 형태 (가염 국수가 튀긴 생선보다 빨리 가열됨)나, 식품의 구성성분 (지방질 고기와 그렇지 못한 고기)에 따라 다르게 발열된다. 이러한 특성이 미생물 살균에 있어 문제점으로 남아있으며 비균질 발열이 결국 식품 내 병원성균의 생존을 허용할 수도 있다.

자외선 및 방사선 조사에 의한 식품보존

자외선

240–280 nm의 파장을 가진 자외선은 파괴적이다. 이는 DNA의 티민 염기의 가교를 통해 티민 염기쌍을 형성하여 DNA를 파괴한다. 이는 성장과 증식을 억제하는 역할을 하며, 특히 그람 음성의 세균에서 효율적이다. 포자형성세균과 곰팡이에서

는 효과가 약하다. 바이러스는 세균보다 자외선 조사에 강하다. 색소형성은 자외선 저항성에 영향을 준다. 구형의 색소형성 세균은 무색세균보다 자외선에 강하다. 검은 분생자를 가진 곰팡이 역시 자외선에 강하다.

자외선은 투과력이 약하고 식품에 처리정도를 결정하기 어려워 식품보존에는 한계가 있다. 따라서 자외선은 주로 공기소독 및 물의 소독에 (액체식품의 무균포장 시설, 절단 식빵의 포장, 치즈와 건조 소시지의 숙성지역)에 사용된다.

전리방사선

방사선은 강력한 에너지와 투과력을 가진다. 방사선의 살균력은 DNA를 파괴하며 활성반응기 (free radicals)의 생성에 있다. 활성반응기는 세포막과 다른 세포부분의 손상을 일으킨다. 단백질과 효소는 영향을 받지 않으므로, 방사선 조사식품은 효소적 부패는 나타날 수 있다. 방사선 조사는 식품의 품질 손상 없이 살균할 수 있으며, 미생물, 위생곤충을 제어하며, 식물의 발아를 막는다 (표 25.4).

식품의 수송시설, 냉동시설이 부족한 경우 방사선 조사는 식품공급을 증대할 수 있는 방법이다. 냉장시설이 충분하더라도 *L. monocytogenes*, *Salmonella enterititis*, *E. coli* 0157:H7와 같은 미생물이 문제가 될 때에는 역시 방사선 조사를 행할 수 있다. 초기에는 방사선 조사의 위해 잠재성을 고려할 때 그만한 이점이 없다는 판단으로 인하여 소비자들이 방사선 조사식품을 회피하였다. 그러나 미생물 안전에 대한 방사선 조사의 효과가 알려지면서 잠재적 위험성에 대한 인식은 점차 감소되고 시장에서 보다 많은 방사선 조사식품을 볼 수 있게 되었다.

5 MeV 이하의 고에너지 전자기 방사선 (예, ^{60}C의 감마선이나 또는 X선) 또는 10 MeV 이하의 전자가속기로부터 발생하는 전자가 방사선식품에 사용된다. 이러한 방사선 조사는 식품을 안전하게 하고 방사능은 잔존하지 않는 상태이다.

전자빔과 X선, 감마선은 각각 투과력이 다르다. 높은 수분함량의 식품에서 10 MeV의 전자빔의 투과력은 3.9 cm이다. 반면 5 MeV의 감마선은 23 cm를 투과한다. 투과력의 차이를 제외하면 전자기 방사선과 전자빔은 동일하며 식품에서 서로 구분 없이 사용된다. 전자빔의 사용은 방사능을 겁내는 소비자들을 안심시킬 수 있지만 둘 중 어느 것을 처리한 식품에는 미국의 경우 반드시 "방사선 조사식품"이라는 표시를 하도록 되어있다.

표 25.4 전리방사선 조사에 의한 식품 저장의 효과[a]

효과	결과
발아억제	뿌리작물의 저장기간 연장, 발아손실 감소
후숙의 감소와 과실 및 채소의 노화 지연	과실 및 채소의 저장기간 연장
해충 구제	식품의 살충효과, 유해곤충 억제
식품매개 기생충의 증식 억제	기생충 매개질병 감소
미생물 사멸	식품 오염 방지, 저장기간 연장, 식중독 예방

[a]J. Farkas, p. 567–592, *in* M. P. Doyle, L. R. Beuchat, and T. J. Montville (ed.), *Food microbiology: Fundamentals and Frontiers*, 2nd ed. (ASM Press, Washington, D.C., 2001)에서 인용.

표 25.5 다양한 생물체에 대한 치사량의 방사선량[a]

생명체	선량 (kGy)[b]
고등동물	0.005-0.1
곤충류	0.01-1
비 포자형성 세균류	0.5-10
세균의 포자들	10-50
바이러스류	10-200

[a]출 처: J. Farkas, p. 567-592, *in* M. P. Doyle, L. R. Beuchat, and T. J. Montville (ed.), *Food microbiology: Fundamentals and Frontiers*, 2nd ed. (ASM Press, Washington, D.C., 2001).

[b]Gy: 흡수된 방사선 선량의 국제규격단위 (SI 단위)로서 1 joule/kg에 상당; 1 Gy = 100 rads.

미생물에 대한 효과

전리방사선은 미생물을 죽이는데 사용된다. 방사선은 직접적으로 가장 중요한 타겟인 DNA를 파괴한다. 또한 물로부터 생성되는 활성반응기와 같은 다른 분자로부터의 생성물에 의한 간접적 살균기작이 있다. 생명체의 방사선 감수성은 생명체의 크기와 복잡성에 반비례한다 (표 25.5). 크기가 큰 생명체는 방사선에 더욱 민감한데 그 이유는 작은 생명체보다 더 큰 DNA 타겟과 더 복잡한 구조를 가지기 때문이다. 작은 생명체의 방사선 감수성 또한 다양한데 이는 화학적, 물리적 구조적 차이 및 방사선에 대한 손상 회복능력 등이 각각 다르기 때문이다. 몇 가지 식품인자 역시 미생물에 대한 방사선 조사의 치사력에 영향을 미친다 (표 25.6).

전리방사선은 DNA 손상에 의해 미생물을 죽일 수 있다. 전리방사선은 직접 DNA의 손상을 나타내거나 물로부터 활성반응기를 만들어 간접적으로 살균효과를 가진다. 이중 주요한 활성반응기는 OH 라디칼이다. OH 라디칼은 DNA 주변에 수화층을 만들어 DNA 손상의 90%를 담당한다. 그러므로 이러한 간접효과는 살아있는 세포에서 가장 주된 손상을 야기한다. 방사선은 또한 DNA의 화학적 손상을 유발한다. 이외에도 물리화학적 손상은 한 가닥 또는 드물게 두 가닥 DNA의 포스포다이에스테르 결합을 절단하기도 한다.

대부분의 미생물은 한 가닥 DNA의 절단을 수복할 수 있다. 그러나 방사선에

표 25.6 전리방사선 조사에 의한 미생물의 사멸에 영향을 미치는 식품의 요인들

요인	영향
배지 또는 식품의 조성	성분이 복잡을 수록 방사선 흡수물질이 많아지고 살균력 감소
a_w	자유수 감소로 자유 라디칼 형성 감소 및 살균력 감소
열처리	사멸 전단계까지의 열처리는 수복기구를 불활성화하여 살균력 증가
냉동	자유 라디칼 이동성 감소로 살균력 감소[a]
산소	수퍼옥사이드 (superoxide) 라디칼 생성으로 살균력 증가

[a]활성산소는 지질, 색소 등의 화합물을 산화시킴으로써 식품의 품질을 나쁘게 할 수도 있기 때문에 식품조사는 종종 동결상태에서 이루어진다. 활성산소의 생성으로 인한 좋은 효과와 나쁜 효과들은 균형을 잘 유지하도록 하여야 한다.

민감한 *E. coli*와 같은 미생물은 파괴된 두 가닥 DNA를 수복하지 못한다. 내성이 강한 균 (예, *Deinococcus* spp.)은 수복할 수 있다. 포자의 낮은 수분함량도 역시 방사선 내성의 주요 원인이다. 포자의 발아동안 수분함량이 증가되면 방사선 내성은 사라지게 된다.

부패세균 및 병원성 세균을 포함하는 그람 음성 세균의 경우 그람 양성 세균보다 민감하다. 세균의 포자는 더욱 내성이 강하다. 영양세포로서 더욱 강한 내성을 가진 *Deinococcus (Micrococcus) radiodurans*와 *Deinobacter* spp.는 그렇게 흔하지 않다. 많은 곰팡이의 방사선 감수성은 세균과 비슷하다. 그러나 균사에 색소를 가진 곰팡이는 세균 포자의 내성과 유사하다. 효모는 내성이 더 강한 세균의 그룹들과 유사한 내성을 가진다. 바이러스는 작고 간단한 구조이므로 방사선에 매우 강한 내성을 가진다.

가열치사의 경우와 마찬가지로 방사선 조사량에 대한 생존 미생물의 수를 지수로 표시하여 그래프로 그리면 방사선 조사 사멸율이 나타난다. 전형적인 방사선 치사그래프를 그림 25.4에 나타내었다. 제 1형은 대수적 생존 그래프이며 전형적인 방사선 감수성 미생물에 대한 결과이다. 제 2형은 초기 생존율이 유지되는 특징을 가지는데 동일량의 방사선량 증가가 저선량보다는 고선량에서 더욱 효과적인 경우이다. 낮은 선량에서 초기 생존율이 유지되는 특징은 아마도 저선량에서 수복능력이 강력하기 때문일 것이다. 제 3형은 오목렌즈 모형을 나타내는데 생존하는 내성 미생물이 그렇게 많지 않기 때문으로 판단된다.

미생물 집단의 방사선 감수성은 D_{10} (decimal reduction dose) 값으로 표시할 수 있다. 이것은 내열성의 개념과 기본적으로 유사하다. 즉, 선량과 생존율 곡선이 직선일 때 D_{10} 그 기울기의 역수이다.

그림 25.4 방사선 생존 그래프. 출처: J. Farkas, p. 567–592, *in* M. P. Doyle, L. R. Beuchat, and T. J. Montville (ed.), *Food microbiology: Fundamentals and Frontiers*, 2nd ed. (ASM Press, Washington, D.C., 2001).

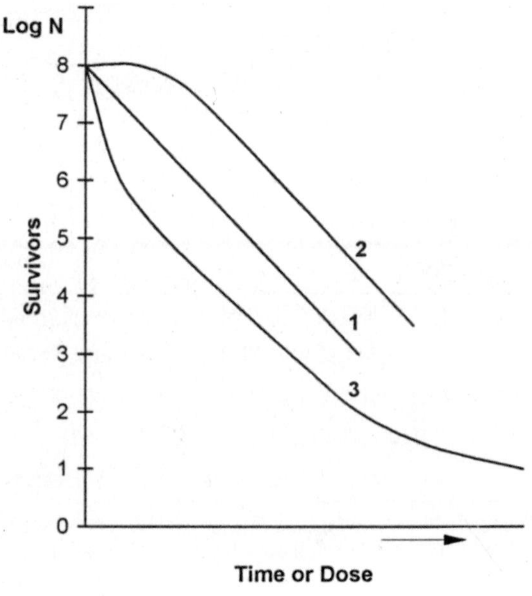

$$D_{10} = \frac{\text{방사선 선량}}{(\text{Log } N_0 - \text{Log } N)}$$

N_0 : 초기 미생물의 수, N : 방사선 조사 후 살아남은 미생물 수

제 2형과 제 3형의 곡선의 경우 "불활성화 선량" 즉 초기 살아있는 미생물의 수를 90%, 또는 99% 불활성화 시키는 방사선의 양으로 가장 표현하기 쉬울 때가 많다.

기본기술

방사선 조사는 유효한 최소한의 농도를 조사하여야 한다. 어떤 경우에는 식품의 표면만 조사할 필요가 있다. 또 어떤 경우에는 식품 전체가 조사되어야 하기도 한다. 요구 선량의 가이드라인은 표 25.7에 나타나 났다. 가열 처리시의 D 값처럼 이 역시 주어진 식품마다 차이가 있다.

식품의 방사선 조사는 "저온살균 (Pasteurization)"에 비교하여 "*라두리제이션 (radurization)*"이라는 용어로 표시된다. 방사선 조사는 병원성균을 제거하고 부패미생물의 수를 줄여 식품의 유통기간을 연장시킨다. 상대적으로 많은 양의 선량 (예, 5 KGy)은 부패미생물들을 사멸시킬 수 있다. 내성이 강하거나 대사활성이 낮은 종들 (예, *Moraxella* spp. 내성균, 유산균 및 효모)은 살아남을 수 있다. 저온저장 중에는 생존 미생물이 일반적인 부패미생물보다 느린 성장을 나타내어 저장기간을 3–4배 연장시킬 수 있다.

"라다페리제이션 (radappertization)"은 캔닝의 발명자 Nicolas Appert의 이름 일부에서 유래한 것으로서 미생물 활성을 감소시키고 미생물학적 안정성을 높이기 위해 미리 포장되고 효소활성이 실활된 제품에 방사선을 조사하는 것이다. 이것은 기본적으로 캔닝과 유사하지만 다양한 포장 재질이 사용될 수 있다. 방사선 조사량은 그 식품과 관련이 있는 가장 방사선 내성이 강한 미생물을 기준으로 설정된다. 비산성, 저염 식품에서 알려진 것은 *C. botulinum* A형 포자이다. 캔닝 과정처럼 보튜리늄 포자의 12-D 감소가 안전성의 지표이다. 이러한 목적에는 45–50 KGy의 선량이 필요하다. 실제 이 선량은 일반적으로 모든 식품에 허용되는 10 kGy보다 높고 이취를 발생하므로 상업적 용도에서 "라다페리제이션"은 사용되지 못한다.

표 25.7 식품의 방사선 조사 시의 필요선량[a]

적용	필요 선량 (kGy)
발아억제	0.03–0.12
식물종자, 밀가루, 신선한 과일과 건조 과일의 해충구제	0.2–0.8
육류의 기생충 구제	0.1–3.0
부패하기 쉬운 식품의 부분 방사선 조사	0.5-–10
냉동 육류, 가금류, 계란과 다른 식품과 사료의 방사선 살균	3.0–10
건조식품 성분에서의 미생물 감소 또는 사멸	3.0–20
육류, 가금류, 생선의 방사선 완전 살균	25–60

[a]출처: J. Farkas, p. 567–592, *in* M. P. Doyle, L. R. Beuchat, and T. J. Montville (ed.), *Food microbiology: Fundamentals and Frontiers*, 2nd ed. (ASM Press, Washington, D.C., 2001).

그림 25.5 방사선 조사식품을 나타내는 라두라 (radura) 기호.

방사선 조사는 열을 발생하여 미생물을 죽이는 것이 아니다. 사용 최대량은 50 kGy이다. 이것은 12 cal (50 J에 해당)에 상당하는 에너지이다. 따라서 방사선 조사량이 전부 열에너지로 전환된다 하더라도 식품의 온도증가는 12°C 정도이다. 이러한 이유로 방사선 조사는 비열처리 공정으로 인식된다. 식품조사에 대한 대중의 인정을 얻기 위해 "비열살균 (cold pasteurization)"이라는 말을 종종 사용하기도 한다. 미국 FDA는 방사선 조사라는 표현 대신 라두라 표시 (그림 25.5)와 함께 비열살균이라는 용어를 사용하도록 허용하고 있으나 이는 논쟁의 여지가 있다. 소비자의 운동가들은 이것이 기만적 상술이라고 비판하고 있다.

방사선 조사는 펙틴과 같은 다당류를 분해하여 과일 및 야채의 조직에 손상을 줄 수 있다. 이 경우 주로 칼슘 방출이 수반되며 이는 조직의 연화현상을 야기한다. 이러한 연화현상은 식물체의 미생물 저항성을 감소시킬 수 있다. 만약 방사선 조사 후 미생물이 오염되면 부패를 더욱 촉진시킨다.

식품조사에 대한 소비자의 허용태도

식품의 방사선 조사는 새로운 기술로 받아들여지지 않고 있다. 지난 세기의 중반에 이미 기본 기술이 확립되었다. 지속적인 기술발전으로 지난 30년 동안 미국 FDA으로부터 더욱 많은 식품들이 사용을 승인받았다 (표 25.8). 비록 소비자 운동가들이 방사선 조사식품의 섭취로 방사능에 오염되는 것은 아니라는 것에 동의하고 있지만 소비자의 허용도는 낮다. 소비자는 개인적인 이점이 없다고 생각하면 비록 가상의 위험이라 할지라도 그것을 받아들이려 하지 않을 것이다. 방사선 조사식품에 대한 이러한 논쟁은 1900년대 초기 우유의 강제적 저온살균에 대한 논쟁과 놀라울 정도로 서로 유사하다.

- 품질 나쁜 원재료를 허용한다.
- 품질이 떨어진다.
- 영양성분이 파괴된다.
- 새로운 독성물질이 생성된다.
- 장비가 비싸 소규모 가공업체는 망하게 된다.

표 25.8 방사선 조사 허용 식품의 역사

연도	적용	조사 선량 (kGy)
1963	해충 구제, 밀가루	0.5
1964	싹튼 감자	0.1
1983	양념류	30
1986	곤충구제, 과일의 성숙, 트리키나 억제[a]	1.0
1990	가금류에서의 병원성균 억제	1.5–3.0
1997 (FDA), 1999 (USDA)	붉은색 육류에서의 병원성균 억제	4.5 (신선육), 7.0 (냉동육)
2000	계란, 발아 종자	3
2005	굴과 같은 연체동물 갑각류	<10

[a]돼지의 트리키나 (trichinae)를 열처리나 방사선 조사로 죽이지 않으면 사람에게 촌충 발생

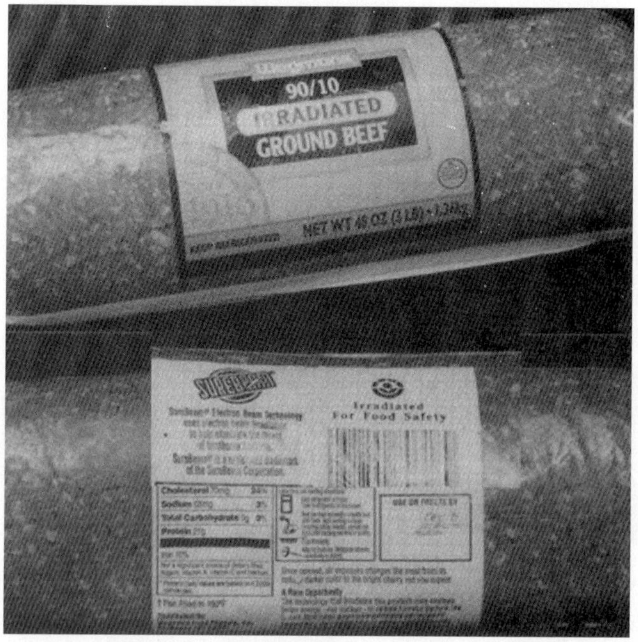

그림 25.6 라두라 방사선 조사 기호와 소비자에게 이점을 표시하고 있는 방사선 조사 햄버거.

- 인간에게 다음 세대로의 영향에 대해 평가된 적이 없다.
- 미지의 효과가 다음 세대에 해를 끼칠 수도 있다.
- 소비자의 부담이 증가된다.

그러나 오늘날 미생물학적 안전성이 강조됨에 따라 소비자들은 무처리 식품이 *L. monocytogenes, Salmonella, E. coli* O157:H7 및 기타의 장 병원성균을 가지고 있을 수 있다는 것을 깨닫기 시작했다. 이로 인하여 식품 방사선 조사의 이점이 더욱 현실화되고 있다. 많은 연구들이 방사선 조사는 육류 1 파운드 당 2-7센트의 원가가 증가되고 소비자는 병원성균이 없는 고기라는 프리미움에 파운드 당 35-70 센트를 더 지불할 의지가 있다고 제안하였다. 아마 조만간 가열처리되지 않는 우유를 보기가 힘들 듯이 방사선 조사되지 않은 육류를 보기가 힘들 것이다. 이와 같은 예상은 신선 농산물이 조리된 것이 아니므로 농산물의 병원성균의 제어에 있어서 매우 유망하게 적용될 것이다. 방사선 조사 햄버거의 예가 그림 25.6에 나타나 있다. 라두라 표시 외에 소비자의 이점을 나타내고 있음을 유의하자.

기타 비가열 처리 공정

식품보존의 비가열 처리 공정은 아주 우수한 품질의 식품을 만들 수 있다. 표 25.9에서 보는 바와 같이 다른 형태의 에너지를 가하여 식품을 제조하지만 각각 널리 확산시키지 못하는 특성들을 가지고 있다. 빛을 사용하는 방법들은 식품의 표면을 지나 투과되지 못하는 것이 제한 요소가 된다. 펄스 전기장은 투과가 가능하지만 특정 전기적 성질을 가지고 있는 액체에만 사용이 가능하다. 가장 유망한 비열처리 공정은 고압 가공이다. 파일럿 플랜트 규모의 고압 장치는 그림 25.7에 나타나 있다. 상업적으로 사용이 가능한 장치는 크기가 훨씬 더 크고 여러 개를 연결하여 설치하

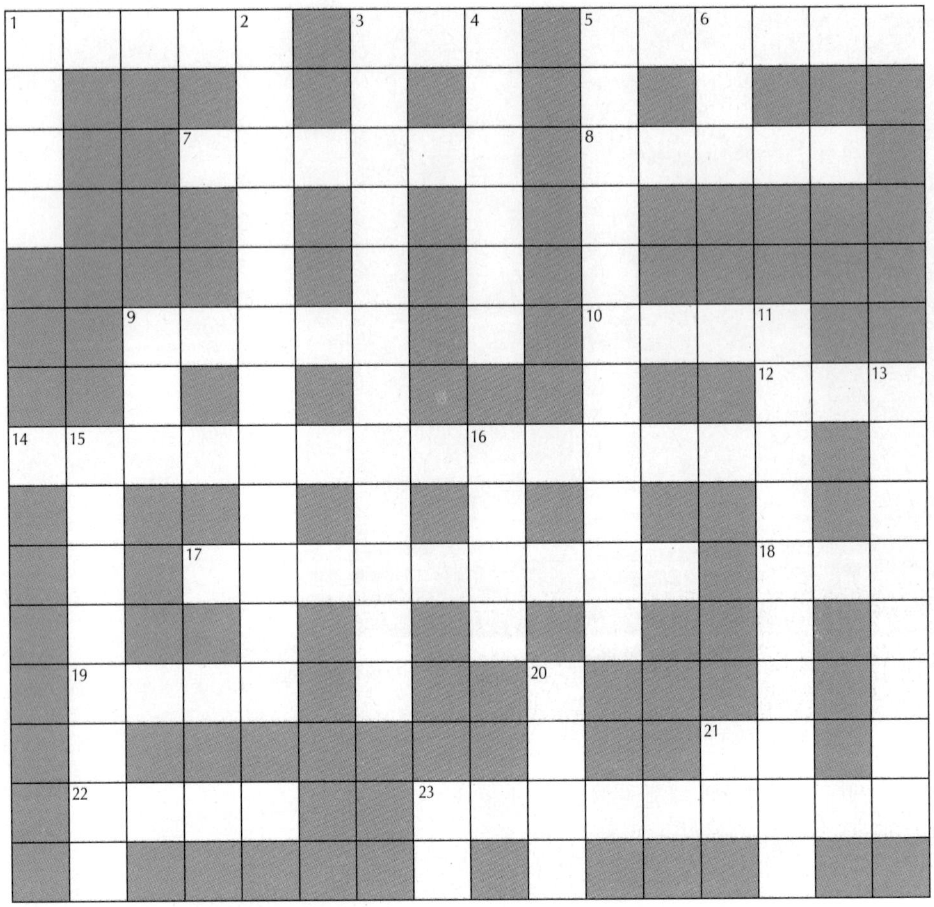

Across

1. Trade name often used as a synonym for photocopier
3. If there is a ______, it's not free
5. Amount of time at a given temperature required to kill 90% of a population
7. Phase change of water to solid state
8. Water (prefix)
9. Canning helps prevent growth of this
10. Bad for sun-dried food
12. Oxidation-reduction potential (abbreviation)
14. Mild heat treatment that kills pathogens but not spoilage bacteria
17. Method of preservation that involves an electron beam
18. Hemolytic-uremic syndrome (abbreviation)
19. Opening that serves as an outlet
21. Period from midnight to noon (abbreviation)
22. Unit of pressure
23. This kills by heat but has no special nonthermal effect

Down

1. Prefix meaning "dry"
2. Able to grow at low water activity
3. A good method for preserving microbes
4. Adding or removing this affects microbial growth
5. Removal of water
6. Augment
9. Emergency signal (abbreviation)
11. Type of preservation that does not add heat
13. Hydrostatic ______ is a promising nonthermal method of food preservation
15. Water ______, not water content, governs microbial growth
16. Type of extruded pasta
20. Prefix meaning 10^{-12}
21. Water activity (abbreviation)
23. Molecular weight (abbreviation)

표 25.9 식품에서 미생물 사멸을 위해 사용되는 비가열처리 방법

방법	원리	에너지	적용	장점	단점
자외선	티민 이량체를 통한 DNA 교차결합	100–400 J/cm^2	공기와 표면 살균, 주스	건조 상태 유지, 비열처리 품질 특성 유지	제한된 투과력, 램프 수명에 따른 선량 변화
고강도 빛	자외선 에너지를 가지고 광화학적 반응 유발	0.01–50 J/cm^2	표면	건조 상태 유지, 잔류성 무, 비발열	제한된 투과력
펄스 전기장	구멍 형성 및 세포막의 분해	20–80 kW/cm	액체, 계란,우유	열에 의한 생성물 및 단백질 변성 없음	전도체 성질의 식품에만 이용 가능
정수압	식품 전반에 에너지의 순간적 전달로 구조 손상 유발	100–800 MPa	액체, 잼류, 주스, 과카몰리, 고밀도 식품	열에 의한 손상 없음. 고품질 신선 제품 생산	일부 식품 구조 파괴, 연속 공정 곤란

여야만 연속조작이 가능하다. 초기에는 액체와 슬러리에만 제한되었지만 지금은 다양한 제품들이 상업적으로 이용되고 있다 (그림 25.8). 다른 모든 굴의 제품은 조리한 것으로 제조되기 때문에 날것 형태의 고압가공 굴은 매우 독창적이다. 고압가공으로 병원성균을 죽이지만 굴은 조리하지 않은 형태로 남아 있다.

요약

- 식품의 물리적 처리는 미생물을 제거하고, 죽이며, 성장을 억제할 수 있다.
- 건조는 미생물을 죽이지 못할 수도 있지만 성장을 억제한다.
- 냉장은 많은 병원성균들의 성장을 억제하고 모든 미생물의 성장을 느리게 한다.

그림 25.7 제품 개발에 사용되는 작은 크기의 고압가공 기계. 흰 화살 표시는 가압 셀 표시.

그림 25.8 고압가공에 의해 제조된 시판 제품.

- 동결은 미생물의 성장을 억제할 수 있으나 사멸시키지는 못한다.
- CA (공기조절)와 MA (공기성분조절)는 과일과 채소의 유통기간을 연장할 수 있지만 특정 병원성균의 생육에 유리한 조건을 조성할 수도 있다.
- 저온살균은 병원성 균의 사멸을 목적으로 하며 부패균의 사멸을 목적으로 하지는 않는다.
- 상업적 살균은 제품에서 성장할 수 있는 모든 미생물을 죽이는 것을 목표로 한다.
- 가열처리는 미생물을 음의 대수 그래프 형태로 사멸시킨다.
- D 값은 미생물 집단의 생존율을 90% 감소시키는데 소요되는 시간이다.
- z 값은 D 값을 1/10로 감소시키는데 소요되는 온도증가이다.
- 마이크로파 에너지의 살균력은 발열에 의한 것이다.
- 이온화 방사선 역시 음의 대수 그래프 형태로 미생물을 사멸시킨다.
- 전자빔이나 방사선원으로부터 발생된 이온화 방사선은 DNA를 파괴하거나 활성반응기를 생성하거나 미생물을 죽인다.
- 다양한 비열처리 공정은 제품의 조리된 특성을 부여하지 않고 미생물을 죽일 수 있다.

참고문헌

Farkas, J. 2007. Physical methods of food preservation, p. 685–712. *In* M. P. Doyle and L. R. Beuchat (ed.), *Food Microbiology: Fundamentals and Frontiers*, 3rd ed. ASM Press, Washington, DC.

Institute of Food Technologists. 2000. *Kinetics of Microbial Inactivation for Alternative Food Processing Technologies. Journal of Food Science Supplement*. (Also available at http://www.cfsan.fda.gov/~comm/ift-pref.html.) Institute of Food Technologists, Chicago, IL.

Novak., J. S., G. M. Sapers, and V. K. Juneja (ed.). 2003. *Microbial Safety of Minimally Processed Foods*. CRC Press, Boca Raton, FL.

Olsen, D. G. 1998. Irradiation of food. Food Technol. **51(2):**56–62.

26 식품안전을 위한 산업적 전략

학습목표

- 식품의 안전과 품질을 위한 위생, 적정제조기준 (Good Manufacturing Practices, GMPs), HACCP (Hazard Analysis Critical Control Point) 시스템의 이해
- HACCP 시스템의 개발 절차
- HACCP 시스템의 제약점
- GMP의 기본 개념
- 소독제의 적합한 사용
- 위생에서 GMP, HACCP으로의 확대
- 식품에 화학적, 생물학적, 물리적 위해를 가할 수 있는 공정의 구명
- HACCP가 필수적인 식품산업의 분야 구명

서론

식품산업에 종사하는 대부분의 사람들은 HACCP 시스템을 알고 있다. 식품과학을 전공하는 대학 1학년의 일부분이 HACCP에 관하여 생소하게 느낄 정도일 것이다. 이 장에서는 주로 HACCP에 초점을 두나 HACCP 가 시작되기 전에 기본적인 구조는 바로 위생 프로그램과 GMP가 해당 산업체에 정착되어 있어야만 한다. 일반 대중에게 식품이 테러리스트에 의한 고의적인 오염으로부터 안전하며 위생적이라는 사실을 알리는 데 기본적인 위생과 GMP, HACCP 시스템을 이행하는 것이 아마도 보다 중요할 것이다.

GMPs

미국 식품의약품청 (FDA)은 1969년에 식품 공장 위생의 기본적 규정을 제공하는 GMP에 관한 규정을 출간하였다. 1986년에 미국 FDA는 다시 원래의 규정을 확장하는 개정판을 내었다. GMP는 미국연방규정집 (Code of Federal Regulation)의 21장 110절에 "인간용 식품의 제조, 포장, 유통에 있어서 현행 GMP 규정" (CGMPs)에 있다. 제정된 규정은 매일 출간되는 *연방공보* (*Federal Register*)에 먼저 출간되어 연방정부의 실무 부서나 산하 기관들에 전달된다. 이들은 다시 *코드화되어 연방규정집*에 수록된다. *연방규정집*은 연방규정의 주제가 되는 50 개의 분야로 나누어진다.

CGMPs는 7 개의 세부 파트로 나누어지며, 각각의 장에 식품가공 시설의 여러 조작이나 분야에 관련된 요건이 상세히 기술되어 있다. 요건들은 직, 간접적인 요인들로 부터 오염을 방지할 수 있도록 규정화되었다. D와 F의 세부 파트는 보류되어 있으므로 여기서는 A, C, E와 G 만 서술한다.

일반 규정 (Subpart A)

서브파트 A는 정의, 미국의 식품의약화장품법 (Food, Drug and Cosmetic Act)에 연관된 CGMP의 근본적인 동기, 시설관리인의 의무, 예외 규정의 리스트이다. 정의는 항상성을 유지하기 위하여 언급되어 있으나 가끔 모호하고 유추 해석될 수도 있다. 위조 식품에 관한 규정과 기준은 402(a)(3), 402(a)(4)에 수록되어 있다. 만약 식품에 이물질이나 악취 혹은 분해된 물질이 들어 있거나, 식용으로 부적합하면 위조식품으로 간주된다. 그리고 더 나아가 비위생적인 조건에서 제조, 포장, 유통되거나 판매되어 사람에게 유해한 식품을 법적으로 위조식품으로 간주한다.

종업자들의 질병 관리, 청력, 교육과 훈련의 기준도 포함되어 있다. 이들 요건은 작업자로 부터 병원미생물이 식품이나 식품과 접촉하는 표면에 오염되는 것을 방지하도록 고안되어 있다. 식품과 직접 접촉하는 작업자나 간접적으로 접촉 될 수 있는 장소들은 위생적인 절차를 다르도록 되어 있다. 여기에는 개인적인 청결, 위생복 착용, 액세서리 비착용, 손 세척, 적절한 위생모, 장갑 등의 착용에 관한 사항들이 들어있다. 공장의 위생책임자는 작업자들에게 위생에 관한 지식을 전달할 수 있도록 교육을 받아야 하며 자격시험을 거쳐야 한다.

정상적으로 세척, 준비, 처리되거나 또한 시장에 출하되기 전에 가공되는 원료 농산물의 수확, 저장, 수송에 관련된 사업체에 관하여는 예외적인 규정을 두고 있다 [section 201(r)].

건물과 시설 (Subpart B)

서브파트 B는 공장과 부지에 관하여 언급하고 있으며, 부지는 식품의 오염을 방지할 수 있는 환경 하에 유지되어야 함을 규정하고 있다. 공장이 설계와 건축은 각 공정들이 분리될 수 있으며, 바닥과 벽에 사용되는 자재들은 세척과 소독이 용이하도록 하여야 한다. 위생 작업에 관한 부분에서는 일반적인 유지 보수, 세척과 소독, 독성물질의 보관, 해충 관리, 식품 접촉표면의 위생과 세척한 장비와 기구들의 보관과 취급에 관하여 서술되어 있다. 마지막 부분에는 위생적 설비와 관리 및 이들의 최소 요건을 다루고 있다. 시설과 설비는 용수와 배관, 하수 처리, 화장실, 손 세척 설비, 쓰레기와 유기물 처리를 포함하고 있다.

장비 (Subpart C)

장비와 도구 부분에서는 사용되는 자재와 공장의 장비와 도구의 고안은 적합한 세척과 적절한 유지가 될 수 있어야 한다는 것을 언급하고 있다. 미생물의 오염이나 윤활유, 금속 등에 의해 식품이 오염되는 것을 특히 방지되어야 할 것을 강조하고 있다. 냉장장비 (냉동기, 냉장고)나 측정기 (pH 미터, 온도계)는 정확하여야 하며, 적절하게 유지되어야 한다. 마지막으로 식품에 도입되거나 식품과 접촉표면을 세척하는 가스는 불법의 간접적인 식품첨가물로 간주될 수 있는 오염물질이 배제되어야만 한다.

생산과 공정 관리 (Subpart E)

세부 파트 E는 가장 상세한 파트이며, 여러 가지 항목과 세부항목으로 구분되어 원료와 성분의 적합성을 확보하고, 제조하는 기술을 유지하며, 최종 제품의 변패를 방지하기 위하여 확보하여야 할 규정이 기술되어 있다. 공정과 관리 부분에서는 모든 조작이 적절한 위생의 원리에 맞추어 수행되어야 한다는 것을 강조하고 있다. 제품 관리 프로그램은 식품이 사람이 먹기에 적합하고 포장재가 안전성을 확보할 수 있도록 준비되어야 한다. 제품의 품질관리 프로그램은 법규에 준해서 확보되어야 한다.

원료와 성분에 대한 세부 항에는 이들의 오염과 변패를 방지하기위하여 검사, 취급, 세척, 분리에 관하여 기술되어 있다. 재료는 미생물이 없거나, 식중독이나 질병을 유발하는 수준이하로 가공 공정에서 처리되어야 한다. 자연독소와 다른 유해물질에 관한 규정에 맞추는 것은 가장 중요하고 또 검증되어야 한다. 원료를 보관하는 것은 오염에 대하여 오염을 방지할 수 있도록 그 원료의 요건에 맞게 적절하게 보관되어야 한다. 그러므로 냉동 원료는 냉동상태로 보관하고 건조물은 수분이나 극심한 온도변화에 노출되지 않아야 하며 재가공될 원료 역시 그렇게 구분되어야 한다.

오염을 방지하기 위하여 적절한 방법으로 식품을 취급하는 것은 제조 조작의 세부 항에 들어 있다. 특히 식중독을 일으키는 유해 미생물의 급속히 성장할 수 있는 식품에 관한 필요한 조건 들이 나열되어 있다. 반죽과 소스, 건조물과 같은 식품의 오염방지 요건이 언급되어 있다. 기계적 조작 (세척, 절단과 반죽화), 브랜칭, 충진, 조립, 포장과 같은 여러 조작들은 오염이 방지될 수 있도록 하여야 한다. 추적검사를 쉽게 하기 위하여 각각 낱개의 소비자용 포장에 적절한 정보가 코드화되어야 한다. 이는 식품의 법과 규정을 위반하는 제품의 자발적인 리콜을 위하여 극히 중요하다.

제품 창고와 유통은 세부 파트 E에 들어 있으며 대단히 중요하다. 이 파트에서는 최종제품의 수송과 저장은 물리적, 화학적, 미생물학적 오염을 방지할 수 있는 조건 하에서 수행되어야 하며 또한 제품과 용기의 변질 역시 방지되어야 한다고 언급하고 있다.

DALs (Subpart G)

서브파트 G 섹션은 사람이 먹는 식품에서 건강상의 위해를 발생하지 않는 피할 수 없거나 자연적인 이물질을 다루고 있으며, 이는 농작물의 재배, 성장이나 수확 단계에서 완전히 제거한 다는 것은 불가능하기 때문에 그 수준이 만들어졌다. 특히 농작물의 경우 건강상의 위해가 없는 그러한 결함은 최종 제품에 이행될 수 있다. 결함의 조치수준 (The Defect Action Levels, DALs)은 그 이상 함유되어 있으면 미국 FDA이 시장에서 제거하는 법적인 조치를 취하는 수준을 의미한다. 제조업자는 조치수준 이상으로 결함이 함유되어 있는 동일 제품이나 다른 제품의 로트를 해당 제품에 섞거나 혼합해서는 안된다. 비록 최종 제품이 DALs 이하이더라도 이는 미국 FDA에 의하여 승인되지 않고 불법으로 간주된다. 회사는 잘못된 제조 관습을 은폐하기 위하여 DALs를 이용해서는 안된다. 비록 자연적이거나 피할 수 없는 결함이 현행의 DALs의 수준 이하이더라도, GMPs 하의 제조 불량은 법적인 조치를 피할 수 없음을 미국 FDA는 천명하고 있다.

DALs의 확장된 리스트는 올스파이스에서 밀가루까지 적용된다. 결함들은 곰팡이, 쥐의 오물, 해충, 썩거나 동물 배설물 들이다. 아래는 DALs의 몇 가지 예이다 (제품: 결함; 조치수준).

- 사과 버터: 쥐 오물; 100 g 당 평균 4 개 이상의 쥐 털
- 코코아 콩 : 동물 배설물; 1파운드 당 10 mg 이상
- 무화과 페이스트: 해충; 100 g 당 2 개 이상의 검체에 대하여 13 개 이상의 해충의 머리
- 통조림과 냉동 복숭아: 곰팡이 혹은 벌레; 3% 이상의 과일의 곰팡이, 벌레 오염
- 감자 칩: 섞은 것; 중량비 6 % 이상의 조각이 섞은 것

비록 CGMPs에는 언급되거나 요구 사항은 아니지만 법과 규정에 적합하게 정확히 기록된 문서를 비치하는 것이 내포되어 있다. 모든 식품 가공 조작의 단계에서의 기록들이 법의 규정에 맞추어 원료, 포장재 그리고 최종 제품을 검증하기 위하여 유지되어야 한다. 공중보건에 관련된 미생물을 살균이나 멸균에 관련된 기록들 역시 중요하다. 최종 제품을 추적하거나 리콜을 쉽게 할 수 있도록 유통에 관련된 기록들 역시 유지 보관되어야 한다. 기록의 보관 역시 HACCP 프로그램의 개발을 도와준다.

위생

대부분의 학생들은 위생이라는 것을 특히 식품 공장의 작업자들이 단순하게 쓰레기를 치우고, 장비를 세척하는 것으로 잘못 간주하고 있다. 그러나 위생은 궁극적으로 가공 중에 일어날 수 있는 제품의 위조를 방지할 수 있는 일련의 모든 행위를 포함한다. 모든 위생 프로그램의 진정한 목적은 소비자의 건강을 보호하는 것이다. 나아가서, 참된 위생 프로그램은 제품의 유통기한을 연장하고, 경제적 손실을 줄이며, 소비자에게 해가 되는 제품의 오염을 방지한다 (나무, 돌, 금속 부스러기 등). 과거 50년간 식품이 가공되는 방법과 생산성을 높이는 데 많은 진보가 있어 왔다. 이러한 진보는 제품의 안전성과 유통기한을 향상시켜왔으나 오염을 방지하기 위한 위생 프로그램이 필요하다.

위생은 본격적으로 논의되기 전에 식품 산업의 관점에서 정의되어야 한다. *위생*은 식품가공 공정에서 미생물을 제어하기 위하여 고안된 포괄적인 프로그램이다. 따라서 프로그램의 목적은 병원성미생물의 오염과 변패를 일으키는 미생물의 오염과 성장을 방지하는데 있다. 이 목적을 달성하기 위하여 개인과 환경위생이 실천되어야 한다. 위생적 관습이 붕괴되면 사람의 건강에 문제가 생긴다는 점에서 위생은

응용과학의 하나이다.

CGMPs의 위생적 조작의 섹션 이내에는 건물, 고정 설비, 그 외의 물리적 시설의 유지, 보수, 해충구제, 식품 접촉 표면의 위생과 세척한 장비와 도구의 보관과 취급을 다루고 있다. 미국 농무성은 제품에 따라서 특히 연방육류검사법 (Meat Inspection Act), 가금류제품검사법 (Poultry Products Inspection Act), 난류가공품검사법 (Egg Products Inspection Act)의 전반에 관하여 관할권을 가지며 다른 부서들도 연관되어 있다. 예를 들면, 수질오염법 (Water Pollution Control Act), 대기오염법 (Clean Air Act), 해충곰팡이설치류농약법 (Insecticide, Fungicide, and Rodenticide Act)과 관련이 있으면 미국 환경보호청 (EPA, Environmental Protection Agency)이 관련된다.

위생의 혜택은 매우 많으나 가장 궁극적인 것은 소비자의 질병을 예방하는 것이다. 효과적인 위생프로그램은 효과적인 HACCP 프로그램의 개발을 손쉽게 한다. 미국 FDA이나 다른 식품회사에 의한 상대방 식품공장의 위생검사는 점점 더 엄격해 지고 있다. 효과적인 위생 프로그램은 질병과 식품의 변패와 관련된 소비자의 부정적인 신고 회수를 줄일 수 있다. 이러한 유형의 문제 들은 소비자의 신뢰도를 약화시켜서, 판매액을 줄이고 클레임을 증가시킨다. 엄격한 위생 프로그램이 저장성과 제품의 유통기한을 증가시켜 경제적 손실을 줄인다. 가공설비와 냉각, 가열 설비의 정기적인 세척과 유지 보수 작업은 설비와 제품의 미생물 오염을 줄인다. 실제로 냉각시스템에서의 미생물의 증식이 식품의 오염과 식중독의 발생과 연결되어 왔었다. 종합하면, 충실한 위생 프로그램에 의하여 제품의 품질이 개선되고, 소비자 관계가 좋아지며, 검사 기관의 신뢰성이 향상된다.

위생 이전에 표준작업 절차 (SSOPs, Standard Operating Procedures)가 개발될 수 있으며 위생 감사가 수행되어야 한다. 설비를 면밀히 검토함으로서 허용 한계를 정하고 시정 행위를 확립할 수 있다. 감사를 할 때 체계적으로 접근을 해야 한다. 수부로부터 시작해서, 제품 원료의 온도, 냄새, 색과 외관을 점검하고 다음에 일반 공정으로 옮겨 벽, 바닥, 배수구와 세족장을 검사한다. 가공 설비, 탱크, 펌프, 살균기, 레토르트 역시 검사한다. 공장을 돌면서 종업원들의 습관을 관찰하고 허용 범위를 결정한다. 질병이나 상처가 있거나, 보석류를 패용하거나, 금지구역에 어슬렁거리는 종업원을 점검한다. 또한 머리나 수염의 보호대나 장갑 등의 보호장치의 착용 여부도 점검하여야 한다. 건물 내외부의 해충이나 부서진 유리창, 지붕의 손상, 창문과 문의 열려진 상태, 고여 있는 물이나 쓰레기 등도 점검되어야 한다. 위생은 단지 쓰레기 제거 이상임을 항상 명심하라.

미생물은 가공설비로부터 원료, 혹은 공정 라인을 통해서 식품에 오염된다. 작업자 등 역시 미생물을 장비나 식품에 오염시킬 수 있다. 세척, 운반, 준비 등에 사용되는 작업수로부터 또한 오염될 수 있다. 또한 제품에 첨가되는 부재료들로부터 오염되기도 한다. 만약에 미생물을 줄이거나 제거하도록 설계된 공정이 완료된 후에 부재료 들이 첨가된다면 더욱 중요하다.

소독제로 식품과의 접촉 표면을 위생적으로 처리하는 것은 위생적인 식품가공 환경을 유지하고, 식품 중의 미생물을 감소시키는 근본적인 방법이다. 소독은 병원미생물의 영양세포를 효과적으로 파괴하고 적절하게 미생물 수를 줄일 수 있도록 식품과의 접촉 표면을 처리하는 것을 포함한다. 소독 공정에서는 세균의 포자수를 감소하는 정도 까지는 필요 없다. 소독 처리가 식품의 맛이나 냄새에 영향을 주거나, 소비자의 안전에 해가 되어서는 안 된다.

화학멸균제를 선택하는 주된 기준은 정해진 시간에 특정 대상 미생물을 살균하는 능력이다. 염소 등의 소독제는 효과가 아주 큰 반면에 주의하여 사용하여야 한다. 식품공정에 염소는 소독제로 널리 쓰인다. 여러 요인들에 의하여 소독제가 불활성화 되거나, 그 효과가 감쇄된다. 장비 표면의 흙, 식품, 세균, 기름 등의 유기물이 소독제와 반응하여 효력을 줄이거나, 물 중의 중금속과 같은 이물질, 아질산, 설파이드 등도 소독제와 반응하기도 한다. 온도는 보통 중요한 요인은 아니지만 10 이하나 90 이상은 몇 가지 소독제의 효력과 이용성에 지대하게 작용한다. 보통 소독제의 농도와 살균효과는 비례한다. 그러나 차아염소산소다 (sodium hypochlorite)는 예외이다. 예를 들면, 차아염소산염 1000 ppm 수용액은 25 ppm 수용액의 효과의 1/3 정도이다. 차아염소산염은 염소의 수산화물로서 얻어지며 물속에서 분해되기 때문이다. 따라서 차아염소산염을 첨가하면 분해되어 알칼리로 작용하여 pH가 좁아지게 된다. 즉 1000 ppm의 수용액의 pH는 11 부근이고 25 ppm은 pH 8 정도이다. 일반적으로 염소와 요오드의 효과는 pH가 증가하면 감소한다.

염소소독제는 가장 인기가 있지만 특정 용도에는 다른 화학소독제들이 유용하다. 요오드포 (iodophore)는 권장 사용농도에서 피부를 자극하지 않기 때문에, 피부 소독제로 좋다. 장비 소독제로 쓰이지만, 에폭시나 PVC 수지를 얼룩지게 하며 전분질 식품을 변색시킨다. 과산화수소는 미생물에 의한 바이오 필름에 효과적이며 장비, 바닥과 벽의 표면에 사용될 수 있다. 오존과 글루타르알데히드, 사급암모늄염 역시 효과적이다. 염소와는 대조적으로 이들 화합물은 특정미생물에 대하여 서로 다른 효력을 나타낸다. 예를 들면, 사급암모늄염은 곰팡이와 그람 양성 세균에 대하여는 효과적이지만 대부분의 그람 음성 세균에 대하여는 그 효과가 없다

화학제의 사용 없이도 소독할 수 있다. 자외선 소독은 병원에서 이용된다. 유럽에서는 자외선 소독이 수돗물이나 식품용수의 살균에 널리 이용된다. 증기도 사용되나 경비가 들고 특별히 효과적이지는 않다. 실제로 증기 살균 시 응축수가 오염되거나 미생물 이를 이용해서 성장할 수도 있다. 열수는 식기나 작은 용구들의 소독에 이용될 수 있으나 에너지 경비가 많이 든다.

충실한 위생 프로그램이 안전하고 위생적이며 법적인 기준을 만족하는 식품을 제조할 수 있도록 한다. 위생은 식품업체에 종사하는 모든 사람들의 책임이다. 또한 위생은 매일 실천해야 하는 습관이며 식품 업체가 적절한 훈련과 종업원의 격려를 통하여 강화해나가야 할 정책이다. 만약에 모든 사람들이 위생 프로그램에 있어서 각자의 의무를 이해하고 지켜나간다면 늘 일정한 품질의 제품이 생산되며 소비자의 신뢰가 유지될 것이다. 적절하게 수행되면 위생은 식중독과 질병을 감소시킬 수 있다. 더욱이 위생이 늘 일정하게 유지되면 미생물 수가 감소된 제품이 생산되고 변질과 부패에 의한 제품의 손실도 그만큼 감소하게 된다.

SSOPs

SSOPs는 위생 조건을 확보하기 위하여 필요한 작업을 수행하는 특정한 일련의

일들을 구체화한 CGMPs에 의하여 진행된다. 작업전과 작업 후의 위생적인 요소들도 식품가공설비와 마찬가지로 SSOPs에 포함되어야 한다. 연방이나 주에서 검사하는 육류나 가금류 공장에서는 SSOPs의 문서가 반드시 만들어져서 유지되어야 한다.

미국 농무성 식품안전검사국은 SSOPs가 모든 회사들이 지속적으로 효과적인 위생 프로그램을 지켜나가는데 반드시 필요하며, 이에 의하여 직접적인 식품 오염이나 변질을 감소시키게 된다는 것을 실감하였다. SSOPs는 매일 매일의 감시 기록을 위하여 모든 공장 작업자의 매일의 작업 전과 후의 절차에 관련된 정보가 포함되어야만 한다. 회사는 SSOPs가 효율적이냐 아니냐를 판단하여 시정하는 행위를 취하여야 한다. 시정 행위에는 오염된 제품의 적절한 처분이나 위생적 환경을 회복하고 직접적인 오염이나 제품의 위조가 재발되는 것을 방지하는 절차 들이 포함된다. 육가공 공장의 SSOPs의 문서에는 회사가 SSOPs를 이행한다는 것을 확인하기 위하여 모든 관련부서의 담당자가 사인을 하도록 되어 있다.

모든 식품 공장에 문서화된 SSOPs가 필요하지는 않지만 이는 HACCP의 이정표 역할을 한다. HACCP 플랜은 제품의 안전성 확보를 위한 예방적 접근이다. CGMPs와 위생 (SSOPs)을 접합하는 것이 효율적인 HACCP 프로그램을 개발할 수 있도록 해준다.

HACCP

1990년 대 중반 이후 회사들의 HACCP 프로그램 개발이 보편화되었다. 일부의 경우에 미국 FDA과 미국 농무성 식품안전검사국는 국내산 과 수입품 해산물, 주스, 육제품의 안전성을 향상시키기 위한 HACCP 프로그램의 개발과 이행을 위임하는 최종 규정을 문서화 하였다. 사실상, HACCP는 식품 산업의 모든 부문에서 농장에서 식탁까지의 안전성을 효율적이고 효과적으로 확보하기위하여 미국을 비롯한 세계 각국에서 사용될 수 있다. HACCP는 생물학적, 화학적, 물리적 위해를 분석하고 제어함으로써 식품 안전을 표명하는 진일보한 예방 중심의 프로그램이다.

식품 제조업자는 모든 제품과 생산라인의 가능한 식품안전 위해의 요인을 구명하여야 한다. 이에 따라서 가능한 위해를 줄이거나 제거하기 위한 예방적 단계들이 밝혀질 수 있다. HACCP는 보다 적극적인 접근 방법이기 때문에, 제조업자는 예방단계에서 실패하면 해야 될 일을 미리 결정한다. 여기에는 적당한 시정 조치가 취하여진 것을 검증하기 위하여 지속적인 감시와 기록 작업이 요구된다. HACCP는 지속적인 시스템이므로, 새로운 성분이나 공정의 변화, 신기술의 등장에 따라 연속적인 갱신이 필요한 프로그램이다.

배경

HACCP의 개념은 50여년 전 미항공우주국 (National Aeronautics and Space Administration, NASA)와 Natick 연구소의 우주선에 결함양상분석시스템으로서 개발되었다. Pillsbury 사와 Natick 연구소와의 공동연구로 NASA는 이 공정을 우주선의 식품에 적용하였다. 즉 100% 세균이 없는 우주식품을 확보하기 위한 것이었다. 아마 우주 공간에서 여러분은 구토와 설사를 유발하는 식중독 현상을 상상할 수 있을 것이다. 이러한 한 최초의 작업이 현재의 HACCP를 있게 하였다.

HACCP는 1970년 대 초기에 일반에게 소개되었지만, 일부 산업체들만 그 개념에 관심을 가졌었다. 그러나 1985년 미국과학위원회 (National Academy of Scienses, NAS)의 식품보존위원회 (Food Protection Committee)의 분과위원회에서 강력하게 그 개념은 HACCP을 추천하였다. 미국식품미생물기준자문위원회 (The National Advisory Committee on Microbiological Criteria for Foods)가 1988년 만들어지고 HACCP의 이해를 촉진하는 자료들이 개발되도록 승인되었다. 현재 HACCP는 식품제조업체나 식품서비스 부문 뿐 만 아니라 일반 가정에서도 시행되고 있다.

HACCP의 기초 개념

HACCP 시스템은 다음과 같은 7 가지 원칙에 근거하고 있다. 그것들은 위해요소 분석을 행하고 (i), 중요관리점 (Critical Control Point, CCPs)을 결정하고 (ii), 관리 한계를 정하고 (iii), 모니터링시스템을 확립하고 (iv), 시정 조치를 확립하고 (v), 검증 절차를 확립하고 (vi), 문서화 및 기록 유지하는 것 (vii) 등이다. HACCP 프로그램의 개발을 위한 여러 가지 방법론들이 있다. 그러나 이들 모두는 식품의 안전관리에 대한 공감대에 기초한 방법을 강조하고 있다. 특정한 식품에 대한 HACCP의 모형이 미국 FDA과 미국 농무성 식품안전검사국에 의하여 제공되어 있다.

HACCP 플랜이 시행되기 전에 여러 가지 완결되어야 할 활동들이 있다. 먼저 HACCP를 시행하고자 하는 경영진의 확고한 의지가 있어야 한다. 경영진의 확실한 이해와 지원이 없으면 HACCP의 이행은 무익한 것이다. HACCP 팀은 각 공정의 작업자를 포함해서 위생, 생산 품질 보증에 관련된 인력으로 구성되어야 한다. 마케팅이나 총무부서의 인력을 포함하는 것도 바람직하다. 팀의 균형을 꾀하고 신선한 아이디어를 도입하기 위하여 외부 전문가를 넣는 것도 좋다. 효율적인 HACCP 팀을 구성하는 것은 지극히 어려운 일이며 이 경우 외부전문가의 도입이 특히 유용하다.

HACCP 팀은 포괄적인 HACCP 프로그램이 동일한 제조 플랜트에서 생산되는 모든 제품에 적용될 수 없다는 것을 인식해야 한다. 따라서 HACCP 플랜은 각각의 제품에 대하여 특이적으로 개발되어야 한다. 그러나 일단 하나의 플랜이 개발되면 이는 다음의 플랜에 대한 모형으로 적절하게 사용될 수 있다. 제품에 대한 설명에는 제품명, 배합비, 유통방법과 저장요건이 포함된다. 용도와 대상 소비자 역시 확립되어야 한다. 제품은 포괄적인 대중이 대상이 아니고 유아, 면역결핍자나 다른 위험도가 높은 집단일 수도 있다.

생산공정을 설명하는 공정도의 개발과 검증은 가끔씩 간과될 수 있는 중요한 단계이다. 중요관리점을 확립하고 위해 요인을 분석하는데 있어서 공정도는 필수적이다 (그림 26.1). 게다가 공정도는 검증절차에 있어서 필수적이며 길잡이가 된다. 공정도가 만들어지면 공정도의 정확도를 검증하기 위하여 제품설비의 다중점검 (walk-through)이 행하여져야 한다. 예를 들면 금속탐지기 같은 새로운 장비가 부가될 수도 있고 재작업 통로가 고려되지 않을 수도 있다.

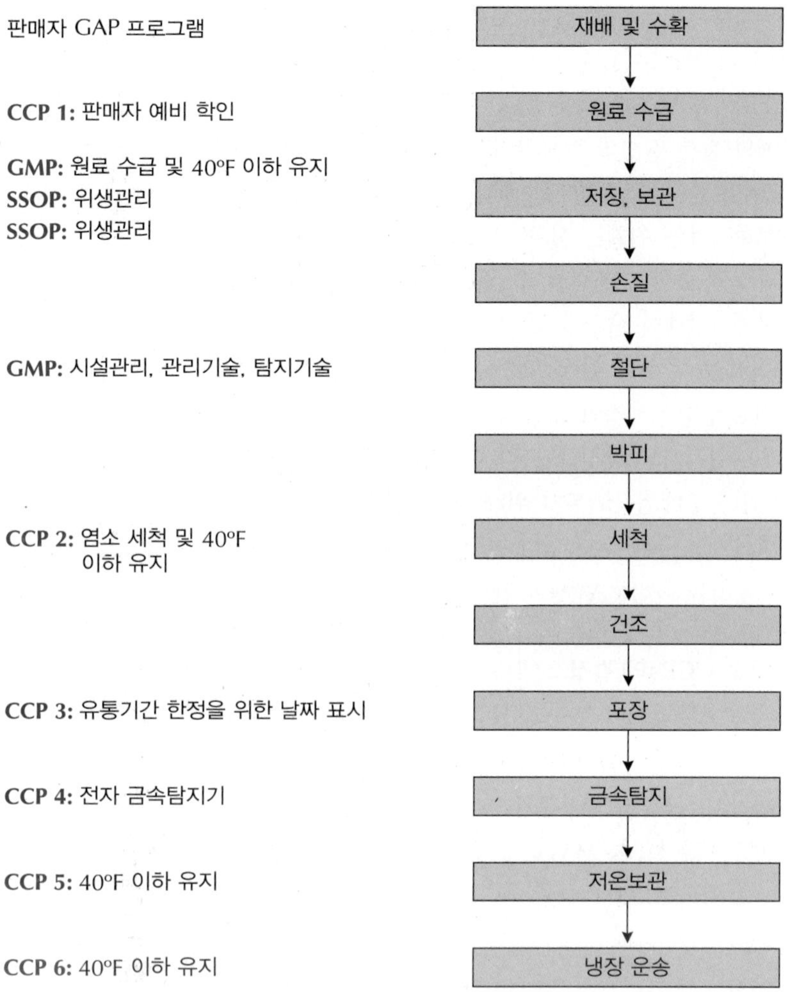

그림 26.1 비가열 가공제품의 대표적인 공정도와 중요 관리점(박피한 냉장 미니당근, GAP, GMP와 위생프로그램이 안전하고 위생적인 제품 생산에 가장 주요한 요인임을 주목할 것).

필요하면 공정도는 다시 변경할 수도 있다. 아래에 HACCP의 7 가지 원칙이 상세하게 설명되어 있다.

원칙 1: 위해 분석. 위해분석으로 제어되지 않으면 상해나 질병을 일으킬 수 있는 위해 리스트가 만들어진다. 이는 원료 부터 제품 생산 공정도의 각 단계 별로 체계적으로 행해진다. 소비자에게 위험하지 않거나 거의 없는 위해들은 HACCP 플랜에는 제외된다. 이러한 위해는 HACCP의 기초 단위인 GMP 안에 포함되어야 한다. 미국식품미생물기준자문위원회에서 설명하고 있는 위해는 "제어되지 않으면 질병이나 상해를 일으킬 수 있는 생물학적, 화학적, 물리적 인자"이다. 비록 어떠한 위해 인자가 HACCP 플랜에 내포되어 있지 않더라도, 특히 그 위해가 불량품의 범위에 포함될 때, 이는 식품제조업자가 무시해도 된다는 것을 뜻하는 것은 아니다.

일단 배합성분과 모든 제조 공정, 장비, 저장과 유통 과정의 점검을 통해서 위해 인자들이 구명되면 이들이 평가되어야 한다. 위해평가 동안 HACCP 팀은 위해인자들이 소비자에게 심각한 위험을 초래하여 HACCP 플랜을 통하여 해결되어야 하는지를 결정하여야 한다. 보통 이는 일어날 수 있는 질병이나 상해의 심각도와 가능성을 결정하는 것과 관련이 있다. 예를 들면 덜 가열된 소고기 패티는 *E. coli* O157:H7의 오염 가능성은 낮을 수 있으나, 오명 결과로 인한 증상은 심각하여 신장 장애와 같은 질병의 가능성이 높다. 따라서 이러한 위해들은 HACCP를 통하여 해결되어야 한다. 대조적으로 배합 중에 내용 성분의 포장지가 개봉될 때 작은 판지 조각이 들어가는 위해는 사고 가능성은 높으나 위해의 심각도는 낮다. 이러한 위해는 GMPs를 통하여 해결될 수 있다. 위해 심각도의 평가는 역학적 정보, 회사기록이나 정부기관에서 제공된 정보에 근거할 수 있다.

이러한 공정 동안 HACCP 팀은 적절한 제어방법을 밝혀내어야 한다. 모든 위해가 예상되거나 제거될 수 없으므로 제어라는 용어가 보다 적절하다. 제어수단은 같은 위해일지라도 공정에 따라 다양할 수도 있다. 위해인자를 제어하기위하여 금속탐지기나 구매업자로부터 위해인자의 부재를 증명하는 분석인증서와 같은 공정상의 변화가 요구될 수도 있다. 덧붙여서 이들 위해인자들이 제어될 수 있는지 아닌지를 결정하는 것이 GMPs와 기본 위생을 포함한 현재의 플랜으로 검토될 수 있다.

원칙 2: CCPs의 결정. 일단 모든 유의한 위해인자와 제어수단이 강구되면 이에 대한 중요관리점이 구명되어야 한다. 중요관리점은 어떠한 위해가 제어될 수 있으며 제어수단이 적용될 수 있는 어떤 시점, 단계 혹은 절차일 수 있다. 중요관리점은 냉각기, 금속탐지기 혹은 보존이나 요리 조건을 나타내는 포장지 표시일 수 있다. 많은 공정들은 불필요할 수도 있다. 예를 들면 분체의 다중체나 여러 개의 금속탐지기를 생산라인에서 이용할 경우, 마지막의 체나 탐지기가 중요관리점이 된다.

공정상에서 중요관리점을 확립하는데 있어서 모든 단계를 CCP로 하고저 하는 유혹이 생긴다. 이는 특히 원료일 경우 더욱 그렇다. 그러나 공정상에서 CCPs의 수는 감시와 기록이 용이하도록 최소가 되어야 한다. HACCP 플랜의 효율성의 관점에서 기록이 의미가 없다. 그러나 CCP는 단지 공정의 상위 단계에서의 위해를 제어할 수 있다는 것을 명심하라. 즉, 조리된 비프패티용의 그라운드 비프 중의 세균이 위해인자라고 하자. 이 단계에서 세균을 죽이는 조리 온도가 CCP가 된다. 이는 단지 그라운드 비프가 조리 전이나 후에 실온에 두어도 괜찮다는 것을 의미하지는 않는다. 실제로 그라운드 비프를 4°C 이하에 보존하는 것 역시 CCP이다.

원칙 3: 관리한계. 각 CCP마다 관리한계가 설정되어야 한다. 관리한계는 생물학적, 화학적, 물리적인 위해를 허용한계까지 예방하고 제거하고 감소하기 위하여 CCP에 맞는 미리 결정된 공차 (설계상 정해진 수치나 치수)에 근거한다. 예방적 조치를 위한 관리한계는 시간, 온도, pH, 수분활성, 염 농도, 수분함량 혹은 보존제의 함량 등이 될 수 있다. 각 식품회사는 HACCP 플랜에 지시된 관리한계가 규정된 위해인자를 확실하게 제어한다는 사실에 책임을 져야 한다. 관리한계는 회사의 실험적 연구나 규정의 기준이나 가이드라인, 혹은 과학문헌의 조사에 근거하여 만들어진다. 관리한계의 타당성 (원칙 6)은 HACCP 프로그램 성공의 키 역할을 한다.

원칙 4: 모니터링 절차. 모니터링은 CCP와 그 관리한계가 효과적이라는 것을 확신하기위하여 수행되는 것이다. 모니터링의 결과는 문서화되어 다음의 검증에 이용되는 기록이다. 모니터링은 컴퓨터 등에 의하여 자동 기록되거나 손으로 작성된다. 모니터링 행위는 pH 온도, 수분 혹은 수분활성의 측정을 포함한다. 모니터링은 관찰이나 CCP가 제어되고 있는지를 평가하는 측정의 계획된 결과이다. 만약에 일상적인 행위로 모니터링이 수행되지 않으면 HACCP 플랜은 적당히 타협된 것이 되어 소비자에게 불량품이 도달되게 된다. 이상적으로 모니터링은 연속적이어야 하며 관리한계의 이탈이 일어나기 전에 문제를 미리 제기 하여야 한다.

주어진 CCP의 모니터링은 신속해야 하며, 시간이 걸리는 분석시험은 배제되어야 한다. 따라서 미생물 시험은 거의 CCPs를 모니터링 하는데 사용되지 않는다. 모니터링 인력은 적절하게 훈련을 받아야 하며, 모니터링의 중요성을 이해하고 관리한계를 벗어날 때 취해야 할 행동을 숙지하고 있어야 한다. 예를 들면, 만약에 벨트의 속도가 빨라져서 60 초 동안 조리되어야 할 그라운드 비프 패티가 단 30 초 동안 조리된다면 어떻게 되겠는가? 이러한 공차를 해결하기위하여 시정하는 조치가 확립되어야 한다.

원칙 5: 시정 조치. HACCP은 식품과 연관되어 있는 위해를 제어하는 예방적 시스템이다. 그러므로 확립된 관리한계의 공차를 해결하기 위하여 고안된 시정행위가 HACCP 플랜에 반드시 기술되어 있어야 한다. 시정 행위는 회사가 공정이 잘 제어되고 관리한계가 준수되도록 공차의 원인을 시정하고 고치는 방법이 기술되어야 하고, 관리한계를 이탈한 제품을 처리하는 방법을 지시하고 HACCP 플랜에 조정이 필요한가를 결정하는 절차를 용이하게 하여야 한다.

잘 조리되지 않은 소고기 패티의 시정 행위에는 벨트 스피드를 조정하는 것과 같은 장비 문제를 시정하는 방법이 포함된다. 더욱이 한계를 벗어난 제품은 방출되면 안된다. 그 제품은 다시 오븐으로 보내져서 적절하게 가열 처리를 하거나 폐기 처분되거나, 다른 제품에 사용될 수 있다.

원칙 6: 검증 절차. HACCP 플랜 안에서 검증은 여러 단계에서 수행된다. HACCP 플랜에 따르는지, 모니터링 기록이 정확한지를 결정한다. 모든 HACCP 플랜은 외부 심사자의 활용으로 재검증된다. 검증은 HACCP 플랜이 정부의 규정에 맞추어 안전하게 작동되는가를 확인하기 위하여 행해져야 한다. 그라운드 비프를 조리하는 경우에 온도-시간의 변수는 *E. coli* O157:H7을 사멸할 수 있도록 검증되어야 한다.

주어진 관리한계나 모든 HACCP 플랜의 검증은 정기적으로 혹은 정해진 계획에 따라 매일, 매주 혹은 매년 실시될 수 있다. 빈도는 검증되는 작업에 따라 결정된다.

원칙 7: 기록의 유지. 기록의 유지는 HACCP 플랜의 심장이다. HACCP 플랜과 연관하여 생기는 모든 기록, 특히 CCPs, 관리한계와 제품폐기에 관한 조치는 회사에 파일화되어 보관되어야 한다. 기록은 HACCP 팀이 제품의 안전성을 평가하고 문서화하는 것을 변경하는 수단이 된다. HACCP 플랜 기록은 팀 멤버, 제품 설명, 주 소비대상, CCPs와 관련된 공정도, 위해의 유형, 관리한계, 모니터링의 설명과 시정 조치, 기록 방법이 포함되어야만 한다.

HACCP: 식품가공업체 이후

좋은 식당에서 저녁을 먹거나 지방의 햄버거 가게에서 식사를 할 때 고객은 자기가 먹고 있는 음식이 위생적이고 안전할 것이라고 기대한다. 요식업이나 소매의 식품 시설 운영자들은 HACCP를 적용하라고 요구되지는 않는다. 그러나 많은 이런 시설들이 자발적으로 HACCP 원리에 근거를 둔 식품안전관리시스템을 적용해 왔다. 이러한 선행의 접근들은 안전한 식품들이 식당에서 제공되거나 특정 시설에서 판매될 수 있도록 FDA에서 권장된다. 사실 HACCP를 기본으로 하는 시스템들을 적용함으로써 요식업자나 소매 판매업자들이 식품 규정집의 규정들을 준수할 수 있도록 하는데 도움이 된다.

요식업체를 통한 식품의 흐름에 있어서 완제품의 오염을 줄이는 것이 가장 중요한 문제이다. 교차오염 즉 조리된 식품이나 즉석식품이 조리되지 않은 식품이나 식품재료와 접촉하여 일어나는 오염이 가장 큰 관심사이다. 저온식품이나 고온식품의 보관온도 여기 식품에 존재할 수도 있는 미생물의 성장을 억제하거나 제한하는데 있어서 매우 중요하다. 식품이 적절하게 취급되고 있는가를 명확하게 하기 위하여 작업과정 체계도가 확립되어야 한다 (그림 26.2). 요식업체에서 HACCP 플랜을 확립하는 과정은 식품가공업체에서와 매우 유사하다. 사실 HACCP 플랜은 동일한 접근방법을 사용함으로써 가정에도 확립될 수 있다.

특정 식품산업체의 HACCP

1996년도에 미국 농무성 식품안전검사국는 모든 가금류를 포함한 육가공 업체에 병원성균 감소와 HACCP 시스템의 프로그램을 확립하였다. 병원성균 감소와 HACCP 규정은 HACCP 이상의 것을 포함하는 것이다. 이 계획은 모든 육가공업체가 제품의 안전성을 향상하기 위하여 HACCP 플랜을 개발하고 이행하며, Salmonella를 기준으로 하여 병원성균 감소 방안을 마련하는 것을 요구하며, 또한 문서화된 SSOPs의 이행과 개발 및 분변으로 인한 오염을 방지하고 그들의 공정의 정당성을 검증하기위하여 모든 도살장에서 *E. coli*에 대한 미생물검사를 수행 할 것을 요구하고 있다. 불충분한 조리로 인한 대규모 *E. coli* O157:H7식중독의 발발에 의하여 그 계획은 더욱 촉진되었다.

1996년도 미국 FDA는 가공업체의 HACCP 플랜 개발을 돕기 위하여 *수산물 및 수산가공품의 위해제어 가이드* (*Fish and Fishery Products Hazards and Control Guide*)를 출판하였다. 수산업체의 HACCP 플랜은 수산물이 어장에서 식탁까지 노출될 수 있는 다양한 위해, 즉, 바이러스, 세균, 기생충, 자연독소 및 화학적 오염물질 등을 포함하여야만 한다. 미국 FDA는 주기적으로 수산업체 들의 HACCP 플랜을 점검하고 검사하도록 되어있다. 미국 FDA이 수산업체로 하여금 강제적으로 HACCP 시스템을 이행하도록 한 것은 미국에서 섭취되는 반 이상의 해산물이 거의 135 개국에서 수입된 것이기 때문이다.

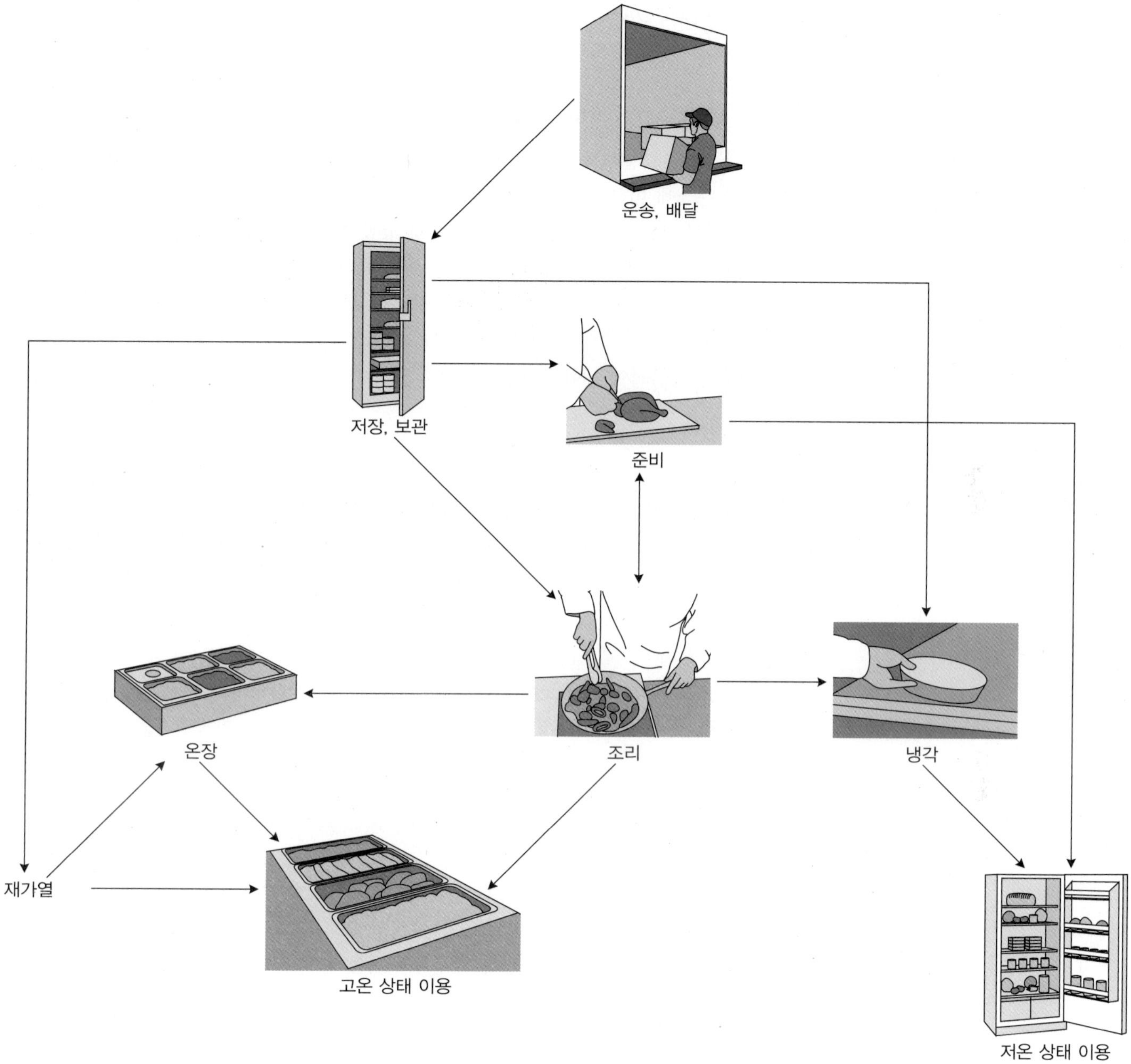

그림 26.2 외식산업에 있어서 식품의 작업과정 및 취급 요령은 소비자에게 제공되는 식품이 위생적이고 안전한 것임을 확신시키는데 가장 중요한 것이다. 이 모식도는 고온으로 또는 저온으로 제공하려는 식품의 작업과정을 개괄적으로 나타내고 있다.

미국 FDA의 식품안전과 영양센터 (FSAN, Food Safety and Applied Nutrition)는 1998년도 과일과 채소 주스의 HACCP를 제의하여 해당 산업체에 적용하였다. 다른 HACCP 규정과 마찬가지로 주스가공업자는 어떤 생물학적, 화학적, 물리적 위해인자가 가공공정 중에 제품을 오염시키는 가를 결정하여 평가하여야 한다. 그러나 실제적인 관심사는 미생물 오염이다. 이 규정의 가장 주목할 점은 비살균 주스에 비하여 가장 저항성이 있는 세균이 최종 제품의 로그 5 단위를 감소시킬 수 있는 방법을 강구하여야 한다는 것이다. 이러한 목표를 달성하기 위하여 컴비네이션 방법이 사용될 수 있다. 감귤류의 가공업체는 표면처리를 사용하기도 한다. 주스를 직접 소비자에게 판매하거나 포장 판매하는 소매업자는 이 규정이 필요 없다. 비가열살균 주스에 의한 대규모 *E. coli* O157:H7 식중독의 발발로 이 HACCP 규정이 주 품목에 대하여 시급히 적용되었다.

결론

현장 위생과 GMPs의 이행 및 HACCP 프로그램은 불량식품을 소비자에게 판매하는 것을 방지한다. 이러한 방법들은 식중독의 발발건수를 줄이는 긍정적인 효과를 준다. 오늘날 세계적으로 식품유통이 이루어지고 있는 가운데, 소비자가 섭취하기까지 고의적인 오염이나 오염될 수 있는 가능성을 방지하기 위한 방법이 정착되어야만 한다. 우리는 주로 수확 후의 프로그램을 논의하였으나, 농장에서도 Good Agricultural Practices (GAPs)와 같은 제도를 통하여 원료 농산물의 생물학적, 화학적, 물리적 위해요소를 감소할 수 있다. 실제로 많은 가공업자들이 농부들에게 GAPs를 하도록 요구하고 있다. 농가에서 미생물 수준을 줄이는 것이 최종제품의 미생물 수준을 허용 범위 안에 유지할 수 있도록 하는 지름길이다.

요약

- GMPs와 현장 위생은 HACCP 프로그램의 기초 구조이다.
- GMPs는 비위생적인 환경 하에서의 식품의 제조와 불량식품의 판매를 방지하기 위하여 고안되었다.
- 위생은 개인위생과 환경위생을 포함한다.
- HACCP는 농장에서 식탁까지 효과적이고 효율적으로 식품의 안전을 확보하기 위한 예방적 접근 방법이다.
- HACCP는 조리된 식품의 안전성을 확립하기 위하여 요식업체에 효과적으로 적용될 수 있다.
- HACCP는 육류 및 가금류 가공, 과일 및 채소 주스, 수산가공업체는 강제적으로 시행하여야 하는 시스템이다.

참고문헌

Gould, W. A. (ed.). 1994. *CGMP's/Food Plant Sanitation*. CTI Publications, Inc., Baltimore, MD.

Marriott, N. G. (ed.). 2006. *Principles of Food Sanitation,* 5th ed.Springer Publising, New York, NY.

National Advisory Committee on Microbiological Criteria for Foods. 1998. Hazard analysis and critical control point principles and application guidelines. *J. Food Prot.* **61:**762–775.

U.S. Separtment of Health and Human Services, Food and Drug Administration, Center for Food Safety and Applied Nutrition. 2006. *Managing Food Safety: a Manual for the Voluntary Use of HACCP Principles for Operators of Food Service and Retail Establishments.* http://www.cfsan.fda.gov/~acrobat/hret2.pdf.

어휘

4-Methylumbelliferyl-β-D-glucuronide : *Escherichia coli* O157:H7에 의한 β-D-glucuronide의 생산을 결정하는 물질. 약어로 MUG.

AOAC (Association of Official Analytical Chemists) : 검사 방법의 비준과 관련된 조직.

ATP : Adenosine triphosphate (아데노신-3-인산).

a_w : 수분활성, 수분활성도 (water activity)

CDC : Centers for Disease Control and Prevention (질병통제예방센터)

CFU : Colony-forming unit (콜로니 형성 단위). 이론적으로 하나의 세균 세포에서 발생한 한천배지 위 한 개의 콜로니.

-cidal : 죽일 수 있는 것을 나타내는 접미사.

FDA : Food and Drug Administration (식품의약청).

FSIS : Food Safety and Inspection Service (식품안전검사국).

FSO : Food safety objective (식품안전 목표).

GAPs : Good agricultural practices (우수 농산물관리 기준).

Glyco- : "당을 함유한"을 의미하는 접두어

GMPs : Good manufacturing practices (우수 식품 제조 및 품질관리 기준)

GRAS : Generally recognized as safe. 1958년 이전에 사용된 식품첨가제의 합법적 분류로 그때부터 안전하다고 확인된 첨가제를 포함하고 있다.

HACCP : Hazard Analysis Critical Control Point (위해요소 중점관리 기준).

kGy (Kilogray) : 흡수된 방사선 1 unit는 1 joule의 에너지와 같다. 약어로 kGy.

LD_{50}. : 개체수의 50%를 죽일 수 있는 물질의 농도.

MAP : Modified-atmosphere packaging (대기조절 포장).

MPN : Most probable number (최확수).

MUG : 4-Methylumbelliferyl-β-D-glucuronide 참조.

nvCJD : New-variant Creutzfeldt-Jakob disease (신변종 크로이츠펠트야콥병).

***rpo*S 유전자 :** DNA 의존성 RNA polymerase를 암호화하는 유전자.

SASP : Small acid-soluble proteins (소형 산가용성 단백질).
SEA : Staphylococcal enterotoxin A (포도상구균 장독소 A).
-static : 무엇을 억제하거나 멈추게 하는 능력을 나타내는 접미어.
TSE : Trasmissible spongiform encephalopathy (전염성해면상뇌병증).
USDA : U.S. Department of Agriculture (미국 농무성).
VNC : Viable but nonculturable (살아있으나 생육이 불가능한 상태).
결리 (Tenesmus) : 배변이 잘 안 나오면서 급하게 배변하고 싶은 느낌.
고온(성)균, 호열성균 (Thermophile) : 높은 온도에서 성장하는 미생물.
곰팡이독소 (Mycotoxins) : 곰팡이에 의해 만들어지는 화학적 독소의 속명.
광역 전염성의 (Pandemic) : 특히 넓은 지역에 걸친 전염성의.
괴사(성)의 (Necrotic) : 죽은.
구토형 독소 (Emetic toxin) : 구토 유발 독소.
내건성 미생물 (Xerotolerant) : 건조한 상태를 견디는 능력을 가진 미생물.
내냉(성)균 (Psychrotroph) : 차가운 곳에서 성장할 수 있지만 최적 성장 온도는 20°C이고 30°C에서도 성장할 수 있는 미생물.
내독소 (Endotoxin) : 세포와 구조적으로 결합 또는 세포 내부에 존재하는 독소.
내삼투압성 미생물 (Osmotolerant) : 이용가능한 수분이 거의 없는 (낮은 수분활성) 상태 (즉, 고농도의 염이나 당)에 대한 내성.
내생포자 (Endospore) : 모세포 내에서 형성되는 포자.
내염성 미생물 (Halotolerant) : 염에 대한 내성을 가지는 것
내적요인 (Intrinsic factor) : 식품에 내재해 있는 pH나 수분활성도 같은 특성.
농무성 (U.S. Department of Agriculture) : 육류, 가금류, 계란에 합법적 권한을 가지는 미국 내각차원의 정부기관. 약어로 USDA.
다클론항체 (Polyclonal antibody) : 여러 세포내 표적을 검출하는 항체.
단백분해성의 (Proteolytic) : 단백질을 분해하는 효소를 생산하는 것.
단일클론항체 (Monoclonal antibody) : 특정 목표 세포를 검출하는 항체.
대기조절 포장 (Modified-atmosphere packaging) : 많은 양의 CO_2 안에서 식품의 저장과 포장을 하는 것. 약어로 MAP.
독성의 (Virulent) : 질병의 원인이 되는 것.
등전점 (Isoelectric point) : 단백질 또는 아미노산이 하전을 가지지 않는 pH.
디설파이드 결합 (Disulfide linkage) : 단백질의 다른 부분에서 두 시스테인 분자 사이에서 형성된 공유결합. 단백질 구조의 안정화에 기여한다.
라이소자임 (Lysozyme) : 세포벽을 파괴하는 효소.
라이터증후군 (Reiter's syndrome) : 관절염과 눈 주위 염증 같은 특징을 가진 자가면역질환.
면역력이 약화된 (Immunocompromised) : 일반적 질병과 싸울 수 없는 면역시스템을 가진 상태.
박과식물 (Cucurbits) : 호박 (squash, pumpkin)과 오이를 포함하는 식물 그룹.
발아 (Germination) : 포자가 영양세포로 되는 과정에서 첫 번째 비가역적 단계.
발아 후 성장 (Outgrowth) : 발아된 포자가 영양세포가 되는 과정.

발아제 (Germinant) : 포자 발아를 유도하는 성분.

부생균 (Saprophyte) : 죽었거나 썩어가는 식물체에 기생해 살아가는 생물체.

부실온도관리 (Temperature abuse) : 미생물 성장이 가능한 온도 (40에서 140° F)에 식품을 두는 것.

부착 및 소실 병변 (Attaching and effacing lesions) : 세균 (*Escherichia coli* O157:H7)이 장관 상피세포 표면에 부착되어 발생한 손상으로 미세융모 (mirovilli)의 손실을 가져온다.

분리균주 (Isolate) : 특정 위치에서 분리한 미생물 균주. 환경 분리균이나 임상 분리균인 같은 종의 균주들은 꽤 다를 수 있다.

분변-구강 경로 (Fecal-oral route) : 구강을 통한 배설물에서 몸으로의 병의 전염 경로.

분변-구강 전염 (Fecal-oral transmission) : 손을 잘 씻지 않아 한 사람의 배설물에서 다른 사람의 입으로 세균이 전염되는 것.

분별배지 (Differential media) : 다른 세균 개체 사이에서 특정 세균이 정색반응을 통해 시각적으로 구분되는 배지.

사과류 과일 (Pomaceous fruits) : 사과와 배를 포함하는 과일 그룹.

사이토카인 (Cytokines) : 면역 시스템 세포에 의해 분비되거나 생성되는 물질 또는 성분. 이 물질들은 면역반응에서 중요한 역할을 한다.

산내성 반응 (Acid tolerance response) : 산 처리에 대한 세포의 반응으로서 이후 더 강한 산 처리에도 세포가 생존할 수 있도록 함. 약어로 ATR.

산발성의 (Sporadic) : 임의적으로 발생.

살아있으나 생육이 불가능한 상태 (Viable but nonculturable) : 전통적 방법으로 배양될 수 없지만 섭취하면 여전히 병을 일으킬 수 있는 세포에 적용되는 용어. 약어로 VNC.

상업적 무균 (Commercial sterility) : 제품에 질병을 유발할 수 있는 미생물이 없는 것을 나타내는 정도.

선택배지 (Selective media) : 존재할 지도 모르는 다른 세균의 성장을 억제하고 특정 세균만의 성장을 위한 배지.

세균혈증 (Bacteremia) : 혈중에 세균이 존재하는 것.

세포독성의 (Cytotoxic) : 세포에 치명적인 것.

소아마비 (Poliomyelitis) : 마비의 원인이 되는 근육의 퇴행성 질환. 폴리오 (Polio)라고도 한다.

소장결장염 (Enterocolitis) : 장관 내부의 염증

소형 산가용성 단백질 (Small acid-soluble proteins) : 내성을 가지는 포자 단백질. 약어로 SASP.

쇠약 (Prostration) : 극도로 지친 상태.

수막염 (Meningitis) : 뇌와 척수 주위 조직 (뇌막)의 염증.

수분활성 조절 용질 (Compatible solutes) : 세포가 내부의 수분활성도와 주변 환경 수분활성도의 균형을 유지하기 위해 축적하는 해가 없는 성분.

수분활성(도) (Water activity) : 제품의 평형상대습도. 미생물 성장과 화학적 반응

에 이용가능한 물의 양. 약어로 a_w

숙주 (Host) : 다른 미생물이 살 수 있는 환경을 제공하는 생물체. 식품유래 병원성균의 경우 피해자가 숙주이다.

시그마 인자 (Sigma factor) : DNA 의존성 RNA polymerase에 결합하는 단백질.

식품안전 목표 (Food safety objective) : 특정 식품유래 질병 빈도의 정량적 목표. 약어로 FSO.

식품안전검사국 (Food Safety and Inspection Service) : 미국 농림부의 규제기관. 이곳은 모든 육류와 가금류 가공공장을 조사한다. 약어로 FSIS

식품의약청 (Food and Drug Administration) : 육류, 가금류, 계란과 알코올을 제외한 식품 전반에 법적 권한을 가진 정부기관. 보건후생성 (Department of Health and Human Services)의 기관. 약어로 FDA.

신경독소 (Neurotoxin) : 신경에 작용하는 독소.

신변종 크로이츠펠트야콥병 (New-variant Creutzfeldt-Jakob disease) : 프리온에 의해 발생되는 인간 신경 질환. 약어로 nvCJD.

아데노신-3-인산 (Adenosine triphosphate) : 세포 에너지의 저장을 위한 화합물. 약어로 ATP.

외독소 (Exotoxin) : 세포 외부로 분비되는 독소.

외적요인 (Extrinsic factor) : 온도나 대기와 같이 식품에서 미생물이 성장하기위한 능력에 영향을 주는 외부요인.

용해 (Lysis) : 세포를 파괴하는 것.

용해하다 (Lyse) : 강제로 세포를 파괴하다.

용혈성의 (Hemolytic) : 적혈구를 강제로 파괴할 수 있는.

용혈소 (Hemolysin) : 적혈구의 용해를 야기하는 성분.

우수 농산물관리 기준 (Good agricultural practices) : 헹굼에 음용수의 사용, 인분을 비료로 사용하는 것 금지, 알맞은 일꾼 위생과 같은 규정된 실천론은 농업단계에서 식품의 미생물 안전 보장에 기여. 약어로 GAPs.

우수 식품 제조 및 품질관리 기준 (Good manufacturing practices) : 설치류 통제 프로그램, hair net과 장갑 사용, 장신구 착용금지와 같은 규정된 관습들은 식품가공공장에서 식품의 안전 보장 기여. 약어로 GMPs.

운반체 (Vehicle) : 출처 혹은 운반체.

원형질 분리 (Plasmolysis) : 수분 손실로 인한 세포의 수축.

위장염 (Gastroenteritis) : 대체로 위장에서 발생하는 질병.

위해요소 중점관리 기준 (Hazard Analysis Critical Control Point) : 생물학적, 화학적, 물리학적 위험의 분석과 통제를 통한 식품안전을 발표한 적극적 예방 지향 프로그램. 약어로 HACCP.

유사충수염 증후군 (Pseudoappendicular syndrome) : 넓은 의미로 충수염과 관련된 개인적 증상에 대한 증후군.

유전적 지문조사 (Genetic fingerprinting) : 핵산을 기본으로 미생물의 특정 확인법 (fingerprint)을 제공하는 기술.

이상유산발효균 (Heterofermentative) : 발효산물로 유산외에 초산 또는 알코올을

생성하는 것. heterolactic이라고도 함
자낭포자 (Ascospore) : 자낭균류가 형성하는 내열성의 생식포자
자동산화 (Autoxidation) : 기질의 자발적 산화.
장독소 (Enterotoxin) : 위장기관에서 작용하는 독소.
저산성식품 (Low-acid food) : pH가 4.6 이상이고 수분활성도가 0.85 이상인 식품.
저온(성)균, 호냉균 (Psychrophile) : 차가운 곳에서 성장하는 것을 좋아하고 최적 성장 온도는 15°C이고 30°C에서는 자랄 수 없는 미생물.
저온살균 (Pasteurization) : 병원성균과 필요하지 않은 부패 생물을 죽이기 위한 열처리.
전염병학, 역학 (Epidemiology) : 전염병 연구. 식품유래 질병의 발병요인을 결정하는데 사용되었다.
전염성해면상뇌병증 (Trasmissible spongiform encephalopathy) : 프리온이 원인인 스크래피, 쿠루병 또는 광우병과 같은 질병. 약어로 TSE.
접종물 (Inoculum, inocula) : 성장을 유발하기 위하여 초기에 접종하는 미생물.
정상유산발효균 (Homofermentative) : 발효산물로서 유산만을 생성하는 것. homolactic이라고도 함
조건병원성균 (Opportunistic pathogen) : 이미 어떤 질병을 가진 사람에서만 질병을 일으키는 세균
중온(성)균 (Mesophile) : 최적 성장 온도가 20에서 45°C인 미생물.
즉석식품 (Ready-to-eat food) : 미리 요리된 델리 육 같은 추가 요리가 필요 없이 먹을 수 있는 식품.
진공밀봉된 (Hermetically sealed) : 진공상태에서 밀봉된.
질병통제예방센터 (Centers for Disease Control and Prevention) : 식품유래 질병을 추적하고 발병 해결을 돕는 보건후생성 (Department of Health and Human Service) 안의 기관. 규제권한이 없다. 약어로 CDC.
최확수 (Most probable number) : 통계적 방법으로 추정하는 적은 세균의 개체수 또는 그 추정방법. 약어로 MPN.
출혈성 대장염 (Hemorrhagic colitis) : 혈변을 특징으로 가지는 질병.
칠면조 X 질병 (Turkey "X" disease) : 처음에는 원인 물질이 알려지지 않은 칠면조의 질병.
킬레이트 (Chelate) : 이온과 결합하는 것.
통성 (Facultative) : 선호되는 상태는 아니지만 할 수 있는 능력을 가지는 것. 예를 들어, 통성혐기성 미생물은 산소가 없는 곳에서도 성장할 수 있지만 존재하면 더 잘 성장한다.
패혈증 (Septicemia) : 완전히 전신이 감염된 것.
포도상구균 장독소 A (Staphylococcal enterotoxin A) : 포도상구균 장독소의 혈청학적 형태. 약어로 SEA.
포자형성 (Sporulation) : 영양세포가 형성하고 포자를 방출하는 과정.
프랑크 병원성균 (Frank pathogen) : 건강한 사람들 사이에서 질병을 유발하는 세균.
프리온 (Prion) : 형태가 바뀌면 전염 가능한 뇌질환의 원인이 되는 단백질의 드문

형태.

플라스미드 (Plasmid) : 염색체로부터 독립적으로 존재하고 독성, 독소, 박테리오신 산물과 같은 유전적 특징과 생화학적 특징을 가진 원형 DNA. 플라스미드는 다른 종류의 세균에 전달될 수 있다.

피층 (Cortex) : 중심부의 탈수를 통해 내성을 가지는 포자 구조.

하수증 (Ptosis) : 식품유래 질병의 경우에 일반적으로 눈꺼풀이 처지는 효과

항상성 (Homeostasis) : pH 유지와 같은 일정한 세포내 상태를 유지하기 위한 생물체의 작용.

항원성의 (Antigenic) : 면역 (항체) 반응을 유발할 수 있는 것. 작은 분자는 비항원성이고 큰 분자는 여러 개의 항원 부위를 가질 수도 있다.

혈청학적 (Serological) : 항체반응을 일으킬 수 있는.

혈청형 (Serotypes) : 다른 항체에 반응하는 다양한 세균 종들.

혐기성 미생물 (Anaerobe) : 공기의 존재 하에서는 성장할 수 없는 미생물.

호기성 미생물 (Aerobe): 성장에 산소를 필요로 하는 미생물.

호기적 생균수 (Aerobic plate count) : 식품에 존재하는 대략적인 미생물의 수를 나타내는 것. 약어로 APC.

환경보호청 (Environmental Protection Agency) : 살균효과와 살충제와 같이 식품과 관련된 이슈를 규제하는 연방정부기관. 약어로 EPA

후막포자 (Chlamydospores) : 일부 진균류에서 무성생식으로 만들어진 휴면성 포자.

퍼즐 해답

CROSSWORD PUZZLES

Chapter 2

Across
3. homeostasis
4. homolactic
7. five
9. energy
11. Baird-Parker
12. selective

Down
1. no
2. psychrophile
5. oxidative
6. one
8. intrinsic
10. hurdle

Chapter 6

Across
2. stringency
3. quantitative
5. manufacturing
8. Howard
9. direct
10. Codex
11. standard

Down
1. specification
4. indicator
5. mandatory
6. cadaverine
7. guideline

Chapter 15

Across
3. inactivated
5. BOTOX
8. anaerobic
9. psychrophilic
10. soil
11. infant

Down
1. neurotoxin
2. wound
4. neurological
6. nitrite
7. diaphragm

Chapter 19

Across
1. bacteriophage
5. ATP
6. fermentation
9. nitrite
12. homofermentative
14. raid
15. eyes
18. oxygen
19. seed
20. yeast

Down
2. acidification
3. carbohydrates
4. vinegar
7. cit
8. pentoses
10. proteins
11. *Lactococcus*
13. oxidized
16. sweats
17. lytic

Chapter 25

Across

1. Xerox
3. fee
5. *D* value
7. freeze
8. hydro
9. spore
10. rain
12. ORP
14. pasteurization
17. radiation
18. HUS
19. vent
21. AM
22. torr
23. microwave

Down

1. xero
2. xerotolerant
3. freeze drying
4. energy
5. dehydration
6. add
9. SOS
11. nonthermal
13. pressure
15. activity
16. ziti
20. pico
21. a_w
23. MW

WORD SCRAMBLE PUZZLE

Chapter 3

1. Appert
2. aseptic
3. *Bacillus*
4. *botulinum*
5. *Clostridium*
6. commercial
7. cortex
8. exosporangium
9. germination
10. resistance
11. spoilage
12. sporulation

WORD SEARCH PUZZLES

Chapter 9

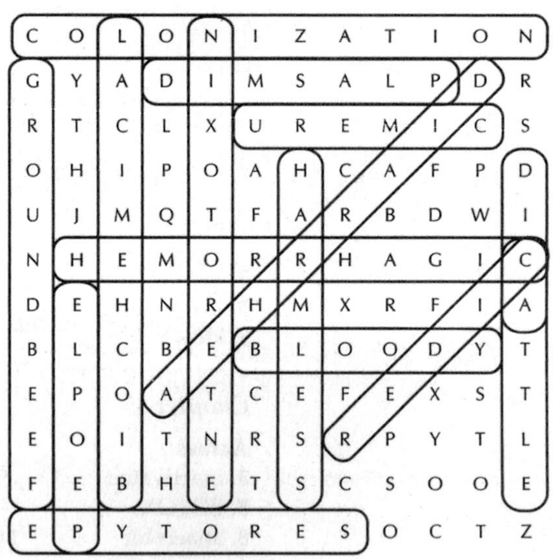

Chapter 13

S	Y	O	W	K	C	A	D	F	A	A	D	L
W	M	A	C	R	O	P	H	A	G	E	Z	I
X	P	P	R	E	G	N	A	N	T	G	P	S
X	O	E	U	F	W	B	Z	A	N	U	W	T
S	S	M	Y	N	O	Z	R	I	B	D	C	E
S	T	W	O	R	Q	E	P	I	C	K	A	R
I	P	F	T	R	G	Y	Q	I	C	V	G	I
J	R	I	S	I	T	U	D	Y	J	O	E	O
H	O	X	R	O	I	A	X	O	T	J	E	L
N	C	F	R	T	R	A	L	R	L	G	A	Y
D	E	E	O	O	V	S	U	I	T	W	W	S
R	S	U	P	A	H	J	W	L	T	G	X	I
I	S	S	Z	R	U	Z	T	N	J	Y	B	N

Chapter 17

L	T	Q	S	U	V	M	S	A	D	Q	V	J	B	G
B	Q	E	P	X	M	L	A	E	H	R	R	A	I	D
V	D	J	N	A	S	E	R	O	P	S	C	M	R	Z
K	E	N	T	E	R	O	T	O	X	I	N	X	N	X
Q	L	C	T	N	S	K	I	E	L	C	G	Z	N	V
N	H	C	I	T	E	M	E	L	J	A	Q	O	O	P
S	R	U	C	R	H	S	U	O	T	R	S	M	X	V
U	P	I	H	T	I	S	H	S	K	H	I	G	N	O
O	M	R	T	I	C	D	A	B	J	T	V	P	S	F
S	Y	V	J	E	C	P	X	D	O	N	Y	Q	F	R
Z	S	K	R	C	S	H	G	J	F	A	T	J	B	Y
Q	F	E	H	T	I	B	V	C	P	R	H	N	V	N
X	U	B	F	E	J	L	R	V	V	U	X	I	W	K
S	H	W	U	F	Z	S	E	K	T	T	C	A	N	B

Chapter 21

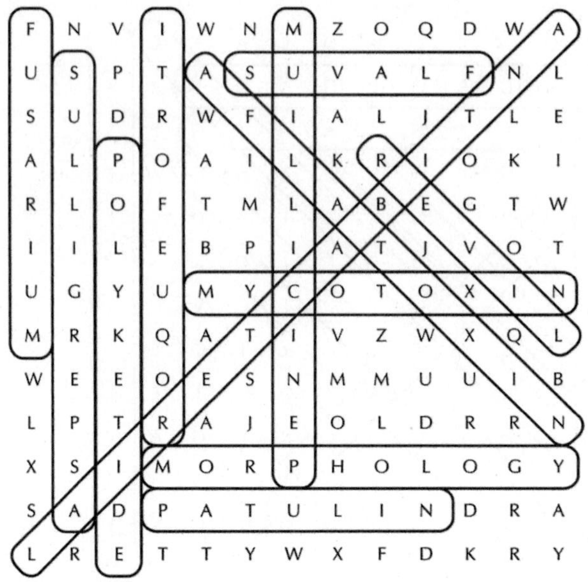

Chapter 23

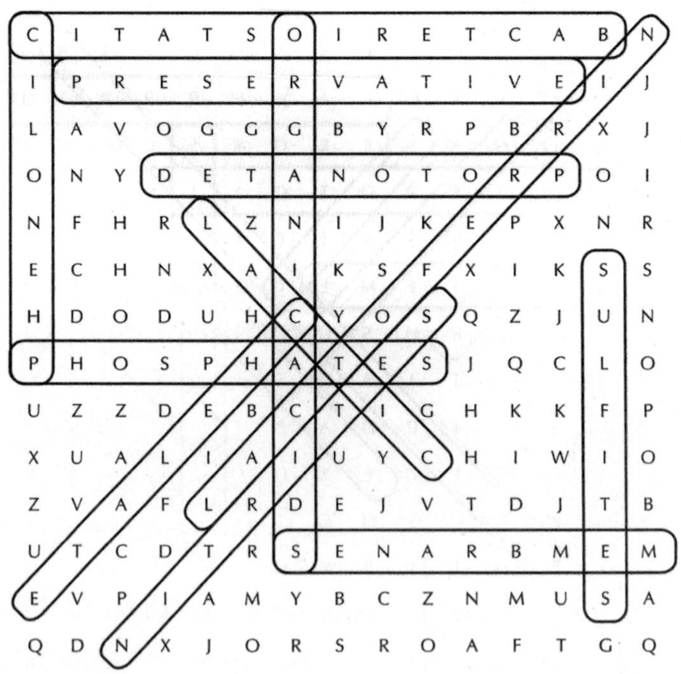

찾아보기